防灾减灾系列教材

灾害风险管理

于 汐 唐彦东 著

清华大学出版社
北京

图书在版编目(CIP)数据

灾害风险管理/于汐，唐彦东著. —北京：清华大学出版社，2017（2024.1重印）
（防灾减灾系列教材）
ISBN 978-7-302-45151-8

Ⅰ. ①灾… Ⅱ. ①于… ②唐… Ⅲ. ①自然灾害—风险管理 Ⅳ. ①X43

中国版本图书馆CIP数据核字(2016)第232997号

责任编辑：佟丽霞
封面设计：常雪颖
责任校对：王淑云
责任印制：沈 露

出版发行：清华大学出版社
网 址：https://www.tup.com.cn，https://www.wqxuetang.com
地 址：北京清华大学学研大厦A座 **邮 编**：100084
社 总 机：010-83470000 **邮 购**：010-62786544
投稿与读者服务：010-62776969，c-service@tup.tsinghua.edu.cn
质量反馈：010-62772015，zhiliang@tup.tsinghua.edu.cn
印 装 者：三河市春园印刷有限公司
经 销：全国新华书店
开 本：185mm×260mm **印 张**：25.5 **字 数**：618千字
版 次：2017年5月第1版 **印 次**：2024年1月第7次印刷
定 价：72.00元

产品编号：066900-03

“防灾减灾系列教材”编审委员会

丛 书 序

防灾减灾是亘古以来的事业。有了人类就有了防灾减灾，也就有了人类对防灾减灾的认识。人类社会的历史就是一部人与自然不断协调、适应和斗争的历史。防灾减灾又是面向未来的事业，随着我国经济社会的高速发展，我们需要更多优秀的专业人才和新生力量，为亿万人民的防灾减灾工作作出更大贡献。因此，大力发展防灾减灾教育，是发展防灾减灾事业的重要基础性工作。

防灾科技学院是我国唯一的以防灾减灾专业人才培养为主的高等学校，拥有勘察技术与工程和地球物理学两个国家级特色专业建设点。多年来，学院立足行业、面向社会，以防灾减灾类特色专业群建设为核心，在城市防震减灾规划编制、地震前兆观测数据处理、城市震害预测及应急处理等领域取得了一系列科研成果，在汶川地震、玉树地震等国内重大地震灾害的应急处理工作中作出了应有的贡献。学院坚持科学的办学方针，在整个教学体系中既注重专业技术知识的讲授，又注重社会责任方面的教育和培养，为国家培养了一大批优秀的防灾减灾专业人才，在行业职业培训、应急科普等领域开展了大量卓有成效的工作。

为系统总结学院在重点学科建设和人才培养方面所取得的科研和教学成果，进一步深化教学改革，全面提高教学质量和科研水平，服务我国防灾减灾事业，我们组织编写了这套“防灾减灾系列教材”。系列教材覆盖了防灾减灾类特色专业群的主要专业基础课和专业课程，反映了相关领域的最新科研成果，注重理论联系实际，强调可读性和教学适用性，力求实现系统性、前沿性、实践性和可读性的有机结合。系列教材的编委和作者团队既有学院的教师，也有来自中国地震局相关科研院所的专家。他们均为相关领域的骨干专家和教师，具有较深厚的科研积累、丰富的教学经验和实际防灾减灾工作经验，保证了教材编写的质量和水平。希望本套教材的出版和发行能够为我国防灾减灾领域的专业教育、职业培训和科学普及工作发挥积极的作用。

编写防灾减灾系列教材是一项新的尝试，衷心希望业内专家学者和全社会关心防灾减灾事业的读者对本系列教材的编写工作提出有益的建议和意见，以便我们不断改进完善，逐步将其建设成为一套精品教材。清华大学出版社对本套系列教材的编写给予了大力支持，在此表示衷心的感谢。

丛书编委会

2012 年 10 月

前言 FOREWORD

从某种意义上来说，人类社会的发展史是与各种灾害不断斗争的历史。自从人类有了风险的思想，面对各种灾害，人类已经不再是被动接受，而是主动地准备和应对。正如伯恩斯坦在其著作《与天为敌——探索风险传奇》中所述，描绘未来可能发生的事情，并从中作出取舍与选择的能力是当代社会的核心能力。

灾害风险管理是以灾害风险为研究对象的管理活动，随着国内外防灾减灾与社会经济可持续发展理论与实践的不断丰富和日臻完善，灾害风险管理作为一门新兴的灾害学与风险管理交叉的应用学科，其知识体系不仅在理论上有所发展，内容也不断地丰富。本书在借鉴了国内外很多学者的灾害风险管理的研究成果、总结几年来承担的灾害风险管理课程教学研究和课程建设成果、不断补充和修正前几版讲义的基础上，创建了比较完善的灾害风险管理知识体系和理论框架。

本书在教学内容安排上，首先以对风险与风险管理基础理论和观点的阐述为出发点，进一步给出灾害风险的基本概念和理论；然后，本书给出灾害风险管理的一般流程；接下来，根据风险管理的流程分别阐述灾害风险的识别与度量、灾害风险评估的理论与模型及其应用、灾害风险评价的标准和准则、风险管理的控制措施和融资措施；最后，本书论述了巨灾保险、巨灾非传统风险转移与证券化和巨灾模型等内容。全书共 14 章，编写体例比较完善，每章都配有小结、参考文献及进一步阅读文献、关键术语和习题与思考。本书适用于防灾减灾、公共管理和应急管理等相关专业的本科学生，也适用于从事防灾减灾管理的相关工作人员。

本书的作者为于汐和唐彦东老师。于汐负责拟定全书的框架、写作大纲，并审定初稿。编写分工如下：于汐撰写第 1、2、4、6、7、8、9、11、12、13、14 章，唐彦东撰写第 3、5、10 章和第 7 章的部分内容。另外，本书的撰写中参考了大量文献，在此，对文献的作者表示感谢。

本书是对灾害风险管理的理论和实践进行初步探索的结果，是在我国和世界灾害频发的背景下，对众多灾害学、风险管理等方面专家学者研究成果的继承。本书对灾害风险管理相关的基本理论进行了初步的阐述，把一些尚未完全成熟的理论或想法阐述出来。由于个人能力和时间有限，本书内容难免存在纰漏和错误，没有什么比争论和批评更能促进对学科的思考。这里留下笔者的联系方式，puyuxi@126.com，欢迎广大读者批评指正。

尽管对灾害风险管理的教学与研究已经起步，但是，完善灾害风险管理的学科体系还任重而道远，但笔者坚信，随着对灾害风险管理和巨灾保险问题研究的不断深入，其研究内容将不断深化，学科体系也将从不完善走向完善。

于　汐

2016 年 11 月

目录

CONTENTS

第1章

绪 论

引言

人类已经进入伟大的21世纪，社会经济、技术和文化达到了前所未有的繁荣和鼎盛。但人类不仅没有完全摆脱各种灾害的挑战与威胁，反而进入了各种自然、技术和社会灾害损失日趋严重的新时期，从2001年"9·11"恐怖袭击、2003年SARS、2004年东南亚海啸、2008年汶川大地震、2010年海地大地震、2010年智利大地震、2011年日本福岛大地震，直至2015年发生的法国巴黎系列恐怖袭击等等，各种灾害从未远离人类社会，反而以更加严重的破坏程度威胁人类社会的安全。人类已经意识到：即使在科学技术和社会经济发达的今天，各种灾害风险不可能消失，它们无时不在威胁着我们的生命、财产，甚至可能摧毁人类的文明成果。从某种意义上来说，人类社会的发展史就是与一部与各种自然灾害、技术灾害和社会灾害不断斗争的历史。人类已经意识到：防患于未然是最大的安全，灾害风险管理交叉应用学科应运而生。

第1节　灾害风险管理的产生与发展

当今世界，人类社会几乎每天都面临着各类风险。如何定义风险、识别风险、评估风险、评价风险和管理风险已经成为当今社会不可回避的课题，也是全社会共同关注的课题。人类相信：无论未来风险如何，只要人类不断深入理解风险的本质，正确地评估风险，科学评价风险，制定选择有效的风险管理措施和方案，人类就能够不断战胜风险，决胜未来。

一、风险与灾害风险

关于风险还没有一个公认统一的定义，国际风险管理学会(SRA)甚至放弃定义风险。一般情况下，风险的定义取决于谁来定义风险。不同领域的风险定义不同，但灾害风险的定义大多表述为两种情形：第一，风险事故发生的不确定或是风险事故造成损失的不确定；第二，风险事故发生的概率及其损失后果的不确定的综合。此外，黄崇福定义风险为未来情境的不确定。富尼埃·达尔贝(1979)深入研究了自然灾害背景下的风险概念，强调风险不仅取决于自然现象的强度，而且取决于暴露元素的脆弱性。1991 年，联合国救灾组织认为灾害风险是由于某一特定的自然现象、特定风险与风险元素引发的后果所导致的生命财产损失和经济活动的期望损失。2004 年，联合国国际减灾战略组织(UNISDR)把风险的概念定义为自然致灾因子或人为致灾因子与脆弱性条件相互作用而导致的有害结果或期望损失(人员伤亡、财产、生计、经济活动中断、环境破坏)发生的可能性。2009 年，该组织再次定义了灾害风险为在未来的特定时期内，特定社区或社会团体在生命、健康状况、生计、资产和服务等方面的潜在灾害损失。

二、风险管理与灾害风险管理

(一) 风险管理

古人应对自然灾害通常采用简单而直接的方式，如求助风水、宗教和神灵等，这体现了原始朴素的风险管理意识。随着人类社会文明的不断进步和发展，理性的风险管理思想得到认可，人们意识到，风险源于人类满足自身的需求和欲望，如责任风险管理的理念来自《汉谟拉比法典》，风险分散的思想来自商人之间的互助。春秋战国时期老子的《道德经》提出了"为之于未有，治之于未乱"的思想，即在事情没有发生之前就要先作好准备；还没有乱的时候，就要治理好。这些观点其实已经体现了古人"防患于未然"的风险管理思想。

现代风险管理得到广为重视和研究始于美国煤矿工人大罢工和福特汽车座椅生产工厂的火灾事故。1956 年 Gallagher 在《哈佛经济评论》发表了论文《风险管理——成本控制新时期》。风险管理早期强调工程技术风险管理，即以"工程万能"为主导的风险管理思想。20 世纪 70 年代末，社会科学家们开始有关社会可接受风险的探讨。工程技术与金融保险相融合的风险管理已经成为必然的发展趋势，美国保险管理学会(ASIM)于 1975 年改名为"风险与保险管理学会"(the risk and insurance management society，RIMS)。到了 20 世纪 90 年代，特别是 2000 年以来，风险管理理论与实践得到前所未有的发展和创新，并在实践中得到广泛应用。现代风险管理定义为：组织或个人对风险进行风险识别、风险评估、风险控制、风险融资、沟通协商和监督控制等一整套系统而科学的评估方法和管理措施，以风险成本最低为原则，并最终将各种风险发生前、发生时及发生后所产生的经济、社会、环境等不良影响降到社会可接受水平之下。

(二) 灾害风险管理

1969 年，道格拉斯·戴西和霍华德·科隆特在自己和前人研究的基础上，出版了具有开创意义的关于灾害经济学和灾害风险管理的第一本论著《自然灾害经济学》，强调推动灾害保险可以成为当时联邦政府"家长式"政策的一种替代。20 世纪 70、80 年代，自然灾害风险管理在研究经济体的直接经济损失和商业中断产生损失的基础上，开展对自然灾害损失的预测和修正，并研究制定灾害保险等融资性防灾减灾措施。1989 年，联合国开展"减灾十年"，提出了综合减灾与风险管理的理念，开启了综合灾害风险管理的新思路，此后综合灾害风险管理成为世界各国防灾减灾领域最为推崇的范式。20 世纪 90 年代，防范灾害风险的策略逐步多样化，除了传统的购买灾害保险外，金融工具的创新为灾害管理提供了新思路。此外，20 世纪 90 年代关于灾害风险评估的研究也得到了前所未有的快速发展，许多国家研究机构和商业组织已经开始运用各类数学模型定量评估灾害风险，并开发了灾害风险评估软件，特别是巨灾风险模型的商业化服务，为巨灾保险提供了科学有效的决策支持工具，促进了巨灾保险服务的快速发展。1994 年，联合国减轻自然灾害大会在日本横滨召开，本次大会是国际减灾的里程碑，大会通过的《横滨战略及其行动计划》也被称为减灾领域的国际蓝图。横滨会议上提出，全世界由于自然灾害造成的人员和经济的损失正在迅速增加，并为会员国制定了防灾、备灾、减灾战略。2005 年，联合国主持召开的世界减灾大会在日本神户市兵库县举行，大会通过的《兵库行动纲领》中指出"更有效地将灾害风险因素纳入各级可持续发展的政策、规划和方案中"是实现国际减灾战略目标的重要保证，把"确定、评估和监测灾害风险"列入未来十年减灾的五个优先领域之一。2006 年在瑞士达沃斯召开的国际减灾会议上，国际灾害界的专家学者们呼吁以综合的多学科交叉的视角来研究和探讨当今世界的各类自然和人为风险，进一步强调灾害风险管理、脆弱性和恢复力等在综合防灾减灾中的重要作用。国际减灾战略(ISDR)也把风险、脆弱性和灾害影响评估确定为优先工作之一。2015 年，联合国第三届世界减灾大会在日本仙台举行，会议最终通过《2015—2030 年仙台减灾框架》，该框架的优先行动事项包括了解灾害危险、加强减少灾害的治理工作，以对灾害危险进行管理。

综上所述，灾害风险管理已经成为当今世界及可预见的未来中防灾减灾与可持续发展领域的核心课题，灾害风险识别与估计、灾害风险评估模型的构建、灾害风险管理的流程与框架、灾害风险评价的标准和准则、防灾减灾规划、应急预案及演练等措施得到了广泛应用。国内外灾害风险管理的发展表现为以下几个方面：

(1) 灾害风险评估技术的应用

近年来，基于现代灾害风险管理的理论框架，采用数理模型处理区域、空间灾害的风险评估技术得到显著发展。特别是以 GIS、GPS 和 RS 为代表的 3S 技术给灾害风险评估带来前所未有的实践发展机遇。例如，美国联邦紧急事务管理局和美国国家建筑科学研究院联合开发基于 ARCGIS 的 HAZUS 和 HAZUS-MH 软件系统，还有美国的 RMS、EQE、AIR 三大巨灾模型公司自行开发了巨灾模型商业软件，这些巨灾风险管理和保险评估软件为灾害风险评估和巨灾保险提供了有效的技术支持。特别是在近几年，国际社会加强利用空间技术支撑灾害全过程风险管理，2014 年，联合国利用天基技术进行灾害风险管理国际会议在京举行，即"联合国利用天基技术进行灾害管理国际会议-综合灾害风险评估"大会，会议主题为利用天基信息进行灾害风险管理，如多致灾因子识别和风险评估、多致灾因子识别和风险评估相关的天基信息、利用天基信息开展损失评估等。天基空间技术对未来减轻自然灾害风险、提高灾害应对能力具有深远的影响。

(2) 可接受风险与可容忍风险评价标准的确定

自从英国安全与健康执行局(the health and safety executive，HSE)提出了著名的风险评价的最低合理可行原则 ALARP(as low as reasonably practicable)准则之后，世界各国均开始引入该准则，并进一步根据各自国情改进了风险的具体评价准则和标准。特别是在生命可接受风险的标准方面，国内外很多领域都给出了具体的个人风险指标和社会风险指标，从而使得各类灾害风险的评价标准能够满足社会公众的要求，并能够得到社会公众的理解。最低合理可行原则的提出大大促进了防灾减灾政策的执行和措施的实施，从而实现社会风险成本最低，而不是社会风险最低的目标。实际上，任何的风险管理政策和措施都无法达到风险最低，也不可能达到零风险的目标，在资源有限情况下，风险最低也不符合社会经济发展要求。

(3) 巨灾保险措施的实施

进入 21 世纪后,人类对自然致灾因子等极端事件的理解有了极大的提高,相应的灾害管理制度也有了根本性的改进,由灾害分布图、建筑标准、政府应急预案和商业保险组成的一整套灾害管理制度在有效预防灾害和减少损失方面发挥着越来越重要的作用。巨灾保险已成为保持社会经济持续和稳定发展的"减振器"和"稳定器"。由于地震灾害、洪灾等自然灾害风险具有损失大、范围广、概率低等特性,完全的商业化运作存在着巨大的困难。因此,国家财政、保险公司、再保险公司和投保人共同组成完整的灾害预防和救助体系,保险业成为了灾害救助体系的一个重要组成部分。经过多年经验的积累,发达国家(地区)在政策上和体制上采取政策性保险和商业性保险相结合的方式,发挥国家财政、保险公司和投保人各方的积极性,对巨灾风险进行有效的管理。近年来,我国防灾减灾的指导思想强调风险控制与风险融资措施的融合,强调巨灾保险是我国未来灾害风险管理的重要发展方向。党的十八大三中全会已经明确提出建立巨灾保险制度,减轻巨灾风险,我国地方政府开始启动巨灾保险,如深圳和宁波的巨灾保险、四川省城乡居民住房地震保险试点、云南大理实施的农房地震保险试点等。

(4) 巨灾金融工具的发行

自从美国芝加哥证券交易所 20 世纪 90 年代首次发行巨灾债券以来,巨灾保险市场已经开始进入资本市场,开发了巨灾保险债券、巨灾期权、巨灾互换等金融工具,这些与巨灾保险相关的金融工具为承保巨灾风险的保险公司提供了资本市场融资的工具,也为资本市场增添了新的投资产品,这些产品在理论上与其他金融工具存在较低的相关性,为承保巨灾风险的保险公司提供了信用基础,保证了巨灾风险产品更加符合保险的大数法则和承保条件。随着我国巨灾保险的启动实施,相信我国巨灾资本市场、巨灾金融工具及衍生品会得到全面发展。

(5) 综合灾害风险管理理论与实践

自从 2001 年,奥地利应用系统分析研究所(IIASA)和日本京都大学防灾所(DPRI)联合提出了综合灾害风险管理(IDRM)后,2005 年,日本神户世界减灾大会更加强调运用综合手段进行灾害风险管理,有效提高了社区的综合减灾能力,并实现了与灾害风险共存的可持续发展模式。近几年来,国内外综合灾害风险管理理念已经在防灾减灾的理论与实践方面得到了全面的快速发展和应用。但是,综合灾害风险管理任重而道远,正如原国家减灾委员会专家委员会副主任史培军 2009 年接受记者采访时强调,对国家、对民族、对整个社会而言,综合灾害风险管理都是一个刻不容缓的课题,理应引起各方面的重视。但是,综合灾害风险评价模型的构建和综合灾害风险的防范模式,对灾害的诊断和预报仍然是十分困难的课题。

第 2 节 全书体系简介

本书的总体内容体系如下:首先,本书阐述了风险、灾害风险、风险管理的基本概念和基础理论;然后,本书依据风险管理的流程,分别论述了灾害风险识别与估计、灾害风险评估的数理模型及其应用模型、风险评价标准和准则、风险管理措施、风险管理决策;接下来,本书介绍了巨灾保险、巨灾非传统风险转移与证券化等理论发展与实践应用;最后,本书介绍了国外的巨灾模型原理与应用。

本书的具体章节安排如下：第 1 章为绪论，主要介绍灾害风险管理的产生与发展、研究内容、目标和教学内容体系等。第 2 章为风险，主要内容为风险的概念、分类和简单度量。第 3 章为灾害与风险，主要内容为致灾因子、脆弱性、灾害风险的概念及基本理论。第 4 章为灾害风险管理基础，主要内容为风险管理、灾害风险管理的概念及基本理论、风险成本理论以及国内外风险管理概述。第 5 章为灾害风险管理流程，主要介绍了一般的风险管理流程、国家标准化组织的风险管理流程和国际风险管理理事会的风险管理流程和框架。第 6 章为风险识别与度量，这是灾害风险管理的第一环节，主要内容包括风险识别的原则和方法、风险的客观度量和主观度量、风险的最终度量——生活质量等内容。第 7 章为灾害风险评估，主要内容为灾害风险评估的内容和方法、脆弱性评估、灾害风险评估模型、灾害的生命价值风险评估模型等内容。第 8 章为损失分布，主要介绍该理论与数理统计、贝叶斯估计在灾害风险评估中的应用、风险损失估计的过程和模型等。第 9 章为风险评价与可接受风险，主要内容包括可接受风险和可容忍风险标准及其确定、风险评价的方法等内容。第 10 章为灾害风险管理控制措施，主要包括灾害风险的控制措施和融资措施，并以地震保险为例介绍风险融资措施的应用。第 11 章为灾害风险管理决策，主要包括风险管理决策目标和原则、风险管理决策的期望损失模型和期望效用模型以及风险管理措施的选择决策问题。第 12 章为巨灾保险，主要包括巨灾与巨灾风险管理、巨灾保险与再保险、巨灾保险基金等内容。第 13 章为巨灾非传统风险转移与证券化，主要研究巨灾的非传统风险转移理论、巨灾风险的证券化的作用和实践应用、巨灾证券化的工具和专业自保公司的运作和经营等。第 14 章为巨灾风险模型，主要包括巨灾模型、巨灾模型与巨灾保险费率、巨灾模型的框架与应用、巨灾模型的风险管理应用及其不确定因素等内容。具体的知识结构可以用图 1-1 来说明。

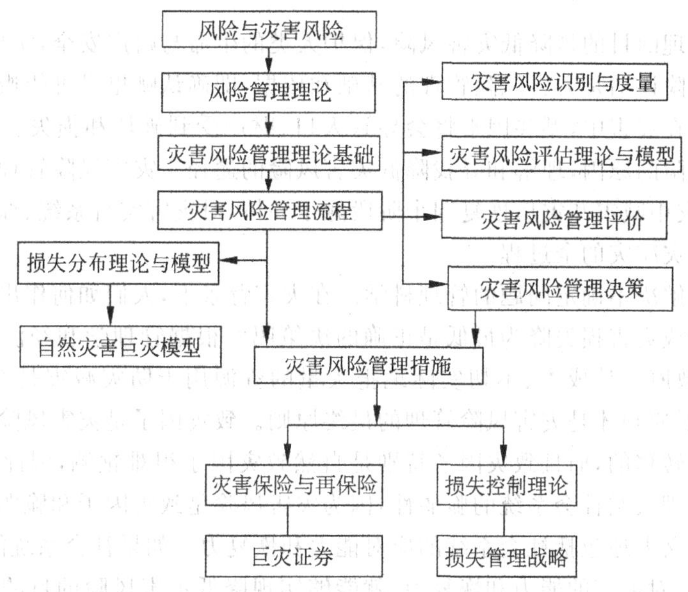

图 1-1 灾害风险管理理论内容与框架

第3节 灾害风险管理的研究对象、目标与内容

一、灾害风险管理的研究对象

界定灾害风险管理的研究对象，实质上就是要给出灾害风险管理的定义。灾害风险管理是从风险管理角度来研究灾害问题，现阶段的灾害风险管理在理论和实践上更强调综合灾害风险管理的思想，即包括灾前、灾时、灾中和灾后的全部过程，灾前包括风险识别、度量、评估和评价、风险降低准备和风险融资安排；灾时应急响应；灾中减轻损失；灾后恢复重建。灾害风险管理的内容框架包括致灾因子、承灾体脆弱性、灾害风险评价和风险管理措施及其决策以及监测、预警、协调与沟通等。简言之，灾害风险管理是一门运用现代风险原理和方法来研究人类社会防灾减灾的灾害学与管理学的交叉学科。

灾害风险管理研究灾害，但不是研究灾害的自然属性，而是研究灾害的社会属性。灾害风险管理广泛吸收风险管理、安全科学、灾害学和社会学等学科的营养，基于现代风险理论，是管理学与其他学科(特别是灾害学)相互交叉、渗透的综合性边缘学科。灾害风险管理的形成和发展，一方面拓展了灾害科学的内容，使人们对灾害问题的认识添加了风险分析视角，加强防患于未然的理念；另一方面也使管理学在战略和前瞻的基础上得到了应用和发展，增强了在灾害背景下其对社会和人类行为的决策解释力。这对于人类认识灾害风险、评估、评价、控制和转移灾害风险，保护社会安全与经济的可持续发展提供了极大的帮助，具有重大的理论与现实意义。

二、灾害风险管理的目标

灾害风险管理的目的是降低灾害风险，保护人类的生命与财产安全，实现人类社会可持续发展。灾害风险评估是灾害风险管理的基础和依据，即确认哪里最可能遭受灾害，哪些人或财产将会暴露在灾害中，哪些因素将会导致人口、财产受到破坏和损失。通过风险评估，理清导致灾害风险的原因，理解和寻找降低灾害风险的途径。灾害风险管理是将灾前准备、灾时应急对应、灾中减灾和灾后恢复四个阶段融于一体，对灾害实行系统、综合管理，以及协调管理各灾种防灾减灾的全过程。

风险管理是解决不确定问题的管理科学。在灾害背景下，人们如何作出科学风险决策？人类将灾害风险或灾害损失降为最低是正确的决策吗？根据管理学和经济学原理，任何一个个人、组织或政府不计成本、不切实际地把大量的资源用于防灾减灾是否正确？显然不是，风险成本最低原则才是灾害风险管理的最终原则。致灾因子是灾害风险的客观来源，是不以人的意志为转移的，而且致灾因子特别是自然致灾因子很难预测，因此，灾害风险管理的重要任务是管理人类社会系统的脆弱性，因为灾害风险是致灾因子和脆弱性共同作用的，这里的脆弱性广义上还包括社会系统的应对能力和恢复力。如果社会系统能够全面降低脆弱性，提高社会应对灾害的能力和恢复力，就能够实现降低灾害风险的目的，实现社会经济的可持续发展。

三、灾害风险管理的主要内容

借鉴国内外众多学者和机构的成果，本书整理总结灾害风险管理教学内容，主要包括以下几部分：

（一）风险与灾害风险基本概念

这部分内容主要包括风险、脆弱性、恢复力、灾害风险等相关概念。

（二）风险管理与灾害风险管理基本理论

风险管理与灾害风险管理的基本理论包括风险成本理论、贝叶斯统计推断理论、概率分布理论、超概率曲线与肥尾理论、获得损失分布理论、大数定律与中心极限定理等。

（三）灾害风险的识别与度量

灾害风险的识别与度量主要涉及灾害风险的识别与度量概念、理论和方法。风险识别是指用感知、判断或归类的方式对现实存在或是潜在的风险进行鉴别的过程，风险识别有很多方法，包括理论方法和基本方法；风险度量是指对风险的损失频率和损失程度进行定性或定量的判断和估计，主要包括客观风险度量、主观风险度量和风险的最终度量理论。

（四）灾害风险评估基本理论与实践

灾害风险评估理论包括致灾因子危险性、承灾体脆弱性和恢复能力的评估和风险损失评估理论。其中，损失评估理论主要涉及经济、生命、社会和生态环境等，本书系统阐述了生命统计价值理论。国际上有代表性的灾害风险评估模型主要有灾害风险指数系统、全球热点地区风险评估系统、美洲计划、欧洲多重风险评估系统、美国 HAZUS 系统、社区灾害风险评估系统。

（五）灾害风险评价的标准

灾害风险评价标准的内容主要包括灾害风险评价标准和准则；风险评价标准具体包括可接受风险和可容忍风险标准，国际上主要强调个人和社会生命可接受风险标准，并构建了个人和社会生命风险评价的模型。广泛被应用的灾害风险评价准则是英国 HSE 提出的最低合理可行原则，即 ALARP 准则。

（六）风险管理措施的理论与实践

风险管理措施的理论与实践的主要内容有风险控制和风险转移措施的基本概念和典型的风险控制理论与实践。其中，风险控制理论主要介绍了多米诺骨牌理论、能量释放理论、管理失误理论、轨迹交叉理论和综合原因论，具体的风险控制措施主要有应急预案、防灾减灾规划等。

（七）风险决策

风险决策的主要内容包括期望损失决策和期望效用损失决策。

（八）巨灾保险与再保险

巨灾保险与再保险的主要内容有巨灾概念的界定、巨灾的可保性、超概率曲线、巨灾保险与再保险的基本理论和实践、国内外巨灾保险介绍、巨灾保险基金建立和地震保险基金情况概述。

（九）巨灾非传统风险转移与证券化

巨灾非传统风险转移与证券化的主要内容有巨灾风险非传统风险转移合同与应急资本、巨灾风险证券化的理论与实践应用、巨灾风险证券化的工具，特别是巨灾债券的特点、发行与管理、专业自保公司的运营与管理等。

（十）巨灾模型

巨灾模型主要内容有巨灾模型公司简介、巨灾模型基本框架、构成、评估流程、巨灾模型中的概率理论应用、巨灾模型保险费率的确定、巨灾模型的不确定问题等。

第2章

风 险

引言

如今风险已经成为各个行业中出现频率最高的词汇之一,无论是经济投资、管理决策、科学与技术、安全与卫生、灾害与环境等领域都与风险评估及管理相关。这是因为风险定义反映了未来可能发生的情况以及选择方案的理念,这也是社会可持续发展的前提和保障。人类创造了“风险”这一词汇,实际上是划定了现代社会与过去的边界(彼得·伯恩斯坦,2010)。因此,风险影响人类的选择与决策,这种由选择或者决策过程中产生的担心或者害怕产生的风险,取决于人类能够进行选择的自由度和选择时所掌握的信息量。风险的选择意味着未来的选择,意味着对未来的决策。因此,彼得·伯恩斯坦在《与天为敌——探索风险传奇》中说道:“预测未来可能发生的情况以及在各种选择之间取舍的能力是当前社会发展的关键。”

第1节 风险概念

现代社会关于风险的词汇已经广泛出现在金融学、环境学、灾害学、经济学、社会学、工程建设与科学技术等领域。那么,首先需要回答风险的概念是什么?风险的起源是怎样的?风险都有哪些学说?风险就是不确定吗?这些问题都需要进行系统调查、考证和研究,因为,风险概念是风险管理研究的基础,本节的主要内容是风险的起源、风险的主要学说、风险与不确定性、风险分类和风险的基本度量。

一、风险的起源

追溯风险的起源,风险的文献记载最早出现在16世纪,风险词汇在罗马语中被广泛地运用。也有一些文献认为“风险”这一词语可能起源于希腊语“rhizia”和古意大利词语“risicare”,词语解释是“害怕”的意思。有的文献猜测这个术语是来自波斯术语“rozik”,有文献认为风险一词来源于西班牙语的航海术语,本意指冒险和危险。后来,还有学者认为风险(risk)来源于拉丁文“risicum”或者阿拉伯文“risq”,意味着上帝给你的、可以让你从中得到好处的任何事情,隐含着有利的结果,拉丁文"risicum"则意味着暗礁对水员的挑战,蕴含着可能的不利结果。北京师范大学黄崇福教授给出的"风险"概念源自远古时期,以打鱼捕捞为生的渔民们,在长期的捕捞实践中,深深地体会到"风"给他们带来的无法预测、无法确定的危险,这种说法与拉丁文"risicum"的意思相近。

现代的风险的概念最早源于19世纪末的西方经济学,但是,风险的概念在不同学科领域的内涵与外延都不尽相同。James Hickman认为一般的风险包括事件的状态或过程、事件状态或过程发生的可能性或概率以及后果。现代汉语词汇"风险"是由英文"risk"翻译而来的,《韦伯字典》里给出的风险定义是指面临着伤害或损失的可能性。

二、风险与不确定性

人们只要谈到风险的概念恐怕难以离开"不确定"这个关键词,风险从某种程度上与不确定共同出现,或者说不确定对于风险是不可或缺的。但是风险是不确定吗?如果风险等同于不确定,人们语言中"风险"这个词汇又从何说起呢?如果不确定性是风险存在的根源,为了全面深入地理解风险概念,本书需要先讨论不确定的产生、不确定的概念及其与风险的关系。

(一) 不确定产生

在过去的几百年里,人类用于描述自然界中确定性的模型已经取得了重大的实质成果。这些模型不断提升了人类对自然科学的理解,并从某种意义上改变了这个星球的自然与社会环境。对于自然科学,尽管人类已经在某些领域的预言(理论)中得到了一些证实,比如牛顿的物理学运动规律、爱因斯坦的相对论等,但是社会科学却远没有那么幸运,人们依然不能对经济发展进行准确预测,如经济学家并没有预测到2007年美国的金融次贷危机,也没能预测到2012年的欧洲债务危机,政治家也没有预测到2001年美国纽约的"9·11"恐怖袭击,这些社会问题仍然不能科学准确地预测和评估。

古人更愿意将不确定描述成老天或上帝的旨意,几个世纪以来,不确定似乎是一个永久的话题。不确定在人类日常的生活中随处可见,例如当人们计划节假日去度假时,就会考虑到天气的不确定性问题;当人们决定投资股票时,就会考虑到价格的不确定问题等等。最早的不确定例子是法国哲学史上的一个寓言故事"布里丹的驴子(Buridan's donkey)",驴子的前面,有两个篮子装满同样的干草并且与驴子同样距离,问驴子可能向哪个篮子走去?如果驴子走向其中一个篮子,那又是为什么?当然,如果存在某些情况影响驴子的决策因素,那么问题是所有的影响因素都能被驴子识别出来吗?或者识别时是否存在某些限制的影响因素呢?所有这些情况都存在不确定吗?回答这些问题,都要考虑不确定的概念内涵、不确定的类型及其本质。

(二) 不确定性的类型

人类语言有很多词汇来描述不确定性,比方说模糊性、不清楚、随意性、不定性、模棱两可等等。关于不确定的分类,国外学者Klir和Yuan(1995)、Klir和Folger(1998)进行了深入研究和总结,将不确定性划分为以下四种类型:

(1) 不明确(non-specification)——缺乏信息(absence of information);

(2) 不确定(uncertainty)——缺乏准确性(absence of accuracy);

(3) 不一致(dissonance)——缺乏判定(absence of arbitration);

(4) 混乱(confusion)——缺乏理解(absence of comprehension)。

对上述的不确定作如下分析:

(1) 不明确是指由于缺乏信息导致的不确定;

(2) 不确定是指主观判断缺乏准确性导致的不确定;

(3) 不一致表示事情是否发生的可能性问题,人类最初引进概率论与统计学主要是为研究这类不确定,后来,随着概率论与数理统计的发展,这类不确定已经扩展到考虑主观因素的影响,如贝叶斯定理及其后验分布定理;

(4) 混乱主要是考虑缺乏理解的情况下导致的不确定。

不确定还可以分为外在不确定和内在不确定。外在不确定表现为:一旦人们感到某些事物或情况不确定时,他们就会试图在一定程度上降低外在因素不确定,这种观点可以从风险管理措施上得到印证。内在不确定性是指一个人可能拥有的机会以及自由,但是,人们在担心、害怕或是紧急情况下,这种内在不确定性就会消失。因为,紧急情况下,人们更依赖于所处的特定的环境和情况,当人们没有时间和机会自己作出决策时,特别是在人们意识到风险的情况下,人的这种内在不确定性变得更加显著。例如,只有当存在更多的内在不确定性时,人们才更倾向于接受更高的外部环境的不确定性,因为这种内在不确定能够使人可以根据自己喜好和当时的情绪进行决策,这刚好印证了 von Forster 的伦理规则:"想得更远,机会才能更多",也印证了中国的一句古训"人无远虑,必有近忧"。

Vrouwenvelder 和 Vrijling (2000)给出的不确定分类如图 2-1 所示,这种不确定主要分为内在的不确定(随机或偶然的不确定)和客观知识的不确定两大类,其中内在不确定主要来自(自然)系统内部的随机性和变动性,理论上这种随机不确定可以通过无限次的观察得到;而知识或是认知不确定是由于知识的缺乏、评估的不确定,也许是基于有限数据、模型和假设的过程步骤引起的不确定。知识的不确定可以通过度量方法减轻甚至消除,通过观察得到科学的确定性;而内部不确定代表系统自然属性的一种不确定,是不能消除的,是一种客观存在的不确定。内部不确定与时间和空间不确定相关;知识(认知)的不确定主要分为模型不确定和统计不确定,模型的不确定主要是指事件的过程或现象没有得到完全理解和掌握,统计不确定主要是指我们选取的统计函数未能充分描述事件的现象。关于统计不确定可以分为分布类型不确定和分布参数不确定。

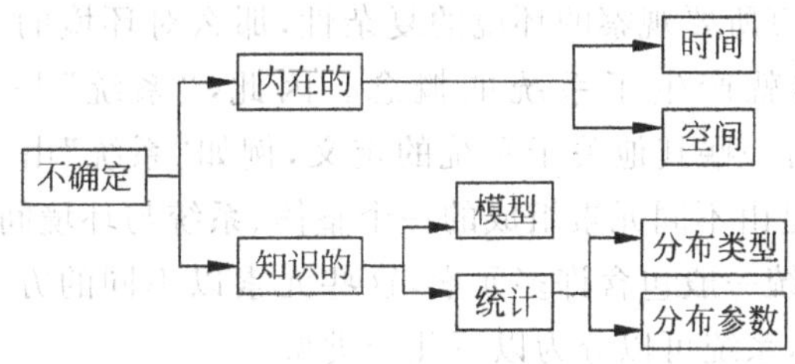

图 2-1 Vrouwenvelder 和 Vrijling (2000)的不确定分类图

(三) 不确定的表达

数学被认为是迄今最科学客观的语言,但也不能完全描述不确定,因为数学语言也不是完全绝对语言,数学模型有约束条件或假设条件,同样存在着不确定。在真实世界里,没有完全精确的事物,一般含糊的单词或术语都可以视为不确定。因为客观事物通常是不确定的，客观规律也常常是模糊的，客观的数据也是缺失的。即使今天对不确定的描述是正确的，但明天可能就是不正确的了，因为情况已经变化了。关于不确定的表达，相对于普通语言，数学语言的确相对更客观。但是，人对客观世界的反应渗透着主观的思想、观念，不同的人对相同的客观世界反应也是不同的，数学家们对不确定的表达并没有给人们清楚的感知，对于普通人来说，不确定的数学表达仅仅是数字和公式的语言。

不确定看起来是人类社会与生俱来的属性。不管未来是否永远存在不确定的问题，但是，在目前和不远的将来，人类却需要建立某些战略来应对不确定问题。几百年来，通过科学模型建立以及数学模型创新的过程，科学家们一直在量化和解释这个世界的不确定。从牛顿力学到拉普拉斯定理，特别是对概率和统计理论的探索更是为不确定的量化奠定了基础，还有20世纪以来的不确定原理、不完备理论、测不准理论、混沌理论、德尔菲调查法、人工智能网络、模糊集理论、遗传法、不规则碎片、专家判断法、粗糙集理论、灰色系统、群体智能和数据挖掘等，都为不确定的数学表达作出了贡献。但是，人类依然看不见不确定背后的精确情景，不能准确解释和理解未来的社会，特别是远古的宿命论和宗教观一直到今天都在影响着人的思想和行为。因此，关于不确定的表达还需要从不同视角和领域进行不断的更新与补充，才能更好地面对未来社会的发展。

（四）不确定的相关术语

1. 随机

“随机”是统计学、概率论和时间序列等领域的通用术语，主要是用来描述和处理不确定性的概念。随机性潜移默化地影响着人们的生活，例如人们熟知的平均值、方差等等，其实，很多数学模型都是建立在随机的基础之上的。

2. 复杂

“复杂”是来自拉丁语“complectati”，是盘绕和包含的意思，关于复杂的概念有如下观点：

(1) 复杂是系统各个元素加上其关系的产物；

(2) 复杂是系统中出现的更多的可能性；

(3) 复杂是不透明的。

3. 系统

倘若一个人想要计算所要观察的环境的复杂性，那么对环境的一些构成元素进行分类是有意义的，这种分类就产生了系统的概念。因此，“系统”是某种观察世界的方法(Weinberg，1975)。还有一些其他关于系统的定义，例如“系统”由一整套相关的元素构成(Noack，2002)、“系统”是由不同元素组成的一个整体、系统与环境间通常存在边界(Schulz，2002)等定义。总之，系统一般包含许多元素，这些元素以不同的方式联系在一起。根据系统元素的联系及其行为，系统可以分为以下几个类型：

(1) 简单系统

最简单的系统是指所谓的“混乱系统”，通常用平均值描述和预测这类系统，例如温度(Weinberg，1975)。

(2) 微小系统

微小系统具有清楚的因果关系特点，有时也称为确定系统，大部分机械系统属于这种类型(Weinberg，1975)。

(3) 非微小系统

非微小系统很难预测，该类系统能够产生输出也能担当系统的输入，有时也称为因果联系(Seemann,1997)。

(4) 自动更新系统

自动更新系统是一个更高程度的复杂系统，这类系统在目标的驱使下能够不断自动更新，例如生物、经济和社会系统都属于自动更新系统。这种自动更新系统通过抵御扰动或阻尼程序来隔离或减弱外界干扰，能够减小危害它们生存的因素的影响，它们通常能够与环境达到平衡。

(五) 风险与不确定

不确定决不等同于风险，但风险与不确定形影不离，那么，二者的区别与联系是怎样的呢？刘新立在《风险管理》中认为不确定是一种主观心理状态，是存在于客观事物与人们之间的一种差距，反映了人们难以预测未来事件的一种怀疑状态，并把不确定水平分为三级，如图 2-2 所示。不确定是确定的反义词，是人主观认识与客观事物的差异造成的，是由于人们难以把握和预测未来事物和事件的发展结果而产生的心理怀疑。假设我和朋友准备进行跳伞活动，当飞机起飞后到达海滨上空时，想起忘了带降落伞，发现飞机上有一个又旧又脏的降落伞。此时此刻，我们都对降落伞产生了一样的不确定性——这个又旧又脏的降落伞是否好用？一旦出现问题，我们将有摔死的可能性。我们决定由其中一个人试试。我们当中任何人使用这个降落伞的同时将承担风险，而另外一个人没有承担任何风险。然而，我们对降落伞是否失灵都持有不确定性。事实上，我们持有相同的不确定性(但对今天是死是活完全没有影响)，只有当其中一个人跳下去并且打开降落伞时，不确定才随着时间、事件和行动的进行而消除。然后，纵使随着降落伞的打开不确定性得到了消除，他是否安全着陆仍然存在风险。因此，风险是人所承担的由于不确定性造成的后果。存在不确定不一定存在风险。此外，玩投币游戏时，如果投得正面你将赢得 10 元，如果投得反面，你将输掉 10 元，这里的风险是反面朝上，你将输掉赌注。因此，不确定带来了风险。不确定性是某事件发生的概率，而风险是该事件发生导致的后果。尽管人们常常替换这两个概念，但是不确定与风险是两个不同的概念。

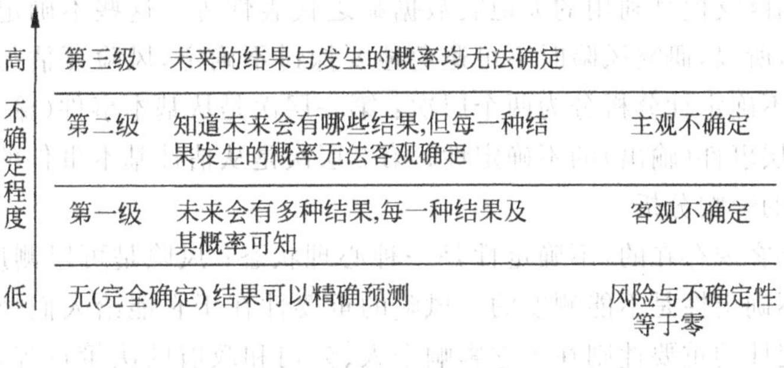

不确定程度	级别	说明	
高	第三级	未来的结果与发生的概率均无法确定	
	第二级	知道未来会有哪些结果，但每一种结果发生的概率无法客观确定	主观不确定
	第一级	未来会有多种结果，每一种结果及其概率可知	客观不确定
低	无(完全确定)	结果可以精确预测	风险与不确定性等于零

图 2-2　刘新立《风险管理》给出的不确定的水平

因此，一个事件或活动结果的不确定程度不仅与该事件或活动本身性质有关，还与人们对这项活动的认知程度有关。当指定结果不可预测时，会出现不确定性，有时可以通过客观概率将其转化成风险。现代概率论研究认为，概率分为客观概率和主观概率两种。通常情况下，客观概率是根据过去发生概率的统计数据来确定某个结果在未来发生的概率。主观概率则是根据专家或管理层的最佳猜测来估计某事件或活动发生的波动性。

总之，不确定是产生风险的来源，如果将客观确定也纳入不确定水平，可以将其分为以下四个层次：

第一层次是客观确定。知道将要发生的事情且其发生是确定的，或者可以精确预测的，例如签订的商品贸易合同、地铁的到达时间和运行速度等。

第二层次是客观不确定。知道未来有多种结果，并且每一种结果发生的概率也知道，但具体哪一种结果发生是不能完全肯定的。这种不确定是客观世界本身所具有的一种现象或性质，一种具有统计意义上的不确定性，可以通过历史经验或重复试验来描述其发生规律的不确定性，概率论已经能够一定程度上解决这种经典的不确定。例如投币游戏、骰子赌博等。

第三层次是主观不确定。知道未来有哪些结果发生，但不知道哪一种结果能发生，并且发生哪种结果的概率也无法确定。这种不确定会随着事件的时间、行为的进展而发生变化，这些不确定主要是人们还没有完全掌握原理、信息和数据造成的主观认识与客观的距离而产生的，当人们对事件的内部发展机理得到足够信息和认知，这种不确定会变成客观不确定或确定性，因此我们称为主观不确定。例如下一次大地震、恐怖袭击的预测的不确定。

第四层次是完全不确定。不知道未来发生哪些结果，即不知道会发生什么，更不知道发生结果的概率。例如地球、太阳系以及宇宙的未来变化等等。当然，随着社会科学技术的发展，第四层次的不确定可以转化为第三层次不确定，第三层次不确定也可以转换成第二层次水平。

不确定主要源于以下几个方面：来自客观世界和事物本身的客观不确定，例如地震、热带气旋等；来源于人们所选择的为了准确反映所研究系统真实物理行为的模拟模型只是原型中的某一个，这样造成了模型选择的不确定，例如一些物理实验模型、经济分析模型等等；来自人们不能精确地量化模型的输入参数而导致的参数不确定，例如典型参数估计本身就产生不确定性，有误差需要假设检验等；来自数据的不确定，例如测量误差、数据的不一致和不均匀性；还有数据加工处理和转换产生误差，由于时间和空间限制、样本数据缺乏导致的不确定性，例如巨灾模型利用的大地震数据缺乏代表性等。这些不确定的来源涉及风险管理的整个过程，所以，研究风险时不可避免地要探讨不确定，风险评估与管理始终伴随着不确定的问题。不确定性分析分为两个层次：第一层次是从基本事件(输入)的发生概率的不确定性导致顶层事件(输出)的不确定性；第二层次是从估计基本事件的不确定性对顶层事件的不确定性的影响分析。

总之，风险是客观存在的，不确定性是一种心理状态；风险是可以测度的，其发生都有一定的概率，而不确定性是不能测度的。风险的重要性在于它能给人们带来损失或收益的不确定，而不确定性的重要性则在于它影响个人、公司和政府的决策过程，例如前面所述中的例子，在驴的前面摆两篮子干草，干草的质量是一样的，驴子距离干草的距离也是一样的，那么确定驴子向哪个篮子的干草走去是一个不确定问题，但是如果干草不一样，或者一个篮子是干草，另一个是塑料制作的假干草，则驴子的决策面临风险，前提是只能选择一个篮子。

三、风险概念形成与发展

(一) 主观风险与客观风险

风险究竟是我们这个客观世界本身带来的,还是我们人类自己的判断和反应引起的?关于风险是客观还是主观的讨论,一直以来都存在争论。许多持有主观风险观点的人认为不存在真正的客观风险,风险的量化也是一种主观行为,这些主观行为将可能误导结果。客观风险主要在工程领域,特别是风险定量中有着实实在在的研究与应用,这是因为这些领域可以通过观察风险具体特征,为风险量化提供可能信息,如观察事件发生的频率和结果。这种观察或模拟的好处在于事先给定不同的假设存在相应的不同结果。因此,客观风险度量被认为可合理地量化和描述风险。

1. 风险客观说

风险客观说认为风险是客观存在的损失或收益的不确定,特别是金融与经济领域的风险不仅是潜在的损失,也同时意味着收益的不确定。一般认为能够通过观察试验获得客观风险的定量分析和评价的信息,这种风险分析和评价主要基于概率论与数理统计等数理方法。因此,一般的商业保险、自然灾害、生产安全等领域的风险都是客观风险,可以通过概率论与数理统计的方法进行预测和评估。例如保险行业内风险定义是一定时期的期望损失、工程领域的风险是损失的可能性、安全领域的风险也是损失的不确定,这些均属于客观风险学派的定义和概念。客观风险说有着不同的风险内涵,不同的风险视角和不同风险观点,因此,在实际中应用中,衡量不同客观风险的指标也不同。

2. 风险主观说

风险主观说认为不同个人对相同的风险会有不同的认知和判断。这与个人的知识、经验、心理和成长环境以及所处时代的政治、法律和经济环境有关,主观风险也存在不确定性,但风险的不确定是来主观的判断,不同的人对同一事物的主观认识和判断均有不同的感受与观点,正所谓仁者见仁智者见智。心理学、社会学等人文社会科学领域多持有此种观点,他们认为风险不是测度的问题,而是认知形成过程的问题。此外,随着风险科学的发展,一些学者认为风险产生的原因是人类的需求与行为,或者是人类本身及其财产的存在导致了风险事故的发生并造成损失,包括生命与健康、财产与环境等损失。其实,从人类社会脆弱性来看,风险事件的发生与否或损失大小,在很大程度上与人类的生存方式和需求有着重要且复杂的关系。

总之,不论强调风险是客观存在的还是人类主观的理念、经验或感知,从本质上来看,风险是客观世界的产物,更是人类社会发展和思维的产物。因此,现代的风险概念必然是主观和客观因素结合的观点。

阅读资料

主观风险之信任风险——南都社论:PX风险被放大,只因信任被撕裂

今天的中国,所谓的安全记录并不构成对PX项目落户地民众足够的说服力。自从2007年厦门民众反对PX项目以来,在大连、宁波、彭州、昆明等多地街头已发生激烈的反对PX项目上马的事件。甚至已经到了"谈PX色变"的地步。因此,在政府、专家与民众之间,已经构筑了一道极为深广的认知鸿沟,二者对于PX项目安全性的认识几乎截然相反。从技术的角度出发,国外诸多PX项目就坐落在市区,距离居民只有几千米之遥,人们对于安全的考虑并不像国人这么紧张和剧烈。然而,技术在中国语境中,并没有绝对的“中立性”可言,“专家”常被骂作“砖家”,由于我国很多技术掌握者在过去数年间都丧失了对中立性的坚守,而民众相对缺乏此类专业知识,导致的结果是,公众的质疑往往并非具体的、技术的,而是笼统的、阴谋论的。当然,将双方信任被撕裂的原因归咎于民众科学力量的不足和质疑能力的有限,那一定是大错特错。事实上,上马一个PX项目不仅仅需要专家,更重要的是在项目的环评、公示和公众参与讨论阶段,往往都是“走过场”的形式。因此,在政府公信力下滑情况下,一地的PX遭遇抵制,抗议行动兴起后制造的恐慌和不信任感就会迅速弥漫至全国。一言以蔽之,对PX项目的恐慌和对政府的不信任,在每一次反对行动中都被无限地传播和放大了。所以,从国家、集体利益的角度说服民众,所遭遇的结果也往往和从技术安全的角度进行论证并无二致。科学中立性的丧失,决策本身的封闭,以及改革开放后民众集体主义价值观的崩塌,共同汇成对政府的不信任和对项目的反对。因此,从政府的角度出发,要说服对自己缺乏信任的公众,必须开放自己的决策过程,让公众在与自身的互动中逐渐建立信任,继而塑造出属于民间的理性的反对力量,只有这样,PX项目才能真正告别目前“邻避主义运动”肆虐的情形。

(二)客观风险概念的分类

1. 风险是损失的可能性

此类观点定义为风险是损失发生的可能性。追溯风险定义,海恩斯(Haynes)最早将风险纳入经济学理论范畴,其在1895年发表的《作为一种经济因素的风险》(Risk as an Economic Factor)一文中认为,风险意味着损失的可能性,相关利益者在执行某种经济行为时,如果存在发生不利结果的不确定性,那么,该项经济行为就会承担风险,承担风险的结果是对该项经济行为利润的冲减。法国学者赖曼在1928年出版的《普通经营经济学》也将风险定义为“损失的可能性”。此后,麦尔、柯梅克和罗森布尔等更多的学者也较明确地将风险定义为损失的可能性。德国学者斯塔德勒将风险定义为“影响给付或意外事故的可能性”。总之,损失可能学派观点是“损失发生的概率越大,风险就越大”。损失可能性观点揭示了风险与损失的关系,符合人们对风险的日常理解和认识,但是忽视了风险与收益的关系,风险与行为的关系,从现代社会来看,风险不仅仅是损失,也是收益,风险不仅仅是一种结果,风险还是一种社会行为,在社会经济和生活中发挥着重要的作用,正因为如此,在现实社会中,风险、损失、收益之间基本上建立起了转换机制。如果将风险定义建立在损失的可能性上,这将导致不能全方位地研究风险,特别是无法适应对风险的系统管理和研究。

一般情况下,工商企业、工程项目等风险评估与管理都是根据损失可能性来定义和量化风险,通常将损失可能性的取值范围界定在0%～100%之间,取值越接近100%,意味着风险越大。例如,企业在某一特定期间内的经营活动中,一年内遭受损失的概率介于0%～100%之间,0%表示该企业的经营活动不会遭受损失,100%则表示该企业的经营活动必定会发生损失,90%则表示该企业遭受损失的风险可能性为90%。因此,损失可能性学说是损失的概率越大,风险也越大。工程项目也是如此,例如海洋灾害的防护堤工程,一般把工程在寿命期使用过程中失事可能性作为风险的大小度量,认为失事的概率越大,风险越大。

2. 风险是不确定性

这种观点认为，风险的本质就是不确定性，将不确定性直观地理解为事件发生的最终结果的多种可能状态，即未来结果的多种可能性，风险是确定的反义词。权威的《新帕尔格雷夫经济学大词典》定义风险与不确定性相同，即"风险现象，或者说不确定性或不完全信息现象，在经济生活中无处不在。"在某些情况下，这些可能状态的数量及其可能程度可以根据经验知识或历史数据进行估计，但事件的最终结果却是不能事先得知的，否则就是确定性事件，也就不存在所谓的风险了。风险是不确定性的定义很好地把不确定性与风险联系起来，在很大程度上揭示了不确定性与风险的内在联系，奠定了现代风险理论的基石，为风险的量化创造了理论基础。但是，如果认为风险就是不确定性，那么就不存在风险概念本身，即风险失去了存在的意义。因此，不能把风险简单视为不确定性，这是因为不确定与确定是特定时间内的概念。确定在《韦伯斯特新词典》解释是"一种没有怀疑的态度"，那么，确定的反义词不确定也应该是怀疑自己对当前行为所造成未来结果的预测能力，是一种心理状态，这种心理状态是由于人对客观事物认识的差距造成的，反映人们对预测未来结果的怀疑。

一项活动的结果不确定程度是由两方面构成的，首先是客观活动本身性质决定的，另一方面，这种不确定是和人们认识这项活动的程度有关。威雷特(Willet)在《风险及保险经济理论》(1901)中认为，风险可以视为客观的偶然，即偶然性的结合体，它应以损失发生的不确定性为必要条件。继威雷特之后，奈特(Knight)更进一步地论证了不确定性。他在其1921年出版的名著《风险、不确定性及利润》中，将风险和不确定性区别开来：如果经济行为者所面临的随机性能用具体的概率来表述，那么，就可以说这种情况涉及风险。另一方面，要是经济行为者对不同的可能事件不能或没有指定具体的概率值，就说这种情况涉及不确定性。这一点和美国的风险管理技术教材《风险与质量管理》中关于风险与不确定的描述一致，例如，人们自己看到阴天带伞则是不确定条件下的风险决策，但是收听天气预报预测80%下雨的情况下带伞则是风险条件下的决策。颇费尔在其1956年所著的《保险与经济理论》中，也认为不确定性是主观的，概率是客观的，风险与不确定性互为表里，风险是表面现象，以客观的概率进行测定；不确定性是心理状态，凭主观臆断进行测定。因此，一方面，不确定性是风险的客观基础，对风险的产生和发展有重要的影响；另一方面，风险同时又作用于主观，决策者的主观认知能力和认知条件，对风险结果有直接的影响。这种区分对于在不同的主观认知能力和条件下进行投资决策具有积极意义，但在实务中风险与不确定性很难严格区分，当我们面临不确定性情况下决策时，不得不依靠直觉判断，设想出几种可能性并给出主观概率，使不确定性问题转化为风险问题。

风险是不确定性观点认为：不确定性程度越高，风险越大，取值范围在0%～100%之间，取值越接近50%，风险越大，这是因为50%左右的事件发生概率最让人难以决策和把握；相反，如果取值接近0%，或者100%，反而人们更容易作出判断和决策。尽管该观点来自客观信息，但从某种意义上来说，该观点属于主观的风险学说观点，强调个人的心理判断，即信心度。因此，人们往往把不确定性包含在风险中，不加以严格区别，所以，在现代金融理论和风险管理中，对风险的研究从不确定性研究开始，贯穿着客体和主体，或自然和社会两个方面。该观点认为的损失不确定性是指以下几种情况：

(1) 发生与否不确定；

(2) 发生的时间不确定；

(3) 发生的状况不确定；

(4) 发生的后果严重性程度不确定。

3. 风险是结果的差异性

风险是结果的差异性，特别是不确定事件的结果与预期结果的差异性。这种结果的差异，可能是与初始值的差异(一般称为绝对差异)，也可以是与预期值的差异(一般称为相对差异)。一般认为差异越大，风险也就越大。风险的定义为在给定情况下和特定时间内事件未来结果的差异性。很多学者持类似的观点，如洛伦兹·格利茨认为"风险是指结果的任何变化"。威廉姆斯(Williams)和汉斯(Heins)的著作《风险管理与保险》也类似地定义风险为"在给定情况下和特定时间内，那些可能发生的结果之间的差异"，其本质是某一期望结果可能发生变动的情况。结果差异性客观风险在金融投资、财务审计等经济管理领域发展迅速，如美国经济学家夏普于20世纪60年代中期首次提出的资本资产定价模型，荣获1990年诺贝尔经济学奖。资本资产定价模型得到的风险系数β，就是利用计算资本资产的市场价格的方差、协方差以及相关系数等信息，通过风险溢价来评估资本资产价值，感兴趣的读者可以从中感受数学应用于金融的创新思想和科学推理的美妙。此外，风险价值(value at risk，VAR)等理论等也是从结果差异的角度来量化评估风险。

衡量这种结果差异或波动性的数理统计方法主要有变量的期望值、方差、标准差、全距、变异系数等。期望值表示变量波动变化的集中趋势和平均水平，方差则表示变量变化的离散趋势，即风险水平，用方差或标准差来度量风险水平的高低是风险衡量的基本方法。用方差或标准差来衡量风险，需要将低于预期收益的下侧风险和高于预期收益的上侧风险都纳入风险的计量框架，即所谓的风险既可能是损失，也可能是收益。

4. 风险是一定概率水平下的危险或损失

该观点更多地是应用超概率定义危险性或风险损失，如相同概率水平下的危险性越大，风险越大，超概率曲线给出了不同概率下的危险性或者潜在损失。美国洪水风险图是根据不同概率水平条件下，洪水危险性及灾害损失的区划图，其本质是洪水发生不同损失的频率地理图。美国的洪水风险图具体内容包括：根据危险性标明不同保险费率分区，再按照保险标的对水灾的易损性程度来厘定保险费率。从本质上来说，这种风险也可以认为是从损失可能性风险衍生出来的损失不确定性。

(三) 风险的性质

广义概念上的风险性质主要体现在风险的收益和损失或危险性。

1. 风险的收益性，将风险视为一种获得收益的机会，认为风险越大可能获得的回报就越多，风险意味着潜在的收益，正如"不入虎穴焉得虎子"的谚语。当然，风险越大，其相应可能遭受的损失也越大。风险的收益和损失更多地体现在金融投资等经济领域。

2. 风险的危险性，认为风险是一种危机，认为风险是消极的事件，可能产生损失，这也常常是大多数人所理解的风险。而还有人认为风险是一种学术上的问题，即认为风险是一种不确定性，只要风险存在，就有发生损失的可能性。正是由于风险发生之后会有损失，因此，世界各国政府和企业组织包括个人都关注风险的研究。

3. 风险的客观性，认为风险是不以人们的意志为转移、独立于人们的意志之外的客观存在。我们只能采取风险管理的办法降低风险发生的频率和损失幅度，而不能彻底消除风险。

4. 风险具有普遍性，在现代社会，个体或组织与环境都面临着各式各样的风险。随着科学技术的发展和生产力的提高，还会不断产生新的风险，且风险事故造成的损失也越来越大。例如，核能技术的运用产生了核辐射、核污染风险；航空技术的运用产生了意外发生时的巨大损失的风险。

5. 风险的可变性，认为风险在一定条件下具有可转化的特性。世界上任何事物都是互相联系、互相依存、互相制约的。因而任何事物都处于变动与变化之中，这些变化必然会引起风险的变化，即风险是动态的风险。例如科学发明和文明进步，都可能使风险发生变动。

（四）风险定义

现代意义上的风险定义随着人类活动的复杂性和深刻性而逐步深化，并被赋予了哲学、经济学、社会学、统计学甚至文化艺术领域内更广泛、更深层次的含义，且与人类的决策和行为后果联系越来越紧密，“风险”一词也成为现代生活中出现频率很高的词汇。但是，目前尚无统一的风险概念定论，早在 1981 年，据美国风险学会（society for risk analysis，SRA）认为，由于人类社会活动及其复杂性，各个领域对风险的理解不太可能完全一致，甚至宣布不再对风险进行定义。因此，社会的经济学家、灾害环境科学家、风险管理学者、数理统计学家以及金融投资学者和保险精算师等均根据自己业内具体情况，给出属于他们各自领域的风险的定义。

1. 传统的数学统计定义

人们可以应用很多不同的数学理论来处理风险的不确定性，其中最常用的工具是数理统计和概率论。虽然偶然性问题通过数学公式的处理变得可以“看得见”了，但是公式中参数的客观性也还是要依赖于模型的假设，同时数据的好坏也会影响模型的结果。这种风险的定义或者说风险的公式代表“客观风险”的度量，其代表公式为 $R=C\cdot P$，R 表示风险，C 表示损失的后果，P 表示损失后果发生的概率。该种风险定义在保险业得到彻底的应用，保险业关于风险的概念是期望损失，即数学期望。这种期望损失的定义能够简化处理很多问题，但将期望损失等同于风险的定义存在争议，特别是不同情况下期望损失相同，不能简单地认为风险相同，因为方差不同，人们对风险的感知影响着对这些数学风险概念的理解。例如，相同的期望损失，风险却是不一样的，小概率大损失的大灾害风险和大概率小损失的灾害风险尽管期望损失可能相同，但是这两种情况是不同的风险，人们对它们的态度不同，所采用的风险管理和控制方案也不可能相同。因此，该风险定义尽管可以量化风险，但并不适合科学地评估和管理风险。

2. 灾害风险定义

灾害风险从其本质上来看，是潜在的致灾因子（hazard）、风险事故（peril）和损失构成的统一体，这三者之间相互影响，前者与后者之间是因果关系。所谓致灾因子即为促使和加重事件发生的频率和增大损失严重程度的条件，这是损失事件发生的潜在原因。根据致灾因子的性质，可以将其分为有形致灾因子和无形致灾因子；有形致灾因子是客观事物本身的因子，无形致灾因子是指文化、风俗、伦理、习惯、价值观等非物质的影响因子，包括道德和心理元素，有时也称人类社会致灾因子。风险事故，也可以称为灾害事件，是指客观存在的、可造成生命风险的潜在损失事件，而这种不确定的损失是指非故意的、非预期的和非计划的经济损失，这种损失不仅包括经济损失，还包括生命健康和精神损失。

灾害风险的定义不仅考虑客观风险源情况，还考虑社会系统的性质及其对风险的反应能力，是风险源或致灾因子与人类社会脆弱性共同作用可能造成的潜在损失。脆弱性包括物理脆弱性、经济脆弱性、社会脆弱性和生态脆弱性等。灾害风险也是本书重点研究的内容，灾害风险的经典公式为 $R=H\cdot V$，R 表示风险，H 表示致灾因子，V 表示脆弱性。值得注意的是，灾害与灾害风险是两个概念，灾害是致灾因子和承灾体的脆弱性共同的结果；灾害风险是致灾因子和承灾体脆弱性共同作用导致的损失的不确定。灾害风险定义在自然灾害风险、环境污染和安全生产等领域应用广泛。

灾害风险本质也是一种风险，只不过致灾因子是客观因素，特别是指那些导致损失的风险，而不能导致收益的风险，灾害风险是致灾因子与脆弱性共同作用下的潜在危险事件，影响人类生命健康、物质和精神生活幸福的不确定性，该定义也是本书主要研究的灾害风险定义。

3. 主观风险定义

主观风险的定义考虑了人们的心理意识、认知或感知，即所谓的风险认识或风险感知。风险感知对人们风险的态度和处理风险的行为有非常重要的影响，因为人们通常是根据心理反映和主观判断作出相应的风险决策。尽管风险的一些主观偏好有时是非常有偏见的，但是这样的想象风险的结果却是真实存在的；尽管客观的风险测量被认为客观的，但是主观的风险判断实际上比客观风险的结果更加“客观”，这是因为这种主观风险判断更能对人类的决策和行为方式产生直接影响，在某种程度上，甚至决定了人们的风险行为。例如，人们是否接受风险、是否控制和转移风险常常是权衡风险与收益，而不是风险与风险的比较，因此，风险决策时既要考虑风险是潜在的损失，还要考虑风险也意味着潜在的收益。关于风险偏好、风险中立和风险厌恶也正是这种风险概念下衍生的理论。这部分内容将在第5章“风险识别”中的“主观风险判断”中详细讨论。

4. 国际标准化组织的风险定义

国际标准化组织给出的风险定义是某一事件发生的概率和其后果的组合，在某些情况下，风险起因是预期的后果或事件偏离的可能性。后果(consequence)是指某一事件的结果，产生不止一种后果，这种后果可以是正面和负面的，可以定性或定量表述。概率(probability)是某一事件发生的可能程度，即度量某一随即事件发生可能性大小的实数，其值介于0～1之间，同时需要注意的是描述风险常用频率一词，例如极不可能、不太可能、可能、很可能、几乎确定，或者难以置信、不可能、可能性极小、偶尔、有可能、经常。事件(event)是指特定情况的发生，注意事件可能是确定的，也可能是不确定的，此外，事件可能是单一的，也可能是系列的。

总之，风险的具体定义取决于谁来定义风险(Kelman,2003)，不同的领域给予风险的定义不同，如在经济领域，就给出了期望损失、期望效用等不同的概念；社会科学家认为风险的概念是一种情境的定义和社会构架。物理科学家和工程师认为风险是由计算和度量决定的，广泛使用的风险概念是事件的发生概率和结果的乘积，如保险等领域的期望损失概念。风险虽然尚无统一和明确的概念，但是，风险定义有以下本质特征：一是风险事故发生不确定或是风险事故造成损失的不确定；二是风险事故发生的概率及其损失后果的不确定的综合。

第 2 节 风险的分类

不同领域的风险定义不同，风险的分类也不同。风险分类既便于理论研究和交流，又有助于实务上对不同类型的风险采取不同的风险管理措施和风险决策方法。可以从管理的角度对风险进行分类，也可以从风险产生的诱因角度进行分类，还可以从认识论的角度进行分类等。风险的分类标准不同，相应地，风险的分类也不同，下面分别从不同角度对风险进行简单的分类介绍。

一、国际风险管理理事会的风险分类

国际风险管理理事会的风险管理框架的创新之一就是对风险进行了系统的分类。因为，风险因素与潜在结果之间存在一定的因果关系，对风险因素的感性认知与科学描述在于建立因果关系的难易程度和因果关系的可靠性。国际风险管理理事会强调人们对每一特定风险的因果关系的认识状态和认识水平，并以此将风险划分为简单风险、复杂风险、不确定风险和模糊风险，下面分别介绍四类风险（如表 2-1 所示）。

表 2-1 国际风险管理理事会风险分类

类别	描　述	实　例
简单风险	因果关系清楚，并且已达成共识的风险	车祸；吸烟
复杂风险	众多风险因素与特定的观测到的风险结果之间的因果关系难以识别或量化的风险	大坝风险；典型传染病
不确定风险	影响因素已经明确，但负面影响的可能性或负面结果本身不能精确描述	地震；新型传染病
模糊风险	解释性模糊：对于同一评估结果存在不同解释，比如对是否有不利影响（风险）存在争议	电磁辐射
	标准性模糊：存在风险的证据已经无可争议，但对于可容忍的或可接受的风险界限的划分还存在分歧	转基因食物；核电

（1）简单风险

简单风险是指因果关系清楚，并且已达成共识的风险。简单风险并不等同于小的或可忽略的风险，关键是其潜在的负面影响十分明显，所用的价值观是无可争议的，不确定性较低。简单风险的例子包括交通事故、已知的食品和健康风险（吸烟）、有规律发生的自然灾害风险等。

（2）复杂风险

复杂风险是指众多风险因素与特定的观测到的风险结果之间的因果关系难以识别或量化的风险。造成这种困难的原因在于风险因素之间相互作用，如协同作用与抵抗作用，风险结果与风险因素之间的滞后，个体之间的差异、中介变量等。复杂风险包括相互联系的技术系统失灵，如电力传输网络故障。

（3）不确定风险

不确定风险是指尽管影响因素明确，但负面影响的可能性或负面结果本身不能精确描述的风险。不确定风险的潜在损害及其可能性未知或高度不确定，对不利影响本身或其可能性还不能作出准确的描述，由于其相关知识是不完备的，其决策的科学和技术基础缺乏清晰性；在风险评估中往往偏重依靠不确定的猜想和预测。不确定风险包括许多的自然灾害、恐怖活动、罢工和转基因物种的长期影响等。

(4) 模糊性风险

模糊性风险是指对可接受的风险评估结果产生几种有意义和合理的不同解释。模糊性风险包括标准性模糊和解释性模糊。标准性模糊是指存在风险的证据已经无可争议，但对于可容忍的或可接受的风险界限的划分还存在分歧。解释性模糊是指对于同一评估结果的不同解释，比如对是否有不利影响(风险)存在争议。模糊风险包括一些有争议的科学技术，如纳米技术、食品添加剂、被动吸烟和合成基因等。

国际风险管理理事会从风险的本质出发，根据风险相关知识、信息的状态和质量进行分类，把复杂性和确定程度不同的风险区分开来管理，并对不同风险类别提供了不同的风险评价、评估和风险综合管理的策略和方法。

二、根据风险影响范围分类

风险影响范围不同，产生的损失后果也不同，因此，风险评估的方法、评价的标准和风险控制和转移措施也不同，有必要将其进行分类。这里只做粗略的分类，具体影响范围分类还需进一步定性和定量分析得出。风险按照其起源以及对社会环境等的影响范围粗略的分类包括基本风险和特定风险。

1. 基本风险

基本风险是由非个人的，或至少是个人往往不能阻止的因素所引起的，损失通常波及很大范围的风险。这种风险一旦发生，任何特定的社会个体很难在较短的时间内阻止其蔓延。如战争是人类社会面临的一项基本风险。自然灾害风险是一类基本的风险。地震、洪水、飓风都有可能造成数额极大的财产和生命损失，如2008年汶川地震造成8万多人死亡或失踪，2010年青海玉树地震造成2000多人死亡。近年来，恐怖袭击风险迅速成为一种新的基本风险，并在许多国家蔓延。恐怖分子在2001年9月11日对美国进行的袭击造成了4架喷气式客机的损失、纽约世贸中心倒塌、五角大楼破坏和几千人的伤亡。基本风险不仅仅影响一个群体或一个团体，而且影响到很大的人群，甚至整个人类社会。

2. 特定风险

特定风险是指由特定的社会个体所引起的，通常由某些个人或者家庭来承担损失的风险。例如，由于家庭火灾、爆炸等所引起的财产损失的风险，属于特定风险。特定风险通常被认为是由个人引起的，在个人的责任范围内，因此它们的管理也主要由个人来完成，如通过保险、损失防范和其他工具来应付这一类风险。

特定风险和基本风险的界定实际上也随着社会经济和观念的变化而发生变化。如社会保险业中的养老保险、失业保险和工伤保险，曾经也都属于个人的风险，但目前也是社会的基本风险。

三、根据风险后果分类

风险的广义定义在于其后果包括正面和负面的影响，即收益和损失的不确定。按照风险导致后果的不同分类，可以把风险分为纯粹风险（pure risk）和投机风险（speculative risk）。

1. 纯粹风险

纯粹风险是指只有损失机会而无获利机会的风险，纯粹风险所产生的后果有两种：损失和无损失，没有获得收益的机会。例如，汽车主人面临潜在撞车损失的风险。如果撞车发生，车主即受到经济损失，如果没有撞车，车主亦无收益。地震等自然灾害和安全事故导致的技术灾害属于纯粹风险。这种风险对于整个国家、社会、组织和个人均是只有损失的结果。这种风险只能通过风险控制手段避免和减轻风险损失的影响，或者转移分散风险。灾害风险管理教材中所研究的各种自然灾害和人为灾害也是纯粹风险，如火灾、水灾、疾病、地震等。

2. 投机风险

投机风险是指那些既有损失机会，又有获利可能的风险。投机风险所产生的后果有三种：盈利、损失、既不盈利又无损失。例如，一个企业的扩张就包含了损失机会和收益机会，炒股票也是典型的投机风险。

纯粹风险总是令人厌恶，而投机风险则具有一些诱人的特性。纯粹风险所导致的损失是"绝对"的，即任何个人或团体遭受到纯粹风险损失，就整个社会而言，亦遭受同样的损失。如一家工厂失火被烧毁了，业主受到了损失，对整个社会来讲，这一财产也就损失了。投机风险所导致的损失则是"相对"的，即某人虽然遭受损失，他人却可能因此而盈利，就整个社会而言，既无损失又不盈利。一些纯粹风险可重复出现，其统计规律比较明显，通常服从大数法则，对其预测有较高的准确率。风险管理以其为主要研究对象，管理方法和技术也较为规范化。而绝大多数投机风险事件的发生变化无常，很难应用大数定律来预测未来损失。

四、根据风险损失标的分类

按照损失标的分类主要应用于金融保险的实务领域，一般包括财产、责任、信用、人身等分类，这里仅仅简单给出这些分类，相关领域的研究可以得到更系统的阐述。

1. 财产风险：导致财产损毁、灭失和贬值的风险。

2. 责任风险：对他人造成人身伤害或财产损失应负法律赔偿责任的风险。

3. 信用风险：无法履行合同给对方造成经济损失的风险。

4. 人身风险：因生、老、病、死、残而导致的风险。

五、根据风险来源分类

人类社会所面临的风险可能有各种来源，而且并不总是能被正确地估计。根据自然与人的关系，这里将风险分为两大类：自然风险和人为风险。

1. 自然风险。例如地震、火灾、洪水给企业造成的自然灾害风险。

2. 人为风险。主要是由于人类生存和发展的需要而产生的非预期风险。人为风险主要包括以下几大类：

(1) 社会风险。社会风险是由于人们的宗教信仰、道德观念、行为方式、价值取向、社会结构与制度甚至风俗习惯受到冲击之后所产生的不确定事件，进而导致社会各种冲突和极端事件的发生，严重的甚至发生恐怖事件，影响人们的生活、国家的稳定和经济发展。

(2) 政治风险。由于国家的政策变化导致的风险。对于一个国家，特别是领导人的更换、军事政变等使得一些政策发生改变，进而导致政策风险。另外，国际政治环境的复杂，别国的参与等都可能产生政治风险。例如，气候变化、节能减排等环境政策变化；伊拉克战争后的政府领导人更换等。对于企业来说政治风险则包括可能对企业造成影响的国有化、制裁、内战和政策方面的不稳定。

(3) 经济风险。由于宏观经济和微观经济市场变化导致的各类市场价格的风险。很多经济风险也和政治风险相互渗透，由于经济的全球化，经济风险与政治风险更是具有相伴而生的趋势和特点。

(4) 法律风险。由于社会法律体系的变化与进步，法律标准和条款也将随着经济理念变化而变化或调整。

(5) 操作风险。一般指组织运行和程序。特别是安全生产领域和公共安全领域都存在着这种潜在的风险，如果管理不好将导致风险事故，造成生命财产损失，甚至公共安全秩序等诸多其他社会问题。

六、根据损失的主体分类

风险导致的损失分为不同的承担者，根据损失主体的简单分类包括：个人(家庭)风险、社会风险、企业风险和国家风险。

1. 个人风险(individual risk)是指评估区域内，因各种潜在风险事故造成区域内某一固定位置的人员个体死亡的概率，通常用个人死亡率表示。

2. 社会风险(social risk)是指为能够引起大于等于 N 人死亡的累积频率(F)，社会风险常用 F-N 曲线表示。

个人风险和社会风险都是基于死亡人数的指标，个人风险和社会风险指标是风险评价标准的量化和排序的重要依据。但是个人风险和社会风险指标不能从经济价值给出决策标准，只有货币化的指标才能够有效进行减轻灾害风险的决策。因此，国内外很多学者对生命风险价值进行研究，一般的生命价值的定价往往容易产生伦理问题，为了避免这个问题，研究生命价值更多地是以生命统计价值(value of a statistical life，VSL)的概念来表示，其定义是在给定的时间里，为降低一点死亡概率而愿意支付的价格，或个人愿意接受一点死亡概率的提高所要求的补偿，严格地说，生命价值评价的是死亡风险，并不涉及生与死的问题。

3. 企业风险是指遭受经济损失的不确定。关于企业风险有专门的研究，如企业风险管理、企业战略与风险管理等，本书不做相关研究和介绍。

4. 国家风险通常用于评估一个国家的竞争力或投资风险。知名的洛桑管理学院从经济行为、政府效率、商业效率和基础设施4个方面的20个指标来量化一个国家的竞争力。

七、我国现行法律法规的分类

如果从风险的潜在损失的定义出发，现行的法律中的《突发事件应对法》给出了我国现行的行政管理体制框架下的风险分类。该部法律定义的“突发公共事件”是指突然发生，造成或者可能造成重大人员伤亡、财产损失、生态环境破坏和严重社会危害，危及公共安全的紧急事件。根据突发公共事件的过程、性质和机理将突发公共事件分为自然灾害、事故灾难、公共卫生事件和社会安全事件四类，与此对应的风险的分类也可以分为4大类，即自然灾害风险、安全生产风险、公共卫生风险和社会公共安全风险。

1. 自然灾害风险主要包括水旱灾害、气象灾害、地震灾害、地质灾害、海洋灾害、生物灾害和森林草原火灾等风险。

2. 安全生产风险主要包括工矿商贸等企业的可能发生各类安全事故、交通运输事故、公共设施和设备事故、环境污染和生态破坏事件等风险。早在1992年，国家安全生产委员会颁布了行业安全生产标准，该标准把风险分为以下6类：①物理危险和有害因素；②化学危险和有害因素；③生物危险和有害因素；④心理、生理危险和有害因素；⑤行为危险和有害因素；⑥其他危险和有害因素。

3. 公共卫生风险，该类风险主要包括可能发生的传染病疫情、群体性不明原因疾病、食品安全和职业危害、动物疫情以及其他严重影响公众健康和生命安全的风险。

4. 社会公共安全风险主要包括恐怖袭击事件、经济安全事件、涉外突发事件等。

八、不同学者对风险的分类

不同时代、不同种族文化背景的人们，对风险的认知往往不同，因为人们获得的知识和信息水平和能力千差万别。在古代，雷击是模糊的风险问题。今天，我们有了天气动力学的知识，有了诸如卫星这样的现代设备监测天气过程，雷击就成了简单风险问题。

（一）根据信息完备程度分类

当知识被视为一种特殊的信息时，信息成为认知风险的广义约束，也就是说，新的风险分类应该与信息的完备度相关联。换言之，所谓的“简单”、“复杂”、“不确定”、“模糊”风险，并不能根据风险自身来定义，而应该由人们所拥有的信息多少来决定。因此，黄崇福根据拥有信息完备程度进行了风险分类：

1. 伪风险，也称确定性风险，即可以用系统模型和现有数据精确预测与特定不利事件有关的未来情景；

2. 概率风险，即是用概率模型和大量数据进行统计预测的与特定不利事件有关的未来情景；

3. 模糊风险，即可以用模糊逻辑和不完备信息近似推断的与特定不利事件有关的未来情景；

4. 不确定风险，即用现有方法不可能预测和推断的与某种不利事件有关的未来情景。

（二）Start 的风险分类

国内外很多学者专家对风险的分类进行了系统研究，风险研究学者 Start 提出了4种不同类型的风险：

1. 真实风险，是指完全由未来环境发展所决定的风险；

2. 统计风险，是指由现有数据可以进行认识的风险；

3. 预测风险，是指能通过对历史事件的研究，在此基础上建立系统模型，从而进行预测的风险；

4. 察觉风险，是指通过人们的经验、观察、比较等来察觉到的风险，是一种主观感知的风险。

同一个风险，也可能涉及两类以上的风险，例如，对于保险公司而言，民航飞机失事风险是统计风险；对购买保险的乘客来说，民航飞机风险是察觉风险。

（三）致灾因子原理分类

本节前面已经阐释了致灾因子（hazard）实际上也称风险因素或风险因子。根据风险因素，李宁（2008）等在《自然灾害学报》发表论文《综合风险分类体系建立的基本思路和框架》，文中不同致灾因子的科学分类如下：

1. 物理性风险因素。风险的产生是源于物理作用、物理现象、物理的因素（没有新物质生成的变化，只能导致物质或物体的外形或状态随之改变）。物理学所研究的力、热、光、电、声以及其他的物理的因素作用，导致风险出现。如力，包括物体形变、位移等的动力能量的表现，爆炸、倒塌等；热，物体由于温度影响、热运动等对外表现是火灾、过冷、过热引发的风险；工业、娱乐业等的噪声引起的风险；电离子或非电离子引发的辐射风险等。

2. 化学性风险因素。是人类社会活动所使用的物体或物质的化学性质以及物体或物质的化学变化（有新物质生成的变化）导致的人类社会风险因素活动中危险的发生和损失的产生。风险的产生是源于化学作用、化学现象、化学因素。物体因为分子、离子层面的改变而引起性质的变化导致风险的产生。对生物，对环境，产生有毒、有害的伤害或由于性质的改变而对正常状态产生威胁。如化学上的有毒物质、基因毒素物质、致癌物质、污染环境的物质、化合物等。

3. 生物性风险因素。自然或人造生命体在其活动中所导致的人类社会的危险的发生和损失的产生，是一种纯自然现象。人类不合理活动导致风险因素的生物界异常而产生的风险——生态风险。由于生物的原因，导致的人类生命、健康受到威胁，或人居环境的变坏，使得人的生存质量变差，这种风险因素叫生物诱因。如，真菌和海藻、细菌、病毒、转基因生物体、其他病原体等。

4. 自然风险因素。自然风险是自然力的不确定变化所导致人类的物质生产活动中的危险的发生和损失的产生，在风险因素影响下的承灾体本身无力去改变自然的风险因素，对人类生命财产及其社会带来巨大的威胁，使得人类生产、生活受到影响。主要是指自然现象如地震、水灾、火灾、风灾、雹灾、冻灾、旱灾、宇宙射线、电磁波等等，以及与自然现象有决定性关系的自然现象。自然风险在现实生活中是最频繁发生的风险。自然风险的特征是：客观性、不可控性、周期性和广泛性。

5. 人的风险因素。这里的个人风险是指由于人们心理、生理上的因素，或是由于人类对自身及其生存环境缺乏认识在环境的影响下所导致的危险的发生和损失因素的产生。由于人类在生产、生活过程中，故意或不是故意的操作失误，马虎、大意产生的失误，没有按照设计、规程、说明书过程的误操作等由于人的错误、失误造成的损失或伤害，强调人为的、个体的决定性力量（换个人做有可能避免），这样的风险诱因叫人的因素。有时候带有人的生理或心理的行为，对其他人的生理、心理产生攻击，给其他人带来不便，如安全、事故、误操作带来的矿山、矿井的塌方，医疗、手术的失误等。

6. 管理类风险因素。管理类风险是一种行为风险，是个人或组织在管理过程中由于不能恰当地运用一定的职能和手段来协调个人或组织的活动，实现个人或组织既定目标，导致危险的发生和损失的产生。此类风险是由于管理不当、不合理，管理技术、水平不够，管理太超前与真实环境不符合，管理人员的设计、技巧不足等引起的，侧重点是整个管理的流程中存在的风险，与管理者个人的失误要区别开。

7. 社会类风险因素。社会风险强调的重点是综合性的、群体性的、不能物质化的、大的、复杂的事件，是发生在整个社会环境的大背景下的，事件的发生有其偶然性和必然性的统一。虽然由个别、个体引发，会在社会上蔓延、扩大，造成的影响可能会被放大数倍，引起的主要是整个社会的心理、社会层面的损失。如，恐怖主义活动和阴谋破坏（敌对势力的阴谋破坏、怠工、机械破坏）；人类暴力犯罪；羞辱、侮辱、群体暴力、聚众滋扰事件；对人类身体、心理的实验（创新医学的应用）；群众癔症（大规模的不正常的兴奋）；心理综合病症（受心理影响的，精神身体相关的），是整个社会或某类群体的不恰当的行为规范违背了整个社会或某类群体的利益所导致的危险和损失。主要包括政治行为风险、经济行为风险、文化行为风险。

8. 其他风险因素。上面7类因素都无法包括的、不明确的因素都归入此类。如沟通因素：交流的信息不对称、不全面而导致的风险，广泛存在于社会、经济、人际交往关系之中。包括了信息交流困难等（区别于管理类因素中的沟通不畅风险）；供求因素：主要存在于金融、市场领域中的股票、汇率、证券、期货、黄金、粮食等自由经济的波动变化，以及市场中货物供应过量或者不足而引发的对社会不满、社会恐慌等情况。

第3节 风险的基本度量

在日常的生活和生产实践中，我们常常认为核反应堆风险大，船员工作风险大，到中东的伊朗、叙利亚等国家做生意风险大，房地产投资风险大等等，这里所说的风险大小是指什么呢？风险的基本度量是怎样衡量的呢？本节基于基本定义，简要介绍风险的基本度量，具体的科学度量将在风险识别中进一步阐述。

一、风险的度量概述

为什么风险成为现代社会的关键词之一？为什么欧洲文艺复兴时期开始度量和控制风险？赌博体现了风险承担的最初思想和本质，甚至有学者认为赌博启发了数学家们探索概率论相关理论。

风险的度量随着数学的发展而得到应用和完善。代数学的发展始于公元前3000年的古埃及和古巴比伦，后来在印度、希腊和伊斯兰世界得到进一步发展，古希腊单词“eikoz”意思是“似乎可信的”“可能的”，与现代的“概率”意思相近，是对某种确定性的程度的预期。大约七八百年前，印度-阿拉伯数字系统到达欧洲之后建立了数学发展的基础，但是，直到文艺复兴，科学家们才理解概率和机遇的概念。最早关于机遇的数学计算与分析起源于赌博游戏，后来为风险分析提供了量化工具。法国数学家帕斯卡（Pascal）和费尔马（Fermat）大约1660年引入概率理论，17世纪后期和18世纪，在数学家阿巴斯诺特（Arbuthnot）、哈雷（Halley）和伯努利（Bernoulli）的努力下，概率理论得到了快速发展。18世纪，期望寿命表计算普及和伦敦海上保险繁荣。另外一个重要的里程碑是18世纪后半叶的贝叶斯

(Bayes)理论,贝叶斯理论在于通过不断利用得到的后验信息来修正和更新先验理论。1792年,拉普拉斯分析了有无接种天花的期望寿命,给出了第一个比较风险分析原型(西蒙,1951)。但是,直到20世纪后期,这些新技术才被系统地应用于安全领域的风险评估与管理中。1945年,美国国家标准局首次将概率理论引入安全管理。20世纪60年代,航空领域应用基本概率方法进行安全管理。值得一提的是,美国核管理委员会(1975)首次采用概率方法对核反应堆和核事故后果进行风险评估,但是,在宇航领域和核工程领域中的定量风险分析成果受到严重批评并被决策者拒绝。随着1979年的三哩岛核反应堆事故以及1986年"挑战者号"航天飞机失事之后,这些事故的发生刺激了风险分析的进一步发展和应用。

二、损失程度和损失频率

在现实生活中,根据风险的定义,人们通常认为风险大主要考虑两方面指标,一个是风险损失程度,另外一个是损失发生的频率。

损失程度是指某次损失的大小程度,也称损失幅度。即在一定时间内,某次风险事故一旦发生,可能造成最大损失的数值。

损失频率是指一定时间内损失可能发生的次数。如一栋建筑物因火灾受损概率。有时也用损失概率表示。

当然,风险大小我们要根据具体情况,将损失发生的可能性和损失发生的严重程度综合考虑。

风险大小通过损失的概率和损失频率比较得出。从图2-3中看出,损失概率和损失大小均较低的为低风险,损失概率虽然较高,但结果轻微的也可以看成低风险,损失概率和损失幅度均较大的则为高风险。对于损失概率较低而损失较大的风险,则要根据不同的情况具体分析。对于巨灾事件,如汶川地震,虽然发生的概率很低,但由于后果严重,就被视为高风险。

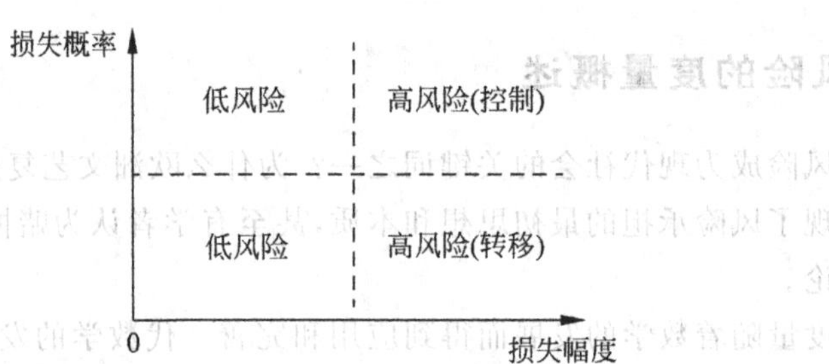

图2-3 风险衡量示意图

现今风险衡量的理论有了更多的发展。如理查德、普罗蒂是一个大企业的风险经理,提出了用观念代替数值对损失进行粗略估计,分为:几乎不会发生(即在风险管理的观念中,这种事件不会发生)、不太可能发生(事件虽有可能发生,但现在没有发生将来也不可能发生)、频率适度(预期将来有可能发生)、肯定发生(一直有规律地发生,并能预期将来亦有规律地发生)。这种方法不如概率准确,但是仍有优点,有时间考虑风险和研究过去的经验,大多数风险经理能作出必要的估计,进行这些估计还能够促进对风险系统的研究。如最大可能损失：估计在最不利的情况下可能遭受的最大损失额；最大可信损失：估计在通常的情况下可能遭受的最大损失额。

本章小结

本章首先介绍了风险的起源、风险的主要学说，在讨论风险与不确定的基础上，给出了风险概念，风险的概念离不开不确定，不确定是风险的来源，但是风险不等于不确定，广义的风险是未来收益或损失的不确定。其次，本章从不同角度给出了风险的不同分类，如影响范围、后果、损失标的、风险来源、风险损失主体、法律、学术等各种分类。最后，本章的风险度量仅仅从风险的概念角度给出的损失程度和频率概念，风险度量的系统理论与方法见本书第 5 章。

关键术语

1. 风险(risk)：广义的风险是指未来收益或损失的不确定。一般的风险是指事故发生不确定或是事故造成损失的不确定，更多的是指风险事故发生的概率及其损失后果的不确定的综合。

2. 不确定(uncertainty)：主观不确定是一种主观心理状态，是存在于客观事物与人们之间的一种差距，反映了人们难以预测未来事件的一种怀疑状态；客观不确定是系统变化的随机性或变动性。

3. 损失程度(loss degree)：损失程度(也称损失幅度)是指某次损失的大小程度，实践中是指在一定时间内，某次风险事故一旦发生，可能造成最大损失的数值。

4. 损失频率(loss frequency，or loss probability)：损失频率是指一定时间内损失可能发生的次数。如一栋建筑物因火灾受损概率，也称损失概率。

本章参考文献及进一步阅读文献

[1] 伯恩斯坦. 与天为敌：探索风险传奇[M]. 熊学梅，译. 北京：机械工业出版社，2010.

[2] 黄崇福. 自然灾害风险分析与管理[M]. 北京：科学出版社，2012.

[3] 黄崇福. 综合风险评估的一个基本模式[J]. 应用基础与工程学报，2008，16(3)：371-379.

[4] 刘新立. 风险管理[M]. 北京：北京大学出版社，2006.

[5] 李宁，等. 综合风险分类体系建立的基本思路和框架[J]. 自然灾害学报，2008，17(1)：27-32.

[6] Proske D. Catalogue of Risks-Natural, Technical, Social and Health Risks [M]. Springer-Verlag Berlin Heidelberg, 2008.

[7] Guerron-Quintana P A. Risk and Uncertainty [J]. Business Review, 2012, 28: 9-18.

[8] Kaplan S, Carrick B J. On the Quantitative Definition of Risk [J]. Risk Analysis, 1981, 1(1): 11-25.

[9] Elisabeth M, et al. Uncertainty in Risk Analysis: Six Levels of Treatment [J]. Engineering and System Safety, 1996, 54-72.

[10] Hansson S O. Seven Myths of Risk [J]. Risk Management, 2005, 7 (2): 7-17.

问题与思考

1. 你如何理解风险的起源？还有其他起源吗？
2. 风险的本质是什么？
3. 风险有哪些分类？
4. 如何理解风险与不确定之间的关系？
5. 不确定有哪些类型？如何划分不确定的层次？
6. 什么是损失程度和损失频率？

第3章

灾害与风险

引言

灾害包括很多种，如自然灾害、技术灾害和社会灾害等，灾害是致灾因子与人类社会脆弱性共同作用的结果。自然致灾因子与人类社会的存在无关，但是技术灾害和社会灾害等则与人类社会的选择有关。既然灾害与人类社会的脆弱性息息相关，那么有必要系统地探讨脆弱性的概念、内涵与外延以及脆弱性的本质等内容。广义的脆弱性还包括恢复力等内容，恢复力也是研究灾害风险的重要内容之一。本章基于致灾因子、灾害、脆弱性以及恢复力等研究内容，系统地解读灾害风险的概念。

第1节　致灾因子与灾害

一、致灾因子与灾害的关系

人类认识灾害是从自然灾害开始的。人类历史上，曾经认为"灾害"是命运的安排，甚至是某种超自然力量导致的结果。在周朝以前，我国古人的自然观是基于宗教神学的，人们把获取幸福的希望寄予神灵，不惜用频繁的祭祀和大量的牺牲去祈祷。后来又出现了"天人感应"学说，认为"天人感应""天人合一"。人顺天而行，"天"就现吉相，人间必会五谷丰登、风调雨顺、国泰民安。人若逆天而为，"天"就降凶兆，人间就会干旱少雨、洪涝灾害、兵变民乱等。古人也常常把"灾害"看成是天意，是上天用来告诫和惩罚君主"为政失道"的手段，所谓"人君失政，天为异；不改，灾其人民；不改乃灾其身"。古人对于不能理解的自然现象，往往托于超人之神的意志，即便有人试图从物体运动本身规律来解释像地震这样的自然现象，也替代不了占统治地位的"天人感应"说。

人们也常常把地震、海啸、洪水等称之为"灾害"，把这些极端的自然现象看成是"灾害"的同义语，视"灾害"为一种无法避免的自然现象。但我们稍加分析就会注意到，地震或引起洪水的降水等自然现象并不必然导致灾害，如地震发生在无人居住的西部茫茫戈壁滩，谁又能说那里发生了灾害呢？因此，自然灾害是和地震、洪水等自然现象有着密切关系但却有着本质区别的不同概念。同样,技术灾害和社会灾害也与技术和社会致灾因子是不同的概念,核电技术与核辐射、核泄漏灾害的概念完全不同,核事故是结果,是没有做好安全风险评估与管理的事故灾害。

总之,灾害是指社区或社会功能被严重打乱,涉及广泛的人员、物资、经济或环境,造成损失和影响且受到影响的社区或社会无法动用自身资源去应对。灾害通常被表述为下列情况的结合:暴露于某种致灾因子中,现状脆弱,减轻或应对潜在负面后果的能力或措施不足。灾害的影响可以包括生命的丧失、伤病以及其他对人的身体、精神和社会福利的负面影响,还包括财物的损坏、资产的损毁、服务功能的失去、社会和经济的混乱及环境的退化。

二、致灾因子与灾害的概念

(一) 灾害

"灾害"起源于希腊语"tragedy",意味着悲剧。灾害相对于风险来说,其描述的是现在或过去的一个事件,并不会涉及将来,是历史。描述和量化风险所采用的参数需要用灾害的结果。从本质上讲灾害不仅是事件本身,例如地震,更是人类生命和财产的损失结果。灾害与风险不同。灾害是客观的结果,而风险是可能的结果,或者是潜在的损失。从某种角度来看,灾害是静态的,而灾害风险是未来的一种损失的不确定。

联合国将灾害描述成"造成社会功能瓦解、生命丧失、真实价值丧失和环境价值丧失的事件并且会促进社会处理这类事件的能力"。灾害是一个有危险性的情境,暴露其中的人们或社会系统需要更多的支援。例如,骨折在几百年前或几千年前对人们来说是一个灾害。然而,足够的减轻措施可能会简化获得这些外部支援系统(比如医疗系统)的过程。如今,一次骨折可以在仅仅几个小时里被处理好。

(二) 致灾因子与灾害区别与联系

在日常生活中,人们常常把灾害与导致灾害的现象看成是同一件事情,在早期的文献中,人们也经常把灾害(disaster)与致灾因子(hazard)混为一谈,这实际上混淆了灾害和致灾因子这两个不同的概念,混淆了各种危险的自然现象和社会现象本身与其所造成的后果之间的区别。

致灾因子是可能造成财产损失和人员伤亡的各种自然现象和社会现象,为一种对生命或财产的潜在危险。一些国际机构和学者从不同的角度给出了致灾因子的概念,但其含义基本相同。在各种定义中,首先要提及的是联合国国际减灾战略(UNISDR)的定义,作为国际"减灾十年"的延续,联合国国际减灾战略的一项职责就是规范使用与灾害相关的术语,它根据不同国际资源的广泛认识,对一些术语给出了精确的定义,其目的是对减灾工作中的术语建立起共识,其定义得到学术界的广泛认可。该机构在2004年颁布了《术语:减轻灾害风险基本词语》,并发表在《与风险同存:全球减灾行动回顾》里面。一年之后,《兵库行动框架2005—2015》中要求UNISDR:至少要在所有联合国官方工作语言中更新和广泛推广有关减轻灾害风险的国际标准术语,并在项目、机构发展、工作、研究、培训课程及公共信息项目中使用。因此,该机构又于2009年颁布了《UNISDR减轻灾害风险术语》,对2004年版的一些术语进行了修订和补充。其对致灾因子的释义为:"可能带来人员伤亡、财产损失、社会和经济破坏或者环境退化的,具有潜在破坏性物理事件、现象或人类活动"。2009年,国际减灾战略对该定义进行修订,修订后的致灾因子定义如下:"可能造成人员伤亡或影响健康、财产损失、生计和服务设施丧失、社会和经济混乱或环境破坏的危险的现象、物质、人类活动或局面”。修订后的定义内涵更加广泛。首先,在定义中增加了致灾因子对健康、生计和服务设施的危害,强调致灾因子对人们的健康和生活的影响,比原来的定义更加全面概括了致灾因子对人们的负面作用。其次,在对致灾因子来源的描述上,增加了有可能造成破坏和损失的“物质”和“局面(condition)”两种情况,“局面”强调人们所处的某种状态也是造成损失的一种原因。

美国联邦紧急事务管理局(federal emergency management agency,FEMA)在其报告《多种致灾因子识别和风险评估》中给出的致灾因子定义是:“潜在的能够造成死亡、受伤、财产破坏、基础设施破坏、农业损失、环境破坏、商业中断或其他破坏和损失的事件或物理条件”。联合国开发计划署(UNDP,2004)给出了自然致灾因子(natural hazard)的定义:“自然致灾因子是指发生在生物圈中的自然过程或现象,这种自然过程或现象可能造成破坏性事件,并且人类的行为可以对其施加影响,例如环境退化和城市化”。

从以上定义可以看出,致灾因子为可能对人员、财产和环境带来威胁的各种自然现象和社会现象。如地震致灾因子,是人们通过感觉和仪器察觉到的地面振动,与刮风、下雨、闪电、滑坡、火山爆发一样,是一种极为普遍的自然现象,因地球内部缓慢积累的能量突然释放而引起。对于台风致灾因子来说,是产生于热带洋面上的一种强烈热带气旋,常伴随着大风和暴雨或特大暴雨等强对流天气,为一种自然现象。滑坡致灾因子是指斜坡上的土体或者岩体,受河流冲刷、地下水活动、地震等因素影响,在重力作用下,沿着一定的软弱面或者软弱带,整体地或者分散地顺坡向下滑动的自然现象。在一些情况下,致灾因子是关联的,例如飓风会造成洪水,地震会引发海啸等等。发生在世界范围内的甲型 H1N1 流感是一种生物致灾因子,联合国国际减灾战略对生物致灾因子的定义为:“起源于有机体的过程或现象,或是通过生物媒介传染所致,包括暴露于微病原体、毒素和生物活性物质之中,它们可能造成人员伤亡和患病或其他健康影响,造成财产损坏、生计和服务设施丧失,社会和经济混乱或环境破坏。”

致灾因子除自然致灾因子以外,还包括技术致灾因子和人为致灾因子,技术致灾因子是指源于技术或工业环境的致灾因子,生产上的安全事故就是比较典型的技术致灾因子,技术致灾因子也可能是自然致灾因子直接作用的结果;人为致灾因子包括动乱、暴乱和战争等,往往会造成严重的社会灾害。

致灾因子基本的决定因素包括位置、时间、强度和频率。如我们用震源、震中和震源深度等描绘地震发生的位置,用震级和烈度表示地震的强度。对于台风致灾因子来说,其致灾因子往往包括大风、降雨、巨浪及风暴潮等,一般采用大风强度作为台风致灾因子强度的衡量标准。此外,一些自然致灾因子如台风在时间上具有周期性发生的特点,并且可以预测其位置和影响范围。

与致灾因子不同的是,灾害是指各种致灾因子造成的后果,也就是说,当致灾因子达到某种强度,超过人们的应对能力(coping capacity)而无法控制时,给人类的生命财产造成了较大损失,潜在危险变为真实的损失时,致灾因子造成了灾害。这里的应对能力是指人员、机构和系统运用现有技能和资源应对和管理不利局面、突发事件或灾害的能力。联合国国际减灾战略(ISDR)对于灾害的定义为:“社区或社会机能严重破坏,涉及广泛的人员、物质、经济或者环境损失和影响,并且超过了受影响的社区或社会运用自身的资源进行处理的能力”。联合国开发计划署(UNDP,2004)对自然灾害的解释为:“自然灾害被理解为致灾因子与人类脆弱性共同作用的结果,社会的应对能力影响损失的范围和程度。”红十字会与红新月会国际联合会(international federation of the red cross and red crescent societies,IFRC)在1993年的世界灾害报告中指出,“灾害综合两种因素:事件和脆弱人群,‘事件’揭示了个人和社区的脆弱性,当生命受到直接威胁或者社区经济和社会结构受到严重破坏以至于损害其生存能力时,灾害就发生了”。

因此,灾害是致灾因子造成的社会后果,是致灾因子所造成的人员伤亡、财产损失和资源环境的破坏情况,为致灾因子和人类社会相互作用的结果,灾害的消极影响不仅取决于致灾因子的性质、概率和强度,而且取决于物质、社会、经济和环境的抗灾能力。

灾害包含了致灾因子和人类社会两方面因素,二者相互作用才有可能形成灾害,如果没有人类,也就不存在灾害。当然,致灾因子发生在没有人类居住的地区,无论其严重程度,都不能造成所谓的灾害。总而言之,灾害是一种社会现象,是与人类社会密切相关。我们经常听到这样的说法,“灾害是不可避免的”,这实际上混淆了灾害与致灾因子的概念,在目前人类科技发展水平条件下,有些自然致灾因子如地震是不可避免的,但灾害是可以避免的,人们可以通过提高社会的抵御灾害的能力和提高风险管理水平等避免致灾因子产生灾害性后果,即使对于一些致灾因子目前人类尚无法完全消除其不良影响,但这只是一个历史的过程。

对于自然灾害来说,其致灾因子是可能引起人民生命伤亡及财产损失和资源破坏的各种自然因素,为地理、气象和水文现象,是极端的自然现象或自然事件,比如地震、洪水或飓风等。这里的“极端”是指可以从正反两个方面严重偏离正常范围或变化趋势,如洪水就是由于异常的大量降水所造成的,而干旱是由于降水严重不足而导致的空气干燥、土壤缺水、无法满足人的生存和经济发展的气候现象。自然致灾因子所造成的人员伤亡、财产损失与资源破坏就是自然灾害。人类生活在地球上,受地球系统内外各种驱动因素的影响,地球系统及其各个圈层总是处于不断的运动和变化之中,因而人类赖以生存的自然环境也时刻发生变化,当其变化程度超过一定限度时,就会危及人类生命财产和生存条件的安全,产生人员伤亡、财物损失等各种对人类不利的影响,这时致灾因子造成了自然灾害。如地震灾害,是地震致灾因子超过了人类的控制能力,造成了大规模房屋倒塌,并且引起火灾、爆炸、毒气蔓延、水灾、滑坡、泥石流、瘟疫等次生灾害,进而造成社会秩序混乱、生产停滞、家庭破坏、生活困苦和巨大的心灵创伤;台风在海上移动,掀起巨浪,狂风暴雨接踵而来,对航行的船只造成严重的威胁,当台风登陆时,狂风暴雨对农业、建筑物和生命财产造成巨大的损失,这时台风这种致灾因子形成了灾害;长期的干旱会危害作物生长、造成作物减产,还会危害居民生活,影响工业生产及其他社会经济活动,当造成严重的后果时就形成了旱灾;如果生物致灾因子造成传染病的爆发,大量植物或动物感染,生物灾害就形成了。

综上所述,致灾因子为可能带来灾害的自然现象或社会现象,灾害为致灾因子与人类社会相互作用的结果。为了区分致灾因子和灾害,可以把地震这种致灾因子造成的灾害称为地震灾害或震灾,把洪水造成的灾害称为洪水灾害或洪灾等等。区分致灾因子与灾害具有重大的理论意义,我们不再把灾害简单地看成单纯的极端的自然现象或人为现象,强调人类社会有能力识别、控制和管理可能造成灾害的风险。

三、灾害与应对能力

灾害为致灾因子与人类社会相互作用的结果，当致灾因子的强度、频率超过人类的应对能力，造成大量人员伤亡和财产损失时，灾害就发生了。也就是说，灾害是否发生与人们的应对能力密切相关，如果灾害的强度或频率没有超过人类的应对能力，大量的人员伤亡和财产损失就不会发生，也就不会造成灾难性后果。

人们常常用应对范围(cope range)的方式来表示应对能力，这种方法尤其在气候变化领域得到广泛的应用。应对范围不是静态的，随着经济、社会、政治和体制变化而变化，有可能扩大也有可能缩小。下面用图 3-1(a)说明。图中横轴表示时间，纵轴表示致灾因子强度，实线表示致灾因子在某一时间段的变化过程，虚线表示致灾因子总体变化趋势，图中阴影部分表示应对范围。在经济增长、技术进步或体制趋于合理的条件下，系统的应对能力提高，应对范围逐步扩大，如图 3-1(a)所示。如果人口增长过快、资源枯竭或社会动荡，则系统的应对能力降低，应对范围逐渐地缩小，如图 3-1(b)所示。此外，接近应对范围边界的致灾因子连续发生，其累积效果也会使系统的应对能力下降。如连续两年的干旱，尽管都没有超过应对范围，但是在应对干旱的过程中消耗了大量的储备物资，这种情况也许不会对当前产生过大的影响，然而，在资源得到补充之前，物资的过度消耗会也会在某种程度上缩小应对范围，当在第三年或第四年发生类似的干旱时，就有可能超过缩小了的应对范围而发生大规模

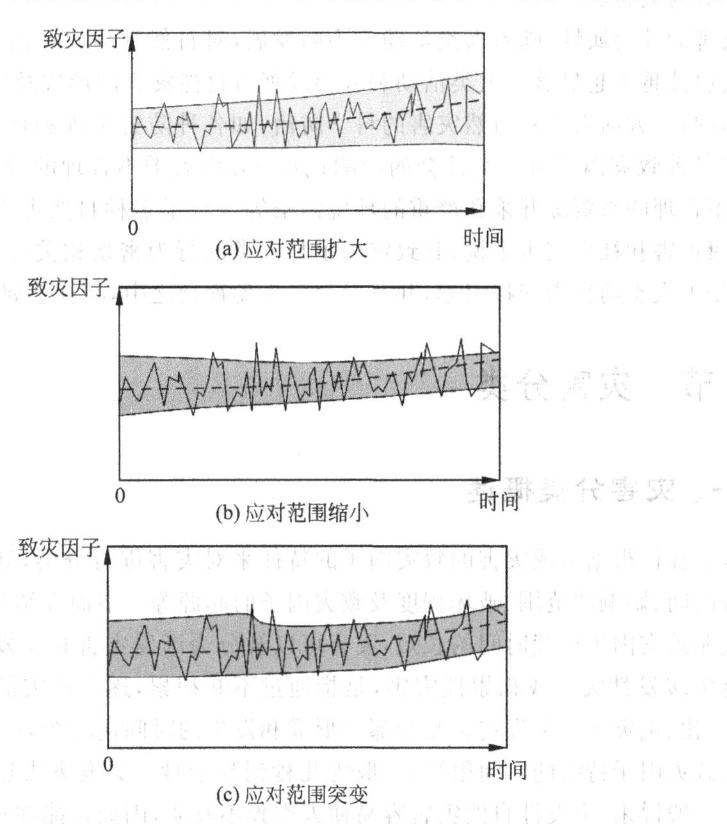

图 3-1 应对范围的变化

灾害。另外的一种情况是,如果系统不能从某些超过应对范围的极端事件后恢复过来,应对范围将会发生不可逆转的永久改变。如某一地区依靠水库的水资源进行灌溉,而洪水超过了水库的容纳能力而发生溃坝事件,那么这一地区的应对能力就再也达不到原来的水平了,应对范围就会发生突变而急剧缩小,如图 3-1(c)所示。此外,政治动荡导致的经济急剧恶化也会使应对范围缩小。

四、灾害的自然属性和社会属性

对于自然灾害来说,其致灾因子为灾害的自然属性,而灾害除具有自然属性外,还具有社会属性,是自然属性和社会属性的统一体。同样强度的地震,发生在人口密集区可能会造成人员伤亡和财产损失,它是自然灾害;而发生在荒无人烟地区的地震,对人类的生命财产谈不上什么危害,它就不能视为自然灾害。这表现的是自然灾害的社会属性。地震灾害具有典型的社会属性,表现在地震这种致灾因子往往不会直接对人类的生命造成威胁,除去极少数由于发生了诸如大地裂缝而陷入其中致死的震例,恰恰是人类建造的房屋等建筑物倒塌,人被埋压在废墟中,因窒息、失血过多、饥寒等原因而造成了大量的人员伤亡。据有关资料统计,1976 年 7 月的唐山地震造成 24.2 万人丧生,除数十人是由于次生灾害而死外,都是由于房屋倒塌致死。因此,灾害不是发生在单纯的自然界中,灾害只有发生在人类社会之中才称其为灾害。

灾害的社会属性,随着人类活动的不断发展,对自然环境改造能力不断提高,自然灾害的社会属性越来越显著。人类活动和社会发展对自然灾害的形成及成灾结果产生的影响是多方面的,一方面人类对自然灾害的科学防治,如各种防灾工程和环境治理,在一定程度上减轻了各种致灾因子对人类社会的影响;另一方面人类不合理的资源开发,例如破坏森林植被、不合理的水资源开采和严重的环境污染等导致了多种自然灾害的发生。对于技术灾害、健康灾害和社会灾害来说,其致灾因子与人类的行为密切相关,或是由人类行为直接引起,或是由人类的行为间接引起,并且发生于人类社会之中,其社会属性更加明显。

第 2 节　灾害分类

一、灾害分类概述

人们往往根据造成灾害的致灾因子的特征来对灾害进行分类,划分的角度包括致灾因子持续时间、影响的范围、破坏程度及致灾因子的起源等。下面介绍几种常见的分类方法。

按照致灾因子持续时间的长短,灾害可以被分为渐发灾害和突发灾害。渐发灾害有时也被称为缓发性灾害或积累性灾害,是指通过不断积累,逐步成灾的灾害,如干旱、空气污染、荒漠化、虫灾等。突发灾害是指那些形成和发生的时间比较短,难于预测和监控的灾害,如地震致灾因子持续的时间很短,一般为几秒到数十秒。突发灾害还包括海啸、飓风、爆炸等等。一般说来,突发性自然灾害容易使人类猝不及防,因而常能在短时期内造成死亡事件和很大的经济损失。渐发灾害的致灾因子持续时间较长,从几天到数月,甚至是数年的时间,如空气污染和荒漠化可以持续几年到几十年的时间。渐发灾害预留给人们应对的时间比较长，通过人为的干预可以部分或全部避免。

我们可以用图3-2示意性地表示出渐发灾害与突发灾害造成的死亡人数或财产损失情况，为分析方便这里讨论死亡情况。图中纵轴表示每天死亡的人数，横轴表示灾害持续的时间，分别用实线和虚线表示突发灾害和渐发灾害每天的死亡人数。从图中可以看出，灾害发生时，突发灾害在短时期内会有大量人员伤亡，而后死亡人数快速下降。渐发灾害造成的人员死亡与突发灾害不同，灾害的发生发展有一个缓慢发生的过程，从灾害的最严重时期到灾害结束也同样经历较长的时间。渐发灾害影响面积往往比较大，尽管发展缓慢，但若不及时防治，同样也能造成十分巨大的经济损失和人员伤亡，有些渐发灾害如饥荒影响的范围往往更大，后果更加严重。如表3-1中的资料表明，上个世纪的100年间，饥荒和干旱造成的人员死亡占各种灾害死亡人数的86.9%。渐发灾害发生的时间尺度和空间界定往往比较模糊，损失和破坏情况统计起来也比较困难。

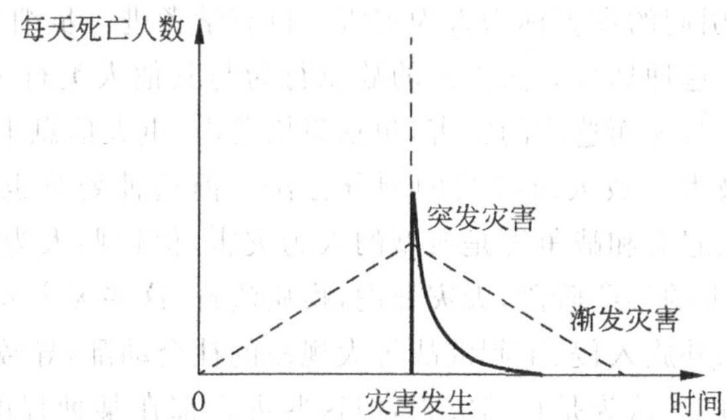

图3-2 渐发灾害与突发灾害每天死亡人数

表3-1 渐发灾害与突发灾害造成的死亡比例(1900—1999)

灾害类型		死亡比例/%
渐发灾害	饥荒(干旱)	86.9
突发灾害	洪水	9.2
	地震和海啸	2.2
	暴风雨	1.5
	火山爆发	0.1
	滑坡	<0.1
	雪崩	忽略不计
	野火	忽略不计

资料来源：Blaikie(2004)。

根据灾害影响的范围，可以把灾害分为个体灾害、局部灾害、区域灾害和全域灾害，个体灾害主要指发生在部分个体的灾害，是孤立的灾害，如小范围的火灾、建筑物倒塌等，这类灾害的受灾范围极其有限，涉及的人数比较少；局部灾害是指在某一基本行政单位的灾害，如一个县或一个城市内发生的灾害，如城市内涝；区域灾害是指跨区域的灾害，多个行政区域都受到严重影响，如流域性洪水、台风、地震、区域性雪灾等；全域灾害主要指全国范围内或全地区范围内的灾害，受灾人群和受灾面积基本涵盖整个地区或国家。这里的灾害影响范围只是相对的概念，并没有绝对的划分。

按照破坏程度的不同，可以把灾害分为损失性灾害、破坏性灾害和毁灭性灾害。损失性灾害主要指破坏力比较弱，只是减少了系统收益，对于系统的构成要素没有实质性损坏，一般也不会造成大量人员伤亡，如沙尘暴和冰雹，不严重的干旱和雪灾等也具有这种特点，这些灾害会造成减产、空气质量下降等影响，但一般不会严重破坏生产基础设施，防护得当也不会造成大量人员伤亡；破坏性灾害主要指破坏力较强，对系统的部分构成要素造成实质性破坏，损坏部分不可修复，但整个系统的大部分构成要素没有实质性破坏，系统的基本功能正常运行。如台风、城市内涝、可控火灾等。毁灭性灾害主要是指破坏力极强，对系统的绝大部分构成要素造成实质性破坏，损毁部分不可恢复，系统的基本功能无法正常运行，如大地震、大海啸等。

最常见的分类方法是根据灾害的成因也就是致灾因子来源的不同，对灾害进行不同的划分，较多学者把灾害分为自然灾害和人为灾害两类，把自然致灾因子引起的灾害称为自然灾害，而把由人为因素引起的灾害称为人为灾害。也有学者进一步细分为三类：自然灾害、技术灾害和人为灾害。这种划分方法把人的故意行为与其他人类行为区分开来，把人为灾害定义为由于人的故意行为而造成的灾害，包括恐怖袭击、重大信息干扰、重大骚乱事件等。以上划分方法是一种被大多数人所接受的划分方法。但这种划分也存在一定的缺陷：其一，人们常常认为暴动、起义和战争等是典型的人为灾害，但这些人为灾害有时却包含着自然因素，如在人类历史上的某些阶段，天灾肆虐，疾病流行，这些天灾人祸使社会稳定机制遭到破坏，引发农民起义、外族入侵、军阀混战等大规模的社会动乱，导致经济崩溃，生灵涂炭。其二，尽管一些灾害被广泛认为是自然灾害，但这些灾害都在某种程度上包含着人类活动、技术故障、社会系统失灵等人类因素，如某些气象灾害，就是由于人类活动如燃烧化石燃料等原因而造成的气候变化所引起。目前，由于人类活动而提高某种致灾因子发生概率的情况时有发生，如滑坡、洪水、地面塌陷和干旱等，发生这种情况的原因就是自然致灾因子与人类不合理使用土地和环境资源二者共同作用的结果，因此，在学术界出现了社会-自然致灾因子(social-natural hazard)的说法。实际上，几乎所有类型的灾害都在某种程度上包含着人类活动的影响，反映着人类改造和影响大自然及其生存环境的人文因素。

英国学者史密斯(Smith)把灾害中的自然因素和人为因素进行排序，并且考虑其自发性、强度和扩散(diffuse)性质，把自发性分为故意和非故意两种倾向，绘制出致灾因子谱图，详见图3-3。从左到右，表示自然因素到人为因素变化过程，左方表示自然因素占主导地位，越向右，人为因素越强。从上到下，表示致灾因子的自发性的变化，越向下则表示人的故意行为成分越多，人为因素越多则故意行为的倾向越明显。此外，上方表示强度大的致灾因子，下方表示致灾因子的扩散性越强。该致灾因子谱图从左上方到右下方的基本趋势是从地质致灾因子到气象致灾因子再到人类行为。

基于以上考虑，本书并不把人为灾害单列为一种灾害类型，而是把灾害进行进一步划分，分为四类：自然灾害、技术灾害、健康灾害和社会灾害。

自然灾害是由于极端的自然事件而导致的灾害。按照自然因素的不同可以把自然灾害分为气象灾害、地质灾害、水文灾害、生物灾害和天文灾害等。气象灾害包括飓风、热带风暴、台风、雷暴、龙卷风、冰雹、雪崩、暴风雪、高温等；地质灾害包括地震、海啸、火山喷发等；水文灾害包括洪水、干旱、风暴潮、海岸侵蚀等；生物灾害主要有病害、虫害、有害动物灾害等；天文灾害主要有陨石灾害。

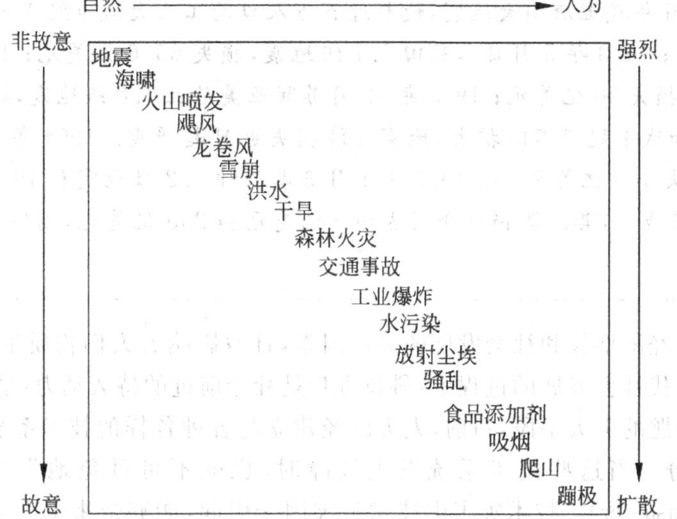

图 3-3 致灾因子谱图

阅读资料

破坏性极强的自然灾害——地震

大地震是一种破坏性极强的突发性自然灾害。在全球每年发生的约500万次地震中，实际上能够对人类造成严重危害的大地震年均仅为10次左右，但人类却为此付出了十分惨重的代价。在刚刚过去的二十世纪里，数以千计的破坏性地震袭击了世界上众多的国家和地区，造成了大约150万人的死亡和难以计数的巨大经济损失。

大地震的发生，往往在几秒至十几秒的瞬间即可释放出极具破坏力的巨大能量。从致灾的速度来讲，地震的危害无疑位居洪涝、干旱、飓风、风暴潮等各种突发性自然灾害的首位。由于成灾速度极快，地震发生时常使人猝不及防，这是地震导致严重人员伤亡的主要原因。据统计，在二十世纪发生的灾难性地震中，死亡人数达1万人以上的地震有28次，其中死亡5万人以上的地震7次，10万人以上的地震4次，20万人以上的地震2次。1902年8月发生在我国新疆阿图什的8级地震，是二十世纪第一个死亡逾万人的特大地震。1935年5月巴基斯坦基达7.5级地震、1970年5月秘鲁7.7级地震和1990年6月伊朗鲁德巴尔7.3级地震，死亡人数均超过了5万人，其中秘鲁7.7级地震造成6.68万人丧生。1908年12月意大利西西里岛7.5级地震和1923年9月日本关东8.2级地震的死亡人数分别达到12.3万和10万。1920年12月海原8.5级地震和1976年7月唐山7.8级地震，其死亡人数分别高达23.4万和24.2万，这两次地震均发生在我国大陆内部，是二十世纪里死亡人数最多的特大地震。至于过去百年内死亡人数达数百至数千的地震则更是不胜枚举。在经济损失方面，地震的危害同样令人触目惊心。例如，1906年4月美国旧金山8.3级地震，造成城市供水系统破坏，并因火炉倾倒引发大火，大火持续三天三夜，将10平方公里的市区化为灰烬，直接经济损失5亿美元；日本关东大地震，导致东京、横滨两城市严重破坏，并引起特大火灾，其中震毁房屋25.5万间，烧毁房屋44.7万间，经济损失达

28 亿美元；1976 年我国唐山大地震，使超过百万人口的工业大城市毁于一旦，经济损失逾 100 亿元人民币；1983 年 5 月日本秋田 7.7 级地震，损失 65.6 亿美元；1985 年 9 月墨西哥 8.1 级地震，损失 50 亿美元；1988 年 12 月苏联亚美尼亚 7.0 级地震，损失 100 亿卢布。随着社会发展和城市规模不断扩大，地震经济损失也日趋严重。1994 年 1 月美国洛杉矶 6.7 级地震，损失 170 亿美元；而 1995 年 1 月日本阪神 7.2 级地震和 1999 年 8 月土耳其伊兹米特 7.8 级地震，其经济损失分别达 960 亿美元和 200 亿美元，创地震历史上经济损失之最。

科技进步是经济增长和社会发展的关键因素，日益影响着人们物质生活和精神生活的各个方面。在现代社会发展的进程中，科技进步是社会前进的持久动力，是解决重大技术难题和社会发展问题的强大手段，目前，人类已经建立起各种各样的技术系统，成为人类文明的重要组成部分。当这些技术系统发生故障时，也就不可避免地发生各种技术灾害(technological disaster)。技术灾害由技术致灾因子引起，能够带来重大危机，威胁技术系统的生存能力，造成大量人员伤亡和财产损失，并且可能危及其所在的社会环境。常见的技术灾害包括核事故、工业火灾、工业爆炸、溃坝、飞机失事、电力故障、毒物污染、通信故障等。

阅读资料

切尔诺贝利核电站泄漏事故

1986 年苏联切尔诺贝利核电站事故，死亡 237 人，13.5 万人撤离家园，核污染波及北欧、东欧、西欧，损失 120 亿美元。

1986 年 4 月 26 日当地时间 1 点 24 分，苏联的乌克兰共和国切尔诺贝利核能发电厂(原本以列宁的名字来命名)发生严重泄漏及爆炸事故。事故导致 31 人当场死亡，上万人由于放射性物质的长期影响而致命或重病，至今仍有被放射线影响而导致畸形的胎儿出生。这是有史以来最严重的核事故。外泄的辐射尘随着大气飘散到苏联的西部地区、东欧地区、北欧的斯堪地维亚半岛。乌克兰、白俄罗斯、俄罗斯受污染最为严重，由于风向的关系，据估计约有 60% 的放射性物质落在白俄罗斯的土地。此事故引起大众对于苏联的核电厂安全性的关注，事故也间接导致了苏联的瓦解。苏联瓦解后独立的国家包括俄罗斯、白俄罗斯及乌克兰等每年仍然投入经费与人力致力于灾难的善后以及居民健康保健。因事故而直接或间接死亡的人数难以估算，且事故后的长期影响到目前为止仍是个未知数。2005 年一份国际原子能机构的报告认为直到当时有 56 人丧生——47 名核电站工人及 9 名儿童因患上甲状腺癌而导致死亡，并估计大约 4000 人最终将会因这次意外所带来的疾病而死亡。

技术灾害与现代工业的发展有密切的联系。现代科学技术对工业发展产生了极大的推动作用。然而，由于人们在应用工业技术中出现的行为失当和管理失误造成的各种工业事故，特别是重特大工业事故，带来了巨大的人员伤亡和经济损失。在 18 世纪，由于使用了蒸汽机，每年锅炉爆炸造成上千人死亡；石油、冶金、化工等重工业带来了大量的灾害和事故。长期以来，人们一直把重特大工业事故列为“事故”管理范畴，使管理者长期忽视这种“事故”的巨大社会影响，无形中弱化了企业应承担的社会责任和社会意识，降低了对“事故”的管理力度，为企业提升安全管理水平增设了认识上的障碍。这种“特大工业事故”或“特别重大事故”其本质是一种灾害，也就是技术灾害。

引起技术灾害的原因很多，比如人类的失误、技术因素、组织因素和社会文化因素等。人类失误是导致技术灾害的重要原因之一。人们在操作复杂的技术系统时，如果操作失误，就会造成严重的事故。一些行业，如石油、化工等行业，经常处于易燃易爆易中毒的危险环境中，存在大量的手动操作设备，由于误操作导致事故屡见不鲜，因误操作造成重大伤亡事故和经济损失也时有发生。技术因素是指技术系统的各组成部分存在技术上的缺陷，如汽车刹车系统缺陷导致交通事故的发生等。组织因素也是导致技术灾害的潜在因素，美国的曼维尔公司石棉引起员工肺病事件就含有组织因素。20世纪初，研究人员开始注意到石棉矿工人和附近居民有大量的肺病和过早死亡的病例。20世纪40年代，曼维尔公司发现石棉有可能给雇员带来致命的肺病，但管理层为了追求利润，决定隐瞒事实，也没有采取防护措施，结果造成许多工人过早死亡，后来要求经济赔偿的诉讼案件高达数千起，1982年该公司被迫申请破产。社会文化因素是指社会中被人们普遍接受的价值观，价值观也是造成技术灾害的深层次原因之一。如一些发达国家在发展中国家开设工厂，在安全维护措施方面采取双重标准，轻视发展中国家居民的生命安全。

阅读资料

印度博帕尔剧毒气体泄漏事件

1984年12月3日0时56分，印度中央邦首府博帕尔市发生了一起震惊世界的由化学物质泄漏导致的惨案，这是一起人类历史上最残酷的工业事故。

一股股浓烈的白色毒气云团从安全阀处喷射出来，这种气体形成一股浓密的烟雾，悄悄袭向博帕尔市。比空气重2倍的有毒气体，像晨雾一样依附在地面上，它随着时速6.5km的西北风，穿过贾培卡什镇和霍拉镇的街道，无声无息地进入破烂不堪的小房子里，吞噬着贫苦居民们的生命。在茫茫的黑夜中，人们因感觉窒息难忍，盲目地四处狂奔着，陷入了极度的恐慌和混乱之中。很多人头晕目眩、恶心呕吐、筋疲力尽，严重的人失去了知觉，瘫倒在地，再也起不来了。毒气又迅速笼罩了方圆40公里的市镇，并继续扩散。由于事故发生在深夜，一些人们毫无察觉，一些人们察觉后惊恐异常，有的认为是原子弹爆炸，有的认为是世界末日来临了，纷纷以各种方式争相逃命。整个城市的慌乱景象就像是一场科学幻想小说中的梦魇，许多人被毒气弄瞎了眼睛，许多人在逃命的途中倒在路旁死去，尸体成堆。

这起有史以来最大的工业污染事故，造成2万人死亡，5万多人双目失明，15万人受伤害。

博帕尔的灾难发生后，消息很快传开，世界舆论为之哗然。不少报刊纷纷载文指责美国联合碳化物总公司，指出它设在印度的工厂与设在美国本土西弗吉尼亚的工厂在环境安全的维护措施方面，采取的是“双重标准”，有着两种不同的水平：博帕尔农药工厂只有一般的安全装置；而设在美国本土的工厂除此之外，还装有计算机报警系统。此外，印度这家工厂的厂址选在人口稠密地区，而美国那个同类的工厂却远离人口稠密区。一位第三世界国家的环境保护官员说得好：“跨国公司往往把更富危险性的工厂开办在发展中国家，以逃避其在国内必须遵守的严厉限制。现在这已成为带有明显倾向性的问题。”最值得关切的就是发达国家的工业安全标准往往高于发展中国家，而某些跨国公司就是利用这个不同的标准，用设计简陋、质量低劣的设备，以帮助第三世界国家发展经济为名，在这些国家开设工厂。发生事故的“联合碳化物杀虫剂工厂”就是美国“联合碳化物总公司”在印度的分厂。事故发生后，厂方及公司受到了最猛烈的舆论攻击。

健康灾害主要包括影响人们生命安全和健康的各种疾病，如夺去大量生命的黑死病、肺结核、疟疾、霍乱、艾滋病等等。当这些疫病大范围蔓延，引起较大数量的人口患病或死亡时，就形成了健康灾害。

社会灾害包括恐怖袭击、重大骚乱事件、大规模恐慌、战争等。战争在社会灾害中最为惨烈，它甚至可以在瞬间使人员和财产在这个世界上永远消失。第二次世界大战中，美国向日本的长崎和广岛投下的两颗原子弹瞬间使这两座城市变成一片废墟。1864—1870 年，巴拉圭同巴西、阿根廷和乌拉圭的一次战争中，巴拉圭的人口从 140 万人减少到 22 万人，净减少 118 万人，占原有人口的 84.3%，活下来的人口中仅剩下 3 万名成年男人。

社会灾害的发生往往有其深刻的社会背景，为社会、经济、道德、宗教、民族和文化问题的集中爆发。恐怖活动是指恐怖分子制造的一切危害社会稳定、危及人的生命与财产安全的一切形式的活动，通常表现为爆炸、袭击和劫持人质(绑架)等形式，与恐怖活动相关的事件通常称为“恐怖事件”“恐怖袭击”等。“9·11”事件以来，恐怖袭击这种社会灾害越来越引起学者的重视[①]，纷纷发表文章论述恐怖袭击对于经济、社会等多方面的影响。

阅读资料

“9·11”事件

“9·11”事件是美国境内最严重的恐怖袭击事件。美国东部时间 2001 年 9 月 11 日早晨 8:40，四架美国国内航班几乎同时被劫持，其中两架撞击了位于纽约曼哈顿的摩天大楼世界贸易中心，一架袭击了首都华盛顿五角大楼——美国国防部所在地。世贸的两幢 110 层大楼在遭到攻击后相继倒塌，附近多座建筑也受震而坍塌，而五角大楼的部分结构被大火吞噬。第四架被劫持飞机在宾夕法尼亚州坠毁，失事前机上乘客试图从劫机者手中重夺飞机控制权。这架被劫持飞机目标不明，但相信劫机者撞击目标是美国国会山庄或白宫。

死伤者数以千计，其中，机上乘客 265 人，世界贸易中心 2650 人死亡，其中包括事件发生后在火场执行任务的 343 名消防员、若干执行采访任务的记者，以及警察、医务人员，五角大楼则有 125 人死亡。除此之外，世贸中心附近 5 幢建筑物也遭到损毁；五角大楼遭到局部破坏，部分墙面坍塌；世贸中心的两幢建筑物共使用大约 100 吨石棉，袭击事件令曼哈顿上空布满尘烟，一些标本经测试确实发现石棉成分，居住在附近的居民有可能遭受长期负面影响。

---

① 大多学者把“9·11”事件称为人为灾害。

世界贸易中心废墟的大火持续了三个月,救援人员花费更多时间清理瓦砾。其中一些残骸样本被送往美国国家标准与技术研究院(National Institute of Standards and Technology,NIST)检测,包括一根被飞机撞击过的钢筋。袭击事件后五个月,最后一名幸存者康复出院,事件后6个月,世贸遗址上的150万吨瓦砾才被完全清理干净,救援人员继续在地底下进行清理工作。

所谓骚乱或群体性事件,是指某些利益要求相同、相近的群众或者个别团体、个别组织,在其利益受到损害或者不能得到满足时,采取不当方式寻求解决问题,并产生一定社会危害的集体活动。在我国,群体性事件,一般是指受人策动,经过酝酿,最终采取集会、游行、集体上访、罢课、罢市、罢工,或者集体围攻冲击党政机关、重点建设工程和其他要害部门,或者集体阻断交通,或者集体械斗甚至集体采取打、砸、抢、烧、杀等方式,以求解决问题,并造成甚至引发某种治安后果的非法集体活动。

在我国,由于社会处于转型时期,利益格局的调整、分化、组合,使社会整体结构、社会资源结构、社会区域结构、社会组织结构及社会身份结构都在发生着重大转变。伴随着阶层、群体和组织的分化,不同社会群体和阶层的利益意识会不断被唤醒和强化,利益的分化也势必发生。在各种社会资源有限的前提下,多元化的利益群体会不可避免地相互竞争和冲突。社会分化的加速也必然会在社会成员的思想观念和意识形态结构中有所反映,人们的价值观念、思维方式、文化观念等方面将不断趋于多元化,一些与主流意识形态不同甚至相反的价值观念也会大量涌现。受各种各样的价值观念的冲击,容易导致价值体系的紊乱,从而使人们无所适从,诱发出许多社会问题,甚至会引发某些集群不规则行为,导致群体性事件的发生。

最后,值得一提的是,人们往往对地震、海啸、洪水等突发灾害给予极大的关注,而在某种程度上忽视世界范围内由于政治、宗教、文化和种族原因所造成暴力冲突给人类带来的深远灾难。从表3-2的数据可以看出,1900—1999年间,由于政治暴力而死亡的人数达2.7亿,占因灾死亡人数的62.4%。

表3-2 灾害死亡数量(1900—1999)

死亡原因	死亡数量/百万	比例/%
政治暴力	270.7	62.4
渐发灾害	70	16.1
突发灾害	10.7	2.3
流行病	50.7	11.6
公路、铁路、航空和工业事故	32	7.6
合计	434.1	100

我们根据产生灾害的首要原因进行分类,而这种分类是一个会被经常用到的技术。当灾害被认为是引起人身伤害和财产伤害的原因时,总有一些人为的或技术的保护措施。因此,尽管灾害被认为是自然灾害,但一定程度上和社会和技术实践有关联。实际上,人为因素对所有的灾害类型都有影响。然而有意思的是,事实上人们同时也认为社会灾害,例如叛乱等也不完全是人们自身造成的,而是包括了一些自然的因素。那么,将灾害根据产生的原

因划分成不同的类别，永远不可能是有完全准确的边界的。不同种类的风险之间存在相互作用和重叠。人们可以通过暴露的方式对风险进行分类：吸入风险、摄取风险、污染风险、暴力风险和气温风险。除通过人为和自然的影响划分外，也可以通过脆弱性和灾害强度对灾害和风险进行分类。

二、全球灾害信息数据库简介

由于对灾害相关信息需求的不断增加，在世界范围内应运而生出许多不同级别的灾害数据库。国际灾害数据库有流行病灾害研究中心(Centre for Research on the Epidemiology of Disasters，CRED)管理和维护的紧急灾害数据库(Emergency Events Database，EM-DAT)、慕尼黑再保险公司灾害数据库 NatCat 和瑞士再保险公司数据库 Sigma；区域灾害数据库有拉美和加勒比地区灾害信息中心数据库(Network for social studies on disaster prevention in Latin America，La RED)、亚洲减灾中心(Asian Disaster Reduction Center，ADRC)的数据信息；国家级灾害数据库的代表有澳大利亚紧急管理灾害数据库(Emergency Management Australia Disasters Database，EMA)；县级灾害数据库的代表为南非灾害事件监测绘图与分析数据库(Monitoring，Mapping，and Analysis of Disaster Incidents in South Africa database，MANDISA)；还有针对具体灾种的灾害数据库，如收录地震灾害信息的美国地质调查局数据库(United States Geological Survey Database，USGS Database)；此外，还有在国家级别上的具体灾种的灾害数据库。

EM-DAT 数据库是国际上最为重要的免费灾害数据资源之一，在国际灾害管理与研究界得到广泛应用。1988 年，世界卫生组织(WHO)与比利时鲁汶大学(Universite Catholique De Louvain)流行病灾害研究中心共同创建了紧急灾害数据库(Emergency Events Database，EM-DAT)，并由 CRED 负责维护该数据库。该数据库的主要目的是为国家和国际层面的人道主义行动提供服务，为灾害准备作出合理化决策，为灾害脆弱性评估和救灾资源优先配置提供依据。

作为全球的灾害数据库，EM-DAT 为国际计划、科学研究提供大量自然灾害和技术灾害数据。截至 2009 年 1 月，其核心数据包含了自 1900 年以来全球 17 000 多例大灾害事件及其损失数据，数据库每日更新，按月进行进一步核实，每年年末对数据进行修订。公共访问的信息须经经验证且不同信息源相互核对以后每三个月更新一次，提供数据的免费下载服务，网址：http：/www. em-dat. be。该网站对数据收集所采用的方法进行了全面清晰的解释，以便数据下载者了解数据情况，合理使用数据。网站中提供的数据可以分别依据国家、灾害类型或者时间进行查询或下载。这些数据是从联合国、国际组织、政府、非政府组织、保险公司、研究机构以及出版机构等各种数据源经过收集汇编而成，其中，对数据的选取优先考虑采用联合国机构、政府和红十字会与红新月会国际联合会提供的灾害数据。

CRED 对收录灾害的界定为“超过当地的处置能力需要国家或国际社会给予外部援助的情况或事件；一种不可预见或突然发生的导致重大损失、破坏或人员伤害的事件”。至少满足以下标准之一的灾害才被收录在数据库之中：

(1) 报道有 10 人或以上人员死亡；

(2) 报道有 100 人或以上人员受到灾害影响；

(3) 宣布紧急状态；

(4) 请求国际援助。

EM-DAT 数据库收录的灾害分为自然灾害、技术灾害和复杂突发事件。收录信息包括：受影响国家名称、灾害类型、灾害发生的起止日期和地点、死亡人数、受伤人数、无家可归人数、受影响人数、影响总人数、评估的经济损失。自然灾害类型分为生物灾害(各种传染病)、地质灾害(地震、火山喷发、崩塌、雪崩、滑坡等)、气候灾害(热浪、寒潮、干旱、野火)、水文灾害(洪水、山洪暴发、暴风雨等)、气象灾害(热带气旋、雷暴、龙卷风等)。技术灾害包括原油泄漏、爆炸、气体泄漏、辐射、中毒等。

第3节 脆弱性

一、脆弱性的概念

"脆弱性"是灾害风险管理研究中的一个重要概念。因为脆弱性不同,发生同样的致灾因子,灾害损失的结果就不同,例如发展中国家的相对损失率远超过发达国家。有统计表明,发展中国家灾害损失经常会达到超过 GDP 的 10%的数额,但在发达国家中,这个数值很难高于 3%。

脆弱性这一词汇是从英文"vulnerability"一词翻译而来,在我国也有学者把它翻译成易损性,通常的含义是容易受到破坏或伤害意思。目前,脆弱性这一概念已经成为一个贯通自然科学和社会科学的重要概念,广泛应用于气候变化、环境变化、生物物理、风险管理和灾害管理研究之中。由于研究对象的不同,脆弱性的定义也存在很大差异,目前并没有一致认可的概念。如在自然科学领域,其研究对象往往是自然生态系统,研究者经常从研究环境变化角度定义生态环境的脆弱性；社会科学的研究对象是社会人文经济系统,学者们的定义多注重人类社会脆弱性的生命与健康、经济与政治、生态与环境等。即使在同一研究领域,学者们对于脆弱性的理解也不尽相同。尽管人们对脆弱性的认识不同,但这一概念却可以在很大程度上帮助我们理解风险和灾害。长期以来,人们存在这样的观念,风险和灾害仅仅与不可避免或不可控制的自然现象紧密相连,而脆弱性分析框架超出了这一经验认识,因为人们逐渐认识到,我们很难把人类活动从灾害中分离开来。

20 世纪 70 年代,英国学者把"脆弱性"的概念引进到自然灾害研究领域。1976 年,奥基夫等人在《自然》杂志上发表了一篇题为《排除自然灾害的"自然"观念》的论文,作者指出,自然灾害不仅仅是"天灾"(act of God),由社会经济条件决定的人群脆弱性才是造成自然灾害的真正原因。脆弱性是可以改变的,应该排除自然灾害的"自然"观念,采取相应的预防计划减少损失,可以说,把"脆弱性"概念引进到自然灾害分析过程中,是重视灾害发生发展过程中的人文因素的具体表现,强调了人类社会在与致灾因子相互作用过程中的重要性。

在灾害经济背景下,一般认为,脆弱性是指个人、团体、财产、生态环境等易于受到某种特定致灾因子影响的性质。脆弱性关注的是研究对象内在的风险因素,强调灾害中的人类因素,反映个人和由物质、经济、社会和环境等构成的集合体易于受到影响或破坏的状态,表明其易于受到致灾因子影响的特征。2009 年修订的国际减灾战略的定义较好地说明了脆弱性的含义:"社区、系统或资产易于受到某种致灾因子损害的性质和处境"。

二、脆弱性与致灾因子互为条件关系

一方面，没有致灾因子，也就谈不上脆弱性。远离大洋的内陆地区，不可能受到台风的影响，也就谈不上这一地区关于台风的脆弱性；另一方面，如果某一系统对于某种极端的自然现象来说是不脆弱的，那么这种自然现象也就不能称其为致灾因子。脆弱性是针对某种特定的致灾因子而言的，致灾因子不同，即使同一研究对象的脆弱性也会不同。如达不到建筑规范要求的房屋对于地震致灾因子来说具有较高水平的脆弱性，但干旱往往不会对这样的房屋造成威胁。一个地区也是一样，如果该地区地势比较低洼，排水不畅，可能对洪水具有较高的脆弱性，但相对大风却具有较好的抵御能力，脆弱性较低。

阅读资料

脆弱性的不同理解

不同的人对脆弱性有不同的理解，学者也往往根据自己所研究的领域提出不同的概念。据联合国大学环境与人类安全研究所统计的减灾核心术语显示，关于脆弱性的概念就有37种之多，以至于伯克曼(Birkmann)在《衡量自然致灾因子的脆弱性》一书中坦陈："我们依然要处理一个矛盾的问题，我们的目的是要衡量脆弱性，但是我们却不能准确地界定脆弱性"。下面列举几种概念，有兴趣的读者可以进一步参阅联合国大学网站和相关文献。

1. 国际减灾战略2004年提出的脆弱性的定义：

"由物质、社会、经济和环境因素或进程所决定的状态，这一状态提高社区对致灾因子影响的敏感性。"

2. 联合国开发计划署(UNDP)给出关于人类脆弱性的概念：

"决定人们受到特定致灾因子影响的可能性和范围，由物质、社会、经济和环境因素所形成的人类处境和过程。"

3. 政府间气候变化专门委员会(IPCC)2001年在报告《2001年气候变化》描述气候变化背景下的脆弱性：

"系统对于气候变化，包含气候变异及极端气候，易于受到影响(susceptible)或不能处理的程度。"

4. 联合国救灾组织(UNDRO)于1991年在《减轻自然灾害，现象、影响和选择》手册中提出的脆弱性的概念：

"脆弱性用来表示期望损失的程度，如用修理费除以置换的成本，范围从0到1，是致灾因子强度的函数。"

5. 特纳(Turner)2003年提出的脆弱性概念：

"脆弱性可以广义定义为一个特定的系统、子系统或系统的成分由于暴露在灾害、压力或扰动下可能受到的伤害程度。"

6. 亚历山大(Alexander)在2000年出版的著作《面对巨灾-自然灾害新视角》中给出的定义：

"如果风险是硬币的一个面，那么另一面就是脆弱性，我们可以宽松地定义为潜在的损失或其他不利的影响。"

资料来源：联合国大学网站。

三、影响脆弱性的因素

影响脆弱性的因素是多方面的，经济、社会、文化、环境、政治以及人的行为态度等都会在某种程度上影响研究对象的脆弱性。如建筑达不到防灾设计要求、财产防护措施不到位、公众风险意识薄弱、政府灾害风险管理水平低下等都会提高脆弱性。人们往往把这些因素进行归类，划分为四类，分别是物理因素、经济因素、社会因素和环境因素，但这四方面因素并不是相互独立的，而是相互影响、相互作用，如我们不可能完全抛开物质因素单独讨论经济因素、社会因素和环境因素，如图 3-4 所示。与这四种因素相对应，脆弱性也可以分为物理脆弱性、经济脆弱性、社会脆弱性和环境脆弱性。

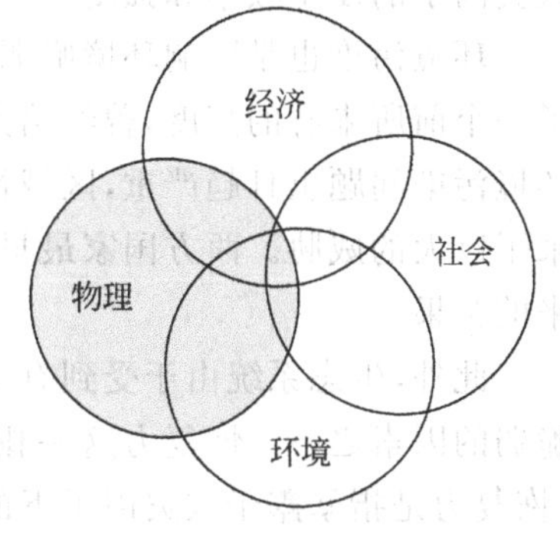

图 3-4 脆弱性因素之间的相互作用

（一）物理脆弱性

物理因素是影响脆弱性的物质因素，主要是指由工程结构所构成的人类建筑环境，如房屋、厂房、设备、大坝、公路、桥梁以及水、电、气等资本资产和基础设施。物理脆弱性可以用建筑本身的设计、建筑材料和是否符合建筑规范等描述，也可以用不合适的地理位置或错误的时间、错误的位置等来描述，如建筑物建在工程地质条件存在缺陷的地段，地基的承载力无法达到要求或是存在沉降问题，都有可能遭受某种地质灾害的破坏。我们常常用暴露元素(exposure)概念来说明位于危险地区的财产和建筑物，暴露元素有时也被称为风险元素(elements at risk)。暴露元素不仅包含财产和建筑物，按照联合国国际减灾战略的定义，“暴露是指位于危险地区易于受到损害的人员、财产、系统或其他成分，可以用某个地区有多少人或多少类资产来衡量暴露元素”。理论上来说，暴露元素可以通过建立资产清单的方式来描述，财产清单应该包括财产的类型、数量、价值、用途和空间分布等项目。其中，表明财产或基础设施等是如何暴露在有关致灾因子之中的空间分布非常重要，针对某种特定的致灾因子可以用暴露元素地图的方式来说明暴露元素的空间分布。

（二）经济脆弱性

经济因素也是决定系统脆弱性的重要方面。从宏观经济层面上看，经济发展、经济结构、财政资源、国际贸易情况都会对系统的脆弱性产生影响。如果一个系统的经济发展水平较高、财政资源丰富，一方面，该系统就可以运用资源作好灾前的准备工作，同时具备较高的应对灾害的能力，并且有可能从灾害的影响中较快恢复过来。另一方面，具备较高经济发展水平的系统往往具备建设高质量交通、通信、供水、供电和医疗等基础设施的能力，具有较为先进的早期预警系统，从而具有较高的抵御灾害的能力。从微观层面上看，脆弱性水平依赖于个人或团体的经济地位，穷人尤其是其中的妇女和老人，往往比富人具有更高的脆弱性。

（三）社会脆弱性

社会脆弱性与个人、团体或社会的福利水平相联系。影响脆弱性的社会因素很多，包括教育水平、社会治安、管理体系、社会公平、传统、宗教信仰、意识形态和公共卫生及基础设施等多方面。

（四）环境脆弱性

影响环境脆弱性的主要因素有自然资源的损耗和环境退化。目前，越来越严重生物灭绝、土壤退化和水资源缺乏威胁着人们赖以生存的农田、森林、草场和海洋环境，威胁着人们的食品安全。长期以来，人类对自然界实行掠夺性的利用，如乱垦滥伐、乱牧滥采等，造成土壤侵蚀、土地沙化、森林枯竭、草原退化，从而加剧了洪水、风沙、干旱、滑坡、山崩、泥石流等致灾因子的发生频率和强度。

环境污染也是影响环境脆弱性的重要因素。18 世纪兴起的产业革命，使人类文明达到了一个前所未有的高度，曾经给人类带来希望和欣喜。然而，随着工业化速度的不断加快，环境污染问题也日趋严重，区域性乃至全球性的灾害事件层出不穷，给人们的生命和健康带来了巨大的威胁。西方国家最早享受到工业化所带来的繁荣，也最早品尝到环境污染所带来的苦果。

此外，生态系统由于受到有毒、有害物质的污染而缺乏恢复力(resilience)也是造成环境脆弱的因素之一。恢复力这一概念广泛应用于灾害管理领域，按照国际减灾战略的定义，“恢复力是指暴露于致灾因子下的系统、社区或社会及时有效地抵御、吸纳和承受灾害的影响，并从中恢复的能力，包括保护和修复必要的基础工程及其功能”。生态系统的恢复力是指生态系统抵御各种致灾因子的影响并从灾害影响中恢复过来的能力。

四、脆弱性的变化

脆弱性不是静止不变的，它随时间的变化而变化，是一个动态的过程。

首先，脆弱性水平随着社会经济的发展而不断变化，但二者并不具有完全的负相关关系，也就是说脆弱性并不总是随经济发展而降低。经济发展是一个长期的过程，因此脆弱性的变化也较为缓慢。下面用图 3-5 示意性地加以说明。图中横轴表示经济发展水平，越向右表示经济发展水平越高，原点表示最不发达，最右方用完全工业化来表示。两个纵轴分别表示脆弱性水平和减灾支出水平，越向上表示脆弱性水平越高和减灾支出水平越高。

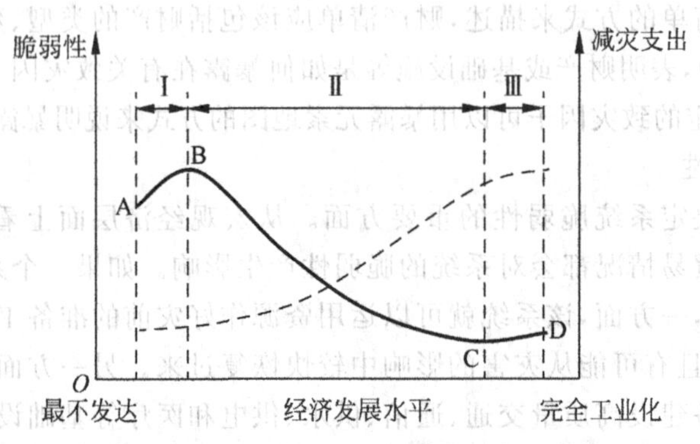

图 3-5　脆弱性与经济发展水平的关系

按照脆弱性与经济发展水平的关系可以分为三个阶段，从点 A 到点 B 为第一阶段，从点 B 到点 C 为第二阶段，从点 C 到点 D 为第三阶段。

第一阶段，当经济发展处于点 A，即最不发达阶段的起点时，囿于经济发展水平的限制，社会没有资源和能力通过减灾等手段降低脆弱性，这时的脆弱性水平较高。从 A 点到 B 点的变化过程中，经济发展水平不断提高，在这一阶段尽管社会财富不断得到积累，但总体经济发展水平依然较低，人们没有强烈的意愿采取措施保护处于风险中的财产，也就是说，财富的增长速度高于减灾投入的速度，使得更多的财富暴露在风险之中，人们的应对能力相对下降，因此，这一阶段的脆弱性并没有随着经济发展而降低，反而有所提高，在B点脆弱性水平达到最高点。许多刚刚起步的发展中国家把较多的社会资源用于经济发展，忽视防灾减灾措施和提高风险管理水平，往往具有最高的脆弱性。

第二阶段，B点以后，随着经济发展，人们用于减灾的投入也增加，系统抵御灾害的能力提高，脆弱性不断降低，一直达到图中的C点，这时的脆弱性水平最低。这时的社会协调发展，不仅强调经济发展，而且不断采取减灾措施降低社会脆弱性。这一阶段脆弱性变化的特点是随着经济发展水平的提高而降低。

第三阶段，当经济发展达到较高水平时，尽管减灾投入较高，但因为社会财富总量巨大，处于风险之中的财富数量也有较大幅度地增加，这时脆弱性反而会有所提高，达到图中的D点。这解释了发达国家遭受灾害损失时，其财产损失数量占GDP的比重较小，即相对数量较低，但绝对数量往往比发展中国家高一些。这一阶段脆弱性变化的特点是随着经济发展水平的提高而提高。

其次，脆弱性也会由于受到某种突发致灾因子或灾害的影响而显著发生变化。当人们由于冲突而成为难民或由于地震毁坏了房屋而无家可归时，这时脆弱性显著提高，人们更加容易受到未来致灾因子的影响。我们可以用图3-6来说明脆弱性随灾害影响的周期性变化过程。图中虚线表示理想情况下脆弱性随发展过程由高到低的变化过程，折线表示实际脆弱性的变化。在没有灾害影响的理想情况下，脆弱性会随着发展水平的提高而逐步降低，在实际情况下，由于个人、组织、社会或系统等经常受到一系列灾害的影响，灾害对系统的冲击会抵消一部分发展的成果，如图所示，当灾害1发生后，脆弱性显著提高，改变了原来的变化轨迹。在灾害2来临之前，脆弱性又随着发展过程而不断降低，灾害2重复第一次灾害的影响过程，造成脆弱性上升，只是影响程度可能会有所不同，如图中灾害3较大幅度地提高了脆弱性。

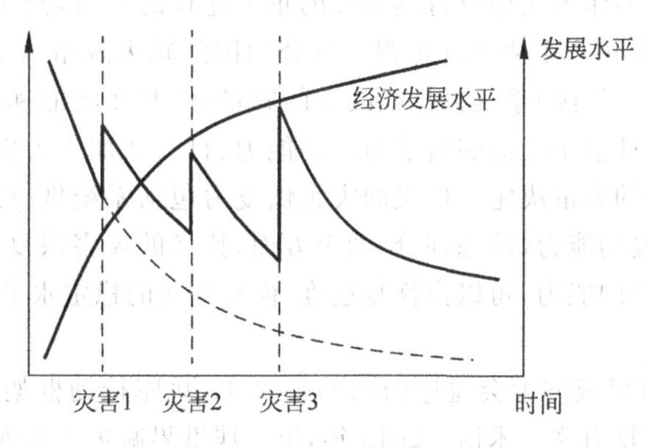

图3-6　灾害对脆弱性的影响

以上我们说明了脆弱性随着经济发展和受到灾害影响情况下的变化过程。此外，我们说脆弱性随时间变化而变化，还在于考察时间不同脆弱性也会不同，即使影响脆弱性的其他方面没有变化。如季节不同，人们的脆弱性不同，寒冷的冬季会使人们抵御某些致灾因子的能力降低。即使在一天之内，人们的脆弱性也会发生明显的变化。在一天的24小时中，人类活动和休息的场所是在变化的，晚上在户内的人数远多于户外的人数，且夜晚人们易于受到致灾因子的影响,应对灾害的能力会明显降低。据一些研究资料显示,发生在晚上的地震造成人员的死亡人数,要比发生在白天的多得多,午夜前后发生地震造成人员的死亡数,要高出中午前后发生地震导致生命损失的1倍以上,显示出地震发生时刻与死亡人数具有很强的相关性。如我国唐山大地震就是在晚上人们熟睡时发生,造成大量人员伤亡。

第4节 恢复力

一、恢复力定义

恢复力(resilience)源自拉丁文“resilio”,即弹回的意思。在力学中,恢复力是指材料在没有断裂或损伤的情况下,储存应变能发生弹性变形并在荷载去除后恢复到初始状态的能力。20世纪70年代以后,这一概念越来越具有比喻意义。如美国生态学家霍林(C. S. Holling)将恢复力引入到生态系统稳健性的研究中,并将其定义为系统吸收干扰并继续维持其功能、结构、反馈等不发生质变的能力。生态学家用这个概念描述系统在经过暂时的扰动之后又恢复到平衡状态的能力。在国际上,一些从事生态学和生态经济学研究的科学家还成立了一个“恢复力联盟”,认为恢复力的含义有三:系统可以吸收扰动的水平;系统自组织的能力;系统建设、增强学习能力与适应能力的程度。目前,恢复力这一概念已被广泛应用在涉及人类和自然相互作用的多学科工作中,如工程技术、组织行为、安全建设规划、灾害管理和环境演变响应等。

Timmerman把恢复力和脆弱性联系起来,定义恢复力是系统或系统的一部分承受灾害事件的打击并从中恢复的能力。Adger定义社会恢复力为人类社会承受外部对基础设施的打击或扰动(如灾害、社会、经济或政治的剧变)的能力及从中恢复的能力。随着全球对灾害关注的日益增加,恢复力作为实施可持续发展的重要途径之一,得到了生态、环境灾害和气候变化等诸多学科的共同关注和高度重视。联合国国际减灾战略(UN/ISDR)基于自然灾害定义的恢复力为社会(社区)系统抵抗或改变的容量,使其在功能和结构上能达到一种可接受的水平,该水平由社会系统能够自己组织的能力、自己增加学习能力和适应能力(包括从灾害中恢复的能力)的容量决定。广义的灾害恢复力包括系统抵抗致灾因子打击的能力(静态部分)和灾后恢复的能力(动态部分)两个方面,狭义的灾害恢复力则只包括系统灾后调整、适应、恢复和重建的能力,可以由恢复速度、恢复到新的稳定水平所需时间和恢复后水平等变量来表征。

2005年,第二届世界减灾大会通过的《2005—2015兵库行动框架:建立国家和社区的灾害恢复力》中采用恢复力这一术语。2015年,第三届世界减灾大会通过了《2015—2030仙台减轻灾害风险框架》,决定在减灾方面设立七大目标和四大行动优先事项,优先事项之一为“投资于减轻灾害风险,以增强恢复力”,至此,恢复力作为衡量灾害系统的一个属性被引入减轻灾害和应急管理领域。在减灾和应急管理领域中,恢复力是指暴露于致灾因子下的系统、社区或社会及时有效地抵御、吸纳和承受灾害的影响,并从中恢复的能力,包括保护和修复必要的基础工程及其功能。

二、恢复力的特性和维度

物理系统或社会系统的恢复力包括稳健性、快速性、冗余性和资源量四种特性。稳健性为系统在没有出现功能退化或功能丧失的条件下，抵御给定压力的能力；快速性指为了尽快吸纳损失、避免后期破坏，系统完成首要任务和实现目标的能力；冗余性是系统、系统元件或其他分析单元可替换的程度；资源量是评定现有资源可供系统调配的丰富程度，以及系统部分受损时，识别问题、建立优先次序、合理调配资源的能力。其中，稳健性和快速性是恢复力的两大本质特性，即恢复力重点关注性能的损失和恢复的速度，冗余性和资源量则是提高恢复力的有效途径。

图 3-7 描绘出恢复力的两大本质特性。恢复力的测量以系统性能 Q 为参考，性能的变化区间为 0～100%，100%代表系统没有出现任何失效，0 意味着系统功能完全丧失。假定系统的稳健性为 Q^*，为系统最大可接受性能损失。假定系统的快速性为 t^*，为系统最大可接受恢复时间。假定灾前系统性能保持稳定，在 t_0 时刻发生地震，从而导致系统性能 Q 急剧下降(图 3-7 中实线)，从 100%降到 Q_1，其后系统稳健性逐渐恢复，在 t_1 时刻系统完全恢复。从图中可以看出，$Q_1>Q^*$，表明系统的稳健性没有达到稳健性标准。$t_1<t^*$，表明系统的快速性达到快速性标准。

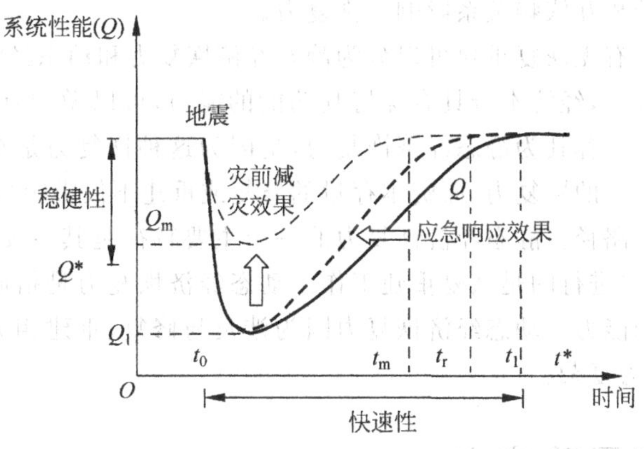

图 3-7　恢复力的二维模型

恢复力的稳健性和快速性可以通过灾前减灾措施进行调整。存在减灾措施的系统性能如图 3-7 中虚线所示。若灾前采取了一些减灾措施，则地震发生后，系统性能下降到 Q_m，下降幅度减小，表明减灾措施可以提高系统的稳健性。这时，系统性能损失小于最大可接受性能损失，即 $Q_m<Q^*$，说明系统的稳健性达到了稳健性标准。从快速性上来看，采取减灾措施后，系统性能恢复速度加快，恢复所需要的时间进一步减少，且 $t_m<t_1<t^*$，可以更好地达到系统快速性要求。

灾后的应急响应同样可以改变系统的稳健性和快速性。如图中加粗虚线所示，当地震发生后，系统稳健性下降到 Q_1，灾后的应急响应可以加快稳健性恢复的时间，同一时刻系统性能高于没有应急响应的性能，系统性能完全恢复的时间为 t_r，比时间 t_1 要短。

有学者把恢复力概念化成相互联系的技术(technical)、组织(organizational)、社会(social)和经济(economic)4 个不同的维度，即 TOSE 维度空间模型。恢复力中的技术维度是指物理系统在灾害中实现可接受的性能或实现期望达到的性能的能力。恢复力中的组织维度是指组织制定正确的决策和采取有效行动的能力。社会维度指只指采取减轻灾害损失措施的能力；经济维度恢复力指系统降低直接及间接经济损失的能力。

三、经济恢复力

灾害发生前，可以通过减灾措施提高经济抗灾能力，从而达到减少经济损失的目的。但在没有减灾措施和外来援助的情况下，经济本身也具有一定的自动恢复机能，经济本身所具有的这种内在的减少损失并从灾害影响中恢复过来的能力，称为经济恢复力。具体地说，经济恢复力是指经济对灾害所产生的内在的、具有适应能力的、能够使其避免一定潜在损失的能力。与灾前的减灾不同，个人或组织对灾害不仅仅产生被动的反应，经济恢复力强调的是灾后经济的能动反应。

恢复力可以发生在微观经济、中观经济和宏观经济三个不同的层面上。微观经济层面为公司、家户和组织的个体行为；中观经济层面是经济部门、个别市场或合作组织的行为；宏观经济层面为所有个体单元和市场的组合，包括它们的相互作用。微观经济中，个体恢复力一般与商业和组织的具体运行有关。中观经济的市场恢复力与个体恢复力密切相关；在市场中，价格作为“看不见的手”能够指导资源在灾后流向最佳场所。在宏观经济层面，有大量牵涉价格和数量的相互依赖关系影响着恢复力。

经济恢复力按照有无恢复重建可以分为静态经济恢复力和动态经济恢复力。静态经济恢复力是指在受灾以后，经济本身具有保持其功能的能力，可以做到有效配置现有的资源，从而减少灾害的影响。称其为静态经济恢复力，是因为这种恢复力是在没有资本存量修复或重建的条件下所产生的恢复力，而资本存量的修复或重建不仅影响当前经济，而且也影响未来经济恢复的时间路径。静态经济恢复力的一个主要特征是其主要影响需求一方，而不是供给方，供给方主要进行的是恢复重建工作。动态经济恢复力是指通过修复或重建资本存量加速经济恢复的能力。动态经济恢复力因为涉及与修复、重建相关的长期投资问题以及贸易问题，所以更为复杂。

第5节　灾害风险定义

一、灾害风险概述

(一) 灾害风险的内涵

从灾害风险的认识过程上看，富尼埃·达尔贝(Fournier d'Albe，1979)深入研究了自然灾害背景下的风险概念，比较完整地理解了风险的基本内涵。他强调风险不仅在于自然现象的强度，而且在于暴露元素的脆弱性。联合国救灾组织(UNDRO，1991)定义了自然灾害背景下的风险概念，认为风险是由于某一特定的自然现象、特定风险与风险元素引发的后果所导致的人们生命财产损失和经济活动的期望损失值；2004年，联合国国际减灾战略把风险的概念扩大到自然灾害和人为灾害，将风险定义为自然致灾因子或人为致灾因子与脆弱性条件相互作用而导致的有害结果或期望损失(人员伤亡、财产、生计、经济活动中断、环境破坏)发生的可能性。其在2009年术语表中的表述更加简化，即为事件发生概率与其负面结果的综合，并且定义了灾害风险的概念，未来的特定时期内，特定社区或社会团体在生命、健康状况、生计、资产和服务等方面的潜在灾害损失。目前，国内外灾害风险研究机构和学者根据风险提出了一系列关于自然灾害风险定义及表达式。

如 Maskrey(1989)定义自然灾害风险是自然灾害的总损失，Morgan 和 Henrion(1990)定义风险是灾害可能影响和损失的暴露性，联合国减灾组织 UNDRO(1991)定义风险是致灾因子、风险因素和脆弱性的乘积，联合国救灾组织 UNDHA(1992)定义风险是一定时间和区域内某种致灾因子可能导致的损失，包括人员伤亡、财产损失和经济影响，并通过数学方法计算致灾因子和脆弱性得到风险损失。Adams(1995)认为风险可以通过可能性和不利影响来综合度量。Smith(1996)则直接给出风险等于致灾因子发生概率和损失的乘积。de la Cruz Reyna(1996)定义风险=(致灾因子×暴露性×脆弱性)/灾害准备。Helm 定义风险=致灾因子发生概率×灾情(损失)。Tobin 和 Montz(1997)定义风险是灾害发生概率与期望损失的乘积。Downing(2001)认为风险是一定时间和区域内容中某种致灾因子可能导致的损失，包括人员伤亡、财产损失和经济影响。IPCC(2001)定义风险=发生概率×影响程度。UN(2002)定义风险=(致灾因子×脆弱性)/恢复力。UNISDR(2009)认为风险是事件发生概率与其负面结果的综合。

总结上述灾害风险定义有以下三大类：

(1) 基于风险定义，将灾害风险定义为一定概率条件的损失；

(2) 基于致灾因子定义，将灾害风险定义为致灾因子发现的概率(可能性)；

(3) 基于灾害系统理论定义，认为灾害风险是致灾因子、暴露性和脆弱性三者共同作用的结果，并强调人类社会自身的脆弱性在灾害形成中的作用，即人类自身活动会对灾害造成“放大”或者“减缓”的作用。在自然灾害领域，基于灾害系统理论的定义更加符合现代防灾减灾理念。

因此，灾害风险的定义可以是危险性、暴露性和脆弱性的叠加。灾害脆弱性定义是指给定危险地区存在的所有财产由于潜在的危险因素而造成的伤害或损失程度；暴露是指可能受到危险因素威胁的所有人和财产等；危险性是指人、财产、系统或功能遭受损坏威胁的频率和严重程度。

从以上定义可以看出，灾害风险包含了两个因素：致灾因子和脆弱性。风险的大小不仅与致灾因子有关，而且与人类社会的脆弱性密切相关，这种观点已经得到广泛认同。首先，风险与致灾因子密切相关，在其他各种因素相同的条件下，致灾因子的强度、频率越大，则风险越大。其次，脆弱性不同的人群或地区，即使面临完全相同的致灾因子(如同样强度的地震)，其期望损失也会不同，即面临不同的风险。一个易于理解的例子是：同样是横渡大洋的两个人，一个乘坐飞机，而另外一个人划着小船，两个人面对的都是同样的风浪，即致灾因子相同，但脆弱性不同，因此，两个人发生不幸的风险显然是不同的。因此，即使致灾因子无法改变时，只要我们可以采取必要的措施减小社会的脆弱性，也会减小致灾因子对社会的影响，达到减少损失的目的。

因此，自然灾害指自然致灾因子的变异超过一定的程度，对人类生命、社会经济发展和环境等造成损失的事件。自然灾害风险则是指未来可能达到的灾害损害程度及其发生的概率可能性。比较公认的一定区域自然灾害风险是由自然灾害危险性(hazard)、暴露(exposure)和承灾体的脆弱性或易损性(vulnerability)3 个因素相互综合作用而形成的。

(二) 灾害风险的表达

前面已经讲到灾害风险，一般灾害风险是一个事件的发生概率和它的负面结果之和。而这个解释同国际标准化组织/国际电工委员会指南(ISO/IEC Guide)上的73条定义非常接近。“风险”一词有两个完全不同的含义：普通用法把重点放在机会或可能性上，如“一起事故的风险”；而在专业领域内，重点通常放在后果上，如根据某个特定的原因、地点和时间阶段所出现的“潜在损失”。灾害风险是潜在的生命、健康状况、生计、资产和服务系统的灾害损失，它们可能会在未来某个时间段里、在某个特定的社区或社会发生。灾害风险是由不同种类的潜在损失构成的，通常很难被量化表达。无论如何，运用人类对现存致灾因子、人口结构和社会经济发展的知识，至少可以在一个宽泛的定义下评估和图示灾害风险。人们往往用多种数学表达式来说明灾害风险与这两个因素的关系，常见的表达式有以下两个：

$$\text{灾害风险} = \text{致灾因子} \times \text{脆弱性} \tag{1}$$

$$\text{灾害风险} = \text{灾害发生概率} \times \text{损失} \tag{2}$$

其中，式(2)也有把损失写成结果的，这里的结果与损失具有相同的含义，即

$$\text{灾害风险} = \text{灾害发生概率} \times \text{结果}$$

需要说明的是，上式只是一个虚拟的函数，并不是一个真正的数学公式，只是采用数学表达式的形式来说明评估风险的各个组成部分。很多学者认为灾害风险的形成除与危险性、易损性有关外，灾害的准备能力(preparedness capability)也是影响和制约灾害风险的重要因素，故而灾害风险的表达式应为 $DR = HEVC$。张继权进一步认为灾害风险模型除包括危险性、易损性和暴露性三种因素以外，社会的防灾减灾能力(emergency response and recovery capability)也是影响和制约灾害风险的重要因素，进而提出新的灾害风险表达式为 $R = HVEC$，自然灾害危险性 H 是指造成灾害的自然变异的程度，主要是由致灾因素及其活动的规模(强度)和活动频次(概率)决定的。一般灾变强度越大，频次越高，灾害所造成的破坏损失越严重，灾害的风险也越大。承灾体的易损性 V，是指承灾体在遭受到自然灾害时所造成的伤害或损失程度，其综合反映了自然灾害的损失程度。一般承灾体的脆弱性或易损性愈低，灾害损失越小，灾害风险也越小，反之亦然。承灾体的脆弱性或易损性的大小，既与其物质成分、结构有关，也与防灾力度有关。从灾害风险生成的动力学角度看，在构成自然灾害风险的4项要素中，社会防灾减灾能力与灾害风险生成的作用方向是相反的，即特定地区的防灾减灾能力越强，灾害危险性、易损性和暴露性生成灾害风险的作用力就越会受到限制，这恰恰是加强社会防灾减灾能力建设的意义之所在。因此，自然灾害风险模型应为 $R = HVEC$。因为，有效的防灾减灾能力对自然灾害风险的生成是重要的制约因素，一个社会的防灾减灾能力越强，生成灾害的其他因素的作用就越受到制约，灾害的风险因素也会相应地减弱。在危险性、易损性和暴露性既定的条件下，加强社会的防灾减灾能力建设将是有效应对日益复杂的自然灾害和减轻灾害风险最有效的途径和手段。

阅读资料

风险表达式

为了进行风险大小的比较，人们常常选用某种算子对有关的变量进行数学组合，对灾害风险有不同的定义，相应风险的表达也有一些差异。

下面列举一些学者和机构的风险表达式：

Maskrey(1989)提出的风险表达式为

风险＝致灾因子＋脆弱性

Smith(1996)和亚洲减灾中心(2005)的风险表达式为

风险＝概率×损失

Tobin和Montz(1997)提出的风险表达式为

风险＝概率＋脆弱性

Jones和Boer(2003)提出的风险表达式为

风险＝概率×结果

联合国国际减灾策略(UNISDR)2004年提出的风险表达式为

风险＝致灾因子×脆弱性

二、灾害风险的变化

灾害风险包含了致灾因子和脆弱性两个因素，当致灾因子的强度、频率或人类社会的脆弱性发生改变时，风险水平也会发生变化，如图3-8所示。

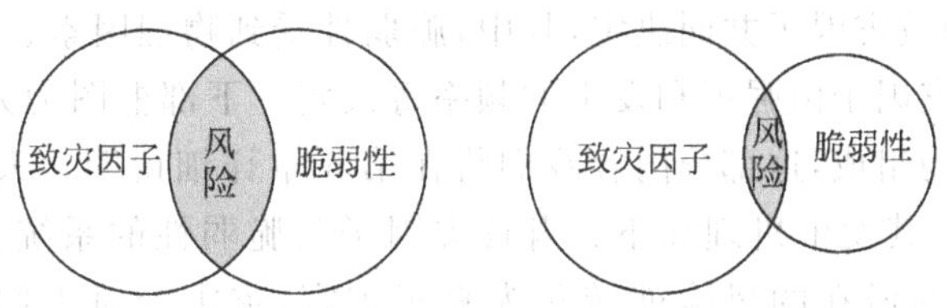

图3-8 风险与脆弱性关系

在目前的科技发展水平和经济条件下，人类可以通过多种方式改变自然致灾因子和人为致灾因子，降低其发生的频率和强度，从而达到降低风险的目的。一些自然致灾因子如地震，在现有科技水平下还难于预测和改变，但可以通过提高人们的风险意识、提高风险管理水平或建立健全建筑法规等方式降低社会的脆弱性，降低风险水平。

当研究具体的资本资产或基础设施所面临的风险时，这时我们关注的脆弱性就是这些物质的物理脆弱性，风险就可以包含处于危险环境中的暴露元素，相应的风险公式可以表示为：风险(R)＝致灾因子(H)×暴露元素(E)×脆弱性(V)或风险＝f(概率(致灾因子)，损失(暴露元素，脆弱性))，或者写成$R=H\times E\times V$和$R=f(P(H),L(E,V))$的形式。

降低物质资产的风险不仅可以通过降低脆弱性的方法得到，也可以通过减少暴露元素的方法来降低致灾因子可能带来的损失。如图3-9(a)所示，用三个圆分别代表致灾因子、脆弱性和暴露元素。风险为致灾因子、脆弱性和暴露元素三者的交集，在初始状态下，交集面积较大，表示资产的风险较高。当暴露元素向右移动，表示暴露在致灾因子中的资产数量减少，如果脆弱性也随着降低，如图3-9(b)所示，则三者的交集就较小，资产面临损失的风险也就得到降低。减少危险地区的暴露元素可以通过制定法律法规的方法，限制在易受灾地区进行建筑，也可以通过提高对风险的社会认知，改变人们在易受灾地区居住和建筑的意愿，从而达到减少暴露元素的目的。

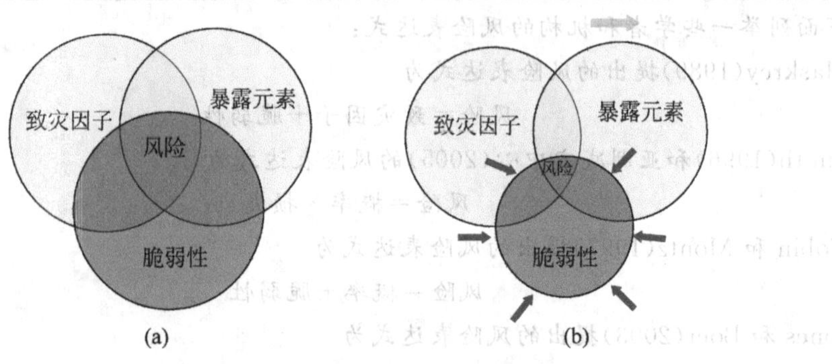

图 3-9 风险的变化

也有学者用风险三角形的形式来说明风险与暴露元素、致灾因子和脆弱性之间的关系，如图 3-10 所示。当暴露元素、致灾因子和脆弱性三者之间的任何一个或几个发生变化时，风险都会发生相应的变化。

三、风险与灾害、人类行为的关系

图 3-11 描绘出自然因素和社会因素相互作用的动态系统。上部框图表示风险，风险水平的高低由脆弱性和致灾因子共同决定，其中，脆弱性受到物理因素、经济因素、社会因素、环境因素的影响，致灾因子由强度和发生的频率等决定。下部框图为人类行为，由减灾、准备、响应和恢复等行为组成，这部分内容我们将在第 6 章详细说明。人类的行为可以影响致灾因子和脆弱性。其发生机理如下：当致灾因子与脆弱性的系统相互作用，超过了人们的应对能力时，这时潜在的风险就转化为真正灾害，灾害会对人们的行为产生一定的影响，促使社会采取相应的措施降低脆弱性或影响致灾因子，降低致灾因子发生的强度或频率。

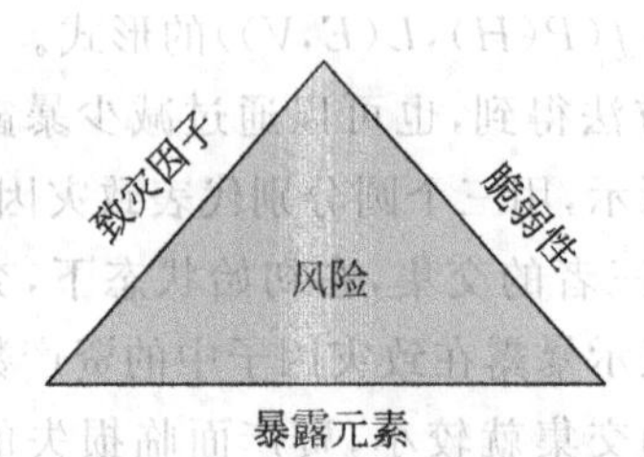

图 3-10 风险三角形

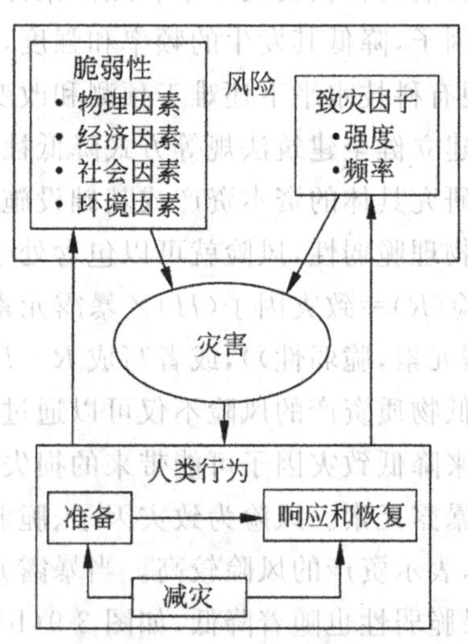

图 3-11 风险与灾害、人类行为的关系

本章小结

本章首先分析了致灾因子与灾害的关系、灾害应对能力、灾害的定义、属性、分类；然后，系统阐述了脆弱性的概念、脆弱性与致灾因子的关系、脆弱性的影响因素及其变化特点；接下来论述了恢复力的定义、恢复力的特性和维度以及经济恢复力的定义；最后，对灾害风险进行了概述，分析了灾害风险的变化规律、灾害风险与人类行为的关系，并给出灾害风险的定义。

关键术语

1. 致灾因子(hazard)：致灾因子是可能造成财产损失和人员伤亡的各种自然现象和社会现象，为一种对生命或财产的潜在危险。

2. 灾害(disaster)：灾害定义为一个社区或社会功能被严重打乱，涉及广泛的人员、物资、经济或环境的损失和影响，且受到影响的社区或社会难以仅凭自身资源去应对。

3. 脆弱性(vulnerability)：在灾害经济背景下，一般认为，脆弱性是指个人、团体、财产、生态环境等易于受到某种特定致灾因子影响的性质。2009 年修订的《国际减灾战略》的脆弱性定义为：社区、系统或资产易于受到某种致灾因子损害的性质和处境。

4. 恢复力(resilience)：所谓恢复力是指系统或系统一部分承受灾害事件的打击并从中恢复的能力。基于自然灾害定义的恢复力为社会(社区)系统抵抗或改变的容量，使其在功能和结构上能达到一种可接受的水平，该水平由社会系统能够自己组织的能力、自己增加学习能力和适应能力(包括从灾害中恢复的能力)的容量决定。

5. 灾害风险(disaster risk)：联合国国际减灾战略将其定义为自然致灾因子或人为致灾因子与脆弱性条件相互作用而导致的有害结果或期望损失(人员伤亡、财产、生计、经济活动中断、环境破坏)发生的可能性。2009 年再次定义灾害风险为在未来的特定时期内，特定社区或社会团体在生命、健康状况、生计、资产和服务等方面的潜在灾害损失。

本章参考文献及进一步阅读文献

[1] 黄崇福，刘安林，王野. 灾害风险基本定义的探讨[J]. 自然灾害学报，2010，19(6)：8-16.

[2] 黄崇福. 自然灾害基本定义的探讨[J]. 自然灾害学报，2009，18(5)：41-48.

[3] United Nations International Strategy for Disaster Reduction (UNISDR). Living with Risk: A Global Review of Disaster Reduction Initiatives [M]. Geneva: UN Publications, 2004.

[4] Barry E, et al. A Social Vulnerability Index for Disaster Management [J]. Journal of Homeland Security and Emergency Management, Berkeley Electronic Press, 2011, 8(1).

[5] 黄崇福. 自然灾害风险分析[M]. 北京：北京师范大学出版社，2005.

[6] 高庆华. 自然灾害系统与减灾系统工程[M]. 北京：气象出版社，2008.

[7] 李学举. 中国的自然灾害与灾害管理[J]. 中国行政管理，2004(8)：23-26.

[8] 张继权. 主要气象灾害风险评价与管理的数量化方法及其应用[M]. 北京：北京师范大学出版

社,2007.

[9] 唐彦东.灾害经济学[M].北京:清华大学出版社,2011.

[10] 赵思健.情景驱动的区域自然灾害风险分析原理与应用[M].北京:北京师范大学出版社,2011.

[11] Maskrey A. Disaster Mitigation: A Community Based Approach [J]. Oxford England Oxfam,1989.

[12] Morgan M G,Henrion M. Uncertainty: A Guide to Dealing with Uncertainty in Quantitative Risk and Policy Analysis [M]. London: Cambridge University Press,1990.

[13] United Nations International Strategy for Disaster Reduction(UNISDR). Terminology on Disaster Risk Reduction [J]. Abyadh, 2009,8(2): 95-105.

[14] UNDRO. Mitigating Natural Disasters Phenomenal Effects and Options A Manual for Policy Makers and Planners. New York,UNDRO,1991.

[15] UNDP. Reducing Disaster risk: a Challenge for Development [R]. 2004.

[16] Smith K. Environmental Hazards: Assessing Risk and Reducing Disaster (2nd edition) [M]. New York: Routledge,1996.

[17] Helm P. Integrated Risk Management for Natural and Technological Disasters [J]. Tephra,1996,15(1): 4-13.

[18] Stenehion P. Development and Disaster Management [J]. Australian Journal of Emergency Management,1997,12(3): 40-44.

[19] IPCC. Climate Change 2000: Impacts,Adaptation and Vulnerability,Summary for Policymakers[R]. WMO,2001.

[20] Cardona O D,et al. Indicators of Disaster Risk and Risk Management Summary Report for WCDR. Program for Latin America and the Caribbean IADB UNC/IDEA,2004: 1-47.

[21] Wiedeman P. Risk as a Model for Sustainability [J]. 2003: 22-25.

[22] Barry E. Flanagan,et al. A Social Vulunerability Index for Disaster Management [J]. Journal of Homeland Security and Emergency Management,2011,8(1): 1-22.

[23] UNDRO. Mitigating Natural Disasters Phenomenal Effects and Options A Manual for Policy Makers and Planners [J]. New York: UNDRO,1991.

[24] Dacy D. C,Kunreuther H. The Economics of Natural Disasters: Implications for Federal Policy [M]. HeinOnline,1969.

[25] Sorkin A. L. Economic aspects of natural hazards [M]. Lexington Books,1982.

[26] Blaikie P,Cannon T,Davis I. At Risk: Natural Hazards,People's Vulnerability and Disasters [M]. Psychology Press,2004.

[27] Birkmann J. Measuring Vulnerability to Natural Hazards: Towards Disaster Resilient Societies [M]. Tokyo: United Nations University Press,2006.

[28] Schneiderbauer Slefan,Ehrlich Daniele. Risk,Hazard and People's Vulnerability to Natural Hazards [R]. 2004.

[29] Alexander D. Confronting Catastrophe: New Perspectives on Natural Disasters [M]. Oxford University Press,2001.

问题与思考

1. 有人认为,灾害是指自然发生或人为产生的、对人类与人类社会具有危害后果的事件与现象,如何理解这种说法?

2. 你对"灾害和灾害损失是不可避免的"这句话如何理解?说明致灾因子与灾害的关系。

3. 如何理解脆弱性与致灾因子之间的关系？
4. 脆弱性怎样随着经济的变化而变化？为什么？
5. 灾害风险与人类行为之间存在怎样的关系？
6. 恢复力的定义是什么？有哪些维度，你怎样理解经济恢复力？
7. 灾害有哪些分类？恐怖活动是灾害吗？为什么？
8. 如何理解灾害的社会属性和自然属性及灾害应对能力？

第4章

灾害风险管理基础

自然灾害和技术灾害以及恐怖袭击等社会灾害可能导致灾难性后果,即大量的人员生命损失,个人、国家和社会的财富损失等。尽管人类社会受到灾害打击的真实经历和媒体报道会提高相关个人和公众对灾害风险的敏感意识,但是,令人遗憾的是这种风险意识随着时间的逝去会逐渐淡漠,备灾的重要性也常常被忽视。从事防灾减灾的人员往往需要花费大量时间和精力模拟灾害系统并总结分析其机理,进而启发人们管理灾害风险。其实,灾害的风险管理是最大的保险,防患于未然是最有效的减灾思想。科学评估和管理风险并作出正确的决策或选择是我们社会和谐发展和进步的关键。根据经济学边际效用递减理论的普遍性特点,风险效用曲线也具有向下凹普遍性,即人们对风险的规避态度也是普遍的,这是人们进行风险管理的基本原因。实际上,即使不考虑损失,仅仅就风险本身而言,也有管理的必要。本章主要内容包括:风险管理的起源与发展、风险管理概念及其分类;风险成本概念;我国灾害管理的历史与现状;国外灾害风险管理现状。

第1节　风险管理概述

一、风险管理的起源和发展

从文明伊始直到今天,人类一直同各种天灾共存,如地震、洪水等直到今天依然威胁着人类的生存。当人类步入工业革命时代,科技进步、发展的同时也带来了技术灾害(也称人为灾害),如工业事故、火车出轨、隧道火灾、空难、溃坝、核事故等灾害,严重影响人类正常的生活基础。风险管理的思想同其他文明思想一样,也是社会生产力、科学技术、经济法律等上层建筑发展到一定阶段的人类思想文明的产物,借鉴国内外灾害风险管理前人的研究成果,总结归纳的风险管理的发展历程,大体可分为四个阶段:风险管理思想启蒙阶段、技术风险管理阶段、技术与保险融合的风险管理阶段、综合风险管理阶段。

（一）风险管理思想启蒙阶段

古人防范自然灾害通常采用简单和直接的方法，这体现了原始朴素的风险管理意识。例如古人一般把房屋建设在比较高的地方，以防止水灾，很多古城内的建筑一般都是坐落在这座城市地势比较高且平坦的地方。几千年前甚至几百年前，各种宗教信仰为人类平安起了重要的心理安慰作用，例如我国古代人们修建龙王庙祈祷龙王庇护，以规避水旱灾害，期待风调雨顺的丰收年；古希腊人遇到困难和抉择时会向希腊神——皮提亚——德尔菲的圣人来请教和咨询。

随着人类社会文明和经济的不断进步和发展，理性的风险管理思想源自于人类为了满足自身的需求和欲望造成的灾害。如关于责任风险的概念来自《汉谟拉比法典》，该法典大约在公元前1870年发布关于建筑的规定：如果建筑者建造的房屋结构不坚固，或者建造的房屋倒塌，导致屋主死亡，那么建筑者负有法律责任，将被宣判死刑。关于货物保险的概念则是来自巴比伦和希腊的海上船运保险。公元前4000年，我国长江皮筏商人懂得将自己的货物分放在其他商人的筏子上运送货物，这样一旦有一只皮筏出了事故，自己的货物也不至于全部受损，这也许是我国最早的风险分散思想，这种风险分散思想与现代投资风险理论中“不要把所有的鸡蛋都放在一个篮子里”的思想相似。我国清朝山西商人为避免金银被劫匪抢夺，把金子铸成圆圆的大金蛋，这样劫匪不好抢运，也是体现了风险规避的思想。我国春秋战国时期老子的《道德经》中“其安易持，其未兆易谋。为之于未有，治之于未乱”是最早记载的风险管理的思想启蒙。“其安易持，其未兆易谋”是说没有灾难的时候容易维持下去，事未发生之时容易计划；因此，需要“为之于未有，治之于未乱”，亦即是说，没有发生之前就要先做好，还没有乱，就要治理好。这正是体现了风险管理的思想本质，即防患于未然是风险管理的宗旨。

关于风险管理制度，其实古代的政府就已经开始干预和介入。最早的风险管理制度与规范可以参见火灾和交通事故的管理，例如古罗马的交通安全规则和前面提到的《汉谟拉比法典》的建筑法规，但是，由于生产力和科学技术发展水平有限，该阶段风险管理的技术和措施是落后的，原始的。

（二）工程技术风险管理阶段

技术与保险分离的风险管理阶段应该从近代第一次工业革命到20世纪70年代，首先，这一阶段采取以“工程万能”为主导的风险管理思想，重点是从技术层面上对工程进行风险管理。风险分析在化工领域经历了相似的发展历史，20世纪70年代发生几次重大化工事件，如1976年意大利塞维索工厂环己烷泄漏事故，造成30人伤亡，迫使22万人紧急疏散；1984年，印度博帕尔的农药厂联合碳化物公司发生事故，40多吨甲基异氰酸盐泄漏，造成两万多人丧生，这是世界上后果最严重的化学灾难。这些灾难触发了后来的化工领域的风险分析和风险管理的进一步发展，英国的HSE(1978)首次进行了全方位的风险分析，提出量化可接受和可容忍风险的数量标准，并在英国和荷兰得到应用和实施。20世纪末，风险管理技术广泛应用到各个行业，如水利工程、能源工程和信息技术领域。

到了20世纪70年代末，社会科学家们开始有关社会可接受风险的探讨。心理学家开启了风险感知探讨和相关因素分析，风险管理技术广泛应用于经济领域。1952年，哈里·马科维兹完成了风险分析在经济领域的重要应用，即数学上证明了证券投资组合理论，即“不把所有鸡蛋放在一个篮子里”能获得相同收益而承担较低的风险。今天，风险管理成为公司理财和投资决策的关键内容，并且成为大多数大型公司投资经营策略的核心内容，风险理论在金融保险领域发挥得淋漓尽致，异彩纷呈。例如，金融领域的各种衍生工具和投资理财产品，与其说是金融是融通资金，还不如说是管理金融风险，保险更是经营风险的行业。

安全通常被认为是社会和经济发展的基本需要，安全同样也是个人发展的基本需要，关于这一点我们可以从心理学家马斯洛的人的需求层次看出，安全是仅次于空气、水和食物的第二层次的需求。环境不安全就需要不断重复修补和补偿损害而进行大的投资，这种情况必然限制经济和社会的发展。从历史上来看，由于资源的匮乏和配置的失误导致饥荒和疾病，并进而影响人的健康和寿命。随着社会的发展，人们对期望寿命增长的意愿，人们将更加关注小概率的意外事件。2001 年美国"9・11"事件发生后，恐怖主义向风险评估与管理提出了新的挑战。恐怖事件对人的期望寿命边际贡献影响较小，但是这些事故能带来巨大损失和社会混乱。尽管预测恐怖主义的行为是非常困难的，但是，风险评估与管理为保护社会脆弱性提供了有用的信息和措施。

风险管理决策在早期是基于常识、一般性知识、反复试验、非科学知识和信仰的决策。风险分析起源较早，最初源于赌博的激励，但是在 18、19 世纪才真正发展起来。20 世纪下半叶，风险分析被引入化学和核工业领域，并为这些领域提供了系统和持续的设计和管理这些系统的标准，20 世纪后期风险分析已经广泛应用于各个行业领域。

在现代社会中，绝对地区分技术灾害和自然灾害是不科学的，某种程度上也是难以区分的。尽管自然灾害的致灾因子来自人类生活居住的自然界，但是自然灾害风险的大小却是取决于人们的生活生产决策和行为，例如，决定居住在火山附近和选择在某一地区建筑堤坝都将最终影响这些地方的自然灾害风险的大小。

历史告诉我们，每一次风险方法与技术、风险管理规章与制度和防灾减灾系统的发展与进步都是始于灾难事件的发生，这种灾难给人类社会带来巨大的损害，甚至是威胁人类生存。每一次灾害发生后，人们都不断引进新的防灾减灾系统，采用更加严格的规章制度，基于风险分析，为社会价值提供充分安全保障，应用风险管理技术能够进行灾前准备和应对，而不仅仅是灾后的应急反应。

（三）工程技术与金融保险相融合的风险管理阶段

现代风险管理理论在 20 世纪 50、60 年代产生于美国。20 世纪 50 年代，美国的大公司发生了多次重大损失事件，促使公司和政府认识到风险管理的重要性。1953 年，美国通用汽车公司的自动变速装置厂失火造成了巨额的经济损失，1948 年美国的钢铁行业工人团体人身保险福利及退休金问题诱发了长达半年的工人罢工，也带了难以估量的损失。这两件事成为风险管理发展历史上的标志性事件，美国的企业界开始认识到危机与风险对于企业经营可能的冲击与影响，加速了风险管理理念的产生，使得风险管理在美国企业管理界蓬勃发展起来。

1956 年 9 月，美国学者 Gallagher 最早使用风险管理概念，其在《哈佛商业评论》发表了论文"风险管理：成本控制新阶段"(Risk Management: a New Phase of Cost Control)。1957 年，美国保险管理学会(the american society of insurance management，ASIM)开始重视风险管理教育，成立教育委员会协助美国各大学推广风险管理课程。全球第一个风险管理课程由著名旅美华人学者段开龄博士与美国保险管理学会联合筹备，并在 1960—1961 年间开设。1932 年创立的"美国大学保险教师学会"于 1961 年更名为"美国风险与保险学会"

(ARIA),其著名的期刊《保险学报》(Journal of Insurance)也于1964年更名为风险与保险学报(Journal of Risk and Insurance)。20世纪60年代,各类组织开展"自我保险"(self-insurance)和"自我保护"(self-protection)或是损失预测(loss-forecast)工作。因此,这一阶段也是工程安全和技术风险管理与保险的融合阶段,并逐步进入企业风险管理职能的范畴内,包括工程技术安全与保险融合的完整的"风险管理"概念,风险控制和风险融资理论成为现代风险管理重要组成部分。20世纪70年代,国际上的风险管理开始运用系统工程和运筹学的理论与方法,提出了"全面风险管理"(total risk management)理论。美国保险管理学会也于1975年改名为"风险与保险管理学会"(the risk and insurance management society,RIMS)。

(四)综合风险管理探索阶段

第四个阶段风险管理是从1980年至今,称为综合风险管理探索阶段。1986年苏联发生的切尔诺贝利核电站事故极大地影响了风险管理的发展方向与研究内容,启示人们,今天的风险管理不仅要注重研究技术与财产,还要注重人的行为与社会文化经济背景。这一阶段的主要特征是,大量的环保、法律、政策、心理等研究人员和政府官员等参与到风险管理的工作中来,并逐步占据主导地位,实现技术风险管理和非技术风险管理共同处理应对风险,即综合风险管理思想。

20世纪90年代以后,企业风险管理理论和实践的发展远远超过了其开始的初衷——管理纯粹风险(损失风险)。风险被定义为损失发生的不确定性,损失发生的不确定性应该理解为损失发生在时间、空间、频率和严重程度上的不确定性。例如1992年美国佛罗里达州南部的安得鲁飓风灾难,1998年中国长江特大洪水,这阶段风险管理也开始步入国际化的阶段,风险管理的实践也进入全面综合的风险管理阶段。日本冈田宪夫(1995)等提出的"综合风险管理"理念,被社会广泛应用,并日益向着科学化和系统化的方向发展。联合国减灾战略减灾十年和兵库计划都提出以灾害风险综合管理为主导的风险管理思想,以国际风险管理协会(IRM)为代表的国际组织,各个国家科研和教育系统也都建立相应的风险管理研究机构。

在社会不同的发展阶段,风险损失发生的不确定性也是不同的。在现代社会,由于自然、社会、政治、经济、文化、法律、宗教和种族等相互作用和冲突,科学技术的突飞猛进,经济的全球化和金融的自由化,加之高速发展的城市化,使人口和财产在"某一时空"上高度集中和高度流动,因而更容易发生由各种自然风险因素、社会风险因素、政治风险因素、经济风险因素、文化风险因素和技术风险因素等孕育的公共巨灾风险,使大量社会组织、个人和政府可能遭受重大潜在社会和经济损失,甚至各种风险因素可能会叠加形成混合的风险因素。

特别是进入21世纪,危及整个社会系统稳定和安全的"公共风险"屡屡发生,甚至成为一种普遍的现象。例如2001年美国纽约"9·11"事件、2003年中国北京"非典"事件、2004年印度洋海啸、2008年汶川地震、2010年海地地震、2010年的智利地震和2011年日本福岛地震及核泄漏事件等。虽然这些灾害风险事件发生的原因和背景各不相同,但它们都给所在国家和地区造成了巨大的财产损失、人身伤亡、环境破坏、心理和精神痛苦以及文化与价值观的改变。值得注意的是,由于公共风险引起世界各国普遍关注,政府意识到管理风险是极其重要的任务,也是为本国公民谋福祉的重要战略。因此,这一阶段典型特征是政府参与的综合风险管理,并且主导公共风险的管理,建立国家综合风险管理体系。

二、风险管理概念

(一) 风险管理

英国特许保险学会(CII)定义广义的风险管理是指为了减少不确定性事件的影响,通过组织、计划、安排、控制各种业务活动和资源,以消除各种不确定性事件的不利影响。美国 Scott E. Harrington 在其出版的《风险管理与保险》中,着重从管理过程的角度来认识风险管理,包括风险识别、衡量潜在的损失频率和损失程度、开发并选择能实现企业价值最大化的风险管理方法、实施所选定的风险管理方法并进行持续地监测。挪威学者马文·拉桑德在其著作《风险评估》中定义风险管理为目标是识别、分析、评价系统中或某项行为相关的潜在危险的持续性管理过程,寻求并引入风险控制手段,消除或减轻这些危险对人员、环境或其他资产的潜在伤害。我国台湾学者袁宗尉在《保险学——危险与保险》中定义的风险管理是指在对风险的不确定性及可能性等因素进行考察、预测、收集分析的基础上制定出包括识别风险、衡量风险、积极管理风险、有效处置风险及妥善处理风险所导致损失等一整套系统而科学的方法。Jones 和 Hood 两位教授以实证论(positivism)与后实证论(post-positivism)的思维指出,风险管理系指为了建构风险与回应风险,所采用的各类监控方法与过程的统称。Steven Fink 认为,风险管理是指组织对所有危机发生因素的预测、分析、化解、防范等等而采取的行动,这是狭义的风险管理概念。

一般认为,风险管理是指个人、家庭、组织或政府对可能遇到的风险进行识别、分析和评估,并在此基础上对风险实施有效的控制和妥善处理风险所致损失的后果。但从非传统的观点而言,风险管理系指如何与风险共处(living with risk)的建构过程,为有效管理可能发生的事件及降低其不利影响,进行风险决策与管理措施的过程。归纳国内外学者关于风险管理的定义,一般认为风险管理系指组织或个人如何整合运用有限的资源,使未来事件发生的风险成本最低的管理过程。

我国风险管理国家标准 GBT 23694—2009 给出的风险管理定义是指导和控制某一组织与风险相关问题的协调活动,这里的风险管理通常包括风险评估、风险处置、风险承受和风险沟通。

本书综合国内外学者关于风险管理的定义,认为风险管理是组织或个人对风险进行风险识别、风险评估、风险控制和风险融资、沟通协商和监督控制等一整套系统而科学的评估方法和管理措施。

从某种程度上来说,风险管理实际上是一个循环过程,在此过程中,风险管理者会应用监控及复核所产生的反馈结果来不断改进风险的识别、评估和处理过程。灾害风险管理特别是自然灾害风险管理涉及针对每一类风险的识别和筛选、评估、选择和实施适当的风险管理措施,并对其进行监控和复核,必须保证将风险降低至可接受的水平,同时,还要必须努力降低未来发生的灾害的概率和后果。

(二) 风险管理概念框架

风险管理包括风险识别、风险估计、风险分析、风险评价、风险评估、风险处置等诸多概念,这些概念构建的风险管理概念框架如图 4-1 所示。风险分析包括风险识别和风险估计,广义的风险评估包括风险分析和风险评价的全过程。风险管理包括风险评估和风险处置的全部内容。这里需要注意:广义的风险评估包括风险评价,本书涉及的风险评估是指狭义的

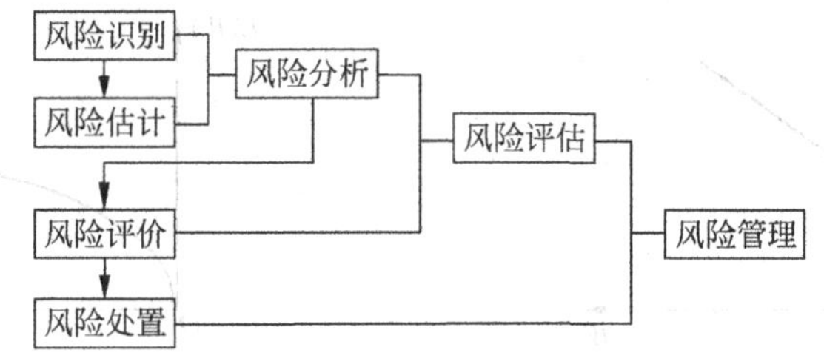

图 4-1　风险管理概念的构成框架

风险评估，即风险估计。

三、风险管理分类

风险管理按照主体不同可以分为个体风险管理、企业风险管理、社会风险管理和国家风险管理等。

（一）个体风险管理

个体风险管理主要是指个人对其自身所面临的风险进行识别、评估、评价和管理决策的过程和方法，包括对个人生命和财富的风险管理。个体风险管理离不开效用、风险偏好这两个概念。所谓效用简单说就是人们在某一特定时期、从某一特定组合中获得满足的程度。效用函数是指人们面对各种选择的时候，某种选择和选择所导致的特定结果——财富水平、闲暇时间、社会声望、荣誉感、安全感等带来的生理和心理满足程度之间的关系。决定个体效用函数的是个人的风险偏好，风险偏好就是风险态度，风险态度是指人们承担风险的意愿。人们的风险态度可分为三类：风险爱好者（risk lover）、风险厌恶者（risk averter）和风险中性者（risk neutral）。

举例：假定消费者面临一张彩票：中彩概率是10%(P)，可得1000万元(W_1)；不中彩概率是90%($1-P$)，所得为零(W_2)。

分析：这张彩票的期望收入值为 $PW_1+(1-P)W_2=10\%\times1000+90\%\times0=100$（万），假设有稳定的货币收入 $W_0=100$ 万，比较消费者对稳定收入的态度和对彩票期望收入的态度，即可判断他是哪种类型。下面分别分析风险中性者、风险厌恶者和风险爱好者的性质和特点：

(1) 风险中性者

若消费者认为确定性收入的效用等于不确定期望收入的效用，即

$$U(W_0)=P\cdot U(W_1)+(1-P)\cdot U(W_2)$$

则该消费者属于风险中性者。风险中性者的效用函数具有财富数量的增加导致满足程度的上升和边际效用恒定两种性质，如图4-2所示。

(2) 风险厌恶者

若消费者认为确定性收入的效用高于不确定期望收入的效用，即

$$U(W_0)>P\cdot U(W_1)+(1-P)\cdot U(W_2)$$

则该消费者属于风险厌恶者。风险规避的效用函数满足两个假设：一是财富数量的增加导致满足程度的上升，二是边际效用递减，如图4-3所示。

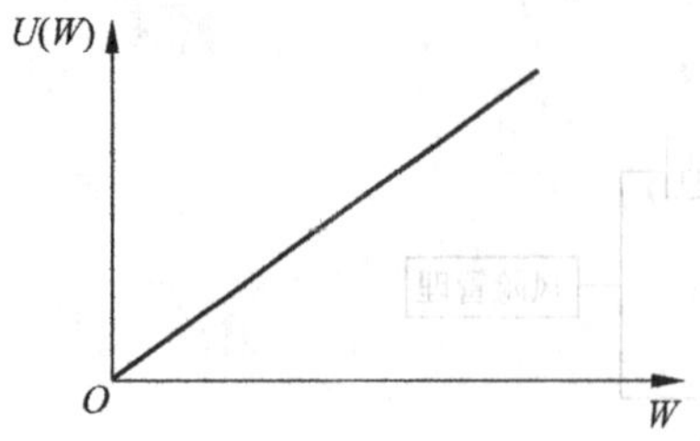

图 4-2　风险中性者的效用函数曲线

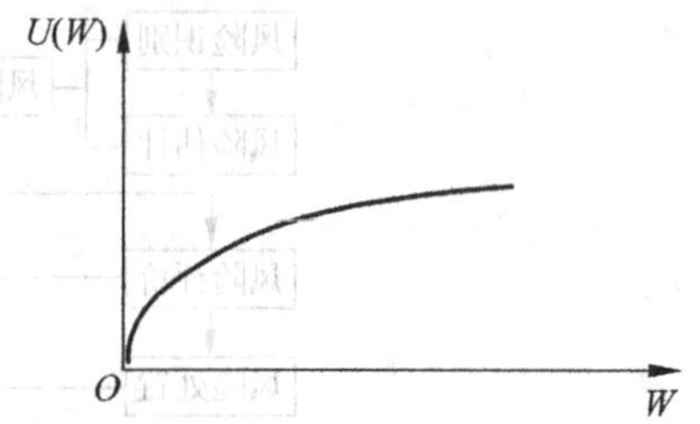

图 4-3　风险厌恶(规避)者的效用函数曲线

(3) 风险爱好者

若消费者认为确定性收入的效用低于不确定期望收入的效用,即

$$U(W_0) < P \cdot U(W_1) + (1-P) \cdot U(W_2)$$

则该消费者属于风险爱好者。风险爱好的效用函数满足以下两个假设:一是财富数量的增加导致满足程度的上升,二是边际效用递增,如图 4-4 所示。

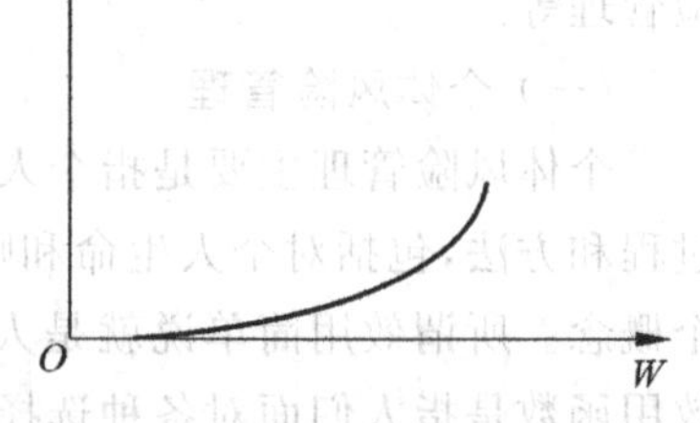

图 4-4　风险爱好(偏好)者的效用函数曲线

丹尼尔·卡伊曼(Daniel Kahneman,2002 年诺贝尔经济学奖获得者)的一个研究结论是:人们面对风险时,更在意的是输赢成败,是财富的变化,而不是最终财富的多少。通常来讲,已经得到的东西又失去,同没得到某物相比,前者的痛苦要远大于后者。因此,转移风险的手段——保险保障的恰恰是人们现有的资源,包括物质资源(财产、利益和信用)和人力资源(人的生命和身体),所以保险带给人们的效用也会大于保险费带来的效用。当前,保险的前提条件仍然是针对风险厌恶者。从风险厌恶者的凹形预期效用曲线来看,保险带来的预期效用增加值要大于预期效用减少值,所以理性选择应是购买保险。对于预期效用曲线是直线的风险中性者来说,风险带来的预期效用增加值等于预期效用减少值,买不买保险都没有关系。对于预期效用曲线凸形的风险爱好者来说,保险带来的预期效用增加值小于预期效用减少值,不买保险是他的理性选择。

(二) 企业风险管理

如果保险是风险管理理论与实践的源头,那么,企业风险管理理论与实践则开启了整个风险管理的时代。企业风险管理中最具代表性的是 COSO 报告,其产生的历史背景和主要内容如下。

1992 年 Treadway 委员会经过多年研究,对公司行政总裁、其他高级执行官、董事、立法部门和监管部门的内部控制进行高度概括,发布了《内部控制——整体框架》(internal control-integrated framework)报告,即通称为 COSO 报告。COSO 报告提出内部控制可用于促进效率,减少资产损失风险,帮助保证财务报告的可靠性和对法律法规的遵从。COSO 报告认为内部控制有如下目标:经营的效率和效果(基本经济目标,包括绩效、利润目标和资源、安全),财务报告的可靠性(与对外公布的财务报表编制相关的,包括中期报告、合并财务报表中选取的数据的可靠性)和符合相应的法律法规。

COSO 委员会从 2001 年起开始进行这方面的研究,于 2003 年 7 月完成了《企业风险管理框架》(草案)并公开向业界征求意见。2004 年 4 月美国 COSO 委员会在《内部控制整体框架》的基础上,结合《萨班斯-奥克斯法案》(Sarbanes-Oxley act)在报告方面的要求,同时吸收各方面风险管理研究成果,颁布了《企业风险管理框架》(enterprise risk management framework,ERM),旨在为各国的企业风险管理提供一个术语与概念体系统一的全面的应用指南。美国证券交易委员会(SEC)对该标准的认同表明 COSO 框架已正式成为美国上市公司内部控制框架的参照性标准。

COSO 企业风险管理的定义为:企业风险管理是一个过程,受企业董事会、管理层和其他员工的影响,包括内部控制及其在战略和整个公司的应用,旨在为实现经营的效率和效果、财务报告的可靠性以及法规的遵循提供合理保证。COSO-ERM 框架是现代企业风险管理理论与实践的一个指导性的理论框架,并为现代企业提供了如何进行风险管理方面的重要信息。

(三) 社会风险管理

社会风险是一种导致社会冲突,危及社会稳定和社会秩序的可能性,更直接地说,社会风险意味着爆发社会危机的可能性,一旦这种可能变成了现实,社会风险就转变成了社会危机,对社会稳定和社会秩序都会造成灾难性的影响。通常情况下,社会制度能够应对各种风险,同时它能够不断产生新的、进一步的风险,如由于社会进步所带来的现有社会制度无法处置应对的副作用与负面效应,特别是科学技术的迅猛发展带来的副作用和负面效应。

社会风险管理(social risk management)是世界银行为应对经济全球化背景下对社会发展的严峻挑战,于 1999 年提出的社会保护政策,旨在拓展现有的社会保障政策思路,强调运用多种风险控制手段、多种社会风险防范与补偿的制度安排,系统、综合、动态地处置新形势下各国面临的日趋严峻的社会风险,实现经济社会的平衡发展和可持续发展。社会风险管理是在全面系统的社会风险分析的基础上,强调综合运用各种风险控制手段,合理分配政府、市场、民间机构及个人的风险管理责任,强调通过系统的、动态调节的制度框架和政策思路,有效处置社会风险,实现经济、社会的平衡和协调发展的新的策略框架。社会风险管理的总体目标是防范和补偿社会风险所致的损失,即预防贫困等风险、促进个人发展和促进经济社会协调发展。

社会风险管理的制度框架如下:

(1) 强调综合协调政府社会保障制度、市场保险机制、家庭及民间互助机构在处置社会风险与实现社会稳定上的重要作用;

(2) 强调综合运用风险分析技术和方法,充分发挥风险控制工具、风险补偿工具的重要作用并构建社会风险预警系统。

(四) 国家风险管理

从经济贸易和金融视角,国家风险是指经济主体与非本国居民在进行国际贸易和金融往来中,由于别国的经济、政治和社会等方面的变化而遭受损失的可能性。国家风险包括主权风险和非主权风险,主权风险(sovereign risk)是由于国家的主权行为所引起的风险。国家风险不同于政治风险,因为政治风险是一国投资者在另一国的资产因该国政权、领土、法律及政策变化而可能蒙受的损失。国家风险与社会风险存在重叠,当我们把国家风险作为研究对象的时候,会发现很多社会风险是国家风险的组成部分。

国家风险管理的对象是国家及政府机关,国家风险管理可以在许多方面协助政府部门改善绩效。首先,可以强化政府所提供的各项服务;其次,提升政府部门整体资源利用率、简化管理项目、减少铺张浪费、减少营私舞弊,并推动创新各项施政目标。对国家及政府机关进行风险评估,有助于政府部门为应对这些风险事故或突发事件,作好充分的准备与对策。

根据发达国家的风险管理经验,国家风险管理有助于降低风险和消除危机,并且能够保证有效的公共服务与国家安全,保证政府的应急管理及应急预案的科学有效,风险管理在政府部门的实践,已在美国、加拿大、英国、法国、日本、澳大利亚等先进国家积极推广,这些国家主要之做法可归述如下:

(1) 建立以国家为主的风险管理机制

从国家角度来建构风险管理机制,政府在风险管理中担任主要的角色,企业、民间组织和学术机构,也充分重视并积极参与,将有限的资源整合起来,统一协调调度,或成立专门性机构,或成立综合协调机构,统一应对风险并处置风险。

(2) 加强中央和地方间的合作与统筹管理

各国基于中央或委员会与地方政府对风险专业分权管理,建立综合性的风险管理系统。

(3) 加强对灾害风险的管理,即事前作好预防

应对救灾,只是国家风险管理的一部分,重要的是做好防灾减灾准备,预防灾难发生才是关键所在,因此各国都制定了相关的预防措施。

(4) 制定风险管理标准

发达国家大都根据自身特点制定了国家风险管理的标准,2009 年,国际标准化组织制定了风险管理指南,并被很多国家采纳。

四、灾害风险管理

按照联合国国际减灾战略(UNISDR)的定义,灾害风险管理是指为了减小潜在危害和损失,对不确定性进行系统管理的方法和做法。在灾害风险管理教材中,我们更关注的是灾害风险及其管理问题。灾害风险管理是"风险管理"概念的延伸,针对的是与灾害风险相关的问题。灾害风险管理的目的是通过防灾、减灾和备灾活动和措施,来避免、减轻或者转移致灾因子带来的不利影响。具体来说,灾害风险管理是利用各种手段,实施一定的战略、政策和措施,提高应对能力,减轻致灾因子给承灾体带来的不利影响和降低致灾可能性的系统过程。灾害风险管理贯穿于整个灾害的发生、发展的全过程。

现阶段的灾害风险管理在理论和实践上更强调综合灾害风险管理的思想,即包括灾前、灾后的全部过程,灾前包括风险识别、风险降低、风险转移;灾后包括应急响应和恢复重建。灾害风险管理的内容框架包括致灾因子、承灾体脆弱性、灾害风险以及监测、预警、协调与沟通等。如表 4-1 所示。

综合灾害风险管理有助于建立和加强国家灾害预防、应急、恢复重建系统。这些系统是整体的、跨部门的网络体系,包括上述风险降低和灾害恢复的各个阶段。综合灾害风险管理需要国家政策的支持、法律的改革、机制的协调,从而有效制定并实施国家防灾减灾政策计划。

表 4-1 综合灾害风险管理系统框架组成

灾前阶段				灾后阶段	
风险识别	风险降低	风险转移	风险准备	应急响应	恢复与重建
致灾因子评估(频率、程度和区域)	物理或结构减灾措施	公共设施和私人财产的保险和再保险	早期预警系统和通信系统	人道主义救助	损坏危险的基础设施恢复与重建
脆弱性的评估(人口、财产暴露)	土地使用规划和建筑法规	金融市场工具(巨灾债券、天气指数风险基金)	应急预案(公共事业公司和服务行业)	清理、临时修理、服务设施的修复	宏观经济与预算管理(稳定、保护社会消费)
风险评估(致灾因子和脆弱性的函数)	灾前减灾措施的经济上的激励	(具有安全法规的)公共服务(能源、水和交通)私有化	应急反应网络(地方和国家)	损失评估	受影响部门的恢复(出口、旅游和农业)
致灾因子监控和预测(GIS、地图和建筑物设计)	风险及其预防的教育、培训和意识防范(awareness)	灾害基金(国家或地方)	避难设施和疏散方案	动员恢复资源(公众、多边和保险)	在灾后重建措施中各种减灾组成的结合

五、我国风险管理存在的问题

风险管理尽管在产业界及学术界已备受重视并蓬勃发展,但就国家层次而言,仍然缓慢。究其原因,Jr. Williams 等(1998)认为主要有三点原因:

(1) 国家机构在管理上通常不求创新;

(2) 为了避责,政府机构通常以隐藏风险来避免对其不利的影响;

(3) 国家机构长期以来,因主权免责的观念,可免除法律责任风险的不利冲击。

在全球化、多元化与信息化的不断发展下,国家政府已面临严重的挑战;尤其是美国 2001 年“9·11”恐怖袭击事件、南亚大海啸与卡特里娜飓风等对人们生命健康造成大规模伤害的事件,更引起国际社会对现代社会风险的广泛讨论,人们越来越认识到,需要加强国家风险管理对人民的安全服务。

目前风险管理问题已得到许多国家的重视,并从国家角度制定风险管理方案,例如英国有风险管理系统,加拿大有整合风险管理系统,日本有风险管理标准(JISQ2001),澳大利亚/新西兰有管理标准(AS/NZS4360),我国也参考国际标准化组织标准编制我国风险管理国国家标准《风险管理原则与实施指南》(GB/T 24353—2009),于 2009 年 12 月 1 日发布。

我国风险管理在法律法规体系建设方面已经出台大量有关风险治理的法律法规,如《消防法》、《安全生产法》、《防震减灾法》、《防洪法》、《核事故应急条例》、《传染病防治法》、《突发事件应对法》等。在许多专业领域,如消防、救灾等领域,法律法规体系已经比较完备。

在对风险的应急响应机制建设方面,我国分别建立了一些针对不同类型、不同领域的风险的应对体系。比如,在核安全领域,中国大陆就建立了国家、省市自治区和核电站三级管理体制,实行“常备不懈,积极兼容,统一指挥,大力协同,保护公众,保护环境”的工作方针,确保核能生产安全。

2003 年 SARS 危机爆发后，国务院办公厅成立了突发事件应急预案工作小组，把建立突发事件应急预案的工作作为国务院工作的一个重点。随后发布《突发事件应对法》把突发事件分为四大类，即自然灾害、安全生产、公共安全和卫生安全。分别由国务院不同部门进行管理，并成立减灾委和国务院应急办协调突发事件的应急管理和处置工作。

但与国际上先进国家的风险管理体制相比，我国的风险管理还存在明显缺陷：

(1) 以部门分散的条块管理为主的风险处置系统脆弱，合理的风险监控和处理机制还未建立起来。

我国在应对风险时，不同行政机构之间条块分割严重，配合生疏，部门利益倾向严重，难以达到风险处置所需要的协同作战和信息共享程度。在法律法规建设方面，我国尽管有各种单一的风险管理法律，但却缺乏统一的风险管理法律体系；在组织建设方面，我国政府各个部门各自为战，缺乏常设性的风险管理综合协调机构；在基础信息建设方面，我国不同的风险管理部门都在开发和研究自己的信息系统，建立监测和防控体系，但相互之间缺乏信息沟通，信息资源还没有整合起来，难以对风险进行全面的监测和预警。这种局面一方面不利于各种资源的有效利用，不利于提高风险管理的效率；另一方面，考虑到现代风险的多因性、系统性和不可预期性，这种分散的管理机制已经很难适应现代风险的管理需要。

(2) 没有充分发挥民间力量

由于历史等背景的影响，我国的风险管理工作长期以来由政府大包大揽，风险管理以政府行为为主，企业、非政府组织没有发挥应有的作用。目前。除了保险和银行业相对重视风险管理外，其他企业很少自觉应用风险管理的知识进行风险规避，许多企业在实施战略控制中仍缺少风险管理的控制系统。此外，我国的风险管理还没有发展成为一种产业，风险产品市场也没有形成。涉足风险管理的非政府组织和学术机构也十分有限。

(3) 对潜在风险的评估和预警管理相对滞后

社会大多数人并没有意识到现代社会本身就是风险社会，风险不只是"一次性突发事件"，而是现代社会的常态。风险管理还没有纳入到政府和其他社会组织的日常工作体系中去。而且，对风险的管理是一项系统工程，包括风险评估、风险预警、应急应对(紧急状况的管理)以及灾害恢复等多个环节，而风险真正发生时的应急手段仅仅是风险管理的一部分。我国目前的风险管理工作尽管已经强调事前监控与准备，但实际上则是更多侧重于风险发生后的应急管理和灾害恢复与重建，在风险评估和预警机制方面的管理水平尚有待提高。尽管我国许多大学和研究机构开展了针对各种具体灾害和风险的研究，但这些研究活动大多局限于本部门或本单位，而且以各专门领域的灾害或风险控制为主，而缺乏总体性的风险分析或风险研究。

六、社区灾害风险管理

社区是现代社会的基本单元，社区在灾害风险管理中发挥着无可替代的作用。社区灾害风险管理(community-based disaster risk management，CBDRM)能够通过人们自发地参与减少灾害风险活动达到有效减轻灾害风险，并将减灾成本降低的目的。社区灾害风险管理能够摆脱传统的自上而下的灾害风险管理机制，能够基于社区居民自身防灾减灾的切实需求，真正体现以人为本的自下而上的灾害管理模式，使人们从被动听从到主动自觉参与防灾减灾的全过程，社区灾害风险理论同样符合风险管理的一般流程，即分为风险识别与度量、风险评估、风险评价、风险管理减缓措施的制定、风险决策和风险沟通与监督等。

第 2 节　风险管理的目标与成本

风险管理的目标是什么？是将风险降低到最小，甚至将风险降低到零吗？从现代经济学的基本理性经济人假设和有限资源有效配置原理出发，我们不能将风险降到最低作为风险管理的目标，我们也不可能将风险降低到零，所谓零风险的社会也是不存在的。我们进行风险管理的同时必须承担采取相应风险管理的成本，而风险降得越低，其所需要的风险措施成本越高，其实，风险损失和风险管理成本之间是此消彼长的关系。因此，当风险管理措施的成本达到一定程度时，我们发现这样的风险管理成本会导致更高的经济损失。那么，我们特别想从社会经济的角度评价和研究怎样的风险管理措施是正确的、从管理学的角度看是最优的。本节我们引入风险成本的概念，风险成本是本书比较核心的概念，也是防灾减灾管理的基本原理和决策的主要参考依据之一。

一、风险成本的概念

我们日常生活中存在着各种各样的风险，较高的风险水平意味着较高的风险成本。假设两个家庭居住在不同的地区，他们的房屋具有相同的价值，可以卖同样多的钱，假设为100 万元，而且在开始时两家的房屋都不存在灾害的风险。根据一些权威的科学家预言，在接下来的一个星期内，会有陨石撞击地球，而其中一栋房屋正处于可能遭受影响的地区，这时我们自然会说，相比另一栋房屋而言，这栋房屋具有更高的风险。这里需要注意的是，不要以为陨石还没有真正撞到房屋，就不会对房屋的价值造成影响。

假定每个人都认为这栋房屋被陨石撞击的可能性为 1%，而另一栋房屋被撞击的可能性为 0，假设房屋如果被陨石撞击则是完全的损毁，这栋房屋将丧失所有的价值，即 100 万元。那么，这栋房屋的期望损失为 1%×100 万元，也就是 1 万元。如果房屋的主人在陨石的消息公布之后打算立即出售这栋房屋，购买者愿意支付的价格显然要低于 100 万元，如果假设成立，那么理性的购买者最多只愿意支付 99 万元，原因是存在陨石导致的期望损失。关于期望损失的概念后面我们还要加以说明。这就是说，较高的风险意味着较大的期望损失，对房屋的所有者来说，这会带来一定的成本，房屋的价值因为风险的存在而减少了，减少值至少等于期望损失值。

风险是客观存在的，世界上没有零风险的决策。因此，风险的存在使得我们的任何决策行为都是有成本的。通过这个例子可以看出，风险是有成本的，我们把这种成本称为风险成本。假定某一地区为一条河流经过的洪泛区，每年雨季这一地区都受到洪水灾害的威胁，生活在这一地区的人们可能采用的措施如下：

(1) 不采取任何措施。不采取任何措施的后果是什么呢？如果一旦发生水灾，生活在这一地区的人们将遭受损失，洪水会造成人员伤亡，会冲毁建筑物和道路等基础设施，洪水也会淹没大片的农田。因此，不采取任何措施看似没有成本，实际上也是有成本的，即损失成本。

(2) 采取一些减灾措施。如为了降低洪水灾害的风险，可以采取修建防洪堤和整治河道等水利措施，这些减灾措施可以在某种程度上降低灾害的风险水平，但减灾措施是需要花费成本的。

(3) 离开洪泛区。这是一种风险规避措施，这种方法可以把灾害风险降为零，但离开熟悉的生活环境迁徙到陌生的地方同样也要增加额外成本。或许人们还可以通过购买保险转移这种风险，而购买保险本身就是有成本的。

所谓风险成本仅仅是由于冒险而导致的潜在损失吗？风险成本仅仅是我们采取措施付出的代价吗？回答这些问题，需要对风险成本进行研究。

关于风险成本的概念源于保险业。风险成本概念最早是由美国风险与保险管理协会RIMS的前任主席道格拉斯·巴娄(Douglas Barlow)于1962年提出，RIMS及其战略伙伴、英国的Ernst & Young公司在发布的报告中将风险概念界定为与风险相关的费用。尽管保险业最早给出了风险成本的概念框架，但比较正式的风险成本定义是美国著名的风险管理专家哈林顿(Scot E. Harrington)和尼豪斯(Gregory R. Niehaus)在《风险管理与保险》(risk management and insurance)书中给出的定义，即"由于风险的存在而导致的公司企业价值的减少称为风险成本(cost of risk)"。威廉姆斯(Williams)等著的《风险管理与保险》定义是："风险和不确定性对组织有着重要影响，因为它们会增加组织成本，通常称之为风险成本。"其实，绝大多数风险管理决策都是在知道实际损失之前作出的，某一时间内实际损失只能在事后加以确认。在损失实际发生之前，直接损失成本和间接损失成本反映的是对未来一段时间内的期望值。此外，风险和不确定性的存在仍然会造成一定的损失，如由于风险的存在导致的机会损失等。威廉姆斯等人对风险成本的定义，概括说就是因为风险和不确定性而使组织承担的成本，它由两部分组成：(1)发生预期损失的成本；(2)不确定性本身导致的相关成本。但没有包括风险的控制和转移措施成本。

风险成本概念的提出不仅对保险业，而且对灾害风险管理都具有重要的意义，这一重要概念将贯穿本书，下面详细讨论风险成本的构成。

二、风险成本的构成

风险成本的概念对风险管理是至关重要的，这是因为，对风险管理来说，风险成本的构成是确定和量化风险成本的核心内容，很多学者对风险成本的构成进行归纳和总结。哈林顿和尼豪斯对风险成本构成进行如下划分：

(1) 期望损失成本(expected cost of losses)，即期望的直接损失成本和间接损失成本。绝大多数风险管理决策都是在知道实际损失之前作出的。在损失实际发生之前，损失成本反映的是对未来一段时间内可能发生损失的预测值或期望值，称之为期望损失成本，与灾害损失的划分相对应，期望损失成本包括直接期望损失成本和间接期望损失成本。

(2) 损失控制成本(cost of loss control)，即提高损失预防能力，减少风险程度投入的成本。

(3) 损失融资成本(cost of loss financing)，即风险自留与自保，保险，套期保值，除保险外其他风险转移成本。

(4) 内部风险抑制成本(cost of intenral risk reduction)，即风险分散化，信息投资的成本。

(5) 剩余不确定性成本[①](cost of residual uncertainty),即对组织主体的损失,对其他相关利益人的损失。通过风险管理措施以后,我们往往不能消除所有的风险,也就是说,还可能发生这些措施没有覆盖的风险损失,这些风险损失的成本由经济体主动或被动地进行了自留,我们将其称为剩余不确定性成本。

风险成本构成如图 4-5 所示。

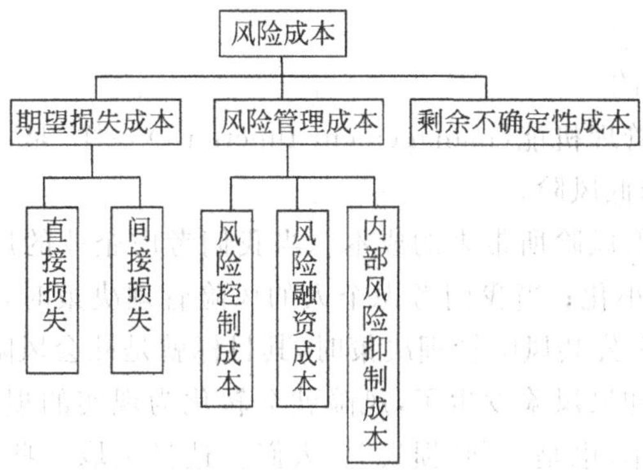

图 4-5 风险成本构成图

三、风险成本的特征

1. 不确定性。风险具有不确定性,不确定性是风险的重要特征,作为与风险密切相关的成本,不确定性也是风险成本的基本特性。因此,风险成本是一种可能的、不确定的成本。风险成本的不确定性具有以下特点:首先是影响风险成本的因素是不确定的,且处于不断变化之中;其次,风险损失的最终结果也是不确定的;再次,风险不同的主体由于风险偏好和风险承受能力不同,因而风险成本是不同的,风险成本总是作用于特定的主体。

2. 风险成本的估值性。风险成本需要预先估值,就必须选择新的计量属性如公允价值(fair value)和现值(present value),以反映风险成本事项。要采用新的计量属性,则往往需要根据市场价值和将来的价值进行估计和判断,需要借助于更多的统计、数学等知识和计量技术来处理不确定的经济损失。

3. 风险成本间的相互替代性

在风险成本结构中,各种成本之间是可以相互替代的。风险损失成本与风险管理成本负相关,即在一定的条件下,风险管理成本越大,期望损失成本就越小,反之,风险管理成本越小,期望损失成本就越大。这种负相关反映了在风险成本控制中存在着替代关系,即不同的风险成本之间可以相互替代,如人们常常采取风险管理措施来降低风险,减少期望损失,这就是一个风险管理成本替代期望损失成本的例子。风险成本之间的替代关系反映了风险成本是可以控制的,即通过风险成本的预测、分散、转移等控制手段达到控制风险成本的目的。风险成本的大小与风险的大小正相关,即风险越大,风险成本就越大,反之,就越小。在风险发生之前,采用专门的手段和方法分散和转移风险,能减少风险损失成本。

---

① 我国的国家标准把"residual risk"译为剩余风险,相应地,这里把"cost of residual uncertainty"译为剩余不确定性成本,一些文献中译为残余不确定性成本。

四、风险成本与风险管理目标

风险是有成本的，风险的存在会减少社会、企业或个人的福利。同样，风险管理也是有成本的，从广义来说，风险管理就是要降低福利的减少。这就需要我们确定一些指导性的原则来决定风险管理的支出数量是多少和选择何种类型的风险管理措施，也就是说，我们要确定风险管理的目标。

（一）风险管理的目的

风险管理与所有的管理机能（management functions）一样，是一种达成目的之作为，其所欲达成之目的，旨在降低风险。

风险管理是为了降低风险所带来的成本。当我们考虑企业的风险管理决策时，其目标就是企业的风险成本最小化；当我们考虑个人的风险管理决策时，其目标就是个人的风险成本最小化；当我们考虑公共风险管理决策时，其目标就是社会风险成本最小化。

我们知道，一方面，如果风险发生了，风险就会转化为现实的损失，另一方面，风险管理措施也会花费一定的成本，也是一种“损失”。人们会选择采取一些措施来降低一些严重的风险，但不会为了减少损失而无限制地投入，也就是人们会在各种风险成本之间作出权衡，从而达到风险成本最小化的目的，也就是说风险管理的目标是风险成本最小化。

需要指出的是，实现风险成本最小化时通常不能完全消除风险损失，或者说，风险成本最小化不能达到风险最小化的目的。因为要把发生损失的可能性降低到零的代价是极其昂贵的，损失控制措施不能达到使建筑物永远不发生火灾、工人永远不受伤害的理想境界。损失控制超出一定程度后，损失控制的额外成本会超过期望损失成本的减少部分，也就是边际成本超过了边际收益，这些额外的损失控制反而会增加风险的成本。这时，消除损失风险的行为对于企业或社会而言都不会达到风险成本最小化的目的。实际上，即使从技术上说完全消除伤害风险是可行的，人们也不想生活在这样的世界中。原因很简单，因为这么做代价太高了。举一个不切实际的例子来说明这一观点。如果汽车都造成像坦克那样，那么发生车祸造成人身伤害的风险就可以彻底消除。但是，现实中很少有人能开得起坦克，而且那些开得起坦克的人也不会这么做，他们会驾驶更加方便的轿车更快地到达目的地，尽管这要冒点受到伤害的风险。正因为损失控制往往代价很高，所以人们常常更愿意冒一点受到伤害的风险。从以上分析我们也可以看出，风险成本最小化与风险最小化具有不同的含义，人们在风险管理过程中追求风险成本最小化，而不是风险最小化，风险最小化不是人们的最优选择。

有人说，风险管理的目标是“以最小的成本获得最大的安全保障”，这种说法存在的问题在于，能够同时实现这两个目标吗？如果把最大的安全保障看成是投入成本的收益，按照经济学的基本原理，人们要衡量的是成本和收益的大小，而不是两个量绝对的大小问题，要想获得最大的安全保障，那么成本就不会最小，而最小的成本也不会达到很高的安全水平。

风险成本的概念同样适用于个人风险管理决策。举例来说，当个人选择如何管理交通事故风险时，他往往会考虑事故带来的期望损失，包括直接损失和间接损失，考虑采取的损失控制活动以及这些活动的成本（如减少夜间驾车），考虑可选择的损失融资决策及这些决策的成本（如是否投保及其数额）等。此外，个人还会考虑剩余不确定性成本，这取决于个人对风险的态度。

个人会对多大数量的风险进行管理，这在一定程度上取决于人们对风险的厌恶程度。如果某人在面对期望值相等的结果中选择了波动性较小的一个，那么我们就称他为风险厌恶的。我们可以通过以下的例子说明风险厌恶的概念。假设你必须在以下两种可能中进行选择。A选项有50%的可能赢得100元，有50%的可能失去100元；B选项有50%的可能赢得1000元，有50%的可能失去1000元。通过计算我们知道，这两个选项的期望值都是0，即

$$50\% \times 100 + 50\% \times (-100) = 0$$
$$50\% \times 1000 + 50\% \times (-1000) = 0$$

尽管两个选项的期望值相等，但A选项的变动比较小。大多数人认为B比A更具有风险。因此，如果你选择了A，你就是风险厌恶的；如果你选择了B，你就是风险偏好的；如果你认为两个结果对你无差异，那么你就是风险中性的。

大多数人都是风险厌恶的，风险厌恶的人往往愿意为降低风险而支付成本，或者为了接受风险而索取补偿。例如风险厌恶的人会通过购买保险来降低风险。

（二）不同组织的风险管理目标

风险管理目标是组织进行风险管理决策的依据，只有明确了风险管理目标，才能对风险管理的效果作出客观的评价。不同组织的风险管理目标也不同，下面分别来讨论企业、非盈利组织、社会和个人的风险管理目标。

1. 企业风险管理目标。企业风险管理的目标其实是公司的目标，就是公司价值的最大化。灾害风险对公司价值的影响体现在风险成本对公司未来期望现金流的影响，包括灾害风险对企业资产破坏导致的营业中断以及关联效益影响。

2. 政府、各种非盈利组织等风险管理目标。因为政府有来自纳税人的监督，非盈利组织有来自捐献者的监督，以及相关法律法规的约束，因此，它们是一种委托代理关系，需要为委托人提供价值最大化服务。那么它们的风险管理目标就是风险成本最小化目标。

3. 社会风险管理目标。社会是政府、各种非盈利组织和盈利组织（企业）和个人构成的总和。因此，各种组织之间都能够有效采取风险控制、风险融资等措施使得整个社会的边际成本等于社会总风险损失成本，达到有效风险水平，能够实现全社会总风险成本最小化，则是社会风险管理的目标。

4. 个人风险管理目标。个人追求是基于自身效用的个人财富最大化，其风险成本最小化即为个人效用价值最大化的目标。

对于灾害风险管理的目标来说，相关利益者包括企业、政府、社会、个人等各个主体所面临的灾害风险问题，其目标是其自身价值最大化或效用最大化，本质目标也是风险成本的最小化。

（三）风险管理的功能

风险管理可满足人类安全的需求，并降低风险成本，但进一步观察，其对家庭、企业、社会与政府，皆有其重大的贡献。

对国家及政府机关而言，风险管理可以在许多方面，协助政府部门改善绩效。除了可以强化政府所提供的各项服务之外，亦可提升政府部门整体资源利用率、简化管理项目、减少浪费和营私舞弊，并开展创新各项施政目标。如果政府机关的公众服务无法准确到位或效率低劣，则会导致社会公众和企业在时间、金钱上的双重浪费，政府部门的声誉与形象，也会

因其服务未达民众的期望而受损。对发生这些情况的风险进行评估,有助于政府部门为处理这些风险或突发事件,作好充分的准备与应对方式。

国家执行风险管理的效益在于既可降低风险,减除危机,又能确保最佳化公共服务,发展紧急处理计划(contingency plans)、有效利用资源、良好管理施政计划、减少国库浪费或舞弊、追求创新。因此各机关不仅应借鉴民间企业风险管理的经验,更应积极实践。

第3节　我国灾害管理的历史

引言

马洛里(W. H. Mallory)、霍西(A. Hosie)曾经说中国是一个饥荒的国度!上下五千年,中国人一直在同洪涝、地震等自然灾害搏斗,并在此过程中创造了伟大的中华文明,这是劳动人民的卓越贡献,也有历朝历代的统治阶级荒政管理的功劳,荒政把自然灾害和政治统治联系在一起。新中国建国60多年来,一直不断地与各种灾害作斗争,国家各级减灾救灾管理和研究机构都已经建立,现代灾害管理制度基本完善,随着我国经济的快速发展,国家对防灾减灾事业更加重视。

一、中国历史时期的减灾机制

灾害对于人类社会发展的危害之重,古往今来,从未停止。我国是世界上自然灾害种类最多、频率最高、受灾面积最大、受灾人口最广泛的国家之一,因此,我国历朝历代统治阶级都十分重视荒政。所谓荒政就是救灾和减灾等一整套应对灾害的行政管理制度、措施。历朝历代的荒政管理都有专门的机构、官职以及官员奖惩制度。荒政的具体政策和措施包括行政性措施、市场性措施和社会性措施等,根据《周礼·地官·大司徒》记载的所谓"荒政十二"就是指散利、薄征、缓刑、驰力、舍禁、去几、眚礼、杀哀、蕃乐、多婚、索鬼神、除盗贼。减灾机制是国家政府机关对灾害进行管理的制度,我国历朝历代为了国家的统治和进步,对自然灾害采取了一定的积极有效的荒政政策、措施和制度。这种减灾制度(荒政)主要包括四个环节,即测灾、报灾、核灾和评灾,为了更好地贯彻和实施减灾机制,官府还相应地辅以奖励和惩罚措施,从管理学角度看这是一种激励机制。

(一) 测灾

官府为了及时掌握灾情,以便减轻灾害损失和有效救灾,中国历朝历代对地震、洪水、干旱等自然灾害专门设立管理机构和官员职位进行记录和监测。

1. 机构设置

周朝设有太史官职;到了秦汉时期设有太史院,并由太史令全面主管工作,同时设有专职的"候气"(观察天气、计算云量和雨水量)、候风(测量风向和风速)等太史侍诏;隋朝设立太史监;唐朝设立太史局机构,并设五官监侯的职务;宋、元两朝则设立天监机构;明、清两代设立的机构称为钦天监,清朝还设立了监正、监副等官员职位。对于水旱灾害,由于我国当时为农业国家,因此,水旱灾害为首要风险,历朝历代都专门设有水监机构,主管水利行政等部门,各朝代均在地方和多河道地区设立派出机构。

2. 监测内容

首先是雨雪灾害的观测。根据史料记载，宋朝开始使用天池盆、圆罂等器皿测量雨深并用竹笼测量雪深。明朝时使用全国统一颁发的测雨器观测雨水量的大小。到了清朝康熙年间，北京等地方开始定时观测并记录逐日天气和降雨降雪的起止时间、入土雨水深度和下雪深度，开始用雨雪分寸观测。公元 1841 年，北京开始用现代方法测量和记录降水量。其次是风灾的观测，主要使用一种称为“风信器”的工具来测量风的大小和方向。至于水灾观测主要是利用石人水尺(石刻、水则碑)来进行江河涨水的深度监测，地震观测中有代表性的发明创造是张衡的候风地动仪(公元 132 年)，现在洛阳灵台存放。

(二) 报灾

报灾是多由地方政府逐级向朝廷奏报，报告的内部包括灾害事件、时间、地点、内容、影响和响应等基本情况。

(三) 核灾

核灾是指核查灾害发生的备灾程度及范围、目的是看灾况是否属实、报灾是否舞弊；更是采取赈灾措施的依据。核灾环节主要包括两个环节：一是“检踏”(初查)；二是“体覆”(复查)。

(四) 评灾

评灾是减灾制度的最重要环节，不管如何测灾、报灾及核灾，每次和每年灾害结果是必须给出的。评灾环节的主要包括以下内容：

1. 评灾时间。评灾时间主要有初评和复评。其中初评是灾情上报之前，而复评是指灾情核准之后。

2. 评灾原理。评灾原理是指利用技术手段评估，即危险性评估以及利用损失结果评估，即灾情评估。一般把仪器观测为基础称为危险性评估，而把收成受损程度为基础称为灾伤评估或灾情评估。

我国历朝历代对于减灾不利或是存在渎职等行为的各级政府官员，采用相应的惩罚措施，主要包括降级、调用、罚俸、革职、刑杖及处死等。

纵观我国历朝历代的减灾制度，总结其优点为：第一是相对分工细致，有章可循；第二是注重减灾的程序、违例严惩等措施。但也存在许多问题，例如灾害评估比较简单，不利于彻底解决问题，留下很多漏洞，易滋生腐败、渎职，灾情数据不够清楚，不能科学有效地减灾赈灾；减灾程序繁琐、死板，不利于快速反映灾情，及时有效救灾；此外由于官僚体制的本身的局限性和腐败的弊端，常常导致救灾政策和措施不能真正以民生为本，贻误灾情，甚至引发社会失稳，威胁国家的统治。

二、我国历史时期的救灾制度

我国历朝历代的荒政管理包括救灾制度，即救灾措施和政策。

(一) 政府减灾救灾的行政性政策和措施

1. 设官仓。政府出钱修建官仓储存谷物以备救灾之用。

2. 修水利。我国历史上是农业国家，所以，每个封建朝代都重视水利，因为“水利兴而旱涝备”，最著名的是保存至今的成都都江堰工程。

3. 蠲免。灾荒之年政府免除百姓一定的钱粮赋税和徭役，本质上是一种“活民”的措施。

4. 缓征。官府对于受灾程度较轻地区,通常暂缓征收灾户应交纳的租赋,以减轻灾民的负担。

5. 赈给。官府用府库所储备实物无偿救济灾民。

6. 赈贷。国家出钱粮等物给灾民用于灾后农业再生产。

7. 养恤。灾害发生后,对灾民进行应急性救济,主要形式为"施粥"。

8. 抚恤。修葺茅舍、居养、开放苑囿等。

(二) 政府减灾救灾的经济性政策和措施

1. 赈粜。丰年所积谷物,灾年平价或减价卖与农民,这样能够保证灾民有粮食。

2. 招商。吸引商人求利平抑物价,是一种财政与荒政工具。通过招商来降低灾区的物价,保证灾民的基本生活得以保持。

3. 工赈。政府在灾年出资开办工程,招募灾民劳作,给米钱当做工资,这样可以帮助灾民有工作,有工资来购买生活用品来度过灾荒,服役的代价是一种有偿的赈济。

4. 其他。例如禁遏粜、弛禁木鹤等措施。

(三) 政府减灾救灾的社会公益性活动和措施

1. 劝分。劝富人无偿或低收益赈济灾民。

2. 设义(社)仓。民间资本设立资金来专门购买谷物,为准备灾荒而建设的粮仓。

3. 其他。动员社会力量参与其他形式助赈活动,鼓励民间自设机构,自行向灾民散发物资救灾。

三、新中国成立后我国灾害管理的进展

(一) 新中国成立初期

20 世纪 50 年代,成立初期的新中国其灾害管理特点是:灾害管理机构初步建立,救灾政策和方针逐渐形成初步的框架。这时期的灾害管理机制和体制分散在不同灾种分管的不同行政单位和部门。在此期间代表性的事件有:1949 年国家成立水利部,主要负责水旱灾害,并在水利部成立中央防汛总指挥部,并成立内务部(主要负责救济工作);1950 年成立中央救灾委员会——中国人民救济总会;1954 年成立中央气象局。但是,当时初步形成的救灾方针政策是粗线条和指引性的。例如,当时的救灾口号是"不许一人饿死",救灾的方针是"节约救灾、生产自救、群众互助、以工代赈"等。另外,在这一时期,灾情评估标准也初现雏形。如 1949 年采用灾情评估十分制;1950 年成立北京郊区工作委员会,财政局颁发评估标准;1951 年,中央救灾委员会颁布《关于统一灾情计算标准的通知》,其标准是:3 成以下为重灾、6 成以下为轻灾,全年灾情按全年正产物收成统一计算,这是新中国第一个有据可言的灾情评估说明。

另一方面是灾害评估初步开展。例如在洪水方面,1950 年提出用降雨量标准差划分旱涝等级;1957 年水利部颁布《洪水调查和计算》。在地震方面,1956 年中科院历史和地球物理研究所编制《中国地震资料年表》;1957 年中科院地球物理研究所借鉴苏联,以中国历史资料和遗迹为依据制定中国第一个烈度表和第一代《中国地震烈度区划图》。

(二) 20 世纪 60～70 年代的灾害评估

我国这期间灾害管理的特点是管理体制缓步发展。例如 1964 年成立国家海洋局;

1965 年国家海洋局气象预报总站成立；1967 年中国科学院地球物理局和国家科委京津冀地区地震办公室合并为国家科委办公室，统一全国地震和抗震科研工作；1971 年国发 56 号成立国家地震局，主管地震灾害的监测预报、震害防御等工作。此后，农业部负责病虫灾害防治；地质部门负责环境地质灾害等。其间灾情评估标准进一步深化，1961 年自然灾害报告内容包括：

(1) 受灾、承灾面积，只计算一次，避免重复；

(2) 受灾、承灾面积，夏田和秋田各是多少；

(3) 承灾面积中，减产 3～5 成、5～9 成及 9 成以上各是多少；

(4) 粮食计划与减产关系，包括棉花和油料；

(5) 承灾县、公社、大队人口和所占百分比。

灾害评估研究主要成果有：

(1) 地震评估方面《中国地震目录》有 1960 年和 1971 年两版；

(2) 中国地震局 1977 年颁布《中国地震六度区划图》；

(3) 气象评估方面是 1975 年编制《华北、东北近五百年旱涝资料》；

(4) 20 世纪 70 年代末，第二代短期天气预报业务系统已经建立；

(5) 农业病虫害预测与评估到了 1978 年出现，见《用数理统计方法预报病虫害》。

(三) 20 世纪 80～90 年代初的灾害评估

我国改革开放之后，进入 1980—2000 年，这一阶段最大的特点是科学地进行灾害评估，相关制度和标准逐步建立规范。

(1) 1989 年《民政部加强灾情信息工作 及时准确上报灾情的通知》149 号和 1990 年《民政部关于加强灾情信息工作的通知》126 号标志灾情评估科学规范化；

(2) 明确“灾民”：承灾人口，遭受自然灾害地区，造成直接经济损失或农作物减产减收 3 成及以上的全部农业或城镇人口；

(3) 地震局出版《地震灾害预测和评估工作手册》；

(4) 地质矿在 1989 年给出《关于加强地质灾害情况通报工作通知》；

(5) 国家林业部在 1989 年和 1991 年分别颁布了《森林病虫害预测预报管理办法》。

灾害评估方面最有影响的是：第一是 1989 年国家科委牵头对我国灾情进行调查和研究——我国第一次形成统一体例的灾害事件年表和系列挂图；第二是 1990 年在北京召开“中国自然灾害分析与减灾对策研讨会”。此阶段的防灾减灾得到空前重视和发展。

(四) 20 世纪 90 年代中期以来的灾害评估

20 世纪 90 年代中后期的灾害管理系统得到完善和补充加强。2004 年国家统计局批准民政系统正式启用新的《自然灾害情况统计制度》，包括统计指标体系、报表规范及核报要求。其中灾害情况报表规范，分类由干旱、洪涝、风雹（龙卷风、飓风、沙尘暴、冰雹等）、台风（包括热带风暴）、地震、低温冷冻、雪灾、山体滑坡和泥石流、病虫害九大类组成：报表分基本情况统计指标、灾情统计指标、救灾工作统计指标。这些统计指标单位和精度区分突发性的危害采用零报告制度跟踪报告灾情发展情况，直到灾情稳定为止；2005 年，民政部启动四级响应，司长决定进入四级响应状态并向分管副部长报告；三级响应分管副部长决定进入三级响应状态并向部长报告；二级响应部长决定进入二级响应状态；一级响应国务院副总理（减灾委主任）决定进入响应状态。其他部门职责也进一步得到确定：农业部主管农业病虫害；林业部主管森林病虫害；水利部主管洪涝干旱灾害，根据洪水重现期将洪水划分12个等级；地震局出版了《中国地震动参数区划图》；国土资源部负责地质灾害。由于我国这一阶段的科学技术进步与经济发展，评估技术普遍采用RS、GIS(2002)。特别是2004年成立了民政部减灾中心，专门从事救灾与损失评估工作。

另外，灾害风险评估研究方兴未艾。经民政部批准，中国自然灾害防御协会成立了中国第一个专门进行风险研究的社团——风险分析专业委员会；2005年9月7日，国际全球变化人类行为计划中国国家委员会风险管理工作组(CNC-IHDP/RG)正式发文成立；2005年9月，北京亚洲大饭店承办了亚洲减灾大会学术论坛——综合灾害风险管理。民政部与北京师范大学联合成立减灾与应急管理研究院，2006年1月，教育部批准防灾科技学院成为普通大学本科院校，这是我国第一所专门的防灾减灾本科院校。

第4节　国外灾害风险管理

一、日本灾害管理

日本是一个自然灾害发生比较频繁的国家，主要的自然灾害有地震、火山爆发、台风、暴雨等。每年平均发生有感地震约1300次，台风登陆218次，现有86座活火山，日本的防灾减灾事业堪称典范，值得世界上很多国家学习。

(一) 法律体系

日本的防灾减灾法律体系以《灾害对策基本法》为基本法。该体系与防灾直接有关的有《河川法》《海岸法》等，属于灾害应急对策法的有《消防法》《水防法》《灾害救助法》等，与灾害发生后的恢复重建及财政金融措施有直接关系的有《关于应对重大灾害的特别财政援助法》《公共土木设施灾害重建工程费国库负担法》等。现在使用的《灾害对策基本法》，是日本在经历了1959年的严重台风灾害以后于1961年公布实施的。1959年的特大台风灾害暴露了日本当时防灾体制存在的一些突出问题，主要包括：原有的灾害救助法对于大规模的灾害难以进行有效的应对；缺少一个综合的防灾行政体制，各部门为主的立法使各项防灾对策很难协调，缺乏统一性。该法对与防灾减灾及灾害应急等一些的有关重大事项作出了比较明确的规定。主要包括：各级政府乃至民众对于防灾减灾所负有的责任；防灾减灾组织机构的设置；防灾减灾规划的制定；关于防灾的组织建设、训练实施和物资储备等各项义务；发生灾害后的应急程序和职责；支援灾后重建的财政特别措施等。

(二) 组织体系

根据《灾害对策基本法》的规定，日本中央政府设置"中央防灾会议"，作为防灾减灾工作的最高决策机构。其成员由全体内阁成员加上4名指定公共机构(包括日本电讯电话公司、日本银行、日本红十字会、日本广播协会)负责人和4名学者组成，会议每年召开4次。当发生较大规模的灾害时，中央政府要成立"非常灾害对策本部"，如果是自然灾害，则由防灾担当大臣担任本部长，如果是事故灾害则由主管部门的大臣担任本部长。当发生特大灾害时，中央政府成立“紧急灾害对策本部”，由内阁总理亲自担任本部长。相应地，各级地方政府设置本地方的“防灾会议”，辖区内发生较大规模灾害后则需要设置“灾害对策本部”。还有防灾专门机构。如备灾部门：国土交通省（发布与管理）和气象厅（监测与信息）；救援体系：消防、警察、自卫队和专门的灾害医疗中心；综合性应急处理防灾指挥所（主要有东京和兵库防灾中心）。

（三）防灾减灾资金

日本的防灾减灾领域的政府资金投入分为科技研究、灾害预防、国土整治、灾后恢复重建四个项目。这些资金投入分散在政府的各个有关部门，如科技研究主要在文部科学省，国土整治主要在国土交通省，内阁府的防灾部门只是把各有关部门的预算加以汇总。防灾减灾科技研究项目国土交通省：国土整治项目在内阁府：资金用于灾害预防对策、应急对策、灾后恢复和复兴对策、国际合作等。在防灾减灾资金投入中，其用途分别为灾害预防对策（建设防灾基地）、灾害应急对策（构建灾害信息搜集和传输系统）、灾后恢复和复兴对策（向灾民发放生活补贴等）、防灾减灾国际合作（推进亚洲防灾中心开展的多边防灾合作、构建亚洲地区国际紧急防灾系统）。

（四）防灾减灾教育

频繁经历灾害的日本积累了很多的经验和教训，现在的日本政府已经认识到，通过防灾减灾教育和培训，民众可获得较高的防灾意识和正确的防灾知识，这对于提高民众的自救互救的能力，减少灾害可能带来的生命财产损失是非常重要的。因此，日本政府对防灾减灾宣传普及活动非常重视，形成了制度化而又丰富多彩的教育和培训形式。

1. 防灾减灾宣传活动日

日本把每年的9月1日定为“防灾日”，8月30日到9月5日定为“防灾周”，在此期间举办各种宣传普及活动。此外，日本还有3月1日和11月9日的每年两次的“全国火灾预防运动”、每年5月或6月的“防水月”活动、每年6月第二周的“危险品安全周”、每年12月1日到12月7日的“雪崩防灾周”等等。采取的活动形式多样，如展览、媒体宣传、标语、演讲会、模拟体验等。

2. 自主防灾组织

平时开展防灾训练、防灾知识普及、防灾巡逻等活动，发生灾害时进行初期消防、引导居民进行避难、救助伤员、搜集和传递信息、分发食物和饮用水等活动。阪神大地震后，日本提倡“自救”“共救”“公救”的原则。即灾害发生后首先是居民的“自救”，然后是邻里和社区的“共救”，最后是政府的“公救”。居民自主防灾组织的日常活动对于提高居民的自救能力具有不可忽视的作用，当灾害发生后居民自主防灾组织就是开展共救活动的重要主体。

3. 多样化的防灾演练

每年日本各地都根据当地多发灾种的具体情况，开展多种形式的防灾演练。实际上，在1997年联合国第二届世界减灾大会上，安南秘书长提出：“我们人类必须从过去对灾害的反应文化转变到预防文化上来”。日本的多样化的防灾演练活动正是体现了这种精神。

（五）日本地震管理

第一阶段是震前预警。日本建设开发了世界上最好的地震预警系统。所谓地震预警系统是指一场大地震发生后，可以利用震中附近的地震台快速确定，并依据地震波传播速度小于电波传播速度的特点，对地震波尚未到达的地方进行提前预警。这个由约1000个地震计

(传感器)组成的网络,覆盖整个日本,可以记录和分析地震波,并在地震计预测震动强烈时发出警告。因此,2011 年日本“3·11”地震发生前的大约 1min,数百万的日本人就接到了日本气象协会的地震预警信息,这极大减小了日本的人员伤亡。

第二阶段是震灾预防阶段。震灾预防主要表现在震区的工程建筑的抗震性能上。地震专家通过历史统计数据的分析总结表明,人员伤亡总数的 95%以上是由房屋倒塌造成的,仅有少于 5%的人员伤亡是直接由地震及地震引发的水灾、山体滑坡等次生灾害造成的。日本 2011 年 3 月 11 日地震中大部分人员的伤亡和失踪是由于地震所引发的海啸、核电站泄漏等其他灾害造成的,除了海啸的破坏之外,地震没有导致日本的楼房全面倒塌,实际上日本的有些高楼仅出现扭曲,日本坚固的校舍成功地承担了各个地区的“避难所”的重任。日本房屋建筑的抗震性能是世界上最好的,可以说正是日本严格的建筑规范挽救了日本人的生命。

第三阶段是灾后救援阶段。灾难发生后,应急救援的“黄金 72 小时”的第一救灾时间中,政府第一时间启动公共危机管理应急预案、开展救援是很重要的,这样能最大程度减少人员伤亡和财产损失。日本地震发生后,日本政府迅速在首相官邸危机管理中心设立官邸对策室,所有内阁成员到官邸集中,防卫大臣派自卫队参与救灾活动。数小时以后,日本首相菅直人发表电视讲话部署救灾工作。日本防卫省设立地震灾害对策本部,负责与受灾的日本各地进行联系,并下令在灾区的自卫队随时待命。另外,日本积极接纳国际人道主义的援助,为国际救援提供最大的便利,来争取最佳的救援时间。

二、美国灾害管理

美国是个自然灾害高发的国家,其所遭受到的灾害主要包括江河洪水、风暴、海啸、地震、飓风、滑坡等。美国的 50 个州都面临着不同强度的地震危险。加利福尼亚州和西部一些州发生破坏性地震的概率最高,美国中部和东部一些州也都经历过大地震的破坏。美国国土总面积的 7%受到洪水威胁,1/6 的城市处在百年一遇的洪泛平原内。

(一) 美国防灾减灾相关法律

美国 1976 年就通过了《全国紧急状态法》,该法律对紧急状态的过程、期限以及权力,都作了详细的规定。例如,当国家处于紧急状态期间,总统可颁布一些法规,还可对外汇进行管制。美国联邦政府的灾害管理通过立法形式予以保障,所以除《全国紧急状态法》总体法案外,还有地震、洪灾、建筑物安全等相关问题的专项法案。

1. 洪水灾害相关立法

美国的江河洪水最受政府关注,防御洪水灾害的立法有:1936 年的《防洪法》及其补充;1968 年的《国家洪水保险法》;1973 年的《洪水灾害防御法》;1972 年的《国家大坝监测法》。通过授权建立了价值达 2.5×10^8 美元的国家洪水保险基金,规定保险赔偿费的最高限额为 2.5×10^9 美元,并首次使洪泛区内 1/4 的住户和小企业获得了洪水保险。该法规定只有洪泛区内已有的建筑物可获得补贴,新结构必须按实际保险费投保,而购买由联邦补贴的洪水保险应具备的条件是全社区采取了适当的洪泛区管理措施。1973 年的洪水灾害防御法则扩大了洪水保险计划范围,增设了海岸侵蚀和崩塌损失保险,将居民和企业的损失赔偿费增加为过去的 2 倍,向单户住宅及其内部财产分别提供最高达 3.5×10^4 美元和 $1.0\times$

10^4 美元的保险，向其他住宅建筑物及其内部财产分别提供 1.0×10^5 美元和 1.0×10^4 美元的保险。

2. 灾害救济法

1974 年颁布的灾害救济法将联邦灾害援助、救济工作的管理权授予总统办公室，即授权联邦政府对遭受灾害损失的公共和私有集团给予援助。它还规定主要灾区需制定并实施长远恢复计划。尽管该法主要针对灾后救济，但也涉及一些减灾措施。比如，该法包括利用民防或其他通信系统制定一项及时有效的预警计划以及使事先授权的救灾服务更为协调和及时的条款等。该法还鼓励州、地方和个人通过保险来补充或替代政府援助。灾害救济法还要求或授权一位联邦协调员在灾害风险区开展管理工作；动员联邦官员组成紧急救援小组，协助联邦专门机构分发食品、给养和药品；从事援助和恢复工作；提供公平合理的灾害援助；修复交通设施；提供临时住房；增加失业救济，帮助重新安置；安抚人心及拨款、贷款以支持地方经济复兴等。

3. 地震法

地震法于 1977 年颁布，该法认为需采取综合的防灾减灾措施对地震加以防御。地震法的主要目标包括：提出地震风险区公共设施及高层建筑的抗震结构与抗震设计方法；设计辨识地震灾害和预报破坏性地震的程序；在土地利用决策与建设活动中开展地震风险信息的交流；开发减轻地震风险的先进方法；制定震后恢复重建计划。

4. 海岸带管理法

1976 年颁布的《海岸带管理法》以减轻沿海自然灾害为目标。该法提出的海岸带管理计划中，突出强调了防洪、海岸侵蚀、土壤稳定性、气候和气象学等方面。沿海各州必须呈交一份拟采取的管理计划，才具备该法规定的获得联邦援助的资格。同时该法还要求各州各政府在计划中必须采用以下土地和水资源利用管理措施。

（二）美国防灾减灾应急管理的组织机构

美国实行联邦政府、州和地方的 3 级反应机制。在防灾减灾方面，根据国家应急管理法律、规划和预案，各级政府都有防灾减灾的责任。不同灾种由相应的政府主管部门和组织应付，其中承担应急救援救助的关键机构包括警察、消防部门、911 中心、医疗系统、社会服务、通信和运输等政府机构。为了提高综合防灾减灾能力，各级政府都设有负责应急管理的常设机构，负责防灾减灾工作的日常管理和综合协调。

国家应急决策机构是总统和国家安全委员会。美国总统是政府首脑和应急管理的最高行政首长，负责对国家防灾减灾工作进行统一领导，在发生重大灾害时对政府应急处置实施统一指挥和协调。国家安全委员会是美国联邦政府关于国家安全事务的决策议事机构，由总统、副总统、国务卿、国防部长、国家安全顾问、中央情报局局长、参谋长联席会议主席等成员组成。主要功能是就国家安全和重大危机处置为总统决策提供咨询、建议和意见。对于涉及国家安全方面的重大事件处理，由总统召集和主持国家安全会议进行讨论决策。

国家应急管理机构是美国联邦应急管理署（federal emergency management agency，FEMA），FEMA 于 1979 年建立，它是核心灾害协调决策机构，将原本分散在不同部门的救灾机构整合起来。2003 年，美国联邦应急管理署隶属国土安全部，总部设在华盛顿，在全美各地建有办事处，4000 人随时待命应对灾害。它是综合性应急管理系统，涵盖灾害预防、保护、反应、恢复和减灾各个领域。FEMA 是个从中央到地方，统合政、军、警、消防、医疗、民间组织及市民等一体化指挥、调度，并能够动员一切资源进行法治管理的体系。

美国国土安全部联邦紧急事务管理局（FEMA）的工作主要是改善国家的防备及加强各种类型应急反应的能力，全面负责国家的减灾规划与实施。其职责包括：在国家遭受攻击时协调应急工作；在国家安全遭受危险的紧急时期保障政府功能的连续性和协调资源的动员工作；在灾害规划、预防、减轻、反应和恢复行动的各阶段全面支持州和地方政府；在总统宣布的灾害和紧急事件中协调联邦政府的援助；促进有关灾害破坏效应的研究成果的实际应用；和平时期出现放射性污染事件时的应急民防协调工作；提供培训、教育与实习机会，加强联邦、州与地方应急官员的职业训练；减轻国家遭受火灾的损失；实施国家火灾保险计划中的保险、减轻火灾损失及其危险的评估工作；负责执行地震灾害减轻计划；领导国家应急食品和防洪委员会；实施有关灾害天气应急和家庭安全的社会公众教育计划等。

本章小结

本章主要介绍了风险管理的起源、发展和分类，阐述了灾害风险管理概念、国家灾害风险管理和社区灾害风险管理的基本理念；系统分析了风险成本的概念、风险成本的构成、风险成本的特征和风险管理的目标等内容；简述了我国历史时期的减灾机制和救灾制度以及新中国成立以来的灾害管理进展情况；介绍了日本、美国的灾害管理概况。

关键术语

1. 风险管理(risk management，RI)：风险管理是通过对风险的识别、估计和控制，以最少的费用支出将风险所致的种种不利后果减少到可接受水平之下的一种科学管理方法。

2. 灾害风险管理(disaster risk management，DIR)：灾害风险管理是利用各种手段，实施一定的战略、政策和措施，提高应对能力，减轻致灾因子给承灾体带来的不利影响和降低致灾可能性的系统过程。

3. 风险成本(risk cost，RC)：因为风险和不确定性而使组织承担的成本叫做风险成本，它由两部分组成：(1)发生预期损失的成本；(2)不确定性本身导致的相关成本。

4. 荒政(famine government，FG)：所谓荒政就是救灾和减灾等一整套应对灾害的行政管理制度、政策和措施，荒政是中国古代政府因应灾荒而采取的救灾政策。

5. 减灾机制(disaster reduction mechanism，DRM)：减灾机制是指国家政府机关对灾害进行的管理制度。

6. 救灾制度(disaster relief system，DRS)：救灾制度是指救灾措施和政策，具体包括政府的行政性政策和措施、经济性政策和措施以及社会公益性活动和措施。

本章参考文献及进一步阅读文献

[1] 葛全胜，等.中国自然灾害风险评估研究基础[M].北京：科学出版社，2008.

[2] 刘新立.风险管理[M].北京：北京大学出版社，2007.

[3]　黄崇福.自然灾害风险评估与管理[M].北京：科学出版社,2012.
[4]　史培军,黄崇福,叶涛.建立中国综合风险管理体系[J].中国减灾,2005(1)：35-37.
[5]　史培军,叶涛,王静爱.论自然灾害风险的综合行政管理[J].北京师范大学学报(社会科学版),2006(5)：130-136.
[6]　黄崇福.综合风险管理的梯形架构[J].自然灾害学报,2005,14(6)：9-14.
[7]　张继权,冈田宪夫,多多纳裕一.综合自然灾害风险管理——全面整合的模式与中国的战略选择[J].自然灾害学报,2006,15(1)：29-37.
[8]　史培军,等.灾害过程与综合灾害风险防范模式[R].第六届DPRI-IIASA综合灾害风险管理论坛,伊斯坦布尔,2006,8：13-17.
[9]　刘燕华.加强综合风险管理研究推进综合风险管理的实施[J].自然灾害学报,2007,B12：14-16.
[10]　Ortwin Renn. Risk Governance Towards an Integrative Approach[R]. IRGC,Switzerland,2005.
[11]　黄崇福.自然灾害风险分析与管理[M].北京：科学出版社,2012.
[12]　张继权,刘兴朋,严登华.综合风险管理导论[M].北京：北京大学出版社,2012.
[13]　范一大.我国灾害风险管理的未来挑战——解读《2015—2030年仙台减轻灾害风险框架》[J].中国减灾,2015,7(4)：18-21.
[14]　苟骏.风险成本论[D].成都：西南财经大学,2004.

问题与思考

1. 简述风险管理的发展历程。
2. 风险管理概念、构成及特点。
3. 概述新中国成立以来其相应的救灾减灾机制、制度和政策措施等。
4. 何为风险管理？为何需要风险管理？
5. 风险管理的分类有哪些？
6. 对于一般个人和家庭,有哪些风险是需要注意的？
7. 如何理解风险成本的概念？如何解读风险成本？
8. 请比较中国历史时期的减灾与现代减灾机制。
9. 请分析中国历史时期的救灾制度有哪些,并将其与现代救灾制度进行对比分析。
10. 请进一步查阅相关资料并总结日本地震和美国洪水灾害管理的特点。

第5章

灾害风险管理流程

近年来,随着灾害与风险管理研究与应用的不断深入,很多学者、国家或国际组织对风险管理流程作出了不同的划分,本章内容将主要介绍不同的灾害风险管理流程。

第1节　风险管理的基本流程

一般来说,无论什么类型的风险,大多数风险管理教材和文献都把风险管理流程分为四个步骤:风险识别、风险评估、选择适当的风险管理措施和风险管理措施的实施。无论是广义的灾害风险还是狭义的灾害风险,都必然包括这几个流程。

一、风险识别

风险管理的第一个步骤是风险识别,它是风险管理的基础,主要目的是识别所有的主要和次要风险。

风险识别是指用感知、判断或归类的方式对现实存在或是潜在的风险进行鉴别的过程。其中,风险感知(risk perception)是指利益相关者根据其价值观或利害关系认知风险的方式,这种风险感知取决于利益相关者的价值需要、关注点及相关知识;风险判断是指利益相关者在概括的基础上形成对风险大小的推断,是在与主观的概念、准则和经验进行比较分析之后的肯定或者否定,严重或者轻微;风险分类则是鉴定、描述和命名,并按照一定秩序排列类群、系统演化风险。在灾害领域,风险的来源识别叫做危险(源)识别、也可以称为危险性识别。

风险识别通常可以通过感性认识和历史经验来判断,还可以通过对各种客观情况的资料和风险事件的记录来分析、归纳和整理,以及必要的专家咨询,从而找出各种风险及其损失规律。

二、风险评估

风险评估是指在风险识别的基础上，估算损失发生的频率和损失程度，并依据风险单位的风险态度和风险承受能力，对风险的相对重要性进行分析，这里的风险评估包括风险估计(risk estimation)和风险评价(risk evaluation)两个过程。风险估计有时也被称为风险衡量(risk measurement)，就是运用概率论与数理统计方法，对风险事故发生的损失频率和损失程度作出估计，以此作为选择风险管理技术的依据。风险评价是风险评估的第二个阶段。风险评价是指在风险识别和风险分析的基础上，把损失频率和损失程度以及其他因素综合起来考虑，分析风险的影响，并对风险的状况进行综合评价，如根据风险的严重程度划分风险的等级。如果说风险估计是对风险状况的客观反映的话，那么，风险评价是依据风险分析的结果对风险进行总体的认识和评价，是风险管理人员依据一定的标准进行的主观评价。

三、选择适当的风险管理措施

风险管理的第三步是选择合适的技术来处理风险。从广义的角度而言，这些技术可以分为风险控制和风险融资两大类。风险控制是指减少偶然损失的频率和程度的技术；风险融资是指能够为风险损失提供资金补偿的技术。风险控制可以分为风险规避和损失控制两种措施；风险融资可以进一步分为风险转移和风险自留两种。还可以采用多种技术相结合的方法来处理风险。

四、风险管理措施的实施

将风险管理决策付诸实施是风险管理的重要步骤，具体如图 5-1 所示。

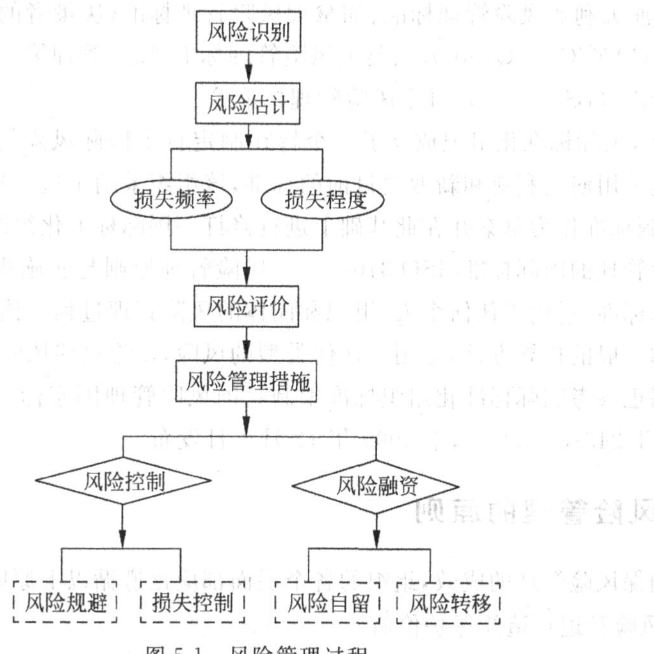

图 5-1 风险管理过程

五、自然灾害风险管理流程与内容

自然灾害风险管理流程与内容如表 5-1 所示。

表 5-1 灾害风险管理的关键环节

灾前阶段				灾后阶段	
风险识别	减灾	风险转移	备灾	应急响应	恢复重建
致灾因子评估(频率、等级、位置)	物理/结构减灾	保险/再保险	早期预警系统;通信系统	人道主义援助	恢复重建
脆弱性评估(暴露的人群、财产)	土地使用规划建筑方式	金融工具 巨灾债券	应急预案	清理 修理	预算管理
风险评估	减灾前的经济激励	私有化公共设施	应急响应网络	损失评估	恢复受影响部门
监测预报	教育,培训,提高风险意识	风险基金	避难设施 撤离计划	恢复资源 动员	重建过程中整合减灾各组成部分

第 2 节 国际标准化组织风险管理原则与流程

1995 年,澳大利亚和新西兰制定了世界上第一个关于风险管理的国家标准(AS/NZS 4360),并于 1999 年和 2004 年进行了修订,该标准已经被译成了多种语言,在很多国家和组织中得到了广泛应用。发达国家为落实风险管理的理念,均制定了风险管理标准,目前影响较大且被国际标准化组织(international organization for standardization,ISO)认可的国家性标准有:澳大利亚风险管理标准、加拿大风险管理标准(决策者的指南:加拿大国家风险管理指南)(CAN/CAS-Q850-97)、英国风险管理标准(项目管理第三篇:与商业相关的项目风险管理指南)(BS-6079-3)、日本风险管理标准等。

2005 年,国际标准化组织成立了一个旨在制定首个国际风险管理标准的工作组,澳大利亚建议其采用澳大利亚和新西兰目前的标准,该组织采纳了这一建议,把澳大利亚和新西兰 2004 年版标准作为草案并在此基础上进行修订。国际标准化组织于 2009 年 11 月 15 日发布了风险管理的国际标准《ISO 31000——风险管理原则与实施指南》。该标准作为国际最高级别的标准,适用于任何个人、组织和团体的风险管理过程。该标准提供了风险管理的基本原则和一般的指导方针,适用于任何类型的风险,无论这些风险是具有积极还是消极的后果。我国也参考国际标准化组织标准编制我国风险管理国家标准《风险管理原则与实施指南》(GB/T 24353—2009),于 2009 年 12 月 1 日发布。

一、风险管理的原则

为了确保风险管理的成效,组织的各个层面都应该遵循以下原则:

(一) 风险管理创造并保护价值

风险管理有助于风险管理单位实现其目标,提高绩效。例如,人类健康和安全水平的提高，公共安全水平的提高，产品质量的改善等等。

（二）风险管理是整个组织流程的主要组成部分

风险管理不是从组织的主要活动和流程中分开的孤立的活动。风险管理是管理和组织流程的一部分，组织流程包括战略规划、项目管理变更管理流程等。

（三）风险管理是决策的一部分

风险管理可以帮助决策者作出更加明智的选择，区分行动的轻重缓急，区分备选的行动方针。

（四）风险管理明确说明不确定性

风险管理明确地考虑不确定性及和不确定性的性质，以及如何加以解决这种不确定性。

（五）风险管理是及时、系统、有组织的过程

系统、及时和有组织的风险管理方法有助于提高效率，并产生连贯一致的、可比较的、可靠的结果。

（六）风险管理基于最优的可利用信息

风险管理流程的输入基于信息资源，如历史数据、经验、利益相关者的反馈、观察资料、预测的数据和专家判断。然而，决策者应该了解并应考虑到，数据或模型可能存在局限性，专家之间也有可能存在分歧。

（七）风险管理与组织相适应

风险管理应该与该组织的外部环境、内部环境和风险状况是相匹配的。

（八）风险管理考虑到人性与文化因素

风险管理承认内部和外部人群的能力、理解和意愿可以促进或阻碍组织目标的实现。

（九）风险管理是透明的和包容的

及时地、适当地吸收利益相关者，尤其是组织各层面的决策者参与风险管理，确保风险管理是适宜和跟得上形式的。在参与过程中，允许利益相关者提出异议，并将其意见纳入决定风险准则的过程之中。

（十）风险管理为动态、循环和适应环境变化的过程

当内部和外部事件发生时，环境和认识会发生变化，出现一些新风险，原有风险发生变化或消失。因此，风险管理需要根据变化不断作出响应。

（十一）风险管理有利于组织持续改进

组织通过制定和实施战略，促进风险管理和其他方面不断完善。

二、国际标准化组织的风险管理流程

国际标准化组织风险管理标准将风险管理流程划分为明确环境、风险评估和风险处置[①]三个阶段[②]。此外，该流程还包括贯穿于风险管理每个阶段的沟通和协商过程和包含于风险管理流程各个方面的监控和检查过程，风险管理流程如图5-2所示。

风险管理是在一定的限制条件下，发生在一定的区域和政策范围内的系统过程，因而有

① 在我国风险管理国家标准中，把 risk treatment 译为风险处理。

② 在澳大利亚和新西兰国家标准中，风险管理流程分为5个阶段，即确定背景、风险识别、风险分析、风险评价和风险处置。国际标准化组织将第2、3和4阶段放在一起统称为风险评估。

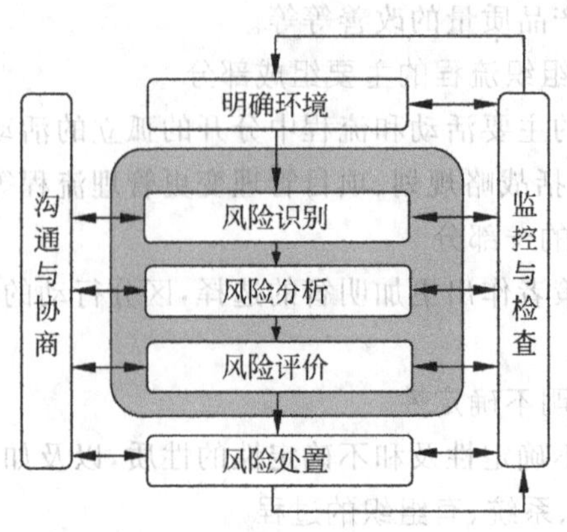

图 5-2 国际标准化组织风险管理流程

必要理解风险管理所处的环境。

每一个具体部门或具体的风险管理过程都有各自不同的需求、观念和标准。国际标准化组织风险管理流程的一个主要特点是把"明确环境"作为管理过程的开始。明确环境将获取组织的目标、追求目标的环境、利益相关者和风险标准，所有这些有助于揭示和评估风险的性质和复杂性。这里的利益相关者是指能够影响、受到影响或自认为会受到决策或者活动影响的个人或组织，决策者也是利益相关者之一。

明确环境主要包括四方面内容：明确内部环境、明确外部环境、明确风险管理流程环境和确定风险准则。通过明确环境，组织①可以明确风险管理的目标，确定在风险管理过程应该考虑的内部因素和外部因素，为以后的过程设置风险管理的范围和风险准则。

(1) 明确内部环境(establishing the internal context)

组织在内部环境中实现其目标。理解内部环境是非常有必要的，它们不仅包括风险管理单位的管理、组织结构、角色和责任，还包括风险管理单位的政策、目标、实现这些目标的战略等多方面内容。

内部环境包括了风险管理单位影响风险管理方式的任何事情，风险管理流程应该与组织的文化、流程、组织结构和战略相匹配。我们说，风险管理产生于组织实现其目标的环境之中，风险管理最终目标也是为了实现组织的目标。因此，组织内部的任何项目、流程和活动，其目标都应该与组织的总体目标相一致，并且随着组织的目标变化而变化。此外，在某些情况下，当组织错过了实现其战略或业务目标的机会时，常常会影响到组织承诺、信誉和价值观。组织承诺(organizational commitment)也被译为"组织归属感""组织忠诚"等。组织承诺一般是指个体认同并参与一个组织的强度。它不同于个人与组织签订的工作任务和职业角色方面的合同，而是一种"心理合同"或"心理契约"。在组织承诺里，个体确定了与组织连接的角度和程度，特别是规定了那些正式合同无法规定的职业角色外的行为。对于组织承诺高的组织，其员工(或成员)对组织有非常强的认同感和归属感，这里组织不仅包括公司，也包括公共组织、民间组织以及地方政府乃至国家等。

① 为方便起见，标准中把所有用户都称为"组织"，本书中有时也称风险管理单位。

理解内部环境是非常有必要的，包括但不限于以下几种原因：

1）治理结构、组织结构、角色和责任；

2）政策、目标和实现目标的战略；

3）能力、资源和知识（如资本、时间、人力、过程、系统和技术）；

4）内部利益相关者的价值观与组织文化之间的关系；

5）信息系统、信息流和决策过程（正式的和非正式的）；

6）采用的标准、指导方针和模型；

7）契约关系的形式和范围。

基于以上原因，确定风险管理的内部环境是非常必要的。

（2）明确外部环境（establishing the external context）

外部环境是组织为了实现其目标所面临的外部情况。理解外部环境的重要性在于：在制定风险准则时，外部的利益相关者，其目标和关注点都应该有所考虑。这不仅仅是法律和监管的要求，更是站在风险单位整体环境的高度，在特定的风险管理流程范围内，考虑所有利益相关者对风险认知等方面的不同。外部环境包括但不限于：

1）国际、国内、地区及当地的政治、经济、文化、社会、法律、法规、财政金融、技术、自然环境和竞争环境；

2）影响组织实现其目标的主要驱动力和变化趋势；

3）外部利益相关者的认知与价值观之间的关系等等。

（3）明确风险管理流程环境（establishing the context of the risk management process）

在风险管理过程中，应该确定组织的目标、战略、活动的范围或者实施风险管理流程的组织构成部分。在风险管理实施过程中，应该充分考虑风险单位由风险管理资源所决定的需求，也应指定风险管理所需的资源、责任和权力。

随着组织需求的变化，风险管理流程的环境也随之变化。风险管理流程的环境包括的内容较多，下面列举一些，有以下几方面的内容：

1）识别风险管理活动的目标；

2）界定风险管理流程中的职责；

3）界定风险管理活动的范围、深度和广度、内涵和外延；

4）确定风险评估方法；

5）界定风险管理评估的方式和有效性。

（4）确定风险准则（defining risk criteria）

风险准则是组织用于评价风险重要程度的标准。为评价风险的相对重要程度，组织需要确定风险准则。风险准则反映着组织的价值观、目标和资源。一些风险准则是法律和法规的要求，一些则是组织本身的具体要求。无论在风险管理流程初期制定过程中，还是在持续检查的过程中，风险准则都应该与组织风险管理的政策保持一致。制定风险准则要以组织的目标、外部环境与内部环境为基础。

确定风险准则时要考虑以下因素：

1）可能发生的原因和后果的性质、类型及度量；

2）可能性和（或）后果的时间框架；

3）可能性的定义；

4）风险等级的确定；

5）利益相关者的见解；

6）可接受的或可容忍的风险等级水平；

7）是否考虑风险组合，如果有，如何以及哪些组合应该考虑。

三、风险评估

按照国际标准化组织的定义，风险评估（risk assessment）是指风险识别、风险分析和风险评价的全部过程，该定义也同时说明了风险评估包含的三个步骤。

（一）风险识别

风险识别为发现、认识和描述风险的过程。风险识别包括风险源的识别、风险事件的识别、风险原因及潜在后果的识别。

这一阶段的目的是依据以上结果建立风险清单。全面的风险识别是非常重要的，因为如果某一风险没有被识别出来，那么在以后的分析中就不会包含这一风险。

风险源是指潜在的能够引起风险的因素，风险源可以是有形的，也可以是无形的。一些风险源可能并不明显，风险识别应该识别出所有的风险，不管这些风险是否在组织的控制范围之内。

进行风险识别时要掌握相关的和最新的信息，必要时，需要包括适用的背景信息。除了识别可能发生的风险事件外，还要考虑其可能的原因和可能导致的后果，包括所有重要的原因和后果。不论风险事件的风险源是否在组织的控制之下，或其原因是否已知，都应对其进行识别。此外，要关注已经发生的风险事件，特别是新近发生的风险事件。

识别风险需要所有相关人员的参与。组织所采用的风险识别工具和技术应当适合于其目标、能力及其所处环境。

风险识别应考察风险结果的连锁效应，包括级联效应和累积效应的影响。同时也应该考虑风险源可能并不明显的条件下，风险所产生的各种可能的结果。

（二）风险分析

风险分析（risk analysis）是风险评价和风险处置决策的基础，为充分理解风险的性质和确定风险等级的过程。风险分析包括建立对风险的认识。风险分析是风险评价和风险决策——决定风险是否需要处理及确定最适当的风险处置战略和方法的输入条件。

风险分析过程中需考虑风险成因和风险源、积极和消极的后果和后果发生的可能性，识别出影响后果和可能性的因素。我们是通过确定风险后果及其可能性以及风险的其他属性来分析风险的。一个事件可以有多个后果，可能会影响多个目标。现行的控制措施和它们的效果和效率也应加以考虑。

结果和可能性的表达方式、结果和可能性结合起来所决定的风险等级，应该反映风险的类型、可利用的信息和风险评估结论的目的。这些都应符合风险准则。考虑不同的风险及其来源的相互依存也是非常重要的。

根据风险的特点、分析的目的、信息、数据和可用的资源，风险分析可以采取不同的详细程度。分析可以定性、半定量或定量，或采用以上方法的组合，视情况而定。

（三）风险评价

风险评价(risk evaluation)是把风险分析的结果与风险准则进行对比，确定风险及其等级是不是可以接受或者是可容忍的。我们已经知道，明确环境的最后一个环节是确定风险准则，风险评价就是把风险分析过程中确定的风险等级与该风险准则进行比较，判断风险是否需要进行处置。风险评价的目的是在风险分析的基础上，决定需要处置的风险和实施风险处置的优先顺序。

在决策过程中，应该在更加宽泛的背景下，不仅考虑从风险中获益各方，也考虑承担风险团体对风险的容忍程度。同时，决策应该符合法律和法规的具体要求。

在某些情况下，风险评价后，有可能进行进一步的分析，也有可能决定不再采取任何的风险控制措施，作出这些决定受风险单位的风险态度和风险准则的影响。

四、风险处置

风险处置(risk treatment)是修正风险(modify risk)的流程，为通过选择和实施一项或多项备选方案来修正风险的过程。

（一）风险处置的过程

风险处置是一个循环的过程，包括以下几个方面：

(1) 评估风险处理措施；

(2) 判断剩余风险是否是可容忍的。剩余风险为风险处置后仍然存在的风险，包括未识别的风险；

(3) 如果风险不能容忍，制定新的风险处置措施；

(4) 评价该风险处置措施的有效性。

（二）风险处置措施

风险处置的措施主要包括：

(1) 决定停止或退出可能导致风险的活动——规避风险；

(2) 承担或增加风险以寻求机会；

(3) 消除风险源；

(4) 改变风险的可能性(概率)；

(5) 改变后果；

(6) 风险分摊(如合约和风险融资)；

(7) 通过明智的决策自留风险。

风险处置措施并不是在所有条件下都是适宜的，各种措施之间也不是相互排斥的。

（三）风险处置的具体流程

(1) 选择风险处置方案

选择最适当的风险处理方案包括权衡方案的成本和收益，备选方案要符合法律、法规的要求，如社会责任和环境保护的需要。还应考虑到那些应该采取风险管理措施但在经济上不合理的风险，如后果严重但发生可能性很小的风险。

应该尽可能多地准备风险处置备选方案，然后采取单独或是组合的方式进行实施，风险单位通常可以从风险处置方案组合中受益。

在选择风险处置措施时，应该考虑到利益相关者的价值观和认知，并选择适当的方式与其进行沟通。同样效果的风险管理方案,有些风险处理措施可能比另一些更能让一些利益相关者接受。

风险处置计划应明确风险处置措施的优先顺序。

风险处置本身可能产生新的风险,一项重大的风险就是风险处置措施失败或无效。因此,为保证风险处置措施的有效实施,"监控"应该成为风险处置计划的一部分。

风险处置本身可能引起次生风险,对这些次生风险也需要加以评估、处置、监控与检查。这些次生风险应该和原始风险一起纳入到同一个风险处置计划中,而不应该视为一种新的风险,应该认清两种风险之间的关系。

(2) 编制和执行风险处置计划

编制风险处置计划的目的是为了说明如何实施风险处理措施。

风险处置计划应提供如下信息:

1) 选择风险处置备选方案的原因,包括预期收益;

2) 批准计划和实施计划的职责;

3) 行动建议;

4) 资源需求(包括应急资源);

5) 绩效指标和限制因素;

6) 报告和监控的要求;

7) 时间安排和进度表。

风险处置计划应该与组织的管理流程相集成,并与适当的利益相关者讨论。

决策者和其他利益相关者在风险处置后应该了解剩余风险的性质和范围,并提供文件资料,同时加以监控和检查,以便采取进一步的处理措施。

五、沟通和协商

沟通是组织提供、共享或获取信息,与利益相关者和其他风险管理相关人员持续和反复的对话流程;协商是指在对某一问题作出决策之前,组织与其利益相关者或其他利益相关者双向沟通的过程。与内外部利益相关者的沟通和协商贯穿于风险管理的每个阶段。

因此,应该提前制定沟通和协商计划。在计划中说明风险本身、风险成因、风险后果(如果可以预料)和对待风险的措施。开展有效的内外部沟通和协商,可以确保风险管理流程实施流程的责任明确、利益相关者理解决策制定的基础和采取某种特殊行动的原因。

在沟通与协商中,可以采取成立咨询工作组的方法,咨询工作组的作用是:

(1) 有助于确立环境;

(2) 确保利益相关者的利益得到理解和尊重;

(3) 将不同领域的专业知识融入风险分析;

(4) 有助于风险的有效识别;

(5) 在风险准则的制定和风险评价过程中,确保不同的意见都给予适当的考虑;

(6) 保证风险处置计划得到赞同和支持;

(7) 加强风险管理流程期间的适当的变动管理;

(8) 制定适当的外部和内部沟通和协商计划。

与利益相关者的沟通和协商至关重要。利益相关者的价值观、需求、假设条件、观念和关注点不同，对风险的理解也不同，利益相关者根据自己对风险的理解对风险作出判断。由于他们的观点可能对决策产生重大影响，所以在决策制定过程中，应该注意识别、记录和考虑利益相关者的观点。

监控和检查是风险管理流程的一部分，可以是定期的，也可以是不定期的。应该清晰界定监控和检查的责任。

监控和检查流程应包括于风险管理流程的各个方面，其目的为：

（1）在设计和运行过程中，确保风险控制是有效果和有效率的；

（2）获取进一步信息，改进风险评估；

（3）从事件（包括侥幸脱险的）、变化、趋势、成功和失败中获得经验教训；

（4）观察内外部环境的变化，包括风险和风险准则的变化，这些变化需要修订风险处置措施和风险处置措施的优先顺序；

（5）识别新风险。

第3节　国际风险管理理事会风险管理流程

一、国际风险管理理事会简介

国际风险管理理事会的成立是人们对风险问题广泛关注的直接结果。20世纪90年代后期，日益增加的风险问题引起了公共部门、社会团体、学术界、媒体和社会的广泛关注，复杂风险和风险之间的相互关联使得风险管理越发困难。

在瑞士政府倡议并出资支持下，2003年6月IRGC以基金会形式在瑞士成立，由葡萄牙前任科技部长Gago主持。在召开了四次理事会会议和一次科技顾问委员会之后，于2004年6月30日正式召开了挂牌成立大会。国际风险管理理事会（International Risk Governance Council，IRGC）为独立的国际性非营利组织，主要由世界各国的政府官员、科学家以及相关领域的专家组成，被赋予了促进多学科、跨部门、跨区域进行风险管理的责任。国际风险管理理事会（IRGC）的宗旨是帮助政府、产业、非政府组织处理社会所面临的主要的和全球的风险，培养公众对风险管理的信心。

阅读资料

国际风险管理理事会大事记

IRGC的成立源于人们对风险及风险管理的广泛关注。20世纪90年代后期，欧洲的疯牛病、对基因工程的担忧、计算机系统的崩溃（千年虫）和越来越严重的自然灾害，使人们感觉到社会对许多风险正在处于失去控制的边缘。

2002年2月，国际风险管理理事会于瑞士召开第一次理事会会议，同年年底确立了首批研究项目。

2003年6月，国际风险管理理事会根据瑞士法律注册，总部设在日内瓦。

2003年8月，国际风险管理理事会任命了自己的秘书长。建立了顾问理事会、选举了下属科技理事会的首批理事。

2004 年 2 月，第三次理事会会议在日内瓦举行。

2004 年 6 月，国际风险管理理事在日内瓦正式挂牌成立，同时召开了第四次理事会。

2004 年 6 月，开始第一个项目《风险描述和风险管理基本概念》。

2005 年 9 月 20 日，国际风险管理理事在北京举办第一届年会，年会的议题包括跨境风险、气候变化、重要基础设施风险、新技术风险、人类健康安全与环境风险、自然灾害风险及管理问题。

2005 年 9 月，公布《风险描述和风险管理基本概念》的成果《风险管理白皮书——面向一体化的解决方案》。

自 2004 年 6 月在日内瓦挂牌成立以来，IRGC 针对由现代社会的复杂性、技术不确定性等因素导致的风险及其治理问题进行了大量的科学研究和国际交流，致力于为政府、商业界、研究机构和其他组织在风险治理方面的合作提供支持、提升公众在相关决策过程中的信心。按照国际风险管理理事会的说法，其目的是帮助人们理解和管理新的全球风险，这些风险会给人们的健康与安全、环境、经济和社会带来影响。国际风险管理理事会的工作包括发展风险管理的观念、预测重大的风险问题和为政府的主要决策者提供政策建议。

二、国际风险管理理事会灾害风险管理框架

2004 年 6 月，国际风险管理理事会开始了其第一个项目《风险描述和风险管理基本概念》，于 2005 年 9 月公布其成果《风险管理白皮书——面向一体化的解决方案》，该白皮书在总结世界各国风险管理经验的基础上，构建了风险管理总体分析框架。

国际风险管理理事会的风险管理框架包括 5 个相互连接的阶段：预评估（pre-assessment）、风险评析（risk appraisal）、描述与评价（characterization and evaluation）、风险管理（risk management）和沟通（communication）（图 5-3）。

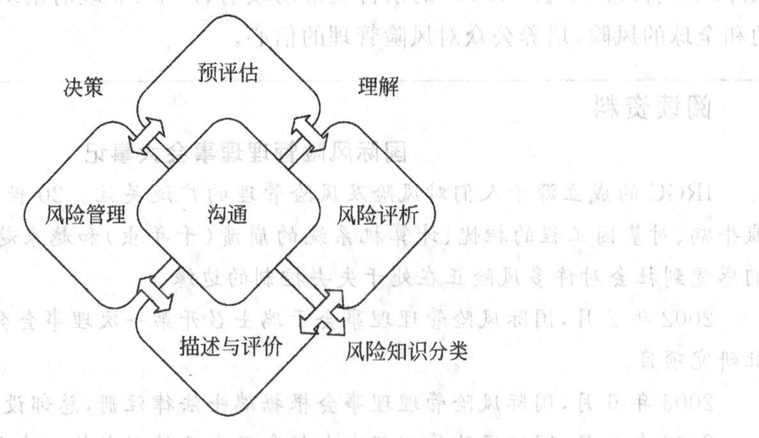

图 5-3 国际风险管理理事会的风险管理流程

国际风险管理理事会的风险管理框架分为两大部分：分析与理解风险和风险决策。在分析和理解部分，风险评析是最重要的过程，而风险管理则是风险决策的关键活动。风险管理是最大化风险单位目标的手段，这种划分反映了国际风险管理理事会强调在风险管理过程中不同职责的区分(图 5-4)。

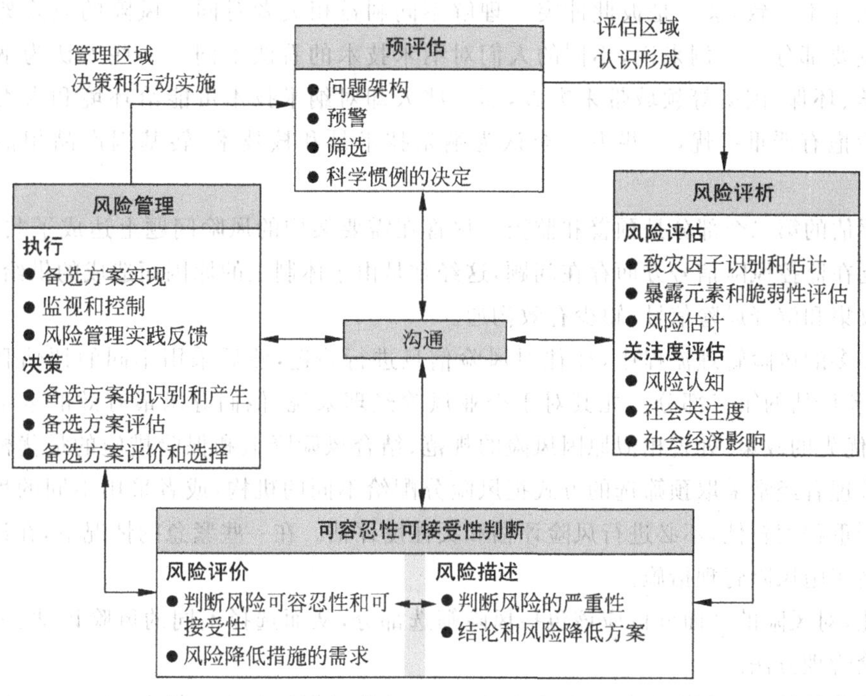

图 5-4　国际风险管理理事会风险管理框架

三、预评估(Pre-assessment)

风险是人类思维的产物，它不是真实的现象而是来源于人的大脑。人类能够创造性地处理和加工来源于真实世界的各种现象，因此，风险反映的是人们观察和经历的现实。真实的伤害，也就是风险的结果，如人员伤亡、健康损害、建筑物倒塌和环境破坏等，把风险与现实连接起来。人们创造出风险这一概念是因为人们相信，人类的行为能够事先阻止伤害的发生。对于一些风险事件的潜在影响，人们已经积累了一定的经验和知识，但是人类还不能预测风险事件的所有后果。由于同样的原因，人类也不能采取所有可能的预防措施。因此，社会有选择性地处理一些风险问题。这种选择的过程并不是任意的，而是基于以下几个方面。一是基于一定的价值观，如人们坚信，生命是值得保护的；二是基于制度和财政资源，如政府可以决定建设或不建设预警系统来预测小概率高损失事件；三是基于系统的推理，如应用概率理论判断可能或不可能事件，估计潜在损失在时间和空间上的分布等等。

基于以上考虑，系统的审查风险相关活动，需要从分析社会参与者认为什么是风险开始，这里的社会参与者包括政府、企业、科学界和公众等，这一过程称之为风险架构

(framing)是预评估的一部分,包含与对风险主题相关问题现象的选择及其解释。

风险架构是风险管理的一部分,许多的社会参与者包含其中。可以包括官方机构(如食品标准化机构)、风险和机会的生产者(食品工业)、被风险和机会影响的团体(消费者组织)和利益的不相关者(媒体和知识分子精英)等。在风险架构过程中,不同参与者观点可能并不一致,甚至是彼此冲突。理解不同利益相关者对同一风险的风险架构是预评估的重要部分。举例来说,不同的人们对纳米技术的看法不同。一些人认为纳米研究将给医学、环保、国防等领域带来突破,而一些人却对纳米技术可能给环境和人类健康带来的风险抱有严重担忧,一些人甚至认为纳米技术是和核技术、转基因产品相似的全球风险。

预评估的第二个部分是预警和监控。尽管在需要架构的风险问题上达成了共识,但依然有可能在监控风险信号方面存在问题,这经常是由于体制上的原因而造成的供给不足,不能有效收集和解释风险信号,缺少有效沟通。

在许多的风险管理流程中,往往对风险信息进行筛选,然后采用不同的评估和管理路径,这是预评估的第三部分。尤其对于企业风险经理来说,他们寻求最有效的策略处置风险,包括优先的政策、处置相似原因风险的规范、结合风险降低和保险措施的最优模型。公共风险管理者经常采取预筛选的方式把风险分配给不同的机构,或者采用不同的程序。一些风险严重程度较低,不必进行风险评估和关注度评估。在一些紧急的情况下,在评估工作之前就会实施风险管理措施。

因此,对风险的全面分析应该包括风险筛选部分,从而选择不同的风险评估、关注度评估和风险管理方法。

预评估的第四个部分也是一个重要的部分,是选择惯例和程序规则,这是进行综合的风险评析(风险评估和关注度评估)所必须的。这些评估过程需要在主观判断、科学界的惯例或风险评估人员和管理者紧密结合的基础上进行。其内容包括:社会对不利影响的界定,如界定无负面影响的水平;选择测量风险感知和关注度的有效可靠方法;选择风险评估过程使用的测试和检测方法。

表 5-2 给出了预评估四个部分的主要内容。预评估并不意味着这些步骤总是在评估之前进行,而是在逻辑上处于评估和管理步骤之前。这些步骤也不是按顺序的过程,而是相互联系的。事实上,在某些情况下,预警可能先于问题架构。

表 5-2 预评估阶段的组成部分

预评估组成部分	定 义	指 标
风险架构	概念化问题的不同观点	反对或赞成选择规则的目标; 反对或赞成证据的相关性; 框架的选择(风险、机会和运气)
预警和监控	新致灾因子的系统搜索	非正常事件或现象; 系统的比较模型与观测现象之间的区别; 异常的行为或事件

续表

预评估组成部分	定　义	指　标
风险筛选（风险评估和关注度评估政策）	建立筛选致灾因子和风险的程序 确定评估和管理的路线	筛选合适吗？ 筛选标准 　危害潜力 　持续性 　普遍性 选择风险评估程序的标准 　已知风险 　紧急事件 识别和衡量社会关注度的标准
风险评估和关注度评估的科学惯例	确定科学模型的假设与参数 确定风险评估和关注度评估的方法和程序	无不利影响水平的界定 风险评估方法和技术的有效性 关注度评估的方法论原则

四、风险评析

风险评析（risk appraisal）是把风险描述、风险评价和风险管理所必需的知识综合在一起的过程。

当我们分析风险时，仅仅考虑科学意义上的风险评估结果是不够的。为了理解不同利益相关者和公共机构的关注点，应该收集风险感知信息、某一风险直接结果的后续影响等信息，包括社会的响应，如某种行为能否引起社会的反对和抗议。因此，风险评析包括两个部分：风险评估和关注度评估。尽管风险评估是这一阶段最重要的过程，但与传统的风险管理模型不同，国际风险管理理事会的模型中包含了社会科学和经济学的评估内容。

（1）风险评估

风险评估（risk assessment）的任务是识别、探究，最好是量化，某一风险结果（通常是不希望的）的类型、强度和可能性。风险评估的流程（见图 5-5）因风险源和组织文化的不同而不同，但基本的三个核心部分没有争议，即致灾因子的识别和估计、暴露和脆弱性的评估和风险估计。

风险评估的基础是系统地应用各种已经得到不断改进的分析方法，主要是概率分析方法，得到以概率分布表示的风险的估计值，表 5-3 说明了风险评估的几个组成部分。

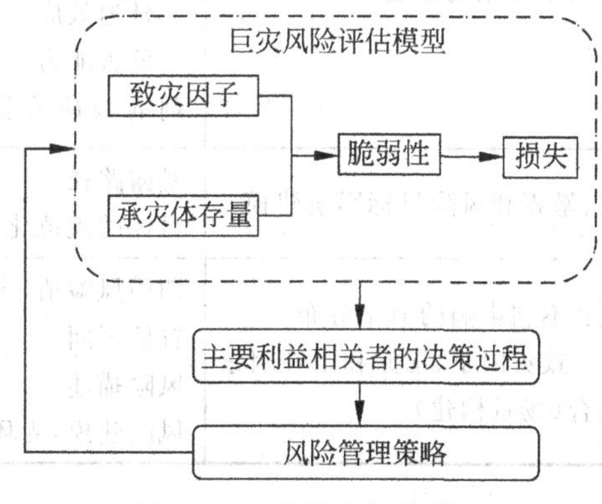

图 5-5　巨灾风险评估模型

阅读资料

风险评估

按照联合国国际减灾战略(ISDR,2009)的定义,风险评估是指通过分析潜在致灾因子和评估现有的脆弱性条件,二者结合时可能对暴露的人员、财产、公共设施、生计及其依存的环境造成的损害,来确认风险性质和范围的方法。

风险评估与绘制风险图密切相关,主要包括研究致灾因子的技术特征,包括它们的位置、强度、发生频率和概率;分析暴露元素和物理、社会、健康、经济和环境等的脆弱性;评价应对潜在风险处置能力的效果。

联合国国际减灾战略是从风险的定义出发,即风险包括了致灾因子和脆弱性两方面因素,来定义风险评估。评估主要包括两个方面,致灾因子和脆弱性,这一定义全面诠释了风险评估的基本内容。这与国际标准化组织的风险评估内容基本一致。

Grossi(2005)提出了连接风险评估与风险管理的理论框架。图形上方即为风险评估模型。该模型提出的风险评估内容与国际标准化组织、国际减灾战略的一致。其中承灾体存量相当于暴露元素清单。

在目前的认识水平下,风险评估工作还不能对脆弱性进行有效的量化评估,一些工程技术人员所开展的风险评估和分析过程,实际上是对致灾因子进行的分析,并不涉及灾害,比如地震风险分析,只是对地震致灾因子进行的分析,不是针对震灾;洪水风险,研究的也仅仅是洪水致灾因子,而不是洪灾,缺少脆弱性分析的内容。本章第3节的介绍的是传统的风险评估方法,针对的是损失频率和损失程度的评估,实际上评估的是致灾因子与脆弱性综合作用的结果。

表 5-3 风险评估组成部分

风险评估组成部分	定 义	指 标
致灾因子识别和评估	识别潜在的不利影响 评估因果关系的强度	性质,如易燃性 持续性 不可逆性 普遍性 延迟效应 危害能力 剂量-反应关系
暴露和脆弱性评估	扩散、暴露和风险目标影响建模	暴露路径 目标的规范化特征
风险评估	定量:不利影响的概率分布 定性:致灾因子、暴露和定性因素的组合(场景构建)	期望风险值(个人或集体的) 置信区间 风险描述 风险建模,为环境变量和参数变化的函数

(2) 关注度评估

国际风险管理理事会把关注度评估纳入到风险管理框架之中，是一项非常独特的创新，提醒决策者要考虑具有不同价值观和感受的人们是如何看待风险的。

基于风险评估和个人与社会关注点识别结果的基础上，关注度评估(concern assessment)调查和计算风险对经济和社会的影响。尤其关注的是财政、法律和社会的影响。这些次生的影响称之为风险的社会放大(social amplification of risk)。风险的社会放大是指对风险或产生风险的活动的公众关注而引起的，对风险严重程度的高估或低估。

这一概念基于这样的假设条件，与致灾因子有关的事件与心理、社会、体制和文化进程相互作用，能够增强或减弱个人和社会的风险感知，从而塑造风险行为。风险的行为方式又产生次生的社会、经济影响，其结果远远超过对健康、环境的直接影响，包括债务、非保险成本、对制度失去信心等。这种次生放大效应又有可能引起对制度响应和保护行为需求的增加或减少。

在关注度评估中，实际上，在很多的风险管理过程中，风险感知是我们应该重视的一个概念。

风险是思维的构建(mental construct)，那么，概念化风险就存在多种构建原则，不同的学科形成了各自不同的风险概念。社会和公众根据他们各自不同的风险概念和映像对风险作出反应，这些映像在心理学或社会学上称为感知。风险感知是社会中的个人或组织对个人经历或与风险有关的信息进行加工、消化和评估的结果。

我们必须知道，影响人类行为的主要因素不是事实，也不是风险分析人员或科学家所理解的事实，人类行为主要受到感知的影响。如某人认为驾驶小汽车比较安全，发生伤亡事件的概率较低，而乘坐飞机是不安全的，并对乘坐飞机感到恐惧。尽管这个人知道，根据统计数字，死于交通事故的人数要远远多于空难，但这种恐惧感并没有因此而改变，此人还是不愿意乘坐飞机。大多数心理学家相信，感知是由常识性推理、个人经历、社会交往和文化传统所决定的。人们把具有不确定结果的活动或事件与一定的预期、理念、希望、恐惧和感情联系起来，但并不是采用完全不合理的策略评估信息，大多数情况下，而是遵循相对一致的方式建立映像并且进行评价。

阅读资料

风险认知与社会文化

文化是价值、规范与信仰的总称。东西方国家都存在民俗信仰，这些民俗信仰往往影响风险的认知。在古时候的法国，5月份出生的小猫，法国人相信唯有将它溺死，否则必祸延及身。古老中国同样具有众多类似古时法国人处理可能威胁或危险的民俗信仰。例如，婴儿受到惊吓，收惊是解决之道。收惊是华人社会的一种民俗信仰。民俗信仰中则有许多禁忌。人们违背这些禁忌时，则常遭到社会的责难。信仰、禁忌与责难成为古时人类社会处理可能的威胁或危险的一套系统。这套系统维系了当时的社会秩序，也是当时社会控制的一种方法。

当今社会，如果有人持枪胡乱射杀行人，这一疯狂行为必然成为媒体关注焦点，社会舆论必然大加批判与讨论，提出诸如枪支管制、治乱世用重典、管制暴力影片等建议。对于该暴力事件，不同的人或团体赋予了不同的含义。因此，出现各类不同的建议。这就是当代社会对威胁或危险的反应方式。对比古代社会，当代社会面临的威胁或危险不同，然而，焦虑与不安依旧存在。这种焦虑与不安，当代社会是以风险管理系统来处理，其社会功能与民俗信仰系统相同。

因此，社会文化学者将风险视为社会文化现象。

资料来源：宋明哲：《现代风险管理》

阅读资料

关注度评估的重要性

布伦特·斯帕尔石油平台是壳牌公司的一个可移动的石油存储装置，位于苏格兰附近的北海地区，始建于1970年，重达14500吨，价值10亿多美元，到20世纪90年代已渐趋废弃，但是这些储罐内沉淀了大量的淤泥和残油，这将对北海的海洋环境带来影响。

专家提出了三套解决方案，一种是就地拆卸，一种是海滨拆卸，还有一种是深海处理。第一种方案成本最低，但是却无法解决储油罐内原油的污染问题。第二种方案优点在于污染可以控制，但可能会危及工人安全。剩下的就只有选择深海处理的方案了。国际法允许进行深海废物处理。在欧洲，核废料的处理方式就是采取深海掩埋，这种方式相对比较成熟，并且对环境威胁较小，成本又不高，从技术上也比实施海滨拆卸容易得多。于是壳牌公司向英国和挪威政府汇报了这个计划，并得到当地政府的批准，壳牌公司就该项目也向媒体作了一份公开声明。

但这一行动却遭到绿色和平组织的强烈反对，他们占领平台，在风高浪急的平台甲板上面对媒体的摄像机向全世界发出他们的抗议，强烈谴责这次深海倾倒是对环境的破坏。欧洲出现大规模的示威游行，几百万消费者对壳牌的产品进行抵制。

壳牌公司高层大为恼怒，并且感觉极度的委屈。壳牌公司对此作出反抗，并对自己的方案进行辩解，试图影响舆论。但由于壳牌公司决定继续执行原定计划，欧洲各国消费者的联合抵制再度升级。该公司的形象严重受损，一些加油站甚至被投掷燃烧弹，各地分支机构的工作人员也受到死亡威胁，壳牌在德国的销售额当年减少了50%。迫于种种压力，壳牌公司取消了深海处理平台。

是什么原因导致壳牌公司的决策失败了呢？公司花了巨资对这个处理方案进行了评估，但是结果却是灾难性的。壳牌严重低估了社会舆论的力量。

五、风险描述与评价

在风险管理过程中,最有争议的部分就是描述和判断给定风险的可容忍性和可接受性。可容忍的(tolerable)是指,尽管需要采取一些风险降低措施,但由于所带来的收益而被视为是值得执行的活动。可接受的(acceptable)是指风险较低,没有必要采取额外的风险降低措施的活动。不可容忍风险或者不可接受风险,是指社会认为不可接受的风险,无论引起风险的事件会产生什么样的收益。

我们可以用红绿灯模型来说明风险的可容忍性和可接受性。在图 5-6 的风险图中,横轴为风险的结果,纵轴为概率,区域Ⅰ为不可容忍区域,区域Ⅱ为可容忍区域,需要一定的风险管理措施,区域Ⅲ为可接受区域,边缘区域为未定义区域。从图中可以看出,不可容忍风险为发生的概率较高、损失比较严重的风险。可接受风险为发生的概率较低、损失较小的风险。可容忍风险介于二者之间。

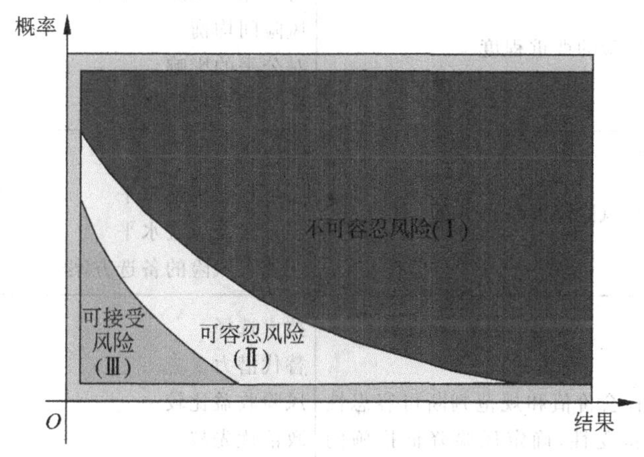

图 5-6 风险的红绿灯模型

判断风险的可容忍性和可接受性分为两个部分:风险描述和风险评价。风险描述以证据(evidence)为基础,确定风险的可容忍性和可接受性;而风险评价则是以价值为基础,作出判断(表 5-4)。

风险描述的内容包括风险的点估计、剩余不确定性描述、潜在结果(社会影响、经济影响)、提出安全系数建议、确保与法律要求一致、风险间的比较、风险间的均衡等内容。这一阶段要对风险的严重程度作出判断,提出处置风险的可能措施。

风险评价的主要目的是判断风险的可容忍性和可接受性。其基本方法有:权衡利弊、验证风险对生活质量的潜在影响、讨论经济、社会发展的不同措施、权衡相互矛盾的观点和证据。

需要指出的是,风险描述与风险评价是功能上的划分,并不是组织上的划分。实际上,这两个阶段紧密相连,相互依赖,把两个阶段结合在一起也许是更加明智的选择。

表 5-4 可容忍性或可接受性判断

评估组成部分	定 义	指 标
	收集和总结所有的必要相关证据，对风险的可容忍性和可接受性作出明智的选择，从科学的角度提出处置风险的可能方案	
风险描述	扩散、暴露和风险目标影响建模	暴露路径 目标的规范化特征
	风险概述	风险估计 置信区间 不确定性测量 致灾因子描述 对合法范围的理解 风险感知 社会和经济影响
	判断风险的严重程度	与法律要求的一致性 风险间均衡 对公平的影响 公众的可接受程度
	结论和风险降低备选方案	建议： 可容忍风险水平 可接受风险水平 处置风险的备选方案
风险评价	应用社会价值和规范判断可容忍性和可接受性，确定风险降低措施的需求	技术选择 替代潜力 风险收益比较 政治优先权 补偿能力 冲突管理 社会动员能力

六、风险管理

这里的风险管理是一种狭义的风险管理，实质上是指设计风险管理措施和方案，评价备选方案，改变人们的活动或（自然或人工）结构，以达到增加人类社会的净收益和阻止对人类和财产的伤害的目的，并且实施选定的方案并检测其效率。包括以下几个步骤（见表 5-5）：

(1) 设计和形成风险管理备选方案

风险管理备选方案包括风险规避、风险转移和风险自留。风险规避就是选择不接触风险的途径，如放弃发展一项新技术，或者采取行动完全消除特定风险。风险转移指把风险传递给第三方。风险自留是指不采取任何措施是明智的选择，决定自己承担所有的责任。

(2) 按照事先界定的标准，评估风险管理备选方案

每一个备选方案都会产生希望和不希望的结果，大多情况下，评估应该遵循以下标准：

① 有效性：备选方案会产生希望的效果吗？

② 效率：备选方案会以最少的资源消耗产生希望的效果吗？

③ 最小化外部负面影响：备选方案会阻碍其他有价值的物品、收益或服务吗？如竞争、公共卫生、环境质量和社会凝聚力等。会削弱政府系统的效率和公认度吗？

④ 可持续性：备选方案有助于可持续性的总体目标吗？是否促进保持生态功能、经济繁荣和社会凝聚力？

⑤ 公平：备选方案是否以公平和平等的方式承担管理的主题？

⑥ 政治和法律上的可实施性：备选方案与法律要求和政治程序一致吗？

⑦ 道德可接受性：备选方案在道德上可接受吗？

⑧ 公众的接受性：备选方案可以被受影响的个人所接受吗？

表 5-5　风险管理及其指标构成

管理组成部分	定　义	指　标
形成备选方案	确定可能的风险处置方案，尤其是风险降低，如预防、适应、减灾及风险规避、风险转移和风险自留	标准 实施原则 限制元素或脆弱性 经济激励 补偿 保险与负债 自愿协议 标识(lebel) 信息/教育
备选方案评估	方案的影响调查（经济、技术、社会、政治和文化）	有效性 效率 负面影响最小化 可持续性 公平性 法律及政治上的可实行性 道德可接受性 公众的可接受性
方案评价与选择	备选方案的评估（多重标准分析）	均衡的分配 利益相关者与公众的结合
方案实施	首选方案的实现	责任 连续性 有效性
监测与反馈	实施效果观测（与预警联系） 前期后评估（EX-post evaluation）	预期影响 非预期影响 政治影响

(3) 评价风险管理备选方案

与风险评价类似,这一步骤整合备选方案执行方式的证据与价值判断的评价标准。在实际风险管理过程中,评价备选方案需要专家和决策者紧密合作。

(4) 选择风险管理备选方案

风险管理备选方案被评价以后,就要作出哪一个方案被选择、哪一个方案被拒绝的决策,如果一项或多项方案被证明具有优势,决策是显而易见的。否则,就要在方案之间作出权衡。

(5) 风险管理备选方案实施

(6) 监测备选方案的实施

监测备选方案的效果。

七、沟通

有效的沟通是风险管理过程中建立信任的关键。沟通可以使利益相关者和社会理解风险,通过双向交流的方式,让他们说出自己的看法和观点,可以使他们认可自己在风险管理过程中的角色。作出决策以后,也要通过沟通的方式解释这样做的原因。国际风险管理理事会坚信,有效的沟通是成功进行风险评估和管理的核心。风险沟通的作用如下:

(1) 教育和启迪

进行风险和处理风险知识教育,内容包括风险评估、关注度评估和风险管理。

(2) 风险培训和劝导其改变行为

帮助人们处置风险和潜在的灾害。

(3) 对风险评估和管理的体制建立信心

让人们确信,现有的风险管理结构能够以可以接受的方式有效地、公平地处置风险。

(4) 参与风险决策和解决冲突

让利益相关者和公众代表有参与风险评估和管理,参与解决冲突和确定风险管理方案的机会。

本章小结

本章介绍了三个版本的风险管理流程:一般的风险管理流程、国际标准化组织的风险管理原则与流程、国际风险管理理事会的风险管理流程。一般的风险管理流程包括风险识别、风险评估、风险管理措施的选择和实施等。国际标准化组织的风险管理流程分为明确环境、风险评估和风险处置三个阶段,还包括贯穿于风险管理每个阶段的沟通和协商、监控和检查过程。国际风险管理理事会的风险管理框架则包括预评估、风险评析、描述与评价、风险管理和沟通五部分内容,并将关注度评估内容纳入风险管理框架。

关键术语

1. 风险识别(risk identity)：风险识别就是指用感知、判断或归类的方式对现实存在或是潜在的风险进行鉴别的过程。

2. 风险评估(risk assessment)：风险评估是指在风险识别的基础上，估算损失发生的频率和损失程度，并依据风险单位的风险态度和风险承受能力，对风险的相对重要性进行分析。根据国际标准化组织的定义，风险评估是指风险识别、风险分析和风险评价的全部过程。

3. 风险评价(risk evaluation)：风险评价是指在风险识别和风险分析的基础上，把损失频率和损失程度以及其他因素综合起来考虑，分析风险的影响，并对风险的状况进行综合评价，是风险管理人员依据一定的标准进行的主观评价。

4. 风险估计(risk estimation)：风险估计有时也被称为风险衡量(risk measurement)，就是运用概率论与数理统计方法，对风险事故发生的损失频率和损失程度作出估计，以此作为选择风险管理技术的依据。

5. 风险分析(risk analysis)：风险分析包括风险的识别与估计的全过程。

6. 风险评析(risk appraisel)：风险评析是把风险描述、风险评价和风险管理所必需的知识综合在一起的过程。

7. 风险处置(risk treatment)：风险处置是修正风险(modify risk)的流程，为通过选择和实施一项或多项备选方案来修正风险的过程。

8. 风险管理(risk management)：本章的风险管理是一种狭义的风险管理，实质上是指风险管理措施和方案的设计和评价备选方案，改变人们的活动或(自然或人工)结构，以达到增加人类社会的净收益和阻止对人类和财产的伤害的目的，并且实施选定的方案并检测其效率。

9. 沟通与协商(communication and consultation)：沟通是组织提供、共享或获取信息，与利益相关者和其他风险管理相关人员持续和反复的对话流程；协商是指在对某一问题作出决策之前，组织与它的利益相关者或其他利益相关者双向沟通的过程。

本章参考文献及进一步阅读文献

[1] 唐彦东. 灾害经济学[M]. 北京：清华大学出版社，2011.

[2] ISO 31000-2009，Risk Management Principles and Guidelines，2009.

问题与思考

1. 风险管理的一般流程是怎样的？

2. 风险管理的一般原则是什么？怎样理解这些一般原则在灾害风险管理中的应用？

3. 请画图说明国际标准化组织的风险管理流程。
4. 举例分析国际风险管理理事会的风险管理框架内容。
5. 国际风险管理理事会的风险管理流程中预评估包括哪些内容？
6. 风险描述与风险评价的区别是什么？
7. 国际风险管理理事会的风险管理流程中的关注度评估的意义是什么？
8. 请对比分析国际标准化组织和国际风险管理理事会的风险管理流程。

第 6 章

风险识别与度量

引言

根据风险管理流程，风险识别与度量是风险管理流程的第一步，也是关键的一步。风险识别是否正确与全面、是否科学与专业，影响着风险管理后来的流程（风险评估、风险评价和风险决策和实施等）。风险识别与度量通常同时进行，风险识别的同时伴随着风险的度量，风险频率和程度的度量理论上多采用概率论与数理统计等方法，实践中风险度量也有很多实用、简单和粗略的方法。本章主要研究风险识别原则和风险识别的方法、风险的客观度量和主观度量、风险的最终度量——生命质量，这种以生命质量为标准是未来风险度量的基本出发点，更是度量风险的最终标准。

第 1 节 风险识别

一、风险识别与度量概述

风险识别与度量的第一个阶段，是从人类社会伊始到现代数理逻辑时代之前，该阶段对风险的识别与度量还处于原始本能阶段。人们识别风险源、判断人类自身面临风险的大小，完全是一种自我保护的本能，采用的风险管理方法和技术，也完全来自经验和本能。例如，人们依山傍水修建房屋居住，这样既便于生活取水和生产灌溉，又便于逃避洪涝灾害。

风险识别与度量的第二个阶段，是从现代数理逻辑为人类提供量化分析手段到 20 世纪 70 年代以前，可以称为传统技术阶段。人们可以利用量化分析手段进行风险识别与度量，战争运筹、地震区划、洪水区划、流行病学、核电站设计安全、飞机安全设计、工矿企业生产安全、投资风险、保险等是这一阶段有代表性的研究对象和内容。

风险识别与度量的第三个阶段，也是现代风险分析阶段，是从 20 世纪 70 年代美国庆祝第一个地球日到 2001 年。该阶段，人们已经正视人口、资源与环境的矛盾，开始研究涉及人类生存和可持续发展相关的重大风险问题，研究如何在不确定的条件下进行风险评估并作出合理的决策。

风险识别与度量的第四个阶段，是从美国 2001 年的“9·11”恐怖袭击事件开始至今，可称为智能化阶段。这一阶段才刚刚开始，重点是借助现代信息处理手段对复杂系统的风险进行识别与度量。这一阶段的核心是风险源的智能识别和风险水平的智能评价，智能技术与现代风险分析技术的最大不同点是，智能技术更少理论假设，更多面向实际，强调在智能技术的帮助下，实现有效信息条件下快速、有效、较可靠地进行风险源的识别和度量，例如情景模拟技术的应用。

二、风险源与风险识别的概念

识别风险首先必须认识和了解风险源。人类面临的风险的客观来源是自然环境和社会环境，风险也是来自人类主观的欲望和需求，是世界客观规律和人类主观行为共同作用的结果。广义的风险源是指那些可能导致风险后果的因素或条件的来源。从定义看，风险源的定义与致灾因子和脆弱性有一定的交叉。例如，当人们谈论灾害风险概念时，自然包括致灾因子和脆弱性，这两个概念共同构成了灾害风险的概念。风险源的识别必然包括致灾因子和脆弱性的识别。实际上，风险识别必须对致灾因子和脆弱性同步识别和度量才能找到真正的风险源。例如，地震风险源包括地震动(构造、火山、塌陷或人工诱发导致的地震)、土层和岩层结构、地基、建筑物结构、土地利用规划等等。其中地震动可以说是致灾因子，建筑物结构和土地利用规划等则是脆弱性的问题。根据风险的来源可以分为客观风险源和主观风险源。

(一) 客观风险源

1. 自然环境是最基本的风险源。例如地震、洪水、飓风、干旱、陨石坠落等。

2. 人为环境同样也是最重要的风险源。例如社会、政治、经济、法律、操作等。

(1) 社会环境：人们的道德信仰、价值观、行为方式、社会结构和制度等构成社会风险，因为这些因素可能影响人们管理各类风险的目的、方法、手段等，并可能影响人们对风险的社会关注度程度，人为放大或缩小风险的大小。

(2) 政治环境：通过政府的政策对国家和社会群体或个人的影响，如外交政策、经济金融和财政政策、行政管理制度等。例如，政府的政策和制度的变化将影响社会公众对灾害风险的准备、应对和恢复重建等决策。

(3) 经济环境：经济发展、分配政策、政府对经济环境的影响、国家经济状况和前景和居民的经济状况等等。例如，经济发展、分配、居民收入差距等都是潜在的危机。

(4) 法律环境：相关法律的科学、完善、完备程度；执行的公开、公正和公平程度以及效率等等。法律的缺陷或不公以及变化等是可能导致社会冲突和矛盾的根源。

(5) 操作环境：是指国家政府部门、组织机构以及个人等在风险管理过程中可能出现识别、判断、指挥、决策、处置等行为的不当，可能加重各个利益相关者的风险。有时也可以称为管理风险。例如减灾救灾中，相关人员可能存在判断和决策失误、错误指挥和处置，导致风险进一步加剧。

(二) 主观风险源

风险是客观存在的，但人类对风险的认识却是主观的，也是一个不断加深理解的过程。特别是风险损失对人们的心理影响很大，尽管巨灾风险的概率极低，但是人们依然充满恐惧，在经济情况允许的情况下，人们愿意花费经济成本来减轻自己对风险的担忧。也正是从这个角度，风险理论研究认为风险不仅是客观的，同时也是主观的。当主观判断和客观规律有差距时，必然面临着不确定的风险，这种由于没有完全认知人类生存的客观环境，以及人类认识客观环境的知识、经验有限而导致风险，称为主观风险。其实，只要风险存在，主观与客观风险也永远同时存在。

（三）风险识别

人类社会所面临的风险是多样的，有内部风险和外部风险，也有静态风险和动态风险。风险识别的任务就是要从错综复杂环境中找出人类社会或组织所面临的主要风险。所谓风险识别就是指用感知、判断或归类的方式对现实存在或是潜在的风险进行鉴别的过程。风险感知(risk perception)是指利益相关者根据其价值观或利害关系认知风险的方式，这种风险感知取决于利益相关者的价值需要、关注点及相关知识。值得注意的是风险感知可能不等同于客观数据，即主观的感知的结果并不能完全符合客观数据的结论。风险判断是指利益相关者在概括的基础上形成对风险大小的推断，是在与主观的风险概念、准则和经验进行比较分析之后的肯定或者否定，严重或者轻微。风险分类则是鉴定、描述和命名，并按照一定秩序排列类群、系统演化风险。GBT 23694—2009 国标中将风险识别(risk identification)定义为发现、列举和描述风险要素的过程，风险要素可以包括来源或危险(源)、事件、后果和概率，同时风险识别也可以反映出利益相关者关注的问题。风险源识别(source identification)包括发现、列举和描述风险来源的过程，在灾害领域，风险的来源识别叫做危险(源)识别。

风险识别是风险管理的第一步，也是风险管理的基础。只有在正确识别出自身所面临风险的基础上，人们才能够主动选择适当有效的方法进行处理。风险识别通常可以通过感性认识和历史经验来判断，还可以通过对各种客观情况的资料和风险事件的记录来分析、归纳和整理，以及必要的专家咨询，从而找出各种风险及其损失规律。

三、风险识别原则

（一）全面系统的原则

风险识别应该全面系统地了解各种风险可能发生的概率以及损失的严重程度，风险因素以及风险事件衍生的其他同生或次生风险问题。风险识别应该基于全面系统的调查分析，将风险进行综合归类，揭示其性质、类型及后果。如果没有科学系统的方法来识别和衡量，就不可能对风险有一个总体的综合认识，就难以确定哪种风险是可能发生的，也不可能合理地选择控制和处置的方法。

（二）综合考察的原则

社会、政府、组织、家庭、个人面临的风险是一个复杂的系统，这个系统包括不同类型、不同性质、不同损失程度的各种风险，某一种单一的分析方法难以对全部风险识别奏效，因此，风险识别必须综合使用多种分析方法。根据风险清单列举可知，单位、家庭、个人面临的风险损失一般分为两类。

1. 直接损失。世界银行和联合国根据灾害损失评估研究的发展，于 2003 年出版了《灾害社会经济和环境影响评估手册》，在这一版手册中明确指出直接影响包括不动产等存量的损失。因此，直接损失为存量损失，包括建筑物、基础设施、存货、半成品和原材料的损失。识别直接财产损失的方法很多：询问经验丰富的组织管理人员和资金管理人员，查看财务报表等。

2. 间接损失。间接损失为直接损失的后果，指产品或服务流量损失，包括直接损失影响的生产能力降低，如基础设施的破坏而造成产量下降即为流量损失，一般难于计算。致灾因子对有形资产造成破坏，往往会影响企业的正常生产，引起企业产量下降或停产，造成间接损失即产品或服务流量损失，间接损失为直接损失所造成物理破坏的后果，往往是灾害发生以后产生的，它是指组织受损之后，在修复前因无法进行生产而影响增值和获取利润所造成的经济损失，或是指资金借贷与经营者受损之后，在追加投资前因无法继续经营和借贷而影响金融资产增值和获取收益所带来的经济损失。间接损失有时候在量上要大于直接损失，可以用投入产出、分解分析等方法来识别。

（三）风险成本最低的原则

风险识别的目的就在于为风险管理提供前提和决策依据，以保证组织或个人以最小的支出获得最大的安全保障，从而减少风险损失。因此，在资源或资金有限的条件下，组织必须根据风险成本最低原则来选择效果最佳、成本最低的识别方法。

（四）科学计算的原则

对风险进行识别的过程，同时就是对政府、组织、家庭、个人的各类损失情况，包括生产经营（包括资金借贷与经营）状况及其所处环境进行量化核算的具体过程。风险的识别和衡量要科学应用数理分析工具，在普遍描述、分类和估计的基础上，进行统计和模拟，以便得出比较科学合理的分析结果。

（五）制度化、经常化的原则

风险的识别是风险管理的前提和基础，识别的准确与否在很大程度上决定风险管理效果的好坏。为了保证最初分析的准确程度，风险识别需要制度化。此外，由于风险随时存在于单位的生产经营（包括资金的借贷与经营）活动之中，所以，风险的识别和衡量也必须是一个连续不断的、经常化的过程。

四、风险识别基本方法

（一）清单法

风险识别的基本方法是风险清单法，它也是最简单明了的风险识别方法。风险清单是由专业人员设计好的标准的表格和问卷，上面非常全面地列出了一个组织或区域可能面临的风险。风险识别的清单法是一种传统的简单实用的识别风险的工具。一般情况下，这样的风险识别的清单很长，在填写风险清单时，需要将所有可能的损失风险因素及其暴露情况都要考虑进去。具体应用于灾害风险管理的实践中也称暴露的财产清单，例如对于一个地区来所面临的地震灾害风险来说，财产清单可以分为建筑物清单、基础设施清单、生命线设施清单等等，不同灾害所对应的清单也不同，不同财产所关注的项目和成本也不尽相同。

目前，一般风险清单包括以下四种：

1. 风险分析调查表（risk analysis questionnaire）。所谓风险分析调查表是由保险公司的专业人员及有关学会就企业可能遭受的风险进行详尽调查与分析后做成的报告书，包含所有纯粹风险。应用比较多的是美国管理学会、风险与保险管理学会和国际风险管理研究所分别编制的“发现事实者”。

2. 保单检视表（insurance checklist）。所谓保单检视表是将保险公司现行出售的保险单所列出的风险与风险分析调查表的项目综合而成的问卷式表格。通过保单检视表，风险管理者可以对现行保险行业提供的风险保险产品进行系统分析，从中找出组织、个人可能面临的可保风险，从而识别这些可保风险，这是一个快捷而简单的进行风险识别的方法。但是，由于保单检视表仅仅收集了可保风险，因此，对不可保风险可能忽略，当然，从可保风险的产品合同中的除外责任中，风险管理者也可以寻找出一些不可保风险，从而识别组织的不可保风险。保单检视表的优点是突出对组织所面临的可保风险的调查和识别，但是，对于不可保风险识别方面存在一定的缺陷。

3. 资产-暴露分析表(asset-exposure analysis)。美国管理协会编制风险分析调查表之后，又编制了资产-暴露分析表。资产-暴露表分为两类，一类是资产，包括实物资产和无形资产，其中实物资产包括动产、不动产以及其他资产；无形资产包括组织外部资产和内部资产。这里的无形资产不完全按照组织内部资产负债表列出的资产进行暴露清单列举。另一类是损失暴露，包括直接损失暴露、间接损失暴露和第三者责任暴露。

4. 检查表。检查表法是以奥斯本的分解法为基础，再加入"5W2H"检查法而形成的。检查表法是通过对照预先编辑的问题集表格，发现风险所在。可作为检查对照的"经验"来源包括：规范或标准；业务规则手册/质量手册；设计文件等。这种方法首先可以避免遗忘重要的事项，其次可以大大提高联想的作用，还可以使工作更具有效率。

5W2H：何时(When)，何地(Where)，何人(Who)，何事(What)，为何(Why)，如何(How)，多少(How Much)。

风险清单法的优点是：首先，经济方便，适合新组织、初建风险管理制度或缺乏专业风险管理人员的组织；其次，识别基本风险，降低忽略风险源的可能性。风险清单法的局限性在于：首先，由于清单标准化，针对性较差；其次，如果采用传统风险管理阶段设计的风险清单，只有纯粹风险，而没有其他风险，比如投机风险等。

(二) 风险识别的辅助方法

进行风险识别除了运用风险清单法外，还要辅以其他辅助的风险识别方法来补充，才能更好的全方位的进行风险识别。风险识别的其他方法有财务报表分析法、组织管理运营流程图法(包括企业生产工艺流程)、事故树法、现场调查法和风险情况调研分析法等。

1. 财务报表分析法

企业或组织的财务报表特别是资产负债表是企业或组织一定时期的经济活动和资产状况的综合反映。企业或组织的财务报表记录了各种固定资产、无形资产、负债和所有者权益等项目。

企业或组织的财务报表包括资产负债表、利润表、利润分配表、现金流量表等。通过资产负债表，我们可以得到资产损失暴露的信息，利润表和现金流量表可以获取企业盈亏风险和现金流量的风险等。

使用财务报表进行风险识别的优点为：

(1) 可靠和客观。这是因为企业或组织的财务报表是根据财务会计准则和政策要求严格记录并整理出来的报表，特别是上市公司的更是经过注册会计师的第三方审计后公开的报表，因此通过财务报表进行风险识别相对可靠客观。

(2) 容易得到。相对其他风险识别方法，财务报表容易获得，不必重新进行现场调查、进行登记制表等花费大量时间、人力和物力进行资料收集整理工作。

(3) 容易接受。因为在进行风险识别时,我们最终也是关心未来风险的损失财产金额,容易被外部人员所接受和认知。

此外,由于财务报表中还包括了投资的信息和其他债权债务信息,因此还可以识别金融风险和财产风险、责任风险和人力风险等。

2. 流程图法

流程导向的风险识别方法就是通常的流程法(flow-chart method),对组织的主要业务流程进行分解,发现每个流程、各个环节是否存在风险因素。流程法包括外部流程和内部流程,内部流程只包含组织内部的流程图,而外部流程包含与组织活动相关的其他组织提供商品或服务的流程图。流程法的优点是清晰、形象,基本能够揭示出组织所有流程环节中的风险;缺点是只强调风险损失的结果,并不关注导致风险损失的原因。对流程图的分析包括静态分析和动态分析,其中静态分析是对流程图中每一个环节逐一调查,找出潜在风险,并分析风险可能造成的损失后果;动态分析是着眼于流程中各个环节之间的关系,以找出那些关键环节。流程图的类型有很多,按照流程范围可以分为内部流程图和外部流程图;按照流程的表达形式可以分为实物流程图和价值流程图;按照流程的内容可以分为组织管理运营流程图、生产工艺流程图、安全操作工作流程图等。

(1) 内部流程与外部流程图

内部流程图是指企业或组织内的生产流程或管理运营流程图。外部流程图不仅包括企业或组织的内部流程还包括外部相关组织或企业流程图。比如企业外部流程图是包括生产运作和物流供应链及销售客户等在内的整体流程图。

(2) 实物流程图和价值流程图

实物流程图反映了某种具体产品或服务从最初到完成的具体产生全部过程。价值流程图其实和实物流程图很相似,只是在实物流程图基础上标出实物的价值。

(3) 流程图的步骤

一般的流程图可以描述组织内任何形式的"流动",例如一个工厂的产品加工流程步骤如下:首先,识别产品加工的各个阶段,并绘制草图;其次,流程图的设计,采用比较其简单的规则:用方框表示输入,如原材料的存储,用圆圈表示工艺过程;再次,流程图的解释;风险管理人可以浏览工序的每一步,识别可能发生损失的每一个环节,以及可能发生损失的原因和后果;最后,预测可能的损失情况,准备制定计划。

五、风险识别技术方法

风险识别不仅包括上面所说的基本方法,还有很多技术方法,需要建立模型并进行大量理论和实践分析得到。

(一) 目标导向法

所谓目标导向风险识别包括识别任何可能危及组织的整体或部分目标的潜在致灾因子,以相关者的目标为出发点,感知、判断哪些因素影响相关者的目标。

(二) 情境分析法

情境分析法又称脚本法或者前景描述法,是假定某种现象或某种趋势将持续到未来的前提下,对预测对象可能出现的情况或引起的后果作出预测的方法,是一种定性的预测方法。利用情境分析方法，创造出不同的情境，情境可以是达到目的的不同方式，或作用力交互作用的分析。如假设地震可能发生的不同情境，任何触发不希望情境的事件都被识别为风险。

（三）事件树法

事件树法是一种从原因到结果的自下而上的分析方法。从一个原因事件开始，交替考虑成功与失败的两种可能性，然后以这两种可能性作为新的原因事件，如此继续分析，直到找出最后结果为止。该方法的主要步骤有：

(1) 确定初始事件；

(2) 绘制事件树(ETA)图；

(3) 通过 ETA 由初始事件导出各种风险事件；

(4) 根据定量计算结果，作出风险严重程度的分级。

事件树分析的理论基础是决策论，思路与故障树分析相反。事件树法层次清楚、阶段明显，可以看作是事故障树方法的补充，能够进行多阶段、多因素复杂事件动态过程的分析。

（四）故障树法

故障树也称为事故树，是一种树状图，由节点和连线组成，节点表示某一具体环节，连线表示环节之间关系。事故树法关注事故的原因，是一种逻辑分析过程图，遵循逻辑分析的基本原理。事故树的优点是能够对系统或活动的风险因素进行识别与评价，既可以用于定性分析，也可以定量分析，具有形象化、逻辑性强、全面简洁的特点，体现了系统工程学方法应用于风险评估时的系统性、准确性和预测性。事故树的缺点是对于复杂的系统或活动，工作量很多，需要用专门的分析软件，并且对故障发生的严重程度不能很好地描述。故障树法的基本原理是运用布尔代数的逻辑门，来描述故障产生过程中各种风险因素之间的逻辑关系，经过化简运算处理，得出导致事故发生的各类因素及其组合，揭示出系统设计、操作中的缺陷，进而为提高系统性能，减少故障发生提供运用措施的途径。

1. 事故树的画法和最小路径

(1) 事件符号

事件符号有矩形符号、圆形符号、屋形符号、菱形符号，每个符号表示的意思如下：其中矩形符号表示顶上事件或中间事件。将事件扼要记入矩形框内。必须注意，顶上事件一定要清楚明了，不要太笼统。例如“交通事故”，“爆炸着火事故”，对此人们无法下手分析，而应当选择具体事故。如“机动车追尾”，“机动车与自行车相撞”，“建筑工人从脚手架上坠落死亡”，“道口火车与汽车相撞”等具体事故。圆形符号表示基本(原因)事件，可以是人的差错，也可以是设备、机械故障、环境因素等。它表示最基本的事件，不能再继续往下分析了。例如，影响司机瞭望条件的“曲线地段”，“照明不好”，司机本身问题影响行车安全的“酒后开车”、“疲劳驾驶”等原因，将事故原因扼要记入圆形符号内。屋形符号表示正常事件，是系统在正常状态下发生的正常事件。如“机车或车辆经过道岔”，“因走动取下安全带”等，将事件扼要记入屋形符号内。菱形符号表示省略事件，即表示事前不能分析，或者没有再分析下去的必要的事件。例如，“司机间断瞭望”、“天气不好”、“臆测行车”、“操作不当”等，将事件扼要记入菱形符号内。

(2) 逻辑门符号

逻辑门符号即连接各个事件，并表示逻辑关系的符号。其中主要有与门、或门、条件与门、条件或门以及限制门。与门符号连接表示输入事件 B_1、B_2 同时发生的情况下，输出事件 A 才会发生的连接关系。二者缺一不可，表现为逻辑积的关系，即 $A=B_1\cap B_2$。或门符号表示输入事件 B_1 或 B_2 中，任何一个事件发生都可以使事件 A 发生，表现为逻辑和的关系即 $A=B_1\cup B_2$。在有若干输入事件时，情况也是如此。条件与门符号表示只有当 B_1、B_2 同时发生，且满足条件 α 的情况下，A 才会发生，相当于三个输入事件的与门。即 $A=B_1\cap B_2\cap\alpha$，将条件 α 记入六边形内。条件或门符号表示 B_1 或 B_2 任何一个事件发生，且满足条件 β，输出事件 A 才会发生，将条件 β 记入六边形内。限制门符号是逻辑上的一种修正符号，即输入事件发生且满足条件 γ 时，才产生输出事件。相反，如果不满足，则不发生输出事件，条件 γ 写在椭圆形符号内。

(3) 转移符号

当事故树的规模很大时，需要将某些部分画在别的纸上，这就要用转出和转入符号，以标出向何处转出和从何处转入。转出符号表示向其他部分转出，△内记入向何处转出的标记。转入符号表示从其他部分转入，▽内记入从何处转入的标记。

事故树是一种图表，用来表示所有可能产生事故的风险事件；描述复杂系统的运动过程的好办法；在绘制事故树的同时就可以识别风险；可以用来判断系统内部发生变化的灵敏度。下面是一个简单的事故树图，如图 6-1 所示。

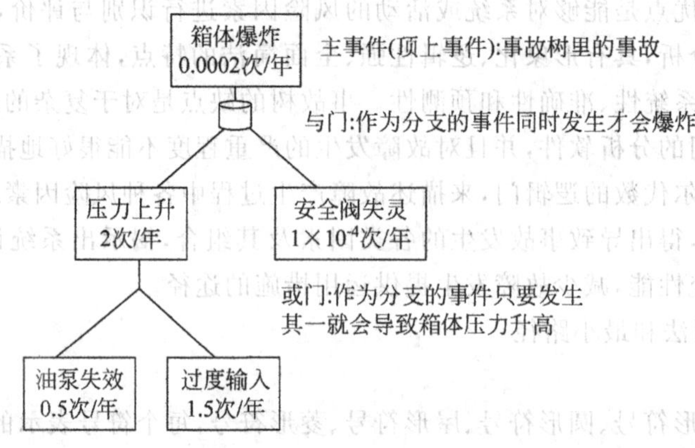

图 6-1　箱体爆炸事故树简单图

(4) 插入概率

采用一种新阀(安全阀)，失效率为 1×10^{-4}→箱体爆炸 2×10^{-4} 次/年；换一个新泵，新泵的失效率为 0.5→箱体爆炸 $(0.25+1.5)10^{-4}$ 次/年；因此，换新阀要比换泵更加有效降低风险。

(5) 最小途径数

事故树可以计算主事件发生的各种途径，并可以得到导致主事件发生的各子事件的最小组合数，从而改善系统最有效的地方。那么，如何用下行法推导主事件发生的最小途径数呢？其基本原理为：从顶事件开始，遇到与门则将门下的输入事件排成一行，遇到或门则将门下的输入事件排成一列，直到所有的事件替换为基本事件为止，如图 6-2、表 6-1 所示。

独立途径的最小数越少越不安全。

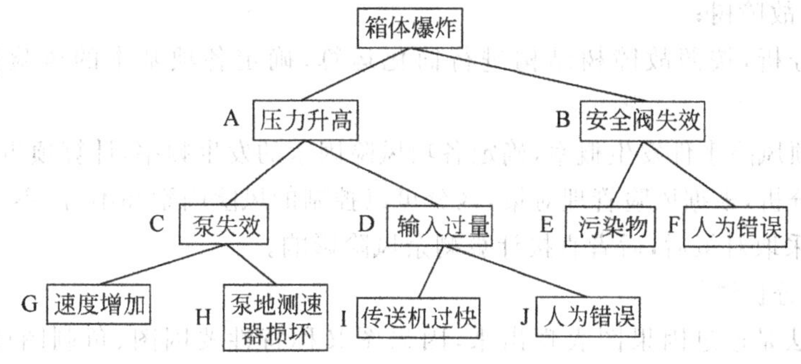

图 6-2　事故树途径分析图

表 6-1　最小途径数事件组合表

门　号	类　型	分 枝 个 数	分 枝 代 号	
1	与	2	2	3
2	或	2	4	5
3	或	2	E	F
4	与	2	G	H
5	或	2	I	J

此外，还可以用函数结构式推导主事件发生的最小途径数。

$$E = A \cdot B = (C + D)(E + F) = [GH + (I + J)](E + F)$$

$$= [GH + (I + J)] \cdot E + [GH + (I + J)] \cdot F = GHE + IE + JE + GHF + IF + JF$$

GHE, IE, JE, GHF, IF, JF 为主事件发生的最小途径数（表 6-2）。

表 6-2　独立途径最小数表

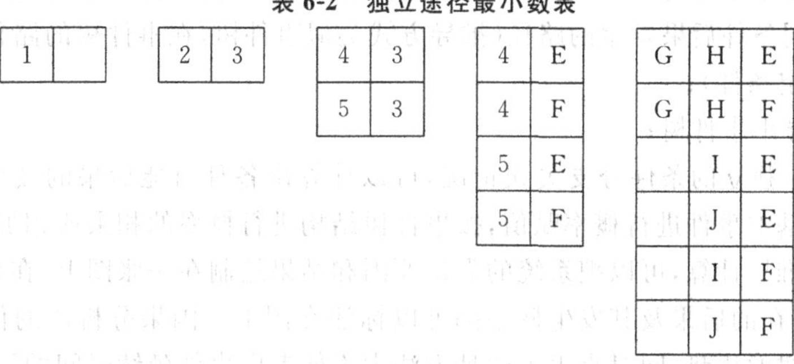

1	

2	3

4	3
5	3

4	E
4	F
5	E
5	F

G	H	E
G	H	F
	I	E
	J	E
	I	F
	J	F

2. 事故树法的分析步骤

事故树法是一种“自上而下”的“综合”分析手法，本方法的基本步骤是：

（1）描述系统，详细了解系统或活动状态及各种参数，给出流程图、布置图；

（2）资料搜集，收集风险事件案例，进行统计分析，设想系统或活动可能的风险因素；

（3）确定顶事件，要分析的风险事件即为顶事件，是整个分析的关键风险；

（4）确定目标值，根据经验教训、统计分析和管理需要，测算顶事件发生的频率，作为风险控制的目标值；

（5）风险因素调查，调查分析所有与顶风险事件有关的各种风险因素；

（6）绘制故障树，从顶事件开始，逐级找出直接的风险因素，直到设定的分析深度，按照逻辑关系，画出故障树；

(7) 定性分析，按照故障树结构进行简化运算，确定各项基本的风险因素的结构重要度；

(8) 计算顶风险事件发生概率，确定各项风险因素的发生频率，计算顶事件发生概率；

(9) 比较分析，根据风险管理对策，区分可以控制的风险因素和不可(不能)控制的风险因素。在前者采取对策后，后者直接计算剩余风险影响。

(五) 因果分析法

因果分析法是通过因果图表现出来，因果图又称特性要因图、鱼刺图或石川图，它是1953年日本川崎制铁公司，由质量管理专家石川馨最早使用，利用各种专家的看法、观点并将他们的意见放在因果图上，就是因果图。因果图分析便于集思广益、分析方便并且效果好。应用因果分析法对风险识别就是基于已发生事件(基于理赔、专项调查)，针对风险事件的各种资料情况，分析找出其风险因素。这种方法需要专门组织分析完成，并且需要大量参考事件资料。

因果分析是故障树分析和事件树分析的结合，从一个风险因素开始，识别与其相关的所有风险因素和潜在后果。因果分析方法最初是为安全性要求很高的系统分析系统性缺陷而开发的可靠性分析工具。像故障树分析一样，从缺陷发生到危害事件以逻辑关系表达，但增加了事件树中对于缺陷的时间顺序的分析功能，同时后果分析中引入了时滞，这点在事件树中是不允许的。由于因果分析方法流程的复杂，一般只有当缺陷的后果被认为亟待控制才使用。

(1) 识别初始的缺陷事件(相当于事故树的顶上事件和事件树的初始事件)；

(2) 绘制并验证该初始事件导致的事故树；

(3) 确定被考虑条件的次序，这个次序应该符合逻辑，如按条件发生的时间顺序；

(4) 导出不同条件后果发生的路径(推导方式类似事件树，在事件树的路径分支上要标注分支产生的特定条件)；

(5) 按条件导出事件树；

(6) 给出各个独立的条件分支失误情况，可以计算出各种可能后果的概率。可以先对各条件分支下的基本事件进行概率赋值，按事件树结构进行概率的相乘或相加。

通过这样的推导计算，可以把系统的失误原因和结果绘制在一张图上，在设定概率的不同条件下，各种潜在的后果及其发生概率都可以标注在图上。因果分析法的优点在于集合了事故树和事件树的优势，同时克服了两种方法中不能考虑事件延续时间的问题，是一种全面综合的系统分析方法。它的缺点是过于复杂，其中的事故树和事件树都需要量化和推理。

(六) 经验分析法

所谓经验分析的风险识别就是把历史和相关的经验化为知识库，如将常见风险做成检查表，进行对照。在实践中，应用比较好的是风险清单法。风险清单法是风险识别的简单的基本方法，一般情况下，风险清单是由专业人员设计好的标准的表格和问卷，上面非常全面地列出了一个组织或区域可能面临的风险。

(七) 专家分析法

这是一类风险识别方法，主要是利用专家的个人知识、经验和智慧找到风险因素，并尽可能评估风险的潜在损失。具体形式多种多样：例如专家问卷法、专家座谈会(讨论会)、专家个别访谈、头脑风暴法、主观概率法、交叉影响法、专家质疑法等。

1. 德尔菲法

德尔菲法是常用的一种专家分析法，20 世纪 40 年代由美国兰德公司首创，最初用于定性预测，现广泛应用于以专家调查为核心的各类咨询分析工作中。德尔菲法的主要步骤有：

(1) 准备阶段。该阶段包括准备背景资料，使专家获得信息系统化；设计调查表，明确需要专家判断的问题；专家要对本专业问题有深入研究，知识渊博，经验丰富，思路开阔，富于创造力和洞察力；人数视项目而定。

(2) 征询阶段。该阶段采用函询方式，一般进行 3～4 轮。保证专家独立发表看法，由专人组织联络专家。第一轮函询，由专家根据背景资料和要识别的风险类别，自由回答。组织者对专家意见综合整理，把相同的风险因素、风险事件用准确的术语统一描述，剔除次要的、分散的事件。整理后反馈给专家。第二轮函询，要求专家对第一轮整理出的风险因素和风险事件的判断依据、发生概率、损失(机会)的状态等予以说明。组织者整理后在此反馈给专家。第三轮函询，各位专家再次得到函询的统计报告后，对组织者总结的结论进行评价，重新修正原先的观点和判断。经过 3 或 4 轮的函询，专家的判断、分析结果应收敛或基本一致，组织者整理出最终结论。如果专家意见不收敛，则可适当增加反馈次数或修正函询问题设计。

(3) 结果处理阶段。该阶段对最后一轮专家意见进行统计归纳处理，得到专家意见的风险识别结果，及专家意见的离散程度。

2. 头脑风暴法

头脑风暴法又称智力激励法、BS 法、自由思考法，是由美国创造学家 A. F. 奥斯本于 1939 年首次提出、1953 年正式发表的一种激发性思维的方法。此法经各国创造学研究者的实践和发展，至今已经形成了一个发明技法群，如奥斯本智力激励法、默写式智力激励法、卡片式智力激励法等等。头脑风暴法又可分为直接头脑风暴法(通常简称为头脑风暴法)和质疑头脑风暴法(也称反头脑风暴法)。前者是在专家群体决策尽可能激发创造性，产生尽可能多的设想的方法，后者则是对前者提出的设想、方案逐一质疑，分析其现实可行性的方法。

采用头脑风暴法组织群体决策时，要集中有关专家召开专题会议，主持者以明确的方式向所有参与者阐明问题，说明会议的规则，尽力创造融洽轻松的会议气氛。一般不发表意见，以免影响会议的自由气氛，由专家们“自由”提出尽可能多的方案。

(1) 头脑风暴法的激发机理如下：

① 联想反应。即在集体讨论问题的过程中，每提出一个新的观念，都能引发他人的联想，相继产生一连串的新观念，形成新观念堆，为创造性地解决问题提供了更多的可能性。

② 热情感染。即在不受任何限制的情况下，集体讨论问题能激发人的热情。自由发言，可以突破固有观念的束缚，最大限度地发挥创造性地思维能力。

③ 竞争意识。即人人争先恐后，竞相发言，不断地开动思维机器，力求有独到见解，新奇观念。

④ 个人欲望。即在集体讨论解决问题过程中，个人的欲望自由，不受任何干扰和控制，是非常重要的。

(2) 头脑风暴法的主要步骤有：

① 确定议题。使与会者明确知道通过这次会议需要解决什么问题，不限制可能的解决

方案的范围。

② 资料准备。收集相关资料，以便与会者了解与议题有关的背景材料和外界动态。会场可作适当布置，座位排成圆环形的环境往往比教室式的环境更为有利。

③ 确定人选。一般以 8～12 人为宜，与会者人数太少不利于激发思维，人数太多则每个人发言的机会相对减少，影响会场气氛。

④ 明确分工。要推定 1 名主持人，1～2 名记录员（秘书）。主持人的作用是在头脑风暴畅谈会开始时重申讨论的议题和纪律，在会议进程中启发引导，掌握进程。记录员应将与会者的所有设想都及时编号，简要记录。

⑤ 规定纪律。与会者一般应遵守：集中精力、积极投入；不私下议论，影响他人思考；发言针对目标，不做过多解释；相互尊重，平等相待等。

⑥ 掌握时间。会议时间由主持人掌握，一般以几十分钟为宜，经验表明，创造性较强的设想一般要在会议开始 10～15min 后逐渐产生，美国的创造学家帕内斯指出，会议时间最好安排在 30～45min 之间。

（八）神经元网络法

神经元网络法本质是用计算机模拟专家经验形成的思维过程，通过用数学模型模拟专家的大脑神经元，对专家的抽象、定性判断进行逻辑分析，得到一个可重复计算的模型。神经网络模型是以神经元的数学模型为基础描述的。神经网络模型由网络拓扑、节点特点和学习规则来表示，依靠专家广泛的知识和判断，甚至直觉的风险分析结果。神经元网络法的特点如下：

(1) 具有并行分布处理能力；

(2) 高度鲁棒性（robust）和容错能力（所谓鲁棒是 robust 的音译，也就是健壮和强壮的意思。它是在异常和危险情况下系统生存的关键）；

(3) 分布存储及学习能力；

(4) 能充分逼近复杂的非线性关系。

（九）预先危险分析法

预先危险分析（preliminary hazard analysis，PHA）又称初步危险分析，是对灾害危险的类型、发生条件以及可能后果等进行的概略分析。主要的预期成果有：大体识别与问题相关的主要危险因素；分析产生危险的原因；估计危险事件出现对人或系统的影响；判断已识别危险的等级，并提出控制危险的措施。本方法可以在有限信息的基础上进行风险识别与度量，特别是在系统或活动的生命周期的开始就可以进行。其缺点是只能提供基本的风险识别，有时缺乏全面性和综合性。

第 2 节　客观风险度量

在客观风险度量的实践中，应用指标进行风险度量可能是比较明智的方法，所谓风险指标是指根据风险识别情况，使用通用或其他可用数据可以预测的参数。任何风险指标代表人们对系统的某一方面所存在风险的了解和相信程度。本节内容主要讨论不同类型风险的客观度量参数。通过简单介绍风险粗略的估计、风险的数学度量、科学风险度量指标以及其他风险度量指标，分别对各类风险度量参数进行讨论，从简单风险到更复杂的风险层层深入。

一、粗略的风险度量

通常情况下，关于风险的度量通常需要先进的模型和大量的计算，特别是复杂灾害风险和巨灾风险。但是，在某些特殊情况下，特别是在数据缺失情况下，这些模型的计算给人们的感觉仅仅是看起来高质量的计算结果或是漂亮的函数曲线，并不能解决实际急需的风险度量问题。因此，灾害风险的度量在数据缺失和应急的情况下，特别是针对突发风险事件，运用简单而粗略的风险计算方法更为合适、快捷。其原因在于简单粗略的风险度量方法简单清晰、容易理解、快速便捷，一般是通过图表进行测量的，下面分别介绍几种风险的简单度量方法，其主要表达形式是评估表。

(一) NASA 风险评估表

NASA 风险评估表给出的系列表是致灾因子发生概率、损失后果的程度和基于二者的风险管理矩阵以及可接受风险指标的等级分类。表 6-3 是致灾因子概率描述表，该表简单地估计了风险事件的发生频率；表 6-4 是致灾因子导致的后果严重性描述表，该表简单地估计了风险损失的严重程度；表 6-5 是风险管理矩阵表，该表是根据表 6-3 和表 6-4 的估计值汇总生成一个风险管理矩阵表；表 6-6 是风险可接受指标的等级分类，该表是根据相应的风险管理的目标价值，即可接受风险的目标数值确定的。对于任何一个潜在风险，通过 NASA 表进行对比计算后，就可以得出一个快速的风险评估结果并作出风险可接受水平等级判断。NASA 表方法简单实用，针对紧急情况下的风险评估和管理显得十分便捷可行。

表 6-3 致灾因子的概率描述

水平	描述	生命周期频率	可能预见的次数
A	频繁	频繁发生	一直出现
B	可能	发生数次	许多情况下发生
C	偶然	出现一次	数次
D	概率很小	不太可能发生	不大可能，但不能忽视
E	不可能	几乎不能发生，可能性为零	不可能，但存在概率

表 6-4 致灾因子导致的后果严重性描述

水平	描 述	场景和细节
Ⅰ	灾难性的	死亡和系统损失
Ⅱ	致命的	一系列事故，一些系统的伤害
Ⅲ	微不足道的	很少的事故，微小的系统伤害
Ⅳ	可忽略的	伤害比微小事故少

表 6-5 风险管理矩阵

致灾因子概率	严 重 程 度			
	灾难性(Ⅰ)	致命性(Ⅱ)	微不足道(Ⅲ)	可忽略的(Ⅳ)
频繁的(A)	1	3	7	13
可能的(B)	2	5	9	16
偶然的(C)	4	6	11	18
很少的(D)	8	10	14	19
不可能的(E)	12	15	17	20

表 6-6 风险可接受指标分级

目标数值	类别
1～5	不可接受的(unacceptable)
6～9	带来不良效果的(undesirable)
10～17	进一步评估可接受的(acceptable with further assessment)
18～20	没进一步评估可接受的(acceptable without further assessment)

(二) 澳大利亚 AS/NZS 4360 风险度量

澳大利亚 AS/NZS 4360 标准给出了风险的简单快速度量方法。该方法同 NASA 相似,通过致灾因子发生的频率可能性度量表(表 6-7)、风险事件结果的定性度量表(表 6-8),汇总二者得到风险管理矩阵表(表 6-9),最后将此表与可接受风险目标值进行比较得到风险评价表(表 6-10)。澳大利亚 AS/NZS 4360 标准的特点是给出相应的概率水平取值区间数值,例如可能性度量规定"非常可能"的概率值大于 85%,设定其指标值是 16,"几乎不可能"概率是小于 0.01%,设定其指标值是 1。结果度量中巨灾水平值为 1000,小事故水平值为 3。这样根据表 6-7 和表 6-8 的结果计算得到风险管理矩阵表 6-9。然后,得到相应的风险管理目标价值表 6-10,即可接受程度的等级分类,根据此表可以快速进行简单风险评估和管理。

表 6-7 致灾因子发生频率可能性度量表

水平	频率描述	情景和细节	概率可能性(%)
16	非常可能	几乎在所有条件下都会发生	>85
12	较高的可能	在很多条件下会发生	50～85
8	具有一定程度的可能	往往会发生	21～49
4	不大可能	有时会发生	1～20
2	可能性非常小	没有预期过	<1
1	几乎不可能	可能但非常意外	<0.01

表 6-8 风险事件结果的定性度量表

水平	描述	场景和细节
1000	灾害与巨灾	死亡,释放有毒物质并对环境造成巨大影响,银行破产
100	严重事故	使人严重受伤,释放有毒物质,对自然环境造成一定影响,严重影响经济
20	一般性事故,潜在危险	需要医护治疗,释放有毒物质,但不会传播或不会对环境有影响;对商业利润有潜在损失影响
3	小事故	需要急救,释放有毒物质受到限制,对经济影响很小

表 6-9 风险管理矩阵表

可能性	严重性				
	可忽视的	微小的	潜在大伤害的	很严重的	毁灭性的
非常可能	16	48	320	1600	16 000
可能性很高	12	36	240	1200	12 000
一定可能性	8	24	160	800	8000
可能性很低	4	12	80	400	4000
非常不可能	2	6	40	200	2000
几乎不可能	1	3	20	100	1000

表 6-10 风险可接受分级

数 值	种 类
>1000	不可接受的
101～1000	不希望发生的
21～100	可接受的
<20	可忽略的

（三）肯特风险度量

早在 1980 年，肯特风险度量法已经被美国的国防情报局所采用，并把相关的可能性程度术语转换成概率(频率)。和上面两种方法一样，肯特方法也是将可能性和结果度量给出级别及其概率区间。肯特风险度量法被广泛应用于企业安全生产的风险评估实践中。该方法也是定性给出风险发生频率和损失结果的相应的级别及其对应的概率区间，并与可接受风险标准对比给出相应的分级。

同美国 NASA 以及澳大利亚 AS/NZS 4360 方法同样，根据表 6-11、表 6-12 建立风险管理矩阵表，最后根据可接受风险评价标准，得到最终的风险可接受等级表。

表 6-11 致灾因子发生可能性

术 语	解 释	级别	概率(%)
很可能	极有可能发生	5	91～100
比较可能	可能性比较高，人们相信可能发生	4	61～90
可能	可能性 50%左右	3	41～60
不大可能	可能性不大	2	11～40
不可能	概率很低	1	1～10

表 6-12 风险损失的结果定性描述

术 语	解 释	级别	概率(%)
验证的	真实发生	8	98～100
必然的	很可能	7	90～98
较高可能	较高的可能性	6	75～90
比较可能	推测大概比较可能	5	60～75
可能(也许)	差不多，50%左右可能性	4	40～60
比较不可能	不太可能	3	20～40
不大可能	很低的可能性	2	2～20
没有证据	不可能	1	0～2

（四）澳大利亚试纸风险分数法

澳大利亚试纸风险分数法是能够对一次风险进行快速度量的粗略方法。在图 6-3 中，风险数值被展示出来。第一步，估测出一个风险事件发生的可能性，在这个阶段的可能性在“经常”和“几乎为零”之间选取；第二步，测出所谓的暴露程度结果，因为一个风险事故是否发生、发生的概率是多少以及不能控制的程度都和暴露程度相关；第三步，根据前两项的结果绘出相应的频率连线；第四步，给出风险损失结果的情况表；从图中可以得到以死亡数为形式的测算结果，再连接频率联络线 A 和后果线 B 上的点使得风险的数值定在了一个确定的风险等级区间内。

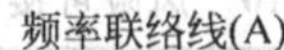

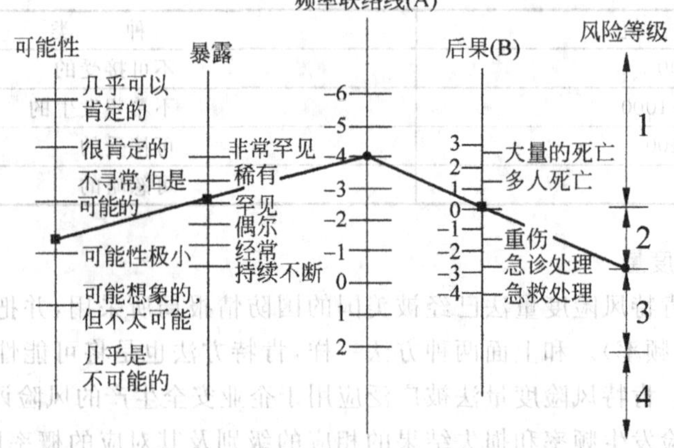

图 6-3 澳大利亚试纸风险数值表(Burgmann,2005)

(五) Hicks 风险度量

Hicks 的风险度量表也是一种粗略的风险度量,是一种主要基于人员伤亡的风险度量。这里的风险度量表包括频率估计表 6-13、结果估计表 6-14,风险的评价表 6-15 是根据表 6-13 和表 6-14 的乘积获得,即风险＝频率×结果,然后得出不同等级的风险水平,并且在风险评价表中给出了风险处理的必要行动。

表 6-13 致灾因子发生频率描述

重要性	概率
经常(5)	每年 1 次或多于 1 次
很可能(4)	10 年发生 1 次或超过 1 次
偶尔(3)	30 年发生 1 次或超过 1 次
极少发生的(2)	200 年发生 1 次或超过 1 次
不可能的(1)	200 年发生不到 1 次

表 6-14 健康风险估计的结果描述

结果	公众健康结果
悲惨灾难性的(100)	成倍死亡和受伤
重大的(60)	单一死亡,永久残疾
严重的(25)	重大伤害,部分受伤或长久受伤
一般的(10)	小伤害,医药救助和不重的受伤
轻微(2)	轻伤,疾病,不必急救

表 6-15 风险分数水平等级(风险＝事件频率×结果级别)

风险分数	风险水平	必要的行动
＞400	极端风险	不能容忍风险,立即进行必要措施减轻风险
100～400	高风险	长时间内是不能接受的,必须采取风险控制措施
30～100	一般风险	不希望的,从长远看需要评估风险减轻方法
＜30	低风险	不需要采取措施,周期性评估并保持低风险水平

关于粗略风险测量还有很多的度量方法。总的来说，粗略的风险估计能够很快地依据一些关于频率和后果的粗略的或不完整的信息进行风险估计。尽管这样并不能给人以客观风险评估的准确印象，但在很多应急情况下，这是能够达到客观性度量的最佳方式。更进一步来说，如果人们可以便捷地运用这些简单的方法度量风险，这样就可能更加愿意理解并应用风险的概念。

(六) 半定量风险矩阵

如表 6-16 的半定量风险矩阵表所示，取值在 1～6 之间的风险是可以接受的，但是应该审查工作任务，看风险是否还可以降低。取值在 7～14 之间时，只有咨询专业人员和风险评价人员后，经过相应管理授权才可以开展工作。取值在 15～25 之间时，工作任务不可以进行。工作任务应该重新设定，或设置更多的控制措施进一步降低风险。在开始工作任务前，应对这些控制措施重新评价，看是否充分。

表 6-16 半定量风险矩阵

项　　目	危害严重性				
	伤害可以忽略，不用离岗	轻微伤害，需要些急救处理	受伤，造成损失工时事故	单人死亡或严重受伤	多人死亡
很不可能	1	2	3	4	5
不可能	2	4	6	8	10
可能	3	6	9	12	15
很可能	4	8	12	16	20
几乎不可避免	5	10	15	20	25

(七) LEC 估计法

LEC 估计法是用与系统风险有关的三种因素的乘积来评价风险大小，这三种因素是 L（事故发生的可能性）、E（人员暴露于危险环境中的频繁程度）和 C（一旦发生事故可能造成的后果的严重性）。其赋分标准见表 6-17。

表 6-17 LEC 系统风险因素赋值法

事故发生的可能性 L	分数值	人员暴露于危险环境中的频繁程度 E	分数值	事故造成的后果 C	分数值
完全会被预料到	10	连续暴露	10	十人以上死亡	100
相当可能	6	每天工作时间内暴露	6	数人死亡	40
可能，但不经常	3	每周一次或偶然暴露	3	一人死亡	15
完全意外，很少可能	1	每月暴露一次	2	严重伤残	7
可以设想，很不可能	0.5	每年几次暴露	1	有伤残	3
极不可能	0.2	非常罕见地暴露	0.5	轻伤，需救护	1
实际上不可能	0.1				

通常情况下，由风险评价小组专家共同确定每一危险源的 LEC 各项分值，然后再以三个分值的乘积来评价危险性的大小，即：$D=L\times E\times C$。然后根据经验，规定危险性分值在 20 以下为低危险性；在 70～160 之间有显著的危险，需要采取措施整改；在160～320 之间有高度危险，必须立即整改；大于 320 时有极度危险，应立即停止作业，彻底整改。按危险性分值划分危险性等级的标准如表 6-18。

表 6-18 危险性赋值标准

危险性分值	危险程度	危险等级
$320\leqslant D$	极度危险,不能继续作业	5
$160\leqslant D<320$	高度危险,需要立即整改	4
$70\leqslant D<160$	显著危险,需要整改	3
$20\leqslant D<70$	比较危险,需要注意	2
$D<20$	稍有危险,可以接受	1

注:LEC 法、危险等级的划分都是凭经验判断,难免带有局限性,实际应用则需要根据实际情况进行修正。

二、风险的数学度量

风险的数学度量应该是最客观的度量方法,根据风险定义的不同,度量的侧重点不同,相应的数学度量表达式也不同。以下五种对风险的理解表达形式在目前的风险评估中都有使用,也是对风险不同定义的数学归纳。

(一) 风险的概率表达

如果把风险视为给定条件下各种结果出现的可能性。这种对风险的理解经常发生在风险决策的过程中。这种对风险的度量与损失数值的不同在于风险发生概率。其数学表达公式为

$$R = f(P_1, P_2, \cdots, P_n)$$

其中 R 表示风险,$P_1, P_2, \cdots, P_n$ 表示各种不同的风险事件发生的概率。

(二) 风险的结果表达

如果把风险视为给定条件下各种结果的大小。这种对风险的理解通常认为损失程度的大小决定了风险的大小,损失愈大风险愈大。这种对风险的数值度量在于风险发生损失后果。其数学表达公式为

$$R = f(C_1, C_2, \cdots, C_n)$$

其中 R 表示风险,$C_1, C_2, \cdots, C_n$ 表示各种不同的风险事件的后果。

(三) 综合风险表达

把风险视为给定条件下某种可能出现的结果及其出现的可能性的某种综合。这种数学表达公式为

$$R = f(P, C)$$

其中 R 表示风险,C 表示可能出现的结果,P 表示其发生的概率。

R 为需要通过 P 和 C 的某种函数关系得到的风险,符合大多数风险评估应用中对风险的定义,这也是灾害风险的表达。当然如果从风险的广义概念来看,这里的"可能出现的结果"包含有利结果和不利结果两个层面的含义,在灾害领域应用中,我们常常将其狭义地理解为不利结果。

(四) 风险的数学期望表达

根据风险的一般定义,风险的量化需要考虑损失严重程度和损失发生概率两方面信息。保险领域普遍是把风险视为给定条件下各种可能情形中的损失结果期望值,在其他领域中,期望损失也是最常用的风险量度法。期望损失的风险数学表达包括连续型和离散型。

1. 连续型的数学表达

设 x 是描述损失的随机变量，$f(x)$是其概率密度函数，则

$$E(x)=\int xf(x)\mathrm{d}x$$

2. 离散型的数学表达

设 P_i 为某类风险损失的概率，x_i 为损失，则

$$E(x)=\sum_{i=1}^{n}p_ix_i$$

值得注意的是，这里度量的是风险损失结果的均值，其不确定性只是具体结果的不确定，损失结果的概率分布特征是已知的。这种分布结果有时是非常清楚的，有时需对风险损失结果的变化规律进行分析估计。例如，一个企业未来发生灾害的财产损失作为一种潜在的风险损失，其大小目前不能完全确定，但损失的可能情况可以根据企业损失的历史数据加以判断和分析。假设损失历史数据为随机的一组数据表，如表 6-19 所示。

表 6-19 随机数据表

17	0	7	10	13	3
15	−4	6	−1	17	13
13	25	13	150	−1	6
−8	2	54	32	202	16
13	21	120	24	29	37

随机结果的参数表示实际分布时可能存在偏差，均值可能不能反映经济结果的特征。例如，随机结果参数值——中数和众数，中数是将随机变量的可能取值从小到大排序，位于中间的那个数；众数则是在随机变量的可能结果中，出现频率最高的那个数值。上例中，中数为 13，众数也为 13。假如每个数值出现的概率都相同。注意到数据以较大概率(53.3%)出现在−1 和 20 之间，而均值为 28.13。

(五) 结果差异性——方差风险

1. 方差风险定义

结果的差异性的风险，即方差风险表达应用在金融领域，并在该领域得到了极大的发展和应用。这种差异可以通过结果本身(C)、概率(P)或是总体风险(R)视为某一随机变量的取值，则其差异可以通过方差来刻画，故称方差风险。这种风险定量数学表达公式为

$$R=\sigma^2(f(C,P),C,P)$$

标准差是指测度每个损失值相对损失均值的偏离平均值，标准差越高意味着损失具有更宽的分布宽度，于是就具有更高的风险。方差则是标准差的平方，具有同样的指示意义。标准差与方差量度方法的缺点是将上部和下部的偏差都包含标准差的计算中，而风险往往以下部偏差描述更为贴切。

2. 半方差

半方差考虑实际结果向不利方向的偏离。半方差(Semivar)定义为

当 $X_i\leqslant E(X)$时，$X_i=X_i-E(X)$；当 $X_i>E(X)$时，$X_i=0$，因此，半方差为 Semivar$=E(X_i^2)$。

半标准差：半标准差只测量下部风险的标准差而忽略向上波动。对半标准差的修改包

括计算均值以下的数值,或者某个临界值以下的数值。

3. 平均绝对偏差

平均绝对偏差(MAD)是实际结果与均值之差绝对值的期望值,即

$$|\mathrm{MAD}| = E[\,|X_i - E(X)|\,]$$

4. 波动性

波动性是指风险数值在时间序列上的偏差,该量度只能对拥有时间序列的数据进行计算例如,遵循时间序列的地震动速度和加速度以及市场价格表现,如股票价格、石油价格、利率等。在进行波动性量化时,常常会运用一些时间序列分析模型进行计算。

5. 贝塔系数

贝塔系数是金融资本市场定价模型中的一种常用的风险量度值,较高的贝塔系数意味着较高的风险。贝塔系数量度的是一项资产价值对一个可标准或者市场组合而言的相对变化,其表达如下:

$$\beta = \frac{\mathrm{Cov}(x,m)}{\mathrm{Var}(m)} = \frac{\rho_{x,m}\sigma_x\sigma_m}{\sigma_m^2}$$

其中,$\mathrm{Cov}(x,m)$表示资产 x 和市场或可比基准 m 之间的总体协方差,$\mathrm{Var}(m)$是 m 的总体方差。

6. 变异系数

变异系数和级差、标准差和方差一样,都是反映数据离散程度的值,其数据大小不仅受变量值离散程度的影响,而且还受变量值平均水平大小的影响。一般来说,变量值平均水平高,其离散程度的测度值也大,反之越小。其定义为标准差与均值的比值,该量度主要目的是用于对风险标准化。

因此,变异系数的大小,同时受平均数和标准差两个统计量的影响,因而在利用变异系数表示资料的变异程度时,最好将平均数和标准差也列出。

7. 风险价值

风险价值(VaR)按字面的解释就是"处于风险状态的价值",即在一定置信水平和一定持有期内,某一金融工具或其组合在未来资产价格波动下所面临的最大损失额。风险价值模型产生于 1994 年,是在正常市场条件下和一定置信水平 α 上,测量出给定的时间内预期发生的最坏的损失大小。其数学表达式为

设 x 是描述损失的随机变量,$F(x)$是其概率分布函数,置信水平为 α,则

$$\mathrm{VaR}(\alpha) = \min\{x \mid F(x) \geqslant \alpha\}$$

根据 Jorion(1996)的研究,VaR 可定义为 $\mathrm{VaR}=E(w)-w^*$。式中 $E(w)$为资产的预期价值,w 为资产的期末价值,w^* 为置信水平 α 下资产的最低期末价值。

风险价值度量在金融风险中广泛使用,2001 年,巴塞尔委员会制定 VaR 模型作为银行标准的风险量度工具。但是 VaR 模型只关心超过 VaR 值的频率,而不关心超过 VaR 值的分布情况,且在处理损失非正态分布(如肥尾现象)时表现得不稳定。另外,VaR 模型只在一定假设条件成立,需满足市场有效性假设(市场波动是随机的,不存在自相关)。

三、科学风险度量指标

总体上,前面所述的风险度量基于风险量化的基本表达和理解,粗略的风险度量是人们

对风险感知的语言描述，数学的风险度量是对风险理解的模型量化，而科学的风险度量指标则是对具体人类伤亡及其所面临社会经济风险的描述和量化，这些指标本身是基于人类自身生存和发展的需要而建立起来的。

（一）死亡率

死亡对人类来说是最大的风险，或者说是灾难。因此，无论我们怎样谈论风险，特别是灾害风险时，死亡无疑是刻画风险的最重要的指标，无论什么样的灾害风险度量，首先的指标一定是死亡率。那么，死亡率如何定义呢？通常情况下，死亡率可以用某一个地区或国家的死亡率或每年死亡的频率来表示。

某时期内（通常是一年）死亡人数与总人口之比称为总死亡率，表示在一定时期内人口死亡的频率，一般用千分率表示。总人口数采用平均人口数或期中人口数，死亡率一般按年计算。如果死亡人数统计期不满一年或超过一年要换算成年死亡率。死亡率是衡量人口健康状况的重要指标，在生产力水平低下，医药卫生条件差的地方，死亡率较高。死亡率可以按性别、年龄、死亡原因分类计算，称为特殊死亡率。死亡率的计算和度量还需要根据不同的目标和决策来确定相关的计算参数选择。不同的口径得到不同含义的死亡率指标，相应地代表不同情况的风险水平。因此，在进行不同风险度量时，死亡率的计算需要根据实际情况进行分门别类计算分析。

1. 人口和年份的选择

在进行死亡率度量时需要考虑选择相关人数和代表年份。例如，交通事故死亡率中对于摩托车事故可以基于整个人口，但是并不是所有的人口都会加入到摩托车手的行列中，因此，基于整个人口计算的摩托车的死亡率可能是不正确的。这意味着死亡率计算必须考虑选取人口的规模的问题。此外，死亡率的度量对时间来说同样有效。例如，有一年的冬天气温特别低，因此交通的数量相当低，导致了很低的死亡人数。因此，一些年份在统计中显示了死亡率显著的增长，而其他年份显示正常。

2. 不同单位的选择

尽管我们一般情况下都会选择“每年”作为单位进行死亡率度量，但对于一些交通风险度量来说，其他单位的死亡率度量可能更加适合，例如，对于旅程、化学药品的泄漏等来说，可能其他计算单位更适合研究和度量风险。例如每年死亡人数、每一百万人中的死亡人数、每百万人中暴露在某种危险物下 x 公里的死亡人数、每单位密度的死亡人数、每个设施的死亡人数、每吨有毒物质排泄到空气中致死数量等等。

（二）人员死亡风险指标

人员风险可以分为个人风险和社会风险（人群风险）。所谓个人风险，是指单独一个人在某个时间内（一年）暴露在危险中的生命健康风险。社会风险是指社会公众（或一个人群）在某段时间内暴露在危险中的伤亡风险。个人风险和社会风险之间具有区别和联系，从本质来说个人风险取决于距离危险源的地理位置，并被绘制成个人风险等值线图，因此个人风险不是因人而异，而是针对不同地点的伤亡风险。例如，假设教学楼处于地震活断层附近，白天教学楼内有2000人学习，晚上11点之后，只有几个保安人员值班。如果破坏性地震发生的可能性在一天内相同，那么该大楼内的每个人都会处于特定个人风险中。个人风险与在场的人数无关，即白天上课的2000学生和老师中每个人的风险和夜晚一个值班保安人员的风险是一样的。但社会风险是对教学楼内的全体人群的，与特定人群密度成正比。例如

A 和 B 两种情况的个人风险相同，但社会风险可能不同，因为社会风险大小还取决于暴露于风险中的人数的多少，如果 B 人多，则 B 的社会风险大于 A 的社会风险，如图 6-4 所示。

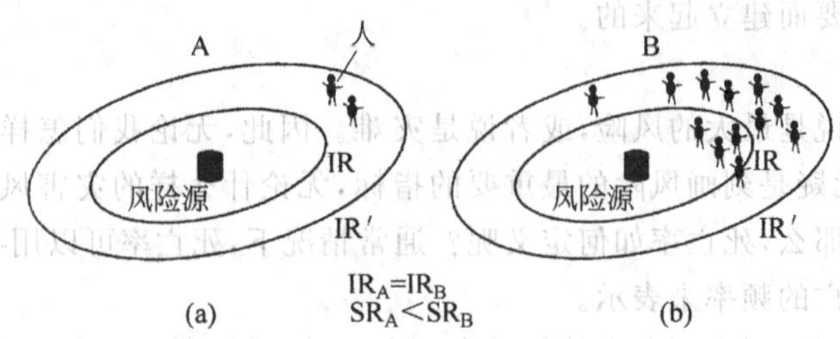

图 6-4　个人风险(IR)社会风险(SR)的区别[①]

1. 个人风险度量指标

个人风险指对可能位于灾害影响区内任何点的个人所面临的风险的度量。比较常见的个人风险度量如下。

(1) 个人风险图

个人风险地理分布图。表示特定场所可导致死亡的预测频率，而不管该场所是否有人存在。

(2) 最大个人风险

暴露于风险最高的人口密集区的个人风险。可以通过计算暴露人口中接触最大风险的人员的个人风险来获得。

(3) 年均个人风险指标

年均个人风险(individual risk per annum，IRPAa)为一年时间内由于危险 a 导致个人死亡的概率。可以通过一年内暴露于 a 危险中的一个群体观察的致死率来估计，即

$$\text{IRPAa}=\frac{\text{观察到的危险 } a \text{ 导致的致死人数}}{\text{一年内暴露危险 } a \text{ 中的总人数}}$$

(4) 潜在等效死亡率

潜在等效死亡率(potential equivalent fatality，PEF)是指灾害引起人员不同程度伤亡等效死亡率的一定比例。例如，伦敦地铁的定量风险分析中将重伤的权重定为 0.1，轻伤的权重定为 0.01。

(5) 场地个人风险

场地个人风险指标(localized individual risk，LIR)为一个人一直处于某个场地(位置)时由于风险事故导致其在一年内死亡的概率，也称指定地点个人风险。根据场地个人风险可以绘制风险等高线图，多用于防灾减灾的土地规划，其原理与个人风险图一样。

(6) 预期寿命的减少

如果死亡率可以作为风险度量，那么所有导致死亡的原因综合也可以被认为是一个风险的测量，这就是人类的寿命预期。如果平均寿命预期增加，根据对死亡的理解，综合风险就会下降。

预期寿命的减少(the reduction in life expectancy，RLE)可以区分年轻人死亡和年老人

① 尚志海，刘希林. 国外可接受风险标准研究综述[J]. 世界地理研究，2010，19(3)：72-79.

死亡的不同，如一个人由于某种危险的死亡，其 RLE 可以定义为 $RLE_t=t_0-t$，t_0 代表与随机抽取的死亡人同龄人的平均寿命，t 表示受害者死亡时的年龄，预期寿命的减少取决于受害者死亡时的年龄。

2. 社会风险

(1) *F-N* 曲线及其参数

社会风险是对位于事故影响区域人群风险的度量。通常用死亡事件频率分布来表示，常用图形表示导致 *N* 人或更多人死亡事件的频率，这类图形通常称为 *F-N* 图。F-N 图表法是 1967 年 Famer 首先使用的方法，英国科学家 Farmer 首次引进 *F-N* 图进行风险评估，是现代风险评估技术的一个新突破。这种评估技术始于 20 世纪 60 年代末，从那时起，核电厂的安全风险评估开启了允许更多主观判断的技术和方法。起初该研究被认为是充满矛盾的，但是 1977 年著名的"刘易斯报告"(加利福尼亚州大学)支持应用风险参数(如 *F-N* 图)进行安全风险评估，但同时也批评了隐藏在计算中的不确定。如今美国、英国、荷兰、中国香港和德国等都采用 *F-N* 图进行安全评估，*F-N* 图也在很多领域得到应用。

社会风险度量通常简单的采用风险指数来衡量，社会风险指数(SRI)，也被称做潜在生命损失(PLL)，是通过 *F-N* 曲线的所有风险相加计算得出的。即取传统风险分析中事件发生概率 *F* 和相应死亡人数(*N*)的每个数据点，将 *F* 和 *N* 相乘，并把结果相加。值得注意的是，该计算是在定量风险评价的原始数据 *F* 和 *N* 的基础上完成的，*F-N* 图上的点不能用来直接计算 SRI 或 PLL，因为该曲线图仅表示死亡 *N* 人或更多人的事件频率。

绘制 *F-N* 曲线图首先需要知道不同类型风险事故的频率和严重程度数据。如果 *F-N* 图曲线的曲率引入目标功能，我们首先必须理解这样目标的曲线形状包括 *F-N* 曲线。通常，它们被定义为

$$F \cdot N^a = k \tag{6-1}$$

式中，k 是常数，a 代表考虑主观风险的判断，主要是描述风险厌恶的因子。图 6-5 表示曲线随着 k 和 a 的变化而变化。在 *F-N* 曲线图中，a 的变化影响曲线的斜率，k 的变化导致曲线的截距。

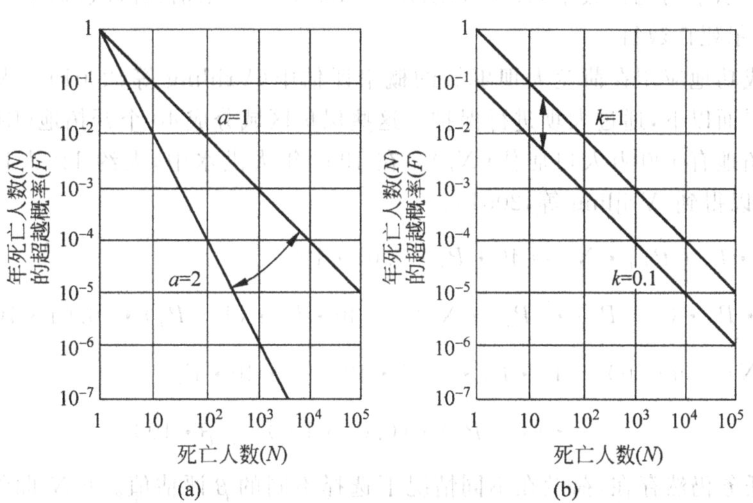

图 6-5　基于斜率 a 和截距 k 的 *F-N* 曲线图

通常,曲率的目标不是单独一条线,而是几个线性线段。但是,数学上线段的建立是基于一个点和斜率或是两个点成一线。*F-N* 曲线绘制的第一步程序是定义可能发生事故的频率和允许的变化。例如,重大危险调查委员会 ACMH(advisory committee for major hazards)已经给出每年发生 10 个死亡事故的概率不到 10^{-4}。这就是所谓的定位点可用来建立曲线的起始点,荷兰的定位点选择 10 个人员伤亡和 10^{-5} 的概率(Ball 和 Floyd,2001)。定位点选择之后,需要考虑斜率(坡度)的确定。这里风险厌恶系数必须公开。关于风险厌恶系数有许多不同的观点,一般情况下,风险厌恶系数取值在 1 和 2 之间(Ball 和 Floyd,2001)。

当完成 *F-N* 曲线绘制之后,曲线被分为几个区域。首先,有一个区域在曲线下面,一个在上面。通常曲线上面是不可接受的。但是,有时几条线段使得 *F-N* 图形成几个区域,这里包括不可接受风险区域、可接受风险区域和需要进一步调查确定区域。进一步调查的区域有时也称为 ALARP(as low as reasonable practicable)区域,意味着减灾策略应该考虑效率。关于 ALARP,本书将在第 8 章中进行分析讨论。

关于应用 *F-N* 曲线模型,比较简单的方法是 Vrijling 等(2001)建立的。该方法过程如下所示:

$$P \leqslant \frac{C}{N^2} \tag{6-2}$$

这个公式转换如下:

$$1 - f(N) < \frac{C_i}{N^2} \tag{6-3}$$

使用

$$C_i = \left(\frac{\beta \cdot 100}{k \cdot \sqrt{N}}\right)^2 \tag{6-4}$$

基于这样的方法,建立简单的公式:

$$E(N) + k\sigma(N) < \beta \cdot 100 \tag{6-5}$$

其中,$E(N)$表示平均死亡数量,$\sigma(N)$表示死亡标准差,k 表示信赖区域(通常是 3),β 表示政策系数,N 表示死亡数目。

该定义成功地应用在荷兰大坝事故的概率评估中(Vrijling 等,2001)。大约 40%荷兰的国土在海平面以下,通过大坝进行保护。这些保护区域分成 40 个开拓地(围海造田 N_A)。假设每个开拓地有 100 万人口居住(N_p)。在 1953 年大洪水中,大约 1%人口死亡($P_{d|i}$)。基于数据,可以得到(Vrijling 等,2001):

$$E(N) = N_A \cdot P_f \cdot P_{d|f} \cdot N_p = 40 \cdot P_f \cdot 0.01 \cdot 10^6 \tag{6-6}$$

$$\sigma(N) = N_A \cdot P_f \cdot (1 - P_f) \cdot (P_{d|i} \cdot N_p)^2 = 40 \cdot P_f \cdot (1 - P_f) \cdot (0.01 \cdot 10^6)^2 \tag{6-7}$$

$$\begin{aligned} E(N) + k\sigma(N) < \beta \cdot 100 = 40 \cdot P_f \cdot 0.01 \cdot 10^6 + 3 \cdot 40 \cdot P_f \\ \cdot (1 - P_f) \cdot (0.01 \cdot 10^6)^2 < \beta \cdot 100 \end{aligned} \tag{6-8}$$

选择 β 任务仍然存在,荷兰在不同情况下选择不同的 β 评估值。*F-N* 曲线在进行技术和自然风险对比非常好,但是对于健康和环境风险则存在一定的局限性。为了避免这个问题,这些指标不断得到改进,例如有一个改进就是将 PAR(people at risk)价值作为结果轴,

PAR不仅考虑死亡率，而且考虑不同方式受影响的人；另一个改进是用于环境损害的指标，如风险事故导致的环境恢复所需要的时间；还有能量恢复也可以使用该方法，例如该方法试图把伤亡转换为失去的能量，一般情况下，一个人的生命能量等价为8000亿焦耳。此外，在 *F-N* 曲线家族有不同损害单位的曲线，如修复能量为横轴、修复损害时间为横轴、PAR、损害参数、损害成本、死亡数目等为横轴的曲线族。值得注意的是截至目前，风险参数没有考虑关于人类死亡年龄的信息和疾病以及损害的次数等问题。

(2) 致命事故比率

英国帝国化学集团引入的致命死亡率(the fatal accident rate，FAR)定义为指定人群暴露在危险之中的累积一亿个小时的死亡数量。其计算公式为

$$\text{FAR}=(\text{预计死亡人数}/\text{暴露危险中的小时数})\times 10^{8} \tag{6-9}$$

该公式的解释如下：如果1000个人在50年中每年工作2000小时，他们累积暴露危险中的时间为 10^8 小时，FAR则为1000人预计在其职业生涯中死亡的人数。此外，由于死亡率和预期寿命是与暴露时间是不相关的风险参数，他们可能会使得结果有偏差，如表6-20所示。例如，一个人可能在一年之内，在房子内待上一年，而仅花费2个小时在摩托车上，两者可能导致相同的死亡率。为了便于比较，需要引入一个标准的基本暴露时间的死亡率，致命意外比例率(FAR)参数正是基于这一理念。暴露时间参数有时定义为 10^8 小时，有时定义为 10^3 小时。例如我们可以应用此公式计算机组人员的飞行的风险。假定每年的飞行机组成员死亡率为 1.2×10^{-3}，每年的飞行时间1760小时。那么，每飞行一小时的死亡率就与飞行小时数有关，即为

$$1.2\times10^{-3}/1760=6.82\times10^{-7}/\text{h} \tag{6-10}$$

如果将 10^8 个小时的标准暴露时间考虑在内，则得出致命死亡率为 $6.82\times10^{-7}\times10^{8}=68.2$ 次死亡事故。因此，可以通过列出不同种类活动，在考虑暴露时间的不同情况下的风险死亡率，具体见Melchers(1999)总结的不同活动死亡率表，如表6-20所示。

表6-20 考虑暴露时间的不同活动的死亡率(Melchers，1999)

活动类型	近似死亡率($\times10^{-9}$每小时暴露死亡)	每年通常暴露的小时数	通常死亡率($\times10^{-6}$每年)
登山	30 000～40 000	50	1500～2000
划船	1500	80	120
游泳	3500	50	170
吸烟	2500	400	1000
飞机	1200	20	24
汽车	700	300	200
建筑施工	70～200	2200	150～440
制造业	20	2000	40
建筑火灾	1～3	8000	8～24
结构损坏	0.02	6000	0.1

死亡率风险指标的描述是基于正常时间或者基于暴露时间而不考虑个体单一灾难指标。但是，如果考虑“主观风险判断”对可接受风险的影响问题，死亡率和FAR的重要性可能是有限的，需要进一步改进参数。这是因为死亡率仅给出了一定时期内的平均值，不能描

述单一事件的具体情况。为解决这个问题，F-N 图表法则需要引入个人和社会风险进行描述，这是因为需要考虑个人风险和社会风险的区别，例如贫困或其他灾害事件可能导致大量人群死亡的社会风险问题。

四、其他度量

基于期望损失的风险定量表示法存在一些争议，如风险本身就是为了衡量不利后果及其发生的可能性，用期望损失定量风险，没有充分考虑到那些发生概率很低但不利影响极其严重的事故后果。在风险研究中，人们还关心可能会发生的最不利后果，因此，可以将一定置信水平下的可能最大损失 PML(possible maximum loss)和期望损失 $E(L)$一起作为风险定量度量的方法。由于可接受风险水平的不断变化，时间的问题也是需要考虑的，因为在风险控制和转移的措施决策，需要知道未来某个时间范围内的潜在损失水平，也可采用 VaR 方法，即在某一定置信水平下的未来一段时间内的最大可能损失值。

第 3 节　主观风险度量

人类不可能完全了解客观世界的法则。人类必须与某种超越自然的事物(人类自己)的行为做斗争。事实上，随着人类文明的进步和发展，大自然的反复无常已经不那么重要，人类的行为更加至关重要(Peter Bernstein)。因此，尽管风险是客观的，但是风险更是主观的，正是人类的需求和欲望产生了风险，风险将永远伴随人类的进步和发展。

一、主观风险判断概述

(一) 主观风险判断与客观概率推断的差异

在很多情况下，主观风险判断与客观风险模型相比，主观风险模型的可靠性是比较低的。因此，人们更愿意用客观风险度量模型来替代主观风险判断。但是，客观风险度量方法非常依赖于所选择模型的边界条件，而主观风险判断可以看成一个不同系统边界和不同价值权重的模型。因此，主观风险判断不再被认为是错误的，而是被视为不同的观点。

有时候，人的主观判断和以统计为基础的客观概率之间存在很大的差异。生活中有很多的主观判断和客观概率之间存在令人难以接受的结论：客观统计概率表明，如果你做一个深呼吸，你有超过 99%机会吸入恺撒垂死时呼出的最后一口气的分子；如果苏格拉底致命的铁杯里装满水，那么你喝下一杯水中就有可能含有一个同样的水分子；而在一个班里 25 名同学中，有超过 50%可能性，至少有 2 个学生的生日是在同一天。

(二) 影响主观风险判断理论

主观风险判断和客观风险概率之间差异可以用不同的理论来阐释。这种理论不仅考虑个人偏好，也考虑其所在的社会和文化环境。影响主观判断的心理、个人、文化和社会因素的比重，学者们仍在讨论之中。Douglas 和 Wildavsky (1982)提出文化因素在描述主观风险判断不一致时只占到 5%。表 6-21 是根据 Schütz、Wiedemann(2005)与 ILO(2007)总结的不同因素的影响权重。从表中可以看出，人的心理和社会环境因素远比文化因素得到了更大的关注。

表 6-21 Schütz、Wiedemann (2005)和 ILO (2007)总结出的影响主观风险判断的因素比例构成

因素	影响值(%)
心理和社会因素	80～90
个体因素	10～20
文化因素	5

众所周知,社会环境的变化可能会使人产生不合逻辑的反应和感受。即使人们知道他们所做的是错误的,但他们的行为和表现常常受到环境的影响和约束。例如一个有名的例子是纸币拍卖游戏。听起来该游戏很简单,其实不然。这个游戏的规则是令出价第二高的竞拍人也必须支付最高的出价,但却得不到任何纸币回报。这个游戏规则会陷入由环境所致的看似矛盾而实际却很可能发生的情境,如在纸币拍卖游戏中,参与者为了竞标得到 1 美元而投出了远远高出 1 美元的标价。有趣的是参与者知道标的(1 美元)只是 1 美元,但拍卖的环境气氛竟然会使得他们在激情下作出超出理智和本意的竞拍行为。另一个例子是 Milgram 所做的著名试验:他要求实验者用电击来惩罚其他人,令人难以接受的是即使提示的信息告诉实验者电击会威胁到他人的生命,但结果却只有 1/3 的参与者停止实施电击行为惩罚他人(Milgram,1974; Milgram,1997)。Zimbardo 将这种试验称为"监狱试验"。最新的研究也已经证明这样一个事实:人们的实际行为持续遵从社会假定和要求(Grams,2007)。

(三) 主观风险支持理论

主观风险判断主要的理论基础之一是主观风险的支持理论,主观风险支持理论的核心理论是主观概率,所谓主观概率(subjective probability,SP)是指在一定条件下,对未来事件发生的可能性大小的一种主观相信程度或置信程度的度量;客观概率(objective probability,OP)则是指根据事物的历史数据,采用统计方法和概率论知识科学地推断出来的概率。人们采用主观概率进行风险判断,往往是因为没有历史数据,无法估计未来事件发生的概率,或者虽有历史数据但因为新的形势发生了变化,由于外在因素的加入等导致无法充分了解系统的不确定性,无法估计概率,在这种情况下,只能根据决策者的经验、直觉、判断等来给出概率判断。杰姆斯·伯努利(James Bernoulli)在《未来的推测》(1913)一书中,第一次系统地阐述了对客观概率的主观选择方法。他认为,主观概率是一个人参与不确定事件的可靠程度或者称为置信程度,并把主观概率作为一种运算理论的正规概率,在 1926 年第一次作出系统论述。后来的研究成果表明,主观概率同客观概率一样被广泛应用,特别是在经济决策、项目决策等问题上比较有效,大有用武之地。实际上,主观概率的度量是人们根据长期的积累的经验,以及对预测事件的了解和认识,从而对事件出现或发生的可能性大小所作出的一种主观估计;而客观概率是对随机事件发生可能性大小的一种客观度量,其最大特点是可检验性。例如掷一枚硬币的重复试验,就可得出概率数值,即频率的稳定值。

一个概念的内涵是指一个概念所概括的思维对象本质特有的属性的总和;外延是指一个概念所概括的思维对象的数量或者范围。因此,主观判断(概率)支持理论是指人类在不确定条件下的概率判断,不符合外延性原则,而是表现出描述的依赖性,即对同一外延事件的不同描述所作出的主观概率不同。主观风险的支持理论区分事件和对事件的描述,事件

的描述也称为假设(hypothesis)。主观概率判断不同于标准概率理论所认为的基于事件A和B本身,而是基于对事件的描述A和B。描述依赖性的原则和启发式的传统一致,因为不同启发式是由对事件的不同描述引起的;人们通常接受给予他们的问题而不去自动将它转换成其他的相等形式;支持理论认为概率判断中外延性的失败不是少数孤立的现象,而是代表了人类主观概率判断中一个本质的特点。

实验研究者 Tversky 要求试验者先判断几个篮球队比赛的胜率,然后让他们评估各队的实力(支持度的判断),结论是可以用实力评估来预测胜率。Koehler 等要求试验者通过嫌疑犯的嫌疑大小判断犯罪可能的大小,结果发现可以用嫌疑性来准确地预测每个嫌疑犯犯罪的可能性。上述实验都证明了支持度和概率判断的线性关系,表明可以用支持理论来预测风险发生的概率。

二、不依赖时间的个人主观风险判断

当主观风险判断与统计数据之间存在着强烈的偏差,则说明这些新措施或新技术的风险接受程度受到主观判断上的影响。这样的例子有很多,例如人们通常认为乘坐飞机比汽车更危险,但是科学的统计却表明飞机的安全系数更高。但是,确定影响主观判断的因素仍然是困难的。DNA 技术或放射性废弃物被认为是既可怕又未知的风险,在大多数情况下,公众不会接受这类风险。而诸如骑自行车或者踢足球,人们只能接受并且已经接受了它们。通过进一步分析,人们发现主观风险判断是由恐惧程度和了解程度来控制的,如表6-22所示。

表 6-22　了解程度和风险恐惧程度对比分析

了解程度	风险恐惧程度
没有发现(not observable)	无法控制的(uncontrollable)
不知道的暴露(unknown to those exposed)	恐惧的(dread)
延迟效应(delayed effect)	全球性大灾难(global catastrophe)
新的风险(new risk)	致命结果(fatal consequences)
科学上未知风险(risk unknown to science)	不公平(not equitable)
	对下一代高风险(high risk to future generations)
	不容易减轻(not easily reduced)
	风险渐增(risk increasing)
	不知不觉(involuntary)
	个人作用(personal effect)

三、依赖时间的个人主观风险判断

(一) 个体发展与主观判断

早在1961年,黎曼(Riemann)根据自己早期的教育和成长经历在他的书中描述了人和风险的关系。他的这本书主要研究不同类型的心理特征,并间接描述了不同心理类型对风险的态度。例如,歇斯底里的人通常对风险是开放的,而具有强迫症的人往往要花费更多精力来应对风险。后来学者 Wettig 和 Beinder 证明人在幼年时期产生的负面的经历造成的压力在人类大脑留下记忆的回路，就像身体上的创伤会留下瘢痕，而这种在大脑中留存的回路将对某些风险或危害产生过度反应，或者说是敏感。这些回路类似一个开放的伤口，人们为了防止伤害就需要花费更多的精力。另一个例子是关于风险的心理偏好（雷恩，1992），他把不同的风险偏好分成以下五类：

（1）原子化的个体。这类群体对风险的理解表现为信奉生命是上天的安排，认为风险不能为我们所控制，安全就是幸运。

（2）官员或管理者。这类群体对风险的理解为只要相关组织和部门管理者做好日常控制管理，风险就是可以控制的。

（3）商人。这类群体对风险的理解是风险也同时能够提供机遇，人们需要接受风险并利用风险来获得收益。

（4）平等主义者。这类群体对风险的理解是：为了保护公共利益，应当对风险进行规避，除非风险是不能避免的。

（5）隐居者。这类群体对风险的理解是：只要是不参与强迫他人的行为或活动，风险是可接受的。

影响主观风险判断不仅受到人类历史和个人遗传的影响，而且当下的环境条件也影响人们的主观风险判断。在人们处于较高压力的情况下，由于人们的行为被强烈的感性所支配，一般表现是不理性的，然而这种感性却是风险评估的捷径。更糟糕的情况是，如果人们在消极和危急的情况下进行风险评估，他们会认为情况很坏，并且不信任其他人，因此，Sandman（1987）定义风险为“危险＋愤怒”。有限理性、启发式认知和偏见都会强烈影响人的主观风险判断。主观风险判断影响人们的行为，因此，人们通过安全风险管理教育来提高更理性的主观风险判断能力。盖勒（2001）给出了有关安全行为的发展的几点建议：

（1）通过行为自我认知；

（2）直接劝说的影响是有限的；

（3）间接的方式更可能影响自我说服；

（4）自我说服是改变一个人长期的行为的关键；

（5）高度激励阻碍自我说服和持久的变化；

（6）轻度威胁比严重威胁更能影响自我说服；

（7）外部控制越严格，自我说服越弱；

（8）自我效能是授权和长期参与的关键；

（9）响应功效是授权和长期参与的关键；

（10）采取行动的动机来自预期的结果。

这几个观点非常符合自我认知是最重要的观点，这种自我认知和心理学上的“习得性无助感”很相关，所谓“习得性无助”是指人们拒绝责任，习惯性需要得到定期的帮助。

（二）个人信息处理

即使主观判断被忽视，但人类是否能够进行信息处理是理性决策的关键。实际经验告诉我们：人们通常在灾害刚刚结束一段时间内的风险感知是最强烈的，但随后人们的感知就会慢慢消退。有统计表明，大约在灾害发生7年后，人们对这类灾害风险的感知就达到了比较低的水平，而常规的信息事件则是不间断反复被人们感知并且影响人们的信息处理。

同样,对灾害的准备也会随着时间的逝去而慢慢放松,甚至不去准备。这也恰恰验证了一句俗语“人们常常好了伤疤忘了疼”。当然,也许正是这种“好了伤疤忘了疼”的精神使得人们容易感到幸福,并具有乐观精神。

四、社会风险判断

作为社会的人,如果其主观风险判断如果没有考虑社会制度,他就不能完全理解风险。因为,社会系统的理论具有极大的多样性,充满了不确定性和风险。

(一) 长期社会主观风险判断

一个人的行为及其所在的社会或文化等都会影响人的主观风险判断。如前所述,一个社会内部信息的流动过程也影响个人的风险判断。Metzner(2002)给出了一个很好的例子来说明主观风险意识和客观风险之间相互作用的过程。假设社会引入了一项新技术,这项新技术给公众健康或安全增加了风险,开始人们并没有意识到这一点。该项新技术可能是非常时尚并且非常有用的,例如转基因技术、核电技术和手机技术等,后来,人们逐渐意识到该项新技术带来的风险。相对客观风险,这种主观风险意识更加强烈,当这种风险意识达到了一定水平时,监管机构通过实施新的法律回应公众的风险意识。接下来,社会仍然存在高度的主观风险意识,但客观风险水平开始下降,直到最后,主观风险意识也开始逐步下降。至于最后的主观风险意识和客观风险是否低于初始值和是否还存在客观风险则是另外的问题。

(二) 短期社会风险主观判断

个人的信息处理和社会信息处理都将影响风险的主观判断。通常情况下,发达国家的社会信息处理主要通过媒体运作,但媒体并不是客观风险的报告人。Sandman(1994)发现媒体存在不客观传播信息的问题:

(1) 风险和危害数量报道与风险的严重性是无关的,主观判断风险的严重性在于报道是否及时,人们的关注、直观的视觉印象是否接近真实性、显著性和艺术性;

(2) 大部分报道主要集中在社会的反应或者社会的关注度上,如自责、恐惧、愤怒和义愤等;

(3) 针对风险的事故里面的技术信息传播,如地震产生的原理、核电放射原理观众却没有真正感兴趣,媒体也较少处理;

(4) 媒体对于风险的警告比较普遍,因而把媒体作为一个早期预警系统是可以理解的;

(5) 解释某些信息是否是确切还是扰乱的信息,很大程度上取决于报道的记者个人,但媒体信息报道可能比专家对安抚公众更有效;

(6) 对于危害和风险的报告,官方消息来源是最重要的;

(7) 媒体更关注危险和恐惧事件的报道。

在发生灾害情况下,这种行为改变依赖于灾害的时间阶段。灾害通常在不同时间阶段有相应的特点呈现,灾害的发展经历着未知、将要发生、潜伏着和实际发生这几个阶段。这是因为灾害是通过失败的社会系统来呈现的,所以灾害通常和感知非常相关,灾害和沟通的相关性更甚。图 6-6 解释了灾害发展中的风险沟通问题,这也被称为“危险、风险和危机链”(Dombrowski,2006)。

这种链的形状取决于危害和社会制度的反应特点,社会风险判断的关键不仅在于减灾

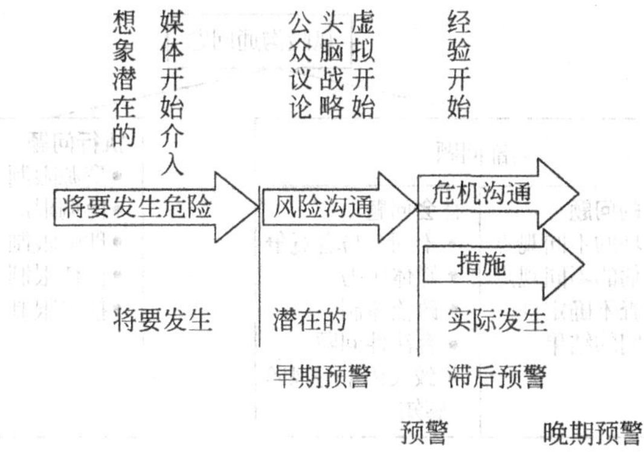

图 6-6 危险,风险和危机链(来源: Dombrowski,2006)

措施,而且在于处理危机或灾难的社会管理能力。预警和警报是有区别的,二者之间的区别如表 6-23 所示。一般情况下,灾害发生后,通常开始进入恢复重建时期,恢复重建可能持续数月或数年。这提出了一个长期的整体风险管理问题,整体的风险管理不仅考虑恢复重建过程中的行动,还要考虑新的危险发生的可能性。因此整体风险管理包括恢复重建、防灾和灾害管理,这些将在以后的章节中进一步分析和阐释。

表 6-23 预警和警报之间的区别(Dombrowski,2006)

预　　警	警　　报
社会管理联系	系统功能联系
感知提前	时间提前
评估提前	技术提前
社会提前	技术上是清楚的,概要的
总体上是不确定的	

五、风险沟通

风险沟通对主观风险判断更是具有重大意义。威廉建议:“1 美元的风险评估应该在同一时间花费 1 美元的风险沟通,否则,很容易导致支付 1 美元的风险评估花费 10 或 100 美元的风险沟通。”在过去的几十年中,风险沟通领域已经开展了深入研究,不同参与者的利益在决策过程中都有一个接受风险的权衡过程,我们常常可以发现,在现实社会条件下,尤其面对动态的社会、经济和文化系统,引进目标风险的措施,可以说服公众接受一定的风险,同时,在决策过程中必须考虑到不同的参与者的利益。

(一) 风险沟通分类

风险沟通问题分为内部问题和执行问题:内部问题包括关注的问题和社会问题,内部关注的问题主要有:损坏的不同观点、评估的不同观点、检查不确定和不同结果;内部关注的社会问题有:不同参与者竞争、媒体的压力、政治体制和合法性问题、致灾因子与风险问题。沟通的执行面临的问题有:资源限制、协调限制、理解限制、信任限制和技术限制。关于风险沟通问题分类见图 6-7 所示。

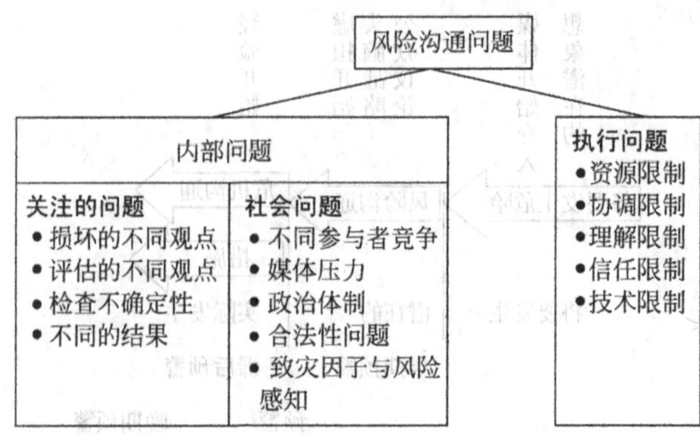

图 6-7 风险沟通不同问题的总结(Wiedemann,1999)

(二) 居民判断和专家判断问题的区别

居民判断和专家判断问题的区别如下：专家判断强调的是科学技术、风险的概率定义、风险的可接受性、人类知识的变化、不同风险对比、针对一般人面临的风险问题。居民则关注的是面对风险的直觉能力、是否有风险、是否是安全的、风险是真实还是虚假的、更强调个人观点、关注的是个体受到的影响。图 6-8 给出了专家和居民主要不同角度的风险问题比较。

专家判断：	居民：
* 科学技术	* 直觉能力
* 概率定义	* 是或否
* 可接受风险	* 安全
* 知识的变化	* 真实或虚假的
* 风险对比	* 个人观点
* 一般人	* 个体影响

图 6-8 专家和居民主要不同角度的风险问题比较(Wiedemann,1999)

其实，在不同情况下，风险沟通采取的策略有很大的不同。例如，基于知识信息处理能力，我们需要给出危急时刻建议。但是在危急时刻，如果他们信任某人并收集信息进行决策的时间只有 9s，而这样的建议要求 7～9s 读完(21～27 单词，最多 30 个单词)。然而，在某些情况下，风险沟通有时甚至需要几百年，甚至超过千年，例如放射性物质存储。又例如，要记住某些地方的海啸和地震(有的可能仅仅每百年一遇)则要通过建纪念馆，如我国的唐山大地震纪念馆和汶川地震纪念馆。

总之，通过上述分析，主观的风险判断可以被看作是另一种模型，该模型具有不同的系统边界和不同的加权值。需要记住，主观判断再也不可以简单认为是错误的，而是应该视为一个不同的观点。因此，在一般情况下，建议不要简单地拒绝主观风险判断模型，而是科学地沟通，引导出现偏差的主观判断。

第 4 节 风险的最终度量——生活质量

其实，风险管理的实践告诉我们：对于风险管理决策，人们更愿意比较权衡风险和收益，而不是单纯地去比较风险本身。因此，进行风险识别、判断时，单独考虑风险是不够的，风险度量还应建立在交换的基础上，考虑风险所能带来的利益。在过去几十年中，科学领域已经开始研究用生活质量作为衡量风险的指标，那么问题在于：什么是“生命质量”？

一、生活质量概述

(一) 幸福与生活质量

人类的各种行为受各种不同刺激的影响，可能带来利益，也可能带来风险。我们通过识别这些风险、刺激来理解人们的行为。在人类生存、生活和生产的过程中，幸福是人类活动的终极目标，幸福的定义揭示了安全和风险这个重要命题。亚里士多德认为：幸福的定义是不同的。例如，一个人通常认为娱乐或金钱(财富)等能够带来幸福，但是，同样的一个人在生病时的幸福观就会改变，这时候，他认为健康就是幸福，可是当他康复之后，幸福可能又是娱乐或金钱(财富)。19 世纪，哲学家叔本华开始定义幸福，后来，幸福从某种意义上是指“生活满意度”，是指需求和财产的比例(施瓦茨等，1991)，这在一定程度上可以视为生活质量的指标。

长期的生活质量是由经济学家庇古(1999 年获得诺贝尔经济学奖)引进的。主观判断也受到强烈的社会观念的影响，这一点不仅体现在福利经济学研究领域，而且在医学领域中也是如此。医生依靠大量的健康指标数据判断病人的健康状况和生命质量，但这并不能保证总是正确的，尤其是对身患重病的人。这是因为客观的措施没有考虑到，不同情况下人的基本假设已经发生变化。例如人们会积极适应新的个人或社会关系，一个重要的实例就是截瘫与中彩票的人，在事件发生一年后的调查表明他们的平均生活满意度基本相同。目前国外关于生活(生命)质量的定义为“一个人和他与社会的和谐，与周围世界的和谐”(巴苏，2004)。

(二) 精神生活质量及度量

精神状态同样可以被用来作为一个专门的健康相关的生活质量参数。该参数可以用忧虑来描述，一个简单的方法是计算每天的担忧次数和持续时间。健康人大约每天用 20%的时间担忧。但是，如果人们在忧虑和担心之后被要求写下担心持续的时间，并写下“正常”和“一般恐惧干扰”之间的差别，这种忧虑的实际时间是不同的，忧虑的记忆也是不同的，无后顾之忧的人，只是删除了忧虑和反对继续记忆(Fehm，2000)。一般的心理负担和疾病密切相关，一个很好测量方法就是用所谓的生活变化单位(LCU)，一般情况下，病人的 LCU 通常显示比一个正常健康人标准值高得多。

(三) 社会经济生活质量度量

尽管从历史上看，人类对生活质量的含义已延伸到更广泛意义上的经济考虑，但是，经济的影响仍然十分强劲。起初更多地考虑人均国内生产总值(GDP)，后来，引入了更多的社会指标和参数。例如，媒体定期对经济指标的发展进行报道，同时也涉及具有高度影响力的其他社会指标，增加了如寿命(Komlos，2003)等一些与健康有关的指标，或一些教育指标。表 6-24 介绍了生活质量的尺度，包括三类，第一是客观生活变量，第二是主观福利，第三是社会质量，每一类分别包括次级指标。

表 6-24 生活质量尺度

客观生活变量	主观福利	社会质量
居住(房屋)	满意度	社会冲突
家庭财产	一般生活满意	对他人信任
社会关系	幸福	安全、自由
参与社会生活	忧虑	正义
生活标准	主观社会阶层	社会诚信
收入	乐观/悲观	
健康	未来发展	
教育和工作	个人生活条件判断	

关于满意度的理论,马斯洛的需求层次理论(1970)把需求进行分类,最基本的是空气、食物或饮水,这些对人类的生存至关重要,但考虑高品质的生活,需要采取进一步的措施,如人类还需要自由、安全、公平和信任等。

阅读资料

按马斯洛的理论,个体成长发展的内在力量是动机。而动机是由多种不同性质的需要所组成,各种需要之间,有先后顺序与高低层次之分;每一层次的需要与满足,将决定个体人格发展的境界或程度。马斯洛认为,人类的需要是分层次的,由低到高。它们是:生理需求、安全需求、社交需求、尊重需求、自我实现需求。

生理需求

生理上的需要是人们最原始、最基本的需要,如空气、水、吃饭、穿衣、性欲、住宅、医疗等等。如果得不到满足,人类的生存就成了问题。这就是说,它是最强烈的、不可避免的最底层需要,也是推动人们行动的强大动力。

安全需求

安全的需要要求劳动安全、职业安全、生活稳定、希望免于灾难、希望未来有保障等。安全需要比生理需要较高一级,当生理需要得到满足以后就要保障这种需要。每一个在现实中生活的人,都会产生安全感的欲望、自由的欲望、防御实力的欲望。

社交需求

社交的需要也叫归属与爱的需要,是指个人渴望得到家庭、团体、朋友、同事的关怀、爱护理解,是对友情、信任、温暖、爱情的需要。社交的需要比生理和安全需要更细微、更难捉摸。它与个人性格、经历、生活区域、民族、生活习惯、宗教信仰等都有关系,这种需要是难以察觉、无法度量的。

尊重需求

尊重的需要可分为自尊、他尊和权力欲三类,包括自我尊重、自我评价以及别人的尊重。尊重的需要很少能够得到完全的满足,但基本上的满足就可产生推动力。

自我实现

自我实现的需要是最高等级的需要。满足这种需要就要求完成与自己能力相称的工作,最充分地发挥自己的潜在能力,成为所期望的人物。这是一种创造的需要。有自我实现需要的人,似乎在竭尽所能,使自己趋于完美。自我实现意味着充分地、活跃地、忘我地、集中全力全神贯注地体验生活。

二、社会生活质量度量

应该说，人类的生活质量在很长历史时期内都是被经济指标所统治，正所谓“人为财死，鸟为食亡”。起初的人类一直为了生存而挣扎奋斗着，人类进入现代社会以后，特别是20世纪末到21世纪初以来，人们对生活的质量已经开始有了更多、更广泛的理解和追求。人们已经不仅仅考虑GDP和人均GDP，还引入了平均寿命、健康指标和教育指标等。下面简要介绍几个与纯经济和财富无关的度量生活质量的指标。

（一）人类发展指数

1. 人类发展指数的定义

人类发展指数(human development index，HDI)是由联合国开发计划署(UNDP)在《1990年人文发展报告》中提出的，用以衡量联合国各成员国经济社会发展水平的指标，是对传统的GDP指标挑战的结果。人类发展指数由三个指标构成：预期寿命、成人识字率和人均GDP的对数。这三个指标分别反映了人的长寿水平、知识水平和生活水平。

HDI的重要性不仅是考虑平均值，而且考虑数值的分布。其基本的指标计算公式为

$$I_{ij} = \frac{\max X_{ij} - X_{ij}}{\max_j X_{ij} - \min_j X_{ij}} \tag{6-11}$$

其中，j 是一个国家的价值，i 是输入参数价值。三个输入变量平均值计算如下：

$$I_j = \frac{\sum_{i=1}^{3} I_{ij}}{3} \tag{6-12}$$

因此，HDI定义为

$$\text{HDI}_j = 1 - I_j \tag{6-13}$$

2. 人类发展指数的计算

目前，人类发展指数由三个指标构成：预期寿命、成人识字率和人均GDP的对数。这三个指标分别反映了人的长寿水平、知识水平和生活水平。长寿水平：用出生时预期寿命来衡量。知识水平：用成人识字率(2/3权重)及小学、中学、大学综合入学率(1/3权重)共同衡量。生活水平：用实际人均GDP(购买力平价美元)来衡量。

上述三个指标分别定了最小值和最大值：出生时预期寿命为25岁和85岁。成人识字率为15岁以上识字者占15岁以上人口比率为0和100%。综合入学率指学生人数占6至21岁人口比率(依各国教育系统的差异而有所不同)为0和100%。实际人均GDP(购买力平价美元)为100美元和40 000美元。

这样，我们可以分别计算HDI指数分项指标，利用公式

指数值 =(实际值 − 最小值)/(最大值 − 最小值)

预期寿命指数 =(LE − 25)/(85 − 25)

教育指数 =(2/3)XALI +(1/3)XGEI

成人识字率指数(ALI) =(ALR − 0)/(100 − 0)

综合粗入学率指数(GEI) =(CGER − 0)/(100 − 0)

GDP指数 =[log(GDPpc) − log(100)]/[log(40 000) − log(100)]

其中，以上出现的字母缩写含义如下：LE：预期寿命；ALR：成人识字率；CGER：综合粗

入学率；GDPpc：人均GDP(购买力平价美元)。下面给出一个例题。

首先需要输入必要的数据：世界平均期望寿命假设是78.4，该国最小平均期望寿命假设是41.8。世界最高读写能力假设为100%，最低是12.3%。人均收入的对数最大是3.68，最低值是2.34。下一步是该国的数据：这里我们假设期望寿命是59.4，读写能力是60%，人均收入对数是2.9。根据公式，计算下面的参数为

$$I_{1j}=\frac{78.4-59.4}{78.4-41.8}=0.591$$

$$I_{2j}=\frac{100.0-60.0}{100.0-12.3}=0.456$$

$$I_{3j}=\frac{3.68-2.90}{3.68-2.34}=0.582$$

合并三个参数可以得到

$$I_x=\frac{0.591+0.456+0.582}{3}=0.543 \tag{6-14}$$

这样得到HDI是

$$\mathrm{HDI}_x=1-0.543=0.457 \tag{6-15}$$

3. 人类发展指数的优缺点

人类发展指数的优点主要表现为以下几点。首先，人类发展指数用较易获得的数据，认为对一个国家福利的全面评价应着眼于人类发展而不仅仅是经济状况，计算较容易，比较方法简单。其次，人类发展指数适用于不同的群体，可通过调整反映收入分配、性别、地域分布、少数民族之间的差异。最后，HDI从测度人文发展水平入手，反映一个社会的进步程度，为人们评价社会发展提供了一种新的思路。

但人类发展指数HDP也存在其局限性。首先，人类发展指数只选择预期寿命、成人识字率和实际人均GDP三个指标来评价一国的发展水平，而这三个指标只与健康、教育和生活水平有关，无法全面反映一个国家的人文发展水平。其次，在计算方法上，存在一些技术问题，如按HDI的公式计算，有些国家的HDI值将大于联合国开发计划署计算的HDI的最大值。最后，HDI值的大小易受极大值和极小值的影响。

（二）经济福祉指数

1. 经济福祉

经济福祉由个人福利和公共福利两个部分组成，但由于存在着影响两种福利的外部性因素，所以需要在现有的国民核算资料的基础上加以调整。

个人收入是决定个人福利的最重要的因素。个人福利的多少首先取决于个人收入的高低，个人收入高，个人福利的数量就多；反之则相反。其次，根据福利经济理论，个人收入内含的福利数量则受制于收入分配的平等程度。如果收入分配处于平等状态，则个人收入的外在数值与其内含的福利数量等值。反之，如果收入分配存在着不平等的情况，个人收入内含的福利数量则小于个人收入的外在数值。收入不平等的程度越高，彼此之间的差距就越大。所以，我们将A.K.森的福利指数作为经济福祉指数计算公式的组成部分。公共福利是政府投资由社会成员共同无偿消费的福利，其承载体是公共产品。例如存在环境污染的情况下，有必要进行数值上的调整。这是因为，根据公共经济学理论，相对于社会经济系统，环境污染作为一种公害，属于负外部性范畴。消除这种负外部性，需要政府投入一定数量的

公共产品,使环境质量能够得以恢复。而且有学者认为从GDP或者说从公共产品中扣除的治理污染的成本,不是指现实的已经发生的环保费用,而是指潜在的为治理现存污染而需花费的费用。

2. 经济福祉指数

经济福祉(IEWB)指数主要介绍了作为社会生活质量的替代品的经济情况。其指标测算包括四大类:即"消费流量"、"财富储存"、"收入分配"和"经济安全"。这四大类包括进一步细分指标参数,详细分类测算的参数如表6-25所示。而这四类合并加权使用不同的权重。其中,消费流量权重0.4,财富股票权重0.1,收入分配和经济安全的权重均是0.25。

表6-25 经济福祉指数(IEWB)计算参数

消费流量	家庭为单位修正的人均市场消费
	人均没有报酬工作
	人均政府消费
	人均工作时间变量的价值
	人均遗憾支出
	人均期望生命变量的价值
财富储存	人均股本
	人均研发
	人均自然资源
	人均人力资本
	人均净外债
	人均环境退化成本
收入分配	贫困率和贫穷程度
	基尼系数
	失业风险
经济安全	疾病财务风险
	单亲贫困风险
	年老贫困风险

IEWB 1998年推出,但美国从20世纪60年代初已经开始推行。虽然一系列参数20世纪70年代至80年代才在许多国家普及,但IEWB具有较强的理论背景,它可用于国家一级以及地区层面。

(三)真实发展指标

真实发展指标(GPI)也是基于经济的测算方法。与GDP相比,因为GDP没有对增加福利和减少福利的经济活动进行区分,忽略了非市场交易活动的贡献,如家庭和社区、自然环境等。GDP的计算就如同企业的利润表收入项目把支出加在收入上而不是从收入中减去一样,例如,GDP把用于因犯罪、自然灾害和环境污染等造成社会无序和发展倒退的"支出"均计入社会的财富。GPI指数则把这些作为社会福利的减项。此外,GPI指数把非市场服务(如家庭工作和志愿活动)进行货币化计算,并从经济角度对国家福利进行测算。GDP只考虑了给定年份的支出流,GPI则考虑了自然和社会资本的耗竭,因而能反映现行经济活动模式是否持续。GPI还计算了经济活动中消耗的服务以及产品价值,不管这些服务和产品能否用货币表示。概括起来,在GPI中有三项支出被扣除:

(1) 防御支出(补充过去的成本);

(2) 社会成本;

(3) 环境资产和自然资源的消费。

其中,社会成本是从社会角度来看的成本,等于生产成本加上给他人和社会所带来的损失。社会成本一词是著名经济学家庇古在分析外部侵害时首先提出来的。社会成本是产品生产的私人成本和生产的外部性给社会带来的额外成本之和,社会成本的分担与补偿的目的是促进社会公平。

GPI 与国内生产总值(GDP)相比,GPI 需要进行货币化,因此,需要进一步的假设条件和测算。此外,还需要把 GDP 中的一些金融项目减去。例如,灾后恢复重建实际上是增加 GDP,这也印证了一些自然灾害之后,地区的 GDP 反而增加,刺激了经济的增长。但是,通常认为,灾难本身导致的生活质量的下降,灾后恢复重建实际上也是恢复灾前的福祉水平(科布等,2000)。为了得到 GPI 需要考虑下列项目货币化并累计:

(1) 做家务、养育子女或志愿者总共时间的价值;

(2) 耐用消费品服务(如冰箱)的价值;

(3) 长时间设施(如公路)的价值。

当然,如果需要保证 GPI 的可靠性,还应该将下列项目进行货币化并扣除:

(1) 保持舒适水平的价值,如打击犯罪保护安全,处理交通事故和空气污染等费用的价值;

(2) 社会实践的价值,如离婚或犯罪;

(3) 环境资源退化价值如土地、湿地、森林损失和燃料能源的减少。

(四) 美国人口统计学幸福指数

美国人口统计学幸福指数是另一个基于经济评估生活质量的方法。该指标方法包括五大类,并细分成不同的分类指标(表 6-26),并根据历史数据,对不同的分类指标及其权重进行了调整。

表 6-26 美国人口统计福利指数计算(Hagerty et al,2001)

类　别	权重(%)	组 成 分 类	权重(%)
消费者态度	1	消费者信心指数	47
		消费者期望指数	53
收入和就业机会	21	真正可支配人均收入	39
		失业率	61
社会和自然环境	10	濒临灭绝物种	32
		犯罪率	43
		离婚率	25
休闲	50	168 减去周工作小时	90
		真正休闲开支	10
生产力和技术	18	单位劳工工业产值	69
		单位劳工工业技术	31

此外,还有范荷文的平均寿命幸福预期指数、约翰斯顿的生活质量指数、埃斯蒂斯社会进步指数、欧洲晴雨表、ZUMA 指数、人类贫穷指数等。

三、环境度量与基本生活质量

尽管经济增长在很长的时间里作为人类福利的主要指标，但是实际上这种评价指标作用是有限的，人们发现仅仅用这些主要市场行为常常导致市场失灵。例如，养育孩子通常不被视为一种经济意义行为。但是，如果这个问题做不好，经济将崩溃。同样，提供氧气的空气和提供能量的太阳没被考虑为经济系统的组成部分。大约几千年前，土地被视为分界条件，但是现在，土地通过市场价格来表达。Constanza 等(1997)试图将地球上的生态系统纳入经济系统考量。

环境资源的衰落可能不仅直接影响经济系统，而且影响基本生活条件。因此，人们开始试图建立一些基本生活条件的参数组合，不仅考虑人类的福利，而且考虑环境，引入真实进步指标(genuine progress indicator)。但是，在建立一些人类基本生活条件参数时存在着同样的问题：为自然福利选择输入变量。基于 Mannis(1996)和 Winograd(1993)的成果，一些环境参数如表 6-27 所示。

表 6-27　联合国环境规划署(UNEP)考虑的环境指标矩阵

问　　题	参　　数
气候变化	温室气体排放
臭氧破坏	卤烃排放与生产
酸化	SO_x、NO_x 排放
富氧化	N、P 排放
有毒污染物	POC、重金属排放
城市环境质量	VOC、SO_x、NO_x 排放
生物多样性	土地转化、土地破碎
废弃物	城市和农村废弃物的产生
水资源	私人、农业和工业需求
森林资源	使用密度
渔业资源	捕鱼
土壤退化	土地使用变化
海洋、海岸带	排放、溢油和沉淀
环境指标	压力指标

此外，幸福星球指数(HPI)是人类和环境福利的测量指标。事实上，有效地利用环境资源为人、地区和国家提供长久和幸福的生活。这个指标是通过问题提问健康、个人福利、生活条件、旅游行为对环境的影响。HPI 的调查问题如表 6-28(Marks 等，2006；NEF，2006)所示。

表 6-28　HPI 调查问题表

问　　题	可能的回答
哪个地方居住最好？	大城市
	大城市的郊区
	城镇或小城市
	乡村

续表

问　　题	可能的回答
哪种房子最好？	乡村的家
	独立式住宅或平房
	半独立式房屋或大露台的房屋
	小的联排房屋
	公寓或单元楼
	没有自来水的任何住处
想和几个人生活？	独自一人
	1个人
	2个人
	3个人
	4个人
	5个或更多的人
是否包括合伙人或配偶？	是
	否
工作日怎么上班？	每天走20min
	自行车
	公交
	开车(单行10km)
	开车(单行10km或更多)
	上述都不是
大约每年乘飞机多少小时？	没有
	<5h
	6～18h
	19～50h
	>51h
哪一项符合你的饮食？	严格素食主义
	素食的
	水果、蔬菜平衡，肉一周不超过两次
	通常有肉(每天或每隔一天)
	通常有肉(每天或每隔一天)、包括每周两个以上热狗，香肠、培根等
	有时支付不起一顿饱餐或肉
你的食物通常来自哪里？	新鲜食品和方便食品的混合
	大部分是新鲜食物
	大部分是方便食物
吸烟吗？	从来不
	不，但我常常和吸烟的人在一起
	亚吸烟或社交吸烟
	1～9根过滤香烟/d
	10～19根烟/d
	20～29根烟/d
	大于30根烟/d

续表

问　　题	可能的回答
一般每周运动几天(超过 30min,包括快走;30min 包括准备活动时间)?	0d
	1～2d
	3～4d
	5～7d
过去 12 个月里,你参加过几次当地组织的活动?	至少每周 1 次
	至少每月 1 次
	至少每 3 个月 1 次
	至少 6 个月 1 次
	不怎么参加
	从不参加

四、工程生活质量指数

20 世纪 90 年代,加拿大研究人员 Nathwani 等(1997)基于人均国民生产总值和平均寿命这两个已有的社会评价指标,提出了生活质量指数(life quality index,LQI),将基本生活条件参数引入,用于评估某些减灾措施,这是一个非常重要的贡献。这就是所谓的生活质量指数 LQI,广泛应用在不同的工程领域,从海上工程到土木工程领域都有应用。图 6-9 解释了 LQI 的概念本质。

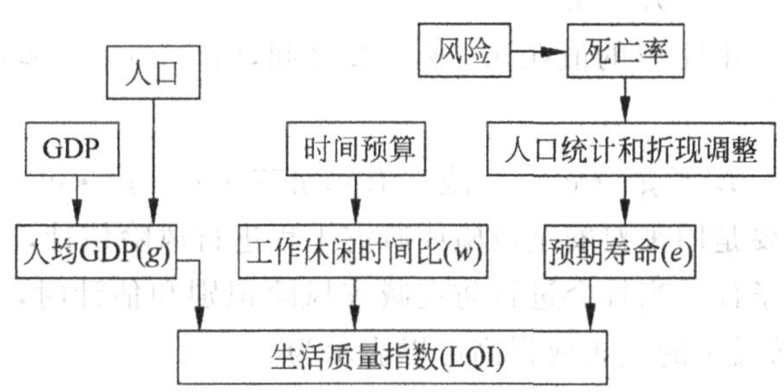

图 6-9　生活质量指数(LQI)的概念

该生活质量指数的假设基础是其是一些社会指标的函数,生活质量指标公式可以表示为

$$L = f(a,b,c,\cdots)$$

为了简化整个程序,仅仅选择两个社会指标。这两个指标是人均 GDP(即 g)和平均期望寿命 e。人均 GDP 作为可利用的资源,而平均期望寿命作为可用时间 t 的度量。两个指标被叠加,给出一个两维基本生活条件参数。

$$L = f(g) \cdot h(t) \tag{6-16}$$

而且,通过获取以人均 GDP 表示的资源的可使用生命时间是有限的。这里,这两个指标之间的关系用比率 w 表示,即整个工作时间和平均期望寿命之比。整个生命时间可以分为工作时间部分 $w \times e$ 和自由时间部分 $(1-w) \times e$。这一点已经在假设中说明了,这个函数是可以求导的。而且,只有参数的变化是有意义的:

$$\frac{\mathrm{d}L}{L}=c_1\cdot\frac{\mathrm{d}g}{g}+c_2\cdot\frac{\mathrm{d}t}{t} \tag{6-17}$$

而且，公式应该假设

$$\frac{c_1}{c_2}=\text{常数} \tag{6-18}$$

结果产生一对微分方程：

$$f(g)=g^{c_1},\quad h(t)=t^{c_2}=[(1-w)\cdot e]^{c_2} \tag{6-19}$$

假设人均收入和工作生命时间相关，则

$$L=(c\cdot w\cdot e)^{c_1}\cdot[(1-w)\cdot e]^{c_2} \tag{6-20}$$

进一步地，假设工作时间能够用来控制基本生活条件，那么基本生活条件的最大值可以通过令导数为零得到。

$$\frac{\mathrm{d}L}{\mathrm{d}w}=0 \tag{6-21}$$

求函数微分得

$$0=c_1-c_2\cdot\frac{w}{1-w} \tag{6-22}$$

进一步定义常数为

$$\bar{c}=c_1+c_2 \tag{6-23}$$

得出 $c_1=\bar{c}\cdot w$ 和 $c_2=\bar{c}\cdot(1-w)$，并给出

$$L=g^{\bar{c}w}\cdot e^{\bar{c}(1-w)}\cdot(1-w)^{\bar{c}\cdot(1-w)} \tag{6-24}$$

进一步，假设 $\bar{c}\approx1$ 并且 w 的值在 0.1 和 0.2 之间，$(1-w)^{(1-w)}\approx1$ 是有效的，可以大胆假设

$$L=g^{w}\cdot e^{1-w}\quad\text{或}\quad L\approx g^{\frac{w}{1-w}}\cdot e=g^{q}\cdot e \tag{6-25}$$

因为这个参数主要是用来对安全设施或减灾工程进行风险估计，因此，生活质量的变化胜于绝对的基本生活条件。当社会进行防灾减灾风险识别和估计时，实际上是提高人的基本生活条件，所以生活质量的改善或提高可以表示为

$$\frac{\mathrm{d}L}{L}=\frac{\mathrm{d}e}{e}+\frac{w}{1-w}\frac{\mathrm{d}g}{g}\geqslant0 \tag{6-26}$$

该公式描述了人的生命质量的积极变化，这个变化也可以通过提高平均期望寿命 e 或者提高收入 g 来达到。通常期望寿命的提高不是无限的，而且可能导致收入的损失，根据公式可以达到均衡。但是，需要进行简化处理实际问题。首先，收入降低应该简化为

$$-\frac{\mathrm{d}g}{d}\approx-\frac{\Delta g}{g}=1-\left(1+\frac{\Delta e}{e}\right)^{1-\frac{1}{w}} \tag{6-27}$$

期望寿命的变化也可以简化为

$$-\frac{\mathrm{d}e}{e}\approx-C_{\mathrm{F}}\cdot\frac{\mathrm{d}M}{M} \tag{6-28}$$

这样，基本生活条件可以写成

$$\frac{\mathrm{d}L}{L}=-C_{\mathrm{F}}\cdot\frac{\mathrm{d}M}{M}+\frac{w}{1-w}\cdot\left[1-\left(1+\frac{\Delta e}{e}\right)^{1-\frac{1}{w}}\right]\geqslant0 \tag{6-29}$$

死亡率的变化计算为可能死亡数和人口大小的比值，为

$$dM = \frac{N_F}{N} \tag{6-30}$$

式(6-29)和式(6-30)中，dM 为死亡率的变化，M 为通常情况下的死亡率，de 为平均期望寿命的变化，e 为平均期望寿命，N_F 为事故引起死亡的数量，N 为人口总数，C_F 为年龄金字塔形状。

一般而言，LQI 表明其是隐性个人效用函数。它没有考虑目前的基本生活条件情况并假设一个序数效用函数。而且，正如这里指出的那样，积极的基本生活条件受工作时间约束是这个理论的主要假设。这个假设也包括不同的寿命和消费数据。但是，人们不会根据这些统计考虑风险，而宁愿是利用其他项目，诸如财富获取的公平来判断主观风险。而 LQI 考虑可能减轻风险措施的效率根据 Pareto 和 Kaldor——Hicks 的补偿试验成果，它缺少考虑公平的功能(能力)。应用这样的效率度量达到最大财富是目前广泛接受的观点。然而，其他因素可能限制纯粹效率度量的应用的可能。

如果 L 只由两个社会经济指标 e 和 g 组成，当 $dL=0$ 时，有

$$dL = 0 \Rightarrow \frac{dg}{de} = -\frac{\frac{\partial L}{\partial e}}{\frac{\partial L}{\partial g}} \tag{6-31}$$

上式可解读为当指标 e 有变化时，为了保持 L 不变，应适当地牺牲 g 作为补偿。对于一个理性的人，不妨对其基本行为作以下假设；其生命所有的时间可分为工作时间和生活时间(非工作时间)，只有通过工作时间的劳动，才能获得享有生活时间的权利。而对于工作时间和非工作时间的分配，基本的决策准则应是工作时间创造的价值足够生活时间享用。而如果需要为某项改善生活的措施进行额外的劳动，那么根据上述决策条件，额外工作创造的价值应恰好用于生活时间的延长。反之，如果生活时间减少了，则应有适当的劳动价值用于补偿。

$$\frac{dg}{de} = \frac{\frac{\partial L}{\partial e}}{\frac{\partial L}{\partial g}} = -\frac{g}{e}\frac{1-w}{w} \tag{6-32}$$

改写为

$$\frac{dg}{g} + \frac{1-w}{w}\frac{de}{e} = 0$$

或

$$dg = -\frac{1-w}{w}\frac{de}{e}g \tag{6-33}$$

从实用角度考虑，不妨假设 GDP 中投入 Δg，对平均寿命的改善量为 Δe，对公式(6-33)进行变量分离，并对 g 进行由 g 到 Δg 的积分，对 c 进行由 e 至 Δe 的积分，得到将一个人生命延长 Δe 每年所需要的 GDP 投入为 $\Delta c = -\Delta g$，有

$$\Delta c = -\Delta g = g\left[1 - \left(1 + \frac{\Delta e}{e}\right)^{1-\frac{1}{w}}\right] \tag{6-34}$$

由于 Δc 是延长单位统计寿命年的费用，因此寿命延长 Δe 年，GDP 投入还需要再乘以 Δe。当 Δe 取 e 时，可认为是对人生命的价值描述，记作 ICAF(implied cost of averting a fatality)，称为降低单位死亡人数的潜在货币价值：

$$\mathrm{ICAF}=\Delta c\cdot e=g\left[1-\left(1+\frac{e}{e}\right)^{1-\frac{1}{w}}\right]e \tag{6-35}$$

ICAF可看作一个社会在其伦理框架和生产能力水平下，拯救一个生命所能承受的最大费用，即生命价值（支付意愿）。

对于一般情况，设挽救的生命年为e_r，则需要的GDP费用为ICAF(e_r)：

$$\mathrm{ICAF}(e_r)=g\left[1-\left(1+\frac{e_r}{e}\right)^{1-\frac{1}{w}}\right]e_r \tag{6-36}$$

基于LQI建立的生命价值转换函数，既利用人均国内生产总值考虑了社会层面的损失，也利用平均寿命考虑了个人福利方面的损失，比较全面地反映了生命的货币价值，并且这两个指标都是客观指标，计算得到的转换价值也相对客观。应该注意到，当将生命价值用货币表示后，将存在货币价值的折现问题，这里对此不再进行深入的讨论。

生命质量指数(LQI)正是基于社会效应的风险决策方法，其主要被用于解决如何利用有限的资源来保障生命安全和减少人身伤害将生命风险的经济价值转换为挽救生命的安全成本，使生命风险的价值衡量更符合现代风险管理的理念。Streicher等(2004)认为，当前生命风险可接受标准来源于安全投入和延长人类生命利益之间的平衡，这一标准最突出的例子就是基于LQI指数的评价。德国学者Rackwitz用LQI方法来解决社会功效问题，他对LQI进行了颇有成效的研究。在LQI的基础上给出了一个合理的可接受风险标准，并基于现代经济理论对传统LQI进行了改进，将其应用于地震灾害和技术灾害中。2003年，Pandey等把LQI作为成本效益分析的基础，并将其与许多公共政策的问题和概念结合起来，提出了LQI的概念模型(见图6-8)。LQI的概念模型反映了公众关注的3个重要指标，即财富的创造、生命的延续以及享受健康生活的有效时间。高质量的生活，不仅意味着有更长的寿命、更多的财富，还意味着人们有更多的休闲时间。延长健康的生命是每个人的基本需求。因此，LQI是合乎道德和伦理的风险管理指标。

当实施灾害风险管理措施减轻风险时，将会对LQI产生影响，Nathwani等(1997)对LQI的变化进行了衡量：

$$\frac{\Delta \mathrm{LQI}}{\mathrm{LQI}}=w\frac{\Delta g}{g}+(1-w)\frac{\Delta e}{e}$$

式中，ΔLQI表示LQI指数的变化，Δg表示人均国民生产总值的变化，Δe表示预期寿命的变化当LQI指数的变化为非负时，风险管理措施才是合理的，这一准则被称为净效益准则或LQI准则，表示为

$$w\frac{\Delta g}{g}+(1-w)\frac{\Delta e}{e}\geqslant 0$$

灾害中生命风险的降低预示着预期寿命的增大(Δe)和安全成本的增加(ΔC)，安全成本的增加意味着人均国民生产总值的减少，上式可以转化为

$$-\Delta g\leqslant\frac{g}{e}\frac{1-w}{w}\Delta e$$

当公式左右两边相等时，减轻人员死亡的风险管理措施是最佳的。设$\Delta C=\Delta g$，可以得到：

$$\Delta C=g\frac{1-w}{w}\frac{\Delta e}{e}$$

由于 g 为人均年国民生产总值，ΔC 即为个人预期寿命增加一年对应的最优安全成本。LQI 是基于社会风险的生命安全成本，其并不考虑个人风险的差异性，因此可以用来评估灾害研究中社会生命风险的安全成本。对比一次造成大量人员死亡的低频率灾害事件和数次导致同等人数死亡的高频率事件，一般来说前者更不易为公众所接受。

如果投入相应的安全成本为 C，其含义为，在伦理准则下社会为了挽救个人生命不受灾害的损伤而愿意支付且负担得起的安全成本。在 LQI 的基础上，C 可以表示为个人预期寿命增加一年对应的最优安全成本(ΔC)与预期寿命增加年数(Δe)的乘积：

$$C = ge\frac{1-w}{w}$$

如果公式中个人预期寿命增加的平均年数取 $e/2$，那么，安全成本将是

$$C = ge\frac{1-w}{4w}$$

通过计算生命安全成本，比较减少风险的各种措施的安全成本值，遵循低成本高效益原则，决策人员能够在既定费用基础上选择一个最能减小人员伤亡的风险控制方法。

五、生活质量与法律

社会、健康、自然和技术风险对一个人生命(生活)的影响，个人常常没有太多的选择。在很多情况下，公众不能有效获得风险的信息。例如，交通事故中，没有给出过公路的行人和车辆发生危险的可能概率，对于食品也是这样，如果食品包装仅仅给出粗略的信息，消费者仍然无法知道相关的风险，只能简单假设产品是有安全保障的。这种假设基于国家的法制，例如，国家承诺他们能保证安全。在客观风险度量中，社会风险被认为是最高风险。发达国家在这方面的预算是主要的花费，德国大约超过 50% 的预算用于减轻这样的风险。但是，由于各种原因，减轻的措施及资源的配置在不同的国家是不同的。

事实上，简单的群体是建立在承担提高安全的基础上，他们是通过个体为自身安全负责。例如，原始社会的人们总要佩带武器来保护他们自己，在动物社会里，一些强大食肉动物也是这样生活。通常情况下，建立社会和国家目的就是能够为个人创建安全并且减少受到攻击的环境。另一方面，社会或国家自己不能独自完成这样的要求，它需要个体的支持。因此，先前的安全责任从公民转到国家，国家再转给个体成员。当然这种转移必须采取一些激励措施使得个体来承担这个压力。

这个简单的国家功能可以在大约 3700 年前的《汉谟拉比法典》中找到，《汉谟拉比法典》不是第一个法令大全，它是现今保护最好的典籍，常常被引用。这部法律涉及很多职业责任，例如，建筑商建造的房屋倒塌并致使屋主死亡将被判死刑，这项规定是将公众安全转移到个体建筑商的规则。建筑商只有建造安全的房屋才能安全经营。

此外，关于是否能减轻处罚的法规则是有趣的。例如，《汉谟拉比法典》中规定，如果牲畜的圈被闪电或狮子袭击导致牲畜死亡，牧羊人会认为是上帝清理它们，并把杀死的牲畜返还给主人即可。但是如果是牧羊人的责任导致羊群损失则需补偿主人。

因此，转移安全责任与定义责任同所有的可能性有很大关系。如前述所讨论的“不确定和风险”，建立因果链对一些系统仍然是不可能的，这些工作必须做，很大部分的工作已经把安全的责任从个体转移到国家。发达国家的公民完全认为政府应该为社会提供安全，风险

的可接受水平根据社会情况而定。作为等价交换,政府拥有治理的权力,政府提供安全是其重要的责任和使命。

在德国,生命的权利和身体的完整不受损伤写在宪法的第二条款第二段。所有特殊风险在日常生活中可以想到的领域中都应该有可比较的标准,在这样的标准条件下,自然不需要警告和警报。只有风险实质性增加,才需要风险措施或警报。这种假设允许公众经营管理自己的日常生活问题而不是关心自己生存的问题。但是,全面的规范必须完成对各个领域的专门调研,相关规定和法律必须更加专业。当需要减少措施和警告时或当达到了可接受风险的水平时,这些法律应该清晰准确表达。某些术语广泛的引入法律系统,甚至法理学家也使用工程师的术语,例如风险,可接受风险和概率,这里并不意味着这些术语是同样的含义。

自从俾斯麦建立普鲁士王国时代,危险被视为一种没能采取积极的预防措施导致损失的情形(Leisner,2001; Hverw G,1997)。可能发生危险被描述为足够大的发生概率,没有绝对的确定性。但是,损害的可能性的确是工程领域的风险概念,而法学认为风险是一种危险的概念。站在律师的角度认为危险是较高概率的风险,但是工程师认为:中等或较低可能性称为风险,当风险很低的情况下称为可接受风险。需要注意的是工程师认为的可接受风险不仅仅依赖可能性。

不同于这种分类,法院或立法者需要避免风险的措施。首先,危险必须远离和规避,根据安全要求预防危险,这一点可以参看德国的民法。尽管危险必须完全消除,有限的风险在法律上是可以容忍的,但是,100%的避免风险是不可能的。风险的部分可接受与可接受风险的概念相违背,已经背离风险的最初含义。根据德国联邦宪法规定,法院风险必须由所有公民承担责任,不确定超过这个门槛是人们认识能力的局限性。因此,人类逃不掉在可能的范围内为所有公民及社会负担买单。

因此,一般情况下,法院认为不存在没有任何风险的社会生活。这不是理论事实,而是司法公平的因果关系。例如,在自然灾害领域,一些可接受风险的案例已经引起从媒体到公众的很大关注。一个例子是发生在1996年3月13日奥地利阿尔比斯山,山上导游带领团队沿"Wilde Hinterbergl"线路旅游。路上需要跨过冰河,大家都知道有裂缝,导游见多识广认为不用拉运也能过去,但还是有一个游客掉下去并死亡,后来导游被控诉。控诉的关键问题是旅游团是否应该使用绳索,这是减轻掉下风险的可接受的措施。第一个法院判处导游是无辜的,而第二个法院判他有罪,最后的判决是导游是无辜的。法院的理由是:"基于供词和环境情况假设,特别是在缺少危险指示的意外事故发生地区,事故发生当时没有绳子,导游不具有小心的责任,这种情况被认为仍然是在可接受风险区域内。"从历史的角度来看问题,这个假设是基于旅游团队没有风险的。

第二个例子发生在奥地利,时间是1999年12月28日,三个导游决定带领团队43人爬山。下山途中,团队通过大约40°的斜坡,也有其他的路下山,但要绕道几分钟。后来团队就从这个斜坡下山了,不幸的是,下山过程中遇到雪崩,导致9人死亡。后来,奥地利法院判定导游是无辜的(可接受风险),然而德国的法院(主要爬山成员是来自德国的游客)判定需要给予补偿。

第三个案例是2006年瑞士某地区山体崩塌导致两名德国人死亡。瑞士政府表示在Gotthard高速公路上是有一定风险的行为。从历史上看,该地区发生过偶尔岩石滚落情况,有时会击中公路,并造成事故。这种风险在法律上称为微小风险,这些风险是可接受的,但是，这不意味着这样的事件不发生。

德国联邦宪法法院经过卡尔卡核电站事件后试图定义可接受风险为“事实上预想不到的”和“不相关的”，但是，并没有给出确切的标准。卡尔卡是一座核电站，始建于1972年，该核电站建造时是当时德国最先进的核反应堆。但是12年后由于巨大的资金投入和周边民众的强烈反对，核电站不得不关闭，后来德国在原址建立了著名的游乐场，每年吸引大量游客来游玩。卡尔卡最重要的价值在于德国不拆一砖一瓦建立卡尔卡奇境，是全球高科技下马项目再利用的典范。

从上例可知，清楚地定义危险、风险和可接受风险是非常有用的。从数学上的可能性定义危险、风险和可接受风险，直到现在也没有被立法者采用。例如DNA检验或血液酒精估值，立法者和法院反对精确的数学估值定义。法院宣称风险是指那些显著影响正常生活的风险(Lubbe-Wolff，1989)。

幸运的是，一些法院判例给出数量风险。1975年，管理者呼吁法官在明斯特(Munster，德国一小镇)以 10^{-7} 作为每年核事故的可接受风险。1977年，这个指标估值在Freiburg行政法庭被核准使用。那一年，行政管理法庭在Wurzburg讨论了这个值，可是，Hessian行政法庭拒绝给出可接受风险的数值。

本章小结

风险识别与度量主要研究风险识别的概念、原则、理论和方法。风险度量包括客观和主观度量，风险的客观度量包括粗略的风险度量——矩阵法、数学度量、科学度量和其他度量方法。关于粗略的风险度量的各种方法一般都是采用风险矩阵，主要通过对致灾因子发生的概率和损失程度赋值来确定风险的等级矩阵，再确定风险的可忽略、可接受、不可接受的等级水平。风险的数学度量主要是包括风险的概率、风险的后果、风险的综合、数学期望、损失结果方差。风险的主观度量包括依赖时间和不依赖时间的主观度量、社会风险判断以及风险的沟通等，特别是主观风险概率的支持理论——描述依赖性是主观风险判断的重要理论。此外，本章还系统阐述了风险的最终度量——生活质量，生活质量包括社会生活质量、环境生活质量、工程生活质量、生活质量与法律。生活质量之所以成为风险的最终度量指标，人们更愿意权衡风险和收益，而不是单纯地去比较风险本身，提高自身的生活质量是人类最终的收益——幸福。

关键术语

1. 风险识别(risk identity)：风险识别就是指用感知、判断或归类的方式对现实存在或是潜在的风险因素进行鉴别的过程，这里的风险因素包括风险的来源或危险(源)、事件、后果和概率以及利益相关者关注的问题等。

2. 主观概率(subjective probability，SP)：主观概率是指在一定条件下，对未来事件发生的可能性大小的一种主观相信程度的度量。

3. 客观概率(objective probability，OP)：客观概率是指根据事物的历史数据，采用统计方法和概率论推断出来的概率。

4. 主观概率的支持理论：所谓支持理论是指人类在不确定条件下的概率判断，不符合外延性原则，而是表现出描述的依赖性，即对同一外延事件的不同描述所作出的主观概率不同，导致的结果为主观概率判断根据事件的描述而不是事件本身。

5. 人类发展指数(human development index，HDI)：HDI是由预期寿命、成人识字率和人均GDP的对数三个指标构成，主要是用来衡量联合国各成员国经济社会发展水平的指标。

6. 经济福祉(IEWB)指数：IEWB指数主要介绍了作为社会生活质量的替代品的经济情况，其指标测算包括四大类：即“消费流量”，“财富股票”，“收入分配”和“经济安全”。

7. 幸福星球指数(HPI)：HPI是人类和环境福利的测量指标，该指标通过问题提问健康、个人福利、生活条件、旅游行为对环境的影响，其目标是有效的利用环境资源为人、地区和国家提供长久和幸福生活。

8. 真实发展指标(genuine progress indicator，GPI)：GPI也是基于经济的测算方法。与GDP相比，因为GDP没有对增加福利和减少福利的经济活动进行区分，忽略了非市场交易活动的贡献，如家庭和社区、自然环境等。

9. 生活质量(life quality index，LQI)：LQI选择人均国民生产总值和平均寿命这两个基本的指标，给出一个两维度基本生活条件参数，即 $L=f(g)\cdot h(t)$，LQI的概念模型反映了公众关注的3个重要指标，即财富的创造、生命的延续以及享受健康生活的有效时间。

本章参考文献及进一步阅读文献

[1] Dirk Proske，MSc. Catalogue of Risks[M]. Springer-Verlag Berlin Heidelberg，2008.

[2] Chicken J C，Posner T. The Philosophy of risk，London：Thomas Telford，1998.

[3] Daenzer B J. Fact-finding Techniques in Risk Analysis[M]. America：American Management Association，Inc.，1970.

[4] Harold D. Skipper. International risk And Insurance：An Environment Managerial Approach[M]. McGraw-Hill Inc.，1998.

[5] Nathwani J S，Lind N C，Pandey M D. The LQI standard of practice：Optimizing Engineered Safety With the Life Quality Index [J]. Structure and Infrastructure Engineering，2008，4(5)：327-334.

[6] Gisela Wachinger，Ortwin Renn，Chloe Begg，Christian Kuhlicke. The Risk Perception Paradox—Implications for Governance and Communication of Natural Hazards[J]. Risk Analysis，2012：1-17.

问题与思考

1. 风险识别的方法有哪些？
2. 风险识别的基本方法——清单法的特点有哪些？其优点、缺点又有哪些？
3. 风险度量的方法有哪些？
4. 主观风险度量中与时间无关的风险判断和依赖时间的个人主观风险判断的区别？
5. 社会风险判断包括哪些内容？
6. 风险度量的最终标准是生命质量，为什么？
7. 工程生活质量指数模型及其应用价值有哪些？
8. 生活质量最终度量内容及其指标是什么？

第7章

灾害风险评估

引言

从20世纪下半叶开始，特别是进入21世纪以来，随着对灾害风险评估及管理的研究不断深入，研究具有前瞻性、防患于未然的灾害风险评估理论与实践，是实现科学防灾减灾、保证整个社会可持续发展的目标。灾害风险评估是本书最为重要内容之一，其特点是涉及多个不同学科的综合性统计和分析，包括灾害学、自然地理、城市规划、经济学、统计学、保险等学科。具体数据涉及各种灾害数据、自然地理环境、土地利用与规划、城市房屋与公共设施、各类工农业设施、人口与健康、经济和社会等统计资料。理论和实践均表明：科学有效的灾害风险评估是进行灾害风险管理的基础，因为灾害风险评估能够为各类灾害的预报预警、防灾减灾、应急救援和恢复重建等工作提供决策依据，也能够为编制防灾减灾规划和应急预案等防灾减灾对策的提供基本依据。

第1节　灾害风险评估

一、风险评估概述

(一) 风险评估概念

风险评估(risk assessment)通常是指在风险事件发生之前或之中，对现有数据进行判断，以确定出在未来事件发展的重要程度及其可能性，即对潜在事件可能给人们的生活、生命、财产等造成的损失和影响的程度及其可能性进行量化评估。广义的风险评估包括风险识别、风险估计和风险评价三部分内容，国际标准化组织关于风险评估的定义包括风险识别、风险分析和风险评价的全部过程。狭义的风险评估是指在对相关灾害风险损失资料分析的基础上，运用各种方法对某类特定灾害风险发生的频率或损失程度作出的定性或定量分析，其本质是对风险的概率及后果进行赋值的过程，也称为风险估计(risk evaluation)。本章所研究的风险评估是指狭义的风险评估，不包括风险识别和风险评价。

（二）风险评估中的问题

在风险评估过程中，经常会对风险概念缺乏明确的、共同的理解，甚至用狭隘的视角定义风险。因此，在风险评估中需要注意以下问题：首先，需要全面考虑利益相关者的利益诉求，所谓的利益相关者是指直接地受到风险影响的人，如果不把他们考虑在内可能会导致难以实现期望的结果。例如专题研讨会、问卷调查和现场调查没有把所有的利益相关者都包括在内，这可能会带来难以接受的后果。其次，需要适度地侧重学习性的沟通理解，风险评估的目的之一就是倾听、考虑和学习对某种风险有独到认识的人员的理解，否则将导致评估结果的不准确甚至错误的判断。第三，风险评估需要确定合理的目标，并考虑相关事件所处于的环境背景，才能根据风险评估深度和广度作出相应的判断，研究风险发生的原因、方式和根源，有助于管理者制定出有效的风险战略和措施。其实，国际风险管理指南 ISO 31000(2009)的评估流程已经将环境背景作为评估的初始环节。

二、灾害风险评估

针对灾害风险，国际风险管理理事会(international risk government council，IRGC)提出风险评估包括风险评估和关注度评估两方面内容，特别是社会关注度评估的提出，反映了风险评估需要重视社会和经济问题。联合国国际减灾战略(international strategy disaster reduction，ISDR)认为灾害风险评估是对生命、财产、生计及人类依赖的环境等可能带来的潜在威胁或伤害的致灾因子和承灾体的脆弱性进行分析和评价，进而判定出风险性质和范围的过程。史培军认为自然灾害风险评估包括孕灾环境稳定性、致灾因子危险性和承灾体脆弱性的评估，而不是仅对致灾因子危险性的评估。黄崇福(2005)认为自然灾害风险评估是通过风险分析的手段或方法，对尚未发生的自然灾害的致灾因子强度、受灾程度进行评定和估计。赵思健认为自然灾害风险评估是指对一定区域内、一定时期内，自然灾害发生的可能性，以及其可能造成的损失(人口、经济、城市基础设施和环境等)的可能性作出科学的评估，包括致灾因子危险性分析、承载体脆弱性和暴露性分析、损失结果可能性量化分析等。

国内外很多学术组织和学者都认为灾害风险评估是灾害学与其他学科与领域的理论与实践的交叉应用，是强调灾害系统内在属性和外部环境的整体性评估。现代灾害风险评估研究一方面加强研究灾害系统风险评估的内在机理，另一方面也越来越重视基于社会和经济发展以及人类心理和行为，探讨人类社会自身可接受风险水平的研究。因此，本书认为灾害风险评估是把致灾因子的危险性与承灾体的暴露性与脆弱性评估紧密联系起来，对灾害可能导致的对人类生命健康、经济财富、生态环境、社会秩序与经济发展等影响进行定量分析和定性描述，并最终得到各类灾害损失的发生概率、损失程度以及对社会和经济发展的影响。

三、灾害风险评估内容

根据上述灾害风险评估定义，灾害风险评估的内容主要包括以下四个方面：致灾因子危险性的定量分析和定性估计、承灾体的暴露性和脆弱性评估(包括社会经济系统的灾害恢复力与减灾能力)、灾害直接和间接损失以及灾害对社会、经济、环境等的影响等内容。

（一）致灾因子危险性评估

联合国国际减灾战略(ISDR)2009 年给出修订后的致灾因子定义：可能造成人员伤亡

或影响健康、财产损失、生计和服务设施丧失、引发社会和经济混乱或环境破坏的危险的现象、物质、人类活动或局面。致灾因子评估一般借鉴各类致灾因子的发生机理研究成果，通过分析致灾因子过去活动频繁程度和强度的记录，确定致灾因子的强度及其发生的可能性。通常情况下，所有的致灾因子描述与量化都包括时间、空间和强度等三个必不可少的参数，其中，时间参数是指致灾因子发生的时间（包括持续的时间），空间参数是指致灾因子发生的地理位置和区域范围，强度参数是指致灾因子的物理强度，如地震的震级、飓风（我国称为台风）的速度等参数。我国相关灾害的管理和研究机构已经做了大量的监测预报和评估工作，如地震动区划图、洪水的地理分布图、滑坡泥石流区划图、台风季节变化及其发生频率图等，这些是致灾因子评估的基本背景资料和基本依据。

(1) 致灾因子发生的强度评估

自然致灾因子发生的强度通常是根据自然因素的变异程度（震级、风力大小、温度/降水异常程度）或承灾体所承受灾害影响程度（地震烈度、洪水强度）等属性指标确定。具体可以直观表达为无、轻、中、重、特等级别。

(2) 致灾因子发生的概率评估

一般根据一定时段内某种强度的自然灾害发生次数确定，通常用概率（或频次）等表示，特定情况下也用致灾因子发生频率（百年一遇、十年一遇）表示。

(3) 致灾因子的危险性程度评估

所谓致灾因子危险性程度评估是指对致灾因子强度、概率及致灾环境的综合分析，并给出评估区域的每一种灾害风险的危险性等级，下面以地震为例给出致灾因子危险性的简单评估流程。

地震发生的概率一般采用泊松分布模型，利用泊松模型，仅需地震年平均发生率这一个基本参数即可确立概率公式，得到时间 T 内不发生震级 $M>m$ 地震的概率。地震发生概率的评估还可以采用非齐次泊松模型、双态泊松模型、Neymanscontt 过程、马尔科夫过程模型。比较经典的方法是超概率评估法（主流方法），该评估法的工作流程如下：

① 收集所评估地区历史地震数据统计资料；

② 综合考虑震级关系与地震动参数（或烈度）衰减关系，使用一定概率模型求给定地震动参数（或烈度）超越值概率；

③ 用一定等级的烈度或加速度等指标的超概率反映特定区域地震致灾因子的危险性。

关于地震等各类自然致灾因子的危险性评估方法有很多，本书的第 2 章已经对致灾因子进展进行了论述，本部分不作详细介绍。风险管理者不需要专门进行致灾因子的危险性研究，可以利用各类灾害领域专家学者给出的研究成果数据和信息，进行致灾因子危险性等级评估或者直接利用其给出的研究成果。

（二）脆弱性评估

致灾因子与承灾体的脆弱性共同作用导致灾害风险损失，如果说致灾因子是灾害风险产生的外因，那么脆弱性则是灾害风险产生的内因。如果一个地区面临多种灾害威胁，可以对每种灾害的脆弱性分别进行评估，也可以对多种灾害覆盖的综合脆弱性进行评估。通常情况下，脆弱性评估包括物理、经济、社会、环境等方面的脆弱性评估，还包括承灾体的恢复力和应对能力评估。脆弱性概念和相关理论研究见本书第 2 章，本章第 2 节将具体阐述脆弱性评估。

(三) 灾害风险损失评估

灾害风险损失评估是指评估致灾因子与承灾体脆弱性共同作用导致的潜在损失，主要包括物理破坏导致的直接经济损失评估、间接经济损失评估、社会损失评估(主要是指人员伤亡)、生态环境损失评估以及社会经济的长期影响评估。

1. 经济损失评估

(1) 直接损失与间接损失评估

经济损失包括直接经济损失、间接经济损失和长期经济影响评估。直接经济损失包括流量损失和存量损失，具体可以推算各类社会财富的经济损失，如工业、农业、企业、交通、通信、能源、水利工程等基础设施损坏情况及其对经济发展的影响；为了进一步区分灾害直接造成的损失，还可以把直接损失分为两个部分：原生直接损失(primary direct losses)和次生直接损失(secondary direct losses)。把灾害导致的财产损失称为原生直接损失，而把次生灾害造成的损失称为次生直接损失。间接损失为直接损失所造成物理破坏的后果，往往是灾害发生以后产生的，灾害的直接损失往往会影响企业的正常生产，引起企业产量下降或停产，造成间接损失即产品或服务流量损失，如由于地震、洪水的影响，厂房、设备发生部分或全部损毁，产量下降的损失。一般情况下，灾害的发生伴随着其他次生灾害，唐彦东(2011)认为：尽管次生灾害造成的损失对某种灾害来说是间接的，但次生灾害造成的财产损失为资产存量损失，也是灾害的直接损失。当然，次生灾害带来的直接损失同样会造成产品产量下降和收入降低等流量损失，这部分损失则属于间接损失。例如灾害导致的企业营业中断也包括企业的资产没有发生直接损毁，但由于基础设施等受到破坏以后，企业停产而受到的损失，但企业受到的影响并没有就此结束，而会发生连锁反应，总的间接损失将会以类似于“乘数”的方式影响着社会经济，前向关联(产出依赖于区域市场)和后向关联(供给依赖于区域资源)的经营活动会发生中断。为了区分直接损失造成的“直接”的间接损失和由于前向联系和后向联系造成的间接损失，还可以把间接损失分为原生间接损失和关联间接损失，原生间接损失为财产损失的直接后果，关联间接损失为前向联系和后向联系而造成的损失，是以乘数形式影响经济的。

(2) 市场影响和非市场影响的损失评估

其实，各种灾害对于人类的影响是多方面的，灾害风险不但能够导致房屋、工厂、建筑物和基础设施的破坏，还可以造成人员伤亡，并给受灾的人们带来巨大的精神创伤。在这些损失中，有一些可以量化，易于用货币形式来表示，如房屋、建筑物的损失；还有一些损失难于用货币形式来表示，如环境的影响、心灵的创伤和生活上的不便等等。尽管这些损失存在定量评估的困难，但越来越受到广大研究人员的重视，人们也越来越关注灾后健康、安全和生态系统等相关问题。因此，按照灾害影响是否具有市场价值，可以把灾害对经济、社会和环境的影响分为市场影响和非市场影响。市场影响是指灾害所造成的具有市场价值的影响，其价值可以在市场中加以衡量，具有市场价格，并且可以在市场中进行交易，包括财产的损失、收入的降低及产量的下降等等；非市场影响是指灾害所造成的不具有市场价值的影响，其价值不能或难于在市场中加以衡量，这些影响往往没有市场价格，不能在市场中进行交易，如环境的影响、心灵的创伤和生活上的不便等等。一些受到灾害影响的对象，尽管没有市场价格，但并不表明其没有价值，仅仅是市场失灵的结果，如果不充分考虑这种市场失灵的影响，往往会导致减灾、应急响应或灾后恢复重建过程中资源配置失当。例如，道路、桥梁等生命线工程等基础设施，它们属于公共物品而非私人物品，供人们免费使用，没有市场价格。一些灾害所造成的非市场损失可能远大于市场损失，比如2002年的SARS疫情，其社会恐慌、投资环境恶化以及国际形象受损等损失，远大于防范SARS疫情和救治病人的直接损失。

(3) 存量与流量损失评估

世界银行和联合国在1991年的《自然灾害社会经济影响评估手册》中明确指出，间接损失为产品的流量损失，直接损失是不动产和存货所遭受的损失，包括成品和半成品、原材料、其他材料和备用品等；世界银行和联合国根据灾害损失评估研究的发展，于2003年出版了《灾害社会经济和环境影响评估手册》，在这一版手册中明确指出直接影响为不动产和存量的损失。根据很多国际组织和学者所述，本书也将直接损失评估内容定为存量损失评估，包括建筑物、基础设施、存货、半成品和原材料的损失评估，间接损失为直接损失的后果，指产品或服务流量损失，一般难于直接量化评估，如直接损失而影响的生产能力，如基础设施的破坏而造成产量下降即为流量损失。

2. 社会损失评估

社会损失评估包括个体风险和社会风险评估，以及需安置转移的人员、受伤人员及死亡人员数评估等。本章第4节将详细阐述社会损失评估相关评估理论与指标。

3. 生态环境损失评估

生态环境损失评估包括对生态环境的平衡破坏和生产生活环境的破坏造成的损失。生态环境损失评估本书不作详细阐述，可以参阅环境损失评估相关教材或论著等。

(四) 灾害风险的社会关注度评估

国际灾害风险管理理事会(IRGC)风险管理框架中得到强调：关注度评估是针对灾害风险对社会经济、法律、制度和稳定等潜在影响的评估和判断，具体内容是基于个人与社会关注点的识别结果，调查和计算风险对经济和社会的影响，社会关注度评估尤其关注风险对财政、法律和社会的影响，这些次生的影响称之为风险的社会放大(social amplification of risk)。风险的社会放大是由于公众对风险或产生风险的活动的关注而引起的，对风险严重程度的高估或低估。这种放大作用的假设前提是：与致灾因子有关的事件与心理、社会、体制和文化进程相互作用，能够增强或减弱个人和社会的风险感知，从而塑造风险行为。风险的行为方式又产生次生的社会、经济影响，其结果远远超过对健康、环境的直接影响，这些影响还包括债务、非保险成本和对制度失去信心等，甚至有可能引起对制度响应和保护行为需求的增加或减少。灾害风险的关注度评估强调风险感知，因为塑造和影响人类行为的主要因素不是事实，也不是风险分析人员或科学家所理解的事实，人类行为主要受到主观感知和事件描述的影响，而客观事件与事件描述是有区分的，因为事件描述更多的依赖主观概率判断的支持理论。大多数心理学家相信，感知是由常识性推理、个人经历、社会交往和文化传统所决定的。人们把具有不确定结果的活动或事件与一定的预期、理念、希望、恐惧和感情联系起来，但并不是采用完全不合理的策略评估信息，大多数情况下，而是遵循相对一致的方式建立映像并且评价他们。

(五) 减灾能力评估

减灾是人类应对灾害的一种积极反应，目的是减轻灾害造成的不利后果，这种灾害应对和反应的能力和救灾资源情况如何及其在政治上、经济上是否合理，需要进行评估。

1. 减灾能力评估

减灾能力评估包括对组织管理机构、可用于减灾的资源、各种减灾工程和非工程措施等分项的和综合的减灾能力评估。这种评估可为政府决策提供依据，以最大可能地发挥减灾的作用，而又避免做力所不能及的事情。

2. 减灾效益评估

减灾效益评估包括减灾经济效益评估和社会效益评估。减灾经济效益评估通常采用投入产出比，但由于减灾的产出是以减少因灾损失量的形式出现，而这个量通常较难计算，这是因为采取了减灾措施，这部分量是没有损失的，它与不采取减灾措施也不会损失的量的界限并不十分明确，所以只能根据经验和历史资料进行粗略的评估。但所有的减灾措施都必须建立在投入产出比（投入/产出）大于1的基础上，否则减灾在经济上就是不合算的。减灾的社会效益主要表现在维持社会稳定和经济的可持续发展及巩固政府的地位，逐步提高人民的生活条件和水平等方面，可能有些减灾措施可能在经济上是不合算的，但从社会效益的角度来看，还是必须进行的，如对公众的减灾教育及公益性的灾害预警等，都得不到直接的经济效益。

（六）灾害风险评估的技术路线（图7-1）

灾害风险评估的技术路线：首先是选择灾害种类并确定承灾区域（或承灾体），包括承灾体的区域背景及其本身的基本信息：如人口、经济、经济活动类型、地理、社会基本特征等信息。其次，进行致灾因子危险性估计、承灾体脆弱性和灾害损失评估，一方面考虑表征致险因子特征：孕灾环境、灾害强度、频率、时空分布等信息；另一方面考虑表征灾害脆弱性信息：经济、社会、生态环境等脆弱性、抗灾能力、恢复重建能力；基于上述信息综合考虑历史灾情：包括人员伤亡、财产损失等信息，是给出风险等级划分（注意标准的选择和确定科学性）；然后，确定防灾减灾规划，防灾减灾对策和救援恢复重建等，同时要综合考虑其对社会和经济的影响；最后给出灾害风险区划图，为整个社会、政府、公众和相关组织决策服务。

（七）自然灾害风险评估的具体流程（图7-2）

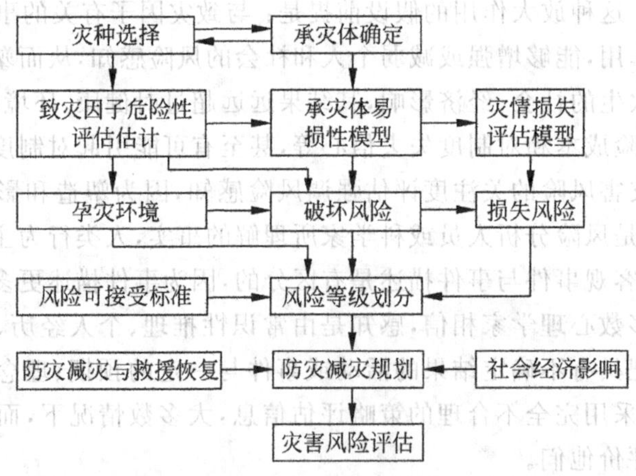

图7-1　灾害风险评估技术路线

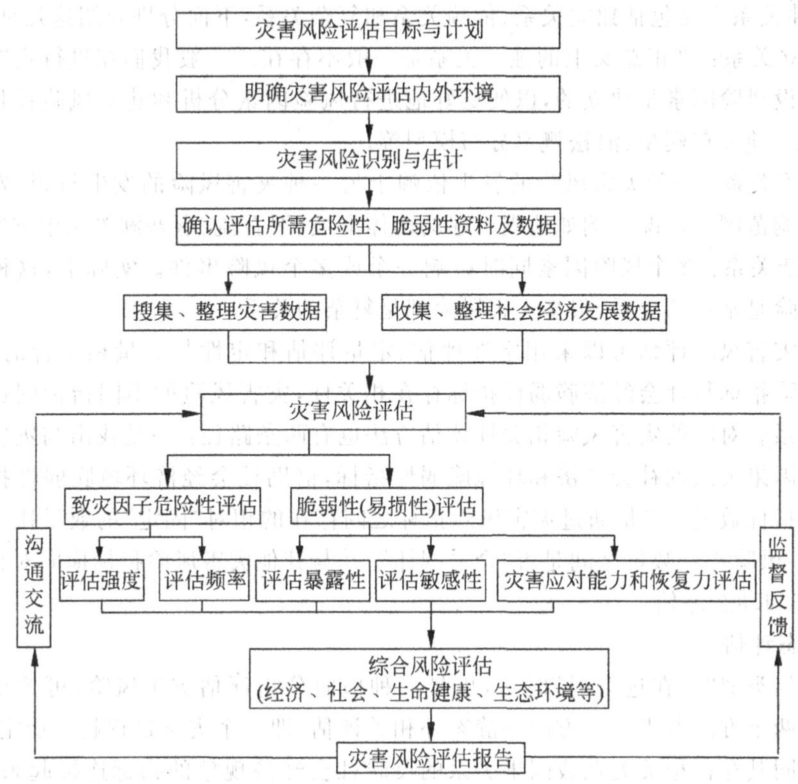

图 7-2 灾害风险评估流程

四、灾害风险评估理论与方法

灾害风险评估方法在对灾害主要特征和内在联系进行概括和抽象的基础上,对灾害风险进行系统的描述和分析。由于灾害风险是错综复杂的,在评估每个灾害风险时,往往舍弃一些非基本因素,只对灾害的基本因素及其相互联系进行研究,从而使得灾害风险评估能够说明灾害风险的主要特征和相关的基本因素之间的因果关系。

(一) 相关性评估理论

1. 相关性

相关性是指两种或两种以上客观事物形态之间相互依存的关系。在灾害风险评估中,某一类不同时间、不同地点、不同强度的灾害风险存在着一定的相关性,某一次灾害风险的致灾因子与脆弱性、风险损失之间也存在相互依存的关系。相关性评估理论方法是基于历史上不同时间发生的灾害之间的相互关系所折射出的灾害风险信息,分析现有灾害风险信息所不包含的新的信息成果的方法。相关性评估理论为灾害风险评估与管理提供了逻辑推理与演绎分析方法,克服了统计方法的弱点,使得灾害风险评估具有更强的准确性。通过相关性评估方法,我们能够从错综复杂的各种现象中找出导致灾害发生的致灾因子、区域或承灾体的脆弱性关系、建立科学的风险评估模型,定量分析或定性描述灾害风险,客观准确评价灾害风险等级,以提高灾害应对能力和灾后恢复重建资源配置效率,最终建立兼顾经济、社会效益和生态环境可持续发展的灾害风险评估与决策模型。从灾害风险评估系统的角度看，其相关性关系主要包括独立关系、依赖关系和复杂关系，下面分别介绍这几种关系：

(1) 独立关系：真正意义上的独立关系是一般不存在。一般我们在进行灾害风险评估中经常会假设风险因素是独立的，以便更好地进行风险因素分析和建立风险评估模型。如经常应用的二项分布模型、泊松概率分布模型等。

(2) 依赖关系：一种灾害风险的发生依赖于另一种灾害风险的发生与否、发生的强度大小或者影响范围等情况。例如地震引起的山体滑坡、泥石流、堰塞湖等次生灾害。

(3) 复杂关系：多个风险因素同时影响一个或多个风险事件。实际上，这种复杂关系对于灾害风险是常见的关系，很多灾害风险都是复杂的关系。

相关性灾害风险评估可以采用定性评估、定量评估和定性与定量相结合的评估方法。例如灾害风险指标与社会经济脆弱性指标存在相关性，灾害风险的不同指标间也存在着一定的相关关系。对应的灾害风险相关性评估方法也有两条路径：一是找出与灾害风险指标存在相关或因果关系的社会经济和环境脆弱性指标，借助社会经济环境脆弱性指标数量反映灾害风险指标数量；二是通过灾害风险指标之间存在的相对"固定"的数量比例或结构关系，衡量灾害风险指标数量之间是否"合乎规律"，并与其他灾害风险指标横向对比分析。

2. 静态与动态评估

(1) 静态评估

静态评估类似"正在进行时"时态，也是一种横向分析评估灾害风险，可按相关评估方法，从内、外两个方面考虑。一方面是静态外相关评估，即一个灾害过程趋于稳定时，将灾害损失指标与同其存在相关关系或因果关系的反映社会经济现象的指标连接起来，以反映社会经济现象的量化指标"映衬"灾害损失指标数量，是一种逻辑相关性分析。另一方面是静态内相关评估，即一个灾害过程趋于稳定时，将同一灾害过程中的不同灾害损失指标连接起来，通过一定的计算或分析方法使它们相互"映衬"，这种方法类似财务指标的表内结构分析，以此反映系统灾害风险损失程度。

例如进行旱涝灾害风险分析时，反映某区域洪涝灾害损失的指标主要包括农作物受灾面积、农作物绝收面积、受灾人口、死亡人口、紧急转移安置人口、倒塌房屋、损坏房屋、直接经济损失等；与洪涝损失指标相关的主要指标主要包括降水量、气温、农作物播种面积、耕地面积、农业人口数、水库蓄水量等；将其中的农作物受灾面积与降雨量进行相关分析，就属于静态外相关性风险分析。而将农作物受灾面积与直接经济损失或受灾人口进行相关分析，就属于静态内相关。

(2) 动态评估

所谓动态相关分析是从动态角度，纵向分析灾害风险信息。与静态相关分析相似，也可分为动态外相关和动态内相关两种方法。所谓动态外相关实际上就是根据历史趋势对比分析。就是将现实的"静态外相关"与历史上发生的"静态外相关"进行比较，并以时间数列形式表现出来，来反映灾害风险程度。例如，将湖南 2003—2013 年雨季的降水量、洪涝灾害农作物绝收面积按时间排列起来，从动态排列对比中分析预估未来雨季洪涝灾害的风险程度。所谓动态内相关与动态外相关类似，只是将同一灾害过程不同指标间的关系以动态数列形式表现出来，达到评估灾害风险程度的目的。例如，将湖南省 2003—2013 年雨季洪涝灾害受灾人口、农作物绝收面积按时间排列起来，从静态排列对比中分析未来雨季洪涝灾害导致的农作物风险程度。

（二）指标评估法

指标评估方法是基于致灾因子危险性、孕灾环境敏感性、区域承灾体脆弱性及其防灾减灾能力等方面来构建研究区灾害风险的指标评价体系，利用数学模型计算指标的权重后结合指标值计算研究区的风险等级。该方法主要通过专家知识与经验、灾害的历史经验、国家政府部门和相关组织的政策以及社会经济、法律、制度等定性和定量资料对灾害风险指标作出判断。典型的评估方法包括层次分析法、模糊综合评判法、主成分分析法、专家打分法、历史比对法和德尔菲法等。本章第3节的灾害风险评估典型模型也是采用指标评估法进行风险评估。（这里不进行详细介绍）

（三）数理模型评估法

数理模型评估法也是一种定量风险评估方法。该方法主要通过调查灾害的历史情况和灾害损失样本数据，利用数理统计模型方法对样本数据进行分析、提炼，获得定量的灾害风险概率分布规律，从而实现灾害风险评估目的。该方法主要依据灾害样本和数理统计模型，典型的分析方法包括回归模型、时序模型、聚类分析、概率密度函数参数估计法或非参数估计法等。随着数理模型的发展，数据驱动的评估方法经历了从“确定性风险评估阶段”到“随机不确定性风险评估阶段”，再到“模糊不确定性风险评估阶段”的过程。

1. 确定性数理风险评估

在确定性风险评估阶段，人们往往依据离散的单一极值对某一灾害风险进行描述，即常常以历史上遭受的最大灾害损失为标准，所以此阶段又称为“极值风险评估阶段”，采用的模型称为“极值风险评估模型”，包括线性回归模型、最大（最小）值模型等。采用极值风险评估模型对自然灾害风险进行评估，简单明了，通俗易懂，但其评估的结果与实际情形往往存在很大差异，大多数情况下容易高估风险，有时也会出现低估风险的问题。

2. 随机不确定性风险评估

随机不确定性风险评估主要是依据历史记载资料，推算灾害发生的概率，然后根据灾害可能发生地区的自然和社会经济条件，对可能造成的后果进行预测。该阶段采用的模型称为概率风险评估模型，包括 Cornell 模型、McGuire 数值模型、Bayesian 模型、Monte Carlo 模型、Markov 链模型等，特别是模糊评估应用较多。灾害风险模糊评估具体包括模糊层次分析法、灰色聚类分析、神经网络分析法、模糊综合评判法、信息扩散理论以及信息不完备理论等。模糊风险评估模型的优点就是考虑了灾害风险描述和分析中的模糊不确定性，不需事先知道相关参数的概率分布，以模糊集理论和方法为数学工具，来自复杂系统的主观信息和全部的客观信息进行客观分析和判断。但是，模糊风险评估模型的评估结果是模糊关系或模糊集，无法直接进行比较作为决策依据。

3. 概率与数理统计风险评估

概率风险评估的主要优点是较全面地反映了灾害事件的随机不确定性，评估结果比较可靠。该模型将灾害的发生视为随机过程，以理论上比较成熟的概率统计为数学工具，应用起来也较为方便。概率风险评估模型的核心任务是在系统参数的概率分布已知的前提下计算各种灾害风险发生的概率。

（1）概率评估法

概率评估就是在区域灾害风险分析的基础上，把各种风险因素发生的概率、损失幅度及其他因素的风险指标值综合成单指标值，以表示该地区发生风险的可能性及其损失程度，并与根据该地区经济的发展水平确定的、可接受的风险标准进行比较，进而确定该地区的风险等级，由此确定是否应该采取相应的风险处理。

传统概率风险评估的目的是对未来灾害情景发生的可能性评估。这些情景可能已经在风险识别和度量中得到了，如果某种情景频繁发生，可以采用历史数据来估算该类事件的概率。但是，对于大地震、大洪水、核事故等比较罕见的巨灾，如果采用历史预测法将会面临数据不足的问题。这时候可以采用积木法，将该情景所有单元的估算加总组合并预测该情景总的概率。

(2) 统计推断评估法

统计推断法主要根据随机抽样原则选取受灾单位，实地或采用现代技术(3S)收集受灾体损失数值，组成样本集合，并结合与受灾体密切联系的背景数据，以样本损失推断总体损失或损失次数概率的方法。

尽管概率和数理统计评估方法应用很多，也是风险评估的基础。但真实的灾害风险系统中，由于信息不完备等原因，估计出来的概率和真实的概率结果常常相差很大，特别是对那些样本信息量很少的灾害进行风险评估时，基于大数定律的古典概率论和统计方法给出的结果有很大的不确定性，即灾害风险的随机性和模糊性，而概率风险评估不能解决这类模糊不确定性的问题。

(四) 3S技术评估法

3S技术灾害风险评估是指利用地理信息系统(GIS)、全球地位系统(GPS)、遥感技术(RS)和飞机、摄像、互联网的社交网络平台等实时监测工具提供资料进行风险评估的方法，通过对比灾前(或灾后)地面景观变化，实时评估灾害风险情况，3S技术对灾害风险进行跟踪监测评估具有时效快、准确性高、效果好的特点，该方法将成为未来灾害风险评估最具有发展前景的方法，是实时获得有效灾害风险信息的有效手段，也是现阶段应急救援和管理决策的重要信息支持系统。

五、灾害风险评估指标的分级

所谓分级是根据一定的方法或标准把风险指标值所组成的数据集划分成不同的子集，借以凸显数据之间的个体差异性。

(一) 分级原则

1. 科学性原则：分级的科学性在于改善分级间隔的规则性。

2. 适用性原则：分级的具体应用需要进行具体情况分析。

3. 美观性原则：分级后的图形需要保证色彩平衡、易于理解。

(二) 分级统计方法

1. 等间距分级

等间距公式为

$$D=\frac{X_{\max}-X_{\min}}{n}$$

等间距分级的优点是：简明实用，分级均匀变化；缺点是当数据差异过大时，该方法不适用。

2. 分位数分级

分位数分级也是一种等值分级法，将指标值按照大小排列，划分相等的分段，处于分段点的值是分位数。分位数分级的优点是每一级别数据个数接近一致，制图效果较好；缺点是数据差异过大时不适用。

3. 标准差分级

标准差分级是一个反映数据间离散程度的参数。

$$\sigma = \sqrt{\frac{\sum (X_i - X)^2}{n}}$$

分界点为 $\overline{X} \pm \sigma, \overline{X} \pm 2\sigma, \overline{X} \pm 3\sigma, \cdots$

标准差分级适用于风险度数值分布具有正态分布规律的情况，是一种不等值分级方法。

4. 自然断点法

任何统计数列都存在一些自然转折点、特征点，而这些点选择及相应的数值分级可以基于每个范围内所有数据值与其平均值之差来找，常见有频率直方图、坡度曲线图、累积频率直方图法等。自然断点法的优点是每一级别数据个数接近一致，制图效果较好；缺点是数据差异过大时不适用。

此外还有等比分级、等差分级和按嵌套平均值分级等。目前，ArcGIS 等地理信息系统软件已部分具备这种数据分级功能。

第 2 节　脆弱性评估

引言

人类并非尽力地维持自然界的可持续，而是尽力维持自身的可持续——Amartya Sen（诺贝尔经济学奖获得者）。灾害的本质是人类社会与自然世界相互作用的复杂结果，表现为社会、经济和环境的损失。国内外的灾害管理的实践表明：对于同样危险性等级的致灾因子，承灾体的脆弱性决定了灾害的风险等级，决定了是否成灾，例如，日本七级地震一般是零死亡，因此，从某种意义上来说，七级及七级以下地震就不存在灾害风险。因此，根据致灾因子危险性的结果，评估承灾体的脆弱性是灾害风险评估的重要任务。只有科学准确的脆弱性评估才能得到客观准确的灾害风险评估结果，从而为风险评价提供技术支持，为制定科学的风险管理措施，如防灾减灾规划、应急预案编制、应急救援、恢复重建规划等提供科学决策依据。

一、脆弱性评估

20 世纪 20 年代，灾害学界强调致灾因子的强度，通常根据致灾因子强度阈值标定灾害等级。但是，根据致灾因子强度确定灾害等级存在缺陷，因为不同的经济发展水平的地区、不同的人口密度和防灾减灾设防能力下，同一级别的致灾因子导致的灾害损失和影响结果大为不同。20 世纪 40 年代，美国地理学家 Gilbert White 出版的《灾害环境》(Environment as Hazards)，首次提出通过调整人类行为而减少灾害损失和影响的防灾减灾思想。1976 年，英国学者奥基夫等(O'Keefe, Westgate and Wisner)把“脆弱性”引进到自然灾害研究领域，自然灾害不仅是“天灾”(act of god)，人类社会脆弱性是造成灾害的内在原因。随着人类社会进步，减轻灾害风险的理论与实践不断深入发展，到了20世纪80年代，灾害学研究开始重视脆弱性在灾害形成过程中的作用。Kenneth Hewitt将脆弱性研究和调整的思想扩展到自然、技术、人为灾害的各个领域以及减轻灾害的各个环节。1999年，国际全球环境变化的人文因素计划(IHDP)设立了全球环境变化与人类安全综合研究(GECHS)办公室，强调重视自然灾害与城市脆弱性研究。2003年6月，国际风险分析协会(SRA)主办第一届世界风险大会，高度重视人类经济、社会和文化系统对各种灾害的脆弱性响应水平。2005年1月联合国在日本兵库县举行的全球减灾会议，并以国家与社区灾害防御能力建设为主要议题，《兵库宣言》中关于“兵库2005—2015年全球减灾十年行动纲领”为降低灾害脆弱性和风险提供了系统战略方法。《兵库宣言》关于脆弱性的内容为：我们必须通过减低社会的脆弱度，或通过加强国家和社会的减灾能力，提高综合减灾措施的效益降低灾害风险水平，特别强调降低脆弱性。

二、脆弱性评估内容

(一) 确定致灾因子

脆弱性与致灾因子是互为条件的关系，没有致灾因子，也就谈不上脆弱性。因此，脆弱性是针对某种特定的致灾因子而言的，致灾因子不同，即使同一研究对象的脆弱性也是不同的，如达不到建筑规范要求的房屋对于地震致灾因子来说具有较高水平的脆弱性，但干旱往往不会对这样的房屋造成威胁。一个地区的脆弱性也是一样，如果该地区地势比较低洼，排水不畅，可能对洪水抵御能力较弱，但对大风却具有较好的抵御能力，对大风灾的脆弱性较低。

(二) 脆弱性评估内容

脆弱性的概念包含内部和外部两个方面的评估内容：内部方面是指系统对外部扰动或冲击的应对能力；外部方面是指系统对外部扰动或冲击的暴露，完整的脆弱性评估应该包括承灾体的暴露性评估。根据脆弱性定义，脆弱性评估包括物理脆弱性评估、社会脆弱性评估、经济脆弱性评估、应对能力评估和恢复能力的评估等内容。这里关于物理脆弱性评估涉及不同承灾体的物理属性，不同承灾体的物理脆弱性与其自身的特性有关，可以应用相关专业的研究成果，环境脆弱性评估可以参考相关领域的资料，本书不作具体分析。

1. 暴露性评估

承灾体的暴露性是指暴露在致灾因子影响区域内的承灾体，主要有人口、房屋、公共基础设施、财产等，其大小是由致灾因子的危险性和影响区域的承灾体数量决定。承灾体的暴露性既是脆弱性的表现形式，也是脆弱性的影响因子，因此，承灾体的暴露性本身也是脆弱性评估的具体指标。承灾体暴露性的评估指标主要有数量型和价值量型：数量型指标有个数、面积、长度等；价值性指标有经济价值、使用价值和社会价值。这些指标的选择视评估目标和获取资料的具体情况而定，人口以外的财产包括生态环境，理论上均可以采用经济价值来评估。

2. 社会脆弱性评估

社会脆弱性评估主要是评估人口数量和分布、人口的年龄、健康、文化教育、贫困等指标和状况，通常包括以下几个常用指标：

(1) 暴露人口总数：暴露区域内的人口总量(单位：人)。可以通过人口普查数据，以行政单元作为统计单位，综合统计得到。

(2) 人口密度：研究区域内单位面积土地上平均居住的人口数(单位：人/km^2)。人口密度值是根据行政单位的人口统计资料。

(3) 人口文化素质空间分布特征：研究区域内，某文化水准(例如：初中、高中、大学)以上的人口密度(单位：人/km^2)。

(4) 城市人口比例：研究区域内，城镇人口与农业人口之比(%)。

(5) 人类的贫困与不公平问题：主要有贫困标准、贫困线、多维贫困和人类发展指数等指标。

贫困标准是用于测量和识别贫困人口的重要工具，收入贫困一直是全球使用最为广泛的贫困标准，以收入标准定义的贫困线，一般取决于满足家庭基本需要的食物和非食物货币支出。世界银行用世界上最不发达国家的收入贫困线定义了世界贫困标准。然而收入是实现脱贫的重要工具，是衡量贫困的重要代理变量，但并不能全面反映真实的贫困状况。人类发展指数旨在弥补收入标准的不足，对收入标准作了重要补充，但仍不足以反映人的基本权利被剥夺的情况。Alkire 和 Foster 基于阿玛蒂亚·森的能力方法理论构建了多维贫困指数，多维贫困指数包括反映环境贫困和资产贫困的重要指标，以从多维度更加全面地反映贫困人口的权利被剥夺情况。多维贫困是指穷人遭受的剥夺是多方面的，例如健康较差、缺乏教育、未达标的生活标准、缺乏收入、缺乏赋权、恶劣的工作条件以及来自暴力的威胁等。阿玛蒂亚·森认为贫困是对人的基本能力的剥夺，提出了能力方法理论，可行能力包括公平地获得教育、健康、饮用水、住房、卫生设施、市场准入等多个方面。因此，贫困、不公平以及获取自然资源能力的差异，对人类社会的脆弱性有直接或间接的影响，特别是对灾害应对能力的影响很大。发展中国家，尤其是欠发达国家的脆弱性很高，容易受到灾害的威胁，这种状况在最贫穷的人群(IPCC,2001)和弱势群体(如妇女和儿童)中表现非常明显。人们普遍认为贫困是导致人类受到灾害威胁的重要原因，因为贫穷人口应对灾害威胁的能力低，甚至由于贫穷、人们承受了更多的灾害影响。

3. 经济脆弱性评估

经济发展水平决定了社会系统的易损性水平，发达国家遭受的整体损失数量更大，而发展中国家的经济损失的影响更大。值得注意的是非市场化的产品与服务的潜在经济损失对人类脆弱性的影响比市场化的产品与服务更严重。根据国际上风险评估理论与实践，经济脆弱性一般包括经济、经济活动类型以及经济管理法律、政策与制度等指标：

(1) 区域年总产值(GDP)，该类数据可以从统计年鉴获得；

(2) 区域内人均产值(人均 GDP)，区域年总产值与区域人口总数之比；

(3) 区域总固定资产，即研究区域内固定资产的总和；

(4) 按购买力计算的人均 GDP 或真实 GDP；

(5) 农业占 GDP 的比例；

(6) 耕地面积，如区域内水田、水旱田、旱地、水浇地等占有的面积；

(7) 交通线密度，区域内铁路、公路、航道等交通线的总长度与区域总面积之比；

(8) 城镇化比例，城镇区域占总体面积的比例。

经济脆弱性评估指标可以根据灾后损失评估指标反演、由历史灾害造成的经济(包括存量)损失、流量损失、间接损失以及长期经济影响等信息数据建模模拟或经验关系来确定指标。此外,还可以根据宏观和微观经济统计指标来确定经济脆弱性指标。

4. 应对能力评估

人类社会的应对能力是指社会某一区域或组织可获得的减轻灾害影响的各种资源,包括财富、技术、教育、信息、技巧、基础设施、获得资源和管理能力等因素。人们可以利用各种有形和无形的资产来应对灾害,减小危害发生的可能性与数量(Chambers,1997),资产包括经济资产、社会与政治资产、生态资产、基础设施资产和个人资产等。制定战略过程中若考虑那些易受影响人群的现有资产状况以及他们的资产需求,也可以减轻事故或灾难的影响。通过救援、救济和恢复等手段弥补人们在突发事件或极端事件中的财产损失(例如,提供清洁的水源、医疗服务、住所与食物等),在需要的时候,人们可以动用一切资产来寻求帮助,这些资产将成为预防灾害的关键要素。通常情况下,经济发达国家通常比发展中国家拥有更高的应对能力优势,例如霍乱,在经济发达国家,政府可以通过较昂贵的预防措施和早期预警计划来降低它的危害,但是世界上许多经济落后的国家根本无力提供这样的应对措施,因为灾害应对能力反映了人类社会为减灾防灾而采取的工程与非工程性措施的力度。应对能力与狭义的脆弱性区别在于:脆弱性是承灾体遭受灾害而反映的动力学性质,应对能力是承灾体包括人类应对灾害的主观能动性。通过测定应对能力可以帮助人们理解为什么不同类型的危险所造成的灾难轻重程度取决于人们的应对能力。因此,提高人类社会应对灾害的能力,可以很大程度上降低灾害造成的破坏。此外,应对能力不但包括预防与减灾应对能力,还包括对潜在的灾害风险进行资源的提前准备,如鼓励保险、储蓄与应急储备和应急贷款等。基本的灾害应对能力指标包括:

(1) 人力指数,主要反映抵抗外部打击、降低脆弱性的人力状况;

(2) 财力指数,通过政府财政支付能力和居民经济实力指标来反映应对能力的财力,例如以家庭为单位的纯收入、人均财政收入、城乡居民纯收入、人均 GDP 以及各种报告及统计资料数据的计算指标;

(3) 物力指数,主要反映应急抢险能力或灾害信息预警发布能力等。

5. 恢复力评估

恢复力概念开始逐步应用到社会科学及环境变化领域中,用来描述社区、机构和经济行为反应。在评估恢复力时,应动态地考虑在恢复的时间段内,若以灾前水平正常速度发展应达到的水平,而不是简单静态地与灾前水平比较。通过这样比较我们可以明确区分出脆弱性和恢复力。恢复力与狭义脆弱性相比较来看,后者是一种状态量,反映灾害发生后系统受到致灾因子打击后造成的直接损失的程度,所以脆弱性研究主要是为灾前的减灾规划服务。恢复力则反映灾害发生后,社会系统通过自我调节,降低间接损失并使社会系统快速恢复正常的能力,因此,恢复力研究有利于灾后恢复重建规划。一般情况下,灾害发生后都在一定范围内存在恢复力问题,但如果灾害导致完全毁坏则不存在恢复力的概念,而是新建的问题。

恢复力的评估可以借鉴弹性定律(胡克定律),弹性$=F/L$,将弹性定义经济恢复力,把致灾因子(危险性)看成外力的作用经济社会系统的外生变量 F,这里可以用 K 表示;把经济和社会因灾害导致的减少量作为因变量,即 F 导致的变量;即恢复力倍数$K=$恢复量/损失量,或者恢复率=恢复量/灾前经济量。下面给出几个恢复力的应用计算指标:

（1）单位时间恢复倍数，即单位时间内灾后恢复的经济变量（目前经济量－灾后经济量）与灾后经济减少量（灾前经济量－灾后经济量）的百分比，可以分为绝对恢复率（也称静态恢复率）和相对恢复率（也称动态恢复率）：

相对恢复率＝恢复值／（无灾害预期经济量－灾后经济量）
　　　　　＝（目前经济量－灾后经济量）／（无灾预期经济量－灾后经济量）

绝对恢复率＝恢复值／（灾前经济量－灾后经济量）
　　　　　＝（目前经济量－灾后经济量）／（灾前经济量－灾后经济量）

（2）年经济恢复率，即年经济恢复率＝年经济恢复量／经济总量，其中，如果分母是灾前的经济总量（与灾前比），则得到的是绝对恢复率；如果分母是没有灾害时经济应该预期达到的经济总量，则得到的是相对恢复率。下面分别是绝对年经济恢复率和相对年经济恢复率表达式：

绝对年经济恢复率＝年增加的经济量（GDP）/ 灾前经济总量（GDP）

相对年经济恢复率＝年增加经济量（GDP）/ 无灾经济应达到总量（GDP）

总之，脆弱性是一个概念集合：第一，脆弱性突出了社会、经济、制度、权利等人文因素对遭受灾害损害或威胁的程度；第二，脆弱性的客体具有很多层次，包括家庭、社区、地区、国家等不同层次，研究对象包括人群、区域、市场、产业等多种有形或无形的客体；第三，脆弱性概念的界定中还包括敏感性、应对能力、恢复力、适应能力等术语；第四，系统面对不同的灾害风险会表现出不同的脆弱性，脆弱性总是与特定灾害风险密切相关。

（三）脆弱性评估技术路线（图 7-3）

脆弱性评估首先是收集整理社会经济数据、历史灾害数据、管理组织数据以及致灾因子危险性成果与数据，评估社会系统的社会脆弱性、经济脆弱性、环境脆弱性和物理脆弱性等，同时考虑经济社会发展和应急组织管理能力评估社会系统的恢复力；通过监测、预警、预报和减灾与应急管理等评估社会系统的应对能力。

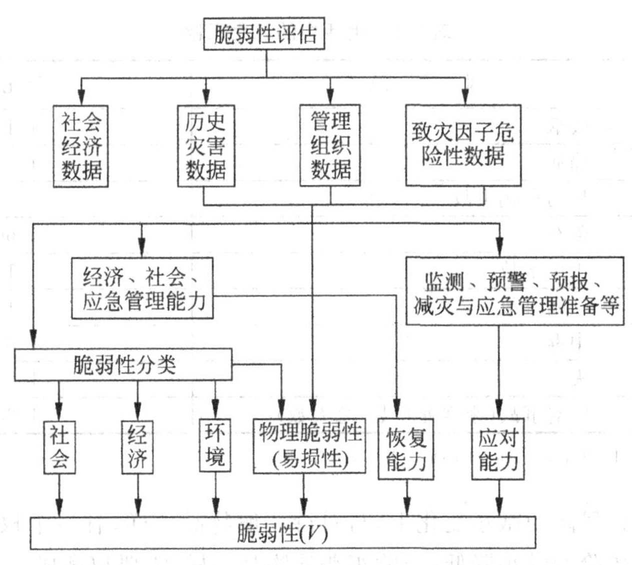

图 7-3　脆弱性评估的技术路线图

第3节 生命价值风险评估

保护人的生命，提高人们的安全水平是一切防灾减灾、职业安全、环境治理决策的出发点和归宿点，防灾减灾是有成本的，当对各种防灾减灾进行成本收益分析时，都会涉及生命价值评估问题。20 世纪 70 年代，美国学者开始讨论生命价值的基本概念及其评估方法，其后世界各国逐渐向更广泛的研究主题拓展。近年来，世界范围内自然灾害频发，有学者开展自然灾害风险条件下的生命价值研究。20 世纪 90 年代以后，我国有学者开始生命价值研究，大多集中在安全生产领域。一些研究由于根据字面意思解释生命价值，混淆了生命价值的含义，也有学者认为生命价值评估可以为意外死亡赔偿提供参考，误用了生命价值的适用范围。近年来，生命价值评估已经进入灾害风险管理的实践应用。

一、生命价值概念

人类社会生活中存在各种各样的风险，疾病会严重影响人们的健康，甚至夺走生命，各种自然灾害也会造成大量人员伤亡，交通事故和生产安全事故同样会造成重大的人员伤亡。表 7-1 列举了一些能够造成死亡的风险。由于受到科技进步和经济资源的限制，人们不可能消除所有的风险。可能的办法是根据风险的大小进行排序，然后有选择地加以降低或消除。尽管一些风险相对较大，但是这些风险在现有的科技水平下难以控制，如表 7-1 中所列出的，据一些科学家预测，每年陨石造成的死亡风险为 1/6000，高于工作事故和家庭事故风险，但没有人认为我们应该不顾工作事故和家庭事故风险而采取措施降低陨石所造成的风险。为什么会这样呢？风险管理的问题的关键是：人们通常权衡降低风险所花费的成本与其带来的收益的大小进行决策。

表 7-1 生活中的死亡风险

序 号	风 险 源	年死亡风险
1	吸烟	1/150
2	癌症	1/300
3	机动车辆事故	1/5000
4	陨石	1/6000
5	工作事故	1/10 000
6	家庭事故	1/11 000
7	中毒	1/37 000
8	火灾	1/50 000
9	航空事故(乘客死亡数/总人数)	1/250 000

资料来源：Viscusi(1993)the value of risk to life and health。

人们在对待死亡风险的微小变化上，与对待一般物品一样，有一个权衡的过程，也就是说人们“购买”死亡风险的微小降低，与购买普通物品一样，需要权衡成本与收益(风险降低)之间的关系，这种市场选择的结果隐含了风险与货币的均衡，即降低的风险与增加的成本之间的均衡，这为计算生命统计价值提供了条件。如为减少一万分之一的患甲肝死亡的概率，人们可以选择接种甲肝疫苗。实际中，如果接种疫苗的费用是100元，人们可能考虑接种疫苗以减少这一万分之一的死亡概率；如果接种疫苗的花费是1000元，人们可能会决定不接种疫苗，因为购买这一万分之一的死亡风险降低的价格太高了。人们在权衡这一价格的高低的过程中，反映了人们对降低风险的支付意愿，隐含了人的生命价值，即生命统计价值。基于上述理论和方法来计算生命统计价值比较简单，就是把支付意愿除以你想要的降低的风险水平。其计算公式为

$$\text{生命价值} = \frac{\text{支付意愿}}{\text{死亡风险降低的概率}}$$

用数学形式表示如下：

$$\mathrm{VSL} = \frac{\Delta P}{\Delta \pi}$$

或

$$\mathrm{VSL} = \lim_{\Delta\pi \to 0} \frac{\Delta P}{\Delta \pi} = \frac{\mathrm{d}P}{\mathrm{d}\pi}$$

式中，π为死亡的概率，P为支付数额。

这个等式给出了愿意为每一单位死亡风险所支付的数额，也就是生命统计价值。

根据公式可以计算出接种甲肝疫苗中的生命统计价值为

$$\mathrm{VSL} = \frac{\Delta P}{\Delta \pi} = \frac{100}{1/10\,000} = 100\text{ 万元}$$

上面的例子为个体的情况，社会总体情况的生命统计价值就是计算社会总支付意愿。如某经济体中有1000个人，在某种污染水平下，某一年死亡的概率为0.004，假定一项控制污染的政策使死亡的概率降低到0.003，死亡的概率变化了0.001，如果这个群体中的每个人都愿意为这项政策的实施支付1000元，那么这个群体的总支付意愿为100万元。如果这项政策被采纳，那么每年将平均少死亡一个人（1000×0.001=1人）。就是说，人们为了每年能够少死亡1人的总支付意愿为100万元。这种思考方式与上式计算的结果是一致的。采用公式计算如下：

$$\mathrm{VSL} = \frac{\Delta P}{\Delta \pi} = \frac{1000}{0.004 - 0.003} = 100\text{ 万元}$$

根据劳动市场上的风险与工资情况，也可以推断出生命价值。在劳动市场上，工人会根据工作中的风险情况要求不同的工资水平，如果工作中具有较高的风险，工人会要求较高的工资作为补偿，当然，这已经不再是风险降低的支付意愿，而是接受风险提高的受偿意愿了。例如，工人愿意以500元的补偿工资，接受工作中的年死亡风险提高万分之一，这时的生命价值就是受偿意愿除以死亡概率的变化，也就是500除以1/10 000，计算的结果是生命价值为500万元。

$$\text{生命价值} = \frac{\text{受偿意愿}}{\text{死亡风险提高的概率}}$$

无论是支付意愿还是受偿意愿，计算出的数字是什么含义呢？这一数字代表着人们愿意以这个数字所代表的均衡率在死亡风险与货币之间进行交换。对于很小的风险的变化，

支付意愿和受偿意愿是相同的。

下面给出生命价值的定义,生命价值是指是在给定的时间里,为降低一点死亡概率而愿意支付的数额,或个人愿意接受一点死亡概率的提高所要求的补偿。生命价值评价的是死亡风险,并不涉及特定人的确定的生与死的问题。如政府花费一笔经费来改善某一段高速公路的防护栏,使每年死于交通事故的人减少5人,此时这5人代表的只是一种概率,为全部人口中的不确定的人,而非特定的个人,此时我们就可用所估算出的生命价值来代表该高速公路防护栏的效益。

二、生命价值的评估方法

(一) 人力资本法与支付意愿法

自然灾害造成的人员伤亡本身就是受灾地区和人们的一种直接损失,称为人力资本的损失。1924年,保险学家休伯纳在其著作《人寿保险经济学》用生命价值分析个人所面临的基本经济风险,认为生命价值是指个人未来实际收入或个人服务减去自我维持的成本后的未来净收入的资本化价值,后被美国人寿保险学会的会员们普遍接受,生命价值理论成为人寿保险的经济学基础。

通过人力资本法计算生命价值,可为意外死亡对家庭收入造成的影响提供基本参考。但人力资本法给生命价值下了一个狭窄的定义,即个人的生命价值等于个人的市场产出,隐含着低收入者的生命价值低于高收入者,容易引发棘手的道德伦理等多方面问题。由于人力资本法的固有缺陷,经济学家不断探索更好的评估生命价值的方法。与购买普通物品一样,人们在降低死亡风险时,需要权衡降低死亡风险的成本与收益(风险降低)之间的关系,这种市场选择的结果隐含了风险与货币的均衡,即降低的风险与增加的成本之间的均衡,这为计算生命统计价值提供了条件。生命价值更多采用生命统计价值(value of statistical life,VSL)的概念来表示。Schelling较早研究了拯救生命的经济学,随后支付意愿法成为国外学者进行生命价值评估的主流方法。所以本书的生命价值是指在给定的时间里,降低一个单位死亡风险的边际支付意愿,或个人愿意接受提高一个单位死亡风险的边际受偿意愿,且生命价值评价的是死亡风险,并不涉及生与死的问题。即

$$\mathrm{VSL}=\mathrm{MWTP}=\frac{\mathrm{d(WTP)}}{\mathrm{d}\pi}$$

式中,π为死亡的概率,单位为%,WTP为支付意愿,MWTP为边际支付意愿。

生命统计价值的概念可以用无差异曲线来说明。无差异曲线$U(W,P)$表示效用水平相等时财富与生存概率的不同组合。当生存概率变化ΔP时,沿无差异曲线上点的垂直距离为支付意愿(WTP)或受偿意愿(WPA),即

$$\mathrm{VSL}=\frac{\mathrm{WTP}}{\Delta P}=\frac{\mathrm{WPA}}{\Delta P}$$

按照支付意愿来评价生命价值时,较多学者采用显示性偏好方法,即从实际市场行为中推断出人们的偏好和支付意愿,劳动市场上的内涵工资法(工资-风险法)得到最为广泛的应用,此外,房地产市场和产品市场上的价格-风险法,也得到学者的重视。近年来,学者开始应用叙述性偏好方法研究生命价值,即通过市场调查的方式,让被调查者直接表述出工作风险、产品风险或环境污染等的支付意愿(或受偿意愿),或者对其价值进行判断,从而得到生

命价值。

(二) 劳动市场生命价值评估

20世纪70年代以来,基于劳动市场的生命价值研究很多。早期的研究一般基于机构对劳动市场的调查数据、北美精算协会风险数据和工人赔偿记录。目前,大多数研究采用美国劳工部劳工统计局和美国国家职业安全卫生研究所的职业伤亡风险数据。一些研究成果基于整个劳动力市场分析工资与风险之间的均衡,一些学者研究特定的行业、职业、地区、人群和性别的工资-风险均衡。大多数学者针对意外死亡或意外伤害风险开展研究,一些学者则关注职业病风险。如Lott等在修订《雇主赔偿法》背景下研究致癌物质对工资的影响。此外,基于内涵工资模型,Viscusi、Evansa等采用分位数回归法研究多个收入水平(或年龄)的工资-风险均衡,Scotton把工作场所的风险异质性纳入到显示性偏好框架之中。

劳动市场工资随工作的风险变化而变化,即存在补偿性工资差异。在风险条件下,理性经济人将追求期望效用最大化。不同偏好的工人通过选择工资与工作风险的最优组合而实现期望效用最大化,企业通过选择工作中的安全水平和工资实现一定的利润水平,二者相互作用实现工资-风险均衡。

在遭遇风险条件下的工人的期望效用公式为

$$EU=(1-\pi)u(\omega)+\pi v(\omega)$$

式中,$u(\omega)$为健康状态下工资为ω时工人的效用,$v(\omega)$为受伤状态下的效用,π为受伤的概率。

对上式EU求关于ω和π的全微分得

$$d(EU)=[(1-\pi)\cdot u'(\omega)+\pi v'(\omega)]d\omega+[-u(\omega)+v(\omega)]d\pi$$

令$d(EU)=0$,可得

$$VSL=\frac{d\omega}{d\pi}=\frac{u(\omega)-v(\omega)}{(1-\pi)\cdot u'(\omega)+\pi v'(\omega)}$$

上式表明,如果已知效用曲线,就可以通过求导得到生命价值。在实际操作过程中,内涵工资法通过分析解释变量(如工人特点、工作特征以及与职业有关的健康危害或死亡风险)与工资之间的关系,研究工资和风险之间的均衡,进而获得生命价值。

三、生命价值的年龄效应、收入效应

收入水平、年龄、不同文化背景人群的风险偏好、劳动市场的规章制度等多种因素影响着生命价值的大小。其中,年龄效应和收入效应受到了比较广泛的关注。

(一) 年龄效应

在劳动市场上进行风险-工资均衡分析进而评估生命价值时,年龄是一个重要的影响因素。早期的研究成果与一些基本的直觉一致,即由于寿命的限制,年龄较大的人对于降低死亡风险具有较低的支付意愿。Thaler最早分析了年龄与不同职业死亡率之间的相互关系,发现二者具有显著的负向相关关系。实际上,这些理论和模型都假定个人可以通过储蓄或借用未来收入的方式保持整个生命周期内消费恒定。消费恒定这一假设条件很大程度依赖于是否存在完善的资本和保险市场。一般来说,消费在整个生命周期内并不恒定,而是先上升后下降。Shepard应用消费的生命周期模型开展所谓的“罗宾逊·克鲁索”分析,模型假定个人可以前期储蓄而后消费,但不可以借用未来收入,得出在整个生命周期内个人对死亡风险的支付意愿呈现倒"U"型的结论，生命价值随年龄先上升后下降。其后，一些理论研究成果也表明年龄和生命价值之间存在倒"U"型的变化关系。Johansson 的研究成果则表明，生命价值与年龄之间的关系并不明确，年龄可能从正向或负向影响生命价值，也有可能没有影响。认为无论是否存在精算公允的保险市场，生命价值依赖于消费的生命周期模式，其值有可能随年龄上升或下降，也有可能不依赖年龄变化。

在劳动市场上，基于生命价值的基本理论，若工人在生命周期内能够保持消费稳定，生命价值可以转化为年生命统计价值(value of a statistical life year，VSLY)，通常的研究方法均假定生命价值可以表示为年生命价值的现值之和。不同年龄段的财富水平、健康状况和家庭责任等因素都影响个人对死亡风险的判断。研究年龄对生命统计价值的影响需要计算未来的消费者剩余的现值。Moore 和 Viscusi 等利用劳动市场数据、Dreyfus 等利用汽车市场数据计算了影响年生命价值的时间偏好率(折现率)。

(二) 收入效应

理论上，生命价值随着收入的增加而提高。学者主要采用样本内变异值截面分析、工资-风险研究元分析、特定人群工资-风险均衡纵向分析、不同收入水平的生命价值比较分析和工资-风险数据的分位数回归等方法，并把收入弹性作为衡量收入与生命价值之间变化关系的指标。

(1) 样本内变异值截面分析。Corso 通过调查汽车安全设施的支付意愿分析收入弹性，Alberini 在英国、意大利和法国开展内涵价值调查，发现收入弹性随收入水平提高而提高，得到目前收入水平下年龄超过 40 岁人群的收入弹性。Hammitt 等和 Wang 等学者分别研究了上海和重庆两地与空气污染相关的健康风险的收入弹性。Hammitt 等研究了杀虫剂和摩托车风险的收入弹性。

(2) 工资-风险研究元分析。对以前的工资-风险研究进行元分析是得到收入弹性的另外一种方法。Viscusi 和 Aldy 在对 Liu、Miller、Bowland 和 Mroaek 4 个元分析成果进行评析的基础上，对收入弹性进行了重新分析。Belavance 等采用混合效应回归模型(mixed effects regression model)对 9 个国家收入弹性研究成果进行元分析。

(3) 对特定人群的工资-风险均衡进行纵向分析。分析同一人群的工资-风险历史数据可以得到收入弹性。Hammitt 根据 1982 年到 1997 年台湾的工资与工作风险数据研究得到收入弹性。Costa 等通过分析美国 1940—1980 年工资-风险关系得出人均 GNP 的收入弹性。

(4) 对不同收入水平的生命价值进行比较分析。对不同地区或国家的生命价值进行比较分析是得到收入弹性的另外一种途径。例如，Hammitt 等研究了墨西哥城非致命性职业风险的生命价值，并与美国生命价值进行比较分析得到收入弹性。

(5) 工资-风险数据的分位数回归。众多的研究成果显示，不同收入水平的地区或国家收入弹性差异较大，为了弥补这一缺陷，近年来，有学者开始研究工资分配表上的多个收入水平(或年龄)的工资-风险均衡。

此外，Lancaster 从产品的差异出发，认为商品本身并不产生效用，产生效用的是商品的各种特征，Rosen 从理论上分析了异质产品市场的短期均衡和长期均衡，二者共同奠定了特征价格法的理论基础。产品市场上，学者关注的重点集中在安全设备(汽车安全带、自行车头盔和火灾探测器等)和吸烟的风险-价格均衡分析；房地产市场上，学者主要通过分析房地产价格对垃圾处理厂风险、空气污染、噪声的响应，研究生命统计价值。

四、生命价值与死亡赔偿标准

人们很容易把生命价值与意外死亡的赔偿相关联，认为生命价值理论可以成为确定死亡赔偿标准的理论基础，这是一种常见的误解。本书的生命价值概念并不适用于诸如人身伤害、交通事故、医疗事故和工伤等意外死亡事故的赔偿。其一，生命价值关注的是风险，反映风险变化的支付意愿或受偿意愿，而不是生命和死亡的价值，并不含有用一定数量货币计量生命(死亡或生存)的价值问题。其二，生命价值并不涉及特定人的确定的生与死的问题。如防灾减灾措施减少的人员伤亡，仅仅代表一种概率，并非特定的个人。其三，生命价值评估的另外一个特征是通过观察人们"事前"的选择而确定其价值。如政府投入资金降低高速公路发生交通事故的风险及减轻环境污染，企业支出成本提高产品的安全性能等，为"事前"的角度观察某项政策或措施可能带来的收益。而由于意外事故的死亡赔偿问题是事后的确定性的问题，即特定人的确定的死亡并不适用于生命统计价值。实践中，各国法律都规定要对与受害者有关的一些人(即近亲属)的精神或财产方面损害进行赔偿。我国的法律法规或者司法解释对于意外死亡的赔偿往往根据收入水平为基础来确定，其实质是人力资本法。

总之，生命价值评估是一个较新的学术研究热点，劳动市场、产品市场的生命价值理论和实证研究都有一定程度的文献积累。但是自然灾害风险背景下生命价值研究较少，一方面原因在于风险数据难以获得，另一方面自然灾害风险在一个国家或地区内部空间分布具有较大差异，而其他风险往往具有一定的广泛性。此外，自然灾害风险是一种公共风险，难以通过市场交换的手段加以降低。目前，在美国、英国、加拿大和澳大利亚等发达国家，包括国际组织等等要求或建议对拟实施的环境、健康和安全政策或措施进行经济分析，然而我国生命价值研究相对落后，也没有采用生命价值开展公共政策的成本收益分析，西方发达国家则已经广泛开展环境、健康和安全政策或措施经济分析。因此，我国自然灾害防灾减灾政策和措施均需要采用生命价值评估方法进行经济分析和评价。

五、生命风险评估指标

生命风险评估是指人员伤亡的指标，包括个人风险和社会风险指标，下面分别介绍这两个指标的定义及其评估公式。

(一) 个人风险

1. 个人风险定义

个人风险(individual risk)是参与某项活动或是处于某个位置一定时间，而未采取任何特别防护措施的人员，遭受特定危害的概率，此处的特定危害是指死亡的风险，一定时间是指一年或一个人的一生，常简记为 IR，个人风险常用致命意外死亡率(fatal accident rate, FAR)或年死亡率描述。

年死亡率的表达形式是根据个人风险的定义得到的，可记作

$$\mathrm{IR} = P_f P_{d|f}$$

其中 P_f 为风险事件的年发生概率，$P_{d|f}$ 为个人在风险事件中死亡的概率。

2. 个人风险评估模型

个人风险模型是基于 Vrijling(2003)提出的个人风险模型。考虑到人们社会生活中总

会面临一定的风险，因此可以假设理性的人总是能接受一个基本的个人风险水平，并且能够在此风险水平下正常的生活，不至于产生忧虑情绪。该个人风险水平就是个人基础风险水平，用 IR_0 表示，可以将个人参加具体某项活动，或是某种职业的个人风险水平看作是个人基础风险水平的函数，这样可以得到计算某类活动或某种灾害的个人风险的函数，可记作

$$IR = \beta \cdot IR_0$$

β 称为参加活动或处于某种灾害风险情况下的风险意愿系数，在 $(0,\infty)$ 之间取值。当 $\beta=1$ 时，表示该活动的风险等于基础风险；当 $\beta>1$ 时，该活动的风险高于基础风险；而当 $0<\beta<1$ 时，该活动风险低于基础风险。如果从风险决策角度，可将风险意愿系数 β 看作效用函数，而将个人基础风险水平视为个人风险指标的基本水平。Vrijling 根据荷兰的实际统计情况，取“10^{-4}/年”为个人基础风险水平，该取值来自 14 岁少年的年意外死亡概率，这也是一个人的所有年龄段中意外死亡概率中最低的数值，因此，该风险水平应是能够被社会公众广泛认可、并被现实接受的个人风险水平，适合作为个人基础风险水平。同时，风险意愿系数 β 的取值与人们参与该活动的目的、通过活动获得的精神和物质利益的满足、参加活动可能导致后果的严重程度、个人在事故发生时规避风险的能力等因素有关系。Vrijling 还通过分析几个典型的活动，标定了 β 的取值：当 $\beta=10$，表示个人极其渴望参与，但有极高风险的活动，如登山；当 $\beta=1$，表示个人可以自主决定，但有直接利益的活动，如开车；当 $\beta=0.01$，表示极度不自愿，但毫无决定权的活动。Vrijling 还进一步提出 10^{-5}/年是一个能得到广泛接受的个人风险水平，可以作为世界范围的个人基础风险水平。

风险意愿系数还可以用来确定最低合理可行(ALARP)准则中的风险水平界限。目前很多研究都认为在合理的个人基础风险水平下，对于 $\beta<0.01$ 的个人风险，由于其远低于基础风险水平，可认为是可忽略风险水平；当 $\beta>100$ 时，该风险是不可接受的，必须采取措施降低；$0.01<\beta<100$ 时，可认为该风险处于 ALARP 区域。(备注：ALARP 准则将在第 8 章详细阐述)

通常情况下，政府常常通过规定个人风险的下限作为项目评估或审批的依据，可将这个下限作为最低个人风险可按受水平，即个人风险可接受水平。其意义也相当于 ALARP 决策中的可忽略风险水平。例如，在荷兰国家住宅、空间规划和环境署(the Dutch Ministry of Housing, Spatial Planning and Environment)规定的个人风险可接受水平为 10^{-4}/年，其中 $\beta=0.01$，这一风险水平是为荷兰公众所设定的(Bottelberghs, 2000)，主要针对新建工矿企业。

3. 个人风险指标

个人风险指标一般指单独一个人在一段时间内容(通常为一年)暴露在危险中的伤亡风险概率。荷兰 TAW 定义个人风险指标为目前实际在现场的个人死亡概率，这里的个人是统计意义上的任意一个人，具体评估指标确定则需要考虑不同类型的人。

(1) 年均个人风险指标

年均个人风险(individual risk per annum, IRPAa)为一年时间内，由于危险 a 导致个人死亡的概率。可以通过一年内暴露危险 a 中的一个群体观察的致死率来估计，即

$$IRPAa = \frac{\text{观察到的危险 } a \text{ 导致的致死人数量}}{\text{一年内暴露于危险 } a \text{ 中总人数}}$$

(2) 潜在等效死亡率

潜在等效死亡率(potential equivalent fatality,PEF)是指灾害引起人员不同程度伤亡等效死亡率的一定比例。例如,伦敦地铁的定量风险分析中将重伤的权重定为0.1,轻伤的权重定为0.01。

(3) 场地个人风险

场地个人风险指标(localized individual risk,LIR)是指一个人一直处于某个场地(位置)时由于事故导致其在一年内死亡的概率,也称指定地点个人风险。根据地域个体风险可以绘制风险等高线图,多用于防灾减灾土地规划。

(4) 预期寿命的缩短

预期寿命的缩短(the reduction in life expectancy,RLE),该指标可以区分年轻人死亡和年老人死亡的不同,如一个人由于某种危险的死亡,其RLE可以定义为

$$\mathrm{RLE}_t = t_0 - t$$

其中,t_0 代表与随机抽取的死亡人同龄人的平均寿命,t 表示受害者死亡时的年龄,预期寿命的减少取决于受害者死亡时的年龄。

(二) 社会风险

1. 社会风险评估模型

社会风险(social risk,SR)主要是描述重大伤亡事件(一般是死亡10人以上)和伤亡人数总量,一般用来描述事故发生概率与事故造成的人员受伤或死亡人数的关系。如果该风险事件是对特定的人群发生作用,也称为集体风险,或(行业)职业风险。在充分表达其概念本质的基础上,社会风险可以用年死亡人数的均值或年死亡人数的概率分布函数等多种方法描述。总之,个人风险提供了在一定位置的死亡概率,社会风险的给出了整个区域的死亡数量,不考虑该地区是否确切发生危险事件。

如前所述,社会风险可以通过年死亡人数的均值或死亡人数的概率分布函数两种方法描述,因此,关于社会风险的数学模型也可以通过个人风险和人口密度的关系或通过事故年死亡人数的概率密度函数得到。如果某地(x,y)的个人风险水平为$\mathrm{IR}(x,y)$,当地的人口密度为$h(x,y)$,A为当的区域面积,则当地的社会风险可表示为

$$\mathrm{SR} = E(N) = \iint_A \mathrm{IR}(x,y)h(z,y)\mathrm{d}x\mathrm{d}y$$

该方法实际是用伤亡人数的均值描述社会风险,这一均值在很多文献中称为年可能死亡人数(potential loss of life)。通过分析上式可知,当两地的个人风险水平相同、人口密度不同时,其社会风险也不同。社会风险更能反映风险源对当地的影响,个人风险可认为是系统本身的特性,不受当地特性的影响。这也是需要用个人风险和社会风险两个指标描述地方或系统的公共安全风险的原因。假设事故年死亡人数的概率密度函数为$f_N(x)$,则有

$$1 - F_N(x) = P(N > x) = \int_x^{\infty} f_N(x)\mathrm{d}x$$

式中,$f_N(x)$是年死亡人数的概率密度函数,而$F_N(x)$是年死亡人数的概率分布函数,即年死亡人数超过x人的概率。上式也常常绘成曲线来形象地描述社会风险水平,称为F-N曲线。F-N曲线实际是年死亡人数的超概率在双对数曲线上的图形,利用$f_N(x)$也可以得到年期望死亡人数PLL,即

$$E(N)=\int_0^{\infty} x f_N(x)\mathrm{d}x$$

另外，也有研究者利用 F-N 曲线下方积分面积衡量社会风险，等效于潜在的年期望死亡人数 PLL 的均值 $E(N)$，用公式表示为

$$\int_0^{\infty}[1-F_N(x)]\mathrm{d}x=\int_0^{\infty}\int_x^{\infty} f_N(u)\mathrm{d}u\mathrm{d}x=\int_0^{\infty}\int_x^{u} f_N(u)\mathrm{d}x\mathrm{d}u=\int_0^{\infty} u f_N(u)\mathrm{d}u=E(N)$$

相比之下，更多的国家规范中，都利用 F-N 曲线作为社会风险的决策标准，可归结为下式：

$$1-F_N(x)<\frac{C}{x^n}$$

式中，C 决定曲线的位置，n 表示斜率。当斜率为 -1 时，可认为是风险中性的；而当斜率为 -2 时，可认为是风险厌恶的。（注：因为 F-N 曲线绘制时采用的是双对数坐标形式，因此，n 为斜率。）

2. 社会风险与个人风险关系

社会风险或总风险，即加权风险（AWR）可以通过计算获得，例如可以用某区域的 IR 乘以该区域内的房屋的数量：

$$\mathrm{AWR}=\iint_A \mathrm{IR}(x,y)h(x,y)\mathrm{d}x\mathrm{d}y$$

其中，$\mathrm{IR}(x,y)$ 是位置 (x,y) 的个人的风险，$h(x,y)$ 是位置 (x,y) 的房屋数量，A 是计算该区域的加权风险（AWR）的面积。

如果 $E(N)$ 是每年死亡人数的期望值，$m(x,y)$ 是位置 (x,y) 上的人口密度，$\mathrm{IR}(x,y)$ 是位置 (x,y) 的个人风险水平，则该区域的社会风险可表示为

$$E(N)=\iint_A \mathrm{IR}(x,y)m(x,y)\mathrm{d}x\mathrm{d}y$$

Carter 考虑了个人的风险水平和位置等其他特点，给出等级累积风险（SRI）的定义：

$$\mathrm{SRI}=\frac{P\cdot \mathrm{IR}_{\mathrm{HSE}}\cdot T}{A}$$

式中，$P=\frac{n+n^2}{2}$，$\mathrm{IR}_{\mathrm{HSE}}$ 是每百万年的个人风险，T 是该区域被 n 个人占用的时间；A 是该区域的表面积（单位：公顷）；P 是人口系数，n 是该区域的人数。需要注意的是 SRI 不是无量纲的：（人+人^2）/10^6（公顷每年）。

上述三个表达式都是基于个人风险计算社会风险。其他社会风险模型可以根据每年死亡数量的概率密度函数（pdf）得到。尽管个人和社会风险计算往往是基于相同的数据，但是尚未发现个人风险轮廓和死亡人数 pdf 之间的数学关系。因此，个人和社会风险的计算常常同时用数量方法。其中，社会风险常常绘制双对数刻度的 F-N 曲线，F-N 曲线表示死亡人数的超概率：

$$1-F_N(x)=P(N>x)=\int_x^{\infty} f_N(x)$$

公式中，$f_N(x)$ 为每年的死亡人数概率密度函数（pdf），$F_N(x)$ 表示每年死亡人数的数量的

概率分布函数，意味着每年死亡的人数不大于(小于等于)x的概率。简单的社会风险度量是引入年死亡人数的期望$E(N)$，有文献定义为潜在的生命损失(PLL)：

$$E(N)=\int_0^{\infty}xf_N(x)\mathrm{d}x$$

社会风险用F-N曲线下的面积(F-N曲线积分)来度量，Vrijling 和 van Gelder 认为该方法等同于年死亡人的数期望，即

$$\int_0^{\infty}[1-F_N(x)]\mathrm{d}x=\int_0^{\infty}\int_x^{\infty}f_N(u)\mathrm{d}u\mathrm{d}x=0\int_0^{\infty}\int_x^{u}f_N(u)\mathrm{d}x\mathrm{d}u=\int_0^{\infty}uf_N(u)\mathrm{d}u=E(N)$$

英国健康与安全执行局(HSE)用积分来度量社会风险，即

$$\mathrm{RI}=\int_0^{\infty}x[1-F_N(x)]\mathrm{d}x$$

Vrijling 和 van Gelder 从数学上证明 RI 可以用死亡人数的期望值$E(N)$和标准差$\sigma(N)$来表示：

$$\mathrm{RI}=\frac{1}{2}[E^2(N)+\sigma^2(N)]$$

HSE 定义了加权风险积分参数，称为风险积分(COMAH)，即

$$\mathrm{RI}_{\mathrm{COMAH}}=\int_0^{\infty}x^{\alpha}f_N(x)\mathrm{d}x$$

多人死亡事故的厌恶系数用α表示，$\alpha\geqslant1$。基于实践分析，选择$\alpha=1.4$作为风险厌恶系数。Smets 提出了类似的计算方法：

$$\int_1^{1000}x^{\alpha}f_N(x)\mathrm{d}x$$

如果没有考虑积分边界，$\mathrm{RI}_{\mathrm{COMAH}}$和 Smets 表达式都等于$\alpha=1$的期望值。如果$\alpha=2$，公式将等于 pdf 的二次方。

$$\int x^2f_N(x)\mathrm{d}x=E(N^2)$$

$$E(N^2)=E^2(N)+\sigma^2(N)$$

Bohnenblust 引入可接受的感知风险R_{p}作为社会风险的度量，即

$$R_{\mathrm{p}}=\int_0^{\infty}x\varphi(x)f_N(x)\mathrm{d}x$$

式中，$\varphi(x)$是风险厌恶函数，即死亡人数x的函数。这种死亡数量的期望值计算是考虑了风险厌恶函数$\varphi(x)$。根据 Bohnenblust 提出的风险厌恶估值可以推导得出$\varphi(x)=\sqrt{0.1}x$，这个表达式可以写成

$$R_{\mathrm{p}}=\int_0^{\infty}\sqrt{0.1}x^{1.5}f_N(x)\mathrm{d}x$$

Kroon 和 Hoej 提出相似的方法，即系统的期望负效用

$$U_{\text{sys}} = \int_0^{\infty} x^{\alpha} P(x) f_N(x) \mathrm{d}x$$

同样，权重因数 α 被包括在风险厌恶因数 $P(x)$ 中，它表示死亡人数函数的期望负效用。需要注意的是风险积分，$\mathrm{RI}_{\mathrm{COMAH}}$ 和 Smets 提出的方法，Bohnenblust 和 Kroon、Hoej 都是用期望效用（负效用）方法，所有这些方法都可以写成下面的通用公式：

$$\int x^{\alpha} C(x) f_N(x) \mathrm{d}x$$

不同的作者选择了不同的估值 α（取值范围从 1 至 2）和因子 C，C 是常数或是 x 的函数。

Vrijling 等提出的总风险计算包括死亡人数的期望的和标准差，标准差乘以一个风险值厌恶系数 k。

$$TR = E(N) + k\sigma(N)$$

总风险考虑风险厌恶指数 k 和标准差，因此称为风险厌恶，对于低概率和高结果的事件的标准差相对高。区别两种社会风险的计算方法可以看出：F-N 曲线和期望是风险中性的。风险厌恶的值可以通过权衡预期值因子 α，考虑到风险厌恶因子（$P(x)$ 或 $\varphi(x)$）或由涉及等式（$\alpha = 2$）中的标准差得到。

3. 社会风险指标

社会风险指标是指群体受到危险导致伤亡的频率，可以通过个体风险程度和暴露于危险中的人群数量的乘积得到。

（1）潜在社会生命损失

潜在社会生命损失（the potential loss of life，PLL），是指特定区域的人群每年预计的死亡人数，也称年平均死亡率（ARF），是衡量群体社会风险最简单的指标。

（2）致命死亡率

致命死亡率（the fatal accidentrate，FAR）是指特定人群暴露危险之中累积特定期间（亿小时）的死亡数量，其计算公式为

$$\mathrm{FAR} = \frac{\text{预计死亡人数}}{\text{暴露在危险中的时间（小时）}} \times 10^8$$

表 7-2 部分活动的致命死亡率（FAR）、暴露时间和年死亡率

活动类型	FAR	暴露时间	年死亡率	活动类型	FAR	暴露时间	年死亡率
攀岩	4000	0.005	1/500	30～40 岁病故	8	1	1/1200
骑摩托车	300	0.01	1/3000	开矿	8	0.2	1/6000
滑冰	130	0.01	1/8000	乘火车	5	0.05	1/40 000
高层建筑作业	70	0.2	1/700	建筑作业	5	0.2	1/10 000
深海捕鱼	50	0.2	1/1000	农业	4	0.2	1/12 000
海洋平台作业	20	0.2	1/2500	家庭意外	1.5	0.8	1/9000
40～44 岁病故	17	1	1/600	乘公车	1	0.05	1/200 000
乘飞机	15	0.01	1/70 000	化学工业	1	0.2	1/50 000
坐车	15	0.05	1/13 000	加州地震	0.2	1	1/50 000

表 7-3　意外事件发生概率

受伤	1/3
溺水死亡	1/5000
难产	1/6
配偶被动吸烟死于肺癌	1/60 000
车祸	1/12
死于手术并发症	1/80 000
心脏病突发	1/77
中毒死亡	1/86 000
死于心脏病	1/340
骑自行车死于车祸	1/130 000
死于中风	1/1700
吃东西噎死	1/160 000
死于突发事件	1/2900
死于飞机失事	1/250 000
死于车祸	1/5000
被空中坠落物砸死	1/290 000
死于怀孕生产	1/14 000
触电死亡	1/350 000
染上艾滋病	1/5700
死于浴缸中	1/1 000 000
自杀(女性)	1/20 000
坠落床下而死	1/2 000 000
自杀(男性)	1/5000
被动物咬死	1/2 000 000
坠落死亡	1/20 000
被龙卷风刮走摔死	1/200 000
死于工伤	1/26 000
冻死	1/3 000 000
行走时被撞死	1/40 000
被谋杀	1/11 000
死于火灾	1/5000
糖尿病	1/35

第 4 节　灾害风险评估模型

引言

2000 年以来，全球性自然灾害风险管理研究计划和美洲以及欧洲等自然灾害风险管理研究计划的开展，对自然灾害风险评估与管理的理论与实践应用具有重要指导意义。国际上标志性的自然灾害风险评估研究计划主要有：灾害风险指数系统(DRI)在 2004 年发表了《降低灾害风险：对发展的挑战》的全球报告；全球自然灾害风险热点地区研究计划(Hotspots)，公开发表的研究成果《自然灾害热点：全球风险分析》和《自然灾害热点：案例研究》；灾害风险管理指标系统，也称美洲计划；欧洲多重风险评估系统和美国灾害风险评估模型（HAZUS）。这些研究计划首次为全球及各州的区域性灾害风险评估提供了值得参考的模型和指标体系，其中，DRI 是第一个以死亡为风险指标的模型，后来，评估模型都是在死亡指标基础上加入经济损失指标作为风险的指标，欧洲多重风险评估则是将各类自然灾害和技术灾害综合在一起进行风险评估，美国的 HAZUS 模型是目前比较全面的自然灾害风险评估软件包，已经全面应用于美国各类自然灾害的评估，甚至应用于其他国家和地区，如我国的台湾。

一、灾害风险指数系统

灾害风险指数系统（disaster risk index，DRI）是世界上第一个以全球尺度的，空间分辨率到国家的人类脆弱性评价指标体系。2000 年，DRI 项目最初是由联合国开发计划署（UNDP）与联合国环境规划署（UNEP）——全球资源信息数据库（UNEP-GRID）共同实施，希望阐明影响灾害风险和脆弱性的发展方式，提供定量证据来支持国家政府以及社会组织管理和减轻灾害风险的计划。灾害风险指数系统是研究国家发展与灾害关系，是一个以死亡率作为校准风险的指数系统，即度量灾害造成死亡的风险。DRI 指标体系在国家的选择方面主要是选取所有主权国家，但对于一些特殊的政治和经济及地理因素则采取了变通。

（一）风险指标

DIR 模型的风险采用了三个指标：死亡人口数量、死亡率和相对受伤人员的死亡率。

（二）脆弱性指标

DRI 模型采用的国家脆弱性指标由经济、经济活动类型、环境属性和质量、人口、健康和卫生条件、早期预警能力、教育、发展 8 个方面分项指标组成。

1. 经济指标

（1）按购买力评价的人均 GDP。购买力评价（Purchasing Power Parity，简称 PPP）是一种基于经济学角度，根据各国不同的价格水平计算出来的货币之间的等值系数，以对各国的人均国内生产总值进行合理比较。

（2）人类贫困指数（HPI）。人类贫困指数计算公式或结果可以查阅联合国相关的报告和网站信息。

（3）偿还债务总量（占货物出口和服务的百分比）。

（4）通货膨胀、食品价格（年变化百分比）、失业率（占总劳动力的百分比）。

2. 经济活动类型指标

（1）耕地；

（2）永久种植谷物的可耕地的百分比；

（3）城市人口比例；

（4）农业占 GDP 的百分比；

（5）农业劳动力的百分比。

3. 环境属性和质量的指标

（1）森林和林地的覆盖率；

（2）人为原因引起的土壤退化。

4. 人口指标

(1) 人口增长;

(2) 城市增长;

(3) 人口密度;

(4) 老年抚养比。

5. 健康和卫生条件指标

(1) 拥有获得改善供水条件的人口比例(总数、城市、农村);

(2) 每千人拥有医生数;

(3) 医院床位数;

(4) 男、女预期寿命;

(5) 5岁以下幼儿死亡率。

6. 早期预警能力指标:每千人拥有收音机(TV)量

7. 教育指标:文盲率

8. 发展的指标:人类发展指数

(三) DIR系统模型采用的数据源

DIR系统模型采用的数据源分为致灾因子数据源、灾情(死亡人数)数据源以及脆弱性指标数据源,主要有如下数据源:

(1) 人类发展指数来自联合国开发计划署(2002),人类发展指数,http://undp.org/;

(2) 腐败指数来自透明国际(2001),全球腐败报告(2001),http://transparency.org/;

(3) 土地退化来自国际土壤参考信息中心(ISRIC),联合国环境计划署(1990),全球人为引起的土地退化评价(GLASOD),http:/www.grid.unep.ch/data/grid/gnv18.php;

(4) 其他社会经济变量主要有联合国环境计划署,全球资源信息数据库(截至2002),CEO-3数据门户网站:http://www.grid.unep.ch(数据由世界银行、世界资源所、联合国粮农组织数据库汇编);

(5) 死亡人数:鲁汶大学(截至2002),EM-DAT:国外灾害援助办公室/灾后流行病研究中心国际灾害数据库,http://www.cred.be/(干旱、饥荒造成死亡人数也包括在内);

(6) 人口总数:国际地球科学信息网络中心,国际食品政策研究所,世界资源所(2000),世界栅格人口第二版(GPW),http://sedac.ciesin.org/plue/gpw/;联合国环境计划署,国际农业研究咨询小组,国家地理信息和分析中心(1996),亚洲人口和行政边界数据库,http://grid.unep.ch/data/grid/human.php。

(四) 物理暴露的计算模型

$$\mathrm{phExpnat} = \sum \mathrm{Pop}_i / Y_n$$

式中,phExpnat是一个国家总物理暴露量;Pop_i为一个特定影响范围内的总人口;Y_n为统计时段年数。这里的暴露主要考虑人的暴露,人的死亡率和相对死亡率是灾害风险的标准指标。

(五) 灾害风险的计算

死亡风险可以用过去灾害死亡人数表示,则该风险计算模型为

$$K = C \cdot (\mathrm{phExp})^{\alpha} \cdot V_1^{\alpha_1} \cdot V_2^{\alpha_2} \cdots V_p^{\alpha_p}$$

式中,K 为致灾因子导致的死亡率;C 为常数;phExp 为物理暴露量;$V_i(i=1,2,\cdots)$是脆弱性参数;$\alpha_p(p=1,2,\cdots)$是 V_i 的指数。

为了便于计算,可以将上式转化成对数形式,这样得到下面的风险计算模型公式:

$$\ln(K)=\ln C+\alpha\ln(\text{phExp})+\alpha_1\ln(V_1)+\cdots+\alpha_p\ln(V_p)$$

DIR 系统主要是应用上述风险计算模型,通过选取的 24 个社会、经济和环境变量(可以针对不同的灾种选择相应的脆弱性指标),通过一个复合对数回归模型对一系列社会、经济和环境指数进行统计分析,从而能够检验不同国家各类灾种的风险水平。

二、全球自然灾害风险热点地区研究计划

全球自然灾害风险热点地区研究计划(the hotspots project)是世界银行和哥伦比亚大学的联合研究项目,该计划选取了洪水、龙卷风、干旱、地震、滑坡和火山 6 种自然灾害。

(一) 风险指标选择

全球自然灾害风险研究计划的热点地区主要选取死亡率、经济损失总量和经济损失占 GDP 的比重这三个风险指标,相比 DIR 指标系统增加了经济损失指标。

(二) 数据源

该计划主要采用 EM-DAT 获得的过去 20 年历史损失数据计算的灾害损失率。EM-DAT(紧急灾难数据库)是由灾后流行病研究中心(the centre for research on the epidemiology of disasters, CRED)管理和维护,CRED 作为非营利机构于 1973 年在比利时布鲁塞尔成立。1988 年,世界卫生组织与 CRED 共同创建了紧急灾难数据库(EM-DAT),并由 CRED 进行维护。其核心数据包含了自 1900 年以来全球 15 700 多例大灾害事件的数据,并且平均每年增加 700 条新的灾害记录来不断更新补充数据库,该数据库也是迄今为止最权威的灾害数据库。

(三) 总体思路

Hotspots 研究计划是基于灾害区域的人口暴露、GDP 及其历史损失率确定灾害死亡率和经济损失风险的高、中、低风险区域,并根据单灾种脆弱性综合评估的结果,建立了全球多灾种的综合风险指数。具体来说,Hotspots 利用 20 年(1981—2000)的 EM-DAT 数据库的历史数据计算每个灾种的损失率,每个灾种都包括两类损失——死亡损失率和经济损失率,而每个灾种的死亡损失率和经济损失率又分别包括 28 个地区/财富等级组合,即 7 个地区(非洲、东亚和太平洋、欧洲和中亚、拉丁美洲和加勒比海地区、中东和南非、北美、南亚)和 4 个财富等级(高、中高、中低、低)的损失率组合,这是根据世界银行标准分类定义的。对每个灾种,所有国家在其相应的地区/财富等级的历史死亡率和经济损失之和就是这个灾种地区/财富等级的损失率,并编制了全球多个单灾种亚国家级的灾害风险图。

(四) 风险评估的步骤

(1) 从 EM-DAT 数据库中摘录 1981—2000 年灾害导致的全球死亡数据,h;

(2) 利用每个灾种范围的统计数据,计算居住在那个地区受灾害影响的总人数,P_h;

(3) 简单计算一个灾害死亡率:$r_h=M/P$。因为这个数字很小,所以更多地采用单位“人/10 万人”;

(4) 某种灾害 h 影响地区内的每个 GIS 栅格单元为 i,则预期栅格单元死亡人数为全球

特定灾种死亡率×该栅格单元的人口，即 $M_{hi}=r_h\times P_i$，对所有 6 个灾种都用这种方法计算，得到每个栅格单元的多灾种死亡数值 $Y_i=\sum_{h=1}^{6}M_{hi}$，这种计算方法假设全球的死亡率都是统一的，并且灾害的严重程度对死亡的相对分布没有影响；

（5）如果用 j 表示不同地区和国家财富等级的组合，那么计算一个特定栅格单元的死亡人数可以表示成 $M_{hij}=r_{hj}\times P_i$；

（6）如果灾害的等级用 W 表示，并假设地区/财富等级组合 J 的加权方式是相同的，那么，在某一栅格单元内的累计死亡人数 $M'_{hij}=r_{hj}\times W_{hi}\times p_i$；

因为不同灾种的灾害等级不一定都用相同的单位计算，所以简单地把结果数值相加将导致这个指标很大程度上受较大单位数值的灾害影响，因此需经过转化，则

$$M'_{hij}=M'_{hij}\times M_{nj}\Big/\sum_{i=1}^{n}M'_{hij}$$

式中，n 为暴露于灾害 h 的地区内的栅格单元数量；

（7）得到每个栅格单元的多灾种死亡风险热点指标：

$$Y_i=\sum_{h=1}^{6}M_{hij}$$

（8）把计算结果转化为 1～10 的指标等级，绘制出风险分布图。经济损失风险的计算和死亡风险类似，只要把死亡数据换成经济损失数据即可。

三、美国 HAZUS 灾害风险评估模型

（一）HAZUS 概述

从 1989 年到 1992 年间，美国发生的一系列自然灾害向公共管理部门发出了警告，为了完成减轻灾害损失管理和编制应急预案等目标，政府意识到有必要精确评估灾害影响。1992 年，美国国家紧急事务管理局(federal emergency management administration，FEMA)建立一个对最新发生的地震进行损失评估方法的研究小组，研究组在 1994 年发表研究报告《国家地震损失评估方法研究》(Assessment of the State of the Art Earthquake Loss Estimation Methologies，1994)，正是这次研究促使 FEMA 后来资助开发 HAZUS(Hazards U. S.)巨灾损失评估模型。HAZUS 研究目的包括：降低自然灾害和人为灾害人员伤亡和财产损失；支持减灾、应急管理、抗灾、灾后恢复的国家计划；评估损失来应用于减灾和备灾，增强国家稳定性和经济安全性。HAZUS 软件包是由 FEMA 和国家建筑科学院(NIBS)共同研究的成果，是建立在 GIS 平台全面基于风险分析的工具软件包。HAZUS 先后有两版，第一版 HAZUS 是结合公共和私营部门资源评估地震损失，1997 年发布，升级后的 HAZUS 模型一直是数据与软件的结合。2004 年，HAZUS 在原版的基础上，开发多灾种评估模型软件包，即 HAZUS-MH，包括地震、飓风和水灾（河水和海水）。新版的 HAZUS-MH 模型是一个标准化、全国通用的多种灾害损失估计方法，现在能够应用于地震、洪水、飓风等，其目标是建立自然灾害损失评估方法的国家标准(FEMA 2002)。HAZUS 共由七个模块组成：

（1）潜在致灾因子：地震、洪水和飓风；

（2）数据库：国家级别、默认数据库包括全部建筑物、关键设备、交通系统和生命线设施；

(3) 直接损失：财产；

(4) 间接损失：次生损失；

(5) 社会损失：人员伤亡、转移家庭和暂时避难所需求；

(6) 经济损失：评估结构和非结构损失、内容物损失、重新安置成本、商品存货损失、资本损失、工资收入损失、租金损失；

(7) 间接经济损失：灾害对区域范围和对区域经济的长期影响，评估结果可以提供销售、收入、雇佣的变化。

(二) HZAZUS 评估的三个层次

第一层次：提供基本损失估计，其目的是满足减灾规划。基础数据来源于国家数据库和嵌在 HAZUS-MH 内部的分析参数，以及少量附加数据；

第二层次：提供详细区域损失估计，数据方面除第一层次基础数据外，还需要近期相对详细的“地方数据”，地震灾害评估的地质基础数据、建筑物清单、公用设施和交通系统数据，相关技术人员参与的结果更有价值；

第三层次：提供建筑物内更为详细的损失估计。其目的是面向不同用户的专门损失估计问题。数据方面是在第二层次的数据基础上，供掌握 HAZUS-MH 模型开发的高级用户使用。

(三) HAZUS 评估的基本流程(图 7-4)

第一步：致灾因子识别；

第二步：致灾因子概览；

第三步：数据清单；

第四步：损失评估；

第五步：降低风险措施。

(四) 地震灾害评估的基本流程具体流程示例

第一步：统计区域基础信息。包括四个方面：区域状况；建筑物清单；重要设施清单；生命线设施清单。每个方面所包含的具体内容如下：

(1) 区域状况包括面积、社区数、人口、户数、建筑物数量(包括价值)、居民房屋数量(包括价值)、交通和公用生命线(价值)；

(2) 建筑物清单包括居民住房和非居民住房；

(3) 重要设施清单包括必要设施和高风险设施，其中必要设施有：医院、学校、警察局、消防站、应急设施等；高风险设施有：水坝、防洪堤、核电站、危险物站；

(4) 生命线设施清单包括铁路、高速公路、轻轨、公共汽车、摆渡口、港口、航空港、道路类、桥梁、涵洞、路段、道路设施等；

(5) 日用生命线系统包括饮用水、天然气、电力、石油、通信等。

第二步：损失分析。包括直接损失分析、次生灾害损失、社会影响和经济损失四个方面内容，每个方面的损失具体内容如下：

(1) 直接损失分析

① 建筑物损失：按行业部门、构造以及不同破坏等级分析；

② 重要设施损失：医院、学校、警察局、消防站和 EOCS(按照三级分：超过 50%达到的中等损失、超过 50%的完全损失，一天后能恢复 50%的功能)；

③ 运输与日用生命线损失：其中，总体损失分为中等损失、完全损失、一天能恢复 50%

功能、七天能恢复50%功能四级；具体到每个地点的各种管线、电力和饮用水系统功能。

(2) 次生灾害损失

① 次生火灾：采用蒙特卡洛模拟法，估计燃火点数量和着火面积；

② 次生废弃物：砖块和木块、钢筋混凝土块。

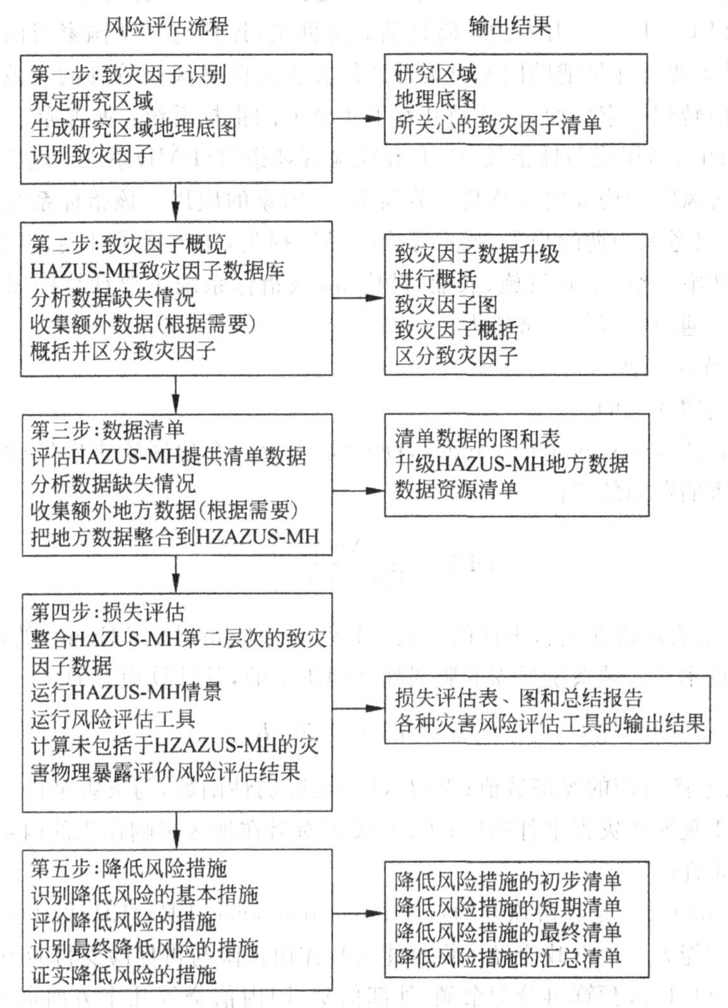

图 7-4 HAZUS 评估的基本流程及其输出结果

(3) 社会影响

① 临时住所需求：估计无家可归户数及所需临时住所；

② 人员伤亡：轻伤，需要救治但不许住院；需要住院但没有生命危险；重伤，如不及时救助就有生命危险；死亡。

(4) 经济损失

① 与建筑物有关的经济损失：直接经济损失(修复和重建建筑物内部设备的代价)；工商业停产中断的经济损失；

② 运输与生命线设施的损失；运输与生命线设施损失代价仅仅是修复或重建这些设施的代价，没有计算其对工商业中断造成的损失；

③ 长期经济影响(属于间接经济影响)。

四、美洲计划

“美洲计划”(American Programme)是由哥伦比亚大学和美洲开发银行共同研究的成果。美洲计划以 Cardona 等开发的风险评估概念框架,评估每一个国家当前的脆弱性和风险管理状态,其主要目标是辅助国家决策者评估灾害风险和风险管理的成效。美洲计划把焦点从全球层面转到国家层面,该计划开发了 4 个大的指标系统:灾害赤字指数(DDI)、地方灾害指数(LDI)、通用脆弱性指数(PVI)和风险管理指数(RMI)系统。这些指数系统描述了国家级的灾害风险的构成要素及其在美洲 12 个国家的应用。该指标系统在进行灾害风险度量方面,不仅考虑预期的损失、死亡等价的经济损失,还包括了社会、组织和制度因子,如经济、环境、住宅供给、基础设施、农业、健康等,该指标系统主要计算国家遭受到 50 年、100 年、500 年一遇的灾害的经济能力。

(一) 灾害赤字指数

1. 灾害赤字指数 DDI

灾害赤字指数(disaster deficit index,DDI)是度量一个地区灾害发生后的经济损失和可用于应对灾害的资源的指标。

$$\mathrm{DDI} = \frac{\mathrm{MCE}_{\mathrm{loss}}}{\mathrm{Economic}_{\mathrm{resilience}}}$$

分子 $\mathrm{MCE}_{\mathrm{loss}}$ 表示潜在灾害事件的最大(Maximum Considered Event)的损失,是由致灾因子发生的超概率和区域系统暴露的脆弱性共同决定的,其计算模型为

$$L_R = EV(I_R, F_S)K$$

其中,E 是所有暴露财产的经济数值;$V(I_R, F_S)$ 是脆弱性函数,与灾害事件的强度有关;I_R 是对应的灾害重现期的灾害事件强度;F_S 是灾害对潜在地区影响作用的因素;K 是校正脆弱性函数不确定性的因子。

分母 $\mathrm{Economic}_{\mathrm{resilience}}$ 是经济恢复力(economic resilience,ER),ER 表示地方政府获得国内和国外资金的能力。地方政府经济恢复能力具体由保险与再保险支付能力、灾害准备金、援助与捐赠、新税、地区预算再分配余额、外部信贷、国内信贷等几个方面资金等构成,具体指标构成见表 7-4。

表 7-4 经济恢复力构成指标

种 类	指 标
保险和再保险支付能力	F_{1P}
灾害准备金	F_{2P}
援助和捐赠	F_{3P}
新税	F_{4P}
一个地区预算再分配的余额	F_{5P}
外部信贷	F_{6P}
内部信贷	F_{7P}

如果 DDI>1，则意味着该地区即使负很多外债，也没有能力处理极端灾害分子；相反，如果 DDI<1，则意味着该地区可以通过获取资金来处理极端灾害损失。

2. 补充灾害赤字指数 DDI′

补充灾害赤字指数 DDI′用来表示每年预期损失或纯风险保费与每年资金花费的比例。其模型公式为

$$\mathrm{DDI}' = \frac{\mathrm{EAC}}{\mathrm{CE}}$$

式中，分子 EAC 表示每年的预期损失或纯保费，等同于一个地区用来应对灾害可能造成损失年均投资或存款额；分母 CE 表示每年资金花费，每年投资预算中，用来支付应对可能发生灾害的资金百分比。补充的灾害赤字指数指标用来表示每年预期损失或纯风险保费与每年资金花费的比例，该指标相比通用脆弱性指标，能够有效地评估地方政府应对灾害的能力，因为外来贷款、国际信贷、捐款以及新税等资金尽管也是应对灾害的资金来源，但是这些资金存在着不确定性，只有政府自身的财政资金预算才是真正毫无条件投入到地方政府应对灾害活动的。

（二）地方灾害指数

地方灾害指数(local disaster index，LDI)是用来识别那些与极端事件相比更容易发生的、强度稍弱的灾害事件所导致的灾害风险事件。实践中，LDI 多用来描述一个地区遭受小尺度灾害事件的倾向性和对当地发展造成的累积影响，如滑坡、洪水、小地震、飓风和火山等。地方灾害指数由 3 个次级指标构成：经过标准化的死亡人数 D(deaths)、受影响人数(无家可归的人数)A(affected)和财产损失(建筑物和作物)L(losses)。其模型为

$$\mathrm{LDI} = \mathrm{LDI}_{\mathrm{deaths}} + \mathrm{LDI}_{\mathrm{affected}} + \mathrm{LDI}_{\mathrm{losses}}$$

$\mathrm{LDI}_{\mathrm{deaths}}$表示死亡人数的指标；$\mathrm{LDI}_{\mathrm{affected}}$表示受影响(主要是无家可归的人)的指标；$\mathrm{LDI}_{\mathrm{losses}}$表示财产损失的指标，如建筑物和各类作物损失的指标。其中，LDI 的计算模型为

$$\mathrm{LDI}_{(D,A,L)} = \left[1 - \sum_{e=1}^{E}\left(\frac{\mathrm{PI}_e}{\mathrm{PI}}\right)\right]\lambda_{(D,A,L)}$$

式中，$\mathrm{PI} = \sum_{e=1}^{E}\mathrm{PI}_{e(D,A,L)}$，$\lambda$ 为比例系数。PI_e 则相当于由灾种 e 造成的受 D，A，L 影响的持续指数，其模型计算公式为

$$\mathrm{PI}_e = 100\sum_{m=1}^{M}\mathrm{LC}_{em(D,A,L)}$$

LC_{em}相当于由灾种 e 在各区 m 造成的受 D，A，L 影响的地方系数，其计算公式为

$$\mathrm{LC}_{em(D,A,L)} = \frac{x_{em}x_{ec}}{x_m x_c}\eta_{(D,A,L)}$$

式中，x 为对应于 D、A 或 L 的损失数值；x_{em} 为在 m 省(区)由 e 灾种造成的损失数值，x_m 为 m 省所有灾害类型的损失总值；x_{ec} 为影响整个国家的灾害事件 e 的损失值；x_c 为整个国家的所有灾害类型的损失总值；η 为所有灾害类型与国家已有影响记录数量之间的关系。通过上述公式计算出各省的 LDI 数值，并可以绘制出各地方(或国家)的 LDI 柱状图。

(三) 通用脆弱性指数

1. 通用脆弱性模型

通用脆弱性指标(popular vulnerability index,PVI)是一个合成指标,可以评价一个地区的脆弱性状态,确定该地区主要脆弱性因素。其提供了度量灾害事件的直接、间接及潜在影响的方法。其模型为

$$\mathrm{PVI} = (\mathrm{PVI}_{\mathrm{ES}} + \mathrm{PVI}_{\mathrm{SF}} + \mathrm{PVI}_{\mathrm{LR}})/3$$

公式中每一个分项指标的具体计算模型为

$$\mathrm{PVI}^{t}_{c(\mathrm{ES,SF,LR})} = \frac{\sum_{i=1}^{N} w_i I^t_{ic}}{\sum_{i=1}^{N} w_i} \mid (\mathrm{ES,SF,LR})$$

其中,w 为权重,I^t_{ic} 为无量纲化后的(ES,SF,LR)分类指标值。

适用公式中 PVI 的(ES,SF)分项公式为

$$I^t_{ic} = \frac{x^t_{ic} - \min(x^t_i)}{\mathrm{rank}(x^t_i)}$$

适用公式中 PVI(LR)分项公式为

$$I^t_{ic} = \frac{\max(x^t_i) - x^t_{ic}}{\mathrm{rank}(x^t_i)}$$

式中,x^t_{ic} 为 t 时间段内国家 c 或地区的变量原始数据;x^t_i 为综合考虑所有国家和地区的变量;x^t_M 为 t 时间段内变量的最大值;x^t_m 最小值;$\mathrm{rank}(x^t_i)$为 $x^t_M - x^t_m$ 的值。

上述计算分项指标 I 是一种无量纲化的方法。通用脆弱性指标 PVI 公式中的权重 w 可采用层次分析法计算得出。根据得到的分项指标 I 和权重 w,分别计算出暴露和敏感度(ES)、社会-经济脆弱度(SF)、恢复力缺乏(LR)三个次级指标的 PVI 数值,最后通过公式 $\mathrm{PVI} = (\mathrm{PVI}_{\mathrm{ES}} + \mathrm{PVI}_{\mathrm{SF}} + \mathrm{PVI}_{\mathrm{LR}})/3$ 计算出总的 PVI 值。

2. 通用脆弱性模型中的暴露与敏感指数

通用脆弱性指数模型中的暴露与敏感指数 $\mathrm{PVI}_{\mathrm{ES}}$ 是对易受影响人口、财产、投资、生产、生计、古迹和人类活动等的表述,标志暴露与敏感度(ES)的具体指标如下:

(1) 年均人口增长率(%);

(2) 年均城市增长率(%);

(3) 人口密度(X/5km);

(4) 贫穷人口(每天收入<1 美元);

(5) 资金储备(100 万美元/1000km^2);

(6) 商品和服务的进出口(占 GDP 的比例);

(7) 国内固定投资总值(占 GDP 的比例);

(8) 可耕地及永久作物(占土地面积的比例)。

3. 通用脆弱性模型中的社会与经济指数

通用脆弱性之社会与经济指数 $\mathrm{PVI}_{\mathrm{SF}}$ 可以用贫穷、个人安全的缺乏、文盲、收入不平等、失业、通货膨胀、债务、环境恶化等指标反映。标志社会与经济(SF)指标如下:

(1) 人类贫困指数(HPI);

(2) 依赖人口、劳动适龄人口;

(3) 社会地位、财富集中(基尼系数);

(4) 失业率(占总劳动人口的百分比);

(5) 通货膨胀(食品价格变化的年比率%);

(6) 对农业 GDP 增长的依赖性的年比率%;

(7) 债务利息占 GDP 的比例%;

(8) 人为土地退化(GLASOD)。

4. 通用脆弱性之恢复力的缺乏程度指标

通用脆弱性之恢复力的缺乏程度指标 PVI_{LR},可以用人类发展、人类资产、经济再分配、管理、财政保护、社区灾害意识、对危机状况的准备程度、环境保护这些指标来反映,它们反映了灾后恢复或消化吸收灾害影响能力。标志恢复力缺乏(LR)指标包括:

(1) 人类发展指数 HDI[Inv];

(2) 与性别有关的发展指数 GDI[Inv];

(3) 在养老教育医疗健康方面的社会支出占 GDP 比重;

(4) 政府管理指数(Kaufmann)[Inv];

(5) 基础设施和房屋的保险占 GDP 的比重;

(6) 每 1000 人拥有电视机数;

(7) 每 1000 人拥有病床数;

(8) 环境可持续指数,ESI[Inv]。

注意:[Inv]表示如果计算出的值为负数,那么需转化为 1 减去这个计算结果的相反数。

总体来说,PVI 所反映的包括由于物质和人的物理暴露程度而产生的易损性 PVI_{ES},容易产生间接和潜在影响的社会脆弱性 PVI_{SF},以及消化吸收结果能力的缺乏 PVI_{LR}。PVI 是一个合成指标,可以评价一个地区的脆弱性状态,确定该地区主要脆弱性因素,同时该指标还提供了度量灾害事件的直接、间接及潜在影响的方法。

(四) 风险管理指数

风险管理指数(risk management index,RMI)是把一组度量一个国家或地方政府风险管理方面表现的指数集合。这些指标反映了一个国家在组织、发展、降低脆弱性和损失、备灾和灾后尽快恢复的能力和制度行为方面的表现。具体数来:RMI 通过对风险识别、降低风险、灾害管理、治理和财政保护这四个公共政策来量化实现的。其模型为

$$RMI = (RMI_{RI} + RMI_{RR} + RMI_{DM} + RMI_{FP})/4$$

式中,RMI_{RI}、RMI_{RR}、RMI_{DM} 和 RMI_{FP} 分别表示 RMI 的 4 个子指标,其含义如下:

(1) RMI_{RI}(风险识别 RI):风险的客观评价,对个体感知的能力;

(2) RMI_{RR}(减轻风险 RR):对预报和减缓方面的度量;

(3) RMI_{DM}(灾害管理 DM):对响应和恢复力的度量;

(4) RMI_{FP}(管治和财政保护 FP):是度量制度化程度和风险转移的指数。

RMI 与 PVI 的计算方法类似,其公式为

$$RMI^{t}_{c(RI,RR,DM,FP)} = \frac{\sum_{i=1}^{N} w_i I^{t}_{ic}}{\sum_{i=1}^{N} w_i} \mid (RI,RR,DM,FP)$$

分别计算出风险识别(RI)、减轻风险(RR)、灾害管理(DM)和管治及财政保护(FP)4个次级指标的RMI数值,再通过上述RMI模型公式计算出总的RMI值,最后,绘制出各个国家的RMI柱状图。

下面分别介绍四个RMI分项指标的量化内容:

1. 风险识别(RI)是对风险的客观评价,对个体感知的能力。其包括以下具体指标:

(1) 系统的灾害和损失清单;

(2) 灾害监测和预报;

(3) 灾害评价和制图;

(4) 脆弱性和灾害评估;

(5) 公共信息和社会参与度;

(6) 灾害管理的训练和教育。

2. 降低风险(RR)是对预报和减缓方面的度量。其包括以下具体指标:

(1) 考虑土地利用和城市规划的风险;

(2) 水文流域的干预和环境保护;

(3) 灾害事件的控制和保护技术的方法;

(4) 住房改善和人类迁出灾害易发区;

(5) 安全标准及建筑法规的与时俱进和执行;

(6) 公共和私人财产的加固及翻新改建。

3. 灾害管理(DM)是对响应和恢复力的度量。其包括以下具体指标:

(1) 应急运作的组织和协作;

(2) 应急响应计划和预警系统;

(3) 设备、工具和基础设施的捐赠;

(4) 内部机构的响应的模拟、现代化和测试;

(5) 社区准备和演习;

(6) 修复和重建计划。

4. 管治和财政保护(FP)是度量制度化程度和风险转移的指数。其包括以下具体指标:

(1) 多机构、多部门和分散的组织;

(2) 使机构变强的储备金;

(3) 预算分配和流通;

(4) 社会安全网络和资金响应的补充;

(5) 保险总额和公共财产的损失转移措施;

(6) 房屋和私人部门的基础设施及再保险的总额。

通过对风险的描述,指标系统强调了干预的必要性,而且通过恰当的度量风险,进而可以以此确定发展过程中的优先次序,并采取行动降低或控制风险。

五、欧洲多重风险评估模型

欧洲多重风险评估,是一种通过综合由自然和技术致灾因素引发的所有相关风险来评估一个特定地区的潜在风险的方法(Greiving,2006),该方法在欧洲范围内得到广泛应用,从原理上讲,该方法可应用于任何的空间尺度和任何与灾害与风险有关的目的,该方法试图决定一个亚国家尺度地区总体的潜在风险，即把所有的相关风险综合起来，是一种具有空间相关性的各种灾害的综合风险评估模型。

多重风险评估是一种通过综合所有自然和技术致灾因素引发的所有相关风险来评价一个特定地区的潜在风险方法。其本质是一种对于具有空间相关性的各种灾害的综合风险评估法。

1. 致灾因子选择

欧洲多重风险评估致灾因子的选择不仅包括自然灾害如传统的雪灾、旱灾、地震等，还包括技术灾害如空难、核事故以及石油化工等安全技术灾害等都考虑在该评估系统内。表 7-5 是欧洲风险评估选用的所有致灾因子及其指标和权重。

表 7-5　欧洲风险评估选用的致灾因子指标及其权重

自然和技术灾害	灾 害 指 标	相对重要程度/%
雪灾	可能出现崩塌的地区数	2.30
干旱	观测到的干旱次数	7.50
地震	峰值地面加速度、伤亡人数	11.10
极端温度	高温天气、热浪、严寒、寒潮	3.60
洪灾	河流洪灾重现次数	15.60
森林大火	每 1000km^2 内火灾次数	11.40
滑坡	专家意见(向所有欧洲地质专家发放问卷)	6.00
风暴潮	冬季风暴出现概率、冬季风速的变化	4.50
海啸	海啸相关滑坡、构造活动带等相关地带	1.40
火山喷发	过去 10 000 年已知的火山喷发	2.80
空难	5km 范围内机场数量和年乘客数量	7.50
主要事故	各区域内 1km^2 内化学工厂数量	2.10
核事故	核电站位置和距核电站距离	8.40
石油生产、加工、储存、运输	区域内炼油厂、石油港和石油管线的总数	2.30

2. 风险评估思路

欧洲多重风险评估的特点是将很多自然灾害和技术灾害放在一起形成综合的致灾因子，并根据不同的权重进行加权汇总，图 7-5 给出了欧洲多重风险评估的评估思路。所谓综合致灾因子图将所有单个致灾因子的信息综合起来表达在一张图上，以反映每一个地区所有灾害发生的可能性。综合的方法是对所有单个致灾因子的强度加权求和，即对每个致灾因子采用德尔菲(Delphi)法确定权重和对应致灾因子强度相乘。

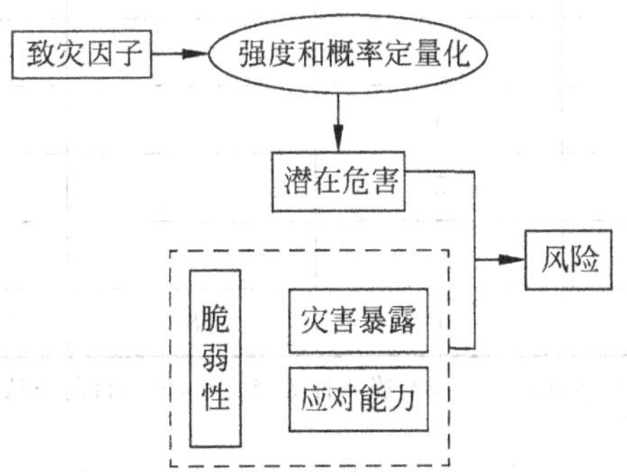

图 7-5　综合风险指标评估总体思路图

3. 欧洲综合风险评估图

所谓综合脆弱性图就是将有关灾害暴露和应对能力的信息结合起来制作一张图，以反映每个地区总体脆弱性(图 7-6)。区域脆弱性由灾害暴露、脆弱性(包括应对能力)决定，灾害暴露由三个指标进行度量，包括：地区人均 GDP，度量一个地区基础设施、工业设备、生产能力、居民建筑等灾害的暴露程度；人口密度，代表暴露区可能受到灾害的人口；自然区的破碎化程度表示生态脆弱性。人均 GDP 作为表征应对能力的指标，反映一个地区应对和处理灾害的响应潜力。

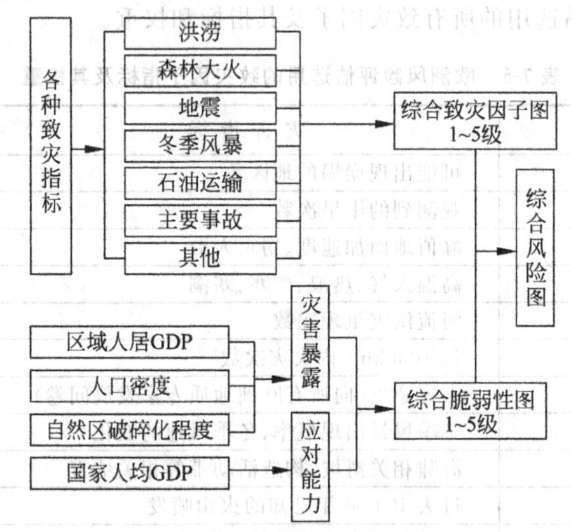

图 7-6　欧洲多重风险综合风险评估框架图

4. 风险等级矩阵

欧洲综合风险评估最后给出风险等级矩阵，该风险等级矩阵量化的具体方法如下：给出致灾因子强度等级和脆弱性综合指数等级，构成一个 5×5 的矩阵，如表 7-6 所示，然后把每一级致灾因子强度等级分别与脆弱性综合指数等级加和，共得 9 个综合风险等级，从而制作出综合风险图。

表 7-6　综合风险指标矩阵

致灾因子强度等级	脆弱性等级				
	1	2	3	4	5
1	2	3	4	5	6
2	3	4	5	6	7
3	4	5	6	7	8
4	5	6	7	8	9
5	6	7	8	9	10

注：这里的风险等级采用致灾因子强度的等级与脆弱性等级之和，但是目前公认的风险概念是致灾因子与脆弱性的乘积。

六、社区灾害风险评估

2005 年以后，国际上已经更加重视和关注社区和特定地区灾害风险和脆弱性评估，下面介绍社区灾害风险评估理论与实践的应用。

（一）社区灾害风险指数概述

社区灾害风险管理系统（community-based disaster risk management，CBDRM）是基于社区尺度的风险及脆弱性评估指标系统，该指标系统是鉴别家庭和社区群体管理、应对紧急灾害事件能力的一种定量评估方法。CBDRM 的目标是降低脆弱性并提高家庭和社区承受灾害影响的能力，该系统有利于潜在受灾群体和个人积极有效地参与灾害风险应对和管理，参与社区风险管理能够让受灾个人或群体从中感受到存在的价值和符合自身实际的需要，从而实现社区和地方的社会经济的可持续发展。社区灾害风险管理优势在于：

（1）社区的成员熟悉所在社区的周围环境，能够有效利用时间应对紧急灾害事件，并富有当地社区的相关社会和环境等经验；

（2）社区灾害风险评估及管理能够减少依赖国家和社会的救济，从而提高自身生存能力；

（3）社区成员在参与应对紧急灾害时能够明确表达社会和经济普遍关注的问题；

（4）社区成员清楚社区的受灾影响程度、能够满足妇女关注的问题以及她们的应对能力，从而在防灾减灾应急管理的贡献方面，为实现男女平等提供可能。

（二）社区灾害风险指数计算

1. 社区灾害风险指数计算原理

社区灾害风险指数（CBDRM）是一个全面、能够收集重要地方灾害风险数据并能够识别与社区主要的相关风险的指数系统。CBDRM 采用的方法是问卷调查法，指标体系包括致灾因子、暴露、脆弱性及应对灾害能力和措施 4 类主要因子。

2. 计算步骤

（1）将不同指标度量结果采用归一化方法，并分为高、中、低三个级别，分别赋予分值为 1、2、3，如果没有采用该指标就记为 0。

（2）设定权重。由于同一指标在不同灾种中的权重不同，根据具体灾害情况对权重和具体指标进行调整。即所有致灾因子、暴露性、脆弱性和抗灾措施和能力有关指标分别综合为各自范畴内一个总指标。

（3）采用等权重加法将 4 个综合后的主要因子指标值再加权汇总为一个灾害风险指数，注意 H、E、V 和 C 分别是致灾因子、风险暴露、脆弱性和应对能力。

3. 指标举例

社区灾害风险管理系统（CBDRM）在印度尼西亚应用的案例指标，通过指标选取举例说明评估某类灾害的风险水平：

（1）脆弱性，评估选取的指标为“可获得的基本服务（V_4）”，调查问卷设计的问题是：能否良好利用基本健康中心？提示：社区健康中心、诊所、医生等方面内容。

① 有健康中心且能够坐车方便到达，脆弱性低，取值 1；

② 有健康中心但只能步行到达、不太方便，脆弱性中，取值 2；

③ 没有健康中心，脆弱性高，取值 3。

(2) 灾害应对能力，灾害应对能力选取的指标种类是土地利用规划(C_1)，则调查问卷设计的问题为“在土地利用计划中是否考虑了降低灾害风险方面内容？如果是，则计划实施情况如何？”回答情况赋分如下：

① 全面落实，则减灾应对能力水平高，取值为3；

② 部分落实，则减灾应对能力水平中，取值为2；

③ 没有实施，则减灾应对能力水平低，取值为1；

④ 如果回答否，则取值为0。还有其他指标这里不详细给出。

4. 指标意义

(1) 社区灾害风险评估指标系统的应用结果有利于提高决策者在区域和国家水平上对不同社区主要灾害风险等级、暴露情况、脆弱性等级和灾害应对能力等的评价。

(2) 社区灾害风险评估指标系统还可以作为一种评估灾害风险的管理投资和政策效果的测评手段，从而为灾害风险变化提供具有可比性的参数。

(3) 社区灾害风险评估指标系统还强调分析抵御自然灾害能力方面的主要不足之处，并找到可能需要干预管理和加强监督的区域。

(4) 系统有序地表述社区尺度上的风险信息。

(三) 社区应对能力自我评估法(CBDM)

社区应对能力自我评估法(commuication-based disaster management，CBDM)是由一些非政府组织(NGO)历经几十年发展而形成的自下而上的社区灾害风险管理方法，其基本思想是社区成员对发生在社区内的风险进行主动的、参与式的定性评估。

1. CBDM方法的思想

(1) 死亡、伤害、损失和脆弱性与人们的生活水平(包括人的自身素质和安全保障能力)高度相关。

(2) 脆弱性不仅包括经济，而且还包括社区成员所在位置和所拥有的权利，例如拥有接受国际组织和机构或其他国家政府捐赠的权利。

(3) 社区的脆弱性和应对能力是不同的，脆弱性是社区及其成员本身的属性，而应对能力则是灾害发生后的反应和处置能力。

(4) 社区的灾害应对能力存在异质问题。例如居住在农村的农民采用的应对策略取决于适合农村本土化的技术知识和常识、城镇社区则采用社会网络和可替代的隶属关系，例如户口、住房等产权隶属关系。

(5) 社区灾害应对能力系统提出的背景和假设是：国家和政府不相信或者不信任当地居民具有应对灾害的能力。因为国家的减灾救灾策略是来自上层的想法，这些策略可能因为不了解下层社区的真实需求和要求，往往一厢情愿，事与愿违的情况常常有之，这种情况在我国汶川地震、芦山地震等救灾中也都存在。因此，社区灾害应对能力评估有利于真实地评估和管理灾害应对能力。

2. CBDM方法的意义

(1) CBDM方法将家庭的生计、位置、生态条件、政治观点和主张及地方知识、社会关系等与脆弱性以及应对能力联系在一起；

(2) CBDM方法能够在人们中间建立足够信任、共同目标和动力，利用简单工具(灾害制图、时间预算表、决策树、财富排序等)找出关键问题(优点、机会、不足和面临的威胁)，估计自身脆弱性和应对能力；

(3) CBDM 方法采用问题解决式视角，针对具体地点和特定人群，采取情景式评价方法，该方法考虑了特殊情况、变化因素和突发事件，从某种程度上说是适应计划的独特案例；

(4) CBDM 方法尽管是社区尺度，但应用比较广泛，包括当地经济、社会、政治、技术、生态和地理等影响当地脆弱性和应对能力，但该方法需要加强定量和定性分析的均衡与协调。

(四) 社区灾害风险管理案例

1. 印度案例

印度政府和联合国开发计划署的灾害风险管理计划在 2002—2007 年执行。该计划选取印度的原因是针对印度这类多灾种国家，可以将政府和基于社区救济的应急管理模式转变为防灾减灾投资，灾前的防灾减灾投资效果远比灾后恢复重建投资更为有效。为了降低脆弱性和减少损失，采取的策略主要为通过社区成员的参与和社区自治的方式来降低灾害风险，并提出在印度建立备灾型社区的思想。具体方法和经验如下：

(1) 首先对社区过去发生的灾害进行回顾分析，通过本地区灾害发生频率对灾害进行排序，分析灾害损失。

(2) 简单的灾害发生规律总结，例如灾害季节日历。建立各类自然灾害发生季节的日历(月历)，根据发生的起止时间的记录，为社区减灾备灾和模拟分析提供依据。

(3) 绘制简易风险图，一般包括当地的风险地图、脆弱性地图和救灾能力地图。这些图主要由当地人自己绘制，这样能够简单有效地收集基础数据，并方便当地的社区成员进行快速识别和便捷应用。简易的风险图类型主要有救灾所需的资源图、风险与脆弱性地图，以及安全出口地图等。其中，资源地图包括资源描述、资源分布及运输路径；风险与脆弱性地图是标识社区易发生灾害和容易受灾的地方，包括低洼地、近水的地段、风向等，这样便于保护社区成员的生命与财产；安全出口地图是标识社区安全地区、如坚固建筑、高地、紧急避难的预备通道等。

2. 日本案例

1995 年阪神大地震后，日本开始推行“防灾福祉社区事业计划”。日本社区计划的特点是：使用社区灾害风险图，风险图中标有容易受到地震、海啸、洪水、泥石流以及火山喷发等攻击的地区，还包含撤离信息等。社区居民通过使用风险图能够更清楚地认识到他们所处区域的各类风险，当受到灾害威胁时能够采取合适的行动；建设社区防灾无线网，在灾害来临前后，防灾无线网可以保证社区居民与居民之间、当地政府之间和社会组织之间快速有效的信息交流，并及时作出反应，促进灾害应对工作的顺利进行。日本“防灾福祉社区事业计划”具体做法如下：

(1) 召集全部的居民，即动员社区的人员；

(2) 针对防灾福祉社区进行提案；

(3) 在会议中，通过相互讨论及说明让民众了解防灾福祉社区的内容及含义；

(4) 成立防灾福祉社区组织；

(5) 讨论地震及洪水灾害的相关事项，讨论社区的灾害危险度；

(6) 从赏花等活动开始建立伙伴关系，进行社区踏勘；

(7) 与社区内邻居建立朋友关系；

(8) 由自治会或妇女会做观察者，结合社区团队，开展倡导工作；

(9) 观察制作防灾地图；

(10) 通过制作倡导海报，宣传“防灾福祉社区事业计划”。

3. 美国案例

美国减灾型社区建设发展始于 1995 年，FEMA 启动“国家减灾战略”，1996 年提出“减灾型社区活动”。美国减灾型社区建设特点概括为：预防性、计划性、组织性、协调性、居民参与性。建立减灾型社区主要有 4 个步骤与阶段：

(1) 建立社区合作伙伴关系，地方政府、工业、企业、基础设施、交通、住房、志愿者组织等代表组成一个合作关系小组，所有成员都有义务为社区减灾服务；

(2) 社区内灾害评估鉴定，主要是确认社区内可能致灾的地点，研究灾害防范范围，制作相关社区地图，并针对社区致灾地点，查找和防范致灾隐患；

(3) 确认风险和制定社区减灾计划，首先要分析和评估灾害可能造成的损失程度，这一步骤需要社区居民参与，协商讨论决定；其次，参照社区内灾害评估鉴定结果，制订社区减灾计划以及适合社区的长、短期减灾策略；

(4) 减灾成果共享，经过建立社区伙伴关系、灾害风险评估及研究制订社区减灾计划的 3 个阶段后，第 4 阶段的工作即为完成减灾型社区建立的目标。

FEMA 提出的减灾型社区的能力要求如下：

(1) 让灾害所造成的伤亡降至最低；

(2) 公共部门能顺利协助社区救援；

(3) 社区本身能够在无公共部门的协助下，独立进行灾害应急管理；

(4) 社区能够依据灾前形式进行修复或是参照灾前所共同规划的模式进行重建；

(5) 社区经济能力能够迅速恢复；

(6) 如连续遭受严重灾害，社区能够总结经验，不重蹈覆辙。

国外发达国家十分注重社区减灾管理，形成了比较完善的防灾减灾体系。美国的“防灾型社区”主要体现在社区防灾教育和培训，核心是建立社区与企业、政府部门和民间组织等相关组织和机构的伙伴关系。日本的社区(基层)灾害风险管理特点为：政府在编制城市规划、地区防灾规划和应急预案时，首先做好社区的风险评估；其次政府与居民一起，或以居民为主体，基于政府提供的科学的基础资料，进行风险评估，制定不同比例尺的危险图和面向家庭的应急疏散避难图。日本作为灾害多发国家，提出了“公助、共助、自助”的减灾理念，并在法律中明确了各级政府、企业、社团和公民个人的权利、职责和义务，强化了“自救、互救、公救”相结合的合作关系。

4. 其他实例

近年来，国外很多发展中国家或地区也开展了社区灾害风险管理研究和实践尝试，积累了许多宝贵的经验。2004 年，东加勒比海地区启动了社区边坡稳定性管理项目(management of slope stability in communities，MoSSaiC)，因为简单的挡土墙不能有效地减少滑坡风险，该社区边坡稳定性项目则充分调动当地政府、国际国内非政府组织及社区居民参与边坡稳定性的防治。社区的实践表明 MoSSaiC 项目效果显著，在社区建设网络水渠可以有效地截获不同形式的地表水，从而可以最大化地减少滑坡风险，这种方法可很好地适用于发展中国家的脆弱社区。Tsinda 和 Gakuba 的研究也表明，非洲卢旺达基加利市若要实现可持续减灾，迫切需要虚心听取公众参与社区减灾的意愿和建议，需要完善组织结构和政策规划。联合国区域发展研究中心在亚洲开展了“可持续社区减灾”试点活动，成效显著，值得借鉴的经验包括：虚心听取公众参与社区减灾的意愿和建议，完善组织结构和政策规划。

5. 社区减灾的利益相关者角色

国家和地方灾害管理者、非政府组织、企业及社区公众通过一些国家的社区减灾实践，逐步认识到自身在社区减灾过程中扮演的角色。

(1) 国家和地方灾害管理者角色

国家灾害管理者在社区减灾中主要扮演两个角色：一是建立和实施可持续发展的社区减灾战略；二是作为拥护者和推动者，促进其他利益体参与社区减灾。地方灾害管理者(减灾工作重要成员)是领导和协调的焦点。其主要职能有三点：第一，确认、支持和加强本地的应对机制，充分考虑并不断提高当地居民对风险的认知和应对能力；第二，确立持续性的参与机制和协调机制，吸引和引导更广泛利益群体的参与，尤其是最易受到伤害的弱势群体；第三，建立有效的社区防灾减灾管理数据库，普及和深化社区减灾取得的成果。总之，政府是灾害管理的主要利益相关者之一。因此，政府领导人的动机和承诺，拟议的综合减灾方法是保障自然资源、生命财产安全并促进灾害易发地区可持续发展的关键。

(2) 非政府组织角色

非政府组织(non-governmental organization，NGO)作为减灾工作者的重要组成部分，因其组织的灵活性和广泛的民间性、社会性在自然灾害管理中发挥重要的辅助作用，是政府灾害管理的有力补充。非政府组织参与防灾、救灾在发达国家已经比较成熟，已经广泛参与国际灾害管理。在南亚各国，以社区为基础的减灾备灾和救助活动，多数由非政府组织进行，其中国际非政府组织是中坚力量，从而形成了一种“政府—援助国—非政府组织”三方合作、协调救灾、恢复重建的机制。在全球化趋势下，非政府组织在促进防灾减灾国际合作交流中发挥重要作用。企业作为资源和服务提供者，在社区灾害管理过程中具有极大的推进作用，一定程度上缓解了政府灾害救助的财政负担。

(3) 社区公众的角色

社区公众在防灾减灾中有着特殊的责任和意义，从某种程度上说社区公众是社区减灾管理的主体。只有社区居民认知了风险并积极参与减灾备灾，采取有效的管理措施，才能从根本上将人员和财产损失降到最低。

全球化给人们带来了发展的契机，也带来了与日俱增的各种灾害风险。发展中或欠发达国家的这些社区减灾经验表明，加强国际合作是推进社区减灾管理的重要举措。在减灾形势日益严峻的今天，多方合作的社区灾害风险管理势在必行。经验表明，加强社区风险管理是治理和减少风险并确保可持续发展的一个行之有效的手段。当减灾的重点放在减少地方脆弱性和增强社区防灾减灾能力上时，就可以全面减轻风险，减少损失。

6. 我国社区灾害风险管理

我国引入社区灾害风险管理已有多年，并在实践中得到不断的充实，特别是汶川地震后，政府和学界越来越重视社区灾害风险管理理论的研究和实践工作，加大了政策、技术和财政支持力度。例如，群测群防是我国当前地震、地质灾害社区风险管理的“雏形”，是具有中国特色的地震和地质灾害防治体系的重要组成部分，并发挥着重要的现实作用。如2010年8月13日清平特大山洪泥石流中，政府成功组织避险，虽然泥石流冲出量约600万立方米，远远大于舟曲泥石流，但死伤人数远远小于舟曲，其中一个很重要的因素就是得益于群测群防的有效运行。但由于制度、观念等一些原因，1966 年邢台地震后至今，群测群防工作大致经历了起步—高潮—调整—复兴四个发展阶段。在市场经济迅速发展的今天，群测群防必然有新的形式和内涵。目前，我国建起了一支 10 多万人的群测群防监测员队伍，在绝大多数地质灾害多发区建立了群测群防体系，完善了县、乡、村三级防灾体制，并由政府落实补助经费，明确责任到人，严格落实汛期值班制度、险情巡查制度和灾情速报制度。为了充分调动广大群众防灾减灾的能动性，各地积极开展地震和地质灾害防治知识的宣传和培训，发放了地震地质灾害防灾工作手册，实现对地震地质灾害隐患点附近群众的基本培训全覆盖，并开展综合减灾预案演练，以确保预案具有可操作性。

2009 年 11 月 9 日和 11 月 12 日，联合国开发计划署与国家民政部合作的农村社区减灾模式研究项目组分别在陕西省汉中市宁强县广坪镇骆家嘴村和四川省广元市利州区三堆镇马口村举行“农村社区灾害救助应急演练”。这是新中国成立以来民政部首次在村一级农村社区进行的防灾应急演练，为探索中国西部农村社区基于社区的防灾减灾能力建设提供了很好的范例。

随着地震地质灾害群测群防工作的大力推进及全国范围内“综合减灾示范社区”的积极创建，社区灾害风险管理的模式和运行机制日趋成熟，应用也更为广泛。如在社区减灾工程和扶贫工程实施中引入了社区灾害风险管理理念，云南省景东县漫湾镇的滑坡治理和甘肃省定西市安定区香泉镇中庄村的灾害风险管理就是两个成功的案例。但是，我国减灾社区的社会化参与程度不高，表现在社区居民还未真正参与灾害风险管理的全过程，如风险评估、应急预案编制等活动很少有当地居民参与；社区民居参与群测群防、疏散演练的积极性不高，减灾的责任感不强，需要落实经费补助；缺乏有效的社区减灾综合协调机制，我国社区减灾工作基本都是依托社区村(居)委会来组织落实，社区干部基本处在疲于应付的状态，社区干部缺乏防灾减灾知识，临灾应急处置的专业水平不足，难以有效地承担起社区减灾的领导和组织协调工作。这是因为，一方面，社区减灾还没有列入部分村(居)委会重要日程；另一方面，社区村(居)委会对增加社区社会资本(社区网络)的重视不够，社区成员间信任度不高等。这些都不利于社区综合减灾工作的开展，特别是难以形成政府、组织及成员之间的互动和配合。

此外，社区缺乏有效的应急预案。尽管我国“一案三制”的应急管理工作取得了一定进展，但是，我国受长期计划体制的经济背景的影响，灾害风险管理长期是由政府主导，企业、非政府组织、社区公众等没有发挥应有的作用。大多数社区的应急预案缺乏针对性，有的社区预案只是简单模仿上级部门的预案内容，没有充分体现各个城市社区的特殊性、应急资源的整合、各个部门之间的合作与协调等，在一些社区，应急预案成为摆设，没有严格执行，应急预案和应急管理“两张皮”现象有之。社区的应急预案的编制仅仅是政府行为，没有得到公众的参与和评价，大多数预案没有经过演练和实践的考验，导致社区公众对应急预案的知晓率较低。实际上，公众参与社区灾害应急管理是可持续减灾的重要保证，社区应急预案必须了解社区高危人群的实际情况，充分关注弱势群体。目前，社会组织和公众没有意识到现代社会本身就是风险社会，风险不只是“一次性突发事件”，而是现代社会的常态。社区公众很少自觉应用风险管理知识进行风险规避，风险管理还没有纳入到社区组织的日常工作，风险管理水平十分有限。

第 5 节　地震灾害风险评估

地震作为一种重大的自然灾害,其风险评估既和一般的灾害风险评估相似,又有着自身的特点。本节主要介绍地震灾害的风险评估模型以及评估内容。

一、地震灾害综合风险评估模型

1. 地震灾害综合风险评估模型(图 7-7)

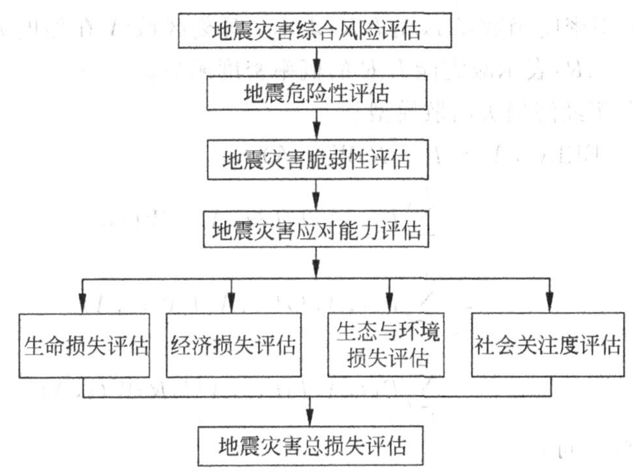

图 7-7　地震灾害风险评估模型

2. 地震灾害期望经济损失模型

(1) 地震灾害期望经济损失模型

$$\mathrm{EEL}(t,A)=L(t,R)W(t,A)=\sum_{I=6}^{10}P(t,A,I)L(t,A/I)W(t,A)$$

$$=\sum_{I=6}^{10}\int P(t,A,I)l(t,A\backslash I)W(t,A)\mathrm{d}t$$

$$\mathrm{EEL}(t_1\leqslant t\leqslant t_2,A)=\sum_{I=6}^{10}\int_{t=t_1}^{t=t_2}P(t,A,I)l(t,A/I)W(t,A)\mathrm{d}t$$

公式中,$\mathrm{EEL}(t,A)$表示 t 时刻区域 A 的期望经济损失,$L(t,R)$表示 t 时刻区域 A 的经济损失率,$W(t,A)$表示 t 时刻区域 A 的社会财富,$P(t,A,I)$表示 t 时刻区域 A 烈度 I 的发生概率,$L(t,A/I)$表示 t 时刻区域 A 在烈度 I 下的经济损失率,$l(t,A/I)$表示 t 时刻区域 A 在烈度 I 下的社会财富损失率密度函数。地震损失计算烈度从 6 度开始计算到 10 度。因此,$\mathrm{EEL}(t_1\leqslant t\leqslant t_2,A)=\sum_{I=6}^{10}\int_{t=t_1}^{t_2}P(t,A,I)l(t,A/I)W(t,A)\mathrm{d}t$ 表示时间在 $t_1\leqslant t\leqslant t_2$ 之间区域 A 的地震期望损失。

(2) 地震灾害期望经济损失连续模型

$$\mathrm{EEL}(t,A)=L(t,R)W(t,A)$$

$$= \sum_{I=6}^{10} P(t,A,I)L(t,A/I)W(t,A)$$

$$= \sum_{I=6}^{10} \int_{t_1}^{t_2} P(t,A,I)l(t,A/I)W(t,A)\mathrm{d}t$$

$$= \sum_{I=6}^{10} \int_{t_1}^{t_2} \int_{R_{\min}}^{R_{\max}} P(t,A,I)l(t,A/I,R)f(R)W(t,A)\mathrm{d}t\mathrm{d}R$$

式中，$\mathrm{EEL}(t,A)$表示t时刻区域A的期望损失；$L(t,R)$表示t时刻区域A的损失率；$W(t,A)$表示t时刻区域A的社会财富；$P(t,A,I)$表示t时刻区域A烈度I的发生概率；$L(t,A/I)$表示t时刻区域A在烈度I下的社会财富损失率；$l(t,A/I)$表示t时刻区域A在烈度I下的社会财富损失率密度函数，$l(t,A/I,R)$表示t时刻区域A在烈度I和减灾能力R下的社会财富损失率；$f(R)$表示减灾能力R的概率密度函数。

(3) 地震灾害期望经济损失离散模型

$$\begin{aligned}\mathrm{EEL}(t,A) &= L(t,R)W(t,A)\\ &= \sum_{I=6}^{10} P(t,A,I)L(t,A/I)W(t,A)\\ &= \sum_{I=6}^{10} P(t,A,I)l(t,A/I)W(t,A)\\ &= \sum_{I=6}^{10} P(t,A,I)L(t,A/I,R)W(t,A)\end{aligned}$$

公式中的参数意义同上。

3. 生态与环境风险评估

生态与环境损失指标如果用货币量表达可以并入到经济损失指标中，但是生态与环境的损失货币化没有客观公认的市场价格，大多采用支付意愿法给出，难以客观表达损失影响，难以被社会接受和理解。自然与人文环境可以采用破坏比例程度指标表达风险损失的等级：永久严重破坏，永久轻微破坏，长期影响，短期严重破坏，短期轻微破坏。生态环境则采用恢复时间指标表达风险损失等级：永久不能恢复，长期能恢复(5～10年)，短期能恢复(3～5年)，很快恢复(1～3年)，3～6个月恢复。关于生态与环境损失评估可以参阅《环境经济学》和《生态经济学》的原理与方法进行应用，这里不做介绍。

4. 社会关注度评估

灾害导致的社会稳定和声誉影响脆弱性指标建议采用公众的社会关注度评估指标，关注度评估是基于风险感知和理解引起的放大效应，一旦失去控制，带来的社会经济损失和长期影响是难以估量的。关注度评估是调查和计算灾害风险对政治、经济和社会的影响，这些次生的影响称之为风险的社会放大(social amplification of risk)。这些后果包括经济恶化效应、公众风险心理伤害、政府公信力降低、社会秩序不稳定等。重大灾害的社会稳定风险已经引起我国社会、政府等的关注，社会稳定脆弱性是指重大灾害对社会公众的生产与生活影响面大、持续时间长并容易导致较大社会冲突的影响程度。影响社会关注度指标有以下几个指标：

(1) 影响区域大小和民众范围；

(2) 失业率或居民收入变化程度；

(3) 物价与损失补偿程度；

(4) 社会风险管理与应急制度完善度；

(5) 社会风险问责制完善度；

(6) 应急管理的组织和协作；

(7) 灾后修复和重建计划。

注：关于社会关注度评估指标有待深入系统研究，上述几个指标仅仅用来举例，关于社会关注评估指标还有其他更重要的指标，绝不局限于上述指标。

二、地震灾害经济损失评估理论与方法

科学准确的地震经济损失评估能够为提高减灾决策的科学性、减灾投入的合理性和震后的救灾行动提供科学依据。我国地震系统对地震损失评估的研究始于1988年山西大同-阳高地震。1990年国家地震局颁布了《震害调查及地震损失评定工作指南》和《震害评估细则》，采取统一评估方法。1993年以后地震灾害损失评估逐步走向规范化，特别是国标《地震现场工作第4部分：灾害直接损失评估》(2005)颁布实施，地震直接经济损失评估理论与实践不断趋于完善。2008年汶川大地震造成巨大的直接经济损失，国务院专门成立了汶川地震专家委员会对直接经济损失情况进行评估。地震造成的间接经济损失往往是直接经济损失的几倍，国内学者袁一凡、林均岐、刘希林等已经注意到间接损失评估的重要性，2011年12月发布了地震灾害间接经济损失评估方法(GB/T 27932-2011)，该地震间接经济损失的评估标准包括了企业停减产损失评估方法、地价损失评估方法、区域间接经济损失评估方法和产业关联损失评估方法等内容，并给出了产业关联损失的评估实例。

(一) 地震灾害经济损失的存量与流量

国外灾害经济损失有市场与非市场、流量与存量之分。美国(NRC)提出了市场影响(marked-based effects)和非市场影响(non-market effects)的划分灾害经济损失的方法；南太平洋应用地理科学委员会(SOPAC)和Mckenzie、Prasad和Kaloumaira等提出了有形影响(tangible impacts)和无形影响(intangible impacts)的概念，这里的有形影响和无形影响相当于市场影响和非市场影响的概念。其次，灾害经济变量有存量和流量损失之分，地震灾害经济损失一方面是存量损失，即造成物质资产的损毁，另一方面由于物质资产的损毁也会对产品或服务的流量损失造成影响，这是两种不同性质的损失。国外学者Parker、Green和Thompson早在1987年就采用存量和流量的划分方法区分直接损失和间接损失；世界银行和联合国在1991年的《自然灾害社会经济影响评估手册》中明确指出，间接损失为产品的流量损失，直接损失是不动产和存货所遭受的损失，包括成品和半成品、原材料、其他材料和备用品等；其2003版也明确指出直接影响为不动产和存量的损失。澳大利亚南太平洋应用地理科学委员会的研究报告《自然灾害对太平洋地区发展的经济影响》基本沿用了世界银行和联合国的划分方法。美国宾夕法尼亚州立大学著名灾害经济研究专家亚当·罗斯(Adam Rose)在多篇论文中论述存量损失和流量损失。

(二) 直接经济损失和间接经济损失

近年来，对直接和间接经济损失构成有了进一步的界定。美国国家研究委员会又把直接损失分为原生直接损失和次生直接损失。Cochrane将直接损失定义为物理破坏损失及其诱发的物理影响造成的损失；间接损失为灾害引起经济部门前向产出和后向供给生产和

商业中断损失，这与美国 HAZUS 一致。Boisvert 将间接经济损失定义为由于直接经济损失导致供给瓶颈和需求减少引起的经济系统整体的连锁响应损失。另外，国外把间接经济损失又分原生间接损失和次生间接损失，原生间接损失是指经济生产中断引起的流量损失，而次生间接损失是经济系统产业链的关联效应损失。

国内学者关于直接经济损失和间接经济损失的研究是一个不断认识和实践的过程。地震直接经济损失基本明确，我国学者从产生地震间接经济损失原因角度考虑，认为间接经济损失是由于直接损失的承受主体功能失效造成的损失，包括地震后企业停工减产造成的损失、停工减产对社会生产及商品流通带来的损失，但袁一凡将等救灾有关的费用消耗计入间接经济损失。林均岐等(2007)认为地震间接经济损失涉及的空间范围比地震直接经济损失更为广泛，直接经济损失只影响到地震灾区，而间接经济损失往往还影响到灾区及其附近地区的经济活动，甚至是全球范围的经济活动。唐彦东(2011)在《灾害经济学》中提出，灾害间接损失不仅来源于营业中断，还包括由于公共设施供给成本或费用的提高而导致的成本上升、农业未来收成的损失、运输方式或运输路线改变导致的成本提高、企业的应急支出、应急阶段后恢复重建前的废墟处理费用等等。中国人民大学经济学院刘元春(2008)指出，直接损失是存量概念，不能与增量(流量)概念的 GDP 损失相混淆。而地震灾害造成的间接损失既包括现实中已经发生的关联产业损失，也包括对未来产业发展的影响，即机会成本损失。

总之，国内外学者和研究机构对灾害直接和间接经济损失的定义及构成存在差异和分歧，特别是间接经济损失的构成还没有明确界定，有必要进一步厘清灾害损失基本内涵以及其划分和方法。

(三) 地震经济损失评估理论

20 世纪 60 年代，日本和美国等地震多发国家开展了有关地震经济损失方面的研究，并取得了一定的进展，为后来其他国家地震经济损失评估研究奠定了一定的理论基础和指导经验。

1. 直接经济损失评估

20 世纪 90 年代以来，国际上地震灾害损失评估建立在地震危险性分析和地震易损性分析的基础上。美国目前使用的 HAZUS-MH 是以定量(PGM)代替了以往用 MMI 为地震特征参数，由于经济活动中断引起的间接损失没有考虑。日本栗林荣一采用的是计算人员伤亡和财产损失的直接损失模型，其中的地面运动加速度反应谱分为两类，同时考虑城市人口密度。地震损失的全概率法模型中联合概率密度函数是很难确定的。国内地震系统学者对直接损失评估进行了很多的实践性研究，采用了航拍和 3S 技术等。

2. 间接经济评估

地震间接经济损失的研究方法包括经济学模型和经验统计模型两类方法，其中经济模型法包括投入产出(input-output，I-O)模型及其变形、可计算的一般均衡模型和计量经济学模型。经验统计模型通常利用损失与 GDP 的统计关系，或者与直接损失的统计关系等。投入产出模型由美国经济学家列昂惕夫(Leontidf)在 20 世纪 30 年代提出，后者因此获得诺贝尔经济学奖。美国防御分析研究所的 Peskin 第一次将投入产出模型运用到灾害经济学的研究中，后来，美国 FEMA 和日本学者 Kawashima 等采用此模型对地震进行了进一步间接经济损失评估研究，由于用 GDP 评估地震灾害的间接性，其不确定性也是非常大的，尽管投入产出模型也存在一些缺点，但许多国内外学者还是应用投入产出模型并且不断对其加以改进，对灾害的间接损失进行评估。近年来，西方学者不断地对投入产出模型进行改进，先后有滞后支出模型(lagged expenditure models)、社会账户矩阵(SAM)、产业间时间序列模型(SIM)及区域计量经济投入产出模型(REIM)等。国内地震系统学者对间接经济损失评估进行了一些实践经验性的探索。陈颙、刘杰等建立地震烈度和国内生产总值(GDP)的评估方法，楼宝棠利用1950—1994年间的地震灾情资料，得到了我国东部和西部的地震经济损失和震级的回归关系。陈棋福等利用人口和GDP数据进行地震灾害损失预测的宏观地震经济损失分析法。林均岐对区域地震间接经济损失的研究现状进行了总结和回顾。2008年汶川地震发生后，国内学者对地震造成的间接经济损失进行评估，但是对于这些经验统计模型一方面由于地震后本身对间接经济损失的详细调查研究很少，没有足够的样本数据来得到回归系数，且回归出来的方差很大。

(四) 地震灾害损失评估的注意问题

1. 关于经济损失评估市场价格和影子价格问题

评估地震灾害经济损失，最终要以货币的形式表示损失的大小，地震灾害导致的经济损失资产的价格关系到损失评估的准确性。理论上，影子价格比市场价格更能精确反映损失的真实价值。这是因为价格在完全竞争市场和完全理性经济人假设条件下等于市场价格、影子价值等于市场价值和机会成本。但在非完全竞争市场，或者当存在外部性、税收以及补贴等条件下，市场价格被扭曲，此时影子价格一般不等于市场价格。在地震灾害经济损失评估过程中，当市场价格不能代表商品的成本与收益时，应该采用影子价格，这是因为影子价格校正了由于税收、补贴等带来的市场价格的扭曲，并考虑了影响福利的外部性。

2. 地震灾害经济损失评估的重复计算问题

在灾害损失评估过程中应该引起注意的问题是重复计算。例如计算灾害损失时可以计算产量下降引起的损失，也可以计算收入的损失，但不可以把二者之和作为灾害的损失，因为这是一个问题的两个方面，容易导致重复计算；另外，灾害对金融机构的业务造成影响，如银行呆坏账、保险公司赔付以及金融机构灾后股票价格变化等等，金融机构往往认为自己在灾害中遭受“损失”，实际上这种“损失”仅仅是直接损失的反应，并不是真正的损失，为银行或保险公司随风险变化收益发生调整的具体体现。

3. 地震灾害经济损失评估区域问题

在进行地震灾害损失评估中，要注意评估区域界定，区域不同，所承担的损失也不同。对于某一地区来说，尽管遭受灾害的损失，但区域外灾后恢复重建投资、捐款等会弥补部分甚至全部损失，因此对该地区损失可能要小一些，但对整个国家来说，损失却是较大的。对于一个国家来说，受灾区域损失的简单加总也不是这个国家的全部损失，因为一个地区的损失对于其他地区来说，可能会带来收益，如地震破坏了一地区某产品的生产活动，造成该种商品短缺，那么区域外企业就会生产更多的该商品以满足这一区域商品的短缺，从而提高了收益，因此，从这一角度来看，整个国家的损失比受灾区域损失的总和要小一些。

4. 直接经济损失与间接经济损失

灾害损失根据造成的影响是否具有市场价值可以分为市场影响和非市场影响，市场影响即灾害所造成的具有市场价值的影响，其价值可以在市场中加以衡量；非市场影响即灾害所造成的不具有市场价值的影响，其价值不能或难于在市场中加以衡量。灾害损失包括存量损失和流量损失，存量损失是指物质资产的损毁，流量损失为对产品或服务的流量造成影响，这是两种不同性质的损失，因此，按照存量和流量为划分原则，把市场影响分为直接损失和间接损失。直接损失又可以进一步划分为两个部分：原生直接损失和次生直接损失。具体来讲，直接损失主要包括城乡居民财产损失、基础设施损失、企业损失、农业损失、行政事业机构损失、社会公益事业损失和文物损失等；间接损失包括救灾过程的各种直接投入，救援、安置和重建而投入的各种资源，地震对经济的负面影响等。

总之，地震灾害间接经济损失的界定不能符合经济学原理，间接经济损失无论从损失数据分类、获取、整理和评估方法、模型等都没有广为接受的或公认的定量计算方法和经济学模型（袁一凡等），地震灾害间接经济损失的评估规范和标准和实证都处于理论探讨阶段，进而需要借鉴前人地震直接经济损失评估基础上研究探索间接经济损失评估范式。此外，在地震灾害经济损失评估中药考虑市场价格和影子问题、重复计算问题、区域界定问题和存量与流量以及直接与间接经济损失评估问题。

（五）地震经济损失实践

1. 直接损失评估

直接损失评估可以采用标准资产评估方法评估，如成本法、市场法和收益法；也可以运用统计数据推断。其中地震导致的大多数存量和流量损失都可以采用市场法和成本法进行评估，例如工商企业库存和存货可以采用该方法。而企业因灾造成潜在损失评估则采用资产评估中的收益法。

(1) 分类加总法：对损失资产进行分类的基础上，以重置成本法为主、市场法和收益法为辅的方法估算直接经济损失；

(2) 总体推断法：根据近几年受灾地区固定资产投资等数据及其损失程度，来确定经济损失。

2. 间接损失评估可以采用目前比较成熟的就是投入产出法评估。

3. 长期经济影响评估也有经济增长理论来解释。

总之，更详细的理论评估可以参考唐彦东所著的《灾害经济学》中关于间接经济损失的评估和灾害对经济的长期、短期经济影响的评估。

（六）基于脆弱性模型的居民住房损失评估

1. 住宅损失计算

住宅损失 $E=$（各县平均损失率 × 各县居民住宅价值）$=\sum$(MDF(Ik) × POPk × AREAk × HVk)，其中，MDF(Ik)为 I 级烈度下房屋的平均地震损失与重置价值的比例，POPk 为评估区域总人口，AREAk 为评估区域人均住房面积，HVk 为区域单位面积房屋价值。

2. MDF(Ik)计算

MDF(Ik)的获得来自于《中国大陆地震灾害损失评估报告汇编》。其具体步骤如下。

(1) 根据震害资料建立现有土木、砖木、砖混和框架结构四类住房类型破坏概率矩阵；

(2) 结合四类房屋的房产损失率，得到四类房屋平均损失率；

(3) 再根据四类房屋面积比例、造价得到各省不同烈度下房屋的平均损失率曲线。

3. 风险损失计算

根据平均损失率，在收集历史震害资料基础上采用经验统计评估方法，具体过程如下。

(1) 地震灾区分县人口数据，结合地震灾区地理单元人均住房面积，得到地理单元总住房面积数据；

(2) 根据房屋结构类型抽样调查数据,获得不同类型住房面积;

(3) 根据地震烈度图,计算行政单元不同烈度区人口分布情况和不同类型住宅面积;

(4) 根据房屋易损性矩阵、不同类型房屋造价、不同破坏状况损失比等,进行地震风险损失评估。

4. 数据的获取

社会经济数据可以查阅当地的统计年鉴;住房破坏程度、单位造价及损失比按照《地震现场工作第 4 部分:灾害直接损失评估》(GB/T 18208.4—2005)来完成。基于历史震害的经济统计风险评估方法是一种较早应用的经验方法,该方法的评估结果的精确性与承灾体类型划分、承灾体数据、易损性矩阵、地震烈度图等的合理性、详细程度和准确程度有很大关系。

(七) 基于宏观易损性模型的直接经济损失评估

1. 资料来源

(1) 人口和地区生产总产值数据可以查阅统计年鉴;

(2) 地震烈度等震线图可以参考中国地震局提供资料。

2. 模型原理

(1) 根据陈颙等(1991)提出的宏观易损性方法;

(2) 以人口密度、人均 GDP 和单位面积 GDP 等 3 个指标为参数并计算;

(3) 分别研究地震烈度、地震经济损失率和人员伤亡率影响情况,确定宏观易损性最佳分类指标;

(4) 以人均 GDP 分类建立不同社会经济情况下地震宏观易损性关系。

3. GDP 易损性模型

GDP 易损性模型为 MDF$=C\cdot A\cdot I\cdot B$,其中,MDF 代表 GDP 损失率;I 为地震烈度;A,B 是系数(回归关系式获得);C 是修正系数,一般取 1.0(系数取值以及不同地震烈度 GDP 损失率可以查表)。

4. 生命易损性模型

生命易损模型是确定人员伤亡率与地震烈度的关系为

$$R=C\cdot A\cdot I\cdot B$$

式中,R 是地震人员死亡率;I 是地震烈度;A,B 为系数(由回归关系式获得);C 是修正系数,可根据历史实际资料确定。

三、地震灾害应急风险评估

根据地震救灾工作需要,灾害应急风险评估可以分为灾害快速风险评判和灾害应急救援风险评估两个阶段。

(一) 地震灾害快速风险评判

震灾快速风险评判主要是灾情发生时很短的时间内给出信息,为应急救援指挥决策提供快速判断和紧急决策服务。快速风险评判过程为:获取灾区人口与交通线评判需使用的数据→由灾害影响人口、道路情况人口、道路情况初判技术路线→地震灾害影响人口、道路评估→得出灾情应急救援快速评判信息。

1. 人口与交通线影响评判需使用的数据

(1) 地震信息包括震中、震级和地震烈度;

(2) 基础地理信息数据包括行政区划、地形、居民地分布和交通线分布等基础数据;

(3) 人口数据可以采用最近的人口普查数据、统计年鉴的人口密度分布数据等;

(4) 部分历史灾害记录的数据;

(5) 媒体信息包括官方及知名媒体和网站发布的灾情信息。

2. 灾害影响人口、道路情况初判技术路线

(1) 地震局发布的数字化地震信息;

(2) 提取地震可能影响区域的基础地理信息数据;

(3) 将地方上报和媒体发布的灾情信息数字化;

(4) 将地震可能影响区域的统计人口数据进行空间化处理;

(5) 利用 GIS 空间分析方法完成受灾人口和影响道路分析;

(6) 输出分析结果。

3. 地震灾害影响人口、道路评估

(1) 人口评估。利用震中位置、震级、烈度、基础地理信息数据和人口数据初步分析结果;

(2) 道路评估。利用地震信息、基础地理信息数据和交通干线数据分析得出结果。

4. 地震灾害应急评估技术路线(图 7-8)

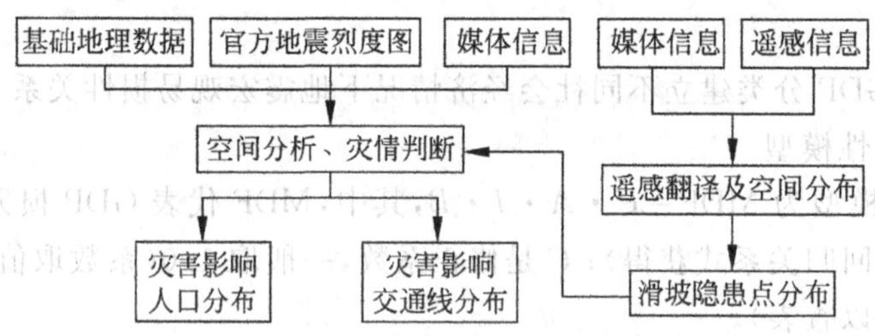

图 7-8　汶川地震灾情应急评估技术路线图

(二) 地震灾害应急救援风险评估

地震灾害应急救援风险评估的过程为:获取灾区遥感影像数据→选取监测与评估样本点监测数据→结合调查数据、地震烈度、上报数据和其他调查数据→数理方法灾害评估模型→灾区房屋倒损、道路损毁和人口受灾数据→风险等级评判。

1. 数据来源

(1) 遥感监测数据。主要来自我国各个相关部委以及国际其他国家的监测数据(我国同其他国家制定《空间与重大灾害国际宪章》(CHARTER)共享机制后可以得到)、国内卫星遥感数据等遥感数据。现场还可以采用重灾区无人飞机航拍来获取数据。

(2) 地震烈度数据来自中国地震局公布的烈度图和数据。

(3) 基础地理数据主要来自国家测绘局的基础地理数据,包括地形、县级行政区划、水系、交通线和居民点位信息。

(4) 地面调查数据实地调查资料和灾区上报数据等。

(5) 滑坡隐患数据主要来自国土资源部地质灾害部门。

(6) 滑坡崩塌点监测数据来自遥感影像解译。

2. 技术路线

技术上主要通过遥感解译、样本点房屋倒塌和受损信息来得到房屋倒塌数据，建立归一化房屋倒塌等级数据与地震烈度、样本点类型数据和样本点数据回归公式为

$$G = c - aS - bI$$

式中，G 为房屋倒塌等级，S 为房屋结构，I 为地震烈度，a,b,c 为系数。建立回归公式需要考虑相关系数和决定系数，其中相关系数 R 是变量之间相关程度的指标，取值范围为 $[-1,1]$。$|r|$ 值越大，变量之间的线性相关程度越高；$|r|$ 值越接近 0，变量之间的线性相关程度越低。

决定系数 R^2 是相关系数的平方，它与相关系数的区别在于除去 $|R|$ 为 0 和 1 的情况。决定系数的大小决定了相关的密切程度，其意义是拟合优度越大，自变量对因变量的解释程度越高，自变量引起的变动占总变动的百分比越高。观察点在回归直线附近越密集。决定系数只是说明列入模型的所有解释变量对因变量的联合影响程度，不能说明模型中单个解释变量的影响程度。决定系数和相关系数的区别如下：

(1) 决定系数就模型而言，相关系数就变量而言；

(2) 决定系数说明变量对应变量的解释程度，相关系数度量两个变量线性依存程度；

(3) 决定系数度量不对称的因果关系，相关系数度量不含因果关系的对称相关关系；

(4) 决定系数取值为 0 和 1 之间，相关系数取值为 −1 和 1 之间。

备注：汶川地震灾区应急风险评估内容资料来自科学出版社 2008 年 12 月出版、由国家减灾委员会、科学技术部抗震救灾专家组编写的《汶川地震灾害综合分析与评估》。

本章小结

灾害风险评估主要研究灾害风险评估的概念、评估的理论、内容、方法和应用模型等。灾害风险评估内容包括致灾因子评估、脆弱性评估和损失评估，针对承灾体脆弱性评估是灾害风险评估的重要内容，主要包括物理脆弱性、经济脆弱性、社会脆弱性和环境脆弱性等，广义的脆弱性评估还包括恢复力和应对能力的评估。灾害损失风险评估方面，本章系统阐述了生命价值风险评估的理论、方法和指标应用，经济损失评估理论和方法参阅《灾害经济学》和本书第 7 章。灾害风险评估模型主要系统介绍了几个经典的模型，如灾害风险指数系统、全球自然灾害热点计划、美国的 HAZUS 评估模型、美洲计划、欧洲多重风险评估模型、社区风险评估指数和方法。最后，本章还系统介绍了地震灾害综合风险评估模型、地震灾害经济损失评估理论与方法和地震灾害应急风险评估。

关键术语

1. 风险评估(risk assessment，RA)：广义的风险评估包括风险识别、风险估计和风险评价三部分内容，国际标准化组织关于风险评估的定义包括风险识别、风险估计和风险评价的全部过程；狭义的风险评估是指风险估计，在分析相关灾害风险损失资料的基础上，运用

各种方法对某类特定灾害风险发生的频率或损失程度作出的定性或定量分析，其本质是对风险的概率及后果进行赋值的过程，本章的风险评估是指狭义的概念。

2. 生命价值(value of life，VL)与生命统计价值(value of statistical life，VSL)：生命价值是指在给定的时间里，降低一个单位死亡风险的边际支付意愿，或个人愿意接受提高一个单位死亡风险的边际受偿意愿，且生命价值评价的是死亡风险，并不涉及生与死的问题；生命价值更多采用生命统计价值的概念来表示。

3. 社会风险(social risk，SR)：主要是描述重大伤亡事件(一般是死亡 10 人以上)和伤亡人数总量，一般用来描述事故发生概率与事故造成的人员受伤或死亡人数的关系；如果该风险是对特定的人群发生作用，也称为群体风险，或(行业)职业风险。

4. 个人风险(individual risk，IR)：个人风险是个人参与某项活动或是处于某个位置一定时间，而未采取任何特别防护措施的人员，遭受特定危害的概率，此处的特定危害是指死亡的风险，一定时间是指一年或一个人的一生，常简记为IR。

本章参考文献及进一步阅读文献

[1] Maxx Dilley, et al. Natural Disaster Hotspots: a Global Risk Analysis [M]. The World Bank Hazard Management Unit, 2005, Washington, D. C.

[2] Inter-American Development Bank. Indicators of Disaster Risk and Risk Management, Program for Latin America and the Caribbean IADB-UNC/IDEA[R]. Manizales-Colombia, 2005.

[3] J. K. Vrijling, W. van Hengel, R. J. Houben. A framework for risk evaluation [J]. Journalof Hazardous Matenals, 1995 (43): 245-261.

[4] S. N. Jonkmana, P. H. A. J. M. van Gelder, J. K. Vrijling. An Overview of Quantitative Risk Measures for Loss of Life and Economic Damage [J]. Journal of Hazardous Materials, 2003(A99): 1-30.

[5] 于汐，唐彦东，刘春平. 统计生命统计价值研究综述[J]. 中国安全科学学报，2014，24(12)：146-151.

[6] 于汐，唐彦东，刘春平. 灾害生命统计价值评估理论研究[J]. 中国安全科学学报，2010，19(12)：17-22.

[7] 唐彦东，刘春平，于汐，等. 生命统计价值评估与死亡赔偿[J]. 中国安全科学学报，2010，20(4)：14-21.

[8] 薛晔，黄崇福. 自然灾害风险评估模型的研究进展[J]. 应用基础与工程科学学报. 2006，14(1)：1-10.

[9] 葛全胜等. 中国自然灾害风险评估研究基础[M]. 北京：科学出版社，2008.

[10] 国家减灾委员会、科学技术部抗震救灾专家组. 汶川地震灾害综合分析与评估[J]. 北京：科学出版社，2008.

[11] R. B. Jongejan, S. N. Jonkman, J. K. Vrijling. Methods for the Economic Valuation of Loss of Life.

[12] 黄蕙，等. 自然灾害风险评估国际计划述评Ⅱ——评估方法[J]. 灾害学，2008，23(3)：96-101.

[13] Freie Universität Berlin, Naturwissenschaftliche Fakultät, Fachbereich Geowissenschaften. Risk and Vulnerability to Natural Disasters-from Broad View to Focused Perspective [R]. Tag der Disputation, 2007.

[14] Iman Karimi, Eyke Hullermeier. Risk Assessment System of Natural Hazards: A New Approach Based on Fuzzy Probability [J]. Fuzzy Sets and Systems, 2007(158): 987-999.

[15] Mechler R. Cost-Benefit Analysis of Natural Disaster Risk Management in Developing Countries [M]. Eschborn: Deutsche Gesellschaft für Technische Zusammenarbeit (GTZ), 2005.

[16] Jonkman S. N. Loss of Life Estimation in Flood Risk Assessment Theory and Applications[M]. Delft Cluster, 2007.

[17] Lianfa Li, Jinfeng Wang, Hareton Leung, Sisi Zhao. A Bayesian Method to Mine Spatial Data Sets to

Evaluate the Vulnerability of Human Beings to Catastrophic Risk[J]. Risk Analysis, 2012(32): 1072-1091.

[18] 黄崇福.自然灾害风险分析的基本原理[J].自然灾害学报,1999(2):21-30.

[19] Remy U G., Transboundary Risks: How Governmental andNon-Governmental Ageneies Work Together. Risk and Governance, Program of World Congress on Risk, Brussels, Beigium, 2003(7): 22-25.

[20] 马文·拉桑德.风险评估[M].刘一骝,译.北京:清华大学出版社,2013.

[21] 雅科夫·Y.海姆斯.风险建模、评估和管理[M].胡平,等译.西安:西安交通大学出版社,2007.

[22] 马文·拉桑德.风险评估——理论、方法与应用[M].刘一骝,译.北京:清华大学出版社,2013.

[23] Luchuan Ren, Xi Yu. Multi-level Stochastic Regression Analysis for Storm Surge Disaster Losses in China Coastal Region, Beyond Experience in Risk Analysis Crisis Response [M]. U. S. ATLANTIS Press, 2011.

[24] 于汐,任鲁川,唐彦东.中国沿海地区海洋灾害合成风险分析:脆弱性评估指标[R].上海.首次中国沿海地区灾害风险分析与管理研讨会暨中国灾害防御协会灾害风险分析委员会,2011.

[25] UNDP. Reducing Disaster Risk—A Challenge for Development[R]. John S. Swift Co., USA, 2004.

问题与思考

1. 灾害风险评估内容是什么?
2. 脆弱性评估内容包括几个方面?评估指标都有哪些?
3. 灾害风险指数系统模型选取哪些脆弱性评估指标?
4. 全球热点计划风险指标选取哪几个?为什么?
5. 通用脆弱性评估指标含义是什么?
6. 简述欧洲多重风险评估的致灾因子有哪些?
7. 简述 HUZUS 风险评估模型的流程及内容。
8. 举例说明怎样进行社区风险评估?
9. 简述生命价值概念及其评估方法。
10. 地震灾害综合风险评估及其在实践中如何应用?

第 8 章

损失分布

引言

对灾害风险进行评估与管理,都要依赖事先对未来将要发生的各类损失作出的定量预测,其结果就是灾害风险的损失分布。根据灾害风险的潜在损失不确定定义,无法用简单的某个数值量化未来的损失结果的不确定,只能尽可能预测未来损失取值范围的概率分布,即损失分布。

灾害风险的损失分布的基础是概率论与数理统计学理论,一方面,对风险进行量化预评估的结果就是潜在的损失分布;另一方面,风险不确定性的预测结果必然是某种概率和统计分布的表达方式。一般用来量化风险损失的分布包括二项分布、几何分布、负二项分布和正态分布以及对数正态分布。获得损失分布的方法主要有经典概率模型、贝叶斯模型、随机模拟等。根据概率理论推导计算出了某个灾害风险的概率分布函数及其相关参数,那么从某种程度上来说,得到了灾害风险损失的结果,通常把这种从一般到具体的方法称为演绎法。但灾害风险评估中,大多数都是未知的灾害风险,需要大量收集有关信息和资料,根据数理统计原理,从中抽取部分样本进行观测,并经过反复整理分析,作出的统计推断结论,称为归纳法。

第 1 节　概率论与数理统计基础

一、概率论基础

(一) 概率的表示方法及定义

概率一般用 P 表示,事件用 A,B,C 表示,$P(A)$表示事件 A 发生的概率。概率有三种常用的定义方法:古典概率、统计概率和主观概率定义。

1. 古典概率定义

古典概率定义通常是假设一个试验有 n 个不同基本事件,这些基本事件发生的机会是相同的。如果 n 个结果中,有 m 个结果属于事件 A,那么

$$p(A) = \frac{m}{n}$$

2. 统计概率定义

所谓统计概率的定义是将一个试验在相同的条件下重复 n 次，假设事件 A 出现了 m 次。当试验的重复次数足够多时，事件 A 发生的概率可以用事件 A 发生的频率来近似，即

$$p(A)=\frac{m}{n}$$

3. 主观概率定义

主观概率(subjective probability)是在一定条件下，对未来事件发生的可能性大小的一种主观相信程度或置信程度的度量。主观概率往往是因为在没有历史数据情况下，无法估计未来事件发生的概率，或者虽有一定的历史数据，但随着新形势的变化，导致无法充分了解系统的不确定性而无法估计概率，因此，只能根据决策者的经验、直觉、判断等来给出概率，这就是主观概率。反之，客观概率(objective probability)则是指根据事物的历史数据，采用统计方法和概率论知识科学的推断出来的概率，其最大特点是可检验性。例如，掷一枚硬币的重复试验，就可得出概率数值，即频率的稳定值。

杰姆斯·伯努利(James Bernoulli)在《未来的推测》(1913)一书中首次系统阐述了对客观概率的主观选择方法，他认为主观概率是一个人参与不确定事件的可靠程度或者称为置信程度，并把主观概率作为一种运算理论的正规概率。随着学者们的研究成果表明，主观概率同客观概率一样被广泛应用，特别是在管理决策方面比较有效。

(二) 概率的运行法则

1. 概率加法("或"事件)

概率加法主要是 $P(A$ 或 $B)$ 的计算，A 或 B 指的是事件 A 发生或事件 B 发生或二者都发生。一般地，A 或 B 的概率为

$$P(A+B)=P(A)+P(B)-P(AB)$$

如果事件 A 和事件 B 不会同时发生，则它们是互斥的情况下，则

$$P(A+B)=P(A)+P(B)$$

2. 概率乘法("并"事件)

概率乘法 $P(AB)$，即 A 与 B 的计算是指 A 事件在第一次试验中发生，B 事件在第二次试验中发生的概率。其实，概率乘法是建立在条件概率基础上的。所谓条件概率 $P(B|A)$ 代表假设事件 A 已经发生后，又发生 B 事件的概率。

所谓独立事件：如果两个事件，其中一个事件的发生不影响另一个事件的发生的概率，则称这两个事件是独立的。如果 A 和 B 不独立，则就称它们是非独立的。

一般地情况下，A 与 B 的概率为

$$P(AB)=P(A)P(B\mid A)$$

由此可知，条件概率 $P(B|A)$ 的计算公式为

$$P(B\mid A)=\frac{P(AB)}{P(A)}$$

如果 A 和 B 是独立的，则乘法法则简化为

$$P(AB)=P(A)P(B)$$

3. 全概率公式与贝叶斯公式

全概率公式用于某一事件的概率的计算。如果一组事件 $A_1,A_2,\cdots,A_n$ 满足 A_1,

$A_2, \cdots, A_n$ 两两互斥，其 $P(A_i)>0(i=1,2,\cdots,n)$；且 $A_1+A_2+\cdots+A_n=U$，则对任何一件事件 B 皆有

$$P(B) = \sum_{i=1}^{n} P(A_i)P(B \mid A_i)$$

正如托马斯贝叶斯曾说过：当我们对一个事件知道更多的时候，概率就应该被修正。贝叶斯公式的另一种表达方式是

$$P(A/B) = \frac{P(A)P(B \mid A)}{P(A)P(B \mid A) + P(\overline{A})P(B \mid \overline{A})}$$

其中，$\overline{A}$ 表示事件 A 的补，$P(\overline{A})=1-P(A)$。

二、随机变量与概率分布

（一）随机变量

1. 随机变量的定义

所谓随机变量是指一个变量，对于过程中的每一个结果，都有一个可能性决定的唯一的数值与之对应。如果变量的数值有限或可数，则称这个随机变量为一个离散随机变量。如果一个随机变量有无限多个值，这些数值能够和一种没有间断的连续刻度的度量联系起来，则称这种随机变量为连续随机变量。

2. 随机变量的数字特征

在进行风险大小比较和风险管理措施决策时，均需要对两个随机及两个以上随机变量进行比较的问题。比较随机变量，也就是比较随机变量的概率分布，但是随机变量的概率分布不便于比较，这就需要通过从概率分布中选取一些关键指标进行比较，其中比较重要的指标是期望值和方差。

期望值（又称期望或数学期望），它的直观含义是：如果随机试验无限重复，我们所期望得到的那个平均值。

方差表示随机变量的取值与其期望值的偏离程度。如果随机变量的方差很大，则意味着未来的取值结果将偏离期望值，如果用偏离预期期望的程度表示风险，那么方差越大，风险越大。

（二）概率分布

概率分布（probability distribution），或简称分布（distribution），使用时可以有以下两种含义。

广义地，它指随机变量的概率性质。这是因为当我们说概率空间中的两个随机变量 X 和 Y 具有同样的分布（或同分布）时，我们是无法用概率来区别它们的，也不能认为相同分布的随机变量是相同的随机变量。事实上即使 X 与 Y 同分布，也可以没有任何点 ω 使得 $X(\omega)=Y(\omega)$。在这个意义下，可以把随机变量分类，每一类称作一个分布，其中的所有随机变量都同分布。用更简要的语言来说，同分布是一种等价关系，每一个等价类就是一个分布。需注意的是，通常谈到的离散分布、均匀分布、伯努利分布、正态分布、泊松分布等，都是指各种类型的分布，而不能视作一个分布。

狭义概率分布是指随机变量的概率分布函数。具有相同分布函数的随机变量一定是同分布的，因此可以用分布函数来描述一个分布，但更常用的描述手段是概率密度函数(probability density function，PDF)。因此，具体说某一个概率分布是指表示随机变量每个值的概率的图、表或公式。

三、数理统计基本概念

灾害风险的发生尽管存在大量的随机性，但也有一定的规律性特点，即在一定区域内或时间内，灾害风险发生的频率或风险损失的程度可以根据概率论与数理统计推断方法来预测未来或现在灾害风险发生的可能性和风险损失发生的概率。在一定的发生频次范围内，其出现概率是一个客观存在的定值。在防灾系统健全和统计完善区域，可以根据统计概率来预测该区域现在和未来灾害事件的发生可能性及损失大小。

(一) 数理统计概念

所谓统计推断是指抽取部分样本进行观察，经过整理分析，然后对所研究对象作出推断，得出一般的结论。如果我们掌握了某个随机变量的概率分布和有关参数，也就是在一定意义上掌握了这个随机变量出现的规律性。这种从一般到具体的方法称为演绎法，这是概率论的研究方法。但大千世界中的风险却是事先未知的，需要对现象进行大量观察，从而作出推断。这种从具体到一般的方法称为归纳法，这也是数理统计的方法。数理统计的作用就在于提供了归纳推断的方法，并且对推断结论的可信程度作出计量。

(二) 一般统计分布的数字特征

1. 期望值

(1) 离散型

$$E = \sum x_i p_i$$

(2) 连续型

$$E = \int x f(x)\mathrm{d}x$$

2. 中位数

按照大小排列处于中间的数值称为中位数，出现最多的数值是众数。如果一组数据的期望均值、中位数和众数相同，则为对称分布，若众数小于中位数则正偏，否则为负偏。

3. 方差和标准差

(1) 离散型方差公式

$$\sigma^2 = \sum p_i (x_i - \mu)^2$$

(2) 连续型方差公式

$$\sigma^2 = \int (x-\mu)^2 f(x)\mathrm{d}x$$

标准差即为方差的开方，这里不再赘述。

4. 相关系数与协方差

当两个变量中的一个以某种方式和另一个有关时，就称这两个变量之间是相关的，相关性可以相关系数(correlation coefficient)来度量。线性相关系数 r(皮尔森积距相关系数)度量的是一个样本中成对的 x 值和 y 值之间线性相关的程度。

$$r = \frac{\sigma_{xy}}{\sigma_{xx}\sigma_{yy}}, \quad -1 \leqslant r \leqslant 1$$

式中，σ_{rr}，σ_{yy} 分别为变量 x 和 y 的标准差，σ_{xy} 为变量 x 和 y 的协方差。协方差的公式为

$$\mathrm{Cov}(X,Y) = \sigma_{xy} = \sum p_i(x_i - \bar{x})(y_i - \bar{y})$$

四、常用的损失分布及性质

常用来描述灾害风险损失的概率分布包括二项分布、几何分布、泊松分布、负二项分布、正态分布等。

(一) 二项分布

二项分布是一种常用的离散型概率分布，其模型为：假设在 n 次独立的重复试验中，每次试验只可能有两种结果(1或0)，设在每一次试验中1出现的概率都是 p。令 X 为 n 次试验中1出现的次数，随机变量 X 的概率分布为

$$P\{X = k\} = C_n^k p^k q^{n-k}, \quad k = 0,1,\cdots,n; \ q = 1 - p$$

因为它正好是 $(p+q)^n$ 按二项式展开中的一项，所以称为二项分布，记为 $B(n,p)$。二项分布的均值和方差分别为

$$E(X) = np$$
$$\mathrm{Var}(X) = npq$$

(二) 几何分布

几何分布(geometric distribution)指的是以下两种离散型概率分布中的一种：伯努利试验中，首次得到成功所需要的试验次数 X。X 的值域是{1,2,3,…}，在得到第一次成功之前所经历的失败次数 $Y=X-1$。Y 的值域是{0,1,2,3,…}，在实际使用中指的是哪一个取决于惯例和使用方便，这两种分布不应该混淆。几何分布的含义在于：如果每次试验的成功概率是 p，那么 k 次试验中，第 k 次才得到成功的概率是

$$P\{X = k\} = p(1-p)^k, \quad k = 1,2,\cdots; \ q = 1 - p$$

这是一个几何数列，故称为几何分布，记为 Geo(p)，$0<p<1$(成功概率)。其均值和方差分别为

$$E(X) = \frac{q}{p}, \quad \mathrm{Var}(X) = \frac{q}{p^2}$$

(三) 泊松分布

泊松分布(Poisson distribution)，又称泊松小数法则(Poisson law of small numbers)，是一种概率与数理统计学里常见到的离散概率分布，由法国数学家西莫恩·德尼·泊松(Siméon-Denis Poisson)于1838年提出。泊松分布适合于描述单位时间内随机事件发生的次数的概率分布，可以应用于自然灾害发生的次数、生产交通安全事故等。

如果随机变量 X 的取值为 0,1,2,… ，则概率分布

$$P\{X = k\} = \frac{\lambda^k}{k!}e^{-\lambda}, \quad k = 0,1,2,\cdots$$

泊松分布 $P(\lambda)$ 的均值为和方差分别为 $E(X)=\lambda$，$\mathrm{Var}(X)=\lambda$。

对仅有两个结果的 n 次独立随机试验，当 n 很大，且指定结果发生概率 p 很小，且 np

适中时，泊松分布是一个很好的近似。不仅如此，泊松分布在描述稀有事件出现的概率的非常实用。例如某一城市的交通事故数，某项保险的索赔次数等，都可以看成服从泊松分布的随机变量。即泊松分布用来描述单位时间内指定范围内特定事件出现次数的统计规律。

例 8-1 2010 年度，某保险公司 1000 份保单发生了 200 次理赔事件。求某个特定保单持有人在 6 个月中不发生保险损失理赔的概率。

解：我们假设某特定保单持有人在一定时期内发生索赔事件的次数服从泊松分布。这样，在此题中，我们可以假设保单在 6 个月内发生的索赔次数服从参数为 q 的泊松分布，且每一时间段内的索赔次数是相互独立的。那么，某一份保单在一年内的总索赔次数服从参数为 $2q$ 的泊松分布，1000 份保单一年内总索赔次数服从参数为 $2000q$ 的泊松分布。

$$2000q = 200$$

$$q = 0.1$$

因此，某一特定保单持有人 6 个月内不发生保险损失索赔的概率为

$$\mathrm{e}^{-0.1}\frac{(0.1)^0}{0!} = \mathrm{e}^{-0.1}$$

注意 该例题在计算过程中，也可以采用不同的步长即 λ 进行计算，可以计算出不同月份的发生若干次索赔概率及其分布情况。

（四）负二项分布

负二项分布的定义为：已知一个事件在伯努利试验中每次的出现概率是 p，在一连串伯努利试验中，一件事件刚好在第 $r+k$ 次试验出现第 r 次。当 r 是整数时，负二项分布又称帕斯卡分布，其概率密度函数为

$$f(k,r,p) = \binom{k+r-1}{r-1}\cdot p^r(1-p)^k$$

当 $r=1$，负二项分布等于几何分布，其概率密度函数可以化简为

$$f(k,1,p) = p\cdot(1-p)^k$$

例如，当我们掷骰子，掷到 1 则视为成功，这样每次掷骰子的成功率是 1/6。要掷出三次为 1，所需的掷骰子次数属于集合{ 3,4,5,6,…} ，那么，掷到三次 1 的掷骰次数是负二项分布的随机变量。要在第三次掷骰时，掷到第三次 1，则前面的两次都需要掷到 1，其概率为 $\left(\frac{1}{6}\right)^3$。需要注意的是：掷骰是符合伯努利试验条件的，之前的结果不影响随后的结果。如果进一步研究只有两个结果的独立重复随机试验序列，指定结果发生的概率为 p，则指定结果第 k 次恰好发生在第 $x+k$ 次试验的概率为

$$\mathrm{P}\{X=x\} = \mathrm{C}_{x+k-1}^{k-1}p^kq^x,\quad q=1-p;\ x=0,1,2,\cdots$$

该离散分布为负二项分布，记为 NB(k,p)。负二项分布的均值和方差分别为

$$E(X) = \frac{kq}{p},\quad \mathrm{Var}(X) = \frac{kq}{p^2}$$

负二项分布对于风险管理与保险中的非同质风险描述索赔事件发生概率的求解比较有效。下面给出一个关于利用泊松分布和负二项分布拟合的例题。

例 8-2 将 10 万份保单，按照其在一年中的索赔次数进行分组，如表 8-1 所示，可以知道每一保单持有人的平均索赔次数为 0.123 18，方差为 0.127 507。请分析说明泊松分布和几何分布哪种更适合描述该观察的保单索赔次数的分布特征？

表 8-1 保单索赔次数及其分布

索赔次数	保单数	拟合的频数	
		泊松分布	负二项分布
0	88 585	88 411	88 597
1	10 577	10 890	10 544
2	779	671	806
3	54	27	50
4	4	1	3
5	1		
6			

解：(1) 泊松分布计算

对于任意保单持有人，令 $\lambda=0.123\,18$，则其索赔次数为 0 的概率为

$$p\{X=0\}=\mathrm{e}^{-0.123\,18}\frac{(0.123\,18)^{0}}{0!}=0.884\,11$$

那么索赔次数为 1 和 2 的概率分别为

$$p(X=1)=\mathrm{e}^{-0.123\,18}\frac{(0.123\,18)^{1}}{1!}=0.108\,90$$

$$p(X=2)=\mathrm{e}^{-0.123\,18}\frac{(0.123\,18)^{2}}{2!}=0.006\,71$$

将上述概率数乘以 10 万，则可得到泊松分布拟合的 10 万份保单的索赔次数概率分布情况，见表 8-1。

(2) 负二项分布计算

我们利用负二项分布关于均值和方差的公式计算出 p 和 k。

$$\frac{k(1-p)}{p}=0.123\,18$$

因为

$$\frac{k(1-p)}{p^{2}}=0.127\,507$$

所以得到

$$p=0.966\,065,\quad k=3.507$$

然后将 p 和 k 代入负二项分布公式，得到

$$p\{X=0\}=\mathrm{C}_{2.507}^{0}(0.966\,065)^{3.507}(0.033\,935)^{0}=0.885\,97$$

$$p\{X=1\}=\mathrm{C}_{3.507}^{1}(0.966\,065)^{3.507}(0.033\,935)^{1}=0.105\,44$$

将上述数字乘以 10^{5}，即可以得到负二项分布拟合的 10 万份保单的索赔次数，见表 8-1。可以看出负二项分布拟合效果更好。所以我们判断出这些风险是非同质的。

(五) 正态分布

正态分布(normal distribution)又名高斯分布(Gaussian distribution)，是一个在数学、物理、工程及经济管理等领域都非常重要的概率分布，在统计学的许多方面具有重大的影响力，应用十分广泛。

若随机变量 X 服从一个均值为 μ，方差为 σ 的概率分布，记为

$$X \sim N(\mu, \sigma^2)$$

则其概率密度函数公式为

$$f(x) = \frac{1}{\sigma\sqrt{2\pi}}\exp\left(-\frac{(x-\mu)^2}{2\sigma^2}\right)$$

正态分布的数学期望值或期望值 μ 等于位置参数，决定了分布的位置；其方差 σ^2 或标准差 σ 等于尺度参数，决定了分布的幅度。正态分布的概率密度函数曲线呈钟形，因此人们又经常称之为钟形曲线。我们通常所说的标准正态分布是期望值，即位置参数 $\mu=0$，方差即尺度参数 $\sigma=1$ 的正态分布。其密度函数公式简化为

$$f(x) = \frac{1}{\sqrt{2\pi}}\exp\left(-\frac{x^2}{2}\right)$$

标准正态分布具有如下特点：

(1) 密度函数关于平均值对称；

(2) 平均值与它的众数以及中位数是同一数值；

(3) 函数曲线下 68.3%的面积在平均数左右的一个标准差范围内；

(4) 95.4%的面积在平均数左右两个标准差的范围内；

(5) 99.7%的面积在平均数左右三个标准差的范围内。

可以证明，用于表示大量可加性的结果的平均值的量具有近似正态分布的特点。因此，在数据特别多的情况下，损失率（金额）是一个近似正态分布的随机变量，因此，正态分布一般可用于灾害风险导致的损失幅度（金额）的估计。

（六）对数正态分布

在概率论与统计学中，对数正态分布是对数为正态分布的任意随机变量的概率分布。如果 X 是服从正态分布的随机变量，则 e^X 服从对数正态分布；同样，如果 Y 服从对数正态分布，则 $\ln(Y)$ 服从正态分布。如果一个变量可以看作是许多很小独立因子的乘积，则这个变量可以看作是对数正态分布。一个典型的例子是股票投资的长期收益率，它可以看作是每天收益率的乘积。

$$f(x) = \begin{cases} \dfrac{1}{\sigma x\sqrt{2\pi}}e^{-\frac{(\ln x-\mu)^2}{2\sigma^2}}, & x > 0 \\ 0, & x \leqslant 0 \end{cases}$$

注意：μ 和 σ 不是对数正态分布的均值和标准差，而是它的对数均值和对数标准差。

那么对数正态分布的均值为

$$E(x) = e^{\mu+\frac{\sigma^2}{2}}$$

对数正态分布的方差为

$$D(x) = e^{2\mu+\sigma^2}(e^{\sigma^2}-1)$$

五、超概率与 n 年一遇

在灾害风险评估及管理中，则常会碰到 n 年一遇的概念，如三峡水坝可以抵御千年一遇

的地震及某地发生百年一遇的洪水等。它们实际上是一个事件的两种不同的描述方法，存在一一对应的关系，如50年超概率为63%相当于50年一遇；50年超概率为10%相当于474年一遇；50年超概率为2%～3%相当于1600～2500年一遇的灾害。那么具体怎么换算呢？下面通过应用最广泛的泊松分布模型来分析这个问题。一般情况下，泊松分布模型有三个基本特点：

(1) 独立性。即未来一段时间内该类事件是否发生与过去一段时间内该类事件是否发生无关。如今年是否发生灾害与去年是否发生无关。

(2) 平稳性。亦即只要区段相等，则事件发生的概率与区段所处的位置无关，而仅与区段的大小有关。若所说的区段是指时间区段，则称这种性质为平稳性；若指空间区段，则称为均匀性。如某地区10年内发生地震的概率都一样，无论这10年是在1900—1910年还是2000—2010年，只有时间间隔不同，如10年内与20年内相比，发生地震的概率才会不同。

(3) 不重复性。亦即事件集中在某一时间或空间发生的概率很小。如某一地区平均每年发生8级地震的概率为2%，则该地区一年内会发生2次8级地震的可能性很小，可以认为其概率几乎为0。

在 t 年内，某地区发生 n 次地震(不管震级大小)的概率为 $P(n)$，可用泊松分布表达为

$$P(n)=\frac{(\lambda t)^n}{n!}e^{-\lambda t}$$

由上式可知，在 t 年内，某地区都不发生地震的概率为

$$P(0)=\frac{(\lambda t)^0}{0!}e^{-\lambda t}$$

则该地区在 t 年内至少发生一次地震的概率(即为超概率)为

$$F(t)=1-P(0)=1-e^{-\lambda t}$$

其概率密度 $f^{(t)}$ 为

$$f(t)=F'(t)=\lambda e^{-\lambda t}$$

公式中 λ 为某地震年平均发生的概率，它与重现期 T 为倒数关系，即 $T=\frac{1}{\lambda}$，于是得到重现期 T 与超概率 $F(t)$ 的关系为

$$T=\frac{1}{\lambda}=\frac{-t}{\ln(1-F(t))}$$

由上式可算出事件某时间段内各种超概率的重现期。如 $t=50$ 年，超概率 $F(t)=10\%$ 的地震，其重现期为 $T=474$ 年。该公式仅仅给出的是灾害发生的概率，并不能给出灾害的等级。

六、肥尾效应

所谓肥尾效应(tail risk)也称尾端风险或极端风险，是统计学上两个极端值可能出现的风险，即原本不太可能出现的概率可能突然提高。肥尾效应符合巨灾风险发生概率增加的极端情况，这将导致巨灾损失概率增大，当遇到这种情况必须采取风险管理措施。

第2节 贝叶斯统计推断

一、贝叶斯估计概述

在古典概率论与数理统计方法已经掌握的基础上，我们探讨现有信息不符合统计样本的理论要求的情况。特别是对于地震、海啸等自然灾害样本信息不符合统计样本的要求的情况。那么，我们在研究损失分布的估计就需要加入主观判断的估计。贝叶斯估计方法和古典估计方法的一个基本不同之处在于参数θ被认为是一个随机变量。

假设$X=(X_1,X_2,\cdots,X_n)$是由密度或概率函数$f(x;\theta)$确定的总体的一个随机样本，要求估计θ，这时可以采用矩估计法和极大似然估计法。由于参数是一个随机变量，因此它就会有一个分布。这使得我们可以使用我们所拥有的、在收集任何数据以前的任何关于θ的可能值的信息，这种信息称为θ的先验分布。因为，我们在收集了适当的数据以后，就能够确定θ的先验分布，这就形成了关于θ的统计推断基础。

二、先验分布

如果用$f(\theta)$表示先验密度，这里θ是连续的，即使X是离散的(二项分布和泊松分布)，参数(p,λ)也是在一个连续区间变动。如果用$f(x/\theta)$表示总体密度和概率函数，而不使用先前的$f(x;\theta)$，因为它代表给定θ时X的条件分布。

一般情况下，可以通过经验得到某个参数的先验分布。如某个县城地震，我们可以通过同样经济情况的案例推断出损失均值的范围，也有一些的确没有先验信息的情况，我们需要一个“非信息性”先验分布。例如，如果θ是一个二项概率分布，我们没有任何关于θ的先验信息，那么一个在(0,1)上均匀分布就比较合适。

三、后验分布密度

假设$\overline{X}$是由$f(x|\theta)$确定的总体的一个随机样本，θ有先验密度$f(\theta)$。如何确定给定$\overline{X}$时θ的后验密度，可以通过运用条件概率密度的基本定义：

$$f\left(\frac{\theta}{\overline{X}}\right)=\frac{f(\theta,\overline{X})}{f(\overline{X})}=\frac{f(\overline{X}\mid\theta)f(\theta)}{f(\overline{X})}$$

四、后验分布推导

根据一个单一观察值X，已知θ的先验分布为具有参数α,β的贝塔分布，对二项分布的概率进行估计，求θ的后验分布的形式。

先验分布：$f(\theta)\propto\theta^{\alpha-1}(1-\theta)^{\beta-1}$，省略常数$\dfrac{\Gamma(\alpha+\beta)}{\Gamma(\alpha)\Gamma(\beta)}$

似然函数：$f(X|\theta)\propto\theta^{x}(1-\theta)^{n-x}$，省略常数$\begin{pmatrix}n\\x\end{pmatrix}$

所以

$$f(\theta \mid X) \propto \theta^{x}(1-\theta)^{n-x}\theta^{\alpha-1}(1-\theta)^{\beta-1} = \theta^{x+\alpha-1}(1-\theta)^{n-x+\beta-1}$$

通过上式可以看出，若不考虑适当的比例常数，这就是一个有参数 $x+\alpha$ 和 $n-x+\beta$ 的贝塔分布的密度函数。因此，我们马上可以得出结论：如果给定 X，后验分布就是这个贝塔分布。

注意：使用比例的方法比保留全部常数的方法简单。

为什么选择贝塔分布作为先验分布？从某些方面看，它是所有标准分布中唯一可能的一般选择。因为 θ 是一个概率，它的范围为(0,1)。而分布在$(+\infty,-\infty)$上的正态分布和分布在$(0,\infty)$上的伽马分布都不合适。

实际上，贝塔分布是二项分布情况下的一个自然的选择。它是被称为具有先验分布的一个例子。注意似然函数作为 θ 的函数，它的结构是在(0,1)上的 $\theta^{a}(1-\theta)^{b}$。如果我们以相同的结构作为先验分布，那么后验分布也会有那样结构。这里的结构是贝塔的先验分布，这就是共轭先验分布的特征。

请注意在(0,1)上均匀分布是 $\alpha=1,\beta=1$ 时的贝塔分布的特殊情况。

例 8-3 从正态分布 $N(\mu,\sigma^2)$ 中取出一个容量为 n 的随机样本，这里 σ 已知，μ 未知，因此必须估计。证明 μ 的共轭先验分布是正态分布。如果先验分布为 $N(\mu_0,\sigma_0^2)$，确定后验分布的参数。

解：
$$f(x \mid \mu) = \prod_{i=1}^{n} \frac{1}{\sqrt{2\pi}\sigma}$$
$$\propto \exp\left[-\frac{1}{2\sigma^2}\sum (x_i-\mu)^2\right]$$

似然函数为

$$\propto \exp\left[-\frac{1}{2\sigma^2}\left(n\mu^2 - 2\mu\sum x_i\right)\right]$$
$$\propto \exp\left[-\frac{n}{2\sigma^2}(\mu-\bar{x})^2\right]$$

作为 μ 的函数，这个结构是正态分布密度函数的结构。因此共轭先验分布是正态分布。

先验分布是 $N(\mu_0,\sigma_0^2)$，所以

$$f(\mu) \propto \exp\left[-\frac{1}{2\sigma^2}(\mu-\mu_0)^2\right]$$
$$\propto \exp\left[-\frac{1}{2\sigma^2}(\mu^2-2\mu_0\mu)^2\right]$$

所以

$$f(\mu \mid x) \propto \exp\left[-\frac{n}{2\sigma^2}(\mu^2-2\bar{x}\mu)\right] \propto \exp\left[-\frac{1}{2\sigma^2}(\mu^2-2\mu_0\mu)\right]$$
$$=\exp\left[-\frac{1}{2}\left(\frac{n}{\sigma^2}+\frac{1}{\sigma_0^2}\right)\mu^2+\left(\frac{n\bar{x}}{\sigma^2}+\frac{\mu_0}{\sigma_0^2}\right)\mu\right]$$

我们在最后处理常数时，实际上使用了一种比例的方法。

按传统的做法给定 $\bar{x}$ 时的后验分布是均值为 μ_1，方差为 σ_1^2 的正态分布，这里我们选择一种略为不同的方式，表示成

$$\mu_1 = \frac{\frac{\bar{x}}{\sigma^2/n} + \frac{\mu_0}{\sigma_0^2}}{\frac{1}{\sigma^2/n} + \frac{1}{\sigma_0^2}}, \quad \sigma_1 = \frac{1}{\frac{1}{\sigma^2/n} + \frac{1}{\sigma_0^2}}$$

五、误差函数

我们如何使用给定 X 的 θ 的后验分布获得对 θ 的估计呢？首先我们必须定义误差函数，它用于衡量估计 θ 时发生的“误差”。我们寻找这样一个误差函数，当估计完全正确，也就是 $g(X)=0$ 时它为 0，$g(X)$ 离 θ 越远，它的值越大。有一个经常使用的误差函数，称为二次平方误差。在时间中还使用另外两个函数。

那么贝叶斯估计就是与后验分布相似的使预计函数最小的 $g(X)$。这看起来是出于本能的合理标准。主要的误差函数是绝对误差函数，定义为

$$L(g(x),\theta) = (g(x)-\theta)^2$$

它与古典统计中均值的平方误差相类似。第二个误差函数是绝对误差函数，定义为

$$L(g(x),\theta) = |g(x)-\theta|$$

第三个误差函数是“0/1”或“非此即彼”误差函数，定义为

$$L(g(x),\theta) = \begin{cases} 0, & \text{当 } g(x)=1 \text{ 时} \\ 1, & \text{当 } g(x)\neq 1 \text{ 时} \end{cases}$$

这个函数并不随着 $g(x)$ 远离 θ 而增长。

我们通过依次将这些误差函数的预计误差最小化，得到的贝叶斯估计分别是后验分布的均值、中位数和众数。这几个量都能衡量后验分布的位置。后验分布预计误差(expected posterior loss)为

$$\text{EPL} = E[L(g(x),\theta)] = \int L(g(x),\theta)f(\theta \mid x)\mathrm{d}\theta$$

例 8-4 证明平方误差函数得出的贝叶斯估计是后验分布均值。

$$\text{EPL} = \int (g(x)-\theta)^2 f(\theta \mid x)\mathrm{d}\theta$$

$$\frac{\mathrm{d}}{\mathrm{d}g}\text{EPL} = -2\int (g(x)-\theta)f(\theta \mid x)\mathrm{d}\theta = 0$$

解：

$$g(x)\int f(\theta \mid x)\mathrm{d}\theta = \int f(\theta \mid x)\mathrm{d}\theta = 1$$

$$g(x) = \int \theta f(\theta \mid x)\mathrm{d}\theta = E(\theta \mid x)$$

显然这使得 EPL 最小。所以，贝叶斯估计是后验分布均值。

例 8-5 证明由绝对误差函数得出的贝叶斯估计是后验分布的中位数。

解：

$$\text{EPL} = \int |g(x)-\theta| f(\theta \mid x)\mathrm{d}\theta$$

假设 θ 的范围是$(-\infty,\infty)$，那么

$$\text{EPL} = \int_{-\infty}^{g(x)} (g(x)-\theta)f(\theta \mid x)\mathrm{d}\theta + \int_{g(x)}^{\infty} (\theta - g(x))f(\theta \mid x)\mathrm{d}\theta$$

所以

$$\frac{\mathrm{d}}{\mathrm{d}g}\mathrm{EPL} = \int_{-\infty}^{g(x)} f(\theta \mid x)\mathrm{d}\theta = \int_{g(x)}^{\infty} f(\theta \mid x)\mathrm{d}\theta$$

$$\int_{-\infty}^{g(x)} f(\theta \mid x)\mathrm{d}\theta = \int_{g(x)}^{\infty} f(\theta \mid x)\mathrm{d}\theta$$

也就是 $P(\theta \leqslant g(x)) = P(\theta \geqslant g(x))$，这就确定了后验分布的中位数。

例 8-6 证明由“非此即彼”误差函数得出的贝叶斯估计是后验分布的众数。

证明：这里采用一种具有极限的自变量的直接法。

$$L(g(x),\theta) = \begin{cases} 0, & g-\varepsilon < \theta < g+\theta \\ 1, & \text{其他} \end{cases}$$

于是，取极限 $\varepsilon \to 0$，这就趋向要求的误差函数。

$$\mathrm{EPL} = 1 - \int_{g-\varepsilon}^{g+\varepsilon} f(\theta \mid x)\mathrm{d}\theta = 1 - 2\varepsilon \cdot f(\theta \mid x)$$

注意：当 g 是 $f(\theta|x)$ 的众数时，这个误差达到最小。

第 3 节　获得损失分布的过程

对所需数据进行收集、整理之后，就需要确定损失的概率分布。获得损失分布的方法通常有经典统计法、贝叶斯统计法和随机模拟。经典统计方法是在相关损失数据比较完备情况下，通过总体信息和样本来确定损失的概率分布、估计其未知参数。贝叶斯方法则采用先验概率、损失函数等主观信息来估计未知参数，估计损失的概率分布。而随机模拟则应用计算机程序对实际过程进行模拟，在模拟结果的基础上对损失分布进行估算。

一、经典统计法

基于总体信息和样本信息进行统计推断的方法称之为经典统计。该方法的思想是把样本数据视为来自具有一定概率分布的总体，所研究的对象是这个总体。经典统计推断方法过程如下。

(1) 获得损失分布的大体形状。即将样本数据从小到大排列，按照一定的标准分组后做成频率直方图。将每个直方柱的上端中点连接起来成为概率折线图。无论频率直方图还是概率折线图均是密度函数的近似曲线，通过光滑处理就可以得到概率密度函数曲线。(也可以利用计算机绘图模拟)

(2) 选择分布类型。概率密度函数曲线非常直观，通过该密度曲线可以大致得出该样本可能属于的分布族。

(3) 估计参数，确定概率分布。参数估计可以采用矩法估计和极大似然估计法。

(4) 对概率分布及参数进行检验。常用检验分布的拟合是否有效的方法是卡方检验，先将观察数据排序，然后分成若干组，组数记为 n。计算每一组的数据个数 O_i，再用所选择的概率分布计算每一组的“理论个数”E_i，则

$$X^2 = \sum_{i=1}^{n} \frac{(O_i - E_i)^2}{E_i}$$

近似服从自由度为 $n-r-1$ 的卡方分布，其中 r 为所选择概率分布中参数的个数。

例 8-7 设某保险人经营某项风险，对过去 1000 次理赔情况进行分析得到平均理赔额 2200 元，将个体理赔分 5 档，各档之间的数值范围与次数如表 8-2 所示。

表 8-2 某保险人保险不同理赔区间范围及其次数记录

区间范围	0～1000	1000～2000	2000～3000	3000～4000	4000～5000	>5000
次数(O_i)	200	300	250	150	100	0

请用卡方检验判断是否可以用指数分布模拟个体理赔额的分布。

解：首先利用最大似然估计法估计指数分布的参数得到 $\hat{\lambda}=\frac{1}{\bar{x}}=\frac{1}{2200}$；然后计算 E_i。例如计算 E_2，如果样本数据服从指数分布，则在 1000～2000 内的数据个数为

$$E_2 = 1000\int_{1000}^{2000} l\mathrm{e}^{-lx}\,\mathrm{d}x = 1000(\mathrm{e}^{-1000l}-\mathrm{e}^{-2000l}) = 231.8$$

以此类推可以计算出各组的 E_i，见表 8-3 所示。

表 8-3 某保险人不同理赔区间范围及其次数记录

区间范围	0～1000	1000～2000	2000～3000	3000～4000	4000～5000	>5000
次数(E_i)	365.3	231.8	147.2	93.4	59.3	103

那么，X^2 统计量的值为

$$X^2 = \sum_{i=1}^{n}\frac{(O_i-E_i)}{E_i} = 331.89$$

查表可知，在 99.5%置信度下的临界值为 14.86，远远低于观察值 331.89，因而拒绝指数分布的假设。

二、贝叶斯法

经典统计方法是建立在具有独立性和代表性的样本信息的基础上的，经典统计推断需要大量的并且具有代表性的样本信息，而在风险管理实践中，特别是在地震和核电辐射情况下很难获得足够多的样本信息，在这种情况下，我们进行损失分布的估计就需要加入主观判断，利用新获得的信息来修正原来的估计，我们称这种方法为贝叶斯方法。

在利用贝叶斯方法中评估人的主观判断称为先验信息，即在抽样之前有关统计问题的一些基本经验判断信息。通常情况下，先验信息主要来自经验和历史数据。是否利用先验信息是贝叶斯方法和经典统计推断方法的主要差别。

贝叶斯方法估计参数，首先假设损失变量 X 的分布为 $F(x,\theta)$，连续情形下相应的密度函数为 $f(x,\theta)$。估计 θ 的贝叶斯方法和经典统计推断方法区别是，贝叶斯方法将估计量 θ 视为一个随机变量。

贝叶斯方法的过程如下。

（一）选择先验分布

假设 θ 的分布函数和密度函数分别为 $F(\theta)$，$f(\theta)$，二者分别称为先验分布和先验密

度——一种基于经验的主观判断或假设。

（二）确定似然函数

为了得到关于 q 的进一步信息，针对损失变量 X 进行一些观察。如果新的观察值为 $x_1,x_2,x_3,\cdots,x_n$，则在 $q=\hat{q}$的条件下，构造似然函数为

$$f(x\mid q)=L(x_1,x_2,\cdots,q)=\prod_{i=1}^{n}f(x_i\mid q),\quad i=1,2,\cdots,n$$

（三）确定参数 θ 后验分布，根据贝叶斯公式得到参数 θ 的后验分布

$$f(q\mid x)=\frac{f(x\mid q)f(q)}{\int f(x\mid q)f(q)\mathrm{d}q}$$

对于离散分布能够计算出分母，而连续函数则需要对分母进行积分，但积分却很难计算，因此，实践中常常选用共轭分布族来近似计算后验分布，进而找到足以描述有关参数的先验分布。常用共轭分布族表示。

（1）二项分布的贝塔分布族

在二项分布 $B(n,p)$ 中，成功概率 p 的共轭分布族为贝塔分布 $\mathrm{Be}(\alpha,\beta)$，则 p 的后验分布为 $\mathrm{Be}(\alpha+x,\beta+n-x)$，其中，$x$ 为 n 次独立重复试验中的成功次数。

（2）泊松分布的伽马分布族

泊松分布中，泊松均值 λ 的共轭先验分布为伽马分布 $\mathrm{Ga}(\alpha,\beta)$ 则 λ 的后验分布为 $\mathrm{Ga}\left(\alpha+\sum_{i=1}^{n}x_i,\beta+n\right)$，其中，$x_i=(x_1,\cdots,x_n)$ 为泊松总体中抽出的样本。此外，还有指数分布的伽马分布族和正态分布的正态分布族。

（四）选择损失函数并估计参数

得到估计参数后验分布之后，需要给出参数后验分布的估计值。因为估计参数被看成是随机变量，所以选择什么指标作为后验估计，就取决于评估者对参数真实值和估计值之间差距的严重程度的价值判断。我们这个差距的严重程度为“损失”，对此“损失”的度量称为损失函数。从经济学的根本上来说，损失函数是一种效用函数。最好的估计应该使得损失函数的值最小，所以根据所选择的损失函数和参数的后验分布，求损失函数期望值的最小值，即得到参数的贝叶斯估计。

$$\min_{q}E\,\mathrm{Loss}(\hat{q},q)=\min_{q}\int_{-\infty}^{+\infty}\mathrm{Loss}(\hat{q},q)f(q\mid x)\mathrm{d}q$$

下面给出常用损失函数及其对估计参数的贝叶斯估计：

二次函数的损失函数为$(\hat{\theta}-\theta)^2$，θ 的贝叶斯估计为后验分布的均值 $\hat{\theta}=E(\theta|x)$；绝对误差函数的损失函数为$|\hat{\theta}-\theta|$，θ 的贝叶斯估计为后验分布的中位数；0-1 误差函数的损失函数为 $I(\hat{\theta}\neq\theta)$，$\theta$ 的贝叶斯估计为后验分布的众数。具体推导可以参见前面的详细证明。

例 8-8 假设 X 表示 n 次伯努利实验中成功的次数，设每次成功的概率为 p，则 $X\sim(n,p)$。根据仅有的一次观察记录 x 来估计未知参数 p。

（1）求 p 的最大似然估计；

（2）在假定 p 的先验分布为均匀分布下求其贝叶斯估计。

解：(1) 一次观测值 x 的似然函数为

$$L(x,p) = C_n^x p^x (1-p)^{n-x}$$

上式两边取对数后再对 p 求导，得到最大似然函数估计为

$$\hat{p} = \frac{x}{n}$$

(2) p 的先验分布为均匀分布，即 P 属于 $U(0,1)$，由贝叶斯公式可得 p 的后验分布为 $Be(x+1,n-x+1)$。选择平方损失函数 $Loss(\hat{p}-p)^2$，得到估计值 p

$$p = \frac{x+1}{n+2}$$

例 8-9 我国内蒙古地区 1～12 月份的强暴风雪天气可用一个泊松分布来描述，其中泊松分布的参数 λ 表示强暴风雪天气过程的强度，即每一个月的强暴风雪的次数。根据与黑龙江等相邻地区的历史资料，λ 的先验分布如表 8-4 所示。

表 8-4 内蒙古地区 1～12 月份的强暴风雪天气不同参数 λ 的概率分布

λ	0.4	0.6	0.8	1
概率	0.1	0.3	0.4	0.2

现在对该地区进行了 4 个月观察，记录表明共发生了 2 次暴风雪。求 λ 的后验分布。

解：首先确定似然函数：

$$p(r=2 \mid \lambda_1 = 0.4) = e^{-4\times 0.4}\frac{(4\times 0.4)^2}{2!} = e^{-4\times 0.4}\frac{2.56}{2} = 1.28e^{-1.6}$$

$$p(r=2 \mid \lambda_2 = 0.6) = e^{-4\times 0.6}\frac{(4\times 0.6)^2}{2!} = e^{-4\times 0.6}\frac{5.76}{2} = 2.88e^{-2.4}$$

$$p(r=2 \mid \lambda_3 = 0.8) = e^{-4\times 0.8}\frac{(4\times 0.8)^2}{2!} = e^{-4\times 0.8}\frac{10.24}{2} = 5.12e^{-3.2}$$

$$p(r=2 \mid \lambda_4 = 1) = e^{-4\times 1}\frac{(4\times 1)^2}{2!} = e^{-4}\frac{16}{2} = 8e^{-4}$$

其次确定参数的后验分布：

$$p(\lambda=\lambda_j \mid r=2) = \frac{p(r=13 \mid \lambda=\lambda_1)p(\lambda=\lambda_1)}{\sum_{j=1}^{4} p(r=2 \mid \lambda=\lambda_j)p(\lambda=\lambda_j)}$$

$$p(\lambda=\lambda_1 \mid r=2) = \frac{1.28e^{-1.6}}{1.28e^{-1.6}+2.88e^{-2.4}+5.12e^{-3.2}+8e^{-4}}$$

$$p(\lambda=\lambda_2 \mid r=2) = \frac{2.88e^{-2.4}}{1.28e^{-1.6}+2.88e^{-2.4}+5.12e^{-3.2}+8e^{-4}}$$

$$p(\lambda=\lambda_3 \mid r=2) = \frac{5.12e^{-3.2}}{1.28e^{-1.6}+2.88e^{-2.4}+5.12e^{-3.2}+8e^{-4}}$$

$$p(\lambda=\lambda_4 \mid r=2) = \frac{8e^{-4}}{1.28e^{-1.6}+2.88e^{-2.4}+5.12e^{-3.2}+8e^{-4}}$$

这样得出了参数的后验分布。如果选择二次函数为损失函数，则参数的估计为后验分布的均值。

第 4 节　风险损失估计

引言

风险损失估计是量化风险的关键基础环节，一般的风险评估通常包括损失频率和损失幅度的评估。

一、损失估计

(一) 损失概率

1. 损失概率的定义

损失概率的空间性定义如下：设有 n 个独立的相似风险单位，在一定时期内(如 1 年)有 m 个单位遭受损失，则损失频率为 $P=m/n$。

损失概率的时间性定义如下：设某风险单位，在 n 个单位时间内(如 n 年)有 m 次遭受损失，则损失频率为 $P=m/n$。

2. 损失概率估测的内容

(1) 风险单位遭受单一风险事故所致单一损失形态的损失概率；

(2) 一个风险单位同时遭受多种风险事故所致单一损失形态的损失概率；

(3) 一个风险单位，不同时遭受多种风险事故所致单一损失形态的损失概率；

(4) 一个风险单位，遭受单一风险事故所致多种损失形态的损失概率；

(5) 多个风险单位，遭受单一风险事故所致单一损失形态的损失概率。

(二) 损失幅度

1. 损失幅度的定义

损失幅度是指损失的严重程度，一般指在一定时期内某一次事故发生时，可能造成的最大损失数值。

2. 损失幅度估计的内容

(1) 同一风险事故所致的各种损失形态，不仅要考虑潜在的直接损失，还要考虑潜在的间接损失；不仅要考虑潜在的财产损失，还要考虑潜在的责任损失和潜在的生命与健康损失；

(2) 一个风险事故涉及的风险单位数目；

(3) 同时还要考虑风险事故的损失和总损失的时间效应。

3. 损失幅度估计的指标

(1) 一个风险单位在某一风险事故中的最大潜在损失

具体指标包括最大可能损失、最大可信损失、年期望损失：

① 最大可能损失(maximum possible loss)是指某一风险单位在其整个生命周期内，由单一事故引起的可能的最大损失。

② 最大可信损失(maximum probable loss)是指某一风险单位，在某一特定时期内，由单一事故所引起的可能遭受的最大损失。

③ 年度期望损失(annual expected loss)是指在假定客观条件不变的情况下，经过长期

观察而计算的年平均损失，等于年平均事故发生次数乘以每次事故所造成的平均损失。

（2）一个风险单位遭受单一风险事故所致实质性损失

Alan Friedlander 认为，在其他条件相同而防护设施不同的情况下，一次事故所造成的最大损失是不同的。以火灾为例，根据建筑物防护设施情况，损失幅度可分为四种：

① 正常的损失期望值（normal loss expectancy）指建筑物在最佳防护系统下，一次火灾发生的最大损失。最佳防护系统是指当灾害发生时，建筑物本身和外部的消防系统和消防设施都能正常操作，且都能发挥预期功能。

② 可能最大损失（probable maximum loss）指建筑物自身和外部环境虽然都有良好的消防系统和消防设施，但当发生火灾时，建筑物自身或外部的防护设备有部分因供水不足，或其他原因所致，而无法发挥其预期功能。这种情况下所造成的最大损失为可能最大损失。

③ 最大可预期损失（maximum foreseeable loss）指当火灾发生时，建筑物自身的消防设施无法发挥预期功能，导致火灾蔓延，或是燃尽，或是消防队到后把火熄灭，这种情况下的最大损失，称为最大可预期损失。

④ 最大可能潜在损失（maximum possible loss）指建筑物自身和外部的消防设施和防护系统，在火灾发生时，均无法正常操作，从而失去预期功能情况下的最大损失。

这四种损失发生的概率依次递减，损失程度（金额）却依次递增。

（3）一年内，一个或多个风险单位遭受一种或多种风险事故所致总损失额

第一是年度最大可能总损失（maximum probable yearly aggregate loss）指在某一特定年度中，单一或多个风险单位可能遭受一种或多种风险事故，其所造成的最大总损失。

（三）损失资料的收集与整理

1. 损失资料的收集

（1）完整性。即收集到的数据尽可能充分、完整，这种完整不仅要求有足够的损失数据，而且要求收集与这些数据有关的外部信息。

（2）统一性。即收集到的损失数据必须至少从两个方面保持一致：第一，所有记录在案的损失数据必须在统一的基础上收集。在衡量未来损失时，损失数据中包含着有用的模型，如果从不同的来源、以不同的技术收集，可能会影响预测结果的准确性和有效性。第二，必须对价格水平差异进行调整，所有损失价值必须用同种货币来表示。调整的方法是确定某一时期为标准时期，以此时期的数据按标准时期的价格水平来调整。如果某一时期的价格水平较标准时期低，则损失数据应相应调高，反之则应调低。

（3）相关性。过去的损失金额确定必须以与风险管理相关性最大为基础。对于财产损失而言，应当采用修复费用或重置成本作为损失值，对于责任损失不仅包括各种责任赔偿，还应该包括营业中断恢复正常所发生的费用。

（4）系统性。收集到的各种数据，还不能直接使用，必须根据风险管理的目标和要求，按照一定的方法进行整理并使得这些数据系统化，成为评估预测未来损失的重要基础。

2. 损失资料的整理

损失资料的整理指根据所研究任务的需要，按预先设计的整理方案的要求，将收集来的所有资料进行加工、综合，使之条理化、系统化，成为能够反映事物总体特征的综合资料的过程。其步骤如下：

（1）按损失金额递增或递减的顺序整理；

(2) 分组频数分布。

把数据按不同规模档次分组,每组中所观测到的数据个数叫做频数。这种分组叫分组频数分布,频数与总个数之比,即为频率。在分组频数分布中,用变量变动的一定范围代表一个组,每个组的最大值为组的上限,最小值为组的下限。每组上、下限之间的间距叫组距。

组距=上限−下限;

组中值=(上限+下限)/2

3. 损失资料统计图

(1) 条形图(柱状图);

(2) 圆形图;

(3) 直方图

直方图是一个在条形之间没有间隔的条形图。直方图的一个重要特征是每个长方形的面积与相应组的频数成比例。

(4) 频数多边形

频数多边形是在直方图的每个长方形的顶端的中点(即组中值)放一个小圆点,然后连接这些小圆点而成,形成频数分布线。

4. 损失资料的计量

(1) 位置计量

第一是平均数,平均数包括算术平均数和几何平均数;

第二是中位数,即处于顺序数列中最中间的那个数;

第三是众数,即一个样本中的众数是指样本中出现次数最多的观察值。

(2) 衡量数据的离散性

① 全距。即对于一个样本,全距等于最大观察值与最小观察值之差。

② 标准差。标准差描述随机损失中期望损失的差异程度。标准差越大,表明随机损失对期望损失的偏离程度越大,风险也就越大。反之,风险越小。

③ 变异系数。以标准差的大小作为风险大小衡量的标准,其缺陷是在风险衡量中没有反应风险所致期望损失的大小。基于标准差在衡量风险大小时,没有考虑期望损失值的大小,而用变异系数衡量风险的大小,变异系数是标准差和期望值的比值。

二、损失频率的估计

损失频率是指一定时期内某种风险事故发生的次数,很多情况下可以用理论分布估算某种损失的频率。包括二项分布、泊松分布、负二项分布等。损失频率是指一定时期内某种风险事故发生的次数,很多情况下可以用理论分布估算某种损失的频率。包括二项分布、泊松分布、负二项分布等。

(一) 运用二项分布进行估算

当每个风险单位在一定时期内最多发生一次风险事故,且独立的风险单位数不大时,可以运用二项分布来估算损失频率。

例 8-10 某企业有 5 栋建筑物。根据过去的损失资料可以知道,其中任何一栋在一年内发生火灾的概率都是 0.1,且相互独立。发生两次火灾可能性极小,可以忽略。

试计算下一年该企业

(1) 不发生火灾概率；

(2) 两栋以上发生火灾概率；

(3) 火灾次数的平均值和标准差。

解：由已知条件可知：

(1) 风险单位总数 $n=5$，且每栋建筑物发生火灾的概率均值 $p=0.1$；

(2) 这 5 栋建筑物互相独立，发生火灾时不会互相影响；

(3) 一栋建筑物在一年内发生两次火灾的可能性极小，可认为其概率为 0。

据此，建筑物发生火灾的栋数可以用二项分布来描述，其概率分布为

$$p\{X=x\}=\mathrm{C}_n^x p^x q^{n-x},\quad x=0,1,\cdots,5$$

发生火灾的建筑物栋数以及其发生的概率分别如为：发生次数分别为 0,1,2,3,4,5，其相应的概论分别为 0.5905,0.3281,0.0729,0.0081,0.0004,0。

因此可以得到：(1)下一年不发生火灾的概率 $q=P(X=0)=0.5905$；(2)两栋以上建筑物发生火灾的概率 $q=P\{X=3\}+P\{X=4\}+P\{X=5\}=0.0081+0.0004+0.0000=0.0085$；(3)下一年发生火灾次数的平均值和标准差分别为

$$\mu=n\times p=5\times 0.1=0.5$$

$$\sigma=\sqrt{np(1-p)}=\sqrt{5\times 0.1\times 0.9}=0.67$$

(二) 运用泊松分布进行估算

当风险单位数 n 很大，且事故发生概率 p 又较小时，可以采用泊松分布来估算损失频率。

每个风险单位在一定时期内最多发生一次风险事故时，可以运用二项分布估算，但如果每个风险单位在一定时期内可能发生多次风险事故，二项分布就不适用了。因此，当风险单位数 n 很大而发生事故概率 p 很小时，可采用泊松分布。

随机事件 A 在 n 次实验中出现 m 次，m 与 n 的比值就是随机事件 A 出现的频数，随机事件在一次试验中发生的可能性的大小的数叫做概率。

例 8-11 假设某交通路线上每年滑坡导致的交通事故次数服从泊松分布，历史记录 5 年的数据，次数分别为：3,2,0,4,2。请应用最大似然法求解参数 λ。

解：泊松分布的概率密度函数形式为

$$f(x,\lambda)=\frac{\lambda^x}{x!}\mathrm{e}^{-\lambda}$$

其似然函数为

$$L(x,\lambda)=\prod_{i=1}^{n}f(x_i,\lambda)=\prod_{i=1}^{n}\frac{\lambda^x}{x!}\mathrm{e}^{-\lambda}=\lambda\sum_{i=1}^{n}x_i\mathrm{e}^{-n\lambda}\Big/\prod_{i=1}^{n}x_i!$$

两边取对数：

$$\ln L(x,\lambda)=\ln\left(\frac{\lambda\sum\limits_{i=1}^{n}x_i\mathrm{e}^{-n\lambda}}{\prod\limits_{i=1}^{n}x_i!}\right)$$

上式对 λ 求导并令其等于零，

$$\frac{\mathrm{d}\ln L(x,\lambda)}{\mathrm{d}\lambda}=\frac{1}{\lambda}\sum_{i=1}^{n}x_i-n=0$$

求解该方程，得

$$\lambda=\sum_{i=1}^{n}x_i=x$$

将观察值代入λ，得$\lambda=\frac{1}{5}(3+2+0+4+2)=2.2$，于是，$\lambda$的最大似然值为2.2。

将λ代入泊松分布公式，即可得到该交通线每年通过的汽车因滑坡导致的交通事故次数的概率分布。下面再给一个具体的例子来说明利用泊松分布计算风险发生次数的概率分布。

例 8-12 某市在过去两年内由于司机酒后开车发生交通事故的记录如表8-5所示。适用泊松分布估算一个月的事故发生概率。

表 8-5 司机酒后开车发生交通事故的记录

每月发生此类事故的次数 X	0	1	2	3	4	5	6
频数 f	2	1	3	5	6	4	3

解：令X表示每月由于司机酒后开车造成的交通事故，由已知条件可知，$X\sim p(\lambda)$。根据已知数据可近似计算出泊松分布参数：

$$\lambda=\frac{\sum_{i=0}^{6}x_if_i}{\sum_{i=1}^{6}f_i}=3.5$$

将$\lambda=3.5$代入泊松分布公式，所得结果为：交通事故次数和概率分别为(0,0.030 19)，(1,0.1057)，(2,0.1850)，(3,0.2157)，…，(8,0.0169)。

结果分析：

(1) 任何一个月不发生此类交通事故的概率为0.030 19。概率很小，意味着不发生此类交通事故的可能性较小；

(2) 发生一次以上的概率$p=1-0.030\ 19=0.9698$。即未来任何一个月发生此类交通事故的可能性很大。

(3) 在已知历史资料中，一个月内事故发生的最高次数是6次，然而从估计结果看，为未来任何一个月中，有可能出现多于6次的情况。主要是我们观察的时间不够长，还没有出现这样小的概率事件，但是，理论上存在多于6次的情况。

三、大数定律与中心极限定理

大数定律与中心极限定理是概率论中的两个重要理论，在风险评估中应用普遍，此外，它还是一些重要的风险管理措施的理论基础。大数定律是用来阐述大量随机现象平均结果稳定性的一系列定理的统称，中心极限定理则是指随着样本观测值的增多，平均值的概率分布越来越趋近于钟形的正态分布。

（一）大数定律

大数定律：设 $X_i(i=1,2,\cdots,n)$ 为随机变量 X 的取值，为 X 的期望值，则对于任意小的数 $\varepsilon>0$，都有

$$\lim_{x\to\infty} p\left\{\left|\frac{\sum_{i=1}^{n} x_i}{n}\right| > \varepsilon\right\} = 0$$

根据大数定律，如果有 n 个面临相同风险的风险单位，令 μ 为共同损失期望，当 n 很大时，则平均损失趋近于 μ。因此，在估计类似平均损失，当 n 足够大时，估计的准确性就会比较高。

（二）中心极限定理

1. 抽样分布

在风险评估中，我们经常需要利用来自样本的信息推断总体的一些性质，如利用样本信息总体的某个数字特征，即参数。参数是指总体的数字描述性量度称为参数。从样本观察值算出的量称为统计量。某个样本统计量（含有 n 个观察值）的抽样分布，理论上说重复抽取容量为 n 的样本时，由每个样本算出的该统计量数值的频率分布。

2. 中心极限定理

在风险评估中，我们需要推断某个总体均值，这样样本均值通常推断为总体参数期望的工具，中心极限定理指出了均值的性质。

已知：

(1) 随机变量 X 服从一个均值为 μ，标准差为 σ 的分布（是否正态均可）；

(2) 所有具有相同容量 n 的样本都是从一个含有 x 个数值的总体中随机抽取。

结论：

(1) 随样本容量增加，样本均值 $\bar{x}$ 趋近于正态分布；

(2) 样本均值的均值将趋近于总体均值 μ。即结论(1)的正态分布均值为 μ；

(3) 样本均值的标准差将趋于 $\sigma/\sqrt{n}$。

上述结论的公式表示为

$$\lim_{x\to\infty} p\left\{\frac{\bar{x}-\mu}{\sigma/\sqrt{n}} \leqslant x\right\} = \Phi(x)$$

3. 中心极限定理应用法则

(1) 对于容量 n 大于 30 的样本，样本均值的分布可以较好地用一个正态分布近似；

(2) 如果原始总体自身是正态分布的，则对于任意样本容量 n，样本均值都将是正态分布。

（三）大数定律与中心极限定理的应用

例 8-13 设一个复杂系统由 100 个相互独立作用的部件组成，每个部件损坏的概率为 0.1，必须有 85 个以上的部件才能使整个系统工作，求整个系统工作的概率。

解：设 X 为损坏的部件数，则 $X\sim B(1000,0.1)$，可以推知当且仅当 $X\leqslant 15$ 时，整个系统工作。由中心极限定理，整个系统能工作的概率为

$$p\{X\leqslant 15\} = p\left\{\frac{X-100\times 0.1}{\sqrt{100\times 0.1\times 0.9}} \leqslant \frac{15-100\times 0.1}{\sqrt{100\times 0.1\times 0.9}}\right\}$$

$$\approx\Phi\left(\frac{15-100\times 0.1}{\sqrt{100\times 0.1\times 0.9}}\right)=\Phi\left(\frac{5}{3}\right)=0.952$$

例 8-14 设某保险公司的交通事故意外保险一年有 10 万人参加，每人每年交 10 元。若交通事故意外死亡，公司付给受益人 5000 元。设意外死亡概率为 p，试求保险公司在这次保险中亏本的概率。

解：设意外死亡数为 X，$X\sim B(n,p)$，其中 $n=100\,000$，由题设，保险公司亏本当且仅当 $5000X>10\times 100\,000$，$X>200$。则由中心极限定理，保险公司亏本概率为

$$p\{X>200\}=p\left\{\frac{X-np}{\sqrt{np(1-p)}}>\frac{200-np}{\sqrt{np(1-p)}}\right\}$$

$$\approx 1-\Phi\left(\frac{200-np}{\sqrt{np(1-p)}}\right)$$

例 8-15 根据表 8-6 计算湖南某县水稻洪水风险的年损失率。

表 8-6 1959—2008 年 6～8 月降雨总量(单位：0.1mm)

年份	1959	1960	1961	1962	1963	1964	1965	1966	1967	1968	1969	1970	1971
雨量	5011	3641	2244	6356	2904	6263	4166	3804	5617	3074	8359	3705	3631
年份	1972	1973	1974	1975	1976	1977	1978	1979	1980	1981	1982	1983	1984
雨量	1099	5524	2265	4771	4565	6105	2906	5602	8641	3197	4445	7117	4064
年份	1985	1986	1987	1988	1989	1990	1991	1992	1993	1994	1995	1996	1997
雨量	2765	6964	5176	5376	4546	3458	4598	2886	6478	3665	5158	6645	3585
年份	1998	1999	2000	2001	2002	2003	2004	2005	2006	2007	2008		
雨量	9348	6605	4055	3872	4450	5050	7429	3958	3225	5824	5768		

解：假定降雨总量服从正态分布，则其概率密度函数为

$$p(x)=\frac{1}{17.2\sqrt{2\pi}}e^{-\frac{(x-48)^2}{2\times 17.2^2}}$$

根据水稻受淹减产的数学模型和相关统计资料，水稻易损性函数为

$$Y=0.1(x-40)^{0.07}$$

由基本计算概率风险，有

$$R=\int_{x>40}\frac{1}{17.2\sqrt{2\pi}}e^{-\frac{(x-48)^2}{2\times 17.2^2}}0.1(x-40)^{0.07}dx$$

即该县水稻洪灾年损失率为 8.1%。

四、损失幅度的估计

(一) 每次风险事故所致损失

风险事故发生的次数是离散型随机变量，全部可能发生的次数与其相应的概率都可以一一列举出来。具体计算时可以确定任意次数事故发生的概率。但而对损失金额来说，正常情况下只能确定其在某一区间内的概率，因为连续型随机变量每次风险事故所致的损失金额是连续型随机变量，取某一特定值的概率为零。因此，损失金额一般来说不能全部列举

出来，它可以在某一区间内取值，视为连续型随机变量，经常应用正态分布作为每次事故所致损失金额的概率分布。

例 8-16 一个村庄每次遭受洪水水灾而导致的损失金额如表 8-7 所示。

表 8-7 某村庄遭受洪水水灾损失金额区间及其次数统计表

损失金额/万元	5～15	15～25	25～35	35～45	45～55	55～65	65～75
次数	2	9	28	30	21	5	1

(1) 每次灾害所致损失金额小于 P_0 的概率？

(2) 每次灾害所致损失金额在 $P_1 \sim P_2$ 区间的概率？

(3) 每次灾害所致损失金额大于某个金额的 P_3 概率？

解：损失金额的期望值为

$$\mu = \frac{\sum f_i x_i}{\sum f_i} = \frac{3660}{96} = 38.125$$

损失金额的标准差为

$$\sigma = \sqrt{\frac{\sum f_i x_i^2}{\sum f_i} - \left[\frac{\sum f_i x_i^2}{\sum f_i}\right]} = \sqrt{\frac{152\,400}{96} - \left(\frac{3660}{96}\right)^2} = 11.575$$

(1) 每次灾害所致损失金额小于 P_0 万元的概率为

$$p(X < P_0) = F(P_0) = \Phi\left(\frac{P_0 - 38.125}{11.575}\right)$$

(2) 每次灾害所致损失金额在 $P_1 \sim P_2$ 之间的概率为

$$p(P_1 < x < P_2) = F(P_1) - F(P_2) = \Phi\left(\frac{P_1 - 38.125}{11.575}\right) - \Phi\left(\frac{P_2 - 38.125}{11.575}\right)$$

(3) 每次灾害所致损失金额大于 P_3 万元的概率为

$$p(x > P_3) = 1 - F(P_3) = 1 - \Phi\left(\frac{P_3 - 38.125}{11.575}\right)$$

(二) 一定时期总损失估测

一定时期总损失是指在已知该时期内损失次数概率分布和每次损失金额概率分布的基础上所求的损失总额。包括以下两种计算：

(1) 估测一年内单一风险事故所致众多风险单位损失的总和；

(2) 估测一个风险单位遭受多种风险事故所致损失的总和。

例 8-17 假设某建筑物价值 270 万元。根据历年的统计资料，该类建筑物在一年之内遭受地震、水灾和风暴潮的概率分别为 0.1 、0.2 、0.7。为了讨论问题的方便，假设发生灾害事故时，建筑物只发生全损、部分损失 100 万和 50 万的三种情况。同样，根据统计资料，知道各灾害事故发生不同损失金额的概率如表 8-8 所示。

表 8-8 三类灾害的不同损失的概率情况

损失金额/万元	270	100	50
地震概率	0.5	0.3	0.2
水灾概率	0.2	0.3	0.5
风暴潮概率	0.1	0.3	0.6

根据上述资料,风险管理者可以计算出一年之内三种灾害所致损失的概率分布。见表 8-9 所示,给出了不同灾害发生的概率、不同损失发生的概率以及不同灾害损失的概率。

表 8-9 建筑物发生同一种灾害损失发生概率和不同损失的发生概率

不同灾害发生概率(边际概率)	不同损失发生的概率(条件概率)	不同灾害损失的发生概率(联合概率)
地震灾害	0.5	0.05
	0.3	0.03
	0.2	0.02
洪水灾害	0.2	0.04
	0.3	0.06
	0.5	0.1
风暴潮灾害	0.1	0.07
	0.3	0.21
	0.7	0.42

试估测一定时期的总损失。

解:通过上表可以计算得到:

(1) 建筑物发生全损 270 万元的概率=0.05+0.04+0.07=0.16;

(2) 建筑物发生部分损失 100 万元的概率=0.03+0.06+0.21 =0.30;

(3) 建筑物发生部分损失 50 万元的概率=0.02+0.10+0.42=0.54。

因此,建筑物的期望损失值为:$\mu=270\times0.16+100\times0.30+50\times0.54=100.2$ 万元,

方差 $\sigma^2=\frac{1}{3}[(270-100.2)^2+(100-100.2)^2+(50-100.2)^2]=100.2$ 万元。

例 8-18 已知某一风险每年损失次数的概率分布和每次损失金额的概率分布如表 8-10 所示,求每年总损失金额的概率分布。

表 8-10 某风险损失年次和每次损失金额的概率分布基本情况表

损失次数	概率	损失金额/元	概率
0	0.5	1000	0.8
1	0.3	5000	0.2
2	0.2		

解:(1) 当损失次数为 0 时,总损失金额也为 0,概率就是损失次数为 0 的概率 0.5。

(2) 当损失次数为 1 时,总损失金额可能有两种情况,一种是损失 1000 元。相应概率为损失次数为 1 的概率 0.3 乘以损失金额为 1000 的概率 0.8,即 0.24。另一种是损失为 5000 元,相应损失概率为损失次数为 1 的概率 0.3 乘以损失金额为 5000 的概率 0.2,即0.06。

(3) 当损失次数为2时，总损失金额的情况复杂一些，可能有四种情况：分别为两次都是1000元，两次都是5000元，一次1000元、一次5000元和一次5000元、一次1000元。综合起来，就是2000、6000、10 000三种结果。如表8-11、表8-12所示。

我们根据概率运算规则计算：

2000元：0.2×0.8×0.8=0.128

6000元：0.2×0.8×0.2+0.2×0.2×0.8=0.6064

10 000元：0.2×0.2×0.2=0.008

表8-11 整理后的某风险的损失金额及其概率分布表

损失次数	概　率	总损失金额/元	概　率
0	0.5	0	0.5
1	0.3	1000	0.3×0.8=0.24
		5000	0.3×0.2=0.06
2	0.2	1000+1000	0.2×0.8×0.8=0.128
		1000+5000	0.2×0.8×0.2=0.032
		5000+1000	0.2×0.2×0.8=0.032
		5000+5000	0.2×0.2×0.2=0.008

表8-12 某个风险损失金额的概率分布

总损失金额/元	概　率
0	0.5
1000	0.24
2000	0.128
5000	0.06
6000	0.064
10 000	0.008

(三) 损失的均值和标准差的估算

例8-19 已知货物运输过程中，货物的损失金额服从分布函数：$f(x,\lambda)=\lambda e^{-x}(x>0,\lambda>0)$。现随机抽取250次货损资料，得到数据如表8-13所示。试估算损失的均值和标准差。

表8-13 损失金额及其相应的损失次数

损失金额/元	0～100	100～200	200～300	300～400	400～500
次数	39	58	47	33	25
损失金额/元	500～600	600～700	700～800	800～900	900～1000
次数	22	11	6	7	2

解：样本$(x_1,x_2,\cdots,x_n)$的似然函数为

$$L(x,\lambda)=\lambda^n\prod_{i=1}^{n}e^{-\lambda x_i}=\lambda^n e^{-\lambda}\sum_{i=1}^{n}x_i$$

$$\frac{\mathrm{d}\ln L(x,\lambda)}{\mathrm{d}\lambda}=\frac{n}{\lambda}-\sum_{i=1}^{n}x_i=0$$

得 $\lambda=\frac{n}{\sum_{i=1}^{n}x_i}=\frac{\sum_{i=1}^{n}x_i}{n}=\frac{1}{\bar{x}}$。

根据以上数据可计算出

$\bar{x}=(50\times39+150\times58+250\times47+350\times33+450\times25+550\times22+650\times11+750\times6+850\times7+950\times2)/(39+8+47+33+25+22+11+6+7+2)=307$

这样得到 λ 的估计值为 $\lambda=\frac{1}{307}$。

同样可以计算 X 服从正态分布的情况下，观察值为 $x_1,x_2,\cdots,x_n$ 时的期望和方差。这样，似然函数为

$$L=\frac{\prod_{i}^{n}\frac{1}{\sqrt{2\pi\sigma^2}}\mathrm{e}^{-(x-\mu)^2}}{2\sigma^2}$$

$$=\left(\frac{1}{\sqrt{2\pi}}\right)^n(1/\sigma^2)^{\frac{n}{2}}\mathrm{e}^{-\frac{1}{2\sigma^2}\sum_{1}^{n}(x_i-\mu)^2}$$

再求导得 $\ln L=n\frac{1}{\sqrt{2\pi}}-\frac{n}{2}\ln\sigma^2-\frac{1}{2\sigma^2}\sum_{1}^{n}(x_i-\mu)^2$。再对 μ 求一阶偏倒数并令其等于零，得

$$\frac{\partial \mathrm{Ln}L}{\partial\mu}=\frac{1}{\sigma^2}\sum_{i}^{n}(x_i-\mu)=0$$

$$\mu=\frac{1}{n}\sum_{i}^{n}x_i=\bar{x}$$

两边对 σ^2 求一阶偏导数并令其等于零，得

$$\frac{\partial \mathrm{Ln}L}{\partial\sigma^2}=\frac{n}{2\sigma^2}+\frac{1}{2(\sigma^2)^2}\sum_{1}^{n}(x_i-\mu)^2=0$$

所以 $\sigma^2=\frac{1}{n}\sum_{i}^{n}(x_i-\mu)^2=\frac{1}{n}\sum_{i}^{n}(x_i-\bar{x})^2$。

（四）区间估测

1. 样本容量较大时，已知样本均值和抽样误差，估计总体均值。当样本容量较大时，样本均值是一个服从正态分布的随机变量，则 $Z=\frac{\bar{x}-\mu}{\sigma_{\bar{x}}}$ 为服从标准正态分布的随机变量。由此可以得到总体均值的区间估计：

$$\bar{X}-Z_{\alpha}\sigma_{\bar{x}}\leqslant\mu\leqslant\bar{X}+Z_{\alpha}\sigma_{\bar{x}}=1-\alpha$$

2. 样本容量较小，总体为正态分布而标准差未知时，估计总体均值。

当样本容量较小，总体为正态分布时，统计量为 t 分布，即

$$t=\frac{\bar{X}-\mu}{s/\sqrt{n-1}}$$

统计量 t 服从自由度为 $n-1$ 的 t 分布，则

$$P(|t| \leqslant t_\alpha) = 1 - \alpha$$

一定时期总损失是指在已知该时期内损失次数概率分布和每次损失金额概率分布的基础上所求的损失总额。

（五）均值和标准差的估算

当我们关心损失幅度的某个特征值，如均值和方差，可以对总体均值和标准差进行区间估算。样本容量较大，已知样本均值和抽样误差，估计总体均值样本容量较大时，样本均值是服从正态分布的随机变量，则可以得到总体均值区间估计：

$$p(\overline{X} - z_\alpha \sigma_X \leqslant \mu \leqslant \overline{X} + z_\alpha \sigma_X) = 1 - \alpha$$

例 8-20 某保险公司承保汽车 1500 辆，随机地抽取 100 辆来调查过去由于意外事故的平均损失金额，整理后，数据如表 8-14 所示，试估算这组汽车平均损失金额。

表 8-14 保险公司损失金额的组中值与车辆数分布表

损失金额/百元	组中值 x_i	车辆数 f_i
10～14	12	3
14～18	16	7
18～22	20	18
22～26	24	23
26～30	28	21
30～34	32	18
34～38	36	6
38～42	40	4

解：根据已知可以求出样本均值和抽样误差。

$$\bar{x} = \frac{\sum x_i f_i}{n} = 26$$

$$s = \sqrt{\frac{\sum x_i f_i^2}{f_i} - x^2} = 6.44$$

$$\sigma_X = \frac{s}{\sqrt{n}} = \frac{6.44}{\sqrt{100}} = 0.644$$

估算这组汽车平均损失金额：

平均损失在$(\bar{x} \pm \sigma_X)$，即(2600－0.644，2600＋0.644)之间，可靠性为 68.3%；在$(\bar{x} \pm 2\sigma_X)$，即(2600－2×0.644，2600＋2×0.644)之间，可靠性为 95.5%；在$(\bar{x} \pm 3\sigma_X)$，即(2600－3×0.644，2600＋3×0.644)之间，可靠性为 99.7%。

从上例可以看出，当样本容量 n 一定时，为了提高可靠性，应当取较大的置信概率，但这时求出的置信区间较大，从而降低了估计的精确性；为了提高精确性，就要缩小置信区间，然而，与之对应的置信概率却随之减小，可靠性降低。因此，风险管理者要根据具体情况来确定置信概率和置信区间。

下面再给一个关于应用简单回归法在灾害损失估计中的应用。

例 8-21 设某船队随着货运量的增加，每年发生货船损失的次数也在增加，收集到 9 年的损失资料如表 8-15。求当货运量达到 135 万吨时每年发生损失的次数。

表 8-15 货船发生损失吨数及其对应次数表

年货运量/万吨	66.7	69	77.3	80.6	82.7	93.9	99.4	110	128.1
年损失次数	24	24	28	29	34	33	37	42	44

解：采用最小二乘法计算回归公式：$y=ax+b$。

所需计算列表如下：

$$\bar{x}=\frac{\sum_{i=1}^{n}x_i}{n}=\frac{807.7}{9}=89.74$$

$$\bar{y}=\frac{\sum_{i=1}^{n}y_i}{n}=\frac{295}{9}=32.78$$

$$\sum_{i=1}^{n}(x_i-\bar{x})^2=\sum_{i=1}^{n}(x_i)^2-\frac{1}{n}\Big(\sum_{i=1}^{n}x_i\Big)^2=75\,728.01-\frac{1}{9}807.7^2$$

$$\sum_{i=1}^{n}(y_i-\bar{y})^2=\sum_{i=1}^{n}(y_i)^2-\frac{1}{n}\Big(\sum_{i=1}^{n}y_i\Big)^2=10\,091-\frac{1}{9}295^2$$

$$\sum_{i=1}^{n}(x_i-\bar{x})(y_i-\bar{y})=\Big(\sum_{i=1}^{n}x_i\Big)\Big(\sum_{i=1}^{n}y_i\Big)=27\,603.3-\frac{1}{9}807.7\times 295=1128.69$$

相关系数计算

$$r=\frac{\sum_{i=1}^{n}(x_i-\bar{x})(y_i-\bar{y})}{\sqrt{\sum_{i=1}^{n}(x_i-\bar{x})^2\sum_{i=1}^{n}(y_i-\bar{y})^2}}=\frac{1128.69}{\sqrt{3241.42\times 421.56}}=0.9656$$

相关系数检验

本例中，$n=9$，$r=0.9656$。

假设给定的显著性水平为 0.05，由 $n-2=7$，查表得 $r_a=0.666$，显然有 $0.9656>0.666$，说明总体货物运量与损失次数之间是线性相关的。

本章参考文献及进一步阅读文献

[1] 刘新立. 风险管理[M]. 北京：北京大学出版社，2008.

[2] 黄崇福. 自然灾害风险分析的理论与实践[M]. 北京：科学出版社，2005.

[3] 黄崇福. 自然灾害风险分析与管理[M]. 北京：科学出版社，2012.

[4] 唐彦东. 灾害经济学[M]. 北京：清华大学出版社，2011.

[5] P Adrian M. Chandler, E. John W. Jones, Minoo H. Patel. Property Loss Estimation for Wind and Earthquake Perils [J]. Risk Analysis, 2001, 21(2): 235-249.

问题与思考

1. 简述常用损失分布及其性质。
2. 简述贝叶斯估计、先验分布和后验分布。
3. 简述大数定律与中心极限定理及其在损失分布估算中的应用。
4. 简述泊松分布进行损失频率估计的方法及其应用。
5. 简述正态分布进行损失幅度估计的方法及其应用。

第 9 章

风险评价与可接受风险

引言

这个世界上所有的个人、社会组织、国家都不得不与风险共存，零风险的理想世界是不存在的。为了追求更安全、更幸福的生活，灾害风险的各个利益相关者不得不考虑现有的社会制度、文化价值观、经济实力、环境承载能力、科学技术水平，通过平衡各个利益相关者的诉求，确定一个国家或地区所能够接受的风险水平。

本章在风险度量和评估的基础上进行风险评价，即将风险度量与评估的结果与社会预先设定的评估标准进行比较，这个标准包括可接受和可容忍风险标准，给出风险的等级，然后据此进行风险管理决策，采取有效的风险管理措施和方案。本章核心内容是风险评价、可接受风险定义、可接受风险标准及其确定方法等内容。

第 1 节　风险评价与可接受风险

一、风险评价

风险评价是风险管理流程的重要环节，也是风险管理的重要内容之一，是连接风险评估与风险措施决策的关键环节。将风险评估的结果与可接受的风险标准比较，可确定是否采取风险措施。

（一）评价的概念

评价的本质有两种阐释：第一，评价的过程是一个对评价对象的判断过程；第二，评价的过程是一个综合计算、观察和咨询等方法的一个复合分析过程。Bloom 认为评价是人类思考和认知过程的等级结构模型中最基本的因素，评价就是对一定的想法（ideas）、方法（methods）和材料（material）等作出的价值判断的过程，是运用标准（criteria）对事物的准确性、实效性、经济性以及满意度等方面进行评估的过程。因此，所谓评价（evaluation）是评价者（evaluators）对评价对象的各个方面，根据评价标准进行量化和非量化的对比测量过程，最终得出一个可靠的并且符合逻辑的结论。一般的评价程序包括：决定评价准则；确立评价标准；确定评价方法；给出评价结果。

（二）风险评价

一般的风险评价是以风险分析为基础，考虑社会、经济、政治、法律和环境等方面的因素，根据预先设定的评价标准，对风险的容忍度和可接受度进行判断的过程。国际风险管理标准化组织给出的风险评价是广义风险评估的最后一个环节，根据一定的标准或管理措施原则规范，对风险大小或级别作出判断，并作出接受还是处理某一个风险的决策，为下一步制定具体的风险管理措施提供基本信息。国际风险管理理事会提出判断风险的可容忍性和可接受性，可以分为风险描述和风险评价两个部分内容。风险描述以证据为基础确定风险的可容忍性和可接受性，对风险的严重程度作出判断，提出处置风险的措施。风险评价则以价值为基础作出判断，其基本方法包括权衡利弊、验证风险对生活质量的潜在影响、讨论经济、社会发展的不同措施、权衡相互矛盾的观点和证据。从本质上来说，风险描述与风险评价紧密相连，相互依赖，实际中将二者结合在一起应用。风险评价的目的：为不可容忍或不可接受的风险提供降低风险的决策依据，决定需要处置的风险和实施风险处置的优先顺序。

二、可接受风险研究历程

随着人类社会经济的发展，人类对工程技术的安全与质量提高了标准和要求。尽管人类社会已经在工程技术上达到了前所未有的高水平，但是人们对安全的要求是不断增高的。例如，一个工程师在进行桥梁安全设计时，通常会应用目前广泛认同的最新技术。但是，如果另一座正在使用的桥梁发生安全事故，社会上就会产生对提高安全更加迫切的要求，这样就必然会产生新的设计桥梁的安全准则，工程师需要利用新准则对先前的桥梁再次进行安全评估，尽管这座桥已经达到了现代认同的高水平要求，但是通过重新评估后，工程师发现这座桥的安全依然存在问题。可接受风险是风险评价的关键评判依据，国际上关于可接受风险的研究可分为科学技术决定的可接受风险、社会决定的可接受风险、技术与社会共同决定的可接受风险、生活质量决定的可接受风险、生命价值和健康决定的可接受风险五大类。

（一）科学技术决定的可接受风险

对可接受风险的研究最初源于自然灾害的防御和工程技术的安全分析，旨在为政府的安全管理措施和法律法规以及政策的制定提供指导。从 Chauncey Starr（Social Benefit versus Technological Risk，1969）提出“多安全才够安全?”这一命题之后，国际上开始研究如何确定可接受风险。Starr 最早用“显示偏好法”得出了不同风险的社会可接受性度量。但是，显示性方法不能客观的量化社会接受风险的水平。这阶段的可接受风险被认为是由技术手段决定的。技术决定的可接受风险没有考虑人的因素，因此不能成功测量风险的可接受度，也与现代的可接受风险的概念相背离。

（二）社会决定的可接受风险

20 世纪 70 年代，风险管理的理念逐渐深入很多领域，人们已经认识到无论怎样的风险管理都不能达到真正意义上的“零风险”社会。一般认为，可接受的风险水平与自身利益的驱动存在相关关系，特别是人们倾向于接受自愿行为产生的风险，如爬山、斗牛、踢足球等活动；人们不愿意接受非自愿行为产生的风险，如地震、洪水、火灾和爆炸等危险。社会决定的可接受风险有三个特点：第一，人们将风险可接受的程度和自身利益联系起来，专家和不同利益相关者对风险的理解方式和侧重点都存在差异。因此，这一阶段的可接受风险是基于各个利益相关者的参与，可接受风险水平的确定应由专家与公众等利益相关者共同协商确定。第二，这阶段的可接受风险强调生命价值与死亡风险，因为人们常将一个风险与疾病致死的风险进行对比，并采用生命价值和死亡指标进行定量和定性评价。第三，出现以ALARP为代表的可接受风险准则，1974年，英国的《the Health and Safety at Work Act》(简称 the HSW Act)采用 ALARP (as low as reasonable practicable)风险评价准则，该准则是可接受风险研究的里程碑，对研究可接受风险和评价风险管理方案具有重要的理论和实践意义。

(三) 社会与技术共同决定的可接受风险

由于现代社会是信息的时代，实时信息传播技术让人们有机会从多维度研究确定风险的可接受水平，因此，风险的可接受性不仅是客观的指标，更是主观的判断和认知。尽管专家通过经验判定或者模型模拟等数学方法得出的风险水平的排序虽然比较客观，但由于专家与公众对风险的理解方式和角度的不同，导致风险的等级排序结果不同，甚至出现相反的观点。通常情况下，专家倾向于理论，多强调年死亡率等客观数据，而一般公众只有在关系到个人切身利益时才关心风险的发生及其造成的各种可能后果，大多从自身的感受和经历视角看问题，甚至会道听途说，主观性很强。Thompson(1980)强调要考虑到实际的社会背景的多样性来理解风险的可接受性，风险的可接受性并非风险本身可以接受。Ouglas 和 Wildavsky(1982)认为不仅需要对风险技术评估，还需要社会科学领域研究的介入，该思想不但改变和丰富了风险理论与风险技术，也为政府进行科学的风险管理提出了一种新的思路。

(四) 生活质量决定的可接受风险

20世纪80年代后期，人们开始强调风险的级别与社会可接受的风险之间的关系。Lind 等认识到风险管理不仅仅是工程安全和经济投资效益问题，更重要的是，在工程的成本—效益投资的平衡中，可通过减少生命风险来提高整个社会的福利状况。他们提出用两个关键的社会指标，实际人均 GDP 和期望寿命(LE)来判断有关工程风险和生命安全决策的有效性。Nathwani 等人将该概念进一步完善，系统研究生活质量指数(LQI)，并将其应用于工程领域，用来测试有关风险管理项目和法规的有效性。该阶段的可接受风险被视为一个受到社会经济、政治法律、健康和环境等影响的人类生活质量标准，本质上则是将提高人类生活质量作为风险管理的最终标准，因此，可接受风险必然是满足生活质量的可接受风险水平。特别是近年来可接受风险水平的确定除了要考虑工程技术上的可靠度，还要综合考虑社会、经济、政治、法律、环境等多维度安全需求，并且通过与各个相关利益者进行沟通协商达成共识。

(五) 生命价值和健康决定的可接受风险

进入21世纪，人们更加重视保护人的生命和健康，处于更加强调以生命价值为主要指标的可接受风险阶段。无论是发达国家还是发展中国家，无论是自愿还是非自愿的风险活动，其可接受风险都以个人风险或社会风险为主要指标，个人风险采用的是年死亡率，社会风险采用的超过一定数量的人的死亡率。以英国 HSE、荷兰防水大坝、美国 FAD 为代表的可接受风险标准都是以人的生命风险为决定指标，即个人风险和社会风险指标来决定可接受风险的水平。目前可接受人员伤亡标准已经体现在各个国家、地区和各个领域的风险管理指南中。

三、可接受风险的概念

(一) 可接受风险与可容忍风险

关于可接受风险的定义有很多。英国健康和安全委员会(HSE)定义可接受风险为任何可能会被风险影响的人,为了生活或工作的目的,假如风险控制机制不变,准备接受的风险为可接受风险;可容忍风险是指为了取得某种利润,社会能够忍受的风险,这种风险在一定范围之内需要定期评估,并且在尽可能的情况下减少这种风险。1997 年,国际地质科学联合会(IUGS)定义"可接受风险"为社会为了保障一定利益而愿意接受的风险,这种风险能够被合理控制、检查监督,并在可能的情况下进一步降低。在防灾减灾领域,可接受风险也被用作评估工程性和非工程性措施的标准,为的是根据法规或者已知致灾因子的发生概率和其他因素条件下认可的"可接受做法",将可能对人员、财产、社会各类系统造成的危害减少到一个预先选定的可承受水平。我国风险管理国标定义的可接受风险(acceptable risk)是指预期的风险事故的最大损失程度在单位或个人经济能力和心理承受能力的最大限度之内。2001 年,HSE 强调可容忍并不意味着可接受,可接受风险与可容忍风险(tolerable risk)不能互换,可容忍风险是指社会能忍受的一定范围内的风险。其实可容忍风险实质是指偏离可接受风险的范围或者是对极端事件的敏感度。尽管极端事件不一定会影响可以接受风险的变动范围,但是这种容忍实际上是损失动因,即接受灾难性事件的程度。国际风险管理理事会界定的可接受风险是指风险比较低,没有必要采取额外风险降低措施的活动;可容忍风险是指尽管需要采取一些风险降低措施,但由于所带来的收益而就被视为是值得执行的活动;不可容忍风险或者不可接受风险,是指社会认为不可接受的,无论引起风险的事件会产生什么样的收益。2009 年联合国减灾战略对"可接受风险"的官方定义是指一个社会或一个社区在现有社会、经济、政治和环境条件下认为可以接受的潜在损失。该定义体现出了风险的本质,即风险是一种潜在损失,使得可接受风险得到更加全面的理解,可以视为可接受风险的标准定义,被国内外广泛引用。因此,本书定义的可接受风险是指社会公众(个体或群体)基于现有的社会、经济、政治、科学技术和环境条件下,根据主观愿望对风险水平的可接受的程度。

(二) 可接受风险标准的度量指标

众所周知,由于风险具有很大的不确定性,不同个体甚至同一个体在不同状态下对风险的感受和理解也存在差别。风险评价的关键问题是:何种条件下的风险是可以接受的,何种条件下是可以容忍的,何种条件下的风险是不能接受的。一个完整的可接受风险标准包括:个人风险(individual risk)标准、社会风险(social risk)标准、经济风险(economical risk)标准和环境风险(environmental risk)标准。但是,目前对于可接受风险标准的设定,主要从个人风险标准和社会风险标准出发,对经济风险和环境风险考虑得较少。可接受风险标准是指风险的特定值或范围,因此,理论上度量风险的模型也同样适用于可接受风险。根据相关资料统计,可接受风险水平的表达方式有很多,全世界大约有 25 种可接受风险标准的表达方式,比较有影响的包括:个人风险(personal risk,IR)、社会风险(social risk,SR)、潜在生命损失(potential life loss,PLL)、潜在寿命损失年(years of potential life lost,YLL),年死亡风险(annual fatality risk,AFR)、聚合指数(aggregated indicator,AI)、VIIH 值、避免隐含成本(implied cost of averting a facility,ICAF)、*F-D* 曲线、*F-N* 曲线等。

(1) 个人风险。个人风险是指在某一特定位置长期生活的未采取任何防范措施的人员遭受特定危害的频率,此特定危害通常指死亡,单位为次/年。

(2) 社会风险。社会风险是用于描述事故发生概率与事故造成的人员受伤或死亡人数的相互关系,它是指同时影响许多人的灾难性事故的风险,这类事故对社会的影响程度大,容易引起社会的关注。常用社会风险曲线(*F-N* 曲线)表示。所谓 *F-N* 曲线是指能够引起大于等于 N 人死亡的事故累积频率,即单位时间内(通常每年)的死亡人数,表示累积频率(F)和死亡人数(N)之间关系的曲线图。

(3) 潜在生命损失。潜在生命损失表示单位时间内某一范围内全部人员中可能死亡人员的数目。

(4) 年死亡风险。年死亡风险是指一个人在一年时间内的死亡概率,它是一种常用的衡量个人风险的指标。灾害风险管理中一般可以用当年由某种灾害造成的人员死亡数和当年全国人口统计值的比值来表示。

(5) 平均个人风险。平均个人风险是指潜在生命损失与从事危险活动人数的比值,公式为

$$\mathrm{AIR}=\frac{\mathrm{PLL}}{\mathrm{POB}\,\frac{8760}{H}}$$

其中,PLL 是潜在生命损失,POB 是从事危险活动的人数,H 是从事风险活动的时间。

(6) 聚合指数 AI。聚合指数是指单位国民生产总值的平均死亡率,公式为

$$\mathrm{AI}=\frac{N_i}{\mathrm{GNP}}$$

式中,N_i 为死亡人数,GNP 是国民生产总值。

(7) VIIH 值。由于采用 F-N 曲线作为可接受风险准则时,仅考虑了死亡的人数,它没有考虑到受伤及对人体健康的不良影响。VIIH 值法就是假设一个人死亡与一定数量人受伤或健康损害相当,那么受伤和不健康的人数隐含包括在死亡人数里面,这样可以分别量化受伤和健康损害的风险。

(8) 避免隐含成本(ICAF)。可用避免一个人死亡所需成本来表示,ICAF 越低,表明降低风险措施的成本越低。通过计算降低风险的各种方案的 ICAF,可以决策防灾减灾的方案。

$$\mathrm{ICAF}=\frac{ge}{4}\,\frac{1-\omega}{\omega}$$

式中,g 是国内人均生产总值,e 是人的寿命,ω 是工作所花费的时间。

(三) 可接受风险与风险成本

从不同的角度降低风险必然有不同的目标。一般情况下,降低风险措施从安全、法律法规和经济三个角度出发。如果单纯从安全角度出发,则要个人和社会风险最低,特别是生命安全甚至是不计成本的;如果单纯从法律和法规角度出发,必须遵守根据法律和法规,不考虑风险管理成本与实际风险技术水平,有时必然是放弃收益;如果单纯从经济角度出发,则遵循成本最低原则。可接受风险水平的确定必须平衡这三个角度的要求与责任,还要综合考虑社会经济发展和科学技术进步等各个方面的影响。因此,风险不是越低越好,这与第3章的风险成本最低原则是一致的。因为安全和法规是确定可接受风险标准的依据,正是因

为存在可接受风险，只要风险降低到可接受水平以下，就可以不必继续采取降低风险措施了，才有风险管理的目标不是风险最低原则，而是风险成本最低原则。

四、可接受风险的确定

可接受风险的确定包括安全科学技术水平，社会的心理素质、道德观念、经济承受能力和保护生态环境等问题，并且对于不同行业、不同系统、不同事物有着不同的标准。首先需要对人们接受的风险的意愿和心理进行调查，采用定性的方法进行研究，并将这些定性的研究结果进行量化来确定可接受风险水平。其次，可接受风险的确定需要基于法律和法规的具体要求，在更加广泛的背景下考虑风险的各个利益相关者对风险的容忍程度。因此，制定可接受准则不仅考虑人员伤亡和财产损失，还要考虑环境污染和对人健康潜在危险的影响因素。一方面，可接受风险的准则必须是科学、实用的，即在技术上是可行的，在应用中有较强的可操作性；另一方面，可接受风险准则还需要反映当代不同国家和地区的社会公众的承受能力。因为不同地域的人群，由于受到经济实力、价值取向、文化素质、心理状态、道德观念、宗教习俗等诸多因素影响，承担风险的能力差异很大。确定可接受风险时，需要考虑各个利益相关者的诉求，这些相关者包括：

(1) 公众。受灾经历、社会发展水平与居民物质条件、个人基本属性(职业、年龄、学历、居住楼层、地理空间位置等)、自身的适应性和社会文化环境限制，公众作为主要灾害承受者，更多考虑的是个人的生命健康安全，以及个人的经济损失，较少考虑风险对于社会和环境的影响，因此，在可接受风险标准的确定过程中，他们更关注的是个人风险标准而非社会风险标准。

(2) 社会团体。经济层面、技术层面上，社会团体占据一定的社会资源，对风险的接受大小相对个人较稳定。对风险大小的评估主要是从市场规则的角度出发，因此，在风险可接受标准的博弈的过程中，较少考虑安全因素，即受伤人数和死亡率，而较多考虑经济因素，即在应对和控制风险的过程中所带来的成本和收益到底是多少。

(3) 政府。马斯洛(A. Maslow, 1943)的需求理论中提到“基本的需求”与“发展的需求”、“内部、短暂利益”与“外部、长远发展”。政府作为社会资源的分配者和协调者，所考虑的因素更加综合。不仅考虑个人或者小团体的利益，更要考虑社会作为一个整体的利益。协调“个体利益”和“集体利益”，“短期利益”与“长期利益”之间的矛盾，协调“个体理性”最终达到“集体理性”的最大化。

因为，公众、社会团体和政府所占据的社会资源不同，其经济水平和技术水平也不同，因此三者应对风险的能力也存在着很大的差异。增加风险控制的投入可以降低风险，然而投入的成本受到多种因素的制约，过多的投入会给社会资源的使用带来压力。这就需要客观科学的“标尺”为决策提供依据，在行动方案与风险，以及降低风险的代价之间谋求一个平衡点，这个平衡点就是“可接受风险水平”，也就是风险可接受标准值。

第2节　可接受风险标准

一、可接受风险标准介绍

风险评价离不开可接受风险标准(risk criteria)，所谓风险标准是评价风险严重性的依据和范围。

（一）国际上可接受风险原则

(1) 英国的 ALARP 原则。ALARP 原则起源于 1949 年 Edwards 与英国煤炭部的一场著名法律纠纷，其最早被用于可接受风险标准是英国健康和安全委员会（HSE），宗旨是对将降低风险的投入与改进后带来的效益进行比较，寻求合理的可容忍风险等级。ALARP 既是风险管理的最低合理可行原则，又是体现可接受风险标准的公平、效用和技术水平的标准框架。ALARP 的最低合理可行原则是应用于可容忍或可接受风险之间的区域，不可容忍风险区和不可接受风险区并不适用该原则。因此，所谓的“最低合理可行”原则只是平等原则和效用原则的体现形式。

(2) 德国的 MEM 原则。该原则的思想是新的活动带来的危险不能比人们日常生活中的其他风险有明显增加。其本质是基于个人风险基础上的最小内因死亡概率，采用人类个体死亡率的最低点，即每年 2×10^{-4} 的死亡率，根据风险事故的死亡率判断风险是否可容忍。

(3) 法国的 GAMAB 原则。该原则是指新系统风险与已经接受的现存系统的风险比较，新系统的风险水平至少与现在系统的风险水平相当，也是一种比较原则。要求提供至少与目前全球在用系统一样良好的安全风险等级。其实，GAMAB 原则和 MEM 原则类似，是评价新活动风险是否可接受时所采用的方法，不能作为确定可接受风险标准的具体原则。

(4) 世界卫生组织在《Water Quality: Guidelines, Standards and Health》一书中提出风险可接受应满足条件：

① 该风险低于某一确定的概率；

② 该风险低于已经容忍的风险水平；

③ 该风险造成的负担低于社会承担的任意疾病的负担；

④ 将降低某一风险的成本投入到其他风险降低措施中，不能降低更多的风险，则该风险可接受；

⑤ 在关注成本负担时，将降低某一风险的成本投入到其他风险降低措施中，不能降低更多的风险；

⑥ 机会成本比花费在其他公共健康问题方面更迫切、效果更好；

⑦ 公共健康专家说可接受；

⑧ 公众可以接受（或者公众没说不可以接受）；

⑨ 政府可以接受。

（二）英国 HSE 在确定可接受风险框架原则

上述可接受风险准则中，ALARP 是现今普遍认可并得到广泛应用的可接受风险准则。下面主要介绍 ALARP 准则和社会风险与个人风险方法结合的确定可接受风险的方法。

1. ALARP 框架准则

ALARP 不仅是可接受风险的准则，更是确定可接受风险的框架，其遵循的原则如下：

(1) 基于平等原则：基于平等体现在可接受风险标准的设定，使任何人都不暴露在过大的风险中。英国的 HSE 采用 ALARP 框架中设立的可容忍风险标准线就体现了生命的平等，在风险面前，生命平等，生命高于利益。

（2）基于效用原则：在可接受风险标准线与可容忍风险标准线之间可以采用 ALARP 原则，即在该区域采用成本收益分析进行风险决策，以求得资源使用的效益最大化，即在平等的基础上考虑经济效益，兼顾了社会伦理和经济利益。

（3）基于技术的原则：体现在任何情况下都采用最先进的风险控制措施以达到令人满意的风险水平。

2. ALARP 框架体系

在 ALARP 框架体系中，需要区别可接受风险（acceptable risk）和可容忍风险（tolerable risk）两个非常重要的概念。所谓可接受风险是指每个被影响的人员都准备接受的风险，这种可接受风险通常不需要采取进一步的减轻风险措施。可容忍风险是指为保证一定的效益，社会能够容忍存在一定范围内的风险。可容忍风险是指需要关注和保持监测的风险界限，在可能的情况下，应进一步减少其风险程度。具体可接受风险和可容忍风险关系见图 8-1。

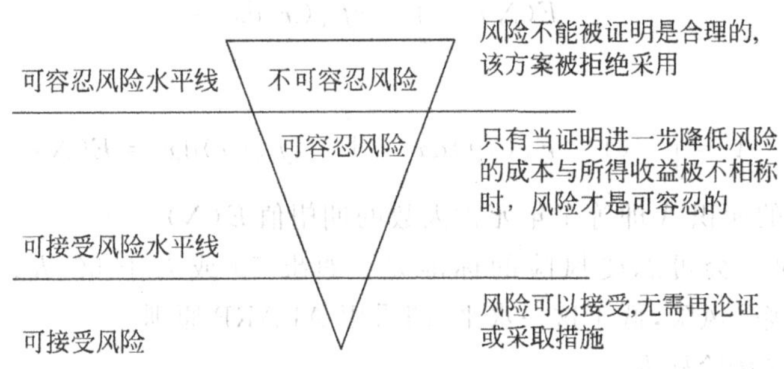

图 8-1　可接受风险与可容忍风险关系图

3. 基于 *F-N* 曲线的 ALARP 社会可接受风险准则

基于社会风险的 ALARP 原则是建立在 *F-N* 曲线基础上的，故也称为 *F-N* 准则。*F-N* 准则设定的步骤为：

（1）确定可容忍风险水平线，在可容忍风险水平线以上区域为不可容忍或不可接受区；

（2）确定可接受风险水平线，在可接受风险水平线以下区域为可接受区，也称为可忽略区；

（3）可接受线与可容忍线之间为 ALARP 区，遵循 ALARP 准则。

F-N 曲线是死亡人数 N 与其超概率之间关系的图形表示，如果评估的风险值在可容忍风险水平线以上区域时，则属于不可容忍区，风险是不能接受的。如果所评估的风险在可接受风险水平线以下区域时，则属于可接受区，则不必进行风险措施的投入；如果风险评估值在可接受线和可容忍线之间的区域，即所谓的 ALARP 区域，需要尽可能降低该区域内的风险。*F-N* 曲线最初在核电站的风险评价中引入，可用于评价社会生命可接受风险。

1989 年，英国健康委员会（HSE）正式发布了社会风险标准值，推荐不可容忍线为斜率为－1，并通过点$(N,\lg(F(N)))=(10,10^{-2})$，该值反映了人们正常的风险厌恶。在荷兰，使用的不可容忍线为：$F=C/N^2$，这里 $C=10^{-3}$；在丹麦，使用的不可容忍线为 $F=C/N^2$，这里 $C=10^{-2}$。概率公式表达为

$$P_{f(x)}=1-F_N(x)=\int_0^{+\infty} xfn(x)\mathrm{d}x$$

$$P_{f(x)} = 1 - F_N(x) \leqslant C/X^n$$

n 为风险水平线斜率；$n=1$ 意味着风险中立，$n=2$ 意味着厌恶风险；如果风险损失后果严重，受到关注度高，增加政府有关部门的财政支出；C 为决定风险水平线的位置，可理解为风险水平线截距。F-N 曲线与坐标轴包围的面积 A 为

$$A = \int_0^{+\infty} (1 - F_N(x))\mathrm{d}x$$

社会风险为某群体遭受某种灾害或定事故的死亡人数及其相应频率的关系，即

$$P_f(x) = 1 - F_N(x) = P(N) = P(N > x) = \int_x^{+\infty} f_N(x)\mathrm{d}x$$

式中，$f_N(x)$为年死亡人数 N 的概率密度函数，$F_N(x)$为年死亡人数 N 的概率分布函数，表示死亡人数小于或等于 x 的年概率，$P_f(x)$为死亡人数大于 x 的年概率。

一般情况下，年死亡人数的期望值为

$$E(N) = \int_0^{+\infty} x f_N(x)\mathrm{d}x$$

得出

$$A = \int_0^{+\infty} (1 - F_N(x))\mathrm{d}x = \int_0^{+\infty} x f_N(x)\mathrm{d}x = E(N)$$

这样，就得到包围的面积 A 即等于年死亡人数的期望值 $E(N)$。

因此，HSE 的社会可忍受风险的标准是：如果 50 或大于 50 人、死亡率超过每年 1/5000 即为不可接受风险，低于这一水平，即采用 ALARP 原则。

4. 个人可接受风险标准

HSE 的可容忍风险标准被用在英国的所有工业上，所采用的个人风险的上限为 10^{-4}/年，超过该值的风险即为不可接受风险。风险若高于可接受风险水平，则必须强制性降低风险，而不考虑成本效益。若落在 ALARP 区，则需要权衡挽救一个人生命的成本和生命的价值，进行成本效益分析。其实，单纯货币化生命价值通常被认为是不道德的，往往招致强烈批评和反对，可以采用生命价值进行评估防灾减灾措施的成本效益，如果在 ALARP 准则框架下的可接受风险水平以下的生命价值评估是可以接受，并且可以得到货币化的风险价值，该方法是可行的，也不存在道德的问题。

（三）可接受风险标准原则

可接受风险标准问题是一个决策问题，结合国内外可接受风险标准的制定原则、方法与风险的实际情况，本文认为制定可接受风险的标准应遵循以下原则：

(1) 生命平等原则。即在风险面前，每个人的生命都是同等价值的，使任何人都不暴露在过大的风险中。因此，需要确定一个被公众所接受的个人最高风险阈值，超过这一阈值为不可接受风险，就必须采取降低风险措施，甚至可以直接规避风险。

(2) 风险成本最小原则。所谓风险成本最低原则是指进行风险管理时，进一步降低风险措施所需成本和预期风险损失之和最低，风险成本最低原则不是风险最低原则，因为没有真正意义上的风险最低，所谓零风险也是不存在的。

(3) 实事求是、求同存异原则。任何一类风险都受科学技术水平、管理水平、活动环境、行业不同的等因素的影响，因此公众的个人可接受风险标准应不超过人们日常生产生活所面临的其他事故风险总和，员工的个人可接受风险标准不应超过其日常生产中所面临的其

他事故风险总和，可根据行业不同进行微调。

(4) 平等沟通、尊重科学、有效协商原则：可接受风险标准的确定应由相关利益者进行平等沟通，尊重科学进行有效协商。通过平等沟通能够符合公众的主观接受意愿，并能体现群体意愿，而不是某个个体和组织的意愿；尊重科学能够保证可接受风险不受到人们的科学知识水平限制，保证专家的对科学的客观判断，有效协商是要符合程序，需要政府参与协商并监督程序的公正合法有效。

二、可接受风险标准确定方法

第3章已经阐释了关于风险管理的风险成本最低原则，因为减小风险是要付出代价的。无论减少危险发生的概率，还是采取防范措施使发生危险造成的损失降到最小，都要投入资金、技术和劳动，因此，通常的做法是将风险限定在一个合理的可接受的水平上，然后根据风险影响因素，经过优化，寻求出最佳方案。确定可接受风险水平经历了最初从技术层面确定，到由专家与公众共同参与确定，再到目前的从社会角度，考虑政治、经济、健康和环境等因素确定。尽管度量可接受风险有多种定性的和定量的形式，但是确定可接受风险问题并非是风险本身可不可以接受，是风险与风险带来的收益的权衡决策产生的可接受风险的问题。目前，国内外关于各种可接受风险标准确定的方法总结起来主要有基于风险承受者意愿法的方法、基于实际风险的方法和基于可接受风险标准的综合法，下面分别具体阐述。

(一) 主观意愿法

这类确定可接风险的方法是基于风险承受者的主观意愿和态度，即是以其对承受风险意愿和态度来确定可接受风险的标准。基于风险承受者意愿法还可以分为主观意愿法和被动客观影响法。所谓主观意愿法是根据风险承受者主动愿意承受风险的大小，这种主动承担的相应风险需要获得相应的直接或间接收益，包括精神上的愉悦，例如登山运动。积极主观意愿法多采用问卷调查方法式，根据公众对风险的感知和态度来确定公众对风险的可接受程度。所谓被动的客观影响法是根据某类事件对社会影响，即社会的态度和关注度来确定风险的可接受程度。该类方法的典型应用就是公众认为的可接受的风险即为标准，但是该方法需要社会公众能够充分获得和理解某一风险的全部信息，这在现实中是不太可能的。实际上，人们对风险的判断常带有偏见(Bennett，1999)，而且不同群体对风险感知的不同往往是源于深层次的社会发展问题。关于风险承受者的主观意愿和态度，Thompson 等(1990)曾提出一个理论模型：该模型沿着两条轴线划分社会，第一条轴线是某人群在社会关系模式上的影响：即人们受到已经接受社会传统的人的影响，第二条轴线关注的是人们受外部强加的规则和愿望。这种划分产生了四种人生态度：宿命论、阶级论、利己论、平等论。相应的这四种态度使得人类对可接受风险的态度迥异(Adams，1997；Langford et al. 1999)：阶级论认为确定可接受风险标准是那些受政府支持的专家的责任；利己论蔑视权威，认为可接受风险标准的制定应该由个人自行决定；平等论认为确定可接受风险标准应该基于信任和公开，并在此基础上协商一致；宿命论将风险的产生看作是概率函数的产出，他们认为自己的生活几乎无法控制。

1. 协商法

协商法就是指通过风险利益相关者之间的协商来确定可接受风险标准，是一种被动的客观影响意愿法。英国健康和安全委员会(HSE)根据其丰富的经验，在各利益相关者赞同

(stakeholders subscribes)的情况下,确定可接受风险标准。尽管协商法并不是一个严谨的确定可接受风险标准的方法,但却可以使大多数人接受。因为,这种协商法能够使得各种利益相关者,主要包括专业学术及相关领域专家、政府、各类社会组织、公司、社区和公众平等参与协商谈判,得到各利益相关方大部分人能接受的"可接受的风险"标准。Klapp (1992)认为尽管这种标准本身不确定性也比较大,在没有科学的方法情况下,协商确定的可接受风险标准相对比较合理。但是,协商确定可接受风险标准仍然存在两个问题:一是如何衡量人的满意程度;二是如何保证利益相关者的平等协商地位。

2. 自愿程度度量法

自愿程度度量法是协调人与风险之间关系的方法,即人对所从事的活动及其环境的风险态度或意愿程度间接定量可接受风险的标准。值得注意的是,这里的主观意愿法是基于客观风险实际风险情况下的主观意愿法。例如,荷兰水防治技术咨询委员会(Technical Advisory-Committee on Water Defenses, TAW)根据主观不同风险承受方的意愿,如主动意愿强的登山,考虑客观实际风险情况,设定了可接受的风险标准,其公式如下:

$$\mathrm{IR} < \beta \times 10^{-4} \alpha^{-1}, \quad 0.01 \leqslant \beta \leqslant 10$$

式中,β为意愿系数(或称政策系数),根据参与活动的自愿程度及获得的利益不同而变化。荷兰水防治技术咨询委员会的方法是将实际风险值10^{-4}和主观意愿系数(主观意愿系数值给出了一个选取范围)综合,但是自愿程度系数的选取权利经常是掌握在相关管理或研究人员手里,而不是掌握在风险承受者或公众和风险提供者手里,这样可能导致的结果是可接受风险变成"被接受"风险。

3. 目前容忍法

目前容忍法的基本观点是:任何目前可容忍的风险都是可接受的。这种做法提供了一条较为便捷的途径来制定可接受风险标准,也是属于主观的一种方法。但很多学者对此持谨慎态度,他们认为已经接受的风险(accepted risk)和可接受风险(accetable risk)有本质区别。例如吸烟,直到目前为止,这种事仍然被广泛接受,仍然有很多人认为这是不可接受的风险。所以这种方法只被部分人接受。

总之,主观意愿法和被动客观影响法都是仅仅考虑风险承受者的意愿和态度,受人们各种主观因素如心理、文化背景、生存环境等等因素影响较为严重,没有切实考虑客观风险的现实和风险管理技术对确定可接受风险标准所占比重的影响。因此,该类方法确定的可接受风险标准主观性较强,缺乏科学性。

(二) 客观分析法

基于客观风险的方法是从客观风险的实际情况来客观确定人们所需要承受风险的程度,从而确定可接受风险标准。基于客观风险实际法在实践应用中有以下几种:

1. 历史统计法

历史统计法是根据历史统计数据,通过数据的纵向比较和分析,得出可接受风险标准。这种方法较为简单,符合客观风险实际值。例如,预先确定概率法是指在某一危险物质的环境中,增加10^{-6}患癌症的概率。这种方法是从美国在1960年研究动物时提出来的安全检测指导线发展而来的。美国食品药品管理局在1973年采用的个人风险标准是10^{-8}/年,在1977年修改为10^{-6}/年。现在看来,个人风险10^{-6}/年数量级被很多国家认为是黄金标准,例如荷兰等国采用这个标准,美国环保署(Environmental Protection Agency, EPA)在饮用水方面通常使用致癌物质个人风险标准在 $10^{-6} \sim 10^{-4}$ 风险范围。

2. 对比法

根据不同类型风险之间的对比,即通过横向对比来确定标准的方法称为对比法。例如通过比较各种危害的年度死亡概率,得到各种危害的死亡风险。这种方法比较快捷、方便,容易使公众接受。

3. 分析法

分析法指基于分析风险系统来确定可接受风险标准的方法。该方法需要灾害风险与生命价值和经济理论研究的创新与突破,建立起科学准确的风险投入与生命价值和经济效益等相关变量的关系函数。例如效用法:因为可接受风险不仅涉及经济成本问题,更是关系到生命价值的问题。经济学并没有给社会提供一个绝对的工具来明确什么样的风险可以接受。可接受风险标准问题更是一个效用的问题,因此,理论上可以采用效用法进行可接受风险标准的确定。目前,生活质量指数 LQI 方法在理论上是可行的,但没有在实践中得到广泛的实际应用,还需要进一步的改进和创新。

4. 功能划区法

一般的可接受性风险标准划分只是确定了概率级数,实际操作起来还较困难。实际上,风险的可接受水平与灾害风险所处区域有关,即区域的人口密度、环境敏感性密切相关,因此,可以根据不同类别的区域确定风险可接受标准。类别划区法比较成功的应用就是根据城市安全功能分区确定可接受性风险概率标准值。实施城市公共安全按功能进行等级划分实际上是考虑了风险的后果,等级越高,要求的安全等级越高,灾害风险可接受概率越低。一般将城市安全功能区划分为 4 类:一类风险控制区、二类风险控制区、三类风险控制区、四类风险控制区。一类风险控制区主要包括两部分:第一部分是居民区,文教区,交通运输枢纽区和商业区,这些是人员密集地区;第二部分是目标敏感地区,如重点保护区、名胜古迹区和行政区等。二类风险控制区主要包括是工业区,人员密度较高。三类风险控制区主要包括仓储区,广场和公园,人员密度相对较低,但是广场和公园在特定日子也是人员密度很高区域。四类风险控制区主要包括开阔地等人员密度很低的区域。相同的风险控制区有着相同的风险可接受性概率,不同的风险控制区的不同可接受标准是建立在广泛的数据积累基础上的。

(三) 定量分析法

目前,可接受风险的研究定量分析方法主要有四种:

(1) ALARP 准则与 F-N 曲线(频率-损失曲线)

(2) 风险矩阵法

(3) 成本收益分析(cost-benefit analysis)

(4) 生活质量指数(life quality index, LQI)

1. 生命可接受风险

人的生命统计价值中的人是统计学意义下的人,并不特指现实生活中具体的某个个体,是对经济生活中一般人的抽象,且其行为是合乎理性的。其次,所谓生命价值,特指生命的经济价值,它和生命的金钱价值、生命的货币价值、生命的现金价值是同一个含义。在经济学中,尊重生命就意味着阻止死亡,而不意味着创造从未存在的生命。因而人们所讨论的主题并不是从一般意义上界定的生命的价值,而是统计学意义上的生命的价值,即减少某一部分人的某些死亡危险到底有多少价值。人的生命价值是个社会问题，那么考虑建立生命价值模型应该充分利用目前已有的衡量社会发展水平和生活质量的基本指标，如平均寿命、国民生产总值、健康状况、教育水平等。Cantril 基于他的经验研究，认为平均寿命和福利是最被现代社会的人所关注的。Nathwani(1997)等在 1997 年基于人均国民生产总值和平均寿命这两个已有的社会生活评价指标，提出了生活质量指数，随后 Rockwize、Lind、Faber 等学者对其进行了深入的研究，建立了基于 LQI 的人的生命价值计算模型，并将 LQI 集成到结构风险评估中，进一步完善了定量的结构风险评估和决策理论体系。基于 LQI 建立的生命价值转换函数，既利用人均国内生产总值考虑了社会层面的损失，也利用平均寿命考虑了个人福利方面的损失，比较全面的反映了生命的货币价值，并且这两个指标都是客观指标，计算得到的转换价值也相对客观。应该注意到，当将生命价值用货币表示后，将存在货币价值的折现问题，这里不再进行深入的讨论。

2. 经济可接受风险

经济可接受风险也发挥重要的风险管理决策角色，尽管还没有被公认的经济风险损失的具体量化的可接受标准。可以采用 *F-D* 曲线确定可接受的经济损失的标准，其模型如下：

$$1 - F_D(x) = P(D > x) = \int_x^{\infty} f_D(x)\mathrm{d}x$$

$$E(D) = \int_0^{\infty} x f_D(x)\mathrm{d}x$$

在 $f_D(x)$是经济损失的概率分布函数，$E(D)$是预期价值的经济损失。类似于社会生命风险的 *F-N* 曲线，在曲线下面为可接受的经济风险区域。可接受的风险水平也可以作为一个经济决策标准问题。

此外，还可以根据经济优化的方法，总的风险成本取值区间为一个系统安全风险的支出和预期价值减少之和，那么，经济风险可接受风险标准可以表达为风险成本期望及其标准差之和的最小值，即

$$\min(\mu(C_{\text{tot}}) + k\sigma(C_{\text{tot}}))$$

3. 生态环境可接受风险

国外有提出了破坏的生态系统恢复的所需时间概率作为衡量环境风险的量化评价，可以绘制成 *F-T* 曲线，其公式可以写成为

$$1 - F_T(x) = P(T > x) = \int_0^{\infty} f_T(x)\mathrm{d}x$$

$f_T(x)$是概率分布函数的恢复时间，$f_T(x)\mathrm{d}x$ 表示生态系统的恢复时间概率密度函数。

还有一个充满活力的影响指数，是一个测量损失的能量，单位是焦耳。该方法把人也作为生态系统的一部分，人类和动物受伤或死亡造成的能量损失都可以用焦耳表示，就像任何其他破坏自然的事物一样。

4. 社会风险(social risk)，可常简记为 SR，可描述事故发生概率与事故造成的人员受伤或死亡人数的关系。如果该风险事态是对特定的人群发生作用，则也称为集体风险，或职业风险。在充分表达其概念本质的基础上，社会风险可以用年死亡人数的均值或年死亡人数的概率分布函数等多种方法描述。(具体内容请阅读生命价值评估相关内容。)

三、现有可接受标准介绍

关于可接受风险的标准问题，1976 年重大危险咨询委员会(Advisory Committee on Major Hazards，ACMH)报告认为最高可容忍的事故发生概率是一次死亡 10 人以上的事故要求概率低于每年 10^{-4}。英国健康和安全委员会(HSE)根据其丰富的经验，考虑"广泛的社会利益"，制订的可接受风险标准：可忽略风险水平与人们日常生活中所面对的微不足道的风险水平大致一样，将 10^{-6} 作为公众和员工的可忽略风险标准，10^{-6} 是一个很低的风险水平；可容忍风险水平的划分考虑了各方面利益，10^{-3}(员工)和 10^{-4}(公众)可为各利益相关方所接受，故将其作为可容忍风险水平。这一标准仅是指导性的数据。澳大利亚大坝委员会(ANCOLD)制定的《澳大利亚大坝风险评价指南》(2003)则根据澳大利亚 1998 年人口的统计，其最大死亡概率约为 10^{-4}/年，建议已建坝对个人或团体，如果单个风险超过 10^{-4}/年是不可容忍的；而对新建坝和已建坝扩建工程，单个风险超过 10^{-5}/年是不可容忍的。美国的 Curtis C. T. 和 Holly A. H. 在 *Determining an acceptable level risk*(1988)中指出美国环境可接受风险标准应采用调整后的公众的致癌风险水平，并与交通死亡风险相比较后认为是可以接受的水平。荷兰主要使用两个参数，即个人风险和社会风险来评估危险活动的风险可接受性。挪威的 TAW 提出根据不同的意愿程度，对不同的活动分别设定了个人风险的可按受标准范围。其公式为：$IR<\beta \cdot 10^{-4}$，式中，IR 为个人风险，β 值依据个人参与活动的自愿程度和可能获利的大小而变化。例如，登上月球死亡风险是 10^{-2}，可接受风险高，因为意愿高，其 β 值为 100，而生病的意愿系数 β 值为 10，驾驶摩托车的可接受风险为 10^{-4}，其意愿系数 β 为 1，而工厂的可接风险值为 10^{-6}，意愿系数 β 为 0.1。

我国制定可接受风险标准需要考虑具体国情背景并适当基于技术水平发展，参照国际标准，同时兼顾经济发展状况、文化背景等因素影响，需要随着社会的进步而不断严格规范。特别是在生命价值方面要同时考虑个人可接受风险标准和社会可接受风险标准上。国际上的可接受风险标准确定基本相同，且大多是以生命风险作为主要指标来确定可接受风险的标准，但没有国际比较公认的标准。因此，我国可接受风险标准要吸收国内外研究成果，综合考虑社会、文化、环境等因素，建立动态的可接受风险标准，并要引入公共参与，充分尊重相关利益者利益的原则，见表 9-1。

表 9-1 现有个人可接受风险标准总结

机构及其用途	可忍受风险的最大值(/年)	可忽略风险(/年)
HSE，英国(现有危险产业)	10^{-4}	10^{-6}
VROM，荷兰(新建工厂)	10^{-6}	10^{-8}
VROM，荷兰(现有工厂)	10^{-5}	10^{-8}
AGS，澳大利亚(新建边坡)	10^{-6}	—
AGS，澳大利亚(现有边坡)	10^{-5}	—
USSD，美国(大坝)	10^{-4}	10^{-6}
圣巴巴拉县，加利福尼亚(新建工厂)	10^{-5}	10^{-7}
CDA，加拿大(大坝)	10^{-4}	10^{-6}
GEO，中国香港地区(新建住宅)	10^{-5}	—
GEO，中国香港地区(现有住宅)	10^{-4}	—

表 9-2 现有社会可接受风险标准总结

机构及其用途	F-N 曲线斜率	N=1 时最大可忍受风险的截距(/年)
英国	−1	10^{-4}
VROM,荷兰	−2	10^{-3}
AGS,澳大利亚(新建边坡)	−1	10^{-4}
AGS,澳大利亚(现有边坡)	−1	10^{-3}
GEO,中国香港地区	−1	10^{-3}
CDA,加拿大(大坝)	−1	10^{-3}

本章小结

风险评价主要研究可接受风险和可容忍风险的评价标准,具体包括风险评价的准则及其确定这些标准的方法。我国国标定义可接受风险(risk acceptance)是指预期的风险事故的最大损失程度在单位或个人经济能力和心理承受能力的最大限度之内。HSE(2001)强调可容忍并不意味着可接受,可接受风险(acceptable risk)与可容忍风险(tolerable risk)不能互换,可容忍风险是指社会能忍受的一定范围内的风险。英国 HSE 提出的 ALARP 是现今普遍认可并得到广泛应用的可接受风险准则,更是确定可接受风险的框架。近年来,我国各行业都在确定风险评估与管理指南中明确提出了风险评价的量化标准,特别是个人的生命风险评价标准,国内外均有具体的量化指标。

关键术语

1. 风险评价(risk assessment,RA):风险评价是根据一定的标准或管理措施原则规范,对风险大小或级别作出判断,并作出接受还是处理某一个风险的决策,为下一步制定具体的风险管理措施提供基本信息。

2. 风险标准(acceptable risk criteria,AC):风险评价离不开可接受风险标准,所谓风险标准是评价风险严重性的依据和范围。

3. 可接受风险(acceptable risk,AR):所谓可接受风险是指每个被风险影响的人员或社会准备接受的风险,这种可接受风险通常不需要采取进一步的减轻风险措施。

4. 可容忍风险(tolerable risk,TR):可容忍风险是指为保证一定的效益,社会能够容忍存在一定范围内的风险,可容忍风险是指需要关注和保持监测的风险界限,在可能的情况下,应进一步减少其风险程度。

本章参考文献及进一步阅读文献

[1] 尚志海,刘希林.国外可接受风险标准研究综述[J].世界地理研究.2010,19(3):72-80.

[2] 肖义,郭生练,熊立华,等.大坝安全评价的可接受风险研究与评述[J].安全与环境学报.2005.5(3):90-94.

[3]　李宝岩.可接受风险标准研究[D].南京：江苏大学，2010.

[4]　吕保和，李宝岩.可接受风险标准研究现状与思考[J].工业安全与环保，2011，37(3)：24-26.

[5]　唐彦东.灾害经济学[M].北京：清华大学出版社，2011.

[6]　于汐，薄景山.重大岩土工程风险评估现状研究[J].自然灾害学报，2015，24(3)：12-19.

[7]　HSE. PADHI (Planning Advice for Developments near Hazardous Installations)-HSE's Land Use Planning Methodology，2003.

[8]　HSE. IFRLUP-HSE's Implementation of the Fundamental Review of Land Use Planning，2004.

[9]　HSE. Guidance on 'as low as reasonably practicable'(ALARP) Decision in Control of Major Accident Hazards (COMAH)，SPC/Permissioning/12，2004.

[10]　ISDR. Hyogo Framework for Action 2005-2015：Building the Resilience of Nations and Communities to Disasters [R]. Kobe，Hyogo，Japan. World Conference on Disaster Reduction，2005.

[11]　Fell R，Cororninas J，Bonnard C，et al. Guidelines for Landslide Susceptibility，Hazard and Risk-zoning for Land Use Planning [J]. Engineering Geology，2008，102(3-4)：85-98.

[12]　International Strategy for Disaster Reduction. 2009 UNISDR Terminology on Disaster Risk Reduction[EB/OL]. Http：//unisdr. org/publications，2010.

[13]　HSE. Reducing Risks：Protecting People-HSE's Decision Making Process [R]. London：Her Majesty's Stationery Office，2001：21-52.

[14]　AGS. Practice Note Guidelines for Landslide Risk Management 2007 [J]. Australian Geomechanics，2007，42(1)：64-114.

[15]　Vrijling J K，van Gelder P，Ouwerkerk S J. Criteria for Acceptable Risk in the Netherlands [J]. Infrastructure Risk Management Processes：Natural，Accidental and Deliberate Hazards，2005.

问题与思考

1. 如何定义可接受风险与可容忍风险？
2. 国际通用的可接受风险评价准则有哪些原则？
3. 英国的 HSE 提出的可接受风险 ALARP 准则是什么？
4. 可接受风险标准的确定方法有哪些？
5. 个人风险和社会风险的可接受标准一般采用哪种方法，如何应用？

第10章

灾害风险管理控制措施

最初人们总是从工程系统、机械设备等进行风险控制，但是，无论怎样的技术进步和先进工程都不能保证完全的控制风险，人们逐渐认识到，人作为整个系统的参与和管理者，可以通过风险感知和学习，发挥人的主观能动性，风险控制理论经历了工程万能理论、多米诺骨牌理论、能量释放理论、轨迹交叉理论、管理失误和综合原因理论等。国际发达国家如美国、日本等风险管理型措施都经历了从单纯的工程性措施到工程措施与非工程性措施整合的历史过程。

第1节　风险控制理论

一、风险控制的数理基础

风险控制的目标是在风险成本最低的原则下，采取的防止灾害风险发生或减少灾害风险损失措施。风险控制一般分为两大类：一类是风险规避和防御，即减少风险发生的频率，可以称为防灾；另一类是减少灾害风险的损失程度，可以称为减灾。风险控制方法也包括两大类：工程方法和人类行为方法。工程方法侧重于机械和环境因素，并试图消除危险因素，人类行为方法则强调人的因素，并寻求改变人的行为。

（一）大数法则

大数法则原理认为：只要风险单位足够多，这些风险单位的实际损失就会接近于预期损失。问题有两个：

（1）这类风险控制方法对损失有什么影响？

（2）风险单位数量要达到多少才是“足够多”，使这样的风险控制方法有意义？

下面来看两种风险单位组合的损失：假设构成风险单位组合的两个风险单位分别为 x 和 y，它们的损失分别为 L_x 风险和 L_y，都是随机变量。它们的损失即各自的期望值，分别为 $E(L_x)$ 和 $E(L_y)$；风险为各自的方差 $\mathrm{Var}(L_x)$ 和 $\mathrm{Var}(L_y)$ 或标准差 σ_x 和 σ_y。

根据随机变量的性质，风险单位的损失为 $L_p = L_x + L_y$。

风险单位的期望损失为 $E(L_p) = E(L_x) + E(L_y)$，可见，风险单位组合的损失为各个风险单位的损失之和。因此，构造风险单位既不会增加风险管理的成本，也不能降低损失。

风险单位分别为 x 和 y 构成的期望损失 $E(L_p)$ 的风险，为

$$\mathrm{Var}(L_p) = \mathrm{Var}(L_x + L_y) = \mathrm{Var}(L_x) + \mathrm{Var}(L_y) + 2\mathrm{Cov}(L_x, L_y)$$

其中，$\mathrm{Cov}(L_x, L_y)$ 为风险单位 X 和 Y 的损失的协方差，即

$$\mathrm{Cov}(L_x, L_y) = E\{[L_x - E(L_x)][L_y - E(L_y)]\}$$

上式表明，风险单位组合的风险并不是各个风险单位风险的组合。协方差又可表示为

$$\mathrm{Cov}(L_x, L_y) = \gamma_{xy}\sigma_x\sigma_y$$

其中 γ_{xy} 为风险单位 x 和 y 的损失的相关系数，$-1 \leqslant \gamma_{xy} \leqslant 1$，因此得到

$$\mathrm{Var}(L_p) = \mathrm{Var}(L_x) + \mathrm{Var}(L_y) + 2\gamma_{xy}\sigma_x\sigma_y$$

其中，$\mathrm{Var}(L_p) \leqslant \mathrm{Var}(L_x) + \mathrm{Var}(L_y) + 2\sigma_x\sigma_y = (\sigma_x + \sigma_y)^2$

考虑到 $\sigma_x \geqslant 0$，$\sigma_y \geqslant 0$，可以得到

$$\sigma_p \leqslant \sigma_x + \sigma_y$$

这说明，风险单位组合的风险一般是小于风险单位的风险组合的，这也是通过构造风险单位组合对风险的分散的理论证明。

例 10-1 风险单位组合对风险的分散(已知，见表 10-1)

表 10-1 风险单位 x 和 y 的损失分布 (单位：万元)

概率 P_i	L_{xi}	L_{yi}
0.2	11	−3
0.2	9	15
0.2	25	2
0.2	7	20
0.2	−2	6

解：

$$E(L_x) = \sum_i p_i L_{xi} = 10$$

$$E(R_y) = \sum_i p_i L_{yi} = 8$$

$$\mathrm{Var}(R_x) = \sum p_i[L_{xi} - E(L_x)]^2 = 76, \quad \sigma_x = 8.76$$

$$\mathrm{Var}(R_y) = \sum p_i[L_{yi} - E(L_y)]^2 = 708, \quad \sigma_y = 26.5$$

$$\mathrm{Cov}(R_x, R_y) = \sum p_i[L_{xi} - E(L_x)][L_{yi} - E(L_y)] = -24$$

$$E(L_p) = E(L_x) + E(L_y) = 18$$

$$\mathrm{Var}(L_p) = \mathrm{Var}(L_x) + \mathrm{Var}(L_y) + 2\mathrm{Cov}(L_x, L_y) = 24$$

$$\sigma_p = 4.97 < \sigma_x + \sigma_y = 17.63$$

风险单位组合的风险大大小于两种风险单位风险的组合。

本例中，两种风险单位损失的协方差为负，表明两种风险单位的损失以相反方向运动。因为，若风险单位 x 的损失减少，则风险单位 y 的损失必增加；反之亦然。这样就分散了风

险，损失为两种风险单位损失之和，既没有降低，也没有增加，这就是风险单位集中的意义所在。

从风险单位组合风险的表达式可见，风险单位组合的风险除了每个风险单位各自的风险以外，主要与两种风险单位的协方差有关。而协方差又与两种风险单位的相关系数有关系。因此，风险单位的相关系数决定了分散风险的能力。

考虑两种风险单位（仍以 x 和 y 表示）的相关系数 γ_{xy} 为几种不同取值时风险单位组合损失和风险的情况。

当 $\gamma_{xy}=1$ 时两种风险单位完全相关，则有

$$E(L_p)=E(L_x)+E(L_y)$$

$$\mathrm{Var}(R_p)=\sigma_x^2+\sigma_y^2+2\sigma_x\sigma_y=(\sigma_x+\sigma_y)^2$$

$$\sigma_p=\sigma_x+\sigma_y$$

当 $\gamma_{xy}=-1$ 时，两种风险单位完全负相关，有 $E(L_p)=E(L_x)+E(L_y)$，$\mathrm{Var}(R_p)=\sigma_x^2+\sigma_y^2-2\sigma_x\sigma_y=(\sigma_x-\sigma_y)^2$，即 $\sigma_p=\pm(\sigma_x-\sigma_y)$ 正负号根据标准差非负的原则确定。

此时，风险单位组合的损失为两种风险单位损失之和，而风险单位组合的风险为两种风险单位风险之差。

当 $-1<\gamma_{xy}<1$ 时，这是一般的情况，有

$$E(L_p)=E(L_x)+E(L_y)$$

$$\mathrm{Var}(R_P)=\sigma_x^2+\sigma_y^2+2\gamma_{xy}\sigma_x\sigma_y$$

因为

$$\sigma_x^2+\sigma_y^2+2\sigma_x\sigma_y>\sigma_x^2+\sigma_y^2+2\gamma_{xy}\sigma_x\sigma_y>\sigma_x^2+\sigma_y^2-2\gamma_{xy}\sigma_x\sigma_y$$

$$(\sigma_x+\sigma_y)^2>\sigma_p^2>(\sigma_x^2-\sigma_y^2)^2$$

$$\sigma_x+\sigma_y>\sigma_p>\pm(\sigma_x-\sigma_y)$$

$\gamma_{xy}=0$，时此时，两个风险单位完全不相关，有

$$E(L_p)=E(L_x)+E(L_y)$$

$$\mathrm{Var}(R_p)=\sigma_x^2+\sigma_y^2$$

（二）一般风险单位组合的损失与风险

设有风险单位组合 P，它由 N 种风险单位组成，其中第 i 种风险单位的损失 P_i，期望损失为 $E(P_i)$，损失的方差为 $\mathrm{Var}(P_i)$。则风险单位组合的损失和风险（即损失的均值和方差）为

$$E(L_p)=\sum_{i=1}^{N}E(L_i)$$

$$\mathrm{Var}(L_p)=\sum_{i=1}^{N}\sum_{j=1}^{N}\sigma_{ij}$$

式中，σ_{ij} 为第 i 种风险单位和第 j 种风险单位的协方差，即

$$\sigma_{ij}=\mathrm{Cov}(L_i,L_j)$$

显然，风险单位和其本身的协方差就是方差，即

$$\sigma_{ij}=\mathrm{Var}(L_i)$$

一般风险单位组合损失与风险的矩阵形式为

$$E(L_p) = L^T W \mathrm{Var}(L_p) = W^T \sum W$$

$$L = \begin{pmatrix} E(L_1) \\ E(L_2) \\ \vdots \\ E(L_N) \end{pmatrix}, \quad W = \begin{pmatrix} 1 \\ 1 \\ \vdots \\ 1 \end{pmatrix}$$

$$\sum = \begin{bmatrix} \sigma_{11} & \sigma_{12} & \cdots & \sigma_{1n} \\ \sigma_{21} & \sigma_{22} & \cdots & \sigma_{2n} \\ \vdots & \vdots & \vdots & \vdots \\ \sigma_{n1} & \sigma_{n2} & \cdots & \sigma_{nn} \end{bmatrix}$$

W^T 表示转置矩阵。一般情况下，风险单位组合对风险的分散的方差为

$$\mathrm{Var}(L_p) \leqslant \sum_{i=1}^{N} \sum_{j=1}^{N} \sigma_i \sigma_j = \left(\sum_{i=1}^{N} \sigma_i \right)^2$$

或

$$\sigma_p \leqslant \sum_{i=1}^{N} \sigma_i$$

即风险单位组合的风险一般小于各个风险单位风险的组合，这与由两种风险单位组成的风险单位组合情况一样。

（三）风险单位数量与风险分散效果

风险单位的数量越多，风险分散的效果也越好。考虑在一个风险单位组合中增加风险单位数量时的情况。先不直接考虑损失，而分析财产价值的变化比率，并假定初始时每种财产的价值一样。假设初始财产价值为 V，一种财产可视作一个风险单位，则第 i 件财产的初始价值为

$$V_{i0} = \frac{V}{N}$$

可以证明，风险单位组合的价值变化率为

$$R_p = \frac{1}{N} \sum_{i=1}^{N} R_i$$

式中，R_i 为风险单位 i 的价值变化率。R_p，$R_i(i=1,2,\cdots,N)$ 为随机变量。

风险单位数量与风险分散效果可以用风险单位组合价值变化率的期望值表达：

$$E(R_p) = \frac{1}{N} \sum_{i=1}^{N} E(R_i)$$

风险单位组合价值变化率的方差作为风险单位价值变化率的偏离，也可视为风险，且

$$\mathrm{Var}(R_p) \sum_{i=1}^{N} \sum_{j=1}^{N} \frac{1}{N} \frac{1}{N} \sigma_{ij} = \frac{1}{N^2} \sum_{j=1}^{N} \sum_{j=1}^{N} \sigma_{ij} = \frac{1}{N^2} \sum_{j=1}^{N} \sum_{j=1}^{N} \sigma_{ii} + \frac{1}{N^2} \sum_{i=1}^{N} \sum_{i=1 j \neq i}^{N} \sigma_{ij}$$

式中的 σ_{ij} 为风险单位 i 和 j 的价值变化率的协方差。设单个风险单位价值变化率的最大方差为 M（某个风险单位），则：

$$\frac{1}{N^2} \sum_{i=1}^{N} \sigma_{ii} \leqslant \frac{1}{N^2} \sum_{i=1}^{N} M = \frac{M}{N} \to 0, \quad N \to \infty$$

又设 $\bar{\sigma}$ 为平均协方差。协方差项共有 N^2-N 项。根据平均值的含义,有

$$\bar{\sigma}=\frac{1}{N^2-N}\sum_{i=1}^{N}\sum_{j=1}^{N}\sigma_{ij}$$

则有

$$\mathrm{Var}(R_p)\ \frac{1}{N^2}(N^2-N)\bar{\sigma}\rightarrow\bar{\sigma},\quad N\rightarrow\infty$$

可见,风险单位组合的风险为其中风险单位的平均协方差。当风险单位组合中风险单位数量增加时,协方差成为风险的主要因素。那么风险的充分分散化需要多少风险单位?Fama(1976)的研究表明,当风险单位数量达到10至15时,风险的分散性比较理想(图10-1)。

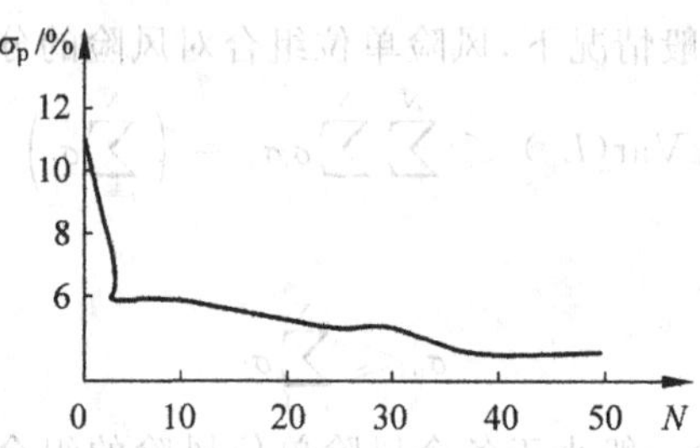

图 10-1 组合风险的方差与其风险单位数量之间的关系

二、风险控制措施理论

(一) 早期的工程万能理念

工程性风险控制措施的理论认为致灾因子危险性是造成事故和灾难的根源,人们认为只要降低与控制致灾因子发生的概率,就可以减少灾害的损失,完成防灾减灾的目标。工程理论早期被认为是从根本上解决风险的源头,但是,现今世界无论是自然灾害领域、技术领域、健康和社会环境领域都没有能完全被人类所掌握,甚至认为如地震等自然致灾因子永远要与地球上生活的人类相伴,还有如核安全、肿瘤、恐怖主义等危险也难以完全避免与控制。因此,人类与生存环境永远存在这种相互制约的关系,仅仅依靠工程性措施规避致灾因子风险源不完全可靠,零风险的社会也不存在。工程万能的风险控制措施理论上是直观、效果明显,但是却忽视了人的因素,没有同非工程性措施紧密配合,相互补充,共同应对各类灾害风险。

(二) 多米诺骨牌理论

海因里希的人为因素管理理论称为多米诺骨牌理论。1959年,海因里希研究了20世纪20年代发生在美国的许多工业事故,调查发现88%的意外事故是由员工的不安全行为导致的。这些不安全行为包括:不安全的速度操作、使用不安全的设备、不安全地使用设备、工人的注意力被分散、误用设备或视工作为儿戏等。意外事故还有10%是由危险的物质或机械状态引起的,可以认为事故中的98%是可以得到控制的,其损失也是可以通过某种方式预防的。海因里希通过研究安全事故的因果关系、人与机械的相关作用、不安全行为的潜在原因等提出了"工业安全公理",并以此为基础,提出了多米诺骨牌理论,并将该理论用于雇员伤害风险评估中,这也是最早针对雇员事故的理论。该理论指出人为因素是安全

事故的重要原因，他认为损失控制应重视人为因素管理，即加强规章制度建设，提高员工的安全意识，以杜绝易导致事故发生的不安全行为。

多米诺骨牌理论认为，一个可预防的事故，可视为5个因素中的一个引起的，这5个因素分别是：遗传与环境、人的过失、某种有形的危险或不安全行为、意外事故、伤害。只要移去一块骨牌，损失就不会发生，因为一个事故和损失的关系以及损失控制的理念具有多米诺骨牌效应。

图10-2中5张骨牌代表意外伤害的5个阶段：遗传与环境影响、人的性格、工作态度、工作方式认识能力局限造成人的过失直接表现为不安全行为进而导致意外伤害，这其中最容易和关键的骨牌是消除人的不安全行为。

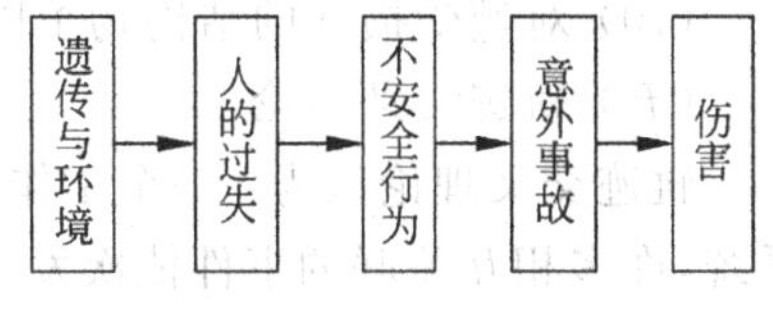

图10-2　多米诺骨牌理论

（三）管理失误论

现代专家，丹·彼得森(Dan Peterson)赞同海因里希对人的不安全行为的强调，他给海因里希的事故序列又加了第6个因素——管理的失误，他还强调在每一个事故后面并非只有一个因素，而是有许多因素。多米诺骨牌理论的缺点是机械原因的作用被低估了，如使用不安全的设备不能被认为是人为的失误，相反使设备更安全可靠是可能的，也是人类社会进步的体现。过于强调人的因素也与现代企业强制工伤赔偿原则相背离：为工业事故而责备工人是与工伤赔偿原则(不因工业事故而责备管理者和工人)相悖的，也违背了现代以人为本的理念。

管理失误理论是在海因里希的多米诺连锁理论的基础上，提出来的反映现代安全观点的事故致因模型。管理失误论强调风险事故最重要的因素是安全管理，导致风险事故的直接原因是人的不安全行为和工程或机械等的不安全状态。风险事故的直接原因仅仅是一种表面的现象，因为管理上的失误或者缺陷往往造成"人为失误"和"物的故障"的现象，所以管理失误看起来属于风险事故的间接原因，却是导致风险事故的基本原因。

（四）能量释放理论

美国公路安全保险学会会长小威廉·哈顿(William Haddon)博士，提出了一种更容易理解的、根据事故原因对风险控制技术分类的方法。小威廉·哈顿认为：风险事故的发生主要与物质因素有关，而与人的直接关系不大。因为事故是一种物理工程问题，人或财产都可以看作结构物，它们在解体之前都有一个承受极限，当能量失控或压力超过这个极限时，事故就会发生。能量失控的情形包括火灾、事故、工伤以及其他所有造成伤害或损失的情况。因此，通过控制能量，或者改变能量作用的人或财产的结构，事故就可以得到预防。能量释放理论认为：损失控制应重视机械和物质因素的管理，为人们创造一个更加安全的物质环境。哈顿的能量释放理论可以看作是海因里希事故因素序列中第三个因素的扩充，但与海因里希不同的是，哈顿强调了对能量和自然力的控制，而不是强调对人的失误的控制。

哈顿还提出了应用能量释放理论的10种策略，试图抑制事故发生的条件或增强阻碍事故的力量：

(1) 防止能量的产生；

(2) 如果能量还是产生了，那么防止能量的聚集；

(3) 如果能量确实聚集了，那么防止能量的释放；

(4) 如果能量仍然释放了,那么从源头改变能量释放的速度或空间分布;

(5) 将能量和需保护的结构物在时间上或空间上加以隔离;

(6) 用物质屏障将能量与需保护的结构物加以隔离;

(7) 改变能量的基本特性;

(8) 使结构物更坚固,更能抗击能量的冲击;

(9) 能量对结构物造成损害时,要对损害立即关注;

(10) 对遭受损坏的结构物予以修复。

(五) 轨迹交叉理论

轨迹交叉理论认为:一个工作系统一般是由人、机、物共同构成,并共同处于一个环境系统,许多相互关联的事件依次发生和发展导致风险事故的发生。总结这些相互关联的风险事件主要包括两大类:人的不安全行为和物质的不安全状态。这两类事件在系统内各自发生发展过程的轨迹中,在某一时间或空间上可能发生交叉,并形成一个交点,就会导致物质(机械)释放的能量转移到系统的工作人员或附近活动的人员,导致风险事故发生。尽管人的不安全行为和物质的不安全状态是风险事故的发生和发展的原因,经常是由于多种因素相互作用的影响。轨迹交叉理论的思想:人的不安全行为和物质的不安全状态被视为导致风险事故发生的同等重要的原因,但对管理因素和环境因素等没有明确解释和说明。

(六) 综合原因论

综合原因理论的基本思想是:风险事故的发生不是由个人的偶然因素或者单纯机械设备因素引起的,而是多重因素综合共同作用的结果。该理论认为事故的发生是由于偶然事件触发了社会因素、管理因素和生产中危险因素之中的一个因素或者多个因素引起的。风险事故的发生过程:首先由基础背景原因的"社会因素"产生"管理因素",进一步再产生"生产中的危险因素",通过人与物的偶然因素触发而产生风险事故并导致人员伤亡和财产损失等。

总结上述几个风险事故成因理论可以看出,从最初只考虑人的单一因素到人、物、管理等多种因素综合;从风险事故的发生是链条式的、多米诺骨牌的倒塌式的、风险事故发生过程的轨迹交叉形式,能力释放理论的强调物质因素,到风险事故的综合作用理论。风险不等于风险事故,人的不安全行为或者物质的不安全状态也不是必然会造成风险事故。

第2节 灾害风险控制措施

一、风险管理控制措施与融资措施

风险管理控制措施包括风险控制措施和风险金融措施,其中风险控制通常是指减少社会总损失的措施,具体包括长期和短期风险控制措施。例如建筑物的抗震设计以及灾前的加固措施和事后的恢复重建过程的管理措施,这些是长期性风险控制措施;短期风险控制措施包括紧急时运用交通、信息和通信系统的管理运营技术减少灾害损失和应急救助措施。风险金融措施是个人之间的损失再分配措施,也称为风险转移措施,从横断面分析来看,主要是通过保险市场和资本市场来分散个人风险。如图 10-3 所示。

风险控制和风险融资措施是相互依存的关系。风险控制是指减少偶然损失的频率和程度的技术，风险控制可以分为风险规避和损失控制两种措施，如表 10-2 所示。风险控制是降低集中风险，进而提高担保可能性——降低保费，例如建造高标准的抗震设防居民住宅和学校校舍，进行灾害预测等措施。风险融资是指能够为风险损失提供资金补偿的技术，风险融资可以进一步分为风险转移和风险自留两种。风险融资是确保家庭、地方和社会恢复重建的启动资金，增强家庭和社会对防灾投资的动机，例如灾害保险和债券。总之，通过有效的组合风险控制方法与风险金融方法，来构筑综合的风险管理体系。

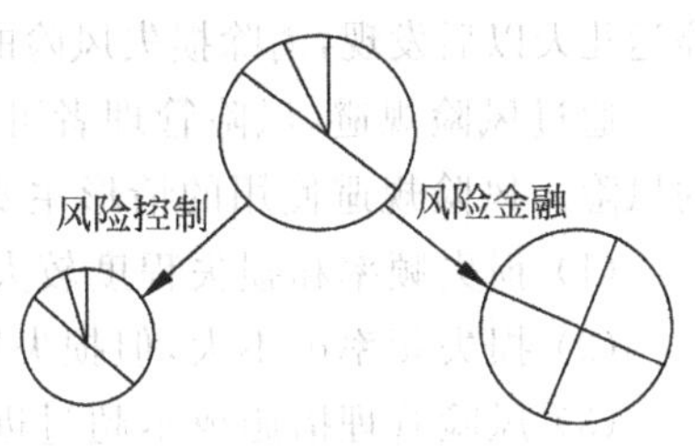

图 10-3　风险控制和融资措施效果示意图

表 10-2　自然灾害风险管理措施

风险控制措施	风险规避和防御	土地利用规划；风险分布图；灾害预报和预警
	风险减轻（损失控制）	防洪墙；大坝等土木工程；应急预案
风险融资措施	风险转移	保险；再保险；合同；灾害债券等
	风险自留	现金收付；专用基金；专业自保公司；非基金准备金

二、风险控制措施方法

（一）风险规避

1. 风险规避

通过一个例子说明风险规避。美国某个石油公司打算在洛杉矶建设一个大型的石油液化气加工厂。研究人员在筹建准备过程中发现，由于洛杉矶处于地震多发带，这一计划可能造成该地区的重大火灾或爆炸事件。为了预防严重的后果出现，石油公司向保险公司投保，然而只有少数保险公司愿意承保，且保险费大大超过石油公司愿意支付的费用。最后，该石油公司放弃了在洛杉矶建设这个大型的石油液化气加工厂的计划。

该石油公司采用的就是风险规避的方法处置风险。风险规避是指有意识地回避某种特定风险的行为，为处理风险的一种方法。例如你可以搬离洪水泛滥地区避免洪水的影响；企业不在洪水区域建造仓库，就可以避免洪水淹没仓库造成企业财产的损失；可以远离那些高犯罪率地区以避免遭到抢劫。风险规避是最彻底的风险管理措施，一定程度上它使得某种风险发生的概率降为零。

2. 风险规避方法使用的范围

风险规避是一种有效回避风险的方法，简单易行，又是全面彻底的风险控制手段，但并不是所有的风险都可以通过风险规避的方法来避免，这种风险处置措施具有许多的局限性。例如，为了避免飞机失事而造成的空难事故，你可以选择不坐飞机，但这往往不是一个现实的选择，因为其他的旅行方式同样存在风险，如自己开车、坐公共汽车或者火车。因此，尽管存在飞机失事的风险，但是飞机的安全性还是比较高的，坐飞机依然是一个比较合理的选择。企业在生产经营过程中，有时采用风险规避措施的成本也是非常高的。如 2001 年的“9·11”事件以后，整个美国航空业为了将飞机坠毁的概率降低为零而暂时停止运营，但是，停运几天以后发现，消除损失风险的成本实在太高了，于是不得不重新开始商务航线的运营。

通过风险规避，风险管理者可以明确知道风险不再发生，风险主体也不会承受某种潜在的风险。风险规避使用的情形主要有以下几个方面：

（1）损失频率和损失程度较大的特大风险；

（2）损失频率虽不大，但损失后果严重，并且无法得到补偿的风险；

（3）风险管理措施成本超过进行该项活动预期收益的情形。

（二）损失控制

为什么要对损失加以管理？一是改变损失可以改变风险，因为，通过控制损失发生的频率和大小，损失的分布更为集中了，从而降低了不确定；二是降低损失可以降低风险管理成本，因为，对损失发生的频率和大小的控制可以降低预期损失。而预期损失是风险管理成本的重要组成部分。

损失控制是通过降低损失频率和减小损失程度或规模来降低期望损失成本的各种措施或行为。通常把降低损失频率的行为称为损失预防(loss prevention)，降低损失程度的措施或行为称为损失降低(loss reduction)。

1. 损失预防

损失预防是指采取一定的措施减少某一特定损失发生的频率。损失预防的一个例子是对飞机进行定期检查，这样可以防止机械故障的发生。定期检查降低了飞机失事的频率，但对飞机坠毁的损失程度无能为力。

2. 损失降低

损失降低是指在风险事件发生以后采取措施减少损失的程度。损失降低的例子是在建筑物内安装热感或烟感的喷淋系统，当火灾发生之后，自动喷淋系统迅速扑灭大火，这样可以使火灾事故的损失程度降低。在汽车上安装安全气囊也是一种损失降低措施，气囊不会阻止损失的发生，但如果事故真的发生了，它能减少驾驶员可能受到的伤害。应急预案也是一种损失降低的措施。应急预案是针对可能的重大事故(件)或灾害，为保证迅速、有序、有效地开展应急救援行动、降低事故损失而预先制定的计划或者方案。它在识别和评估潜在重大危险、事故类型、发生的可能性及发生过程、事故后果及影响严重程度的基础上，对应急机构职责、人员、技术、装备、设施、物质、救援行动及其指挥与协调等方面预先作出的具体安排。为了降低自然灾害和人为灾害的损失程度，各级政府、企业和其他社会组织都会制定一些针对避险、疏散、紧急救援和医疗救助等方面的应急预案。损失降低是一种事后措施。所谓事后是指，虽然很多措施是我们事先设计好的，但这些措施的作用和实施都是在损失发生之后。损失预防不可能万无一失，因此损失降低对于风险管理是非常重要的。

值得注意的是：许多的损失控制手段可以同时影响损失的频率和损失程度，所以往往很难区分。如对员工进行安全与救助的培训，会从人为因素方面减少事故发生的频率，事故发生时，员工也懂得一些救助的方法，可以有效降低损失程度。

三、应急预案

应急预案属于损失控制措施，狭义的应急预案是指损失降低的控制方案或计划。因为应急预案是指对突发事件，自然灾害、重特大安全事故、公共安全事件、公共卫生以及环境污染破坏的应急管理、指挥、救援计划等。应急预案的制定是为了提高政府保障公共安全和处置突发公共事件的能力，最大限度地预防和减少突发公共事件及其造成的损害，保障公众的生命财产安全，维护国家安全和社会稳定，促进经济社会全面、协调、可持续发展。一般的应急预案系统包含的子系统有应急组织管理指挥系统、应急工程救援保障体系、相互支持的综合协调和应对系统、备灾保障供应体系、综合应急救援队伍等。

（一）应急预案的分类

应急预案分为国家总体应急预案、专项应急预案、部门应急预案、地方应急预案、企事业单位应急预案和重大活动应急预案等。

1. 国家总体应急预案：总体应急预案是全国应急预案体系的总纲，是国务院应对特别重大突发公共事件的规范性文件。国家总体预案所称突发公共事件是指突然发生，造成或者可能造成重大人员伤亡、财产损失、生态环境破坏和严重社会危害，危及公共安全的紧急事件。国家总体预案适用于涉及跨省级行政区划的，或超出事发地省级人民政府处置能力的特别重大突发公共事件。根据各类突发公共事件按照其性质、严重程度、可控性和影响范围等因素，一般分为四级：Ⅰ级（特别重大）、Ⅱ级（重大）、Ⅲ级（较大）和Ⅳ级（一般）。

2. 专项应急预案：主要是指国务院及其有关部门为应对某一类型或某几种类型突发公共事件而制定的应急预案。已发布的国家专项应急预案包括国家自然灾害救助应急预案、国家防汛抗旱应急预案、国家地震应急预案、国家突发地质灾害应急预案、国家安全生产事故灾难应急预案等21个。

3. 部门应急预案：部门应急预案是国务院有关部门根据总体应急预案、专项应急预案和部门职责为应对突发公共事件制定的预案。

4. 地方应急预案：突发公共事件地方应急预案具体包括省级人民政府的突发公共事件总体应急预案、专项应急预案和部门应急预案、各市（地）、县（市）人民政府及其基层政权组织的突发公共事件应急预案。上述预案在省级人民政府的领导下，按照分类管理、分级负责的原则，由地方人民政府及其有关部门分别制定。

5. 企事业单位应急预案：企事业单位根据有关法律法规制定的应急预案。

6. 重大活动应急预案：举办大型会展和文化体育等重大活动，主办单位应当制定应急预案。

（二）编制方法

应急预案的编制一般可以分为5个步骤，即组建应急预案编制队伍、开展危险与应急能力分析、预案编制、预案评审与发布、预案的实施。

1. 组建编制队伍

应急预案从编制、维护到实施都应该有各级各部门的广泛参与，在预案实际编制工作中往往会由编制组执笔，但是在编制过程中或编制完成之后，要征求各部门的意见，包括高层管理人员、中层管理人员、人力资源部门、工程与维修部门、安全、卫生和环境保护部门、邻近社区、市场销售部门、法律顾问、财务部门等。

2. 危险与应急能力分析

（1）法律法规分析

编制应急预案首先需要分析国家法律、地方政府法规与规章，如安全生产与职业卫生法律、法规，环境保护法律、法规，消防法律、法规与规程，应急管理规定等。其次，编制应急预案还需要调研现有预案内容，包括政府与本单位的预案，如疏散预案、消防预案、工厂停产关闭的规定、员工手册、危险品预案、安全评价程序、风险管理预案、资金投入方案、互助协议等。

(2) 风险评估

编制应急预案需要进行风险评估，进行风险评估需要考虑的因素如下：

① 历史灾情调查。本单位及其他兄弟单位，所在社区以往发生过的紧急情况，包括火灾、危险物质泄漏、极端天气、交通事故、地震、飓风、龙卷风等。

② 地理因素。单位所处地理位置，如邻近洪水区域、地震断裂带和大坝、邻近危险化学品的生产、储存、使用和运输企业、邻近重大交通干线和机场，邻近核电厂等。

③ 技术问题。某些设施出现技术问题，导致如火灾、爆炸和危险品事故、安全系统失灵、通信系统失灵、计算机系统失灵、电力故障、加热和冷却系统故障等。

④ 人的因素。人的失误可能是因为培训不足、操作失误、指挥失误等。

⑤ 物理因素。考虑设施建设的物理条件，如房屋建设质量、危险品和易燃品的储存、设备的布置、应急的照明和紧急通道与出口、避难场所邻近区域等。

⑥ 管制因素。遇到紧急情况，需要考虑下列情况的后果：生命线系统的故障、生活基础设施的功能破坏、建筑结构受损、空气或水污染、建筑物倒塌，化学品泄漏以及爆炸等。

(3) 应急能力分析

编制应急预案还需要对每一紧急情况进行认真考虑，特别是以下几个问题：

① 所需要的人力、物力、财力等资源与能力是否能够及时有效配备；

② 外部人力、物力、财力等资源能否在需要时及时有效到位；

③ 现场和邻近区域是否还有其他可以优先利用的资源。

(4) 预案编制

预案的编制主要是根据相关法律法规，参考(1)～(3)内容，由编制队伍共同编制。

(5) 预案的评审与发布

应急预案编制完毕，需要上级部门组织相关专家进行评审，通过评审后才能对外发布。

(6) 预案的实施

应急预案一旦发布后，开始实施应急预案，预案的相关内容就有法律、行政效力，各级政府部门和相关企事业单位以及组织都要根据预案的要求和任务各司其职。

3. 应急预案的培训演习

(1) 应急预案培训的原则和范围

应急救援培训与演习的指导应以加强基础、突出重点、边练边战、逐步提高为原则。应急培训的范围应包括以下内容：

① 政府主管部门的培训；

② 社区居民的培训；

③ 企业全员的培训；

④ 专业应急救援队伍的培训。

(2) 应急预案培训的基本内容主要包括以下几方面：

① 报警；

② 疏散；

③ 不同灾害种类的应急培训；

④ 不同水平应急者培训。

在应急预案演练具体培训中，通常将应急者分为5种水平，即初级意识水平应急者、初级操作水平应急者、危险物质专业水平应急者、危险物质专家水平应急者、事故指挥者水平应急者。

(3) 应急预案演练类型

应急预案的演练根据规模可以分为桌面演练、功能演练和全面演练；根据演练的基本内容可以分为基础演练、专业演练、战术演练和自选科目演练。

(三) 城市灾害应急预案

灾害应急预案是政府或企业面对突发事件时，为了降低灾害事故的严重影响，根据风险源的评价结果、灾害损失的预测结果以及国家相关法律、行政法规和条例，预先制定应急管理、灾害控制和抢险救灾方案，用以明确事前、事发、事中、事后等各应急管理过程中的责任主体和运行机制。城市是人类社会生产、生活的主要载体，特别是随着社会经济的发展，城市化进程的加快，城市已经成为灾害脆弱性最高的区域，城市灾害风险面临前所未有的挑战，城市灾害应急管理已经成为各级政府、各类组织以及个人最为关注的对象，城市灾害应急预案承载着减灾与应急管理的重要功能。

1. 城市灾害应急预案主要内容

(1) 城市基本情况

① 城市的地理、气候情况；

② 城市的灾害源、危险源情况；

③ 城市所面临灾情预测；

④ 城市救援力量(消防、工程技术、医疗、驻军)及其分布情况；

⑤ 各种救灾设备的数量、功能、状况等；

⑥ 城市需要制定应急预案的企业和单位具体情况，如企业布局、危险源种类、数量等。

(2) 组织机构及其职责

组织机构及其职责，包括组织机构编制及本区外单位提供援助机构，而职责包括各个部门的职责和各类人员的职责。

(3) 各类应急程序及文件

① 危险识别与风险评价；

② 通告程序和报警系统；

③ 应急设备与设施；

④ 应急评价能力与资源；

⑤ 保护措施程序；

⑥ 信息发布与公众教育；

⑦ 事故后的恢复程序；

⑧ 培训与演练；

⑨ 应急预案的维护；

⑩ 各种制度。

2. 城市灾害应急预案的组成

(1) 准备程序

① 评审；

② 明确应急责任；

③ 应急资源和应急能力评价；

④ 培训；

⑤ 训练与演习。

(2) 基本应急程序

① 报警；

② 通信；

③ 疏散；

④ 交通管制；

⑤ 恢复。

(3) 特殊灾害危险应急程序

① 台风；

② 洪水；

③ 火灾应急；

④ 危险品泄漏。

四、防灾减灾规划

所谓防灾减灾规划是为了抵御地震、洪水、飓风等自然灾害以及其他各类灾害，保护人类生命财产而采取预防措施的规划的统称。城市防灾减灾规划是最为典型和普遍要求编制的规划，是以社会经济可续发展为目标，以自然科学综合研究成果为基础，以地方应急管理为主体的灾害预防、应急救援及灾后恢复重建的行政管理体系，以主要的风险转移融资体系为依托的综合社会保障机制。城市防灾减灾规划是城市规划的一项重要内容，是城市实现综合防灾减灾的基础，是保证城市社会成员及其财富的安全和社会经济可持续发展的稳定器。

(一) 城市防灾减灾规划

1. 城市防灾减灾规划的分类

城市防灾减灾规划包括城市消防、城市防震减灾规划、城市地质灾害减灾规划、城市水安全规划、城市气象减灾规划、城市生命线减灾规划、城市水安全规划、地下空间与防控防灾规划、应急交通规划、安全生产与安全生活、城市救灾、城市防疫规划等。

2. 城市防灾减灾规划的目标

一般情况下，城市防灾减灾规划的目标包括以下内容：

(1) 城市在发生频率较高的自然灾害时综合直接灾害损失最小；

(2) 城市发生某类自然灾害，保证灾害破坏后果不易外延，不发生其他次生灾害；

(3) 城市在发生频率较高自然灾害时，主要生命线系统的基本功能可以维持；

(4) 城市发生某类自然灾害时产能够确保支持条件有效，保障救灾、避灾顺利进行；

(5) 城市发生某类自然灾害时能够确保救灾、避灾行为最便利、最经济。

3. 编制城市防灾减灾规划时需要遵循的原则

(1) 防灾减灾与社会经济可持续发展有机统一；

(2) 防灾减灾应与城市生态环境协调发展；

(3) 防灾减灾规划应具有系统性、前瞻性，并需要适应防灾减灾最新的发展趋势；

(4) 防灾减灾专业规划应体现风险管理意识；

(5) 防灾减灾规划应具备全局性和独立性。

4. 城市防灾减灾规划的主要内容

城市防灾减灾规划的核心内容：在明确城市灾害性质及背景的基础上，对城市环境治理及城市土地利用进行科学控制。城市防灾减灾规划的主要内容如下：

(1) 城市防灾规划

① 科学选择城市建设用地，制定与自然共生存、维护生态系统的土地利用规划；

② 合理安排城市各项用地的功能布局；

③ 综合开发利用城市地下空间；

④ 合理布置城市道路系统；

⑤ 评估城市防灾能力；

⑥ 预测城市遭遇灾害风险的程度，进行风险区划；

⑦ 建立适用于防灾的城市不同功能的分区布局，实现较优的系统防灾环境；

⑧ 制定并遵循各项防御灾害的政策法规和技术标准，采取科学有效的防灾减灾措施。

(2) 城市救灾规划

① 规划城市结构及生命线系统，使城市生命线系统形成有机综合防灾网络系统；

② 利用地下空间的节地、安全、抗震等优点，综合开发利用城市地下空间，达到有效分散地上交通、增加活动空间、提供避灾场所的目的；

③ 规划城市结构、设计抗灾目标，尽量防止灾害链节点的存在；

④ 规划多功能救灾疏散避难场地、救灾物资集散地、临时医疗站等；

⑤ 规划科学高效的救灾指挥系统；

⑥ 规划救灾支持环境；

⑦ 制定应急管理方案。

5. 编制城市防灾减灾规划需要的准备

(1) 灾害调查分析；

(2) 当地资源概况普查；

(3) 当地防灾工程调查；

(4) 已有防灾设施实际防灾能力的定性、定量分析；

(5) 灾害风险评估(危险性分析、脆弱性分析、经济损失和人员伤亡以及灾害可接受水平确定等)；

(6) 灾害风险区划；

(7) 确定综合减灾目标；

(8) 确定综合减灾规划措施；

(9) 费用-效益分析及方案优选决策；

(10) 城市防灾减灾规划专题地图。

(二) 企业防灾减灾规划

1. 制定企业防灾减灾规划的必要性

(1) 一些企业为劳动人员密集型，生产连续性强；

(2) 工矿企业的重要设施和设备高度集中，生产环节之间依赖性很强；

(3) 某些企业的次生灾害源多；

(4) 企业距离生活区、生产区与仓库区较近；

(5) 受原材料产地和运输条件所制约，一般工矿企业不利于防灾。

2. 编制企业防灾减灾规划考虑因素

(1) 地形地质条件；

(2) 气象因素；

(3) 地震灾害；

(4) 环境污染。

（三）城市防震减灾规划

一般说来，城市和大型工矿企业都需要编制抗震防灾规划，其目的为规划震前、震时、震后的全过程，是一系统工程。城市防震减灾规划一般由城市建设行政主管部门会同有关部门共同编制；大型企业抗震防灾规划则由企业组织编制，并纳入企业发展规划。

1. 防震减灾规划的基本内容及编制步骤

(1) 基本内容：包括规划纲要、抗震设防区划、土地利用规划、建筑工程抗震规划、生命线系统抗震防灾规划、防止和减轻地震次生灾害规划、避震疏散规划、临震应急规划、震时抢险救灾和震后恢复重建规划等。

(2) 抗震防灾规划的基本内容及编制步骤

① 前期准备包括组织准备和资料准备；

② 基础研究包括地震危险性分析、抗震设防区划、地震灾害预测等关键和依据。

2. 城市抗震防灾规划的编制

(1) 城市关键要害项目

① 库容在1亿立方米以上、位于重要城市和工矿区上游的大型水库的大坝和泄洪、输水建筑物等；

② 主要铁路干线上的重要桥梁和调度所、通信所、信号所、变电所、给水所、运转室、候车室等；

③ 重要电力枢纽的发电厂和枢纽变电所，有关国计民生的特别重要的工矿企业；

④ 城市供水、通信、交通、医院、消防、粮食等要害系统的关键部位；

⑤ 地震时有可能发生严重次生灾害（如火灾、水灾、爆炸、毒气、病菌、放射性物质扩散等）的要害部位。

(2) 城市抗震防灾规划的目的

① 最大限度地减轻城市地震灾害；

② 保障地震时人民生命财产安全和经济建设的顺利进行；

③ 逐步提高城市的综合抗震能力；

④ 减少和防止一系列次生灾害的发生，包括地震引发的火灾、山崩或洪水泛滥、海啸以及地震导致的饮用水污染、疾病流行及瘟疫等；

⑤ 有利于抢险救灾工作的顺利进行；

⑥ 有利于震后初期人们的生活安排；

⑦ 有利于加快震后的恢复重建工作。

(3) 城市抗震防灾规划的防御目标

为了达到上述城市防震减灾规划的目的，应当确定如下科学合理的防御目标：

① 城市的要害系统基本安全；

② 重要工矿企业不遭受严重破坏，能基本正常生产或短期恢复；

③ 居民生命财产不遭受重大损失、生活条件基本正常，基本不发生次生灾害；

④ 在遭遇高于设防烈度Ⅰ度的罕见地震影响时，要害系统不能遭受严重破坏，不发生严重次生灾害，居民无重大伤亡、能维持基本生活条件。

(4) 城市抗震防灾规划主要内容

确定地震烈度分区和重点设防工程、拟定建筑物和构筑物的抗震设防标准，并划定防灾疏散场地和路线。城市抗震防灾规划的具体内容如下：

① 提高城市抗震防灾能力的远期规划，以减轻地震造成的损失；

② 震前的准备规划，以提高对灾害的承受能力、消除震时的恐慌和混乱。

具体包括：建立城市抗震防灾指挥中心，全面领导各项工作；建立地震警报发布系统和地震情报传递系统；制定应急疏散和撤离计划；根据震害预测及损失分析结果储备抗震救灾急需物资，包括抢修备用材料、工具和救灾生活资料；向群众进行抗震防灾宣称教育、提高群众的抗震防灾意识和自救互救能力。

③ 启动震时短期(一般1～3天)应急规划，以限制震害规模，有效地减轻地震损失。具体包括：被埋人员搜救和救援计划；对伤亡人员进行专业化处理的医疗急救服务的组织计划；应急食物和饮水供应计划；临时性避难场所的建立；有效限制次生灾害规模的计划；恢复供水、电、交通、通信等生命线工程计划；震害调查的组织、以便弄清实际震害程度和规模、制定下一阶段工作计划；社会治安治理计划。

④ 震后恢复重建规划

具体包括：居住建筑的恢复与重建；设施的恢复与重建；公用设施的恢复与重建；震后长期经济影响的消除与投资调整；恢复重建过程中居民的安置等。

⑤ 城市抗震防灾规划措施

具体包括：结构性措施，如工程震害预测和规范设计及标准；非结构措施，如土地利用规划。

⑥ 其他参考指标。具体包括：

a. 人口密度；

b. 建筑密度；

c. 疏散距离；

d. 疏散通道宽度；

e. 避难场所人均面积；

f. 城市主干道出口及间距；

g. 应急食品供应；

h. 最低供水标准；

i. 急救床位数量。

(5) 城市抗震防灾规划的编制步骤

① 历史地震灾害调查；

② 城市防震减灾能力评价；

③ 地震灾害预测；

④ 确立防震减灾方案；

⑤ 编制防震减灾规划。

(6) 城市抗震防灾规划所依据的基础资料

① 与抗震防灾有关的城市基本情况；

② 城市及附近地区的历史地震与地震地质资料；

③ 工程地质和水文地质资料；

④ 地形地貌资料；

⑤ 城市建筑物、工程设施和设备的抗震能力。

(四) 灾害风险区划

灾害风险区划应用比较广泛，广义的自然灾害风险区划包括致灾因子危险性区划和脆弱性区划以及二者叠加一起反映社会人口、经济、环境等各种损失的风险区划。目前对自然灾害的风险评价主要是依据历史资料，推算发生的概率，然后根据灾害可能发生地区的自然和社会经济条件，预测可能造成的后果，最后确定个人所承担的风险值，然后将风险值以地图形式给出。这类概率风险模型将灾害的发生视为随机过程，以理论上比较成熟的概率统计为数学工具，应用起来也较为方便。如 Petak 曾系统地研究了美国江河洪水、地震、台风、风暴潮、海啸、龙卷风、滑坡、强风等自然灾害的特征，依据美国境内各类自然灾害历史资料的统计分析，得到以概率形式表示的灾害风险。

我国地震、洪水、地质灾害等均有学者研究并编制了全国和区域的风险区划图，特别是地震风险区划图是最早的防灾减灾领域区划图，为我国经济建设作出了重要贡献，但还没有灾害风险区划。美国的洪水保险风险区划图是非常有效的洪水灾害风险管理与保险的区划图，是国际上其他国家研究绘制洪水等自然灾害风险管理与保险区划图的重要参考。

本章小结

灾害风险管理措施包括控制型措施和融资型措施，风险控制理论主要有早期的工程万能理论、多米诺骨牌理论、管理失误理论、能量释放理论、轨迹交叉理论和综合原因理论。一般的风险控制措施包括风险规避和损失控制两大类，损失控制有损失预防和损失减低。近年来，灾害风险控制具体措施有应急预案和防灾减灾规划，应急预案和防灾减灾规划已经在国内外防灾减灾中得到广泛的应用，并取得了较为显著的成果，一定程度上实现了灾害风险控制目标。

关键术语

1. 风险控制(risk control, RC)：风险控制是指减少偶然的损失频率和程度的技术，风险控制有可以分为风险规避和损失控制。

2. 风险融资(risk finance, RF)：风险金融是个人间的损失再分配措施，也称为风险转移，从横断面分析来看，主要是通过保险市场和资本市场来分散个人风险；从时间轴分析来看，是通过灾害保险债券降低集合风险。

3. 应急预案(emergency plan，EP)：狭义的应急预案是指损失降低的控制方案或计划，即对突发事件、自然灾害、重特大安全事故、公共安全事件、公共卫生以及环境污染破坏的应急管理、指挥、救援计划等。

4. 防灾减灾规划(disaster production and reduction plan，DPRP)：所谓防灾减灾规划是为了抵御地震、洪水、飓风等自然灾害以及其他各类灾害，保护人类生命财产而采取预防措施的规划的统称。通常是以社会经济可续发展为目标，以自然科学综合研究成果为基础，以应急管理为主体的灾害预防、应急救援及灾后恢复重建的行政管理体系，以主要的风险转移融资体系为依托的综合社会保障机制。

本章参考文献及进一步阅读文献

[1] 马玉宏，赵桂峰. 地震灾害风险分析及管理[M]. 北京：科学出版社，2008.
[2] 刘新立. 风险管理[M]. 北京：北京大学出版社，2014.

问题与思考

1. 理解多米诺骨牌理论。
2. 理解能量释放理论及其十项对策。
3. 举例阐述灾害风险控制措施的应用。
4. 风险控制措施的方法有哪些，具体特点如何？
5. 讨论风险控制与风险转移的区别与联系。

第 11 章

灾害风险管理决策

引言

管理就是决策，决策一般分为确定性决策和风险决策。确定性决策意味着进行决策不考虑其他可能发生的事件。风险决策是根据风险评估的结果进行决策的过程，即在资源有限的条件下，使用定量的风险、成本和收益，评估和比较决策方案的过程。风险管理决策是基于不确定制定出来的，并且是基于未来长期的发展而决定的。现代社会花费大量的金钱进行防灾减灾，但是管理灾害风险的资金已经影响其他公共利益政策，比如公共健康和新的基础设施的发展。因此，减轻灾害风险的决策显得非常重要，因为灾害风险决策的复杂性在于不仅要考虑经济和技术问题，还要考虑政策、心理等各类影响因素。本章首先介绍风险管理决策的特点和要求，然后重点介绍期望损失决策和期望效用决策。

第 1 节　风险管理决策概述

一、风险管理决策

管理就是决策，灾害风险管理从本质上来说就是针对减轻灾害风险的决策。任何一种管理活动实际上是制定决策方案和实施决策的过程，决策的科学合理性对实现管理活动的目标具有至关重要的作用。灾害风险评价决定了可接受风险的水平，可接受风险标准或水平从某种意义上回答了 Starr 在 1967 年提出的“怎样的安全是足够的安全”的问题，接下来就是风险管理决策，即风险管理方案或措施的选择和实施。风险管理作为新兴学科在防灾减灾的应用，强调的是如何更有效、更科学地将各种方法结合起来，把处置风险从无意识行为上升到有意识的组织活动，从盲目的试探、碰运气转化为建立在科学决策上的合理选择。灾害风险管理前期的风险识别、风险评估和风险评价都是为风险管理决策提供必要信息资料和决策的依据，以帮助风险管理人员制定尽可能科学、合理的决策。因此，所谓风险管理决策就是根据风险管理目标，在风险识别、评估和评价的基础上，对各种风险管理方案或措施进行合理的选择和组合,并制定出最优风险管理的总体方案。

二、风险管理决策的原则和考虑的问题

(一) 风险管理决策的原则

风险决策是整个风险管理活动的核心和指南,风险决策一般需要满足的四个基本原则分别是:

(1) 数学期望最大原则,对于损失风险则是期望损失最小原则;

(2) 期望效用最大原则,对于损失风险则是期望损失效用最小原则;

(3) 风险成本最小原则,风险降低的成本和预期经济损失减少之和最小原则;

(4) 满足社会可接受风险标准原则,选择那些将风险降低到满足社会可接受风险水平以下的方案或措施。

注意:其实在进行具体风险管理决策、采用损失期望最小时就已经把降低风险的成本考虑进去了。

(二) 风险管理决策考虑的问题

风险管理决策作为防灾减灾方案制定和实施的关键核心环节,需要考虑以下几个问题:

1. 评判和接受某种技术或活动的可接受风险涉及了成本和收益的平衡。Starr 于 1967 年首次提出了人们愿意接受更高的风险是因为他们愿意从事某种活动或者从事某种活动能够获得收益,对于不愿意或不喜欢的活动他们愿意接受的风险就相对比较低。因此,对于社会公共安全成本开支决策是非常重要的,因为这些成本的支出将和其他公共基础设施和公共健康支出产生竞争。

2. 不同利益群体和部门的风险分担问题,这个风险分配涉及公平和效率的概念。效率强调全体居民的风险分配效率和效果,而公平是关注的是每个个体不能不平等地暴露在风险中。不同利益相关者可以通过公共协商公平解决风险分担问题。

3. 政府、公司和个人在风险活动中的责任和能力。这个问题涉及不同群体和组织之间的利益分配、相关风险的度量和成本的估算。尽管政府对吸烟和危险驾驶等进行监管,但是个人的思想决定了这些行为或活动的风险水平。但对于大规模的社会建设和决策,如利用核能技术、建设大坝等决策则需要满足社会总体的可接受风险的水平。

4. 风险决策的定量方法主要有期望损失最小原则、期望损失效用最小原则、经济最优原则(风险成本最小),特别是风险成本最低原则能够防止为了更高安全水平而花费更高的成本,或者安全水平太低以至于损失巨大。

5. 对于公共风险管理决策还需要满足社会可接受风险的风险决策,即通过设定风险可接受的数量标准或安全目标进行风险决策量化,例如通过 F-N 曲线可接受风险标准的界线、个人风险可接受水平的数量限制标准,给出风险管理方案的选择与判断。

总之,随着风险管理这门学科的发展,越来越多的数理方法被应用于风险管理决策,尽管数理方法在实际应用中存在局限性,但是这些方法能使传统方法中隐藏的假设和决策原则明确化,从而加深对决策方案的理解,应用起来更容易。

三、风险管理措施的选择

风险的类型不同,采用的风险管理措施也应该有所变化。一般来说,如果损失频率较

低，损失程度相对也较小，那么可以采用风险自留的方式，由风险单位自己承担风险事故的损失；若灾害损失频率比较高而损失程度较小，则可以采用损失预防和自留的方式。若灾害损失频率较低而损失程度较大，则可以把风险通过风险转移的方式进行分担；若灾害损失频率较高，损失程度也较严重，宜采用风险规避的方式。在实际的应用中，可以将一种或多种风险管理技术结合起来以达到降低风险的目的。我们可以用表 11-1 的风险管理矩阵或图 11-1 的风险管理技术选择图来说明如何选择风险管理技术。

表 11-1 风险管理矩阵

风险类型	损失频率	损失程度	适用的风险管理技术
1	低	小	风险自留
2	高	小	损失预防和自留
3	低	大	风险转移(保险)
4	高	大	风险规避

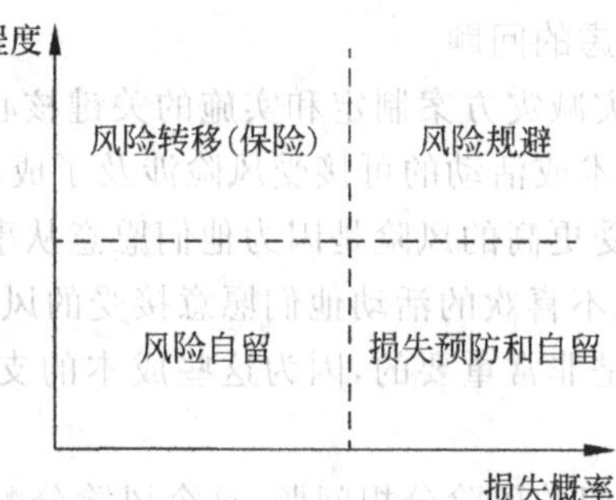

图 11-1 风险管理技术选择

四、风险管理决策利益相关者

风险决策不仅受到如法律法规、事件期限、成本效益等约束，同时，各种利益相关者也影响决策。

（一）利益相关者

决策过程将受到各个利益相关者的影响，这些利益相关者是指能够影响决策的形成或可能受到决策影响的人或组织。利益相关者有多种划分方式，如社会公众、社会组织、政府等分类。还可以分为直接受到决策影响的人或组织、对项目或行动感兴趣的人或组织、对过程感兴趣的人或组织和受到决策后果影响的人或组织。

（二）主要利益相关者分类

1. 公众

公众作为主要灾害承受者，更多考虑的是个人的生命健康安全，以及个人的经济损失，较少考虑风险对于社会和环境的影响，因此，在风险管理决策过程中，他们更关注的是个人风险而非社会公共风险。

2. 社会组织

社会组织占据一定的社会资源，对风险的接受大小相对个人较稳定。对风险大小的评估主要是从市场规则的角度出发，因此，在风险管理决策的过程中，较少考虑安全因素，即受伤人数和死亡率，而较多考虑经济因素，即在应对和控制风险的过程中所带来的成本和收益到底是多少。

3. 政府

政府作为社会资源的分配者和协调者，所考虑的因素更加综合。不仅考虑个人或者小团体的利益，更要考虑社会作为一个整体的利益。协调“个体利益”和“集体利益”、“短期利益”与“长期利益”之间的矛盾，协调“个体理性”，最终达到“集体理性”的最大化。

公众、社会团体和政府所占据的社会资源不同，其经济水平和技术水平也不同，因此三者应对灾害风险的能力也存在着很大的差异。增加风险管理控制的资源投入可以降低风险，然而，投入的资源和管理费用受到多种因素的制约，过多的投入会给社会资源的使用带来压力。这就需要客观科学的风险管理决策，在行动方案与风险，以及降低风险的代价之间谋求各方的利益与风险的平衡，才能保证风险管理决策的科学有效。

第2节　期望损失决策模型

期望损失分析法是以每种风险管理方案的损失期望值作为决策依据，即选取损失期望值最小的风险管理方案。

一、期望损失决策案例

例 11-1　表 11-2 列出某栋建筑物在采用不同风险管理方案后的损失情况，对于每种方案来说，总损失包括损失金额和费用金额，为简便起见，每种方案只考虑两种可能的后果，不发生损失、发生损失则视为全部损失。下面给出案例，分析期望损失最小的决策应用。

表 11-2　不同火灾风险管理方案的损失表

方　案	可能结果		
	发生火灾的损失	金额	不发生火灾的费用
(1) 自留风险且不采取安全措施	可保损失	100 000	0
	未投保导致间接损失	5000	
	合计损失	105 000	
(2) 自留风险并采取安全措施	可保损失	100 000	安全措施成本 2000
	未投保导致间接损失	5000	
	安全措施成本	2000	
	合计损失	107 000	
(3) 自保	保费	3000	保费 3000

在损失概率无法确定时的决策方法：

(1) 最大损失最小化原则：比较发生火灾后的总损失 105 000、107 000、3000，因此投保决策为最佳选择。

(2) 最小损失最小化原则：比较不发生火灾的费用 0、2000、3000，因此，方案(1)为最佳选择。

解：分析这两种决策方法的致命的缺陷在于只考虑了两种极端的情形，在现实生活中，更多的情况则是界乎二者之间。如果考虑损失频率数据，决策者能够得到的决策方法如下：

进一步假设不采取安全措施时发生全损的概率是 2.5%，采取安全措施后发生全损的可能性是 1%。则可以得到三种方案的期望损失分别为：

方案(1)：105 000×2.5%+0×97.5%=2625 元；

方案(2)：107 000×1%+2000×99%=3050 元；

方案(3)：3000×2.5%+3000×97.5%=3000 元。

分析 3 个方案的期望损失，选择方案(1)为最佳方案，因为期望损失最小。

二、考虑忧虑成本的期望损失决策

但是，期望损失最小决策没有考虑忧虑成本对风险管理决策过程的影响。关于忧虑成本可以将忧虑因素的影响代之以某个货币因素。影响忧虑成本的因素主要包括：损失的概率因素；风险管理人员对未来损失的不确定性的把握程度；风险管理目标和战略，有助于确定社会对各类损失所能承受的最大限度，并且反映了社会的风险态度。

继续考虑例 11-1，在考虑忧虑成本对各个方案进行重新决策，表 11-3 是加入忧虑成本后的风险管理成本计算表。

表 11-3　忧虑成本对各个风险管理措施决策过程的影响

方　案	可能结果			
	发生火灾的损失	金额	不发生火灾的费用	
(1) 自留风险不采取安全措施	可保损失	100 000	忧虑成本	2500
	未投保导致间接损失	5000		
	忧虑成本	2500		
	合计	107 500		
(2) 自留风险并采取安全措施	可保损失	100 000	安全措施成本	2000
	未投保导致间接损失	5000		
	安全措施成本	2000	忧虑成本	1500
	忧虑成本	1500	合计	3500
	合计	108 500		
(3) 投保	保费	3000	保费 3000	

通过表 11-3 可以看出，方案(1)的忧虑成本为 2500 元，方案(2)的忧虑成本为 1500 元，若不知道损失概率的决策如下：

(1) 最大损失最小化原则：比较 107 500、108 500、3000，则投保为最佳选择；

(2) 最小损失最小化原则：比较 2500、3500、3000，方案(1)为最佳选择。

若知道损失概率，仍假设不采取安全措施时发生全损的概率是 2.5%，采取安全措施后发生全损的可能性是 1%。则得到不同方案的期望损失如下：

方案(1)：107 500×2.5%+2500×97.5%=5125 元；

方案(2)：108 500×1%+3500×99%=4550 元；

方案(3)：3000×2.5%+3000×97.5%=3000 元。

选择期望损失最小的方案(3)投保为最佳选择。

第3节　期望效用决策模型

一、效用及效用理论

期望收益最大(期望损失最小)是否是一个最优的决策法则呢？18世纪数学家丹尼尔·伯努利和尼古拉·伯努利提出了著名的"圣彼得堡悖论"。这个著名的例子主要是为了证明期望收益最大原则不是最适合的不确定风险决策原则。丹尼尔·伯努利1738年发表的《论机遇性赌博的分析》中提出解决"圣彼得堡悖论"的"风险度量新理论"。他指出用"钱的数学期望"作为决策函数是不妥的,应该用"钱的函数的数学期望"作为决策函数。

如果赌博游戏掷硬币,规定直到出现头像为止,当出现头像时,如果投掷次数为x,则奖励金额为2^{x-1}元。游戏规则是一旦出现头像则终止,理论上这场游戏可以无限进行下去,但人们为参加这样的游戏,愿意支付的金额是多少呢？还有这样的一场赌博：第一次赢则获得1元,第一次输第二次赢获得2元,前两次输第三次赢获得4元,……,这场游戏的模型是$n-1$次输,第n次赢得2^{n-1}元。请问：如果参加该游戏,应先支付多少赌注才是公平的游戏？

上述两个例子如果用数学期望来决策,那么参加游戏的期望值答案是无穷大。但经过试验发现,人们只愿意支付金额在2～3元之间,就再也不想给出更多的筹码参加这个赌博游戏了。

所谓期望效用函数是定义在一个随机变量集合上的函数,它在一个随机变量上的取值等于它作为数值函数在该随机变量上取值的数学期望。用它来判断有风险的利益或损失就是比较"钱的函数的数学期望"而不是"钱的数学期望"。John von Neumann 和 Oskar Morgenstem 在1944年的巨著《对策论与经济行为》中用数学公式法提出效用函数,这是经济学首次正式严格定义风险。当然,期望效用准则也有悖论,因为,被试验者经过深思熟虑之后,反而会选择不符合该准则的行动方案。其实,风险活动中,人们选择与准则之间的矛盾似乎也在一定程度上不可避免。得出的结论是,期望效用准则或许不是理性行为,当然或许人们具有一种非理性的天生偏好,即使在他反复思考的过程中作出的决策。

批评期望效用的是1953年著名的"阿莱斯悖论"(Maurice Allais,1886年获诺贝尔经济学奖)。下面有两个非常有趣的例子：

例 11-2　投资者可以选择以下3种彩票：

彩票A获得1000元的机会是1/1000；

彩票B获得100元的机会是1/100；

彩票C获得1000元的机会是1/2000,获得100元的机会是1/200；

问题：你会选择哪种彩票呢？

试验要求被试验者在A,B,C之间选择,结果发现他们经常会对C表示明确偏好。但是U_C不可能比U_A和U_B更大。对于那些选择C的被试验者,我们可以继续提问,他们在A和B之间偏好哪个呢？结果争论依然存在。

为了具体起见,我们假设A偏好大于B。我们再来问他们是否愿意要确定性的A或者要得到A或B的机会各一半的方案。换言之,我们是直接选择A还是通过投币来决定选择A或B？结果表明,那些表示A偏好B的投资者一致认为：他们愿意选择A,而不是A或B

的机会各一半。

分析上述试验：我们发现，投币选择A或B的结果的概率分布与彩票C的分布完全相同。因此，我们将投资者的偏好总结如下：

C偏好大于A；A偏好大于A或B各50%；但是A和B各50%又恰好与C一样。因此结果是C明确偏好大于A，A明确偏好大于C——矛盾。

例 11-3

阿莱斯悖论(1)

方案A：确定得到1 000 000美元；

方案B：得到5 000 000美元概率为0.1；得到1 000 000美元概率是0.89；得到0美元概率是1%。

结果发现：在A和B中，被试验者偏好A。于是，他进一步要求试验者考虑以下情形：

方案C：以0.11的概率得到1 000 000美元和以0.89的概率得到0美元；

方案D：以0.1的概率得到5 000 000美元和以0.90的概率得到0美元。

结论：当A和B比较时，选择A；而当C和D比较时选择C，这就违背了期望效用原则。因此，如果遵从期望效用原则的投资者在A和B之间选择偏好A，那么他必须在C和D之间偏好D。这必然矛盾。

阿莱斯悖论(2)

方案A：确定得到1 000 000美元；

方案B：0.98的概率得到5 000 000美元，0.02概率得到0美元；

方案C：以0.01的概率得到1 000 000美元，以0.99概率得到1美分；

方案D：以0.0098的概率得到5 000 000美元，以0.0002概率得到0美元，以0.99概率得到1美分。

阿莱斯发现理性人在A和B之间偏好A，在C和D之间偏好D。这实际上违背了期望效用准则。

效用：人们由于拥有或使用某物而产生的心理上的满意或满意程度。

效用理论：认为人们的经济行为的目的是为了从增加货币量中取得最大的满足程度，而不仅仅是为了得到最大的货币数量。

询问调查法，了解不同决策对不同金额货币所具有的满足度。

假设，某人对0元财产的效应度为0，而100万元财产的效应度为100。

试验的基本方法是询问被调查者愿意付出多大的代价(M)参加一种只有两种可能结果(机会都是0.5)的赌博。

第一次询问：

如果猜对可获得100万元，猜错将一无所有，问愿意付出的赌注是多少？

拥有 M_1 的效应度	猜对获得100万的效应度 $U(100)$	猜错一无所有的效应度 $U(0)$
概率	0.5	0.5

被询问者以 M_1 为代价参加赌博的期望效应为 $E(U)=0.5\times100+0\times0=50$

若被询问者选择 $M_1=40$ 万元，并且认为这是参加或不参加赌博对他的影响都一样，即

效应相等，所以 $U(M_1)=U(40\text{ 万元})=50$

第二次询问：

如果猜对可获得 M_1 元，猜错将一无所有，问愿意付出的赌注是多少？

此次回答的价值 M_2 的效应度是 25，如 $M_2=15$ 万元

第三次询问：

如果猜对可获得 100 万元，猜错可获得 M_1 元，问愿意支付的代价 M_3 是多少？

若 $M_3=70$ 万元，$U(M_3)=75$ 万元，描点划出效应函数。

例 11-4　某人现有财产 3 万元，他现在面临两个方案：方案 A 中他有 20%的可能获得 5 万元，有 80%的可能收益为零。方案 B 中他有 30%的机会获得 1 万元，20%的可能获得 2 万元，有一半的机会一无所获，如表 11-4 所示。

表 11-4　不同方案收益及其概率分布

方　案	收益/万元	概　率
A	5	0.2
	0	0.8
B	1	0.3
	2	0.2
	0	0.5

如果此人对拥有不同财富的效应度情况为表 11-5。

表 11-5　不同财富的效用分布

拥有财富/元	效　用　度
30 000	50
40 000	70
50 000	80
80 000	90
100 000	100

解：经过计算得到其对应的期望收益与期望效应如下：

$E(U)_A=0.2\times40+0.8\times0=8$

$E(U)_B=0.3\times20+0.2\times30+0.5\times0=12$

$E_A=50\,000\times0.2+0\times0.8=10\,000$(元)

$E_B=10\,000\times0.3+20\,000\times0.2+0\times0.5=7000$(元)

分析：期望损失决策原则的结果是 A 方案优，期望效用决策原则的结果是 B 方案优。

二、效用函数与效应曲线

对某决策主体而言，根据人们对损失的态度的差异，可分为三种类型：漠视风险型、趋险型、避险型。下面给出各自的财富损失与效应度之间的函数关系(图 11-2)。

例 11-4　假设某人拥有价值 10 万元的汽车，被盗风险是 10%，讨论其为转移被盗风险愿意付出的保险费用。这个人投保和不投保的损失及其效用度数据见表 11-6。

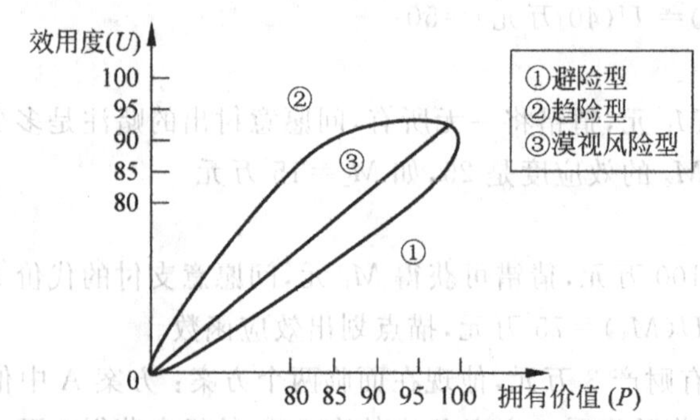

图 11-2　不同风险偏好的财富损失与效应度之间的函数关系

表 11-6　个体投保和不投保效用损失表

决策	被盗损失金额	被盗损失效用	不被盗损失金额	不被盗损失效用度
投保	保费 P	U	P	U
不投保	100 000	100	0	0

解：首先，不投保的效用损失期望＝10%×100＋90%×0＝10，投保的效用损失期望＝10%×U＋90%×U＝U。风险中立者对损失风险没有特别反应，他的决策完全根据损失期望值的大小确定，选择投保，$U\leqslant 10$。风险偏好型的决策者喜欢冒险，他们宁愿付出比期望收益高的赌注来参加赌博，或为转移风险他愿意付出的代价将小于损失期望值，他们可能选择 $P\leqslant 5000$ 元的成本；风险厌恶型决策者不喜欢冒险，他们愿意付出较损失期望值较高的代价避免风险，甚至可以达到 20 000 元的成本。

三、效用决策应用

例 11-5　假设某人按其现有财富分析，他对于失去 1 万元的效用度为 100，失去 200 元时效用度损失为 0.8，再假设此人在一年内因车祸造成他人损失而赔偿 1 万元的概率为 0.01，为转移此风险所需的保费是 200 元。

解：$E(U)_1=100\times 0.01+0\times 0.99=1$，$E(U)_2=0.8$。

本章小结

本章首先阐述了风险管理决策的含义、风险决策的原则、风险管理措施的选择、风险管理决策利益相关者，重点分析了期望损失决策模型和期望效用决策模型。

关键术语

1. 风险管理决策：风险管理决策就是根据风险管理目标，在风险识别、评估和评价的基础上，对各种风险管理方法进行合理的选择和组合，并制定出风险管理的总体方案。

2. 利益相关者：决策过程将受到各个利益相关者影响，这些利益相关者是指能够影响决策的或可能受到决策影响的人或组织。

3. 期望效用：所谓期望效用函数是定义在一个随机变量集合上的函数，它在一个随机变量上的取值等于它作为数值函数在该随机变量上取值的数学期望。

本章参考文献及进一步阅读文献

[1]　刘新立. 风险管理[M]. 北京：北京大学出版社，2008.
[2]　唐彦东. 灾害经济学[M]. 北京：清华大学出版社，2011.
[3]　高鸿业. 微观经济学[M]. 北京：中国人民大学出版社，2014.
[4]　James S T，Robert E H，David W S. 风险管理和保险[M]. 北京：北京大学出版社，2006.

问题与思考

1. 简述风险管理决策的原则。

2. 某公司所属的一栋建筑面临火灾风险，其最大可保损失 1 000 000 元，假设无不可保损失，现针对火灾风险拟采取以下处理方案：(1)自留风险，忧虑价值为 8000 元；(2)购买保险 500 000 元，保费 6400 元，忧虑价值为 5000 元；(3)购买带有 1000 元免赔额(绝对免赔额)，保额为 1 000 000 元的保险，保费为 6800 元，忧虑价值为 1000 元。火灾损失分布见表 11-7。

表 11-7　某公司一栋建筑火灾损失分布

损失金额/元	0	5000	10 000	100 000	500 000	1 000 000
损失概率	0.8	0.1	0.08	0.016	0.003	0.001

试运用损失期望值分析法，比较上述三种方案，并选出最佳方案。

3. 假设某栋建筑物面临火灾风险，从各方面搜集的资料显示信息见表 11-8。

表 11-8　某建筑物火灾风险资料信息

损失额	概率	
	无自动灭火装置	有自动灭火装置
0	0.75	0.75
1000	0.20	0.20
10 000	0.04	0.04
50 000	0.007	0.009
100 000	0.002	0.001
200 000	0.001	0.000

表 11-9 为未投保的直接损失相关的间接损失情况。

表 11-9 直接损失与间接损失关系

未投保的直接损失	相关的间接损失
50 000	2000
100 000	4000
150 000	6000
200 000	8000

可供选择方案和相关费用如下：

方案 1,全自留,不安装灭火装置。$W_1=800$ 元。

方案 2,全自留,安装灭火装置,成本 9000 元,30 年,折旧费 300 元,维修费 100 元,损失达到 100 000 元时灭火器损毁。$W_2=600$ 元。

方案 3,购买保额为 50 000 元的保险,保费支出为 1500 元。$W_3=500$ 元。

方案 4,在方案 3 的基础上安装自动灭火装置,保费为 1350 元。$W_4=350$ 元。

方案 5,购买带有 1000 元免赔额,保额为 200 000 元的保险,保费支出为 1650 元。$W_5=80$ 元。

方案 6,购买保额为 200 000 元的保险,保费支出为 2000 元。$W_6=0$ 元。

请比较上面 6 种方案,并说明采用哪种方案最好?

第12章

巨灾保险

引言

本章主要研究的内容是巨灾保险与再保险以及巨灾证券化等内容。本章第1节讨论巨灾的概念及其对经济的影响，第2节分析了超概率曲线与巨灾可保条件，第3节分析巨灾保险以及再保险的理论与应用，第4节介绍了国外巨灾保险的实践应用，第5节讨论了巨灾风险基金，第6节内容为巨灾保险证券化。

第1节 巨灾与巨灾风险

一、巨灾

(一) 巨灾回顾

当今全球范围内的人口和财富都在日益高度集中，但是，经济财富和人口高度集中的社会在自然灾害和技术灾害面前将变得更加脆弱。近20年来，世界范围内巨灾损失的趋势愈发呈现指数增长。1992年的安德鲁飓风摧毁了美国佛罗里达州南岸地区，导致路易斯安那州南部中心部分地区155亿美元的保险损失，1994年1月的北岭地震导致美国西部海岸总额达到125亿美元损失，2004年东南亚海啸遇难人数逼近30万，2005年卡特里娜飓风导致经济损失超过1000亿美元，2008年汶川8.0级大地震造成近7万人死亡（不包括失踪人数），直接经济损失接近9亿人民币，2010年海地大地震死亡人数超过22万，2011年日本9.0级“东日本大地震”导致大约15 884人死亡，2633人失踪，经济损失大约有2100亿美元。美国著名风险评估模型公司AIR环球公司公布的报告中说，日本大地震给保险业带来的损失可能达350亿美元，使之成为有记录以来赔付额最高的地震灾害。人们可以理性地预见：随着整个人类社会的高速发展，自然灾害导致的损失越来越重，人民对减轻灾害风险，保护生命和财产的要求也将越来越高。因此，全球范围内的每个国家、地区、组织、社区和个人都需要进行巨灾风险管理。

(二) 巨灾概念

1. 巨灾概念

巨灾通常是指由于自然致灾因子和人为致灾因子引起的大面积财产损失或人员伤亡事件。比较权威的巨灾定义是联合国给出的：一种严重的社会功能失调，它在大范围内造成人类、物质和环境损害，这种损害已经超出了社会系统依赖自身的资源承受的能力。但是，“巨灾”是一个随着社会发展变化而变化的词汇，对于不同国家、不同地区和利益相关者，并没有统一的定性、定量的认识和标准，一般定义巨灾主要从两个角度来：

(1) 从国家或地区的角度衡量。慕尼黑再保险公司定义重大自然巨灾为：自然灾害发生后，受灾地区无法依靠自己的力量来自助，必须依靠区域间或国际援助。美国精算协会将巨灾定义为一种不常发生的、影响大量人口、造成严重人员伤亡及财产损失的事件。

(2) 从保险行业的角度衡量。美国标准普尔(Standard & Poor's)定义巨灾为一个或者一系列损失超过 500 万美元的灾害风险事件，美国保险服务局财产理赔部按照 1998 年的价格将巨灾风险定义为“导致财产直接保险损失超过 2500 万美元，影响到 1000 个以上的被保险人的灾害事件”。

尽管国际保险界对巨灾也没有统一定义，但在通常情况下，人们更倾向采用损失金额、死亡人数、损失波及范围、发生频率、周期长短等衡量巨灾，以区别于小范围、小金额、高频率、短周期的一般灾害。一般对巨灾的简单定义更多地采用损失金额来界定巨灾的等级大小，表 12-1 列出了 1995—2011 年的世界巨灾。

表 12-1 1995—2011 年世界巨灾

时间	灾 害	强度 (震级或年遇，1/a)	死亡人数/人	经济损失/亿元 (人民币)
1995	日本神户地震灾害	7.3	6434	7175.0
1998	中国长江流域水灾	1/50a～1/100a	1562	1070.0
2003	中国 SARS	1/50a～1/100a	336	2100.0
2003	欧洲热害	1/50a～1/100a	37 451	1300.0
2004	印度洋地震-海啸灾害	8.9	230 210 人死亡，45 752 人失踪	约 70.0
2005	美国卡特里娜飓风灾害	1/100a	1300 人死亡	约 8750.0
2005	南亚克什米尔地震灾害	7.6	约 80 000 人死亡	约 350.0
2008	缅甸飓风灾害	1/50a～1/100a	78 000 人死亡，56 000 人失踪	约 280.0
2008	中国南方雨雪冰冻灾害	1/50a～1/100a	129 人死亡，4 人失踪	1516.5
2008	中国汶川地震灾害	8.0	69 227 人死亡，17 923 人失踪	8500.0～9000.0
2011	东日本大地震灾害	9.0	15 884 人死亡，2633 人失踪	约 12 100.0

2. 国内巨灾界定

中国是一个经济总量和人口数量很大的发展中国家，巨灾的定义应该符合中国的国情。根据中国的经济总量、国土面积、人口数量以及人均 GDP 水平，国内学者史培军给出的巨灾定义为：由百年一遇的致灾因子造成的人员伤亡多、财产损失大、影响范围广，且一旦发生就使受灾地区无力自我应对，必须借助外界力量进行处置的重大灾害，表 12-2 给出了我国巨灾的等级标准。史培军参考中国近年来所发生的一系列重、特大灾害案例，界定巨灾通常是指造成 10 000 人以上的死亡、1000 亿人民币以上的直接经济损失和 100 000km^2 以上的成灾地区的灾害。

表 12-2 巨灾等级表

指标类型	强 度	死亡人口/人	直接经济损失/亿元	成灾面积/km^2
巨灾	7.0(地震)或超过 1/100a	≥10 000	≥1000.0	≥100 000.0
大灾	6.5～7.0(地震)或 1/50a～1/100a	1000～9999	100.0～999.0	10 000.0～99 999.0
中灾	6.0～6.5(地震)或 1/10a～1/50a	100～999	10.0～99.0	1000.0～9999.0
小灾	小于 6.0(地震)或低于 1/10a	≤99	≤9.0	≤999.0

注：(1) 各类灾害等级的标准达到该指标中的任何 2 项即可；

(2) 死亡人口包括因灾死亡人口和失踪 1 个月以上的人口；

(3) 直接财产损失为因灾造成的当年财产实际损毁的价值；

(4) 成灾面积为因灾造成的有人员伤亡或财产损失，或生态系统受损的灾区面积。

二、巨灾风险

一般的灾害风险是一个事件的发生的损失及其概率的不确定。灾害领域内的风险定义重点通常放在后果上，根据某个特定的原因、地点和时间阶段所出现的“潜在损失”，强调潜在的生命、健康状况、生计、资产和服务系统的灾害损失，它们可能会在未来某个时间段里、在某个特定的社区或社会发生。巨灾风险则是灾害风险极端情况，是潜在的巨灾发生的损失及其不确定性。

(一) 巨灾风险的特点

1. 损失程度巨大，包括人员伤亡、经济、社会与环境等损失。对国家而言，巨灾可以严重影响一个国家的 GDP、通货膨胀、国际收支平衡、汇率等宏观经济指标，集中体现在 GDP 的变化上。对于保险公司而言，巨灾风险发生时，每一次事故的发生通常会使许多受害的被保险人同时向保险公司索赔，形成庞大的累积理赔金额，严重影响商业保险公司的偿付能力，有时甚至会导致资本不足的保险公司破产。

2. 发生频率低。巨灾风险发生的频率可能是几年、几十年甚至上百年一次。就全球范围来看，大的地震、洪水、飓风等每年都会发生，但就某一地区而言，即便是灾害频发的区域，巨灾发生的频率也是很低的。以地震为例，全世界每年发生的 7 级以上的地震只有 10 余次，而 8 级以上的特大地震每年不到 1 次。

3. 影响范围广。普通风险发生只会影响一个或几个保险标的，巨灾风险的发生往往会使一定地域内的大量保险标的同时受损，而且由于巨灾的关联性，往往会同一风险事故引发多种风险，致使其他相关标的间接受损。

4. 难以准确预测。巨灾不管是由于自然原因或是人为原因，对其预测都极为困难。尤其是地震等自然灾害，其孕育过程长，成因复杂，世界各国的科学家虽然进行了大量的研究，但至今为止，仍然没有找到准确预报地震的方法，不能实现准确预报地震，特别是临震预报。尽管也有一些自然灾害的发生具有很强的地域性，但对这类灾害发生的准确时间以及破坏程度等进行准确预测预报也是很难。

5. 难以有效分散风险。普通风险的费率是基于大数定律并运用概率论和数理统计来厘定保险费率。由于巨灾风险发生频率低，不符合传统意义上的保险大数定律，因此，一般不可能集中大量风险体以分散风险。

（二）巨灾风险的分类

巨灾风险按不同的标准有多种分类方法。首先，比较有代表性的分类方法是将其按发生的原因分为两大类：

1. 自然灾害风险。“自然灾害风险”是指由自然力造成的潜在的损失事件。这种潜在的损失通常会涉及某一地区的大量人群和经济财富等，潜在的损失程度不仅取决于该自然力的强度，也取决于风险地区的建筑方式、防灾措施等人为因素。自然灾害风险的具体形式包括水灾、风暴、地震、旱灾、霜冻、雹灾和雪崩等风险。

2. 人为灾难风险。人为灾难风险是指成因与人类活动有关的潜在重大损失事件。在这类事件中，一般只是小范围内某一大型标的物受到影响，而这一标的物只为少数几张保险单所保障。人为灾难风险的具体形式包括重大火灾、爆炸、航空航天灾难、航运灾难、公路/铁路灾难、建筑物/桥梁倒塌以及恐怖活动风险等。

其次，根据同类巨灾风险发生的概率将巨灾风险分为常态和异态巨灾风险：

1. 常态巨灾风险。常态巨灾风险是指年内至少发生一次以上，标的之间彼此相容的巨灾风险，如财产险承保的暴风、暴雨等气候性灾害。该类风险的特点是发生概率较小，损失规模较大，一定程度上，该类风险在一个保险业务年度内的发生是可以预期的，但具体发生的次数和规模又是不确定的，其实际损失常常会超过当年损失期望值，给保险公司财务稳定造成不良影响。

2. 异态巨灾风险。异态巨灾风险是指年内发生的概率很小，标的之间彼此相容的巨灾风险，如地震、洪水等自然灾害。该类风险的特点是在一个较长的周期内不发生，一旦发生，损失的规模就很大，其实际损失规模大于当年保险人的损失预期是必然的，这种风险损失将会严重冲击保险公司的财务稳定，一般的中小保险公司，或者区域性保险公司，甚至全国性保险公司都难以承受这种损失。

其实，任何一种分类方法都存在分类的边缘性问题，例如，由于恶劣天气造成的航空灾难，由于人类活动造成全球变暖引起的洪水灾难，很难确切划归为哪一类风险。

（三）巨灾风险的属性

根据风险的主体属性，可以划分为私人风险和公共风险。私人风险是一种相对孤立的事件，一般不会产生社会性影响，借助市场机制可以将这类风险责任的成本分配融入各项产品和服务之中，如保险市场通过将风险在时空上分散、转移，使个人、企业和家庭的某种风险得以分散化解。公共风险是指产生社会性影响的风险，具有三个基本特征：一是内在关联性，公共风险在发生过程中，对企业和家庭以及个人来说是相互关联、相互影响的；二是不可分割性，社会成员遭受损害的可能性是同等的，谁也无法逃避；三是潜伏性，公共风险很难正面识别，通常在积累到一定程度，甚至是即将爆发时才被发现。巨灾风险同时兼具私人风险和公共风险的双重属性，如果巨灾私人风险的损失完全由社会承担，即巨灾风险被视为社会风险，就会发生社会承担不需救助者的风险；若完全由私人承担，即巨灾风险被视为私人风险，则会有私人无法承担巨额损失的问题。因此，政府既不能完全将私人巨灾损失视为社会风险加以承担，也不能将其完全视为私人风险而放任不管。比较适当的方式是，政府应鼓励私人购买保险或提供充分的巨灾风险信息，促使人们采取风险规避措施和风险损失转移分摊措施，政府可以承担无能力者的风险。

三、巨灾对国家经济影响

（一）巨灾对经济损失的影响分类

巨灾风险对于经济的影响分为直接损失、间接损失和次级影响，直接损失和间接损失可统称为短期经济影响，次级影响实际是对经济的长期经济影响。直接损失是指巨灾对于固定资产、存货，以及其他存量资产的直接破坏所造成的损失，直接损失包括：房屋建筑的倒塌和公共设施的损坏等存量损失。间接损失是指巨灾造成的后果损失，间接损失包括：营业中断所造成的收入减少和成本增加等流量损失，间接损失根据巨灾的严重程度可能持续到巨灾后的几个星期或几个月，甚至几年，直到恢复到灾前的水平。巨灾对于宏观经济的影响还包括灾后经济资源的重新分配，即所谓的次级影响，也是灾害对经济的长期影响。尽管在统计巨灾损失的时候，灾害对经济的长期影响往往会被忽略。但是，长期经济影响包括政府重新制定财政经济政策、资源的重新配置、包括人力资源的调配以及灾后恢复重建投资等。长期经济影响一般不太容易量化计算，但由于其对经济的影响是长期的，所以需要加强研究与关注。

（二）巨灾对经济的短期影响

巨灾在短期内会对宏观经济造成严重的影响，一般用GDP的变化来衡量。短期影响的时间范围一般是指巨灾发生的当年或灾后短时期内。研究表明，巨灾的发生会对资本和劳动力这两个要素产生巨大的影响。这是因为经济的增长主要依赖于资本和劳动力这两个基本要素，生产函数的最基本形式是$Y=F(K,L)$，其中Y表示产出，而K和L分别表示资本和劳动力。在资本方面，巨灾对房屋、机器以及其他设施的损毁可能使一个国家的资本存量大量减少，这直接影响该国的生产力，从而降低该国的产出，导致该国GDP的降低。在劳动力方面，巨灾可能导致劳动力的伤亡以及参加救灾减灾工作导致社会经济中的劳动力资源在短期内减少而影响该国的生产力，导致GDP下降。总之，资本和劳动力的下降会使生产力下降，从而在短期内造成一个国家的GDP下降。

巨灾对一个国家的短期经济影响，不仅取决于巨灾本身的严重程度，而且取决于这个国家的经济脆弱性(economics vulnerability)，即经济规模、经济多样性、创新力以及该国经济在灾前的经济繁荣和稳定等因素。关于经济脆弱性本书前面已经阐述了“经济脆弱性”的概念，即为一个国家或地区以及社区遭受灾害事件而造成的经济损失或伤害的程度，脆弱性可以用“敏感性”(sensibility)来衡量，所谓敏感性是指一个经济在遭受灾害后其宏观经济的实际情况与不发生灾害的预期情况的偏离程度。广义的脆弱性还采用“恢复力”(resilience)来衡量一个经济的脆弱性。

（三）巨灾对宏观经济的长期影响

巨灾对于一国经济的长期影响的大小取决于巨灾损失相对于该国经济规模的大小，即巨灾损失占该国GDP的百分比，以及该国经济对于巨灾损失的消化能力。一般而言，巨灾对小国、第三世界国家的冲击要比对发达国家的冲击大。一方面是因为小国、第三世界国家的经济规模较小，经济对于巨灾的敏感性比较强；另一方面也因为这些国家往往经济单一，对于巨灾后果的吸收能力比较弱，即经济对于巨灾的恢复弹性比较差。总之，巨灾对国家的经济的影响程度主要取决于以下几点：

(1) 灾害的种类，不同的灾害对经济的影响是不同的；

(2) 经济的总体结构多样性以及资源的分配情况等；

(3) 一个国家地理区域的大小，国家越大，灾害对整体经济的影响越小；

(4) 国家的国民经济收入状况和发展程度，经济发展程度的提高使经济脆弱性降低。

关于巨灾对经济的长期影响可以参阅唐彦东2016年出版的《灾害经济学》，该书系统阐述了灾害对经济的长期和短期影响理论。

第2节 超概率曲线与巨灾可保性

超概率(excess probability,EP)曲线是相关组织灾害风险管理和保险公司风险评估的基础，通过 *E-P* 曲线可以得到年超概率损失、还可以得到不同损失条件下的概率、一定损失的频率(发生次数)以及极端损失的概率分布等情况。因此，通过 *E-P* 曲线可以获得三个战略的信息支持：保险费率制定、资产风险管理和风险融资。

一、超概率曲线的应用

理解相关组织的灾害风险管理与保险公司利用巨灾模型和超概率曲线管理风险的重要性，需要了解 *E-P* 曲线是如何利用损失数据进行绘制出来的。

(一) 超概率曲线

在概率风险分析中，超概率曲线(exceedance probability curve)是描述风险的重要工具。超概率损失曲线是指在给定时期内超过一定损失水平的概率曲线。对于超概率损失曲线的产生，首先假设有一系列灾害事件 E_i，每个灾害事件年发生概率为 p_i，相关损失为 L_i。事件的年发生次数不限于一次，即某年可能发生若干次灾害事件并导致损失。这里的超概率为特定时间内损失超过某特定规模的概率。如对某地区的洪灾而言，超概率是指一段时间内(通常为一年)发生大于某一损失规模的所有可能洪灾事件之和的概率。因此，可以推知，当洪灾损失为0时，那么超过这一损失的概率为1，为确定性事件，因此超概率为1。随着洪灾规模提高，超概率将随之下降，如假设洪灾损失为100万元时，超过这一损失的概率为0.5，当洪灾损失为200万元时，超概率降为0.2等。洪灾损失的超概率曲线显示每年发生大于某一洪灾损失的概率。图12-1即为该地区发生洪灾损失的超概率曲线，纵轴是超概率，横轴是洪灾损失。图中的超概率曲线向右下方倾斜，曲线上的每一点表示了在一年中洪灾造成的超过某一个损失的概率。当灾害损失不断增加时，超过这一损失的概率逐渐降低，

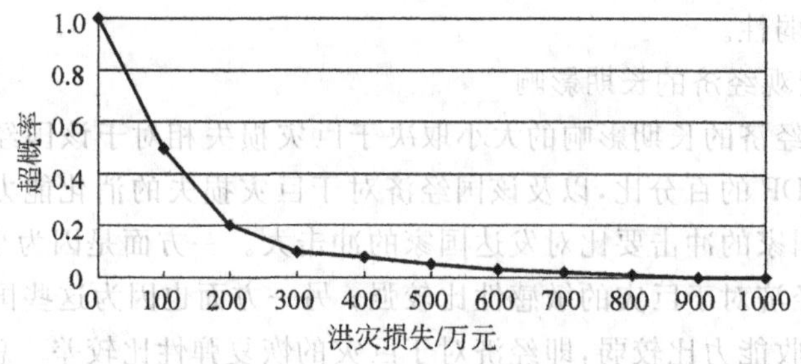

图12-1 洪灾损失超概率曲线

即超概率降低。越靠近右方，洪灾损失金额越高，但发生的概率也越低。E-P 曲线的尾端为巨灾损失与其可能发生概率的组合。在风险管理过程中，这一部分为政府、保险公司和再保险公司等决策者需要特别重视之处。

（二）绘制超概率曲线

实际上，超概率曲线不仅可以描述灾害损失与其发生概率之间的关系，也可以描述各种不同现象与其发生概率之间的关系。对于自然科学家与工程师来说，其关心的也许是自然灾害的规模，如大坝决堤后某一地区的可能的水深；政府与企业关心的也许是可能遭受的灾害损失的大小；保险公司关心的是赔偿的保险损失。可以根据实际情况，根据决策者关注对象的不同，绘制出各自需要的不同的 E-P 曲线。因此，E-P 曲线分析的结果可以作为不同的决策者进行决策的依据。这里仅以灾害损失为例说明如何绘制超概率曲线。

假定存在一系列可能会对财产造成损失的自然致灾因子活动事件，这些事件每年发生的概率和造成的损失已知，每年发生的事件次数可能多于 1 次。表 12-3 列出了 15 个事件，按照损失额大小降序排列。为计算简单起见，我们假定所有事件发生的概率之和为 1。

表 12-3 灾害事件发生的概率和损失 （单位：万元）

事件(E_i)	每年发生的概率(P_i)	损失 L_i	超概率 EP(L_i)	期望损失 $E(L_i)$
1	0.0020	25	0.0020	0.05
2	0.0050	15	0.0070	0.075
3	0.0100	10	0.0169	0.1
4	0.0200	5	0.0366	0.1
5	0.0300	3	0.0655	0.09
6	0.0400	2	0.1029	0.08
7	0.0500	1	0.1477	0.05
8	0.0500	0.8	0.1903	0.04
9	0.0500	0.7	0.2308	0.035
10	0.0700	0.5	0.2847	0.035
11	0.0900	0.5	0.3490	0.045
12	0.1000	0.3	0.4141	0.03
13	0.1000	0.2	0.4727	0.02
14	0.1000	0.1	0.5255	0.01
15	0.2830	0	0.6597	0
年平均损失(AAL)				0.76

表 12-3 中的事件 E_i 假定为独立的伯努利随机变量，事件发生的概率 p_i 分布函数定义如下：

$$P(E_i) = p_i$$

如果事件 E_i 不发生，则损失为 0，如果发生，则期望损失为

$$E(L) = p_i \times L_i$$

所有 15 个事件总的期望损失用平均年损失(average annual loss，AAL)来表示，为给定年份所有单个事件的期望损失之和，表示如下：

$$\mathrm{AAL} = \sum_i p_i \times L_i$$

假定在给定年份，致灾因子事件只有一次造成了灾害，则给定损失的超概率由如下公式计算：

$$\mathrm{EP}(L_i) = P(L > L_i) = 1 - P(L < L_i)$$

或

$$\mathrm{EP}(L_i) = 1 - \prod_{j=1}^{i}(1 - p_i)$$

这里的超概率就变为超过给定损失额的每年发生的概率，等于1减去所有低于这一损失额的事件发生概率。如果从损失最大的事件开始计算，则超概率等于大于某个损失的所有事件的概率总和。如从表12-3中的事件1开始计算超概率，其损失最大，为25万元，发生的概率为0.0020，那么超过25万元的超概率等于事件1发生的概率0.0020；再计算超过事件2损失额15万元的超概率，因为超过15万元的事件有两个，分别为事件1和事件2，那么损失超过15万元的概率为两个事件发生概率之和，等于0.0020+0.0050，为0.0070，依次类推。表12-3中的数据由于四舍五入和我们为了计算简单所做的假设，在计算过程中存在一些误差，但这并不影响我们说明超概率曲线的绘制过程。

表12-3共有5列，第一列为事件的序号，第二列为对应事件发生的概率，第三列为事件发生情况下的损失额，第四列为超概率，第五列为期望损失。其中，第五列为第二列和第三列的乘积，即期望损失等于概率乘以损失额。

根据表12-3中损失额和超概率两列数据，可以得到如图12-2所示的图形。为了更加清晰地显示超概率曲线尾部的变化趋势，把曲线尾部放大显示，绘制出图形放在图12-2的右上方。

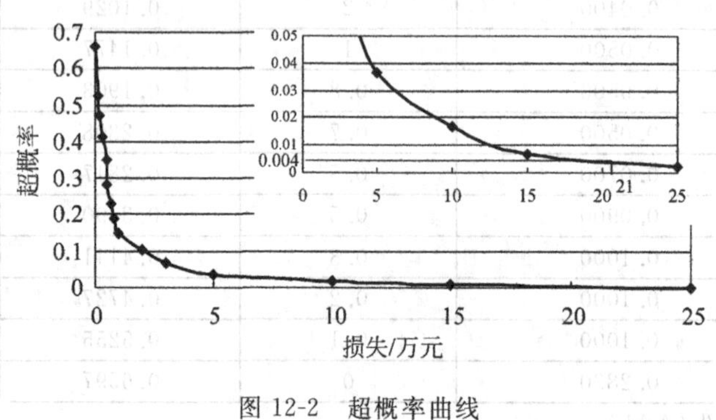

图12-2 超概率曲线

(三) 超概率曲线应用

保险公司最基本的关注问题是费率制定：即当公司决定提供巨灾风险保险服务，应该收取多少费用？保险公司首先必须考虑费率是否足够满足补偿年度损失以及其他管理费用。保险公司必须决策收取的保费是否足够补偿潜在巨灾带来的可能损失。提高保费的可替代方案是减少暴露以便保险公司 *E-P* 曲线向下移动，两个常用的方法是提高免赔额（扣除部分）或减少保险最高限额。如果有大规模灾害摧毁了许多建筑物，保险公司想有较少的赔付，保险公司投资组合经理考查公司巨灾损失的可能性将超过1亿美元。分析投资组合，保险公司可能发现损失曲线重要部分是被一个地理区域发生的灾害事件控制。通过重新分布暴露以降低潜在损失相关性，保险公司能够维持总的组合价值而减少潜在任何单一超过预期事件。经过一段时间，公司能建立战略上减少暴露的大损失集中事件，扩大其他地方的保险覆盖。

合理评价防灾投资效果，须运用费用效益分析的方法。目标有三个，一是传统的防灾投资效果的经济评价风险成本的最小化；二是个人风险的公平化；三是巨灾的回避。但是不可能存在同时满足三个目标的社会福利函数，所以分阶段评价方法比较好，一是设定损失最低值的技术基准；二是实施为了回避巨灾而追加的防灾投资效益的费用效益分析。

1. 巨灾保险与防灾投资的效益评价

防灾投资的效益的计算基本思路是从资本市场调用资金，扩大风险分散池，对不同风险主体进行风险分散。

2. 灾害基金系统的时间轴上的风险分散

个人或企业的风险融资是通过灾害保险的购买——风险在时间上的分散；而政府的风险融资是分散长期时间轴上的风险，可能实现几代人之间的风险分配，能够实现灾害基金系统的可持续运营。

基于案例，图 12-3(a)表明了关于公司执行投资组合战略之前的损失曲线，黑点曲线表明相对初始修改后的曲线，图 12-3(b)是通过增加扣除之后减少的风险暴露，图 12-3(c)是进行多样化风险分散后的 $E\text{-}P$ 曲线，图 12-3(d)转移风险的风险分散的 $E\text{-}P$ 曲线。保险公司传统的减少风险的方法通过再保险转移风险，如图 12-3(d)，保险公司购买再保险合同补偿超过一定损失的风险，从而减少某种程度的损失可接受水平。决定购买多少再保险，保险公司不得不考虑这种补偿的成本对盈余的影响，因此，一些保险公司已经开始通过投资新的金融工具来转移风险，例如巨灾债券等金融工具。

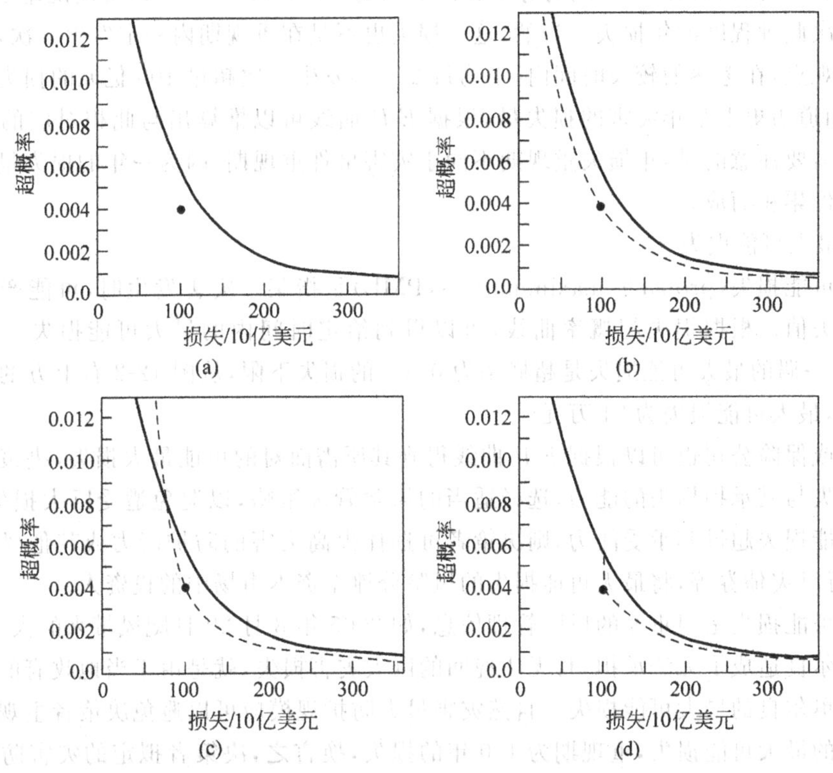

图 12-3 各种风险管理战略对风险的超概率曲线的影响

通过 $E\text{-}P$ 曲线能够量化不同风险管理战略的有效性，在实践中，保险公司可能利用综合风险管理战略进行费率制定，例如，投资组合的管理和风险融资。通过风险评估可以帮助保险业从业人员通过连接公司网数据库，不仅能够决定承保某个风险应当收取多少保险费用，而且还能降低该风险和其他公司组合的相关性。从而将新保单的收费作为位置和致灾因子的函数，能够对不同的风险转移方案标价并和已经存在的风险组合相联系，作出的科学的投资决策，实现保险公司减少风险暴露，提高保险收益，例如购买巨灾债券和向再保险公司转移风险等决策。总之，在面对灾害风险时，损失超概率曲线为风险决策者提供了连结风险评估与风险管理策略的重要工具。根据风险评估所产生的损失超越概率曲线，决策分析者可依据其所关心的对象与问题，评估特定事件发生损失的风险，决策者可根据其所拥有的信息及其决策原则，研究并评估风险管理策略。

(1) 计算年平均损失(AAL)

损失 $E\text{-}P$ 曲线描述的是超概率与损失之间的关系，因此 $E\text{-}P$ 曲线下方的面积就是年平均损失(AAL)，也就是年期望损失，我们可通过积分或计算 $E\text{-}P$ 曲线下部矩形面积来估计其近似值。

$$\mathrm{AAL} = \int_0^\infty \mathrm{EP}(L)\,\mathrm{d}L$$

(2) 损失重现期

利用 $E\text{-}P$ 曲线，可以推算出某一数量年损失的重现期(return period)，如我们经常说的多少年一遇的损失重现期等于超概率的倒数。如每年因洪水引发的总损失超过 100 亿元的概率约等于 0.5%，那么损失重现期为多少？重现期＝1/(0.5%)＝200，就是说差不多 200 年会出现一次此种程度的年损失。当然，这一损失也不是在重现期内一定发生一次，而是采用统计学的观点，在考察的较长时间内，平均每 200 年发生一次超过 100 亿元的损失事件。因此，如果知道历史上某年灾害的损失量，根据 $E\text{-}P$ 曲线可以推算出与此相对应的年损失的重现期。需要注意的是，年损失重现期不同于灾害事件重现期，因为一年的损失量可以由多次灾害事件累积而成。

(3) 最大可能损失

最大可能损失(probable maximum loss，PML)是指某一灾害发生时，可能产生的最大数量的损失值。根据损失超概率曲线，可以得到给定时间内的最大可能损失。在图 12-2 中，250 年一遇的最大可能损失是超概率为 0.4%的损失下限，从图 12-2 右上方的插图大体可以看出，最大可能损失为 21 万元。

政府或保险公司也可以根据 $E\text{-}P$ 曲线得到其所需面对的可能最大损失，决策者依据最大可能损失与其承担损失的能力，选择适当的风险管理策略，以避免遭受巨大损失或破产。若最大可能损失超过其承受能力，则决策者可选择提高灾害的防护能力或其他风险转移手段，如发行巨灾债券等，将最大可能损失的风险分摊至资本市场中的投资人。

最大可能损失是很重要的风险管理信息，如 2005 年 8 月 29 日飓风带来的大水灾，给美国的新奥尔良造成了无法承担，且无法挽回的巨大灾害损失，就是由于当地政府的防灾规划未考虑新奥尔良的最大可能损失。自然灾害最大防护规模应可以避免决策者主观可接受的超概率下的最大可能损失，重现期为 100 年的损失，换言之，决策者拟定的灾害防护规模至少要能避免这样的最大可能损失发生，并且采取其他风险管理措施，如发行巨灾债券等金融工具，以降低超过预期最大可能损失的灾害损失。

二、基于超概率曲线的相关利益者分析

超概率曲线还可以用来进行相关利益主体的损失分布分析。假设有三个相关利益主体共同分担一个灾害风险事件的损失，即损失包括三部分，每个利益主体分担相应的损失部分。在这种情况下，下面举例来说明这个分担规则。例如个人屋主投保人保单的扣除额（免赔额）承担了分担第一部分损失，保险人分担中间部分损失，再保险人处理超过某个数量以上的损失部分。图 12-4 给出了简单说明的示意图，潜在损失 1 亿美元，分为三层，第一层 100 万美元损失是业主（屋主）承担，100 万～3000 万美元部分由保险人承担，超过 3000 万美元以上部分是再保险公司承担。如果灾害事件的最大损失是 2500 万美元，那么再保险公司将不会有任何损失的赔付。

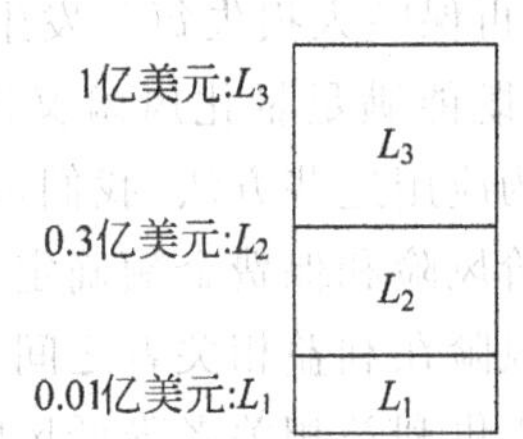

图 12-4　假设保险投资组合总价值为 1 亿美元的损失分层分摊

假设这三方利益相关者面临如表 12-3 所示的灾害事件，但每一个第一次损失事件存在着某些不确定性，即表 12-3 的损失代表的是平均估计损失。每个事件都有一个和它相关的损失分布。现在每个事件有一系列可能结果，在这些结果中，某些会达到更高层的损失，如图 12-5 所示。通过整合所有事件损失分布，超越一定水平损失概率能够计算出来，这就是建立每个利益相关者风险源的 E-P 曲线的基础。图 12-5 表示一系列损失事件的损失分布，图中的右边三个小图分别代表业主、保险公司和再保险公司三个不同利益相关者的损失承

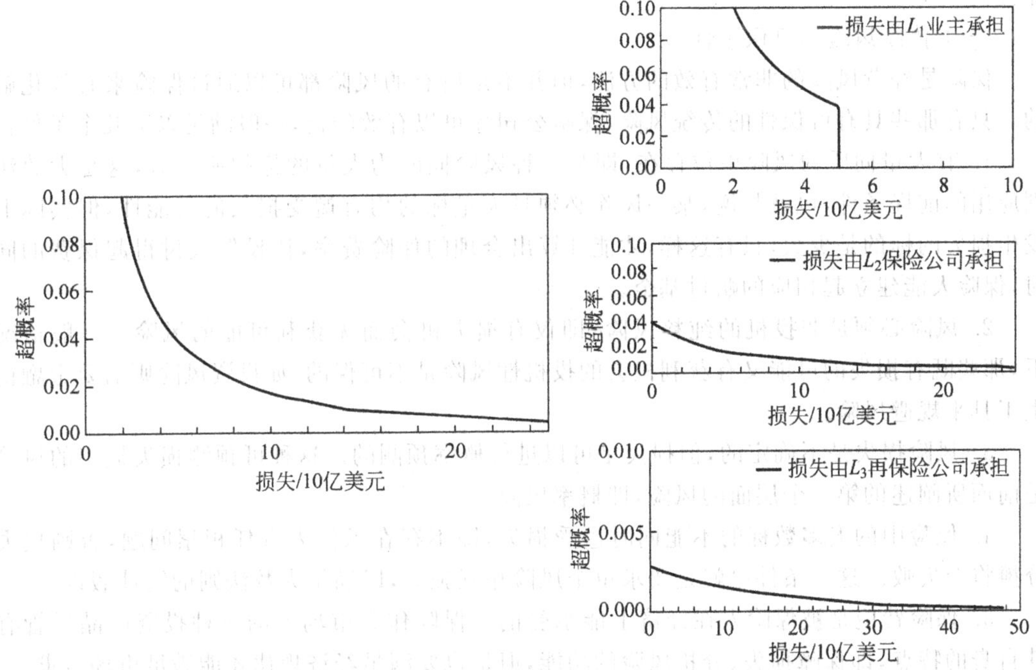

图 12-5　总的保险投资组合和各个利益相关者的超概率曲线

担。假设这些损失事件的变异系数(CV)是1.0,具有较高不确定水平,根据定义,变异系数等于标准方差与平均值之比。这个高不确定结果在第三部分分摊,即再保险公司表现最明显。如果没有损失的变异性,第三部分(再保险人)就不会受影响,因为没有损失事件能够达到3000万美元。正如前面所述,基于变异系数(CV=1.0)假设,将会有年损失达到3000万,再保险人损失每年发生的概率为0.28%。这个例子表明风险评估需要能够提供一个方法,既能满足量化风险又能应用这些风险量化方法在利益相关者之间进行合理分担损失。因为应用这些方法,我们可以基于一定的可接受风险水平并符合各方面利益相关主体进行定价风险和保费金额确定。然而,由于巨灾模型模拟过程本身存在不确定性可能导致模型对风险在利益相关者之间分配产生很大影响。有意思的是,这种不确定的损失量化和分担是提供利益相关者降低风险的机会。

三、巨灾风险的可保性

根据全球领先的保险经纪人和风险管理机构发布的报告,2011年全球保险业蒙受的巨灾损失突破1000亿美元。巨灾风险对于一个国家,尤其是发展中国家,特别是小国,宏观经济的影响是很大的。未能预期的突发巨灾可能直接威胁一个国家的金融体系,巨灾的短期影响可能非常严重;巨灾也可能对经济增长等产生长期影响。因此,研究巨灾风险的可保性条件,开展巨灾保险与再保险是有效的灾前融资机制和措施,在整个国家甚至世界范围内的投保人之间分散风险,如果考虑巨灾债券、巨灾期权和巨灾互换等金融工具的应用,使得巨灾风险在整个资本市场范围内分散风险,从而降低保险公司和再保险公司的信用风险、减轻巨灾给保险公司和再保险公司带来的破产风险,也在技术层面增加了巨灾风险的可保性。

(一) 传统风险的可保条件

保险是经营风险的非常有效的方法,但并不是所有的风险都可以通过保险来有效化解的。只有那些具有可保性的传统风险,保险公司才可以有效经营,一般满足以下几个条件:

1. 有大量同质的风险单位存在,即某一种风险同时为大量的标的所具有,这是大数法则应用的前提条件,也就是说,某一风险必须是大量标的均有遭受损失的可能性,但实际上发生损失的标的是少数,只有这样,才能计算出合理的保险费率,让投保人付得起保费的同时,保险人能建立起相应的赔付基金。

2. 风险必须是非投机的纯粹风险,即仅有损失机会而无获利可能的风险。一般情况下,那些既有损失的可能又有获利机会的投机性风险是不可保的,如投资风险则需要金融衍生工具来规避风险。

3. 风险损失是不确定的,但损失是可以进行概率预测的。这种可预测损失概率的风险是前面所阐述的第二个层面的风险,即概率风险。

4. 保险中的大多数标的不能同时遭受损失,即不存在承保人责任积累问题,否则损失分摊将会失败。这一条件也就是要求单个风险相互独立,以满足大数法则的统计假设。

5. 保险费应是被保险人在经济上能承受的。保险作为市场上的一种投资产品尽管有其自身的特点,即保障损失、分担风险的功能,但是也要满足经济规律才能满足市场需求。

6. 风险的模糊性、道德风险和逆向选择可以控制在一定程度内。这是因为模糊性是指有些风险并没有客观的(或统计学上)的发生概率,或者限于现有的科学知识,无法知道其客观的发生概率,即模糊性(ambiguity)。逆向选择说明的是这样一种情况,如果保险人用总体人群的损失概率确定一个统一的费率,那么高风险的人更倾向于选择投保,而低风险的人更可能选择不投保,这种现象称之为逆向选择,逆向选择的后果是保险人的实际损失率远远大于预计。逆向选择发生在投保前。道德风险可以通过举例来说明:如开车人有了全保险以后会改变开车的态度,于是车祸的概率就可能提高;还有如房屋着火所带来的损失全部由保险公司赔偿,房东就不会太费精力和钱财去安排防火措施,因此,投保人因为有了保险而改变其行为的现象称之为道德风险。道德风险是指投保改变了投保人的行为,使得损失发生的概率与未投保时相比提高了,道德风险是发生在投保后的行为。

总之,我们将满足以上条件风险视为可保风险,满足这些条件的可保风险也是保险公司有效经营的风险。

(二)巨灾风险的可保性

如果严格用以上几个传统风险的"可保条件"来衡量巨灾风险,那么巨灾风险是不符合可保条件的。首先,巨灾风险往往伴随着责任积累效应,一旦发生地震、洪水、战争等巨灾,大量的保险标的将因同一风险事件同时遭受损失,导致保险人的责任积累,严重影响保险公司的经营的安全性。这意味着保险公司需要极高的损失赔付资金储备,才能保证公司经营的安全,才能提供投保人巨灾风险的安全保障。其次,如果保险人根据巨灾损失概率来合理定价保险费率,那么投保人将会难以承受保费支出,特别是一些巨灾风险不符合"大量同质风险单位"的要求。再次,保险公司在经营巨灾风险产品中,保险公司与被保险人之间存在着信息不对称,存在更大的逆向选择和道德风险问题。因为,巨灾风险具有一定的区域性和时段性,巨灾保险的投保容易产生逆向选择,这是保险经营的大敌。最后,由于巨灾风险的发生频率比较低,有些巨灾几十年甚至几百年才发生一次,人们常常对巨灾风险的发生与否存在侥幸心理,常常认为"巨灾不会发生在我身上"导致不愿意投保巨灾风险。此外,在发展中国家人们更是不愿意购买巨灾保险,如在我国,一旦发生地震等巨灾,人们认为党中央、国务院和地方政府会伸出无偿援助之手来帮助他们渡过难关,巨灾后的过度援助和重建甚至产生"因灾致富",也出现很多的所谓"慈善致灾"现象。因为巨灾过后的灾区恢复重建得到了过度的关注和资助,导致很多地区出现"灾区变景区"和"争当重灾区"的情况,这些都导致巨灾保险远离人们。因此,按照传统理论,大部分巨灾风险是不具有完全的可保性的。

对于巨灾风险的可保性的争论,主要源自于巨灾风险的损失巨大和概率很小的特点,不符合传统保险的理论基础,即大数定律与中心极限定理。一方面,巨灾风险的发生概率很小,缺乏相关历史资料,对巨灾的预测技术也相对滞后,影响了巨灾保险和再保险的定价。另一方面,巨灾会造成巨额损失,可能导致保险人由于大量现金流出而突然丧失其偿付能力。但是,传统可保条件建立在风险组合理论基础之上,即保险公司通过把大量被保险人的各种风险组合起来进行稳定经营并获得对付风险的专业化好处。现代保险经营中,尤其在保险业激烈竞争的环境下,如果保险公司刻意追求满足可保条件,会丧失较多的市场份额。随着承保技术及保险经营管理技术的进步,目前大多数保险公司能够在承保能力基本允许的范围内,以非理想可保风险为承保对象,此外,再保险、非传统风险转移方式的发展也大大扩展了巨灾风险的可保性,可保风险与非可保风险的界限越来越模糊,使现实中保险人承保巨灾风险成为必然。

在发达国家，保险是个人和组织机构管理巨灾风险的主要途径。在美国，一些财产保险责任范围需要通过法律或信用机构。例如，屋主通过购买火险作为获得抵押的条件，但是，地震保险对于单个家庭房屋贷方不是必需的。如何在业主之间分配巨灾风险是一个关键问题，这和那些经常发生的非极端事件的做法是相似的。例如对于汽车保险，大量历史数据可以用来根据个人不同风险特征评估保险费用，大量的数据和非相关性满足了评估风险的保险精算模型。对于巨灾风险，仅通过有限的数据来决定事件发生概率和结果的可能性是不够的，需要保险人模拟风险。因此，巨灾模型能够最大限度利用已有的风险信息，如致灾因子和财产清单等，通过大量模拟风险来评估潜在的自然灾害损失。

1. 巨灾风险可保条件

考虑一个标准的保单，保费在给定时间段内开始支付并在指定期间弥补损失。保险员愿意提供承保不确定事件的保单之前有两个条件：第一是识别和量化风险，或至少评估部分事件发生的概率和可能导致损失的程度；第二是为每个潜在客户或团体客户设定保费。若满足第一个条件，风险评估必须包括特殊事件的频率和损失程度的可能性，这种评估是基于过去的记录数据或巨灾风险模拟并辅以专家对巨灾风险的判定的数据，然后保险公司创建一定水平损失的年超概率曲线。若满足第二个条件，如果风险的不确定性或模糊相当大，保险公司可能希望收取高额的费用。特别是在出现巨灾损失的情况下，短期供给保费将提高。风险一旦得到相对准确的评估，保险公司需要给出能够给公司带来利润的保险费率，以便避免给公司带来不可接受的损失水平。有许多因素影响保险公司保险费率的设定，一方面，政府的法律和法规常常监管保险公司设定保险费率的程序，另一方面，保险公司设定保费也必须考虑许多问题：如损失的不确定性、损失的高度相关性、逆向选择和道德风险等。但是，设定保险费率关键是损失不确定和损失高度相关性两个问题。

2. 损失的不确定性

自然灾害的巨灾损失对保险公司提出了一系列的挑战，这是因为它们可能产生极端不确定损失。图 12-6 解释了 1950 年到 2000 年美国三种主要致灾因子：地震、洪水和飓风，选择至少 10 亿美元的经济损失或超过 50 人死亡的事件（美国再保险，2002）。纵观所有灾害类型（地震、飓风和洪水），对于这 50 年来说，一般的损失是低的，而极端灾害损失是非常高的。

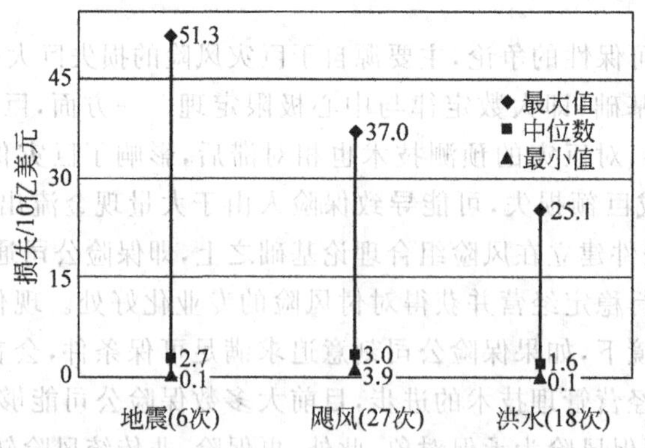

图 12-6 1950—2000 年美国主要自然灾害历史经济损失图（单位：10 亿美元）

3. 损失的高相关性

自然灾害具有空间损失的相关性，许多损失是同时发生在同一个地区，人们将承受很大的损失。投资组合遵循大数定律，并且可预测，该定律表明一系列相互独立的理想的随机变量方差随着随机变量增加而降低，但自然灾害不遵循大数定律，因为它们不相互独立。

4. 保险的破产界限

James Stone (1973)研究保险人为特殊风险提供承保决策时指出，公司在追求最大效益的同时需要受制于一个约束——满足公司的生存，即公司不能破产。他还引进关于保险公司运营稳定的约束，随着巨灾损失越来越重，保险公司在决定提供的承保巨灾损失金额时，需要注意公司生存(破产)的问题。例如，美国的保险公司没有警惕 1992 年安德鲁飓风和 1994 年北岭地震损失，这些巨灾导致了一些保险公司的破产，但是美国相应的保险需求也增加了。

保险公司通过选择风险组合来确保生存约束条件(survival constraint)能够使全部损失期望小于某些界限 p_i。下面举例说明保险公司如何应用生存约束来决定地震风险是否可保，假设地震区所有家庭具有同等的抗震能力，保费是 z，每个建筑结构是相同的，进一步假设保险公司有 A 美元流通盈余，该公司决定其能够提供的保险数量，并且能够满足自己的生存约束(界限)。假设最大的承保数量是 n，满足的生存约束条件是

$$p\{\text{总损失} > (n \cdot z + A)\} < p_i$$

那么，公司认为地震风险是否可保取决于经营总成本是否足够低，保险合同(条款)是否能够获得正的期望收益。反过来，对于任意给定的保费 z，价值取决于 n 的大小，注意到公司也有一些自由资金来补贴保费，增大的 z 将会增加 n 的价值，但这将降低保险金额的需求。如果保险人认为公司不能得到任何建筑保险费用来得正的期望收益，保险公司将不提供地震保险，而且保险公司应用生存约束条件来决定公司可能提供的最大保单数目。

E-P 曲线用来考察保险条件以便满足保险公司生存约束条件，是一个有效工具。假设保险公司想知道某个地震灾害保险投资的资产组合是否满足生存约束条件，基于公司流通的盈余和地震保费总额，保险公司能够构建 *E-P* 曲线，检查超越一定金额损失的概率，并可以从超概率曲线读出破产概率值，如果不满足可接受风险水平，保险公司要么降低保险数量提高保费，要么向其他人转移风险。

(三) 巨灾风险可保性的限制与扩展

1. 巨灾风险可保性的限制因素

从巨灾风险的定义可知，巨灾是一个发生频率低、损失程度高的风险事件。风险可保性的重要数理基础是大数法则，大数法则成立的前提之一是：损失事件发生的概率和损失后果是可以准确估计的，这通常依赖于历史数据的积累；巨灾发生的频率低导致其历史数据缺乏，因此限制了巨灾风险的可保性。

首先，逆向选择对于巨灾风险，尤其是自然巨灾风险的地域性非常强，往往只有最易遭受这种巨灾袭击区域内的消费者才会有意向购买巨灾保险。巨灾保险逆向选择会造成两个问题：①保费可能非常之高，不能形成有效需求；②风险单位集中在某一区域，对于巨灾事件的关联性很强，保险供给受到限制。

其次，道德风险对于巨灾风险，除了一般保险的道德风险现象以外，政府的减灾计划、灾后资金补偿包括恢复重建等措施还会产生另外一种道德风险：即所谓的“慈善危害”，意思

是受灾的人们由于知道可以得到政府、慈善机构等的补贴或救济，有意在高风险地域居住或生产，并且不愿意购买保险。

再次，巨灾事件的高度关联性，导致了保险公司的风险经营是一个“风险聚集”的过程，将大量同质风险集合到一起，但风险聚集不是目的，目的是风险分摊。因为，当风险数量足够大，而且相互独立时，损失可以在保险标的之间有效分摊（大数法则）。当风险数量不够大，或高度相关时，保险公司的资本金就可能要参与分摊。巨灾风险不能有效转移，使得保险人/再保险人必须增加资本以应对可能的巨灾损失。

2. 巨灾风险可保性的扩展

逆向选择、道德风险等限制了巨灾风险的有效分散，为了扩展巨灾风险的可保性，传统的保险人引进了各种方法防范道德风险，如成本高昂的控制机制、不完全风险转移机制（免赔额、共保、限额等）等。当然，随着科学技术和资本市场的发展，拓展巨灾风险可保性的理论和实践得到了很大的发展。

巨灾风险单位的高度关联性和逆向选择等问题的存在使得保险公司需要比经营一般风险更多的资本来经营巨灾风险。提高风险分担的有效性可以通过以下途径：首先，可以增加参与分担的资本，即更多的人参与分担；跨期分散也是一种选择，即在时间上分散风险。其次，增加巨灾保险资本，对于增加资本，有两条途径，其一是增加保险业承保巨灾的能力，其二是利用资本市场。对于保险业本身，增加巨灾资本主要是要求保险公司设立专门的巨灾储备。但是，由于会计规则、税收政策、收购兼并等原因，保险企业可能不愿意提取巨灾准备金，对巨灾保费和巨灾基金免税是一个解决方法。此外，对于保险企业开业初期就遭受巨灾的情况，需要政府担保以便更好地促进巨灾保险市场的发展。

商业保险市场承保能力不足，使得公共部门的介入成为必要。公共部门介入巨灾风险损失分担的重要理论基础之一为：巨灾风险不能在风险暴露单位之间有效分散，需要在时间上进行风险分散。因为一般的风险可以在风险暴露单位之间分担，也可以从时间上分散，但是，风险单位对于巨灾风险的高度相关性，导致巨灾风险更适合在时间上分散，Golelir(2002)证明了跨时期的风险分散是巨灾保险的有效替代。对于跨时期的风险分散，政府比私人更有效率，因为政府更有能力获得更低的借贷成本，政府的信用风险低。

第3节 巨灾保险理论

尽管我国是世界上遭受自然灾害最为严重的国家之一，但巨灾保险却一直没有真正启动和实施。2008年南方冰雪灾害的保险赔付率不到2.3%，汶川“5·12”大地震赔付率也不到0.2%，我国巨灾风险转移处于几乎是零的局面，防灾减灾和保险界人士一直呼吁建立适合我国的地震保险巨灾转移制度，与现行国家的巨灾监测预报、灾害防御和应急管理一同构建全方位的巨灾风险管理模式和机制，真正实现防灾减灾与社会经济的可持续发展。2013年中国共产党十八届三中全会关于金融保险改革明确指出建立巨灾保险制度，值得庆贺的是2015年5月，我国四川省首次进行居民住房地震巨灾保险试点，拉开了我国巨灾保险的序幕。可以预见，一旦我国巨灾保险市场建立起来，巨灾保险、再保险以及巨灾资本市场转移都将跟进启动。

一、巨灾保险的内容

（一）风险管理与保险理论

自从1961年Karl H. Borch(1990)将J. von Neumann和O. Morgenstem创立的期望效用理论(expected utility theory)引入风险管理决策和保险学领域，整个保险领域研究都是在期望效用理论框架下进行的，即假设保险人和被保险人的风险偏好满足“独立性公理”，从而保险人和被保险人分别存在唯一效用函数或效用函数族。到了20世纪80年代，以对偶理论(dual theory)、预期效用理论(anticipated utility theory)和秩依效用理论(rank-dependent utility theory)为代表的风险和不确定性决策理论为研究巨灾风险保险相关问题提供了理论基础。

Wang、Young和Panjer(1997)基于对偶理论，建立了满足共同单调性的个体风险价格和最优再保险。共同单调性是指多个个体风险均与同一个风险有关，并随着它的变化而同向变化。地震和洪水等巨灾引起的个体保险损失或理赔、巨灾再保险中的分出保单都满足共同单调性。共同单调性得到的保险失真定价法与传统保险定价法有着本质区别，它更加重视分析损失分布的尾部，即是所谓的肥尾效应，这一点正是巨灾风险的突出特点，因为人们更关注巨灾损失超过某一界限的情况。另外，当个体风险属于同一分布族时，由共同单调的个体风险组成的聚合风险最大，相应的保险价格也最高。这反映了与一般性保险业务相比，保险公司承保巨灾风险和再保险公司分保巨灾风险的成本都是很高的。后来，Denuit、Dhaerte和van Wouve(1999)将巨灾风险理论框架又拓展到预期效用理论，预期效用理论包含期望效用理论和对偶理论，因此该理论为协调巨灾保险和非巨灾保险提供了理论上的支持。

（二）巨灾风险的市场偏好

保险是基于人们对风险的厌恶，保险研究人员曾经调研：失去1000美元的痛苦和得到1000美元的幸福哪个更大呢？更多人认为丢失1000美元带来的痛苦更大，因此，人们才愿意投保来转移风险带来的痛苦。对于影响整个国家、社会、个体的巨灾风险，如果一个投保人是厌恶风险的，对于两个具有相同期望损失的事件，为其中的大概率事件投保而不为小概率事件投保是不明智的，巨灾恰恰是小概率事件。但理论和现实通常是割裂的，甚至理论在人们的感知面前是苍白的。例如，在现实生活中，与其他商业保险的风险相比，人们对巨灾风险的感知并没有想象的那样敏感，人们普遍存在侥幸心理和盲目乐观精神，他们通常认为巨灾不会降临在他身上或他居住的地区，他们会主观忘记或者回避巨灾风险发生的可能性。

Kunreuther、Novemsky和Kahneman(2001)通过对比实验说明要刺激和加深人们对巨灾风险的认识程度，就必须尽可能多地提供巨灾风险相关信息，增强他们的风险感知能力，人们才能产生巨灾防范意识，进而主动积极地参与购买巨灾保险或其他风险转移工具。另一方面，巨灾保险很容易受到其他风险转移方式的负面影响。因为，人们总是乐观地认为政府、社会组织和他人会救济与援助，而不愿意自己购买巨灾保险，或者认为购买巨灾保险不经济。而且，在绝大多数人看来，救济自然灾害和人为灾祸(安全事故)等巨灾造成的损失应该是政府的责任和义务，因为巨灾风险对于一个地区甚至一个国家而言是一种公共风险，个人和企业已经向国家纳了税，那么，巨灾损失补偿就应该属于国家公共项目支出，而不是由个人和企业另行购买保险，交纳双重“税”。这种情况即使在发达国家美国和日本也同样存在，这些发达国家的人们购买地震保险和洪水保险的意愿也很低，甚至不到20%。Browne和Hoyt(2000)在分析美国洪水保险购买力一直处于低水平的原因时，除了肯定诸如某些地区发生洪灾可能性很小和洪水保险价格相对较高等因素之外，还特别强调了美国民众对巨灾风险的"慈善致灾(charity hazard)"态度，即面临巨灾风险的人们试图从朋友、社区、非营利机构或者政府紧急援助计划中得到捐款来弥补损失。

(三) 巨灾风险分担实践

如何在业主之间分配巨灾风险是一个关键问题，这和那些经常发生的非极端灾害事件的处理是相似的。对于自然灾害，仅有有限的数据来决定事件发生概率和结果的可能性，由于缺少过去的数据，需要保险人模拟风险。而模拟风险需要最大限度使用已有的风险信息(致灾因子和财产清单)评估潜在的自然灾害损失，满足模拟风险的目标。

关于巨灾风险分担的实践主要散见于世界一些大的保险公司、保险经纪公司、投资银行等的研究报告。例如，瑞士再保险公司和慕尼黑再保险公司在保险实务中，可以通过比例再保险、非比例再保险承担原保险公司分保的风险，其中巨灾超额损失再保险(CatXL)是应对巨灾风险的常用方法。瑞士再保险公司的国际市场调查表明，国际巨灾再保险一直处在不充足状态，表现为巨灾保险保费在总财产保险保费中比重很低，保险损失在实际巨灾的经济损失中比重很低。尽管资本市场理论上能够解决巨灾保险市场资本不足的问题，但是资本市场对国家管理巨灾风险的作用是有限的。因为保险市场应对巨灾风险的困境不仅仅在于资本问题，还在于保险标的相关性、逆向选择以及道德风险等问题。因此，当商业保险和资本市场都不能有效分担巨灾风险时，人们自然将目光投向了政府。世界银行等机构有大量文献总结了政府干预巨灾保险市场的经验。政府公共部门参与巨灾风险分担具有两个优势：

(1) 政府可以更有效地从时间上分散巨灾风险，因为政府具有借贷优势；

(2) 政府可以通过法定保险等形式，使得更多人参与巨灾风险分摊，有效避免逆向选择。

政府参与巨灾风险分担主要有两种方式：第一，政府间接参与，即政府在税收、立法等各个方面对巨灾保险项目给予支持，但政府并不提供资本，也不作为"最后的再保险人"；第二，政府直接参与，即政府提供资本，或作为"最后的再保险人"。此外，还有一种创新形式是在政府有关部门的主持或干预下成立一个有限责任的巨灾保险联合体，例如美国的加州地震局。这种有限责任联合体一般有以下几个特点：

(1) 所有的巨灾保费必须进入联合体，即垄断性；

(2) 巨灾保费与其他保费分离，巨灾事件不会影响保险公司的其他经营，即独立性；

(3) 政府并不提供资本参与风险分担，而只是组织，并在税收等方面给予优惠。

但这种保险方式并未从根本上解决巨灾风险承担的问题，因为当大的巨灾发生，尤其在联合体成立初期发生，而联合体的准备金不足以赔付损失时，被保险人只能按比例得到赔付。因此，为了避免有限责任联合体的缺点，采用有限责任联合体与政府财政支持相结合的方式能够更加有效地解决问题。这种有限责任联合体＋政府财政支持的优点在于：当有限责任联合体的准备金不足以赔付时，政府作为最后的保险人通过财政资金来足额赔偿被保险人损失。其实，这种有限责任联合体＋政府财政支持的形式的本质是回到了财政救济的老路上，也是一种事后的资金安排，巨灾事件对于政府当年的财政平衡会有很大影响。

政府通过发行巨灾债券、政府购买或担保保险公司的巨灾债券是巨灾风险分担的事前安排。政府发行巨灾债券用以成立国家的巨债储备基金，当巨债发生时动用，可以在时间上减缓巨灾损失。政府购买或担保巨灾债券，保险公司可以得到优惠，其交易成本大幅降低，同时也没有信用风险，例如美国政府对美国的两家住房按揭保险机构提供了巨灾债券的担保。

政府贷款也是一种巨灾风险分担的方式。在前述几种方式中，政府都扮演了“最后保险人”的角色，另一个思路是政府扮演最后放贷者的角色，即政府并不承担巨灾风险，而只是在巨灾发生，保险公司的流动性发生问题时，向保险公司放贷，这有一点类似应急资本的安排。但政府的贷款是贷款，而非资本投入，并不能改善保险公司的偿付能力，因为这种贷款要以保险公司的资产做抵押，政府贷款仅仅解决了保险公司的流动性问题，使保险公司能够及时赔付，因为保险公司的有些资产立即变现会有困难。

（四）巨灾保险定价

巨灾风险模型行业的三大公司 AIR、RMS、EQECAT，都是在 Karen M. Clark(1986)提出的“频率-损失程度”框架的基础上通过蒙特卡洛模拟方法对损失进行估计。这种方法的优点在于：一是可以根据环境状况对外生变量进行调整，从而获得更为合理的结果；二是能够获得损失分布完整的描述，而不仅仅是一些如期望、最大值等特征值；三是这种方法为敏感性分析提供了框架。保险公司愿意提供保险服务之前需要两个必要条件：第一个是保险公司能够识别和量化风险，或至少评估部分事件发生的概率和可能导致的损失的程度。第二是保险公司能为每个潜在客户或阶层团体客户设定保费。如果这两个条件都满足，风险被认为是可保的，但它仍然可能没有利润。也就是说，规定费率有足够的收入弥补开发、市场销售、运营和保险理赔程序的成本，产生正的净利润需要经过一段特定的时间。这种情况下，保险公司不愿意提供该风险保单服务。风险一旦得到相对准确的评估，保险公司需要能够给公司带来利润的保险费率，以避免带来不可接受的损失水平。

（五）地震保险费率

开展地震巨灾保险业务，最重要的是如何确定巨灾保险的费率。地震保险费率的构成包括基本费率、梯度费率。基本费率（纯基准费率）需要根据历史上最近发生的地震损失，推演到目前的经济水平导致的损失，进行最大可能损失的推算；梯度费率反映的是不同区域所面临地震风险的平均强度。确定费率需要完备的数据和科学精确的计算，但是，我国不同区域的地震危险性和社会经济脆弱性差异很大，而且地震属于小概率事件，损失数据不充分，因此，确定地震损失的科学模型得不到充分的论证。目前，我国企业财产保险可以扩展承保地震保险，家庭财险原则上也可以承保地震，但都是凭经验确定费率，缺乏科学研究。我国国土面积大，区域地震危险性和经济发展水平的差异大，不能全国范围内统一开展地震保险，更不能统一费率。可以借鉴日本地震保险、美国加州地震保险以及土耳其地震保险的经验，以地震危险性高的省级行政区为单位开展特定区域地震保险为条件，研究适应区域经济发展水平的地震保险费率和保险基金构成。

目前，国际上有十几个国家建立地震巨灾保险，典型地震保险如日本地震保险、美国加州地震保险、新西兰地震保险和土耳其地震保险。地震保险费率定义为应缴纳的保险费与保险金额的比率，费率＝保险费/保险金额。保险费率是保险人按单位保险金额向投保人收取保险费的标准，保险费率一般以千分数或百分数表示。

1. 国内外地震保险费率研究概述

国外关于巨灾保险费率定价研究始于20世纪50—60年代。总结国际巨灾保险费率厘定方法，如1991年以后的对偶理论、预期效用理论和秩序效用理论使得巨灾保险费率定价研究成为可能；具里程碑意义是Wang S等用对偶理论建立了保险定价公理化体系符合巨灾风险的研究成果；Ker和Goodwin运用经验贝叶斯非参数法，推导出巨灾保险费率，并认为该方法能显著改善数据缺失问题。Dong W根据承保能力、偿付能力与稳定性推出理性方法定价巨灾保险费率。Waiters通过建立巨灾损失程度和损失频率模型进行巨灾保险费率厘定。国内文献中较早研究地震保险费率的是肖光先，他基于地震危险性、震害预测和损失方法确定地震保险费率。薛育等提出基于动力可靠性的地震保险费率的计算。陈保华等应用工程学和地震学研究了地震保险净费率的厘定。熊华等介绍了国内外现行地震费率概况。邬亲敏等根据地震危险性和建筑物抗震设防标准给出基于地震损失风险的建筑物保险费率的计算方法。陶正如等利用工程地震风险评估结果给出地震房屋及室内财产保险和人身保险费率厘定方法，并举例计算了几种免赔率条件下地震保险费率。缪升等通过动力可靠性推导出了仅考虑直接经济损失的地震保险费用计算的公式。刘如山等基于地震危险性分析和结构易损性，研究解释地震保险中风险的高聚合性质，为我国地震保险业费率厘定提供依据。马玉宏等根据地震危险性研究了分区建筑物地震保险费率。苏燕等根据土石坝工程地震灾害风险等于危险度和易损度，初步厘定地震保险费率的思路。任晓崧等利用震害期望损失率方法，对考虑结构抗力因素的建筑物地震保险纯费率的厘定方法作了分析。马玉宏考虑地震环境的影响，将全国按照地震危险性特征进行分区厘定地震保险费率，并探讨地震保险费率的影响因素及其修正方法。荆艳妮基于DFA方法研究我国地震保险定价。孙振凯研究了年度地震重点监测区的地震保险净费率的计算。上述国内地震保险费率厘定的研究均是基于地震危险性和建筑物易损性的净期望损失模型，然后再基于破产理论，考虑相应的风险、营业费用和目标利润，按照一定的比率来计算附加费用，两者相加后得到总保费，这些均属于传统的地震保险纯费率方法。保险费率还可以根据产品定价经济理论，国外早期的保险定价是与市场无风险利率挂钩的，因此在定价上仅是立足于均衡的原理，即收入可以支付赔偿。于陶等将金融市场的资本资产定价模型(CAPM)引入工程地震保险费率中风险附加费的定价分析，弥补了传统工程地震保险风险附加费厘定方法通常依赖经验的缺陷。田玲等根据50年的中国大陆地震损失数据模拟，采用VaR进行风险区域保费规模计算来分析不同区划的人均保费，进而获得地震保险费率厘定方法。

2. 国外地震保险费率应用实践

地震风险最显著的特征是损失结果的高度相关性，因此，保险费率的制定需要满足保险人、被保险人、再保险人和投资人以及政府等各利益方的需求，以保证充分和公平的费率水平。新西兰地震保险费率是全国统一费率5‰投保地震险，如果积累的地震保险基金不够赔付，新西兰政府承担无限责任。日本地震保险费率为投保人在向商业保险公司投保财产险时，可自愿按不同地震危险区、不同建筑结构选择地震保险费率为0.5‰～4.8‰的附加地震险，日本地震再保险株式会社将全部保费收入的16.6%按超赔方式分保给原保险公司，保费收入的36.2%也按超赔方式分保给政府，其余部分自留，如果还不够赔付，则在全体投保人共同分担。美国加州为投保人在向商业保险公司投保财产险时，可自愿投保，不同地震危险区不同建筑结构的地震保险费率平均为 29‰附加地震险，CEA 已经积累超过 80 多亿美元的损失支付能力，由于免赔额较高，足以赔付两个像 1994 年南加州 North bridge 大地震造成的损失，如果不够赔付，加州政府承诺给予充分的金融、信贷支持，各商业保险公司也同样给予额外承诺。

3. 地震巨灾保险费率影响因素

（1）影响地震保险的供需因素

理论上，保险完全可以由市场自身来构建和完善，但地震保险有很多不同于其他保险的特点，造成了地震保险市场的特殊性。首先，尽管地震保险产品理论上是有竞争性的，但是为地震保险提供的减灾防损等风险管理服务却具有非排他性，造成商业保险中地震保险产品的供给不足。其次，地震保险市场交易过程中的信息不对称比一般产品要高，更容易产生道德风险和逆向选择。特别是不同地震区域风险差异导致逆向选择，保险公司就会面临大量的地理位置集中的高风险客户。

影响地震保险需求主要是地震保险产品的价格和消费者偏好。地震保险产品的价格——地震保险费率包括纯费率和附加保险费率，一般来说，地震保险费率价格与需求是反比关系。地震保险市场中的消费者偏好是一个群体的偏好，即一个地区的居民偏好，偏好对地震保险需求的影响的实质是改变了人们购买地震保险的效用函数。地震保险还是一种需求收入弹性比较高的商品，根据消费者效用最大化的条件，由于消费者的收入是有限的，导致地震保险的边际效用很小。此外，由于居民常常依靠政府的救助，倾向于政府和社会来承担地震风险，很少甚至没有进行主动风险防范，即所谓的政府"慈善致灾"，造成地震保险需求不足。

地震保险商品，地震一旦发生，同一地区的损失赔偿将迅速积累，将给保险公司的稳定经营带来毁灭性的冲击。由于不同地区的经济社会脆弱性和地震危险性的差异性，大数定律并不完全适用于地震保险市场，地震保险一定程度上缺少了定价基础，这样就导致了地震保险的定价与所承担的风险并不完全匹配。例如，在我国地震灾害严重的地区，如云南、京津冀等地区，较低的费率并不能弥补当地的地震风险，而对于地震风险较小的地区，地震保险的费率相对高于等价风险，从而影响地震保险业务的发展。此外，我国地震保险缺乏准确的地震灾害损失评估基础，近 20 年，由于我国中心城市或经济发达的地区没有发生破坏性的地震，地震可能造成的最大损失的研究缺乏可靠地量化参考指标，难以确定安全可靠和科学客观的地震保险费率。

（2）影响地震保险费率的物理因素

影响地震保险费率的物理因素有很多，并且会显著地影响地震保险费率，通常的做法是针对这些因素确定一定的修正系数，利用修正系数对地震保险费率进行修正。马玉宏等对地震保险费率的影响因素总结包括以下几个因素：建筑层数修正情况；是否抗震设计因素；场地条件影响因素；建造年代影响因素等。

此外地震保险费率同一般保险费率一样，也存在保险限额和免赔额等影响因素。地震保险限额对赔付影响不大，而免赔额的影响则较大，当免赔率从 2%增加到 15%时，保险赔付率会减少 35%～40%。原因是地震巨灾是小概率事件，即损失率较大（大于 60%）的事件发生概率小，因此限额对赔付的影响小；但是，建筑损失率在 20%以下的事件比重很大，免赔额的变化会引起保险损失的较大变化。因此，地震保险设定费率平衡风险与效益，免赔额也是关键影响因素。

4. 地震保险费率制定原则

根据保险精算标准实践(ASOP),费率制定是保险业或其他风险转移机构建立费率的过程。费率制定是预期的,这是因为费率必须转移风险之前建立。保险精算准则和实践规定巨灾保险费率是基于未来成本的估计,取决于公平和公正,并且能够反映个体风险的特征(美国精算职业标准委员会,1991),其原则如下。

原则1:费率是对未来成本的期望价值评估,费率制定要提供所用的成本以便保险系统金融上的正确与可靠。

原则2:费率制定时需要考虑所有与转移风险有关的成本,费率制定要提供单独个体风险转移的成本以便保证投保人之间的平等。当经历个体风险不能提供评估成本的可信赖依据时,可以适当考虑集合中的相似风险,由此可评估这一类的每个个体的成本或风险。

原则3:费率提供与个体风险转移相关的成本。费率制定遵循保险精算师的4个原则:合理、不过分、适当、公平没有差别对待。

原则4:通过保险精算正确有效地估计个体风险转移成本,那么费率须合理、不过分、适当、公平、没有差别对待。

此外,根据精算标准委员会建议,巨灾模型费率的设定具有特殊意义:"决定适当的暴露单位或保险费基础是关键的。"这样的单位将随着致灾因子的不同而不同,能够实际应用并且验证的。在这种背景下,实际应用和验证的工具,即暴露单位直接和潜在的巨灾损失。因此,用来决定地震和飓风居民住宅费率的标准包括这样一些因素,如财产的位置、房屋的大小、房屋的年龄、建筑类型、重置成本和减灾措施。

二、巨灾再保险

(一) 再保险定义

再保险也称分保,是原保险人在原保险合同的基础上,通过签订分保合同将其所承保的部分风险和责任转移给其他保险人的行为。原保险合同是投保人与保险人之间所签订的协议,以保障被保险人的经济利益,这种合同承保的保险业务称之为原保险或直接业务。当保险人承保的直接业务金额较大或风险较为集中时,就与其他保险人订立再保险合同确立分保关系,将过分集中的风险责任转移一部分出去,以保障原保险人的经济利益。在再保险交易中分出业务的公司称为原保险人或再保险被保险人,接受业务的公司称为再保险人。

(二) 再保险的作用

1. 传统再保险的作用

再保险最主要的作用就是帮助原保险人在其资金和风险之间达到平衡,通过再保险业务,风险从原保险公司转移到再保险公司。再保险业务包括进程风险(即预期结果的正常波动)、参数风险(即用于定价和承保的重要参数出现错误)和在某一特定区域内的累积风险。再保险能减少原保险人用于承保的资金数量,从而帮助原保险公司提高它的资金效率,使原保险公司能承保比它自身能力大得多的风险。再保险还能够帮助原保险人进行经营管理,当一个原保险公司第一次提供某种保险业务时,它不仅可以通过再保险分散风险,而且可以从再保险人处了解合适的费率及其随后的承保的情况。由于再保险公司与原保险公司不是竞争对手,它的专业人才和承保经验将为原保险人提供有用的帮助,再保险同样能帮助原保险公司管理它的财务情况。再保险公司尤其善于对付巨大或特殊的风险，通过把这类风险分保给再保险公司，原保险公司能提高它自留风险的同质性，从而经营更趋稳定，增加公司对于保单持有人和股东的价值，减少原保险公司破产的可能性。

2. 再保险对巨灾风险的分散作用

对于巨灾风险，任何一个保险人都不可能只凭自身的资本积累进行承保。再保险作为保险人分散巨灾风险的手段，有其特殊的作用。

(1) 再保险对巨灾风险进行有效分散

再保险对风险的分散，其内涵具有平均风险责任的含义，这就使得再保险能促进保险业务满足保险经营所追求的平均法则，以提高保险经营的财务稳定性。如果所有业务的保险金额基本上维持在保险人所需的标准时，可认为已满足平均法则，其业务经营是安全的，无须办理再保险。但实际上，保险人所承保业务是巨大的危险单位，虽然保费收入十分可观，但由于风险责任过于集中，承保此类业务极易导致保险经营财务不稳定。但在保险竞争日趋激烈的时代，保险公司不愿放弃巨灾保险业务来获取利益的机会。承保巨灾风险的业务通常保额巨大，标的极少、风险非常集中，容易导致保险公司破产。因此，保险人只有将超过一定标准的责任分保出去，以确保巨灾保险业务的财务稳定性。巨灾风险通过分保、转分保，一次一次地被平均化，使风险在众多的保险人之间分散。庞大的再保险网络可迅速的履行巨额赔款，再保险这种对固有巨大风险的平均分散功能，是直接保险所不具备的。

(2) 再保险对特定区域内的风险进行有效分散

对于保险公司而言，巨灾风险有些是固有巨大风险责任，有些风险责任是因积累而增大的，其特点是标的数量大，而单个标的保险金额并不是很大。这类业务表面上看符合大数法则和平均法则，但实际上这些标的同时发生损失的可能性很大，因而具有风险责任集中的特点。这种积累的风险责任由于大量同性质的标的集中在某一特定区域内，可能由同一事故引起大面积标的发生损失，从而造成风险责任累积增大。例如农作物保险，可能因洪水、风暴、冰雹等突发性自然灾害的袭击，致使某一领域内投保的农作物全部受损。对于这类积累的风险责任，通过再保险，可以将特定区域的风险，向区域外转嫁，扩大风险分散面，达到从地域空间角度来分散风险的功能。

(3) 通过相互分保，扩大风险分散面

相互分保是扩大风险分散面的最好方式。相互分保的特点是：保险人既将过于巨大的风险责任转移一部分出去，同时又吸收他人的风险，使该保险人所承担的总的保险责任数额变化不大，但却实现了风险单位的风险责任的平均化，实现了风险的最佳分散，财务稳定性得到很大的提高。

总之，再保险的存在扩大了保险公司可保风险的范围，使得原来某些不具有可保性的巨灾风险变为了可保风险。

(三) 巨灾保险与再保险市场

1. 巨灾保险、再保险的供给与需求

随着灾害损失的剧增，巨灾保险已经成为保险业未来新的增长点。但是，几乎所有的业内人士看到这样一个反差：一方面是传统保险市场日趋饱和，可开拓空间越来越小，另一方面是巨灾保险市场上有着巨大潜在需求和现实需求。巨灾保险市场从其内在需求上存在着严重的供不应求的市场格局，其主要原因是因为巨灾风险不断扩大导致市场巨灾保险供给不足。

根据瑞士再保险公司 Swiss Re 的一项研究结果表明，1970 年以来世界巨灾风险爆发的频率呈现上升趋势，特别是近 20 年来，随着经济社会财富的集中，灾害数量的增加，巨灾损失程度不断上升，巨灾给保险公司带来的保险损失也呈现出迅速上涨的趋势。

传统再保险产品的风险分散受到很多因素制约，再保险市场自身承保巨灾的能力、风险分散技术条件以及受保险标的风险相关性等。一旦发生巨灾，就有可能给再保险人的偿付能力造成极大的压力，对公司影响极大。正是由于再保险人对巨灾风险的恐惧心理制约了再保险产品的供给。

从需求方面来看，保险是基于人们对风险的厌恶，巨灾对整个社会的危害是巨大的，那么，市场对巨灾风险反应又如何呢？由于巨灾保险很容易受到其他风险转移方式的侵蚀，所以人们总是倾向低估巨灾发生概率，等待政府、社会组织和他人的救济与援助，不愿意自己购买巨灾保险。在绝大多数人看来，补偿自然灾害甚至人为灾祸等巨灾造成的损失应该是政府的事情，因为巨灾风险对于一个地区甚至一个国家而言是一种公共风险，个人和企业已经向国家纳了税，巨灾损失补偿就应该属于国家公共项目支出，而不是由个人和企业另行购买保险，交纳双重"税"。

为了让更多保险客户、保险公司和金融机构充分认识和准确把握巨灾风险，许多国际机构、组织和再保险公司都建立了信息丰富、形式多样、功能强大的巨灾风险管理软件包和分析系统，提供全方位、多层面巨灾风险信息、咨询、培训和管理等服务。例如，瑞士再保险公司的 CatNet 软件，斯坦福大学的 RMS 系统，保险服务局下属 AIR 国际公司的 AIR 系统，EQE 国际组织的 EQECAT 系统等等。这些软件系统不仅有利于扩大巨灾保险影响面，提高巨灾保险的保险密度和深度，而且有利于保险公司改进巨灾风险处理技术和手段。

2. 巨灾保险与再保险解决方案

目前，保险实务中巨灾风险传统解决方案是巨灾再保险(CatRe)，最具优势的是单项事件巨灾超额损失再保险(CatXL)，再保险公司承担介于自留额(下限)和限额(上限)之间的损失，最初分出保险公司承担低于自留额和高于限额的损失。为了检验巨灾超额损失再保险的承保水平和价格，瑞士再保险公司提出两个参照指标，参考损失和保费责任比。参考损失是指一次具体巨灾损失，是一个拥有平均资本总额的保险公司用来确定巨灾超额损失再保险购买量的标准，参考损失随着国家、地区、巨灾风险种类的不同而不同，巨灾超额损失，再保险保额与参考损失之比反映了巨灾再保险供给程度。保费责任比是指巨灾保费与巨灾保额之比，反映了巨灾再保险价格变化情况。国际再保险业用巨灾超额损失再保险来分析世界巨灾保险发展状况，衡量一个国家的再保险水平，以及它在国际再保险市场上的位置。目前，世界最大的巨灾再保险市场是美国、英国和日本，它们的市场份额约为 60%。

瑞士再保险公司市场调查表明，国际巨灾再保险一直处于不充足状态，集中表现为巨灾保费收入在非寿险总保费中的份额非常小，承保损失在实际巨灾总损失中的份额也很小。由于巨灾再保险一般不允许跨年度定价，价格具有短期特征，因此，巨灾再保险需求状况会及时通过再保险费率反映出来。20 世纪 90 年代初，美国安德鲁飓风和北里奇地震使国际巨灾再保险市场面临着前所未有的巨大压力，巨灾再保险供不应求，再保险费率不断攀升。为了缓解巨灾再保险压力，提高承保能力，业内人士将目光投向资金实力雄厚的资本市场，希望寻找到巨灾再保险的替代品或补充方式，由此引发了一场传统再保险经营理念的变革。

3. 巨灾保险市场存在的问题

Browne 和 Hoyt(2000)通过分析"美国国家洪水保险项目"的实施情况，指出尽管该项目 40%的保单得到补助，但项目覆盖率依然很低。由于收入水平和洪水保险价格等原因造成居民和企业对洪水保险的有效需求不足，例如，1993 年该项目所承担的损失不到实际洪水损失的 8%，这一情况在低收入地区更为突出。研究表明对于低收入群体来说，保险可能并不是最好的洪水风险转移方法，该结论好像与"保险是处理巨灾风险的最好风险管理工具"背道而驰。从表面上看，理论与实践之间存在矛盾，但关键问题在于低收入群体对巨灾风险是否是厌恶的？世界上两类人是不需要保险的，第一是大富翁，第二是贫民，无论是发达国家还是发展中国家，保险尤其是商业保险本质上是人们拥有剩余财富之后才可以享受的一种消费。从另一个角度看，发生巨灾风险对低收入群体来说未必就是一件彻头彻尾的坏事情，因为对于低收入群体，他们本身没有多少资产，而一旦发生灾害，政府补助和对原有基础设施的重建和改造投资将是他们的意外收益，这在历次灾害中都有例子，如我国四川汶川大地震恢复重建，分到住房的居民大大改善了生活居住条件。如何对待巨灾风险范围内的低收入群体，是巨灾风险计划需要深入分析和探讨的一个重要问题。

三、我国地震保险

(一) 我国地震保险概述

地震保险是转移地震巨灾风险的有效途径，我国在地震系统致灾因子危险性评估和地震工程易损性评估方面的理论体系和方法上取得了很多有价值的成果，但针对转移地震风险的重要途径——地震保险的风险评估模型研究相对滞后。我国地震保险研究始于 1986 年，中国保险研究所、中国人民保险公司联合国家地震局和国家科委等多部门提出了几种地震保险方案，绘制了我国地震保险纯费率图，构建了地震风险管理系统保险模型框架等，随后，云南、新疆等分别进行了一些区域地震风险和保险研究，2004 年中国人保与地震局课题组研究了家庭财产保险方案。2006 年，《国务院关于保险业改革与发展的若干意见》就明确指出"建立国家财政支持的巨灾风险保险体系"。2007 年，美国阿姆斯公司与中国地震局工程力学研究所采用结构反映分析方法，开发首个我国地震风险模型，给出我国资产分布模型，为地震保险提供了基础数据资料。2008 年汶川大地震后，很多学者开始研究适合我国的地震巨灾保险机制，新版《防震减灾法》写入了国家财政支持地震保险条款，特别是 2013 年十八届三中全会明确提出建立我国巨灾保险机制。

(二) 我国区域地震保险费率计算

由于中国国土面积比较大，不同区域的地震危险性大不相同，不同区域经济发展也不平衡，人均 GDP 差异很大，这些都导致了在全国范围内开展地震保险的困难性问题。我国可以借鉴土耳其强制参保地震险的模式，这也是我国政府在特定地震危险性高的区域推进地震保险的最佳模式。河北省的地震危险较高，反应谱特征值大多处于 0.45s 范围，1960 年以来，我国曾经发生 1966 年邢台 6.8 级地震、1976 年唐山 7.6 级大地震和 1998 年张北 6.2 级地震，需要开展地震巨灾保险进行巨灾风险转移，下面以河北为例研究地震保险费率定价。

1. 基于平衡法计算河北地震保险费率

从长期来看，一个地震危险高的区域地震保险计划的长期生存，必须建立在保费收入与赔款支出平衡的基础上。区域地震保险的费率设计步骤：

(1) 划分地震风险区域。参考 Swiss Re 的地震模型，河北处于 3 类地震风险区域。

(2) 划分建筑等级。对不同的建筑类型，根据其抗震性实行不同的地震费率，一方面可以更精确地经营地震保险项目，而且可以防止逆向选择；另一方面，还可以鼓励提高建筑的安全性。

(3) 精算净费率。根据(1)和(2)可以依据精算原则测算出不同保险条件下的理论保险费率。根据 Swiss Re(表 12-4)测算出的精算费率，该费率是净费率，并未考虑保险条件和免赔额，也没有考虑管理成本和资本成本。

表 12-4 不同建筑物类型精算净费率 （单位：%）

建筑类型	区域 1	区域 2	区域 3	区域 4	区域 5
A	0.01	0.04	0.22	0.90	2.60
B	0.01	0.06	0.36	1.40	4.30
C	0.02	0.09	0.57	2.30	6.80
D	0.03	0.14	0.84	3.30	9.30

(4) 设计承保条件。保险条件的制定不仅要考虑地震保险项目的长期收支平衡，而且要考虑到居民的购买能力，因此，地震保险的免赔额设定非常重要。根据 Swiss Re 的测算，1%的免赔额使费率降低 10%，而 5%的免赔额可能使费率降低 40%，如表 12-5 所示。

表 12-5 免赔率与费率折扣关系比率

免 赔 率	费率折扣/%
1	10
2	20
5	40

(5) 确定费率。根据第(3)的精算费率和(4)的免赔率，再加上预期的管理成本和资本成本可以确定应用的地震保险净费率，但该费率还必须加上运营成本等附加成本才能成为市场实际应用的费率。

根据上述计算方法和数据成果，计算得到河北省平均地震保险的净费率约为 0.50%(根据目前的“城乡居民住宅地震保险”的试点方案，假设以地方财政为主辅以中央财政补贴，所以，经费率计算没有考虑免赔额问题，仅仅为费率制定提供参考)。

2. 基于收益-成本法计算河北地震保险费率

(1) 计算模型

有效的地震保险产品需要满足成本低于收益，才能够长期可持续经营。因此，地震保险产品的有效分析主要是通过成本-收益分析方法，建立一系列成本指标和收益指标，通过研究这些指标之间的关系来考察确定的地震保险费率条件下，地震保险是否有利于经济发展和社会稳定。收益指标主要指选定地震保险费率条件下的经济收益，收益指标主要包括减少的经济损失量、地震保险保费收入和保费的投资收益。成本指标主要是指地震保险运营的成本和费用的支出，成本指标主要包括：保险损失赔偿支出；政府财政支出和地震保险经营费用。总收益和总成本可以写成

总收益(R)=减少的经济损失量(L)+保费收入(R_1)+保费的投资收益(R_2)

总成本(C)=保险赔偿支出(C_1)+政府支出(C_2)+业务经营费用支出(C_3)

式中,L 是由恢复生产的时间和投入产出函数共同决定;R_2 的变动主要取决于投资结构和回报率;C_2 主要包括救灾的直接投入和灾后重建费用。

那么,成本-收益模型为 $R=L+R_1+R_2$,$C=C_1+C_2+C_3$,只有当 $R\geqslant C$ 时,该保险费率下,地震保险是有效的。

(2) 计算过程与结果

如果发生 1000 年一遇的地震损失率为 7%,假设 30 年内积累起足够的地震保险基金,则全省费率的平均值控制在 2.3‰到 4.6‰之间才能满足条件。唐山 7.8 级大地震损失占当时全国 GDP 的 0.5%~1%,若当时的 GDP 和固定资产相当,则我国相当于唐山地震损失的重现周期为 100~300 年。下面计算的河北地震保险的纯费率,不涉及免赔额和其他管理费用。

① C_1,数据的选取主要目的是实现保障与经济补偿功能。根据国际保险业巨灾损失的赔偿额度,结合我国地震保险资金、风险管理经验和地震保险相关的配套法律和政策等都存在不足,甚至是空白情况下,国内保险赔偿支付占损失比重要比国际低,结合河北省经济水平,假设按 20%赔偿。则计算河北历次大地震保险赔偿,如表 12-6 所示。

表 12-6 历次大震保险赔偿和政府支出计算 (单位:万元)

年 份	地 点	损 失	保险赔偿	政府支出
1966	邢台	100 000	2000	43 100
1976	唐山	1 327 500	265 500	572 153
1998	张北	84 188	16 838	36 285

注:地震损失数据来源国家地震网(http://www.ceic.ac.cn/),保险赔偿按比率 20%计算,政府支出按比率 43.1%计算。

② C_2,根据国际上已经建立地震保险的国家实际数据,政府在地震保险支出的比例一般不超过 35%,根据汶川 8.0 级大地震直接总损失 8451 亿,政府直接救灾投入 644.04 亿,灾后恢复重建投入 3000 亿,可计算出汶川地震中政府的实际支出比率为 43.1%,假设我国政府地震灾害以该比率支出,则唐山 3 次地震政府支出的计算方法如表 12-6 所示。

③ 减少的经济损失量 L

对 L 进行衡量时,主要以平均每天的国民生产总值为基准。根据 2008—2012 年河北省 GDP 数据计算平均每天的国民生产总值为 57 亿元,根据以河北省唐山大地震造成的损失占不发生地震的 GDP 的比率,这里不发生地震的 GDP 是以平均增长率计算得出的当年国民生产总值,再加上 0.5%的误差,计算后选取 5%作为地震损失占经济的比重,那么,唐山市每天的经济损失是 0.285 亿元,如果地震保险有效,每提前一天恢复生产就可以减少损失 0.285 亿元。目前的收入水平是 40 年前的 1.5~2 倍,若保守选取 1.5 作为换算比率,则唐山大地震当时地震保险有效可以保证每提前 1 天恢复生产就可以减少损失 0.19 亿元。

④ 目前,我国的地震保险主要附加在 5 个主险中,保费占主保费的 10%。假设单独设立地震保险,地震保险费率设为 X,保险金额为年均 GDP 的 20%,即 4168.6 亿元,可以计算出保费收入 R_1=费率×保险金额。

⑤ R_2 主要取决于投资结构和投资回报率。《保险法》规定保险公司的资金运用限于下列形式:银行存款,买卖债券、股票、证券投资基金份额等有价证券、投资不动产、国务院规

定的其他资金运用形式。这里采用我国财产保险公司的投资收益率来预测地震保险资金的投资收益率。根据数据，最近 5 年我国保险的平均投资收益率仅为 4.03%（中国保险年鉴）。早些年的保险投资收益率比较低，假设 3.0% 计算。

根据以上数据代入成本收益计算模型，假设河北地震巨灾保险为政府管理的公益性巨灾保险，根据国外类似的巨灾保险经营模式，政府一般都会委托商业保险公司代理巨灾保险业务，因此，这里不考虑地震保险业务的主要经营费用支出 C_3，所以得出地震保险费率 $X=0.57\%$。

(3) 河北地震保险费率定价结果分析

根据河北省关于贯彻执行《中国地震动参数区划图》的通知，河北省属于Ⅰ类区域，地震反应谱特征周期很多城市处于 0.45s 和 0.4s，选取 VaR 方法研究成果，即假设条件为 30% 的保险覆盖率，Ⅰ类区域保费规模为 5% 置信度下 48.36 亿元（5% 置信度为比较通用的选择）；然后假设河北采取强制保险模式，即 100% 覆盖率的情况下，倒推出地震保险费率为 0.6%（这里以 2012 年河北省 GDP 为计算基准）。这个结果与前述平衡法计算得到的净费率为 0.5% 和成本-收益法计算得到的费率为 0.57% 相比，相差不大，可以采取折中处理，建议河北地震保险费率为 0.55%～0.56% 之间。本文最终计算的建议费率与国外地震费率相差也不大，如新西兰全国统一地震保险费率 0.5%，日本地震保险费率 0.05%～0.48%（日本是自愿参保）。

3. 建议与讨论

根据上述计算分析，提出我国开展区域地震保险建议如下：

(1) 建议我国地震危险高的省级区域建立强制地震巨灾保险制度，如新的地震区划反应谱特征周期处于Ⅰ类的区域，并且在省级区域范围内收取统一的费率，超额损失分级转移给省级政府和中央政府，中央政府统是最终再保险人，对于这部分超额损失，中央政府可以统一打包转移至国际资本市场。

(2) 建议政府和监管部门在制定相关地震保险政策时要尊重保险经营规律，既要建立科学客观的地震风险保险净费率体系，也要考虑我国政府财政经济、企业和社会公众经济承受能力等具体情况厘定净费率，同时要设定较低的免赔额，这样既可以降低保险费率，还可以激励风险管理意识。

(3) 对于区域省级政府初期建立地震保险，中央政府要辅以财政支持和激励，并给予金融和税收等优惠措施，支持地震危险区省级政府开展地震巨灾保险业务，鼓励政府、组织、企业和社会公众购买地震保险。

(4) 省级政府可以将保险费按照一定比例提留建立地震保险基金，并且巨灾保险基金可以逐年累积，不设上限。初期建立的区域地震保险基金，中央财政给应给予补贴保险损失规模的 5%～10% 的财政资金，还可以根据各省级区域的财险保费规模进行提留，这样地震巨灾保险基金每年都将有增量。

第 4 节 国内外巨灾保险实践

保险和再保险是人们最熟悉的灾前融资机制，也是最为传统的化解巨灾风险的风险转移和融资安排。国家政府和企业组织或家庭通过保险（再保险）安排，即事先向保险公司缴纳保险费，在巨灾发生后可以按照保险合同获得赔偿，得以进行灾后重建。保险和再保险不可能完全预防或规避巨灾风险，但是巨灾造成的经济损失却可以通过巨灾保险有效转移。本节主要介绍巨灾保险的制度、模式及其在美国、日本、中国台湾等地的具体实践。

一、巨灾保险跨期风险分散

国际再保险行业曾经历了 20 世纪 60 年、70 年代的黄金时期，吸引了大量的投资，但 1992 年美国的安德鲁飓风、卡特里娜飓风、2001 年“9·11”恐怖袭击事件和后来日本 2011 年的“3·11”福岛大地震导致的巨灾损失，使国际再保险市场陷入低谷，巨灾再保险价格多次上升。巨灾风险不能完全有效满足大数法则，风险比较分散，时间风险和投资风险比较大，一旦巨灾风险损失超过预期，将严重影响再保险人的经营稳定性，甚至导致破产，整个保险业将面临偿付危机和信任危机。再保险需要在更大的范围内实现风险分担，以满足风险的可保性。巨灾风险可保性可以通过巨灾风险在时间上的分担达到，即巨灾险的跨期分担达到，政府的强大的权势和稳定的信用是天然的巨灾风险跨期分担的最佳组织者。

二、美国的巨灾保险

美国是最早建立巨灾保险制度的国家之一，险种类别齐全，针对地震、洪水、飓风等重大自然灾害都建立了相应的保险项目，在政府的财政支持及立法保障下，一定程度上解决了私营保险市场上巨灾风险可控性和负担性的问题。

(一) 美国洪水巨灾保险

自 1956 年起，美国联邦政府先后通过了《联邦洪水保险法》、《全国洪水保险法》、《洪水灾害防御法》和《国家洪水保险改革法案》等一系列法令，对洪水保险的承保对象、责任范围、保障程度等进行了明确规定，并建立了洪水保险基金，由联邦政府直接管理和运作，承担全部的风险。美国的洪水保险计划(NFIP)是巨灾保险的成功典范之一，该计划以政府保险机构为主要管理和决策，私营保险公司参与市场销售，根据处于风险区的社区参与国家洪水保险计划的情况下，居民及小型企业业主可以自愿为其财产购买防洪保险的一种保险模式。

美国洪水保险计划在财政上得到联邦财政的支持，享受相关免税待遇，经过多年的积累，NFIP 具备较强的巨灾损失的资金偿付能力，为处于洪泛区参与投保的社区居民提供了洪水风险的保障。由于洪水保险采取自愿购买原则，NFIP 总体投保率并不高，通常低于 30%，也存在逆向选择和保费较高等问题。由于 NFIP 本质上也是由政府承担最终的风险，财政资金的支持的 NFIP 最终保险还是由全体纳税人承担，一定程度上也存在的“慈善致灾”问题。

1. 保险产品

(1) 标准保单有住宅型保单、一般财产型保单和小区集体住宅型保单三种类型。

(2) 优质危险保单主要是仅限于坐落在指定区的 B、C 及 X 区内，单一家庭式住宅或 2 至 4 户家庭式住宅的所有人才能投保，并且仅面向造成中度或轻度洪水灾害的地区。

(3) 押贷业务保障计划是指针对贷款机构为保障押贷业务，强制要求贷款户投保的洪水保险单，业务来源仅只限于参加“自行签单计划(WYO)”的保险公司。

(4) 表列式建物保单是指以一张保单同时承保 5 至 10 栋建筑物，其中每栋建筑物的保险金额须特别约定。

(5) 团体洪水保险是指当遭遇洪水灾害并由总统宣布某地区为灾区后，针对该地区可提供团体洪水保险。该项保险可长达3年，但以建筑物及装修的最低金额为承保额度，而被保险人只缴付低廉保费。

2. 保险责任

保险标的物因洪水所导致的毁损与灭失。保单中所承保"洪水"是指：因内陆河水或潮水溢流或任何来源表面水的不正常累积及流窜造成原本干燥土地一部分或全部、暂时或长期间淹没的现象。此外，在正式洪水险保单上的承保范围，除了洪水灾害外，还包括特定条件的泥石流及水土流失等所造成的损失。

3. 保险责任范围

保险标的物限于建筑物及家庭财产或营业财产等项目，承保的建筑物有各种类型，如单一家庭式住宅、2至4家庭式住宅、其他类住宅、非住宅类建筑物。此外，承保范围还包括家庭财产以及不超过保额总数的10%的附属建筑物(限于标准的住宅洪水保险单)。

4. 保险费率

美国洪灾保险重要依据是FEMA统一绘制的洪水风险图和据此制定的洪水保险费率图。FEMA在制定洪水风险图时依据500年一遇洪水的淹没范围确定洪泛区的投保对象；以100年一遇的洪水作为基准洪水，标注洪水区与水位分布。由水位与地面高程可以确定水深分布，进而可以根据风险计算保险费率。对于新建的、实质性改建的建筑物就可采用精算的保险费。

(二) 美国加州地震保险

1994年洛杉矶6.7级大地震，巨额保险赔付导致很多保险公司陷入困境，无法提供地震保险或减少地震保险。1996年，政府成立加州地震局(California Earthquake Authority, CEA)，这是一个由私人部门筹资、政府特许经营的公司化组织，其向加州居民提供价格适中的地震保险。

加州地震保险范围是由于地震所引起的房屋和屋内物品损失，不包括由于地震而引起的火灾、盗窃、爆炸等损失。加州地震保险责任范围包括受损住宅的修复、重建费用。其中，免赔额是指建筑物的结构遭受破坏时考虑免赔，其金额为保险金额15%，适用于总损失。保险赔付的最高包括5000美元的财产修复费用和1500美元的额外住宿费用。地震保险费率采用EQE提供的地震模型计算期望损失的精算费率。

三、日本的地震保险

日本是世界上地震发生最为频繁的国家，也是地震巨灾风险管理最好的国家。日本早在1944年曾经根据《战时特殊损失保险法》实施地震保险。但是，日本正式的地震保险始于1966年新潟7.5级地震，通过《地震保险关联法》对遭受地震灾害全部损失的承保对象进行赔偿。1980年版地震保险法增加了对半损赔偿的内容。1991年版的地震保险法进一步扩大了地震损失的赔偿范围。根据1995年阪神7.2级地震保险赔付中存在的问题，1996年新版地震保险将家庭财产与企业财产分开，并分别采用不同的保险政策。日本的地震保险分为企业财产地震保险和家庭财产地震保险两种，家庭财产保险主要由政府和私人保险公司承担风险，企业财产地震灾害损失完全由商业保险承保。

（一）日本家庭地震保险

日本的家庭财产地震保险是自愿投保险种，作为家庭财产保险的附加险出售，家庭地震风险由商业保险公司与政府共同承保的，震后损失赔偿按照损失分级来决定。家庭财产地震保险操作程序是家庭财产地震保险先由商业保险公司提供承保，然后全部分给由日本各保险公司参股成立的日本地震再保险公司，日本地震再保险公司自留一部分风险，其余按各保险公司的市场份额再回分给各个保险公司，最后超出限额部分由国家承担最终赔偿责任。

1. 日本家庭地震保险产品

(1) 保险责任

由于地震所引起的保险财产的直接损坏、埋没(由地震引起建筑物倒塌等原因埋没保险财产)、火灾(由地震引起的火灾、连锁性火灾)和冲毁(由地震引起的堤坝破裂、决口等)造成的保险财产损失。

(2) 损失分级

损失对象包括建筑物和家庭财产，保险金额限额为建筑物不超过 5000 万日元，家庭财产不超过 1000 万日元。损失分为以下等级：

全损：建筑物全损是指主要结构的损失金额占建筑物市价的 50%以上，或者建筑总面积的 70%以上遭到冲毁或烧毁；家庭财产全损是指损失金额超过市价的 80%以上。全损的赔偿是 100%保险金额。

半损：建筑物半损是指主要结构的损失占建筑物市价的 20%～50%，或者建筑面积的 20%～70%；家庭财产半损是指损失金额占市价 30%～80%。半损的赔偿是保险金额的 50%。

部分损失：建筑物部分损失是指主要结构的损失占建筑物市价的 3～20%；家庭财产部分损失是指损失金额占市价 10%～30%。部分损失的赔偿是保险金额的 5%。

2. 家庭财产地震保险费率

日本家庭财产地震保险的费率是由纯保险费率和附加保险费率两部分组成。其中纯保险费率只是地震风险，附加费率也只是保险公司的经营成本，不包含利润率。日本的地震保险也实行差别费率，根据地震风险和建筑结构分为四个区域，保险费率在 0.05%～0.43%之间不等，根据建筑物的年龄和抗震等级等条件，还能享受 10%～30%的折扣。2006 年，日本政府为了促进地震保险的覆盖率，推出了地震保险可以从所得税税基和地方居住税税基中分别扣除 5 万日元和 2.5 万日元的税收优惠政策。

3. 日本家庭财产地震保险制度

家庭财产地震保险则由保险公司和政府共同参与，通过超额再保险方式加以实施。根据法律规定，保险公司在收取保险费后，向日本地震再保险公司全额分保，日本地震再保险公司再将部分再保险向日本政府和各保险公司分保。地震灾害发生后，初级巨灾损失(750 亿日元以下)100%由参与该保险机制的保险人与再保险人承担；中级巨灾损失(750 亿日元～10 774 亿日元)由参与该机制的保险人与再保险人承担 50%，政府承担 50%；高级巨灾损失(10 774 亿日元～41 000 亿日元)由政府承担 95%，被保险人承担 5%；如果单个地震造成的损失超过了规定的总限额，2008 年 4 月调整总限额为 55 000 亿日元，地震保险可以按照总限额与实际应付赔款总额之比进行比例赔付。此外，为了进一步分散地震风险，日本还积极发挥资本市场的作用，通过推行地震保险证券化将地震风险从保险市场向资本市场转移。如1997年以后，东京海上保险公司、东京迪斯尼乐园等企业发行了数十亿美元的地震保险证券。

4. 地震风险准备基金

日本政府承担家庭财产地震保险业务的规模涉及在地震发生后政府的赔偿责任，尤其是大的地震所引起的政府的赔偿责任很可能超过其已经提取的地震风险准备基金，如果出现这种情况，政府就需要动用大量财政资金。政府设立专项再保险财务管理，与其他财政分开管理。对于其所收取的再保险费，支付保险赔偿后的剩余部分要全部结存，作为政府的地震风险准备金。商业保险公司保费中扣除所支付的保险金和经营费用之后也需要全部作为地震风险准备基金。另外，为了保证地震风险准备基金的安全性和流动性，该基金只能投资债券。

（二）日本企业财产地震保险

日本企业财产地震保险的责任与家庭财产地震保险的范围基本相同，即承保地震所造成的保险财产的直接损坏和埋没，以及火灾和冲毁造成的损失。日本企业财产地震保险的费率由保险公司自行设定，保险公司可以根据其他公司的保险费率制定模式和地震保险再保险的费率水平，也可以根据自己公司情况进行设定。企业财产地震保险仅由保险公司提供，根据实际损失在责任限额内进行赔偿，政府对此不承担任何经济责任，但需通过严格的险种审批和保险公司偿付能力审查来控制企业地震保险的市场风险。

四、新西兰地震保险

新西兰的地震巨灾保险制度已经成为运作最成功的灾害保险制度之一，其主要特点是国家以法律形式建立符合本国国情的多渠道巨灾风险分散体系，是政府与市场协同合作的成果。新西兰国家财政部全资组建地震委员会，已经积累了足够的巨灾风险基金。该基金的主要来源是强制征收的保险费以及基金在市场投资中获得的收益。新西兰对地震风险的应对体系由三部分组成：包括地震委员会——政府机构、保险公司——商业机构、保险协会——社会机构。

新西兰地震保险的范围包括地震、山体塌方、火山爆发、海啸和地热活动等。地震保险理赔制度如下：一旦发生地震等保险范围的灾害，地震委员会负责法定保险的损失赔偿；保险公司依据保险合同负责超出法定保险责任部分的损失赔偿和地震委员会不予承保的财产；保险协会则负责启动应急计划，按照事先协议的有关内容提供有关灾情数据、人力资源和设备等必要协助，发挥各方面的集体协作优势。

新西兰巨灾保险的核心是损失风险分散机制。当巨灾事件发生后，首先由地震委员会支付2亿新元。如果这2亿新元不能弥补损失，则启动再保险方案。再保险方案分三层：第一层是损失在2亿新元至7.5亿新元之间，由再保险人承担损失的40%，剩余的60%的损失由地震委员会承担；第二层是当损失在7.5亿新元至20.5亿新元之间，则启动超额损失保险合约承保；第三层是如果损失额超过20.5亿新元，则由巨灾风险基金支付至耗尽，之后再由政府承担无限赔偿责任。新西兰对地震保险建立了有效的风险分担层次，主要包括了三个层次，第一层是新西兰地震保险委员会，第二层是保险公司和保险协会，第三层则是分属政府机构、商业机构和社会机构。

五、中国台湾地震保险

我国台湾是太平洋地震带上地震发生较为频繁的地区。1999 年台湾南投县 7.3 级大地震，促动了台湾当局对地震巨灾风险管理与保险的发展，2001 年，台湾修订保险法建立住宅地震保险制度，2002 年实施政策性的住宅地震基本保险——住宅火灾及地震基本保险，规定凡投保住宅火灾保险的同时自动获得地震基本保险。

1. 保险责任

台湾地震保险的保险责任是指因地震震动或地震所引起的火灾、爆炸、山崩、地层下陷、滑动、开裂、决口或地震引起之海啸、海潮高涨、洪水等事故导致的实际全损或推定全损(即建筑物不能居住必须拆除重建，或非经修建不能居住且修复费用为重建费用 50%以上者)。承保责任是住宅险，基本地震保险的保险金额最高为新台币 120 万元，如果投保人认为 120 万新台币保额不够，可以加保扩大地震保险，保额没有上限。

2. 保险费率

每年每户保费为新台币 1459 元，全国单一费率。台湾地震保险费是在国际专业风险管理顾问公司(EQECAT)评估的基础上设定的，其中纯保险费和附加费用分别占 85%和 15%。发生地震灾害损失后，当承保住宅被判定为符合理赔标准时，承保公司会同时支付被保险人临时住宿费用新台币 18 万元。根据台湾地震保险费率计算标准，影响费率高低的因素包括建筑等级、建筑物所在地、楼层、动产费率及自付金额等，其中，免赔金额系数是每一标的物所在地地震险总保险金额的 1%，原则上最高为新台币 400 万，此外，还有短期费率等其他计算系数等。

综合计算台湾的费率约为 1.22%，保费 14 591 元除以基本保额 1 200 000 元。相比美国加州费率 1.05%～5.25%，自付金额 15%；日本费率为 0.7%～4.8%，没有自付金额；新西兰采取单一费率，为 0.5%，自付金额 1%或新台币 200 元；台湾的地震险费率处于较低费率水平。

3. 保障范围

在保险合同期间内，因下列危险事故致保险标的物发生承保损失时，保险公司承担赔偿责任：主要包括地震震动、地震引起之火灾、爆炸和地震引起的地层下陷、滑动、开裂、决口等危险事件，这些危险事件在连续七十二小时内发生一次以上时，则视为同一事件。

4. 保险金额与理赔

台湾地震保险只承保全损，房屋毁损五成以下者，则不理赔。台湾地震保险不承保动产，保险金额以房屋的重置成本为评估计算基础，每户房屋最高保额以新台币 120 万元，另加上因房屋无法居住而需临时住宿的费用，新台币 18 万元。如需要得到超过新台币 120 万元及部分损失的地震保险的保障，可向保险公司追加扩大地震保险。在理赔方面，为了提高效率，降低理赔纠纷，理赔时以不扣除折旧的“重置成本法”计算评估值。

5. 台湾地震保险基金

地震保险基金是 2002 年成立的一个独立法人财团，最初由中央再保险公司管理，2006 年脱离中央再保险公司，开始独立运作。地震保险基金源自商业保险公司，将承保的地震保险全额分保，并将地震风险分成两部分。第一部分为 24 亿新台币，转分给地震共同保险组织。第二部分分为四层，其中第一层由地震保险基金自留；第二层转分给再保险、资本市场；第三层由地震保险基金自留；第四层由台湾当局承担。如果单次地震的总损失额超过最高赔付限额，将按照最高赔付限额与保险损失总额的比例对被保险人进行赔付。

地震保险基金除了支付营运费用外，主要投资渠道有：国内银行存款、购买公债和金融债券等、购买有担保的公司债券、其他政府部门核准的投资项目和发行巨灾债券等，如基金曾经在2003年发行了1亿美元的3年期巨灾债券。

六、我国居民住房地震保险试点

（一）深圳市巨灾保险

2013年，中国保监会批复深圳作为我国巨灾保险首批试点地区。经深圳市政府从2014年6月1日起，深圳市巨灾保险正式实施。深圳市政府出资3600万元向商业保险公司购买巨灾保险服务，最高每次灾害赔付达25亿元，该保险服务将用于巨灾发生时所有在深人员的人身伤亡救助和核应急转移救助。巨灾保险的救助对象为15种灾害发生时处于深圳市行政区域范围内的所有自然人，包括户籍人口、常住人口以及临时来深圳出差、旅游、务工等人员。

深圳市建立的不仅仅是居民住房地震保险制度，而是涵盖地震保险（主震级4.5级以上的地震灾害和地震次生灾害）在内的多险种方案，保障的灾种包括了暴风、暴雨、崖崩、雷击、洪水、龙卷风、飓风、台风、海啸、泥石流、地陷、冰雹、内涝，以上13种灾害及由其引发的核事故风险。但是，保险公司的救助项目主要包括因灾害造成的人身伤亡的医疗费用、残疾救助金、身故救助金及其他相关费用，每人每次灾害人身伤亡救助最高额度为10万元，每次灾害总限额为20亿元。此外每人每次核应急救助费用最高额度为2500元，每次总限额为5亿元。

受灾人员申请保险理赔程序如下：受灾群众发生人身伤亡后可拨打110、120等急救电话寻求专业救援，当灾情信息反馈到政府信息平台后，会第一时间通知保险机构进行勘查理赔，经各区街道办事处和民政部门确认后，保险公司会尽快对受灾群众作出救助赔付。

深圳市市政府首期出资3000万元作为启动资金建立巨灾专项基金，当灾害损失过大时，巨灾基金就能提供超额保障。它是由深圳市市政府每年全额出资3600万元向保险机构购买保险服务，为辖区内所有自然人提供救助。最后，在个人财产商业保险方面，深圳市市政府鼓励保险机构开发巨灾相关产品，保险方式采用居民自愿购买的方式，这种方式也可以满足居民不同层次的巨灾保险需求。

（二）四川省居民住房地震保险试点

四川省是地震及其次生灾害多发地区，在历史上发生过7.0级以上的大地震就有三次，特别是2008年“5·12”汶川8.0级大地震以来，四川省地震保险一直在积极的研究当中。2015年，中国保监会和四川省政府共同发布了《四川省城乡居民住房地震保险试点方案》，正式开始开展了居民住房地震保险试点工作。

1. 保险范围

《试点方案》的出台明确了保险的责任范围，保险责任范围包括，震级在M5级及以上的地震及由此在72小时内引起的泥石流、滑坡、地陷、地裂、埋没、火灾、火山爆发及爆炸造成的，在烈度为Ⅵ度及以上的区域内、破坏等级Ⅲ级（即中等破坏）及以上的房屋直接损失。《试点方案》中规定房屋必须是试点区域内居民自用房屋并且是长期居住的永久性房屋，此次《试点方案》规定的保险责任范围暂时不涉及动产，不包含室内外附属设施以及财产。

2. 保险金额

《试点方案》提到了地震专项基金的建立，第一期由财政拨款2000万元作为地震专项基金的启动资金，当灾害损失过大时，地震基金可以为超额损失提供保障。为了加强试点地区的城乡居民投保力度，四川省将实行住房地震险保费补贴制度，即试点区域的投保人只需要自行承担保费支出的40%即可投保，剩余的60%由各级财政部门提供。结合房屋具体情况以及重建成本的情况，把农村住房保险金额分为了三档，分别是2万元/户、4万元/户、6万元/户；城市住房保险金额也同样被分为了三个档次，分别是5万元/户、10万元/户、15万元/户。城乡居民可根据自己意愿选择合适档位进行投保。

3. 保险分担机制

为了分散地震巨灾风险，四川省将着手建立多层次的风险分担机制，从直接保险到再保险到地震保险基金再到政府紧急预案的多层次分担机制。这个地震风险分担体系中主要包括了保险公司、再保险公司、地震保险基金、政府等几个主要机构。保险公司主要负责承担一般性地震损失，而地震保险基金负责承担灾情严重的重大地震灾害损失，在必要的时候可以实行保额回调的机制，来面对以上各层分担机制均无法承担的极端灾害情况。

第5节 巨灾风险基金

从世界各国的经验来看，商业保险公司甚至整个保险业都无法承担巨灾的集中性巨额经济损失，单纯依靠保险公司分散地开展巨灾保险也很难满足社会的需求，因此，国际上巨灾风险融资措施多种多样，不仅包括通常意义下的国家政府救济、慈善捐助、商业保险，还有运行有效、资金雄厚的巨灾风险基金。

一、巨灾风险基金介绍

世界上主要的灾害多发国家和地区大都主要采取政府支持或直接介入巨灾保险，即由政府、保险公司和行业协会牵头组成的联合组织，共同建立巨灾保险风险(保险)基金。建立巨灾风险基金的目的是将分散在社会各个方面的力量和资金聚合起来，针对性地防范巨灾风险，维护保险人和被保险人利益。这种巨灾风险基金的本质是一种多方的融资体系，包括保险市场、政府、资本市场等多个利益相关的主体。巨灾风险基金能够充分利用政府和市场的优势，平衡各参与主体的权利、风险和责任，降低巨灾损失对社会经济生活的冲击。例如，新西兰地震和战争损失计划涵盖地震和战争风险，后来包括洪水、山崩、火山爆发等风险；美国国家洪水保险计划按补贴率为居民和企业提供洪水保险，并通过限制土地使用等方式降低风险；美国佛罗里达飓风灾害基金有力地缓解了该地区财产保险公司的巨灾压力。

(一) 巨灾风险基金

通常意义上的巨灾风险基金是基于巨灾保险产品，由政府、资本市场、保险人和被保险人等多主体共同参与的一种专项基金，主要用途是分散巨灾风险与分担巨灾损失。巨灾风险基金具有如下特点：

(1) 巨灾风险基金的损失分担和运营主体比较单一，但其融资体系是多方的，包含保险人与被保险人以及再保险人、资本市场、政府等各个利益相关者；

(2) 巨灾风险基金的目标是统筹管理、保证规模、分散风险和高度的集中性；

(3) 巨灾风险基金是多方筹资体系，需要平衡各个投资主体之间的利益，比普通保险基金更为复杂，需要相对完善的协调、制衡和监督机制；

(4) 巨灾风险基金难以依靠单纯的商业保险基金或其他的纯市场运作，需要政府的支持和引导。

(二) 巨灾风险基金的融资

普通风险的保险基金的融资来源于保险市场，由于巨灾风险兼有公共风险和私人风险的特点，巨灾风险基金无法通过单一的商业保险公司或市场提供。主流观点认为：巨灾风险基金必须广泛拓展融资渠道，充分发挥政府和市场的合力才有可能健康发展并发挥真正的作用。从国际上其他国家巨灾风险基金的运营实践看，巨灾风险基金有传统保险市场、财政税收、资本市场等融资渠道。

1. 保险市场融资

保险市场融资就是要建立以保险产品为载体的融资渠道，即通过向企业、组织或个人销售巨灾保险产品的方式将资金汇集起来，用于巨灾事故导致的经济损失补偿或人身伤亡给付的专项基金。保险市场融资面临两个核心问题：一是如何确定公平的费率，保证基金能够抵御巨灾损失的冲击；二是在公平费率下，如何保证保单持有人对巨灾保险费用具有承担能力。前一个问题可以应用巨灾模型，提高信息获取能力、采用科学的风险评估和保险定价技术，解决巨灾风险的概率特性和有限的样本不确定问题。后一个问题的解决途径侧重在政策与制度层面，如一些国家通过半强制或激励性的巨灾保险制度来保证最低的融资规模值，还有一些国家地震保险通过不同程度的税收或贷款优惠等激励性投保政策和制度。

2. 财政税收

巨灾保险市场具有不完全性的事实，单纯依靠市场力量无法保证融入足够的资金，并且巨灾风险所要求的巨大的融资规模和保险人的资本金水平，即便在发达国家的成熟保险市场都难以达到，因此，融资需政府财政直接出资参与巨灾风险基金的融资。财政渠道的融资可以分为地方和全国两个层面，各地区依据自身的经济发展状况和巨灾风险状况确定融资水平，在此基础上，全国统筹考虑，重点对巨灾损失严重或收入水平低的地区予以补贴。

3. 资本市场

资本市场是一种支撑复杂金融工具交易的有效制度。相比于保险市场，资本市场有着更加巨大的资金实力和风险容纳能力。例如，1000 亿美元的地震损失可以使得相当数量的保险公司和再保险公司破产，然而这只相当于美国纽约证券交易所资产的 2%，或相当于美国资本市场不到 1%的资金。可以说，资本市场是分散巨灾风险，提高巨灾基金融资能力的有效渠道。我国资本市场和保险市场发展不是很成熟，可以先推出一些简单的融资方式，例如一些结构设计简单，发行对象单一的金融创新工具。还可以向银行寻求条件性融资，即巨灾损失达到一定程度时，按照事先的承诺，国际机构向巨灾基金提供紧急贷款来支付赔款，这些紧急贷款由未来基金收入逐渐归还。

(三) 巨灾风险基金的管理

巨灾风险基金的管理运作依托市场和政府二者力量，发挥各自优势，建立一个由政府提供方向性指引和各项支持、再保险公司为中坚力量、原保险公司积极参与的巨灾风险基金管理体系。巨灾保险基金为了确保巨灾基金正常运行，需要建立完善的巨灾风险基金治理结构。巨灾风险基金主要参与者有巨灾风险基金委员会、合格原保险人、合格再保险人、账户管理人和托管人，下面简要介绍各个参与者职能。

1. 巨灾风险基金委员会

巨灾风险基金委员会是巨灾风险基金的总体设计者和监督者，对巨灾基金的可行性、有效性和安全性具有决定性作用。主要负责巨灾保险范围的设定、巨灾基金的建立和运作模式的设计、损失分担计划的政策指导、合格再保险人、托管人等其他基金参与主体的选择、监督和更换。除了上述责任外，委员会还应建立同财政和税收部门的良好的沟通渠道，以保证政府高效顺畅的对巨灾风险提供支持。

2. 合格原保险人

合格原保险人主要负责巨灾保险产品的销售和理赔，同时承担适度的承保工作。合格原保险人可以由基金管理委员会授权的商业保险公司担任。因为，巨灾保险的保障覆盖区域庞大，保险标的往往地处偏远地区，商业保险公司网点众多，在核保和核赔方面具有丰富的经验和人力资源，所以，合格的商业保险公司负责巨灾保险的销售和理赔业务，有助于整合资源，提高基金运作效率。

3. 合格再保险人

合格再保险人是基金运作过程中的核心环节，充当基金管理执行者的角色，其主要工作如下：

(1) 吸纳原保险公司销售的全部或绝大部分保单，保费收入所得形成巨灾风险基金；

(2) 接受政府年度或不定期财政拨付，并累积形成巨灾风险基金；

(3) 制定国际分保计划和资本市场融资策略；

(4) 对基金进行投资管理；

(5) 在基金管理委员会的政策指导下，厘定巨灾保险的费率，制定详细完备的损失分摊计划；

(6) 根据理赔报告确认损失，并对销售人实施监督；

(7) 根据经验数据和风险模型评估巨灾基金的缺口和盈余，定期向基金委员会提交评估报告，为巨灾风险基金的决策提供依据。

合格再保险人在当前或未来一定时间内可以由基金管理委员会委托一家国内的再保险公司或组建专门的公司来担任。首先，再保险公司同原保险公司在传统业务上具有良好的合作基础，可以使销售理赔业务同其他业务更好地衔接、协调起来。其次，相比原保险公司，再保险公司有着更加强大的技术支持和信息资源，更有能力对巨灾风险定价。最后，再保险公司更有能力在国际市场中寻求融资渠道和风险分摊者。

4. 托管人和账户管理人

托管人可以由基金委员会指定一家商业银行来担任，其主要职责是保管巨灾风险基金财产，根据基金委员会指令向合格再保险人分配财政资金、根据合格再保险人的投资指令及时办理清算和交割事宜等。账户管理人的主要职责是提供巨灾风险基金账户管理的相关服务，如建立巨灾风险基金账户、记录基金财产变化状况、提供公众查询服务、保证基金运作的透明性和向基金委员会提供账户管理报告等。

(四) 国家参与的巨灾风险基金的运作流程

图 12-7 演示了巨灾风险基金的运作流程，可以看出基金在政府、保险市场、资本市场的支持与协调下完成了巨灾风险的分散。首先，合格再保险人在基金委员会的指引下，充分评估实际风险状况、财政、税收支持力度，保单持有人的承受能力确定巨灾保险的市场价格。合格原保险人依据这个价格在市场上向保单持有人销售巨灾保险，获得保费收入，同时将汇集的风险向合格再保险人分出。为了便于基金统一管理，对于合格原保险人自留保费一并分入再保险人，在年度终了时根据事先约定的投资收益和损失状况确定原保险人与再保险人的盈余和亏损，分入保费累积形成巨灾风险基金。合格再保险人集结财政资金汇入巨灾风险基金，而基金委员会负责监督、督促财政资金即时到账。再保险人对融入的资金制定投资策略，进行投资管理以保证基金的保值增值。

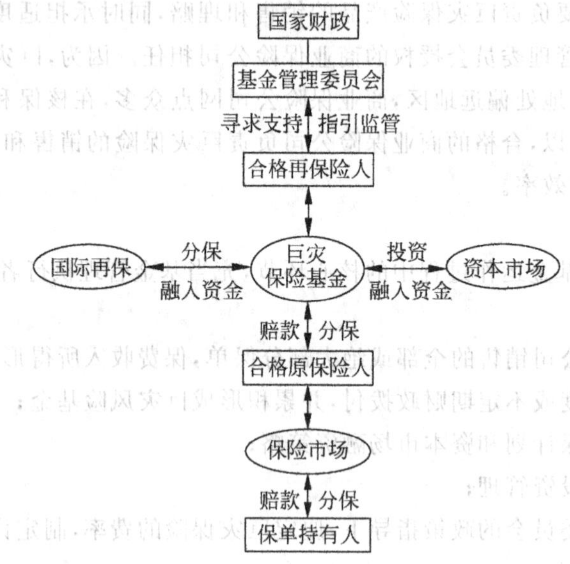

图 12-7 巨灾风险基金的运作流程

在此基础上，合格再保险人应进一步通过一些可行的方式拓展融资渠道，分散巨灾风险，提高巨灾基金的有效性和安全性。合格再保险人应积极在国际保险市场上寻求合作伙伴，根据汇集的巨灾风险和基金余额安排再保险计划。借助资本市场更加有效的管理巨灾基金。例如，同其他金融机构达成条件融资计划，拓宽融资渠道，保证在灾害发生时有更加充足的应急资金。另外，在条件允许的情况下，可以考虑引入诸如巨灾债券等更加复杂的金融工具，将巨灾风险向资本市场转移。巨灾事件发生后，由合格原保险人完成相应的理赔工作，并将损失报告提交合格再保险人，合格再保险人对其审核后，根据损失分担计划，获得来自政府的财政补偿和国际再保公司的赔款，同时经由合格原保险人将最终赔款支付给保单持有人。

(五) 巨灾风险基金的损失分担模式

基于巨灾风险融资体系，主要的损失承担者包括保单持有人、合格原保险人、合格再保险人、资本市场、政府。

1. 保单持有人的自留额

巨灾保险一般都规定免赔额，即在保险人开始赔偿之前，保单持有者已经承担了一定的损失。免赔额应当设立在较为合理的水平，通常取得两个方面的平衡，一方面，免赔额大小设计要有效地减少保单持有人的道德风险，鼓励保单持有人采取提高建筑物质量等降低风险措施。因为，通过免赔额可以降低巨灾保险的保费水平，提高居民和企业对巨灾保险的购买力。还可以避免大量小额的索赔，提高巨灾风险融资体系的运作效率。另一方面，免赔额的设定也不能过高，否则保单持有人将认为巨灾保险的保障程度过低，从而降低了巨灾保险的保单购买率。

2. 最终损失的承担者

从国际范围看，巨灾损失的最终承担着主要在政府和保单持有人之间选择。在土耳其和新西兰，巨灾风险是政府承担很高的风险损失，但实际上，一旦巨灾损失超过政府所能承受的最高限额，最终损失也是在保单持有人中分摊。在美国加州，保单持有人承担最终损失风险，政府不为巨灾风险买单。对于发展中国家，还是需要保单持有人承担最终风险，这必然需要在巨灾保险中设定赔款最高限额，原因如下：

(1) 有利于保证资源的在巨灾风险管理中的可持续性。如果一次巨灾事件耗费了过多的经济资源，那么基金可能在未来的巨灾风险管理中难以发挥正常作用，并可能降低未来巨灾中的受灾群体的福利，巨灾风险基金应具有公平性才能可持续发挥作用。

(2) 有的巨灾往往导致毁灭性的损失，作为经营风险行业的盈利性组织，商业性保险公司显然不愿意也不可能充当最终损失的承担者，政府尽管愿意为巨灾承担损失，但是面对毁灭性的巨灾，可能无力承担巨灾风险的最终损失。

(3) 最高限额的设定能够保证巨灾风险基金更具可操作性。因为巨灾风险具有“肥尾”的概率特征，保险标的尾部损失额度的波动性很大，不确定性程度很高，很难准确估计。因此，设定最高限额能在一定程度上缓解巨灾风险基金的困境，使合格再保险人较为准确的评估巨灾保险的价格，从而保证再保险人合理确定各个渠道的融资额度，更好的安排再保险计划。

3. 原保险人的损失

国际上各个国家的原保险公司对巨灾风险的损失分担的参与程度并不相同。以地震保险为例，在新西兰，保险公司仅仅在销售等方面与政府合作，并不承担风险；在美国加州，保险公司承担风险，政府只是组织管理；我国的台湾和土耳其则介于两者之间，保险公司和政府都承担损失。其实，根据我国居民的经济生活水平和巨灾保险市场的情况，建议我国巨灾保险融资体系中，原保险公司在承担适度的巨灾风险损失的基础上，主要任务是提供巨灾保险的销售和理赔两个中介性服务，不应承担过多的巨灾风险损失。一方面，我国保险行业承保能力和资本金实力有限，难以承担过高损失。另一方面，一定程度上防止原商业保险公司的道德风险，例如为了尽可能的获得佣金收入而降低承保标准。

4. 再保险人承担的损失

由于保单持有人和原保险公司承担的损失额度均处在较低的水平，因此大量的风险被集中在再保险公司那里。再保险公司在巨灾损失计划中一般处于第三层，一般而言，再保险公司往往具有较强的技术力量和资本实力，有能力承担较高的风险。我国再保险行业也是不成熟，也面临着原保险公司同样的困境，因此，建议我国再保险公司的风险自留额的确定应当量力而行。

5. 政府承担的损失

政府将承担巨灾风险损失最高限额扣除所有市场化手段的损失分摊额后的剩余部分，实际上是巨灾风险的“最后的再保险人”。因此，一方面政府所承担的损失取决于已分担的损失，主要包括保单持有人的自留额、原保险市场和再保市场的承担的损失、国际再保险行业的支持程度和巨灾剩余风险向资本市场的转移程度。另一方面取决于巨灾风险的总损失，或者是巨灾风险或保险的最高限额。政府参与的巨灾风险基金情况下，政府都想尽可能地在损失分担中发挥有效的作用，提供较高损失限额的巨灾保险，但是，政府也必须注重寻求国际再保险行业的支持，并积极支持和探索巨灾保险在本国资本市场上的创新。

二、地震巨灾风险基金

（一）地震巨灾风险基金概述

一个国家或地区的地震保险系统的风险融资是非常重要的，特别是地震保险基金。世界银行认为，一个可信赖的地震保险基金应该能够承受每150年至250年一遇的地震所造成的损失，并保证保险公司不能破产，地震发生概率在0.4%～0.67%之间。地震保险基金系统同其他巨灾保险基金系统一样，最底层的风险是发生地震时需要赔付的层次，需要实际资本的准备，最高层一旦发生损失可能造成保险公司的破产，因此，地震保险基金系统的“最后的再保险人”非常重要。目前世界有两种情况：一是由政府承诺承担最终的风险，如新西兰地震保险；二是在被保险人之间比例分摊，如中国台湾、美国加州地震保险。

（二）地震巨灾保险基金的设计

一个国家或地区的地震保险系统的设计，首先要了解本国或本地区的地震风险、居民、保险市场、资本市场以及国际保险和资本市场的承担地震风险的能力，然后根据各自的承担地震风险的能力设计地震保险系统的总体结构，再根据总体结构设计合理保险条款和费率。其次，地震保险需要科学有效的地震风险模型。关于地震巨灾模型，目前，世界主要的三大模型公司EQE、ARI、RMS，以及一些主要的再保险公司如SWISSRE，都有或正在建立自己的巨灾保险模型。

另外，地震保险计划的建立要基于保费收入与理赔支出的平衡，一个成功的地震保险计划基本原则包括：

(1) 长期来看，地震保险产品必须有充足的费率；

(2) 地震保险的保险条款必须明确而稳定；

(3) 一个可靠的地震模型。

地震风险的估计是建立在地震模型的基础上，因此，一个可靠的地震模型是地震保险项目成功的基石。

此外，设计和管理国家或地区的地震保险系统需要强调以下几个原则：

(1) 灾后的社会经济恢复必须迅速，必须有立即可以使用的灾后重建基金；

(2) 社会灾害必须减小到最小程度；

(3) 提供高质量的保障范围；

(4) 绝大多数的居民都应当获得地震保险的保障；

(5) 国家地震保险系统的运作必须是高效率的。

尽管理想情况下，政府可能最终将所有地震风险转移到地震保险系统中，除了对穷人的福利性援助。如新西兰的国家地震保险计划通过 50 多年的积累,加上再保险保障,其基金足以应付一次大的地震灾害。

一个可行的国家住宅地震保险系统需要政府与市场的共同合作,政府、保险市场、再保险市场和资本市场,以及居民需要承担各自的责任和风险。尽管再保险和资本市场工具是转移巨灾风险的有效措施,但是最低层的风险和最高层的风险并不适合再保险,需要系统自留,其中最低层的风险应当由居民家庭、保险公司等自留,而最高层的风险应当由政府承担,或最后在保单持有人之间分摊。

中国和许多其他国家一样,在某些地区地震风险高度集中,如京津冀地区,特别是北京市和天津市,由于财富高度集中,地震风险的累积也非常巨大。这与土耳其(伊斯坦布尔)、中国台湾(台北)、日本(东京)、美国加州(洛杉矶)等情况一样。

(三) 地震巨灾保险基金系统的模式

1. 地震巨灾保险基金系统的模式。同巨灾保险基金一样,一个国家的地震巨灾保险基金系统应该是一个公共部门与私人部门合作的结果,政府和私人保险公司在系统中都应该以不同的方式参与,作出各自不同的贡献,承担各自不同的责任。但在设计国家地震保险系统的时候,由于它是一个公共部门与私人部门合作的产物,土耳其、中国台湾、美国加州和新西兰,国家地震保险的操作机构本质上是公共机构或是政府的代理机构。在这些国家和地区,国家地震保险的管理机构是在这些国家各自的公共机构管理法案的框架内成立起来的。但是这些国家地震保险管理机构基本上是按照私人公司的形式设立的,但具有公共机构的法律地位。

2. 地震巨灾保险基金系统的盈利性。国家或地区的地震巨灾保险基金系统是否盈利取决于地震保险是否为强制保险,如果是强制保险则是非盈利的;如果地震保险不是强制保险,则需要是盈利的系统,这样才能吸引保险公司的积极参与,并提高整个社会的抵御地震巨灾风险的能力。

3. 地震巨灾保险基金系统的资本来源。地震巨灾保险基金系统的资本来源需要将风险管理和风险转移结合起来分析,国际上地震保险系统的资本来源也不尽相同,如新西兰 EQC 完全由政府提供资金并承担风险,美国加州 CEA 则完全由保险公司提供资本并承担风险,土耳其和中国台湾则介于两者之间。一般情况下,地震巨灾保险基金系统可以积累一定的储备金来应对系统自留的风险,但是,在系统启动的开始几年,由于基金系统尚未累积到足够的资金,保险公司和政府必须提供担保,以应对可能发生的地震巨灾风险。具体方法是:政府在地震保险基金启动的开始阶段,先承担全部风险,支付在系统自留额以内的全部赔款,对于超出再保险保障限额的那部分风险,可以采用政府最终买单的办法,也可以采用折中的办法。所谓折中的办法是地震巨灾保险基金计划实施的开始阶段,地震风险先由保险业资本提供担保向政府机构借款,当基金累积一定安全水平后再偿还,如果保险业的资本还不够,那么再由政府承担剩余的风险。

(四) 地震巨灾保险基金系统的管理

国际上其他国家和地区的地震巨灾保险基金都是充分利用现有的商业保险机构进行投保理赔管理,这样可以使国家地震巨灾保险基金管理更加有效并节约成本。新西兰的 EQC、中国台湾的 TREPI 以及土耳其的 DASK 都是采用了这种方式。土耳其由国内唯一的再保险公司来管理国家地震巨灾保险基金系统,中国台湾是由半官方性质的台湾中央再保险公司来管理。

1. 日常管理

(1) 管理原则

系统的日常运作应当建立在以下原则的基础上：拥有一个小规模，但高度专业核心团队；最大限度地利用商业保险公司现有的体系和服务；系统的一些功能，如查勘定损等可以与专业公司签订外包合同；必须事先签订好合约，一旦发生地震，可以迅速扩张以应对大量索赔。

(2) 销售管理

地震巨灾保险保单的销售应该通过商业保险业现有的销售渠道。国外的地震巨灾保险产品的销售都是通过商业保险公司，因为商业保险公司已经建立了客户群，这是最好的销售渠道。尽管地震巨灾保险可以通过地方政府销售地震保险产品，当地震保险是强制性的保险时，这种渠道容易使居民将地震保险误认为是一种强加的“税”而抵触购买，另外，地方政府由于建立新的代理系统而导致巨灾保险的成本增加。

(3) 保险理赔

保险理赔也应该由专业公司来承担。美国加州地震保险理赔是由销售保单的保险公司来承担，中国台湾和土耳其则外包给专业的保险公估公司。但是，由销售地震保险的保险公司来承担理赔可能会产生利益冲突或道德风险。因为，保险公司可能会尽量满足客户的要求以维持良好的客户关系，而不顾系统的原则和利益。对于地震巨灾保险理赔，最关键的问题是如何应对在一次大震以后的大量赔款，因此，必须是事先与有关的保险公估公司、保险公司或其他保险中介机构签订好合同，一旦发生大地震，理赔服务能够立即开展。

2. 投资政策

国外其他国家和地区的地震保险基金的投资政策有：中国台湾和土耳其的一部分地震基金可以投资于国外的债券 EQUITY，新西兰则投资于新西兰政府债券，CEA 遵循与加州其他政府机构相同的投资政策。地震巨灾保险基金投资问题是一个困扰各个国家的问题，因为基金需要有很好的流动性，一旦发生地震，必须及时兑现。政府有时会企图借用或挪用基金，但是，如果政府挪用基金，政府实际上并没有转移地震风险，因为一旦发生地震，政府必须借款或征税来应对地震损失。如果基金投资于国内经济，那么在地震发生以后，基金价值有可能随着汇率的变动而贬值——发生地震的国家的货币一般会贬值，所投资的国内项目或债券有可能因为地震而无法及时兑现。

三、美国巨灾保险基金项目

(一) 美国联邦政府保险项目——国家洪水保险计划

美国联邦政府参与的国家洪水保险计划(NFIP)有权向财政部借款应对灾年巨灾索赔，并可以从 FEMA 得到贷款优先权(50%)，提供居民保险保障，享有联邦政府的所得税免税待遇，并规定代理人最高佣金率和费用率不高于行业平均水平等，以稳定整个国家洪水保险的产业。但是，NFIP 同样存在重复损失补偿的问题，如统计表明 2%被保险财产索赔次数占 NFIP 总次数的 25%，重复受损财产索赔金额达到 NFIP 总赔额的 40%。另外，因为政府不愿意得罪任何人，不能有效解决费率不充足的问题，因此，NFIP 的实质也是一种变相的政府补贴，存在低效运营管理和不能有效鼓励公众防灾减灾的问题。减灾方面，社区在符合投保 NFIP 常规项目之前采纳减灾建议，并有减灾帮助计划，提供减灾资金支持，灾后偿付能力得到联邦政府财政支持，NFIP 对保险业影响总体上也是正面的，承保洪水风险并不与私营公司竞争，对保险公司没有摊派负担，并通过 WYO 计划与私营保险人合作。

（二）美国州政府参与的巨灾保险项目

1. 加州地震局(CEA)

CEA 法律通过由州政府管理和运营地震保险公司，具体由私人实体运营，由保险公司、地质科学机构和政府官员共同管理。加州政府参与的目的在于成为一种长期解决方案，法律要求该州保持 65%以上参保率，在减灾方面 CEA 设有地震损失减灾基金(earthquake loss mitigation fund)，对减灾基金有免税待遇。CEA 对保险业的影响总体是正面的，承保地震风险，不与私营保险公司竞争，并有"新"资金注入，对私营保险公司的摊派风险较小，且最大数额已知。

2. 夏威夷飓风减灾基金(HHRF1993)

夏威夷飓风减灾基金的保单免赔额比私营保险单高，只承保飓风发生期间和警报发出 72 小时内的飓风损失，并需要 NFIP 参与。但风暴引发的风暴潮和洪水导致的损失是除外责任，居民同时向私营保险人投保一个普通财产险，在国家气象局发布了飓风警报后该承保责任才被启动。HHRF 只承保私营公司不能承保的风险，只是短期解决方案，是该州主要飓风保险提供者。HHRF 的代理佣金低于私营保险人的水平，非飓风损失不产生理赔费用，享有免税待遇，并获得州政府补贴运营费用。联邦政府的免税待遇通过摊派获得私营保险公司贴补，抵押贷款借款人的贴补。夏威夷飓风减灾基金具有足够偿付能力，能够应对百年一遇的飓风损失。HHRF 对保险业影响总体上是正面的，承保飓风风险，不与私营保险公司竞争，有"新"资金注入，私营保险公司的摊派最大数额也是已知的。

3. 佛罗里达州的巨灾保险基金

佛罗里达州的相关巨灾保险产品包括佛罗里达风暴承保协会(FWUA)、佛罗里达财产和责任保险联合协会(FRPJUA)、佛罗里达居民财产保险公社(CIPC)、佛罗里达飓风巨灾基金(FHCF)。

(1) 佛罗里达风暴承保协会(FWUA)

FWUA 的目的是为不能获得私营保险的商业和居民财产提供飓风、风暴和雹灾保险。FWUA 的管理是由保险公司代表，保险局监管。资金补充方面，在保费和准备金不足支付损失时，FWUA 可以发行债券或 15 亿美元贷款权限。FWUA 项目只承保私营保险公司拒绝承保的风险。FWUA 项目的灾害偿付能力差，资金是通过摊派得到私营保险公司的贴补，对保险业的影响总体上是负面的，因为摊派减少了保险公司的承保能力，产品在价格上也不具有竞争力。

(2) 佛罗里达财产和责任保险联合协会(FRPJUA)

FRPJUA 要求承保居民财产保险的所有保险人必须参加，有出现赤字提供补充资金的义务。FRPJUA 在开始承保的市场中迅速达到高峰，后来推行减持计划，存在大量逆向选择的风险。

(3) FRPCJUA 项目

FRPCJUA 承保责任比较广泛，与私营保险公司保单类似，曾经增长迅速，1996 年以后的"保单撤出鼓励计划"的提出减少了保单数量。承保标准和减灾要求较低，防风设施的建筑以及较高的免赔额都可以得到费率扣减。

(4) 佛罗里达财产和责任保险联合协会(FRPJUA)

佛罗里达财产和责任保险联合协会(FRPJUA)的保险费率与私营保险人水平相当(略低),承保人负责保单管理,代理人佣金率低于私营保险人。FRPJUA通过摊派获得私营保险公司的贴补,灾后偿付能力值得怀疑。FRPCJUA项目对保险业的影响总体上是负面的,产品在价格上具有竞争性,摊派减少了保险公司的承保能力。

(5) 佛罗里达居民财产保险公社(CIPC)

佛罗里达居民财产保险公社(CIPC)成立于2002年,是FWUA和FRPJUA的合并体,签发包括风暴险在内的一切保险单,其成立的目的是为了避免两个协会存在承保范围上的缺口,摊派基数增大,可以增加机构在资本市场上的信誉,维护融资能力,减少重复管理成本,同时也享受联邦和州政府的免税待遇,不但向私营保险人摊派,还有权发行免税债券。

(6) 佛罗里达飓风巨灾基金(FHCF)

佛罗里达飓风巨灾基金(FHCF)成立于1993年,不受保险局和保险公司等政治压力影响,提供负担得起的巨灾超赔保障,具有更大的独立性。所有佛罗里达州经营居民财产保险业务的保险公司必须参加巨灾基金,FHCF同样参加签署合同,选择超赔再保险的超额赔款共保比例,只有当其损失超过其选择的自留金额时,才能从巨灾基金获得补偿。基金无须支付佣金,分配利润享受免税待遇,可以税前提取巨灾准备金,因此,FHCF的累积速度更快。

美国政府巨灾保险项目情况见表12-7~表12-9。

表12-7 美国政府巨灾保险项目灾后偿付能力评价

序号	名称	评　述
1	NFIP	联邦政府担保的偿付能力;美国财政部提供借款权限
2	HHRF	事前积累巨灾损失准备金;为200年一遇灾害的损失安排再保险;严重依赖对私营保险人的摊派;不依赖债券发行
3	CEA	事前积累巨灾损失准备金;对在保险依赖严重;对私营保险人摊派;不依赖债券发行
4	FWUA	没有事前准备金累积;FHCF和私营再保险人提供再保险;依赖对私营保险人的摊派;有紧急贷款安排;依赖债券发行筹资
5	FRPCJUA	没有事前准备金累积;FHCF再保险;依赖对私营保险人的摊派;紧急贷款安排;严重依赖债券发行筹资

表12-8 美巨灾保险项目对保险业影响

序号	名称	对保险业的影响
1	NFIP	不与私营保险业竞争;保险人参与项目但并不承担风险;对私营保险人没有摊派
2	CEA	旨在收取精算充分费率;保险人有责任参与摊派;巨灾准备金在税前累积可以减轻摊派负担;用小保单减少承保责任进而增加了承保能力
3	HHRF	费率不充分;有来自保险业以外的资金来源;持续的年度摊派;可以转嫁给私营保险人的保单持有者;最高3亿美元的灾后摊派;巨灾准备金在税前累积可以减轻摊派负担
4	FWUA	不与私营保险业竞争;费率不充分;摊派金额变化;最大摊派责任无法预知;摊派成本难以转嫁;没有来自保险业以外的资金注入;没有事前累积准备金
5	FRPCJUA	与私营保险人可能形成竞争;费率不充分;摊派金额变化;最大摊派责任无法预知;摊派成本难以转嫁;没有来自保险业以外的资金注入;没有事前累积准备金

表 12-9 美国政府参与的巨灾保险项目参与程度比较

排序	项目	未来目标	趋势	参与程度
1	FRPCJUA	保单减持	减少	目标是成为最后可以依靠的保险渠道,后来因为出台"保单撤出鼓励计划"导致保单数量减少;与 FWUA 合并后,市场份额为佛罗里达居民财产保险市场 1/3
2	HHRF	保单减持	稳定	市场短期解决方案,但目前仍然是夏威夷州飓风保险的主要渠道
3	FWUA	保单减持	增加	符合趋势增长迅速;与 FRPCJUA 合并后,市场份额为佛罗里达居民财产保险市场 1/3
4	NFIP	增加保单	略有增加	长期解决方案;对于符合地区的抵押贷款借款人强制参与要求;对代理人和服务承保人有销售的经济鼓励
5	CEA	增加保单	略有增加	是长期解决方案,创立时要求至少 70%的加州财产保险人加入

本章小结

本章主要研究巨灾保险的基本概念、理论及其应用。首先介绍了巨灾的定义和巨灾风险的特点,通过分析巨灾对经济的影响,理解巨灾保险的意义。其次,分析了超概率曲线与巨灾可保性,给出巨灾保险的相关理论:巨灾保险的市场偏好、分担、定价以及地震保险的费率定价。然后,通过介绍巨灾再保险和我国地震保险情况,分析国内外巨灾保险的实践。最后,分析巨灾风险基金的理论与应用,并给出地震保险基金的具体情况以及美国巨灾保险基金具体项目。

关键术语

1. 巨灾:巨灾通常是指由于自然致灾因子和人为致灾因子引起的大面积财产损失或人员伤亡。比较权威的巨灾定义是联合国给出:一种严重的社会功能失调,它在大范围内造成人类、物质和环境损害,这种损害已经超出了社会系统依赖自身的资源能承受的能力。

2. 巨灾风险:巨灾风险则是灾害风险极端情况,是潜在的巨灾发生的损失及其不确定性。

3. 再保险:再保险也称分保,是原保险人在原保险合同的基础上,通过签订分保合同将其所承保的部分风险和责任向其他保险人进行保险的行为。

4. 巨灾风险基金:通常意义上的巨灾风险基金是基于巨灾保险产品,包括政府、资本市场、保险人和被保险人等多主体共同参与的一种专项基金,主要用途是分散巨灾风险与分担巨灾损失。

本章参考文献及进一步阅读文献

[1] 石兴.巨灾风险可保性与巨灾保险研究[M].北京:中国金融出版社,2010.

[2] 崔晓东,曹家和.巨灾保险问题研究进展述评[J].金融与经济,2009(8):78-81.

[3] 保险与巨灾风险管理研究课题组.保险在巨灾风险管理中的作用：国际视角和中国的现实选择[R]. 中国发展研究基金会研究项目，2009.

[4] David R, Brillinger . Earthquake Risk and Insurance [J]. Environmetrics. 1993,4(1)：1-21.

[5] Ker A P,Goodwin K B. Nonparametric Estimation of Crop Insurance Bates revisited [J]. American Journal of Agricultural Economies. 2000,83：63-78.

[6] Dong W,Shall H,Wong F. A Rational Approach to Pricing of Catastrophe Insurance [J]. Journal of risk and uncertainty,1996,12(2)：201-218.

[7] Waiters M A,Morin. Catastrophe Ratemaking Revisited-use of Computer Models to Estimate Loss Costs [J]. Insurance：Mathematics and Ecomonmics,2003,18(3)：237-247.

[8] Zhengru Tao,Desheng Dash Wu, Zhenlong Zheng,Xiaxin Tao. Earthquake Insurance and Earthquake Risk Management [J]. Human and Ecological Risk Assessment,2010,16：524-535.

[9] 熊华,罗奇峰.国内外地震保险概况[J].灾害学,2003,18(3)：61-65.

[10] 周志刚.风险可保性理论与巨灾风险的国家管理[D].上海：复旦大学,2005.

[11] Martin Bertogg. The Technical Foundanions of Earthquake Insurance—the Role of the Reinsurer [J]. 2004.

[12] 宋慧英.我国地震保险制度研究[D].乌鲁木齐：新疆财经大学,2009.

[13] 朱建钢.我国开展地震保险的必要性、有利条件、模式选择[J].四川地震,2004(4)：12-16.

[14] 巨灾、巨灾保险与中国模式[EB/OL].[2014-12-25]. http：//wenku. baidu. com/view/ce50dec7a1c7aa00b52acb3d. html.

[15] 唐彦东.灾害经济学[M].北京：清华大学出版社,2011.

[16] 唐彦东,于汐.灾害经济学研究综述[J].灾害学,2013,28(1)：117-120.

[17] 中华人民共和国保险法[EB/OL].[2014-12-25]. http：//www. law-lib. com/law/law_view. asp?id=276768.

[18] 中国保险年鉴[EB/OL].[2014-12-25]. http：//www. chinayearbook. com/yearbook/item/1/160307. html.

[19] 中国地震区划图[EB/OL].[2014-12-25]. http：//www. docin. com/p-286838043. htm.

[20] 唐彦东,于汐.汶川地震对我国地震保险的启示[J].防灾科技学院学报,2009,11(1)：125-127.

[21] 积极贯彻落实《国务院关于保险业改革发展的若干意见》[EB/OL]. 2014. http：//www. gov. cn/ztzl/bjhgz/content_631838. htm.

[22] 《中华人民共和国防震减灾法》(修订)[EB/OL].[2014-12-18]. http：//www. scio. gov. cn/xwfbh/xwbfbh/wqfbh/2015/32814/xgbd32822/Document/1433381/1433381_2. htm.

[23] 中共中央十八届三中全会《决定》、公报、说明(全文)[EB/OL].[2014-12-18]. http：//www. ce. cn/xwzx/gnsz/szyw/201311/18/t20131118_1767104_1. shtmlh.

[24] 陶正如,陶夏新.地震巨灾债券雏议[J].自然灾害学报,2004(6)：

[25] 于汐,唐彦东,王凤京等.区域地震保险费率定价研究——以河北为例[J].数学的实践与认识,2015.

[26] W. Kip Viscusi,Patricia Born. The Catastrophic Effects of Natural Disasters on Insurance Markets [R]. National Bureau of Economic Research, 1050 Massachusetts Avenue Cambridge, MA 02138,2006.

问题与思考

1. 巨灾和巨灾风险的特点有哪些？
2. 论述巨灾对国家的影响。

3. 如何应用超概率曲线？
4. 请分析巨灾风险的可保性。
5. 什么是巨灾再保险？
6. 分析我国地震保险的现状与发展。
7. 国外地震保险对比分析。
8. 什么是巨灾风险基金，运作流程和损失分担是怎样的？
9. 美国有哪些巨灾保险基金？
10. 巨灾保险如何定价？

第13章

巨灾非传统风险转移与证券化

自20世纪70年代以来，全球自然灾害的发生频率及严重程度呈上升趋势，保险损失也日益增加，而且随着人口密度的增大和单位区域内保险价值的增高，未来发生巨灾的可能性和严重程度都会大大提高，这对保险体系提出了严峻的挑战。自20世纪90年代以来，保险和再保险市场开始通过资本市场获得资本，来分散保险市场的风险，特别是和巨灾联系在一起的风险。本章主要介绍一些巨灾风险非传统风险转移、巨灾风险证券化及其主要金融产品。

第1节　巨灾非传统风险转移

一、非传统风险转移

20世纪90年代之前，保险领域转移巨灾风险的主要渠道还停留在传统再保险阶段，20世纪90年代之后，国内外的银行、证券、保险、再保险人的业务开始出现相互融合的趋势，主要表现为这些机构提供的金融保险服务产品的融合。国际保险市场开始利用资本市场，陆续推出了多种巨灾风险转移的非传统工具创新。传统的保险人为了扩大承保范围，开始涉足通过资本市场实现对冲的风险，为传统保险人认为不可保或很难承保的风险提供了新的解决方案和资金来源，将这类风险转移措施统称为非传统风险转移（alternative risk transfer，ART）方案。巨灾风险转移的ART的主要形式有专业自保公司、资本市场、有限风险（再）保险和应急资本、多年期多险种产品（MMP）、多触发原因产品（MTP）和保险证券化。巨灾保险证券化主要体现为巨灾债券、巨灾期货、巨灾期权和巨灾互换，特别是新近发展的或有资本票据、巨灾权益看跌期权、行业损失担保、侧挂车以及天气类风险衍生工具，包括天气衍生品、CME飓风指数期货和期权等。非传统风险转移一般特征主要有：

(1) 具有较高水平的风险自留金额；

(2) 通常持续多年；

（3）一般包括多种风险来源；

（4）对一些传统保险不予保险的风险提供保障；

（5）一般需要涉及资本市场。

巨灾风险管理采用非传统风险转移的因素有很多，主要是因为业主在更多的情况下宁愿自留大部分风险，而把巨额风险损失转移给保险公司或再保险公司。这也是基于风险成本的考虑：因为通过非传统风险转移可以节省附加保费，减少道德风险，避免同其他高风险的保单持有人汇聚到一个风险池（群体）中。巨灾风险的非传统风险转移主要包括损失敏感型合同，有限风险合同，自保公司，多险种和多触发型保单，或有债务和股权，以及构造式债券产品等。

二、损失敏感型保险合同

损失敏感型保险合同是指被保险人最终支付的保费取决于保单有效期内发生的损失。因此，对于持有损失敏感型保险合同的被保险人来说，转移给保险公司的风险变小了，即敏感型合同通常比传统保单的自留额更多。敏感型保险合同支付的数额只有某段时期过去后才能确定，因此，在保险期内先由保险公司支付损失，但是最终需要被保险人向保险公司进行一定程度的偿付，本质上是保险公司为被保险人提供融资。通常情况下，损失敏感型保险合同需要保单持有人提供大的银行开出的信用证来担保其未来履行支付承诺。一般的损失敏感型合同主要有以下几种形式。

（1）经验费率保单

经验费率保单是以保险人过去的损失经历为依据，即所谓的经验费率。因为使用经验费率可以在一定程度上降低道德风险，保险公司还可以根据投保人过去的损失数据来更新预测的未来期望损失。过去的损失经历为确定经验保费提供了客观的数据依据，因此将这种经验费率的保险产品也视为损失敏感型保单。

（2）巨额免赔保单和回溯型费率保单

巨额免赔保单是指保险公司先支付所有的损失，然后由投保人向保险公司支付免赔额以内的损失。如果巨灾保单的免赔额很高，这种保单的实质是保险公司为被保险人提供暂时融资。回溯型费率保单是指保费通常是预付的，而被保险人最终支付总保额取决于保单有效期内损失的情况。如果回溯保费比预付保费高，被保险人必须额外再支付。总之，回溯型保险合同和巨额免赔保单都是被保险人自留了大部分风险，只有损失巨大才被转移给保险公司。

（3）损失敏感型计划

近年来，还出现了损失敏感型计划，如一些创新计划要求被保险人向保险公司预付保费，相当于融资，并且预付保费在损失被支付前能够获得确定的投资收益。此外，这些计划还可能具有税收筹划的好处，有些国家政策允许被保险人投保的特定灾害风险税前扣除支付的保费和已经发生的损失。

（4）损失组合转移

所谓损失组合转移是指购买保险是为了赔偿早已发生赔偿事件或最后规模不确定的损失。这样，保费取决于发生的损失，一般企业通过一次性付清预期索赔现值。

三、有限风险再保险合同

有限风险再保险(finite risk reinsurance)作为一种新型的风险管理工具,是一种非传统风险转移的再保险安排,主要是强调"有限风险"转移。目前,国内外包括国际保险监管机构也没有统一的定义。有限风险再保险是由财务再保险发展而来的,因此,"财务再保险"一词开始改为"有限风险再保险"。值得说明的是:美国财务会计准则委员会(FASB)第113号公报定义保险风险为承保风险与时间风险,并规定只有在保险合约中明确规定承受承保风险与时间风险两项业务,才可以被认为是承保巨大灾害损失的再保险交易,否则应视为财务上的融资或存款契约。因此,有限风险再保险是一种结构性风险管理工具,而不是财务或再保险工具,是风险融资和风险转移相互融合或是综合而成的一个混合风险管理工具。总结巨灾风险的有限风险再保险合同与传统保险、财务再保险等相比,其特点如下:

(1) 能够实现巨灾的风险转移与风险融资相结合。传统再保险产品只能分散原保险人的承保风险,却无法分担原保险人的财务风险,特别是承保巨灾风险,一旦遭受重大损失,超过原保险人的承保能力,必然给原保险人带来财务风险,甚至公司破产风险。有限风险再保险的目的在于有限转移承保风险,同时还能为风险分出人提供财务支持,集两个保障功能为一体。

(2) 重要的风险转移。一般情况下,保险合同和再保险合同中通常转移四种风险:一是时间风险,即赔款给付比预计提前,从而减少了从相应赔款准备金中获取的投资收益;二是承保风险,收取的(预期的)保费不足于支付实际的赔付损失;三是信用风险,再保险人不能履行对风险分出人(原保险人)的突发紧急赔付责任;四是投资风险,主要是指投资不利而未能达到预定目标。总之,真正的有限风险再保险合同必须包括承保风险和时间风险的转移。

(3) 再保险人承担有限的责任

尽管有限风险交易中必须要求包含承保风险和时间风险的转移,有限风险合同的一个很明显的特征是再保险人承担有限的承保责任。当承保风险造成保险标的损失时,再保险人依合同约定承担赔付责任,分出人将在其后的合同年限中,根据约定将其所接受的赔款再返还给再保险人,因此,在有限风险再保险中,大部分风险仍是由分出人自己承担的。

(4) 多年期合同

有限风险再保险是利用"时间经过"的概念来分散风险的。换言之,通过购买有限风险再保险,分出人将其承担的部分风险转移给再保险接受人,接受人再通过合同安排,将此风险分散到各保险合同期间,以减轻分出人短期内的资金调度及巨灾损失等财务危机,因此,有限风险再保险的保险时间一般为数年,具体实践中大多为3至5年,这样原保险人可获得长期而稳定的分保条件,而有限风险再保险人得到持续、稳定的分保费现金流入。多年期合同也使再保险双方在若干年内只需就价格和其他条款、条件等事宜洽谈,减少了谈判的麻烦和费用成本,便于建立长期合作关系。

(5) 共担业绩成果

有限风险再保险保单的成本主要根据个别理赔经验而定。在多年期合同期满时,若实际经验损失率低于预期损失率,再保险接受人要依合同约定将业务利润部分返还给分出人,与原保险人共享再保险合约产生的正绩效。同样，在合同项下产生的业务亏损也由分出人承担大部分比例，而再保险人只承担一定比例的“有限”损失。可见，分出人自身的赔款水平和再保险实际成本之间存在着紧密联系。

(6) 强调货币的时间价值

在估算分保费时，保险期间内保费的预期投资回报作为再保险定价的依据之一，必须作以明确的考虑。特别在责任险中，由于赔款给付可能会经过几年甚至几十年的时间，故货币的时间价值就显得尤为重要。

四、应急资本

(一) 应急资本的期权性质

应急资本工具的本质是卖出期权。公司拥有了应急资本期权意味着拥有在给定期间内，以一个固定价格卖出本公司证券的权利，这样可以筹集资金。如果事先约定的条件得到满足的话，应急资本期权的供给者有责任买进期权所有者决定卖出的证券。应急资本期权类似于诱发式期权。因为标准的期权赋予所有者买入或卖出一项资产的权利，诱发式期权则只有当某个诱发因素被激活时才可能会被确认，并使执行该期权。一般情况下，诱发式期权的费用应该比标准期权的费用更低。普通诱发式期权与应急资本期权的区别：应急资本期权中的或然事件或触发因素并不是作为期权标的物的资产的风险。

对应急资本期权来说，标的物一般是某种证券资产(如公司的股票)，诱发因素需要和另一个不同的风险相关，比如某个经济变量或某个巨灾事件。这些诱发事件和期权的标的物价格之间可能会有一些相关性，但关联并不显著。所以，购买应急资本期权比购买传统诱发式期权的成本更低。和多触发原因产品相比，前者可以转移企业的风险，而应急资本却没有。尽管两者都为公司提供了资金，但应急资本可以带来新的实收资本。

(二) 应急资本工具的运作过程

期权有效期从0开始，到T结束。在这一期间中，假设诱发事件发生在E时刻，期权执行在X时刻。那么，从X时刻开始，资本从期权卖方转移至公司，持有期开始，在持有期结束时刻M，企业赎回证券并向期权的卖方偿还资本。

(三) 应急资本工具的特征

(1) 期权期间应当适当长一些，基本上都是多年期；

(2) 持有期要一直持续到证券被赎回；

(3) 对保险公司来说，触发事件的原因一般是基于某一事件或一组事件造成的保险损失。

目前，非保险公司也开始评估如何利用应急资本的功能，这些公司选择触发事件的范围可以更广泛，包括诸如通货膨胀、国内生产总值、房屋价格等经济指数，此外，还包括股市指数、汇率等金融市场指数等。

(4) 应急资本期权标的证券可以是公司用来筹集实收资本的任何一种证券，如普通股，优先股或高等级的债券。如何选择证券需要要根据企业所处的监管环境，一般情况下，保险公司更倾向于使用普通股或优先股，因为这些形式的资本是可以用于偿付的资本。如果公司拥有的证券是可以公开交易的，且具有充足流动性的话，这类资产就可作为应急资本工具的候选者。如果公司不拥有这类证券的话，就会在证券选择方面比较困难。因为，如果标的证券缺乏具有流动性的市场，则在持有期结束时，期权卖方就会面临很大的风险。如果公司不能按约定赎回证券，期权卖方将不得不处置掉这一价值不确定并且缺乏流动性的证券。

(5) 赎回选择

期权卖方的目的只是提供应急资本，并不在于获得企业的永久股权。因此，应急资本工具的设计中包括了期权卖方的退出策略，可供选择的赎回形式包括：必须偿还的资本(如有到期日的债务)、可以转换成具有流动性的可交易资产(如转换成普通股)和分享某些业务的未来收益(如某些保险风险的再保险)。

(四) 应急资本的提供与应用

(1) 银行的应急资本期权中包含了许多风险，这些风险并不都可以在具有流动性的资本市场上进行对冲。但除了信用风险外，银行一般并不从事保留风险的业务。

(2) 保险公司和再保险公司都可以作为应急资本的提供者。

(3) 资本市场，既然应急资本工具是一项期权产品，而不是一项保险产品，那么其他的非保险投资者就可以作为资金提供者来自由参与投资，所以资本市场也是应急资本提供者，他们跟随保险市场在这类投资方面的领先者。如果资本市场投资者能够在很大程度上参与进来的话，则将打开一个巨大的资本来源。

应急资本工具的设计提供了一种融资选择，它承诺了一个资本来源，但是只有需要时才会去筹集，因此，它的成本低于债务或权益资本。此外，如果一家公司的资本不足，但却面临着很多发展机会，应急资本就可以用来支持新的发展机会，增加了权益收益率(ROE)，同时也没有增加所面临的风险，并且有利于提高企业的信用评级，因为它增加了公司可获得的资本，表明公司可以承受更多的损失，而且是以最小成本做到了这一点。

(五) 应急资本与其他资本的比较

传统保险产品一般是为被保险人赔偿承保损失的一年期合同。通常是保险公司收取保费，支付给被保险人的赔付不会超出其发生的损失额，企业没有义务因为获得了赔偿而要向保险公司偿还什么。对于应急资本，购买应急资本产品的公司支付的是年期权费，期权期间一般是多年。如果公司具有足够的资金来源，就应该倾向于自己承担这些风险。在这种场合下，应急资本工具可以比传统的保险工具做得更好，因为这样做既可以使一家了解自身风险的公司为损失进行融资，也不需要支付转移风险所需要的风险报酬，因此，应急资本比债务资本更加便宜。

应急资本期权的优点是，当公司出现了巨灾损失的情况和需要资金的时候，这种权利可以被触发。由于应急资本期权的基本目的是在需要时能提供资金，所以在限制性约定方面一般比较灵活些。事前债券和事后债券是为满足发生巨额损失后的融资需求应运而生的，一般是公司的直接债券。事前债券是企业资本化的一种方式，属于实收公司债务。这类资本必须有效地运用以产生利润，它将增加公司的负债比率。对一家新进入债务市场的公司来说，这种方式的优点是可以使投资者熟悉公司，从而使发行事后债券变得更加容易。然而，无论投资者对一家公司多么熟悉，对事后债券的估价仍然是根据公司在发生重大损失后的财务状况，然而，这恰好是筹集资金的最差时机。应急资本也是在需要的时候去筹集资金，不同的是这样的安排在事先就已经确定好了。

第 2 节　巨灾风险证券化

一、巨灾证券化

芝加哥交易所(the Chicago board of trade,CBOT)在 1992 年底推出了一种保险期货和期权组合,目的是让保险公司可以对保险风险进行套期保值,而投机者可以从保险风险中获利；1995 年,CBOT 用一种设计更完善的合同 PCS 期权(property claims service options)替代了原有的合同。此外,1994 年由汉诺威再保险公司(Hannover Re)发行的 8500 万美元的巨灾债券,是首次在交易所之外发行,用来保障巨灾风险损失的资本市场产品。

巨灾风险证券是基于保险风险的金融创新,即所谓的保险风险证券化(securitization of insurance risk),一种称为保险连结证券(insurance-linked securities)或保险衍生工具(insurance derivatives)的新型金融衍生工具。保险证券化也可以定义为保险人或再保险人通过资本市场创造和发行金融工具,将承保的风险转移到资本市场的一种风险管理技术。保险风险的证券化是通过再保险公司或特殊目的离岸金融机构(SPV)发行基于保险风险的证券,转移风险到资本市场,在资本市场上分散风险。从保险角度看,保险风险证券化将再保险从原来保险业内部扩大到了外部的资本市场；从金融角度看,保险风险证券化具体实施过程就是一个资产证券化过程,这里的资产就是保险公司的负债。

再保险市场是传统风险转移合同的主要市场,保险链接证券把再保险合同变成证券在资本市场上售卖,从而实现再保险风险向资本市场转移。尽管规模还较小,但新型的保险连结证券(ILS)已经在保险市场和金融市场之间开辟了一个全新的领域。通过连结保险市场和资本市场,保险连结证券正在创造出一系列以前对保险行业之外的投资者来说是不可获得的极具吸引力的投资机会,保险公司和再保险公司是开发保险连结证券的先行者,因为这种证券还提供了一个在价格上很有竞争力的潜在的保险保障来源。

二、传统保险功能缺陷

保险是通过集合风险和分散风险来达到有效管理风险的目的,但当面对可能产生巨灾损失的保险风险时,传统的保险产品和方法存在着很多明显的功能缺陷。

首先,传统保险机制对可保风险的要求是事件损失是相互独立随机的发生的,具有偶然性,但实际上,特定的巨灾风险往往发生在特定地区,表现为空间集中和时间的同时发生。从长期看,某些地区发生巨灾又具有一定的必然性,这不符合传统风险的可保条件,不符合传统保险所遵循的大数法则。巨灾风险一旦发生,就会影响到多个保险标的,如果一个保险标的发生了损失必然影响到另外的多个保险标的,传统的保险机制将陷入无法运行。

其次,传统保险产品的风险损失完全由保险市场消化,因为保险和再保险人根据自身的财务实力决定了向市场提供再保险产品的种类和数量。相对于巨灾损失而言,保险业自身的承保能力已经难以满足市场的需求。

再次,传统的保险风险转移方式缺乏资本效率：一是传统保险方式下的风险信息不对称导致道德风险问题,使风险转移成本不能准确反映风险损失程度。而对于巨灾风险来说,道德风险就更加难以控制；二是因代理人成本引起保险风险资本报酬高于无风险债券投资报酬，使其边际成本加大，资本效率降低。

最后，传统保险交易中投保人还必须面对保险公司和再保险公司的信用风险。即保险公司和再保险人可能发生违约、不能按合同规定支付约定赔款的风险，这对于巨灾风险来说，保险人和再保险人违约或破产的概率可能更高。因此，将巨灾风险转移到资本市场不但为传统保险市场分保提供巨大的资本市场，同时也为资本市场提供了新的投资工具，有效降低投资组合风险。

总之，保险市场与资本市场结合实现了借助资本市场效率化与资本化的优势来提升风险转移的效率，提升巨灾风险相关商品的流动性、保险公司的偿付能力、财务运用绩效、再保险公司信用评级，确保保险公司实际经营的稳定。

三、巨灾风险证券化的作用

巨灾风险证券化的根本作用主要在于将巨灾风险转移到资本市场，从而减低保险公司的信用风险，并使得传统保险公司承保那些不满足大数定律的巨灾风险。总结其主要特点如下：

(1) 与传统的再保险业务相比，巨灾风险证券化产品不在仅仅依赖于传统保险/再保险市场，而更多地依赖于资本市场。

(2) 巨灾风险证券化可以突破传统巨灾险保险模式的承保能力限制。其凭借一个国家、地区，甚至全球发达的资本市场可以承保大规模的巨灾险。而传统的巨灾险承保能力的高低则取决于保险公司和再保险公司的承保能力如何。

(3) 与传统的巨灾险分散模式相比，巨灾险证券化具有较低的信用风险。由于资本市场的支持，公开交易的契约背后均有庞大的资金作后盾，因而契约另一方违约的可能性微乎其微，由于公司无力偿付造成的信用风险比较低。而传统模式很可能因为大型巨灾的出现而导致承保人破产，引致信用风险的发生。

(4) 巨灾风险证券产品的发行具有较高的要求，不但涉及中介机构，而且要求具有较高的技术含量，相对于传统的巨灾风险再保险产品，其对产品的定价提出了更高的要求。

(5) 保险人发行巨灾证券化产品的成本高。发行巨灾证券化产品，保险人要向投资者提供大量与保险人承担的巨灾风险相关的信息，发行手续烦琐，需要大量中介结构，如巨灾模型公司、信用评级公司、投资银行等等，保险人的费用开支巨大。

(6) 流动性不高。过高的技术含量，尤其是要求投资人对特定发行公司承保巨灾风险的了解，大大限制了巨灾连接证券的投资者的范围，使其流动性比一般的债券低得多。

总之，巨灾风险证券化能够为保险公司和再保险公司提供承保巨灾风险的资本来源。一方面，由于资本市场远比再保险市场资本大许多倍，整个国际上的资本市场日常资金波动也远比历次巨灾损失大得多，所以接受巨灾风险的压力比再保险公司要低得多。另一方面，巨灾证券投资产品的潜在的吸引力在于与资本市场其他产品的相关性较低。因此，保险链接证券提供分散资本市场风险的工具。大部分再保险合同是基于赔偿损失，那意味着他们支付损失对应的是投保人的实际潜在损失。此外，引进资本市场的巨灾风险金融衍生品是支付巨灾损失的潜在指示器，如工业损失指数或特定地区的发生相应级别灾害。发行者希望获得最小基本风险转移，以便通过风险转移工具能够真实地反映已经契约化的实际损失的支付金额，同时也喜欢较宽的保险覆盖，竞争的价格和没有相对的信用风险。投资者想要透明、存在限制、没有道德风险和最大的收益。因此，巨灾风险证券化必然成为满足保险公司发行证券和投资者需要的工具。

值得注意的是巨灾风险的证券化比传统的再保险更加复杂。因为传统的再保险条款通常仅需要一年的期限，对于多年证券化契约，发行方能够获得多年的风险转移能力来规避再保险的价格波动问题，并且能够降低边际交易成本。发行巨灾证券可以分为四个基本步骤：损失评估、证券评级、投资说明和投资者投资，还需要巨灾模型公司以及特殊离岸金融机构中介来操作。

四、巨灾风险证券化的实践应用

据统计，1994 年以来全球大约有 50 多家再保险公司和投资银行发行了价值 127 亿美元保险连结证券，其中近 2/3 与巨灾风险有关，因此，可以说保险风险证券化主要应用就是巨灾风险证券化，所产生的金融工具就是巨灾风险连结证券。近年来，保险公司已开发出多种新的金融工具来将保险风险转移到资本市场，巨灾风险证券化已经成为分散巨灾风险的一条有效途径。巨灾风险证券化产品主要包括巨灾债券（CAT bonds）、巨灾期货（catastrophe future）、巨灾期权（catastrophe options）和巨灾互换（catastrophe swaps）等。

第 3 节　巨灾风险证券化工具

一、巨灾债券

巨灾债券是由投资银行、经纪人和保险公司联合起来开发的一种场外交易的保险衍生品，是一种高回报的债券。它是一种与巨灾损失相联系的高收益债券，通过巨灾债券，保险公司可以将保险风险转移到资本市场上去，从而最大限度地分散风险。

（一）巨灾债券定义

巨灾债券是目前保险风险证券化最为普遍的形式，在美国市场中通常被称为 CAT bonds，发行者把自身面临的巨灾风险证券化，通过在资本市场发行债券的方式把巨灾风险转移、分散给债券投资人。巨灾债券将债券本金与利息的偿还与否，直接和巨灾风险的发生与否相关联，在未发生巨灾风险时，它是一种高收益债券，类似于公司债券或政府债券，所得利息来自将债券本金投资于信托资产所带来的收益；在发生巨灾风险的情况下，投资者可能会损失利息甚至本金。巨灾债券的基本构成包括巨灾债券的触发条件、巨灾债券的市场结构、巨灾债券的发行程序、巨灾债券的定价。

（二）巨灾债券的运作（图 13-1）

保险公司在承保巨灾风险的同时，通过特殊目的机构（SPV）向证券市场发行巨灾债券。例如，一家保险公司发行了一种 10 年期共 5 亿元的巨灾债券，以便在灾难发生时为其提供所需要的资金。此债券规定风险期为 4 年。如果在 4 年内没有发生巨灾损失，投资者将在 10 年债券到期时收回本金，且每年可以得到高额的利息回报。如果风险期内一旦发生灾害（假设第 3 年发生），并且这个独立发生的灾害损失超过某一限额（例如 10 亿元）时，投资者会损失掉所有的利息，但本金仍可收回；但如果灾害的损失超过了更高的限额（如 15 亿元），则投资人可能会损失部分本金。

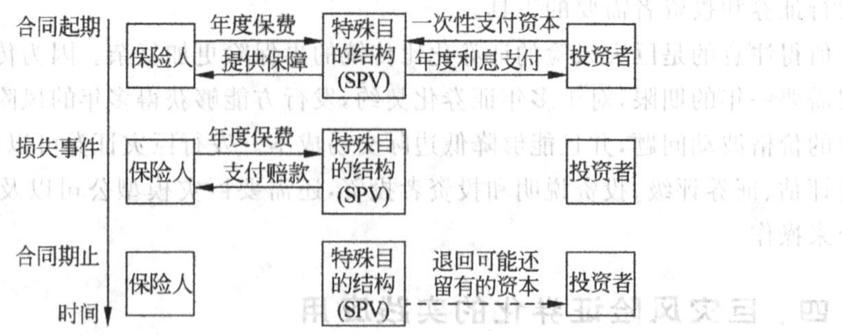

图 13-1 巨灾债券的运作流程

1. 巨灾债券交易举例

1997 年 7 月 16 日，一家名为 SR 的特殊目的公司发行了 1.367 亿美元的债券，同时和瑞士再保险公司以加利福尼亚州地震的行业损失指数为依据签订了一份 1.122 亿美元的保险合同。该指数反映的是两年保险期内一次地震导致的最大保险损失，是由财产索赔服务中心 PCS 提供的。一般情况下，债券分为四个等级，如表 13-1 所示。

表 13-1 不同等级债券在不同损失金额下的损失本金 （单位：%）

PCS 估计地震保险损失/亿美元	A-1 级和 A-2 级债券的本金损失	B 级债券的本金损失	C 级债券的本金损失	此类规模损失每年发生的概率
大于 120	0	0	100	2.40
大于 185	20	33	100	1.00
大于 210	40	66	100	0.76
大于 240	60	100	100	0.52

（1）A-1 级、A-2 级：发行了 6200 万元。债券本金只有 60% 面临风险，其余部分投资于在两年风险期结束前到期的国库券。A-1 支付固定的利息率为 8.645%，A-2 支付的是一个浮动利率，为三个月期伦敦同业拆出利率加上 255 个基本点（1 个基本点相当于一个百分点的 1%）。

（2）B 级：发行了 6000 万元。100% 的本金都是有风险的，固定利息率为 10.493%。如果在风险期内，加利福尼亚发生了符合约定条件的地震事故，那么前三个级别的债券持有人都将蒙受不同程度的本金损失，原因是发行人将必须向瑞士再保险公司支付保险金。债券持有者能收回多少取决于保险损失的程度。

（3）C 级：发行了 1470 万元。利息率为 11.952%（没有评级），将承担更多的风险。如果加利福尼亚州地震带来的保险损失超过了 120 亿美元，那么这类债券持有人将损失所有的本金。

当发生最大损失时，所销售的 6200 万美元的 A-1 级和 A-2 级债券收入中的 60%，即 3720 万美元将付给瑞士再保险公司作为保险赔偿；6000 万美元的 B 级债券收入和 1470 万美元的 C 级债券收入将全部付给瑞士再保险公司。从投资者角度看保险连结证券，保险连结证券具有更高的投资收益，提供了更多的分散化选择。

2. 巨灾债券触发条件

巨灾债券的关键是确定“触发条件”，“触发条件”必须在合同中事先作出明确的规定，即发生怎样的重大灾害风险或风险程度情况如何时，投资者的收益将发生变化，利息或本金的部分或全部不能收回。国际上触发条件主要有以下四类：

第一，发行公司的重大灾害损失状况。即当公司的重大灾害损失状况达到合同规定的条件时，投资者的收益将受到影响。

第二，整个行业的重大灾害损失状况。即投资者的收益和整个行业的重大灾害损失状况密切相关。

第三，特定重大灾害事件发生情况。即投资者的收益和合同规定的特定重大灾害事件的发生与否直接挂钩。

第四，现有重大灾害损失统计指标。即投资者的收益与现有重大灾害损失统计指标挂钩。

对投资者而言，在约定期限内，如果“触发条件”没有发生，债权的发行人不仅要返还全部本金而且还要支付较高的利息回报，作为使用其资金以及承担保险风险的补偿。如果“触发条件”发生，发行人就将发行债券筹集的资金用于支付赔款，而债券持有人是否能收回本金取决于持有债券的类型，分为本金没收型或本金返还型。

3. 巨灾债券市场的结构(图 13-2)

巨灾债券市场的结构包括发起人、投资人、SPV、投资中介和巨灾模型公司等。巨灾债券的发起人通常为保险公司、再保险公司、政府或大型企业，他们为了管理面临的巨灾风险，通过发行债券的方式把巨灾风险转移、分散给债券投资者。巨灾债券的兴起很大程度上是由于传统再保险市场对飓风、地震等巨灾承保能力不足，所以保险公司或再保险公司一直是巨灾债券的主要发起者。但 2003 年之后，政府也开始更多地直接参与到巨灾债券市场，如墨西哥政府，2006 年 5 月发行了 1.6 亿美元的巨灾墨西哥债券，用于保障墨西哥地震风险。巨灾债券的投资人是指购买巨灾债券者，巨灾债券的投资人通常为基金、寿险公司或个人投资者。

事实上，保险公司、再保险公司或大型企业通常不是直接发行巨灾债券，而是在税收优惠地区成立一家再保险信托机构(即 SPV)，通过 SPV 向资本市场投资者发行巨灾债券。SPV 相当于巨灾债券发行人与资本市场投资者之间的一个中介机构，一般只对母公司提供服务，它一方面通过发行巨灾债券获得资本，并把发行债券所得资金投资于国债或政府公债等流动性高、风险较低的高级别证券获得利息收入，另一方面通过向母公司提供再保险服务收取一定费用。当巨灾触发事件发生时，SPV 就可以不支付给投资者利息或本金，然后再像一个普通的再保险公司一样向母公司支付赔偿金；如果巨灾触发事件没有发生，则债券到期时，SPV 利用巨灾债券本金的投资收益和母公司支付的再保险费用，来全额支付巨灾债券的本金和利息给投资者。SPV 具有两个重要特点：“破产独立性”和“债券评级独立性”。“破产独立性”是指当 SPV 的母公司因故破产时，SPV 的资产不属于母公司的破产清算资产之列，从而保障了巨灾债券投资者的权益；“债券评级独立性”是指 SPV 与母公司的信用评级是分离的，SPV 可以通过一系列操作使自己发行的巨灾债券获得较高的评级，从而顺利发行。

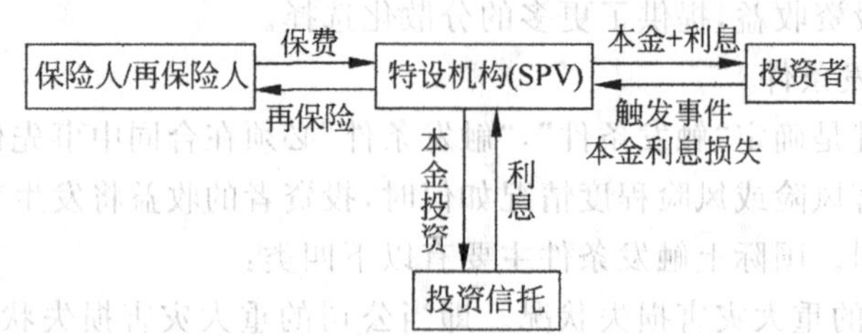

图 13-2　巨灾债券市场结构示意图

4. 巨灾债券的发行程序

巨灾债券的发行程序主要包括以下几步：

第一步是风险评估，即采用适当的风险评估模型，对发行巨灾债券的风险进行估算，通常委托给专业的风险评估机构进行。

第二步是确定发行结构，即参考当前的市场情况，根据原保险公司巨灾风险转移的要求，设计出结构合理的巨灾债券，如债券的类型、巨灾触发事件或损失金额的确定等，这一阶段的工作对巨灾债券能否顺利发行至关重要。

第三步是审查评估，即聘请会计师事务所与律师事务所等对原保险公司和 SPV 的财务、经营状况，以及要发行的巨灾债券的内容进行审查。

第四步是文件编制，即编写巨灾债券发行的有关文件，主要是发行人与投资者的权利与义务、巨灾发生时的损失计算、应缴税负等内容。

第五步是信用评估，即国际信用评级公司对要发行的巨灾债券进行等级评定，供投资者参考。

第六步是上市发行，即委托证券公司和投资银行等机构承销巨灾债券。

（三）巨灾债券的定价模型

1. Kreps 模型

这是一种传统的债券定价模型，即计算期望损失、考虑风险承担以及各种费用支出，其价格计算公式为

$$P = E(L) + \mathrm{RL} + E$$

这里面需要计算的关键是期望损失，可以通过历史数据进行推演模拟计算；风险承担 RL＝风险附加系数乘以损失标准差。

根据再保险合约定价原理，一年期限的单次支付定价，设其初始价格为 p，风险附加为 R_L，r_f 为无风险利率，A 为再保险公司未收到保费时的初始资产，F 为再保险公司初始投资额，且有 $F=P+A$，期望损失为 $E(L)$，这样，再保险合约价格表示为

$$P = E(L)/(1+r_f) + R_L$$

加上目标收益率为 y，则得到

$$A(1+y) = (1+r_f)F - E(L)$$

根据前面两个等式，可以得出

$$R_L = A[(y-r_f)/(1+r_f)]$$

这样就可以得到保险合约的价格 P。

2. LFC模型

LFC模型由美国 Lane Financial 公司总裁 Morton Lane 提出，巨灾债券价格由期望损失加上期望超额收益率两部分组成：第一部分的巨灾损失即为巨灾损失概率加权平均值；第二是超额收益，即衡量巨灾重尾产生的风险溢价。其价格公示为

$$P = E(L) + \mathrm{EER}$$

其基本思想是投资者在巨灾损失概率和损失程度之间的权衡取舍，即给定损失概率，则选择损失更低；给定损失程度，则选择概率更低。

二、巨灾期货

1992年12月11日，美国芝加哥(CBOT)推出了基于投保损失率ISO的巨灾期货，开始了巨灾风险衍生品的尝试。1992年安德鲁飓风导致的巨灾损失使得大约10个美国保险公司破产，导致巨灾保险费率大幅度上升，巨灾保险需求和供给出现了新的不平衡。1992年CBOT推出的巨灾保险衍生品主要有巨灾期货和巨灾期权，其中巨灾期货是以累积索赔额的ISO指数为基础。

1. 巨灾期货的优点

巨灾期货目前发展还是比较不顺利，但面对全世界的巨灾保险市场和资本市场，巨灾期货未来具有更多的发展需求。巨灾期货具有以下优点：

(1) 巨灾期货对比传统再保险，具有流动性高、保密性好、交易成本低；

(2) 企业可以直接通过巨灾期货参与巨灾保险业务，降低进入成本；

(3) 降低保险公司的破产风险。

2. ISO巨灾期货

ISO巨灾期货是一种以美国保险服务办公室(insurance services office，ISO)损失率为标的，在未来特定时间以现金进行交割的远期合约。该损失率指数是美国保险服务办公室提供巨灾投保损失赔付率指数，这个指数由巨灾事件的损失额度和当期的保费收入决定。

3. ISO指数

ISO指数是一个损失率指数，它是从众多保险公司中选出25个保险公司作为巨灾损失的报告公司，提供投保损失资料。ISO指数为巨灾发生后该季度保险赔付损失率，其公式为

ISO=季度已经发生保险赔付损失(incurred loss)/季度实收保费(earned premium)

三、巨灾期权

金融市场上的多触发原因衍生产品(MTPs)定义为只有在满足一定触发条件时，才会行使或者诱发某一项选择权，一般也被称为“诱发式”产品。例如诱发式股票期权，一般的股票期权只有当股票价格超过期权执行价格时，期权才会被行使。而诱发式股票期权包括某些其他风险，不单纯是衍生合约标的物的风险。巨灾保险领域出现MTP源自1994年加利福尼亚州的北岭地震，地震灾害导致了大约100亿美元的保险损失，一方面，美国债券市场出现大幅下跌，另一方面，美国财产等保险公司的资产损失也高达200亿

美元。这种双重打击使得保险人开始考虑购买 MTP 产品。多触发原因衍生产品(MTPs)只有当所有触发事件都发生时,才会进行赔付,从而会减少索赔发生的次数,导致保险费率的降低。例如,假设全额保险赔付的第一触发事件(例如火灾损失)发生的概率是 10%,第二触发事件发生的概率也是 10%(例如,政府债券收益率的增加)。不考虑交易成本、利润边际等其他因素,当上述两个事件不相关时,计算相应保费时应采用的概率应该是两个概率的乘积,也就是 1%。如何寻找可以很好管理保险公司风险的两个触发器是关键问题,也是难点。因为触发器承载两种风险之间的相关性(减少期望成本)。另外,为避免道德风险,触发事件之一必须和一个不受保单持有人影响的外部指数相关,其他触发器涉及的最好均为公司自身的损失,这样可以使巨灾金融产品的基差风险降到最低。因此,很多非保险人也开始对 MTP 产品越来越感兴趣,尤其是那些收入受到商品价格、利率和汇率波动高度影响的公司。

1. 巨灾期权概念

巨灾期权(catastrophe option)是以巨灾损失指数为标的的期权合约,保险公司通过购买巨灾期权,获得在未来一段时间内以某种价格进行买卖的选择权。美国 ISO 的 PCS(property claim services)是依 PCS 巨灾事件编号(Catastrophe Serial Numbers)追踪某特定巨灾事件的损失及其相关信息。

PCS 巨灾损失指数是反映美国保险行业巨灾损失的指数,该指数由美国保险服务办公室(the insurance service office, ISO)下属的财产理赔服务署(property claim services, PCS)编制和发布,目前是度量美国巨灾引起的保险损失的权威性指数。

PCS 巨灾损失指数包含 1949 年至今的每日数据。在 PCS 巨灾损失指数编制之初,巨灾事件被定义为损失额为 500 万美元以上且影响了大多数保险公司和投保人的自然灾害事件,随着经济条件的变化,1997 年 ISO 将巨灾事件定义为损失额为 2500 万美元以上的自然灾害事件。该巨灾损失指数包括直接和间接的保险损失,包括不动产(real property)的损失、建筑物内的财产损失(content of the building)、生活费用(对于居民的保险)、生意中断成本等。

目前在芝加哥交易所(CBOT)交易的巨灾期权(包括买权、卖权和价差期权)所涉及的 PCS 巨灾损失指数包括下述 9 个指数。

(1) 一个全国性巨灾损失指数,该指数覆盖美国整个保险行业巨灾损失;

(2) 5 个区域性的巨灾损失指数,包括美国东部巨灾损失指数、东北部的暴风雨巨灾损失指数、东南部的飓风巨灾损失指数、中西部的洪水和暴风雪巨灾损失指数和西部的地震和海啸巨灾损失指数;

(3) 3 个州的巨灾损失指数,包括佛罗里达州的飓风巨灾损失指数、得克萨斯州的龙卷风巨灾损失指数和加利福尼亚州的地震巨灾损失。巨灾损失的度量包括两个时期:损失期(loss period)和进展期(development period)。上述大多数巨灾损失指数的损失期为 1 个季度,只有西部指数和加利福尼亚州指数的损失期为 1 年;进展期在损失期之后,在进展期会对损失期发生的巨灾损失进行估计或重新估计,PCS 巨灾期权的使用者可以选择进展期为 6 个月或 12 个月的巨灾期权。

2. 巨灾期权的优缺点

(1) 规避并分散风险。这是因为保险公司可以通过巨灾期权交易调整报表的巨灾风险,而且巨灾期权可以视为市场风险为零的投资产品,能有效分散投资组合的风险。

(2) 成本较低、价格透明。场内交易使得价格公开透明,与其他产品相比交易成本低,如巨灾债券需要发行费用、建立SPV机构等交易成本比较高。

(3) 道德风险较低。巨灾期权也是以行业损失指数作为标的资产,单个保险公司无法影响指数的大小,因此能够降低道德风险。

四、巨灾互换

巨灾互换属于金融衍生工具,是巨灾风险证券化的产物。巨灾互换与一般金融互换包括利率互换和现金互换不同在于,巨灾触发条件满足与否是互换的前提和基础。1996年汉诺威再保险公司成功推出第一笔巨灾互换,后来美国纽约巨灾风险交易所(CATEX)成立并开办巨灾互换交易业务,1998年百慕大商品交易所也成立了巨灾风险交易市场。

1. 巨灾互换定义

巨灾互换(catastrophe swaps)是指交易双方基于特定的巨灾触发条件单方面转移风险或双向交换彼此的巨灾风险责任。巨灾风险互换为保险公司提供了有别于传统再保险的风险转移方式。

比较常见的巨灾互换标的包括特定巨灾事件所造成的实际损失,整个行业的巨灾损失,特定巨灾损失指数以及传统超额赔款再保险的起赔点等。

2. 巨灾互换类型

(1) 再保险型巨灾互换。这类互换主要是巨灾风险规避者(互换买方)定期支付给巨灾风险交换方一定费用,以获得未来可能的巨灾事件连接赔付。当巨灾发生并满足触发条件时,巨灾风险交换方向巨灾风险规避者支付巨灾赔付。

(2) 纯粹风险交换型巨灾互换。通过互换不同巨灾风险暴露主体所持有的过高的单一巨灾风险,来达到巨灾风险的多元化转移风险目的。可以是一对一互换,也可以多重互换,还可以用基差风险互换。一对一巨灾互换是单一类型巨灾风险互换;多重巨灾风险互换是至少一个参与方的巨灾风险包括多种类型;基差风险互换是两个高度相关的巨灾风险互换。

五、天气风险

天气给我们的日常生活和生产带来的重要影响是不言而喻的。对一些企业来说,他们的收益会随着天气状况的变化增加或减少。一直以来,我们所能做的,只是在天气不好的时候被动地接受坏天气带来的不利影响;在天气好的时候,感谢老天给我们的恩惠。然而,这样的时代已经结束了。

(一) 天气风险管理

现在,公司已经可以选择是自留天气风险,还是运用一些金融产品或商品来规避天气风险。因为人们已经研究出了很多工具和技术可以用来分析天气对收入的影响,从而可以将公司收入中与天气有关的波动性风险转移出去。因此,对天气影响的管理已经成为了很多公司风险管理的重要组成部分。

（二）天气风险来源

实际当中，人们关注的天气风险通常包括诸如降雨量、降雪量、水流量和湿度等很多天气状况所带来的风险。

（三）天气衍生产品市场

天气衍生产品市场主要关注的是由于温度变化而带来的风险。天气衍生产品是于1996年首次出现的，对这种通过柜台交易（OTC）的市场规模进行估计是比较困难的。一份最近的研究报告指出，已经执行的交易量估计达到了30亿美元。那么这个市场将来究竟会有多大呢？有的数字表明是700亿到1000亿美元。不论具体数字是多少，市场规模将会很大这一点是毋庸置疑的。据美国能源部估计，在拥有7万亿美元收入的美国经济中，大约有1万亿美元的收入面临着天气风险。因此，哪怕只是将其中的一小部分风险积极管理起来，潜在的市场规模将是非常巨大的。

到目前为止，美国在天气衍生产品市场中占据着支配地位。不过，也有一些交易发生在欧洲，亚洲和拉丁美洲国家的企业开始对此越来越有兴趣了。

越来越多的企业，尤其是大型能源企业、保险公司和再保险公司，已经开始对这个市场投入了极大的关注。直觉告诉我们，能源企业受天气的影响是很大的，自然会积极参与到这个市场中来。股东、金融分析师和信用评级机构也都意识到了天气对公司收益的影响。所以，公司的财务主管、财务员和风险经理将会发现，必须对天气风险的影响进行度量和评价。可以采用通常的风险评估程序来评估天气风险，也就是首先分析历史上的收入和气象方面的数据，分析它们之间的联系。只有真正了解了这种风险，才可以采取相应的措施来对与天气相关的收益变动性进行管理。

目前，柜台交易的产品主要还是为满足购买者特定需要而定制的，但正在逐渐出现标准化的产品。

第4节 专业自保公司

一、自保公司简介

自保公司是隶属于一个本身并不从事保险业务的公司或集团公司、主要为其母公司提供保险服务的保险机构。自保公司包括单一自保公司、联合自保公司、租借式自保公司和专业自保公司。单一自保公司是隶属于一家母公司的自保公司；联合自保公司则是由几家公司联合起来组成一个联合自保公司；租借式自保公司是一个企业不必成立自己的自保公司情况下，租用一家自保公司，该自保公司向租用企业收取一定的管理费，并为这家企业设立一个单独账户，用于保费、赔款和投资收益的结算；专业自保公司是指特殊目的公司SPV，是最新出现的一种自保公司，其主要功能是便于将保险风险转移到资本市场上去，一般注册成立于百慕大、开曼群岛等的离岸金融机构。

二、专业自保公司发展

专业自保公司是一种由母公司设立并受母公司控制的实体，其目的是为母公司提供保险。全球的专业自保公司目前达到了数千家，据估计，财富500强中的一般企业都建立了专业自保公司。20世纪50年代，专业自保公司数量有了温和的增长，主要原因是当时许多美国公司经历了向跨国公司转变的过程。20世纪60年代专业自保公司数量的快速增长，主要原因是当时保险行业处于不景气时期，因而财产保险短缺。20世纪70年代也经历了专业自保公司的一次快速发展，主要是受医疗事故保险短缺的刺激。20世纪80年代自保公司数量发生很大增长，主要为应对产品责任危机。专业自保公司分为本土的和离岸的。如果专业自保公司注册在母公司所在国，则是本土的。否则就是离岸的。但是，专业自保公司大多是离岸的，注册地以避税港为主。

专业自保公司发展的原因主要包括税收考虑、满足保险需求、降低保险成本、改善现金流量的愿望、新的利润中心和帮助资金在国际市场转移。

三、专业自保公司的运作方式

专业自保公司可以直接对其母公司承保或通过母公司或子公司所在地的直接保险公司(称为“出面公司”，fronting insurer)办理再保险的形式为母公司承保。因此，专业自保公司通常行使的是再保险公司的职能。下图为某个公司的自保公司的运作示意图(图13-3)。

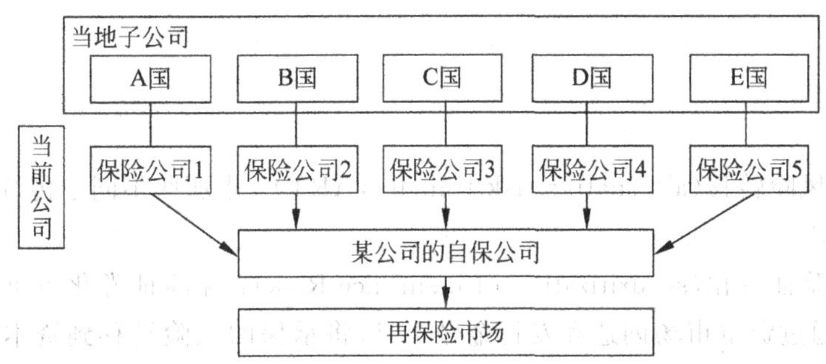

图13-3　专业自保公司的市场结构示意图

大型公司建立自保公司的动机主要有税收、满足监管要求、满足第三方要求和降低风险等因素。其中税收是通过将自留视为保险，通过建立离岸自保公司降低税率；满足监管要求因为公司如想要自留风险，但是需要一个出面保险公司满足强制保险的要求，并遵守对选择保险公司的限制；第三方要求则是想要自留风险，用一个出面保险公司满足第三方对评级保险公司的要求；降低风险则是通过汇聚风险来承保不相关的企业(原保险或再保险)实现。成立专业自保公司的优点主要有降低成本，可利用再保险、现金流的好处，投资收益方面及税收方面的好处，提高公司的谈判能力、有效的风险管理工具并扩大承保范围和能力。专业自保公司的缺点是成本和费用较高，资本负担重，自保公司的存在使得其功能容易被误解为其盈利的手段，从而分散了公司风险管理的注意力。

四、专业自保公司的经营方式

自保公司承保内容为财产和责任风险，包括政治风险、环境风险、某些特殊风险。作为直接保险人，一般可承保汽车责任和员工赔偿保险以外的险种，企业的汽车责任和员工赔偿保险通常要交给当地注册的保险公司。作为再保险人，自保公司的管理经常委托专门的管理公司，目前世界上这样的管理公司有近百家。从未来发展看，自保公司被认为是非传统风险转移方式 ART 的最初形式。目前，全世界约有 4000 家自保公司，保费总收入占全球商业保险市场份额的 6%～7%。从市场份额上看，自保公司目前还不能撼动传统商业保险的统治地位，但其对保险市场的影响却是广泛而深远的。自保形式的出现可以使企业自己寻求更合理、更有效的将现代商业风险进行组合、分散的途径，给传统保险业带来了巨大压力。自保公司仍将在全球范围的风险融通中，特别是在欧洲、亚洲和拉美这些自保目前尚不流行的保险市场中发挥重要的作用。

本章小结

本章主要首先阐述了巨灾的非传统风险转移理论，具体包括损失敏感型保险与有限风险在保险合同以及应急资本等内容。其次，分析了巨灾风险的证券化的作用和实践应用情况，介绍了巨灾证券化的工具，具体包括巨灾债券、巨灾期货、巨灾期权、巨灾互换和天气风险。最后，本章还介绍了专业自保公司作为中介服务公司的产生与发展、在巨灾证券化中的运作方式和经营方式等内容。

关键术语

1. 非传统风险转移(alternative risk transfer，ART)：指那些不同于传统保险合同的替代风险转移方案。

2. 保险风险证券化(securitization of insurance Risk)：保险证券化也可以定义为保险人或再保险人通过资本市场创造和发行金融工具，将承保的风险转移到资本市场的一种风险管理技术。具体是通过再保险公司或特殊目的离岸金融机构(SPV)发行基于保险风险的证券，转移风险到资本市场，在资本市场上分散风险。

3. 应急资本(emergency capital)：应急资本工具的本质是一项卖出期权。公司拥有了应急资本期权意味着在给定期间内，以一个固定价格卖出本公司证券的权利，这样可以筹集资金。

4. 巨灾债券(CAT bonds)：巨灾债券的发行者把自身面临的巨灾风险证券化，通过在资本市场发行债券的方式把巨灾风险转移、分散给债券投资人，巨灾债券将债券本金与利息的偿还与否，直接和巨灾风险的发生与否相关联。

5. 巨灾期货(CAT future)：巨灾期货是一种以某种损失率为标的，在未来特定时间以现金进行交割的远期合约。

6. ISO 损失指数：该损失率指数是美国保险服务办公室提供巨灾投保损失赔付率指数，这个指数是由巨灾事件的损失额度和当期的保费收入决定。

7. 巨灾期权(catastrophe option)：是以巨灾损失指数为标的的期权合约，保险公司通过购买巨灾期权，获得在未来一段时间内以某种价格进行买卖的选择权。

8. 巨灾互换(catastrophe swaps)：巨灾互换是指交易双方基于特定的巨灾触发条件单方面转移风险或双向交换彼此的巨灾风险责任。

本章参考文献及进一步阅读文献

[1] 陈秉正，王君，周伏平. 风险管理与保险[M]. 北京：清华大学出版社，2009.

[2] Erik Banks. 巨灾保险[M]. 杜墨，任建畅译. 北京：中国金融出版社，2008.

[3] 许谨良. 保险学[M]. 上海：上海财经大学出版社，2003.

[4] 田玲，张岳. 巨灾风险债券定价研究的进展述评[J]. 武汉大学学报(哲学社会科学版)，2008，(9)：23-26.

[5] 郑伟. 地震保险：国际经验与中国思路[J]. 保险研究，2008，(6)：9-14.

[6] 曾立新. 巨灾风险融资机制与政府干预研究[D]. 北京：对外经济贸易大学博士论文，2006.

[7] 方春银. 非传统的风险转移方式研究[D]. 天津：南开大学博士论文，2001.

[8] 陶正如. 巨灾保险衍生品[J]. 自然灾害学报，2007，(8)：59-63.

[9] 谢世清. 巨灾保险连接证券[M]. 北京：经济科学出版社，2011.

[10] 田玲. 巨灾风险债券 SPV 相关问题探讨[J]. 商业时代，2007，(30)：66-70.

[11] Daniel Clarke，Olivier Mahul. Disaster Risk Financing and Contingent Credit-A Dynamic Analysis [R]. Policy Research Working Paper 5693，The World Bank Financial and Private Sector Development Global Capital Market Development Department ，2011.

[12] Michael R. Powers，Thomas Y. Powers，Siwei Gao. Risk Finance for Catastrophe Losses with Pareto-Calibrated Levy-Stable Severities [J]. Risk Analysis，2012(32)：1967-1977.

[13] Desheng Wu，Yingying Zhou. Catastrophe Bond and Risk Modeling：A Review and Calibration Using Chinese Earthquake Loss Data [M]. Human and Ecological Risk Assessment，2010(16)：510-523.

[14] 卓志. 巨灾风险管理与保险制度创新研究[M]. 成都：西南财经大学出版社，2011.

问题与思考

1. 什么是巨灾非传统风险转移，与传统风险转移的关键区别是什么？
2. 损失敏感型保险合同的本质是什么？
3. 有限风险再保险合同的本质是什么？
4. 应急资本的概念。
5. 什么是风险证券化？
6. 什么事巨灾债券、巨灾期货、巨灾期权、巨灾互换？
7. 天气风险指数含义是什么？
8. 专业自保公司的运作流程和方式。
9. 试论述我国如何建立巨灾资本市场？
10. 分析我国发行巨灾金融工具的前景。

第14章

巨灾风险模型

引言

巨灾风险(catastrophic risk)高损失幅度和低频率的特点是确定巨灾保险费率的关键制约因素,权衡保险人和被保险人的利益以及保险市场的可持续性发展等也是巨灾保险费率定价的重要影响因素,这样巨灾风险模型应运而生。巨灾模型的核心思想是通过生成大量的随机模拟灾害事件来满足“大数定律”的使用条件,从而突破巨灾历史纪录数量有限所带来的困难,为巨灾保险定价提供依据。本章内容主要包括以下几个方面的内容:巨灾模型介绍、巨灾模型基本框架、巨灾模型随概率分布应用、巨灾模型与保险费率、影响巨灾模型不确定的因素。

第1节　巨灾模型

巨灾风险(如台风、地震、洪水等)与常规风险在风险特征上有着显著的差异,目前公认的估价巨灾风险的最好方法就是采用巨灾模型,巨灾模型通过对具体灾害成因的研究,生成符合客观规律的大量随机事件,对巨灾发生以及灾后生成损失的统计规律进行模拟。研究巨灾风险模型不能仅局限在某一个学科领域,而是植根于财产保险经济学和自然灾害学的交叉学科研究。

一、巨灾风险模型简介

(一)巨灾风险模型的历史

保险人通常会强调巨灾风险模型源于早期的财产保险,例如火灾险和意外险。早在17世纪,住宅保险人通过绘图来管理风险。在没有GIS软件的时代,人们通过挂在墙上的地图上面的大头钉标注所关注的风险暴露,这种简单技术能够帮助当时的保险人控制风险,直到20世纪60年代这种广泛使用大头钉标注地图技术才退出了历史的舞台。地质学家和气象学家则强调巨灾风险模型源于现代自然地理和灾害科学的发展,特别是地震和飓风大小程度描述的科学理论与技术是巨灾模型的关键因素，只有建立了地震等致灾因子的测度指标后才能科学评估和管理灾害风险。这种测度方法始于19世纪初，科学研究者发明了第一台测量地震动参数的现代地震仪，此后各种类型的风速器（测量风速仪器）也得到了广泛应用。到了20世纪上半叶，科学测度自然致灾因子得到迅速的发展，例如20世纪70年代，学术领域公开发表了很多关于风险源及其发生频率方面的理论研究，这些理论研究促使美国研究者不断研究地震、飓风、洪水和其他自然灾害对经济和社会的影响，比较有代表性的是美国水资源委员会关于水灾（USWRC，1969）、国家海洋与大气管理局（NOAA）关于飓风预警（Neumann，1972）的理论研究、Brinkmann（1975）对美国飓风灾害和Steinbrugge（1982）的关于地震、火山和海啸灾害的研究。国外的巨灾风险模型的原型诞生于20世纪80年代末，随着IT信息技术和地理信息系统（GIS）的发展，以计算机为基础的测量巨灾风险损失的模型，通过嵌在处于潜在致灾因子风险源区域的财产数据库来估计巨灾损失，20世纪90年代中期以后则广泛应用于日常保险服务中。随着储存和管理海量的信息技术水平的提高，GIS、ARCGIS、RS等技术已经成为研究致灾因子及灾害损失评估的有效工具。

经过了30多年的大发展，现代的巨灾模型所包含的巨灾险种越来越丰富，涵盖的地区也越来越多，巨灾模型也做得越来越精细。在美国等发达国家，保险公司和再保险公司每年需要支付几百万，甚至上千万美元去购买巨灾模型的使用权，巨灾模型已经成为了巨灾保险定价的重要依据。巨灾模型的开发凝聚了大量世界各国专家的理论和经验，很多保险公司的业务都是全球性的，它们经常需要在自己并不熟悉的地区进行承保，购买当地巨灾模型产品可以为它们提供风险咨询的作用。

20世纪80年代末开始，美国已经开始出现了巨灾模型公司，其中有代表性的三个主要公司分别是1987年成立于波士顿的AIR环球公司、1988年成立于斯坦福大学的RMS（risk management solutions）公司和1994年作为EQE国际的分支成立于旧金山的EQECAT公司。

1. 美国AIR环球公司。AIR成立于1987年，是美国保险服务局（insurance services office, Inc. ISO）的全资子公司。美国AIR环球公司是业内领先的风险管理和自然灾害模型开发公司，旨在帮助保险公司、再保险公司、政府机构、企事业单位管理由巨灾所带来的风险和损失，并为客户提供全面可靠的风险管理模型软件和咨询服务。AIR利用最新的科学技术，为世界40多个国家和地区建立了各种自然灾害模型，并为美国建立了潜在恐怖事件的风险模型。AIR的其他业务涉及场地地震工程风险分析、为保险和再保险公司发行巨灾债券提供风险计算和评估依据、为客户提供财产重置价值估算等。世界400多家主要的保险公司、再保险公司、政府机构和企事业单位均从AIR的产品和咨询服务中获取精确可靠的风险评估服务。

2. 美国阿姆斯公司（RMS）。RMS公司1988年创办于斯坦福大学，公司通过其在美国、欧洲和百慕大群岛的公司，为全球客户服务。全球很多大型保险公司和再保险公司根据阿姆斯公司提供的巨灾模型产品对其所承保的巨灾风险评估和定价。美国阿姆斯公司是提供全球灾害风险管理产品、服务和专门技术的最大企业。据统计，全球有四百多家主要保险公司和再保险公司，以及贸易和金融机构采用阿姆斯公司的巨灾模型量化、控制和转移风险。2007年，阿姆斯公司与中国地震局工程力学研究所共同开发了中国首个地震风险模型，该概率模型包括85 000个模拟地震事件，并收录了包括1976年唐山大地震在内的多个历史性重大地震灾害事件。中国再保险集团也与美国阿姆斯风险管理公司合作,该公司开发了亚太地区(包括澳大利亚)地震模型、日本台风模型等巨灾风险模型分析软件。

国际上著名的三大巨灾模型公司 RMS、AIR 和 EQECAT,前两者在中国大陆已经打开了产品市场。中国财产再保险股份有限公司于 2010 年购买了美国 RMS 巨灾模型公司的中国地震模型,2011 年购买了美国 RMS 巨灾模型公司的中国台风模型,该模型应用于承保定价、转分安排、信用评级及重大风险测试等多个关键业务领域。2012 年,中国财产再保险股份有限公司购买了 AIR 公司的中国台风、地震等灾害农作物保险模型。

(二) 巨灾风险模型在美国的应用

在美国,直到 1989 年美国的两次巨灾发生后,巨灾模型才得以快速发展和应用。1989 年 9 月 21 日,飓风袭击了南卡罗来纳州海岸,保险损失估计达到了 40 亿美元。1989 年 10 月 17 日,旧金山南边发生地震,造成财产损失估计达到了 60 亿美元。这两次巨灾给保险业发出了警告,在随后的 1992 年 8 月发生在佛罗里达州的安德鲁飓风灾害中,AIR 公司通过其飓风模型给出了实时的损失评估,给出此次飓风灾害损失估计值可能达到 130 亿美元,这是前所未有的巨大损失。美国财产理赔管理局(the property claim services office,PCSO)最终统计的损失达到 155 亿美元,安德鲁巨灾损失导致 9 家保险公司破产。保险人和再保险人均意识到:为规避未来公司的破产风险,他们需要更精确的估计数据,对灾害风险进行评估和管理,许多保险公司开始寻求巨灾模型进行风险决策支持。由于保险市场的需求使得巨灾模型公司的巨灾模型在数量、实用性和水平上都得到了快速的发展。图 14-1 是美国巨灾模型公司与其他相关组织部门和公司之间的联系。

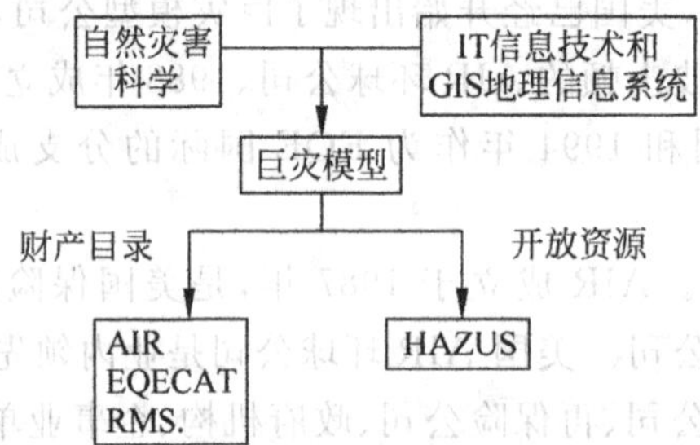

图 14-1 美国巨灾模型公司与其他相关组织部门和公司之间的关系图

二、巨灾风险模型与风险管理

(一) 巨灾风险管理的必要性

全世界各个国家,特别是经济发达国家和地方政府以及公共组织、私人和公司企业都知道需要做好准备来应对“大地震”或“大洪水”等巨灾。但是,令人遗憾的是,人类并没有采取必要的准备措施,把防灾备灾真正落实到行动上,结果经常只有当大灾难发生后,人们才意识到做好灾害准备的重要性。现在,人们已经知道评估此类型巨灾风险事件对社会经济损失的影响是非常必要的。

(二) 相关利益者对巨灾的风险管理

巨灾导致的经济和保险损失的增加导致了许多迄待解决的问题,通过考察分析这些私人和公共部门利益相关者的观点,我们能建立相对有效地减轻灾害风险损失的风险管理战略。图 14-2 说明每个利益相关的业主对灾害的不同管理目标和风险感知。金字塔的底部是财产所有者，他们是灾害损失的主要牺牲者。他们不得不承担灾害损失带来的冲击，除非他们采取措施降低或转移某些风险来使自己避免遭受损失。保险公司处于金字塔的第二层，它们为财产所有者提供保险产品应对灾害损失。保险公司担心巨灾的超额理赔支付，可将超额风险转移给再保险公司，再保险公司处于第三层，承保保险公司转移的超额风险。金字塔的顶部是资本市场，保险公司和再保险公司通过资本市场发行的金融工具，为其承保的超额巨灾风险进行融资，如巨灾债券等金融工具及其衍生品，资本市场是最高层，为超额巨灾损失提供资金支持和保护。

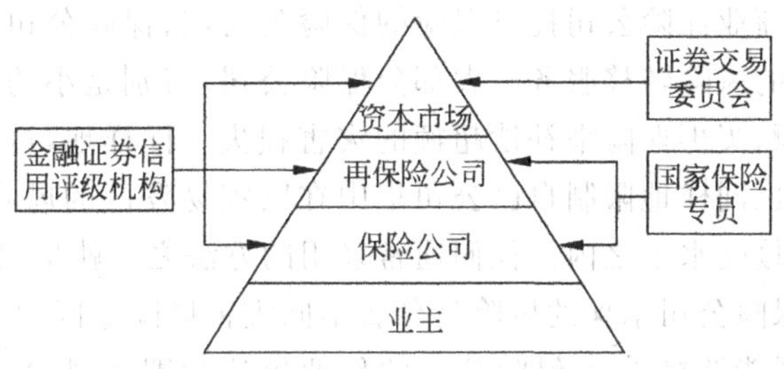

图 14-2　风险管理关键利益相关者关系图

在美国，保险评级机构和国家保险委员会是管理保险业的两个机构。保险评级机构为保险公司和再保险公司提供相对独立的财务稳定评估报告。国家保险委员会主要是监督保险公司收取费率是否公平以及保险公司是否具有为潜在灾害损失提供偿付的能力。证券交易委员会(SEC)监督资本市场和巨灾债券的利率，证券评级公司(金融中介组织)如惠誉、穆迪和标准普尔等出具的评估报告从某种程度上决定了巨灾债券的市场利率。下面内容主要将讨论风险管理战略内容，这部分内容是从金字塔的每个利益相关者的角度来分析和讨论的。

1. 业主——财产所有者

商业和居民住宅建筑的业主可以通过改造或加固建筑物结构来降低飓风和地震灾害风险，也可以通过购买保险来转移部分风险，或保留风险进行风险融资。个体业主的风险管理决策常常依赖于他们对风险的感知。业主处于金字塔底部的第一层，个体屋主属于选择机会最少的群体，他们大多数只能选择是否购买保险。现实情况是，许多个体业主不采取任何降低房屋风险的措施，即使他们十分清楚其所面临的风险并且拥有降低损失的方法，因为他们常常认为灾害不会轻易发生在自己头上。商业所有者业主的风险管理感知和风险战略决策则与个体业主不同。这是因为商业所有者业主不仅需要关注自身的生命安全和企业破产的问题，而且还要关注灾害对商业运营中断的影响，因为他们常常需要额外筹集资金灾后自行恢复生产。因此，他们通常比较认同在灾害易发地区购买保险应对风险。

2. 保险公司

美国的保险公司为居民住宅和商业房产业主的自然灾害损失提供财产保险服务。一般把火灾损失(雷电导致)和风灾(龙卷风和飓风导致)包含在业主保险内，通常情况下贷方也将是否购买该类保险作为抵押条件之一。在美国，由于水灾(洪水导致)包含在国家洪水保险计划(NDIP)中，这种国家政府和保险业的(公共-私人合作)合作关系成立于 1968 年。美国地震导致的损害(地震和滑坡)则以背书合同或单独签约的方式进行风险转移。这种单独签约的合同可以由私人机构签署，例如加州地震局(CEA)1996 年创建了由私人机构建立的地震保险基金公司，该基金公司由加州来运营管理。

由于灾害损失可能对保险公司财务产生重大影响，保险公司通常会限制在灾害易发地区的保险覆盖的数量。即保险公司重点关注汇聚风险问题，这是因为保险公司如果在一个地区提供大量财产保险，那么保险公司承担了高度相关风险的投资组合，该地区一旦发生重大自然灾害，保险公司将面临巨大损失。因此，保险公司通常会限制给定地区保险覆盖或收取高额保费来保证公司的破产概率满足可接受水平。

3. 再保险公司

再保险公司是为商业保险公司提供保险的保险公司，为保险公司提供应对不可预见或非常规自然灾害损失的风险转移服务。大部分保险公司，特别是小的或保单地域比较集中的保险公司通常愿意购买再保险来补偿超额的灾害损失。同样地，再保险公司也关注其自身的风险会聚。它们也同样地限制自己公司集中在巨灾易发区的风险暴露程度，以保证公司的破产概率处于可接受水平之内。他们通常采用的方法之一就是把几个不同保险公司的风险进行汇聚，这些保险公司承保的风险是分属不同灾害风险地区的相互独立的风险暴露。这样，一个再保险公司能够接受 A 保险公司的佛罗里达州飓风风险、B 保险公司的加州地震风险和 C 保险公司的日本东京地震风险。通过这种多样化组合使得许多地区和各种类型的风险进行交叉，再保险公司就能够收取足够保费收益以补偿某个单独灾害发生导致的巨大损失，同时减少自己在巨灾赔偿中破产的可能性。

4. 资本市场

资本市场的创新金融工具如巨灾债券、巨灾期权和巨灾互换，已经成为再保险公司补偿巨灾损失的重要资金补充来源。这是因为已经发生的几个典型巨灾事件使得资本市场成为巨灾补偿的来源。在美国，安德鲁飓风和北岭地震巨灾使得再保险公司资金不足，为弥补损失风险，不得不从资本市场寻求资金来源，这样使得保险公司能够提供较高利率的债券，通过吸引投资者购买巨灾债券实现从资本市场融资。值得关注的是，投资者从购买保险公司巨灾债券中获得的回报与股票市场中其他公司的一般经济状况几乎不相关，这一点也吸引了资本市场的投资者。特别是巨灾模型的开发与应用为更多地区提供科学有效的损失评估技术，使得自然灾害风险得到更加准确的量化。巨灾债券为保险公司和再保险公司承保后发生灾害损失赔偿提供所需要的资金，其同普通债券区别之处在于：如果灾害损失超过了触发金额(启动数额)，那么债券的利息或本金将豁免，或者二者都将豁免。因为购买巨灾债券可能承担失去本金和利息的风险，因此，资本市场巨灾债券的投资者需要较高的利率作为投资回报。这些投资者包括套期保值基金管理者、养老金基金管理者、保险公司和其他相关投资公司，他们关心巨灾债券对自己公司投资组合的影响。反过来，如果巨灾对他们投资产生负面影响，巨灾债券发行者也担心他们的声誉。

5. 信用评级机构

国际上大的信用评级机构如 A. M. Best 公司、标准普尔、穆迪和富士(Fitch)等都为保险公司和再保险公司提供独立的财务评估报告。信用等级对保险公司的业务有很大的影响。例如，美国的许多州都设立最低信用等级要求以保证保险公司在本州承保风险的安全。与此同时，保险公司也不愿意转移风险给信用等级较低的再保险公司。不好的信用等级对保险公司保费收取和保单销售产生很大负面影响，也将对保险公司的股价产生负面影响。

信用等级评级公司通过分析公司资产负债表、经营业绩和公司概况，采用定量分析的方法评估和确定保险公司的信用等级。例如，从 1997 年起，A. M. Best 公司要求保险公司完成的信用等级调查问卷已经包括巨灾风险的暴露信息。巨灾对评估公司风险暴露起着重要角色，因为巨灾事件可能造成潜在的损失，并威胁到公司的偿付能力。模拟特定损失结果的重现期(100 年一遇的洪水和 250 年一遇的地震)、巨灾风险的购买和再保险计划都是信用调查问卷的组成内容。A. M. Best 公司的评估方法体现了保险公司承保巨灾风险需要充足资本的要求。另外，投资者也依赖信用评级机构对巨灾债券的评估结果，对再保险公司发行的巨灾债券投资进行风险决策。信用等级的结果不但影响巨灾债券的销售和价格，而且限制潜在购买者的决策，这是因为一些机构投资者不购买不可接受的等级的债券。

6. 国家保险监督管理委员会

在美国，保险监管以各州保险委员会管理规定为基准。对于保险公司，两个重要且彼此制约的指标分别是偿付能力和信用等级。再保险公司受制于偿付能力，可是它们不受费率等级约束。关于偿付能力的规定则要求对信用等级评估，即保险公司是否有足够的资本来偿付巨灾事件的能力。州政府主要关注的是权威认可的基于风险的资本控制的水平，当保险公司最低要求的资本额低于州政府规定时，政府监管部门有权进行处罚。

保险费率或市场准则方面的相关规定则是为了保证公平和合理的保险价格，保险产品和交易。关于利率的规定主要是为了保证保险费率的公平和非歧视性，偿付能力和费率的相关规定具有很大的相关性，并且需要为达到目标而调整。费率规定和市场实践将影响保险公司财务表现，偿付能力则确保充足的资本。因此，只有确保可行的保险市场才能为消费者提供价格可接受的保险产品。

7. 其他利益相关者

资金贷方在自然灾害风险中起着重要角色作用。在美国，在正常情况下，业主持有财产的全部所有权，银行和其他金融机构只能通过抵押的方式支持私人购买房屋或商业物产。贷方的财产权是从属的，当业主抵押物疏怠职责情况下，贷方在风险管理上存在障碍性困难，因为巨灾损失导致的贷款损失，他们不可能得到补偿。在 1994 年北岭地震中，洛杉矶发生了 2000 万～4000 万美元的抵押资产损失，北岭地震之后，美国更是经历了前所未有的大量地震相关共有财产疏怠职责的损失问题。后来，公司采用巨灾模型公司提供的模型来确定保险费率标准，以便识别高风险地区的承保风险，立法机关也规定拥有共同财产权的业主如果寻求抵押则需要购买地震保险。但是，1996 年加州立法机关寻求取消这个规定，因为该规定造成对共同财产业主的一个不合理的负担。

房地产经纪人、开发商、工程师、承保人和其他服务者也起着支持或管理灾害风险的重要作用。在灾害易发地区，联邦或州的相关法规要求房地产经纪人通知新业主潜在的致灾因子，例如包括房屋距离地震断层的位置或 100 年内的洪水危险概率等。遗憾的是，灾害损失的信息对决策者的购买行为有多大影响就不清楚了，在美国加州，尽管政府要求住宅购买者了解房屋与地震断层距离的危险性，但大部分购买者不理解或忽视这类风险警告。工程师和建筑承包商能够在一定程度上管理高危险区域的风险，例如通过提高结构设计和建筑标准、建筑专家和官员对建设过程的监督检查、提供地震或飓风等造成的生命和财产损失信息、采取控制和保护措施等。地震等灾害造成的生命和财产损失常常是由于设计和建筑工程时存在违法和违规等质量和法律问题，违法的不良建筑商忽视地震设计也是加剧灾害易发地区地震生命和财产损失的主要问题之一。

（三）政府风险管理的角色

国家政府包括地方政府常常领导管理自然灾害风险。国家政府层面的政策制定者建立了一套减少自然灾害风险的计划。发达国家在发生大地震、洪水、龙卷风或其他极端自然灾害事件后将优先安排基金，发展中国家则多是灾后安排财政资金计划。

1. 计划类型

在美国国家层面，联邦紧急事务管理局(FEMA)协调与巨灾有关的许多计划和响应问题，FEMA 历史上带头建立了减灾策略。联邦紧急事务管理局成立于 1979 年 3 月 31 日，卡特总统签署“12127 号总统令”，正式成立行政级别为内阁级的联邦应急管理局。作为联邦政府的部级机构，联邦应急管理局整合了六个部门，其中包括原隶属商务部的国家消防管理局、原隶属住房和城市发展部的联邦保险局、原隶属总统办公厅的联邦广播系统、原隶属国防部的国防民事准备局、原隶属住房和城市发展部的联邦灾害援助局以及原隶属总务管理局的联邦准备局。1995 年 12 月，FEMA 引入国家减灾战略，客观上加强了对所有可以利用的资源进行高效利用。FEMA 以联邦政府机构的身份承担起安全应急的全部责任，并且把救灾工作与应急准备以及应急响应紧密联系起来。在安全应急理念上，联邦应急管理局成立后提出了全新的“综合性应急管理”的理念。1997 年的减灾计划是建立灾害应对社会团体，鼓励社区有关当事人一起识别潜在自然致灾因子、评估社区脆弱性、区别并排序各类减少自然灾害危险的方案并同居民进行有效沟通交流(FEMA，2000)。联邦政府立法促进减轻自然灾害损失也是管理巨灾风险的一种方法，2001 年颁布的地震损失减轻法案和 2000 年颁布的灾害减轻法案就是典型案例。改进的减轻灾害法案和应急事件援助方案目的是减少地震后公众建筑的损失，同时联邦政府仍然提供基金补偿公共基础设施灾后大部分的修复成本；后来，联邦政府减少援助基础设施的修复成本，鼓励地方政府自主参与减灾。我国在汶川大地震、玉树地震后也是采取以地方减灾救灾为主的策略，芦山地震主要则是依靠当地政府开展减灾和救灾工作。

美国 2001 年的地震损失减轻法案采取了不同的方法鼓励减灾，其立法目的是提供更多的激励措施，包括技术帮助和税收优惠来鼓励各州地方政府、私人业主和公司进行灾害预防措施的投资。联邦政府也通过小公司利益保护局的灾害贷款计划提供财政资助，小公司利益保护局提供的灾害贷款和一些豁免债务承诺补偿居民房产和商业自然灾害损失。

在州政府和地方政府层面，公共安全应急服务机构或部门鼓励灾害准备措施。在地震易发地区建立地震安全委员会，鼓励进行地震研究和支持公众减灾政策需求研究，如抗风灾和地震的建筑法规和土地使用法规等有利于减少风险的政策和法规。地方层面，对执行建筑法规的社区采取经济激励措施，如减税等。地区社区减灾建设计划也促进公众对风险的感知和风险意识，方法包括提供培训、鼓励自助、建立社区应急响应队伍、防震加固房屋计划和翻新加固建筑和老旧木结构房屋等计划。表 14-1 给出不同层面政府风险管理方案：如风险定义和风险级别排序，通过立法减轻风险，风险降低激励措施。这些方案给不同需求居民提供必需的鼓励和帮助。

表 14-1　美国不同层面政府部门的风险管理方案

方案 / 层面	风险定义和风险级别排序	立法减轻风险	风险降低激励措施
联邦政府	国家地震减灾计划(NEHRP)	减灾和应急援助法案	联邦应急管理局项目影响
州政府	州地震安全委员会和加州地震减灾法案	加州未加固石制建筑法	加州 127 议案(建议)
当地政府	房屋地震加固计划	地震减灾条例	税收转移和减免

2. 美国的联邦灾害保险

美国联邦政府和州政府在洪水、飓风和地震灾害风险方面补充或替代私人保险公司方面起了重要角色。

(1) 洪水保险

洪水保险经过几年的发展,可提供由洪水、飓风和其他风暴导致的水灾损失。1927 年密西西比河洪水灾害的损失巨大。基于这种风险管理需要,国会在 1968 年创立国家洪水计划(NFIP),家庭和公司可以购买洪水灾害保险。契约规定,这种财政保护是指当地社区承诺管理洪水泛滥区的房屋建筑位置和提高设计安全水平。联邦政府建立一系列洪水泛滥区建设标准作为最低参与计划的要求。

国家洪水计划和私人保险公司的洪水保险收取的保费存入联邦洪水保险基金,通过基金进行理赔。为鼓励公众参加该计划和维持系统,在发布洪水保险费率图(RIRM)之前给予居民保费补贴。美国洪水风险社区等级系统建立于 1990 年,并且洪水计划认可和鼓励减灾行为。新的保险费率收取反映了洪水的风险和减灾的成效,大多数公众参与洪水管理行动,洪水风险保险收取的保费也明显降低。

(2) 佛罗里达州的飓风保险计划

1992 年安德鲁飓风导致九成的财产保险公司破产,迫使其他保险公司在佛罗里达州担保基金的支持下补偿这些损失,财产保险公司减少了海岸地区的财产保险。1993 年佛罗里达州立法提案处理保险危机,法案规定保险公司一年内每个县不能取消超过 10%的房屋保险,全州范围内每年不能取消超过 5%业主财产生效的延期偿付,并同时建立佛罗里达飓风基金(FHCF)来减轻保险公司对飓风损失的风险暴露。FHCF 基金管理的免税信托基金是由保险公司与私人或公司签署住宅财产保单时支付的额外保险费用,该基金偿还一定比例的保险公司损失,主要是飓风损失,使保险公司保持其偿付能力,重新恢复大部分的预定保单。

(3) 加州地震保险

历史的地震活动使得加州立法者认为地震风险太大,不能把地震保险业务只放在私人保险公司手里。1985 年,加州法律要求保险公司为业主住宅建筑提供地震保险,保险费率由州规定,因此,保险公司感觉被迫为老旧建筑提供保险,费率不能反映风险水平。1994 年北岭地震以后,大量财产损失导致保险需求激增。保险公司担心如果它们遵守 1985 年的法律,满足全部需求,一旦下次发生大地震,它们将无法承受自己所承保的份额导致破产。为了保证加州地震保险的生存,1996 年加州授权成立加州地震局(CEA)。在 CEA 成立初期,所有赔偿被要求扣除 15%,这意味着若房屋的全保价值是 20 万美元,业主需首先支付 3 万的震后修复成本。后来,加州地震局不断优化地震保险产品,以适应居民住房地震保险的市场变化。

通过对美国灾害风险保险的管理体系的回顾，可以看出，巨灾模型能够从技术上帮助保险公司和其他主要利益相关者管理风险。政府常常承担提供巨灾损失相关保险基金的责任，在州和联邦政府提供帮助的同时，所有和风险管理相关的实体组织（再保险公司、监管者、资本市场、贷款人（债权人）、工程师、承包人、房产经纪人和房产开发商）都有机会促进减灾和帮助灾后恢复。图 14-3 是巨灾模型公司与各个风险管理机构和组织之间的关系图。

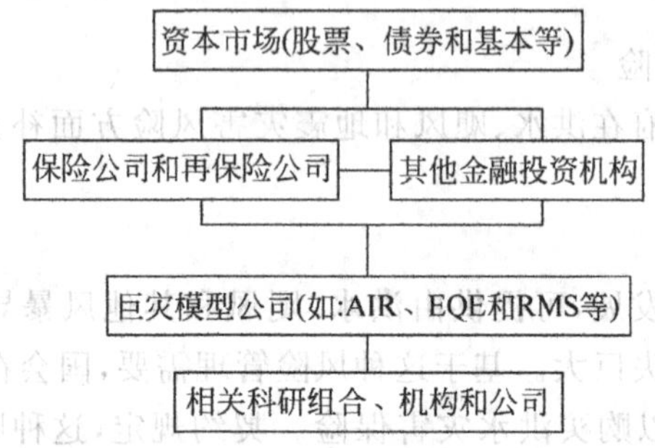

图 14-3　巨灾模型公司与各个风险管理机构和组织之间的关系

三、巨灾风险模型的构成

(一) 巨灾模型中的风险定义

巨灾风险的天然性表明基于历史（保险精算）数据量化潜在的风险不太可能，而且通过对比，我们可以发现一个单独的事件能够明显地改变保险精算的历史预测估值，例如 1970—1993 年期间的平均损失率是 0.26，但是当考虑 1994 年北岭地震之后就飙升到 2.07。另外保险精算的问题是数据的当代性，计算影响最终损失所使用的历史数据必须进行适当的修正。这些修正主要通过膨胀、增加的暴露性、脆弱性的变化（现代建筑标准）、保险市场渗透和保单结构变化等。因此，如果使用不经过修正的历史数据和经验方法预测巨灾损失是不能令人信服的。

巨灾风险基于工程模型计算未来期望损失并量化结果的不确定，并能够提供通用的框架描述行为或结果的规律，巨灾风险模型逐步变成工业的标准。巨灾风险存在着不确定性、发生次数稀少并且损失后果严重，巨灾模型中的风险定义更加简单：即一个事件或行为可能产生负面损失或正面获利，并影响组织目标的实现。这里的组织可以是政府、社会组织、公司和个人，即利益相关者，风险管理的目标是经济可持续增长、繁荣、提高生活质量等。尽管地震、洪水等危险巨灾事件是物理和社会损失事件，但是通常需要将巨灾损失影响进行货币化，如受影响的人员（死亡、受伤和转移安置）、巨灾造成的土地损失面积（生产经营性土地）等。前面已经给出了灾害风险目前比较广泛认可的定义：即巨灾风险＝巨灾致灾因子发生概率×暴露性×脆弱性的乘积，公式可以写为

$$R = P \cdot E \cdot V$$

式中，R 是巨灾风险，P 是致灾因子发生概率，E 是处于风险暴露中货币化价值（即暴露性），V 是脆弱性，狭义的脆弱性主要指财富易损性，广义的脆弱性包括社会、经济、环境和物理脆弱性。

RMS模型公司给出的自然灾害风险公式为

$$R = P \cdot E \cdot H \cdot V$$

式中，R 是巨灾风险，P 是巨灾致灾因子发生频率，E 是受事件影响的暴露，H 是巨灾的场地影响（例如地震动、风速、水深等），V 是暴露于巨灾下的承灾体脆弱性。根据巨灾风险定义能够量化风险，但是需要强调的是公式中所有的因子本身都存在不确定。在量化风险中，处理这些不确定需要注意这些不确定或认可或接受的水平（包括上限和下限值）。管理巨灾风险就必须对巨灾风险进行量化并最终实现货币化，才能到达风险转移分散的目的。

一般量化风险的技术包括以下四项工作内容：

(1) 根据各种巨灾风险特征创建各种致灾因子的风险模型模块；

(2) 检验模型各个模块的不确定并整理这些不确定；

(3) 描述和量化风险参数并应用于风险管理；

(4) 创建风险的简单投资组合。

（二）巨灾模型的不确定

通常情况下，巨灾模型由三个主要的模块组成，即致灾因子危险性模块、工程易损性模块（也称脆弱性）和金融保险模块。其中，致灾因子危险性模块主要是模拟致灾因子危险性的各种物理量，比如台风的风速、洪水的水深、地震的地面震动速度等等。工程易损性模块主要是通过易损性曲线（或易损性矩阵），把描述致灾因子危险性的物理量和灾害导致的破坏性联系起来。易损性曲线的开发来自专家的经验公式、实验室的破坏试验以及客户的实际理赔数据。值得注意的是，易损性同致灾因子危险性和建筑物的结构性质相关，其本身也是一个随机过程，这是巨灾模型的第二类不确定性。金融保险模块是计算各种保险、再保险结构，并输出相应的净保费和概率曲线等最终结果。巨灾模型的开发是跨学科的工程，需要自然科学、工程学、金融学和计算机学等多个领域的共同合作。

巨灾发生的不确定性是巨灾模型的第一类不确定性。这类不确定性可通过"泊松分布"来描述。巨灾造成的损失破坏大小也是一个由概率支配的随机过程，损失不确定是第二类不确定性。巨灾模型的第二类不确定性可以采用"Beta分布"来描述，因为"Beta分布"的一个显著特点是它定义在0～1的区间上，恰好对应建筑物从0%～100%的破坏率，因此不会出现破坏率超过100%的不合理结果。第一类和第二类不确定性是巨灾的固有属性，是一种客观存在并且是不能避免的，但却是可以尽量采用科学方法进行描述和降低的。巨灾模型可以用灾害风险发生的频率和损失的标准方差来描述第一类和第二类不确定性。

还有一种不确定性，却是由于人为操作失误所导致的输入数据含有大量错误数据，尽管这是能够而且必须避免的。首先，保证输入数据的地址的准确性。同一种致灾因子在不同地方发生的概率差别非常大。如唐山建筑物面临的地震风险一定要比在上海的高得多，因为唐山在华北地震带上，而上海境内从来没发生过4.8级以上的地震。而在台风和洪水模型中，地理位置又与地势的高低以及地面粗糙度对风速的消减有关。其次，保证输入数据中对于标的工程性质描述的准确性和完备性。易损性曲线其实是一族曲线，其中每一根都代表了不同建筑特征的组合。比如钢筋混凝土结构的商务建筑有自己的一根易损性曲线，砖混结构的单户民居有自己的一根易损性曲线。不同易损性曲线对于同样的致灾因子（比如风速80m/s的台风）表现出不同的易损性，可想而知，如果标的数据的工程参数输错了，易损性曲线也就选错了，最后输出的结果也就不可能正确。巨灾模型的误差将会导致地震风险价格高好几倍。正所谓"失之毫厘，谬以千里"，巨灾模型用户在实践中越来越意识到输入数据质量的重要意义。

（三）巨灾模型的构成

巨灾模型包括四个基本组成内容：致灾因子、资产清单、脆弱性和损失（如图14-4所示）。首先，致灾因子模型是致灾因子特征描述，例如地震通过震中位置、瞬间能量和其他相关参数。飓风是通过描述路径和风速。一定量级的频率或事件发生的频率也用来描述致灾因子，但这是个需要讨论的问题。

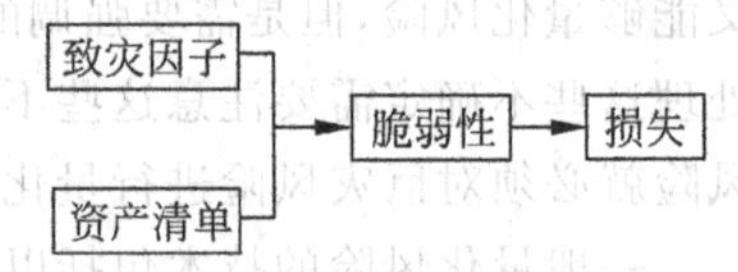

图14-4 巨灾模型构成简图

其次，模型中处于风险中的资产清单或资产组合要尽可能准确。模型中最重要的参数是描述资产清单中处于风险中的每项财产的位置。根据财产定位空间术语以及其他特征来帮助评估财产的脆弱性。如建筑物，这些参数包括建筑类型、不同结构类型的数量、建筑年限等，还包括是否购买保险、保单政策，扣除和保额限制等条款也要记录在清单里面。

致灾因子和财产清单模块能够计算处于风险中的建筑物损害的脆弱性和敏感性。从本质上看，巨灾模型的致灾因子和脆弱性模块主要是量化自然灾害对财产的物理损害程度。例如，HAZUS把建筑物分成轻微损坏、中等损坏、严重损坏和完全损坏四个等级。其他模型的损失曲线和相关建筑物结构损害也有严格参数，如最高峰值速度或谱加速度。在所有的模型中，损失曲线是由建筑物、其内财产和时间因素导致的损失确定的，例如商业中断或重新恢复成本。

通过计算脆弱性够计算出资产损失。巨灾模型把损失分成直接损失和间接损失，直接损失包括修理成本和扣除折旧的重置成本，间接损失包括商业中断影响和重新恢复成本。另外，业主的财产模型包括保险政策分析的方面内容，这样损失能够正确地分散与配置。

（四）巨灾模型在风险管理中应用

1. 巨灾模型是通过其输出的定量数据和信息来评估巨灾风险和提高风险管理决策的。巨灾模型对业主防灾减灾有帮助，还能评估风险管理的替代战略，例如减灾、保险、再保险和巨灾债券。巨灾模型的客户包括保险人、再保险人和再保险经纪人。特别是再保险经纪人需要收集潜在客户风险资料，通过输入数据运行模型得出输出结果，并提供给相关再保险人。

2. 巨灾模型还能够为资本市场的巨灾证券进行准确定价。事实上，资本市场对自然灾害风险保持关注并通过巨灾模型来量化风险，巨灾模型输出结果也对业主们的决策有着直接或间接的影响。在政府层面，巨灾模型能够为政策制定者和应急管理机构提供技术支持。通常情况下，政府使用巨灾模型的同时，还考虑使用HAZUS（前面章节已经详细介绍）的方法评估地震等灾害影响。美国HUZUS模型的输出结果是创建潜在损失GIS地图，再给定致灾因子的参数、处于风险中的财产密度分布，为政府提供灾害应急救援和灾后恢复重建等帮助。

3. 巨灾模型的另一个输出是超概率曲线，即*E-P*曲线。*E-P*曲线是在给定时间段内，一定的资本市场证券投资组合条件下，超越一定水平损失可能性的曲线，特别要关注*E-P*曲线的右尾部，即最大损失的位置。*E-P*曲线与GIS损失图相比，GIS代表了空间的损失情况，*E-P*曲线描绘的是随时（临时）的情况。*E-P*曲线对保险人和再保险人最大的价值在于决定公司投资组合的潜在损失的大小和分布情况，通过 *E-P* 曲线可以决定公司想要承保的房屋类型和区域位置、提供的保障大小、收取的保费。此外，保险人还用 *E-P* 曲线来决定他们需要转移再保险市场和资本市场风险的比例，以避免保证不破产而保持一定的可接受水平，例如，假设保险公司指定损失超概率为 1%时可接受 1000 万美元的损失，根据 *E-P* 曲线，公司可以确定不能接受超过 1%水平的 1500 万美元的损失，这时，保险公司则需要转移 500 百万美元的损失给再保险公司或买巨灾债券来转移风险。

四、巨灾风险模型的评估流程

(一) 巨灾风险模型的风险评估概述

风险概率分析在工程防灾设计上一直以来起着重要角色，例如建筑工程抗震设防。概率风险技术应用已扩展到评估现有建筑物财产清单，评估自然灾害导致的经济损失和保险损失。在美国等经济发达国家，巨灾模型的损失评估技术，已经得到保险公司和风险管理界广泛接受，并且保险公司也严重依赖损失评估技术支持大规模投资与管理决策。

巨灾损失评估的概率分析方法最适合处理所有与自然灾害有关的大量资料本身所固有的不确定性问题。保险精算师利用大量现有索赔数据使用传统的统计技术来估计未来损失(例如汽车和火灾保险)，但传统方法不适用于估计巨灾损失。因为在资产不断变化的情况下，发生次数相对较少的巨灾事件导致的历史损失数据比较少，而使用有限的历史损失数据不能有效地推断并估计出灾害对经济的影响。此外，资产本身的价值的变化也会导致修复与重置的成本变化。因此，新的建筑对巨灾的易损性也将与现存建筑物有所不同。

尽管概率方法通常被认为是最适合的评估方法，但是概率方法本身的复杂性是多方面的。该评估需要模拟一定时间和空间内的复杂物理现象，汇编详细的建筑物清单的数据库，估计各种建筑物结构和其内部财产损坏情况，把物理损害转变成货币损失金额，最后再汇总全部的建筑物组合。总之，巨灾模型的致灾因子模块定义为致灾因子的物理参数超越各种不同水平标准的概率。例如地震，模型估计参数是地面峰值加速度或谱(反应谱)加速度(通过简谐振动定义的经验最大加速度，用来代表建筑物的反应)在某个特殊场地超越各种特定标准水平的概率。脆弱性模块处理致灾因子导致的建筑物及其内部财产的潜在损害程度，即地震巨灾模块用来评估由于地面震动导致建筑物损害超越各种水平的概率。损失模块是评估物理损害转换成货币损失金额的超越各种水平损失的概率。致灾因子和脆弱性模型一起构成通常我们所谓的概率风险分析。地震风险模型方法是基于 Cornell(1968)概念模型，巨灾损失模型是概率风险分析的应用，并带有一定经济损失精算的特点。巨灾模型的最终结果是超概率曲线(前面已经介绍)，*E-P* 曲线通常用来进行保险分析。需要注意的是在评估过程中，每个阶段都需要考虑各种模型参数的不确定性。和所有的模型一样，巨灾模型也需要真实的数据进行模型构建和检验，而且很大程度上依赖对自然致灾因子发生频率和破坏特征机理的理解与认识。虽然人类迄今为止还没有完全清楚这些物理现象背后的复杂机理，但是科学家和工程师已经借助不断进步的高精仪器和科学计算能力在该领域积累了大量知识和信息。通过整合这些信息和知识，人们正在研究和建立了一些科学理论和经验模型，能够较好地模拟这些复杂现象。

(二) 致灾因子模型(hazard module)

巨灾模型必须明确致灾因子的三个基本参数：即未来致灾因子最可能发生的地点、发生频率和严重程度(这三个要素也是我们通常所说的自然灾害的"时空强"三要素)。巨灾模型对于每个定义这些元素的变量的概率分布是建立在历史数据基础上的,选择、模拟和筛选这些分布不仅基于统计技术的专门应用,也基于对既有的科学原理和自然灾害的理解。通过对这些概率分布的抽样,模型输出大量模拟事件,生成每个模拟事件的参数源,模拟受影响地区的强度的结果,得到受影响地区的强度评估值。

建立巨灾模型需要获得潜在致灾因子发生的地点和发生频率,巨灾事件年发生概率通常是巨灾模型致灾因子模块中最关键和不确定的。这是因为灾害的破坏和损失概率直接与该评估结果有关。这种不确定部分原因是缺少必要的历史数据来构建可靠的统计重现模型,但真正决定自然致灾因子在任何一个时间段发生概率的是其物理机理和其表面边界条件,但目前科学家对致灾因子发生机理和边界条件仅有零散掌握。

(三)资产清单模块(inventory module)

巨灾模型为整个保险业、私人公司的投资组合、个体居民建筑投保人评估的可保损失提供决策分析支持。该模型在典型地区通过政府和私人资本的总体资产暴露建立最新数据。这些数据主要包括资产的数目、资产所处的风险及其价值、商业运营中断(住宅、商业和工业)、固定资产信息(包括建筑物,附属物,内部财产和使用时间或损耗)、所有人(业主)建筑结构类型等。清单数据地区的不同不但包括建筑实体,还包括建筑规范等。关于建筑物内的财产损坏函数则是由业主本人的财富阶层和结构损坏确定。当评估私人保险公司投资组合时,模型必须和客户紧密配合来识别那些缺少或错误的数据并进行相应的检验。客户提供的信息越详细,输入巨灾模型后就会得到越详细和越可靠的输出结果。巨灾模型能够全面考虑结构元件细节,例如屋顶、地板、使用时间、房龄、高度等。对于特殊有价值的建筑物,还需要进行场地分析。比较代表性的是,工程师进行场地调查,整合实际设计文档信息,包括居民个人建筑内部的组成(梁、柱、接合处、分割等)和其内部材料财产。巨灾模型脆弱性模块的构建是根据地震或飓风导致的建筑物损坏的量化公式。

(四)脆弱性和损失模块(vulnerability and loss module)

脆弱性包括物理、经济、生命和社会脆弱性等内容,损失则是指巨灾风险的潜在损失。

总之,巨灾模型包括四个组成部分(致灾因子、资产清单、脆弱性和损失),来帮助保险公司决策提供什么类型的保险。连结巨灾模型的风险评估和实施风险管理战略的关键问题是巨灾风险的各个利益相关者的决策程序。利益相关者收集的信息类型、他们的决策方法和目标决定了他们建立的风险管理战略。对于保险公司,巨灾模型是主要的风险信息的来源,保险公司建立风险管理战略决策的原则是获得最大收益、满足生存约束。地震灾区的业主使用简化的决策规则来决定他们是否采取减灾措施来减轻其财产的损失风险或者是购买保险。

广义的风险管理战略可以分为风险减少策略(如减轻灾害)和风险转移策略(如再保险)。例如,居民财产业主战略常常涉及各方案的组合,包括减灾、保险、建筑物强制规范、土地使用规划规范。在加州和佛罗里达州这些规范和方案都是存在的。保险公司收取较高保费的战略反映了风险的不确定性,改变它们的投资组合能够把风险分散许多其他地区,使用风险转移工具来重新分配风险,如再保险或巨灾债券。

风险评估与风险管理的总体框架如图 14-5 所示。

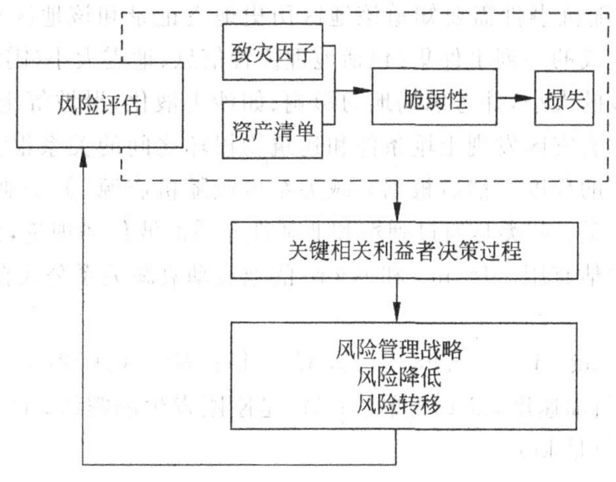

图 14-5　风险评估与风险管理总体框架

第 2 节　巨灾风险模型基本框架

本节内容将解释关于巨灾风险的工程模型。讨论的问题是一般的巨灾风险——风险模型技术框架和介绍美国的地震风险模型及其对不确定的处理。

一、巨灾风险模型的一般框架

下面给出巨灾风险模型的一般框架，它们有 5 个组成部分或者模块，分别是：

(1) 生成一个完整的事件集，能够代表可能的情况包括频率和损失严重性；

(2) 对每种情景找到致灾因子的地理分布；

(3) 汇总区域的组合暴露，包括建筑物价值、结构类别和人口等；

(4) 计算给定致灾因子分布的暴露实体的脆弱性(损坏或死亡)；

(5) 风险货币化，即金融模型，包括直接经济损失和所有利益相关者的损失分担情况。

二、美国地震风险模型

最简单的地震风险模型可根据其衰减关系来分析和研究，但无论是什么关系，无外乎是根据烈度和结构脆弱性关系分析，或者利用用 PGA 和脆弱性关系分析。下面介绍地震模型建立的最基本的方法。

1. 震源

记录不同断层附近地区所有可能产生的地震(预测地震)发生的时间，理论上我们可以将所有可能的地震随机模拟出来，时间间隔可以细分也可以粗分，间隔的大小取决于需要的精度。这部分内容主要是生成随机震源，并尽量使未来可能发生的地震在这个范围内。中国地震更复杂，有好多山区没有发现断层，需要进一步系统发现和总结，因此，数据不是很准。下面介绍最基本的美国地震危险模块。尽管现在模型更加复杂和先进，但研究基本的地震风险模型的方法是非常必要的。生成随机事件集能够代表导致该地区所有可能财产损失的事件，生成这些随机事件需要知道该地区历史地震记录和该地区建筑物的基础信息。模块的最终结果是生成的一列事件集（包括地理位置信息、地震大小（震级）和相应的概率）。

第二是根据震级的大小，并考虑场地的影响、如沙土液化，滑坡等土壤的影响（软土、基岩等），这是因为在地震灾区发现土壤条件和建筑物损坏之间的关系很大，液化和滑坡能够显著增加建筑物损坏的程度。然后根据衰减关系生成随机震源，关于地面震动衰减的评估地震动的方法分为两类：一类是通过弹性和非弹性介质的波传播理论，另一类是经验模型。后者对工程和风险评估有用。Joyner 和 Boore 的地震动衰减关系公式在 20 世纪 80 年代后得到广泛应用。

$$\log_{10} A = -0.95 + 0.23 M_0 - \log_{10} R_1 - 0.0027 R_1$$

式中，A 代表地面峰值加速度，以 g 为单位；M_0 是刚刚发生的震级；R_1 代表距离断层断裂表面的最近距离，单位是 km。

2. 暴露分布

为了评估风险，我们不得不知道什么暴露于风险之中，保险公司的客户是否属于组合所包括的暴露区域。我们需要知道风险（建筑物）的位置在哪里，那里是否存在断层和不利的土壤条件，建筑物价值也是保险基本信息（如可扣除额，保险限额等）也很重要。我们必须更好地提高获取这些数据的质量，因为数据的质量甚至比模型本身更重要。保单投保标的的地址要清楚具体，但再保险公司只要粗略的地址，但这样粗略的数据会导致易损性的误差增大，还会导致建筑年代（涉及建筑规范）、层数等问题带来的不确定。

3. 脆弱性评估

传统的地震损失评估方法通常基于经验的烈度-损失比关系计算，这里的损失比定义为维修成本和重置成本的比率。该评估原理是为某类建筑物提供一个平均的损失比。实际上，对某一个具体建筑物来说，实际损失与这种经验公式得到的损失评估值相差甚远。

根据各种不同结构的建筑物情况和已经标准化地震动水平和场地条件水平，ATC-13 应用德尔菲法做了一个专家调查，以获取专家们真实而诚恳的意见。通过统计分析调查的结果，ATC-13 推荐使用贝塔分布来反演各种情况下的损失比率。这里需要注意美国保险赔偿还需要考虑损坏建筑物垃圾清理费用，我国城市地震损失建筑物垃圾清理也会面临这样问题，因此，建筑物的地震损失可以或可能达到 100% 的水平。因此，在给定地震动烈度（MMI）和建筑物类别，平均损失率可以通过下列公式给出：

$$m_R = g(\text{MMI}, \text{class})$$

其中，m_R 为平均损失率，MMI 为烈度，class 为建筑类别。

总之，对每种致灾因子的危险性，建筑物的易损性依赖于其四个主要属性：建筑物使用（占用）类型、建筑物的类别、建筑高度和建筑年代。但是，具体的建筑物的损失比 R 是一个随机变量，可以通过下面的公式给出：

$$f_R(r) = \frac{1}{B(\lambda,\nu)} \cdot \frac{(r)^{\lambda-1}(100-r)^{\nu-1}}{100^{\lambda+\nu-1}}, \quad 0 < r < 100$$

这里 $B(\lambda,\nu)$ 是贝塔函数，r 是损失比率，λ 和 ν 是贝塔分布的参数，根据平均损失比率 m_R 和损失比的变异系数 V_R，计算贝塔密度函数的参数公式如下：

$$\lambda = \frac{100 - m_R - m_R V_R^2}{100 V_R^2}$$

$$\nu = \frac{\lambda(100 - m_R)}{m_R}$$

损失的变动性是随机的,并不取决于地理位置,由于偶然的不确定性可能导致同样位置的同样类别建筑物也可能产生不同的损坏情况。例如 1985 年墨西哥地震,发现远距离的大地震能够在建筑物和土壤条件之间产生共振。关于地震灾害损失评估的方法,图中给出了两种方法对地震破坏损失进行技术评估:一种是传统的烈度评估,其过程是通过震源计算出地理烈度 MMI 再进行场地影响修正烈度 MMI,最后得出烈度与损害之间的关系曲线,计算损坏比。另一种是通过震源的地震动峰值加速度、速度和振幅等计算出地面的频谱加速度(岩石和土),再计算建筑物结构反应谱,最后得出反应谱加速度和损害比之间的关系曲线。

4. 金融模型

通常情况下,被保险的资产标的可能处于单独的地理位置或者分布在许多地理位置。一个保单规定具体保险范围是某些地理位置区域范围内资产。

保险公司的保单有三个层次(level):地理位置(location)、保单(policy)、保单投资组合(potfolio,多个保单的组合)。这些财产的损失赔偿包括自己赔付、保险公司赔付和超过保额部分自己承担或再保险承担损失的三个层次。图 14-6 是分等级的保单组合、保单与资产位置的关系。这部分内容讨论损失是怎样在不同利益相关者之间进行分担(被保险人、主要保险人和再保险人),一般情况下,保险公司的损失可以简单进行计算,公式为

$$G = \min(\max(\mathrm{LB} - d, 0), \mathrm{limit})$$

式中,G 是保险公司的损失,LB 是建筑物实际的损失(投保人建筑物实际损失),d 是可扣除额,limit 是保险限额。

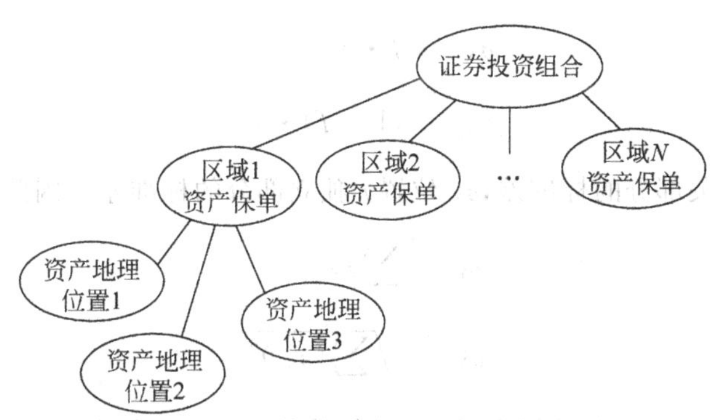

图 14-6 分等级的保单组合、保单和资产位置关系图

事实上保险公司的损失也是不确定的,通常是一种损失分布,如从 0 到总损失 T 的贝塔分布。如从全风险损失角度,分析三种可能发生情况的损失分配可以看出:风险损失从 0 到总损失 T 具有不同的概率。保险公司的总保险损失(我们表达为损失,可扣除额和限额是总损失的百分比)将为

$$y = \begin{cases} 0, & x \leqslant d \\ x - d, & d < x \leqslant d + l \\ l, & x > d + l \end{cases}$$

式中,y 为保险损失,x 为建筑物损失,d 是可扣除额,l 是保险限额。这样,我们得到两个离散的概率和中间部分概率密度函数。有时,保险公司也提供所谓的"阶梯可扣除额",或者特

许可扣除额。这种情况下,保险总损失计算公式为

$$y=\begin{cases}0, & x\leqslant d\\ x, & d<x\leqslant l\\ l, & x>1\end{cases}$$

损失服从贝塔分布,我们可以计算所有利益相关者的期望损失,还可以通过模拟得到保单层面的损失。考虑一个保单有不同位置的资产,保单损失均值很容易计算得出,即位置损失的总和。但是,保单损失的标准差就比较复杂,这是因为每一对位置之间存在相关性,我们利用权重方法假设存在相关部分是 f,独立部分是 $1-f$。

定义 X_i 为位置 i 的损失随机变量,假设每个位置的平均损失为 $\bar{X}_i$,损失的标准差为 σ_{X_i},我们回顾一下保单均值,计算出保单标准差,相应的保单损失 Y 为

$$Y=\sum_i X_i,\quad i=1,2,\cdots,n$$

式中 n 是保单所有位置数目,则保单总损失均值为

$$\bar{Y}=\sum_i \bar{X}_i,\quad i=1,2,\cdots,n$$

总损失或保单的标准差为

$$\sigma_Y=f\sum\sigma_{X_i}+(1-f)\sqrt{\sum\sigma_{X_i}^2}$$

因此,可以利用 f 来确定选择组合的权重,反映投资组合总的相关和独立之间的关系。从上式看出:$f=1$ 意味着总的相关接近总相关,如果 $f=0$ 意味完全独立。

很容易将标准差分成两部分:

$$\sigma_{X_i}^c=f\cdot\sigma_{X_i}$$

$$\sigma_{X_i}^i=(1-f)\cdot\sigma_{X_i}$$

式中 $\sigma_{X_i}^c$ 是位置 i 相关部分的标准差,$\sigma_{X_i}^i$ 位置 i 独立部分的标准差。因此,集合很简单:

$$\sigma_Y^c=\sum\sigma_{X_i}^c$$

$$\sigma_Y^i=\sqrt{\sum(\sigma_{X_i}^i)^2}$$

式中,σ_Y^c 是保单损失相关部分的标准差,σ_Y^i 是保单独立部分的标准差。用这种方法,我们能够做组合集合损失,甚至不同组合的集合损失的标准差。例如,假设 Z 是组合的损失,那么它的标准差是

$$\sigma_Z^c=\sum\sigma_{Y_j}^c$$

$$\sigma_Z^i=\sqrt{\sum(\sigma_{Y_j}^i)^2}$$

我们将把每个事件分成两部分:相关部分和独立部分。到目前为止,我们仅得到保单损失分布的两个参数,理论上真实的分布需要通过模拟近似得到,目前的实践是假设保单地面上的损失,损失也是贝塔分布从0到保单总暴露(有限的),这是我们计算不同利益者的保单损失的基础。

第 3 节　巨灾模型中的概率分布应用

本节内容主要讨论概率论与数据统计在巨灾模型中的应用。主要涉及以下几个与概率论与数理统计相关的问题：随机变量规律、限制条件、空间相关性、传统分布与数值模拟等。

一、随机变量及其分布在巨灾风险评估中的应用

（一）泊松分布

$$P(n)=\frac{\lambda^n e^{-\lambda}}{n!},\quad n=0,1,2,\cdots$$

注意：这里 λ 是表示巨灾事件的发生概率，而且我们从理论上可以得到从 0～∞次事件发生的概率。即

$$f(\lambda,v,x)=\frac{\Gamma(\lambda+v)}{\Gamma(\lambda)\Gamma(v)}x^{\lambda-1}(1-x)^{v-1},\quad 0\leqslant x\leqslant 1$$

$$\sum_n P(n)=1,\quad n=0,1,2,\cdots$$

对于连续随机变量，如果建筑物评估价值为 100 万元，那么地震导致的损失可能是从 0 到 100 万元之间任何一个数，这个可能将产生无限个结果，通常用密度函数来描述连续型随机变量，如贝塔分布：这里的 $\Gamma(*)$ 是伽马函数(Gamma function)，λ 和 ν 是参数，x 是损失比率(是修复成本和重置成本的比率)。注意，0 到全部损失(total loss)的概率和为 1。

$$\int_0^1 f(x)\mathrm{d}x=1$$

（二）混合分段的随机变量在巨灾中的应用

在某些情况下，我们需要用混合的分段随机变量来描述灾害损失，例如当投保的建筑物保单带有免赔额(或扣除部分)和保额限额时，那么保险公司的损失比率 y 为

$$y=\begin{cases}0, & x\leqslant d\\ x-d, & d<x\leqslant d+l\\ l, & x>d+l\end{cases}$$

而对于投保人(被保险人)的损失比率 z 是

$$z=\begin{cases}x, & x\leqslant d\\ d, & d<x\leqslant d+l\\ x-l, & x>d+l\end{cases}$$

式中，x 是建筑物损失比率，d 是建筑物价值扣除部分(免赔额)比率，l 是保险限额比率。这样，对于保险公司损失，我们将得到两个离散的概率，中间部分是密度函数。即

$$P(0)+\int_0^l f(y)\mathrm{d}y+P(l)=1,\quad P(0)=\int_0^d f(x)\mathrm{d}x$$

$$P(l)=\int_{d+l}^1 f(x)\mathrm{d}x,\quad \int_0^l f(y)\mathrm{d}y=\int_d^{d+l} f(x)\mathrm{d}x$$

各部分损失分布具体情况见图 14-7。

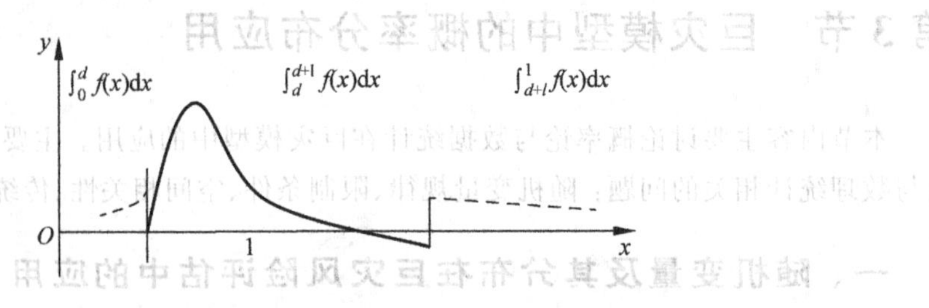

图 14-7 巨灾损失的混合分段分布

（三）随机变量的参数在巨灾风险评估中的应用

关于随机变量的参数特征计算公式前面章节已经讨论过，这里不再重复。下面我们举例分析在巨灾模型中的具体应用。假设砖混结构建筑在地震中有两个损坏状态，如表 14-2 所示。

表 14-2 砖混结构建筑的损坏状态、损失比率及其概率

损坏状态	损失比率	概率
轻微	0.1	0.4
严重	0.5	0.6

那么，通过随机变量概率分布的参数计算公式，我们可以得到下列具体参数值：

(1) 均值：$E(x)=0.1\times0.4+0.5\times0.6=0.34$

(2) 方差：$V(x)=(0.1-0.34)^2\times0.4+(0.5-0.34)^2\times0.6=0.0384$

(3) 标准差：$\mathrm{SD}(x)=\sqrt{V(x)}=\sqrt{0.0384}=0.196$

(4) 变异系数：$\mathrm{CV}(x)=\dfrac{\mathrm{SD}(x)}{E(x)}=\dfrac{0.196}{0.34}=0.576$

如果建筑物是土木结构，假设其损坏情况如表 14-3 所示。

表 14-3 土木结构的建筑物损坏状态、损失比率及其概率

损坏状态	损失比率	概率
轻微	0.1	0.9
严重	0.5	0.1

则同样的计算可以得到：

(1) 均值：$E(x)=0.1\times0.9+0.5\times0.1=0.14$

(2) 方差：$V(x)=(0.1-0.14)^2\times0.9+(0.5-0.14)^2\times0.1=0.0144$

(3) 标准差：$\mathrm{SD}(x)=\sqrt{V(x)}=\sqrt{0.0144}=0.12$

(4) 变异系数：$\mathrm{CV}(x)=\dfrac{\mathrm{SD}(x)}{E(x)}=\dfrac{0.12}{0.14}=0.75$

注意：如果是连续变量计算，可以采用积分的形式。

例如：0-U 的均匀分布密度函数为

$$f(x)=\frac{1}{U}$$

则可以得到相应的参数：均值为$\frac{U}{2}$，方差为$\frac{U^2}{12}$，标准差为$\frac{U}{\sqrt{12}}$，变异系数为$\frac{1}{\sqrt{3}}$。

（四）约束条件

有时，我们不知道建筑物是哪类结构，但基于地方年鉴或数据库得到各类建筑物的分类比例，如土石结构建筑物比例为20%，土木结构比例80%，这就增加了另一层的不确定，即建筑物类别产生的不确定（表14-4），通过计算可以得到联合条件概率，如表14-5所示。

表14-4　建筑物分类损失概率分布

建筑物分类	损坏状态	损失比率	条件概率	概率
土石建筑	轻微	0.1	0.4	0.2
	严重	0.5	0.6	
土木建筑	轻微	0.1	0.9	0.8
	严重	0.5	0.1	

表14-5　联合条件损失概率分布

建筑类别	损坏状态	损失比率	概率
土石建筑	轻微	0.1	0.08
	严重	0.5	0.12
土木建筑	轻微	0.1	0.72
	严重	0.5	0.08

基于上表，我们计算可以得到如下参数：

（1）均值：$E(x)=0.1\times0.08+0.5\times0.12+0.1\times0.72+0.5\times0.08=0.18$

（2）变量平方的均值：$E(x^2)=0.1^2\times(0.08+0.72)+0.5^2\times(0.12+0.08)=0.058$

（3）方差：$V(x)=0.058-0.18^2=0.0256$

（4）标准差：$\mathrm{SD}(x)=0.16$

（5）变异系数：$\mathrm{CV}(x)=\frac{0.16}{0.18}=0.89$

值得注意的是，当已经给出了所有的条件概率分布时，可以直接采用条件概率公式计算所有的统计值。

$$E(x)=E_y(E(x\mid y))$$

$$V(x)=E_y(V(x\mid y))+V_y(E(x\mid y))$$

（五）巨灾风险的空间相关性

假设一个组合包括许多处于不同地理位置的投保财产。如果每个地理位置的损失服从某种随机变量分布，那么组合的均值可以计算出来，即组合的损失是组合中所有位置的损失的总和；均值是所有位置平均损失的总和。但是，组合的总损失的标准差比较复杂，这是因为不同地理位置的损失之间可能存在相关性。如果定义X_i是一个随机变量，损失位置为i。假定给出每个位置的平均损失为$\overline{X}_i$，每个位置的损失的标准差是σ_{X_i}，均值$\overline{Y}$和标准差σ_Y分别为

$$Y=\sum_i X_i,\quad i=1,2,\cdots,n$$

这里，n 是组合所有的位置总和。组合的总损失平均值（组合的均值）为

$$Y = \sum_i X_i, \quad i = 1,2,\cdots,n$$

总损失的标准差或组合的方差为

$$\mathrm{Var}(Y) = \sigma_Y^2 = \sum_{i=1}^{n}\mathrm{Var}(X_i) + 2\sum_{i=1}^{n}\sum_{j=i+1}^{n}\mathrm{Cov}(X_i, X_j)$$

$$\mathrm{Cov}(X_i, X_j) = \rho_{i,j}\sigma_{X_i}\sigma_{X_j}$$

式中 $\rho_{i,j}$ 是地理位置 i 和 j 的损失之间的相关系数。因此，组合损失均值是位置损失均值的总和。组合的方差则取决于不同两个位置损失的相关系数和变异系数。

假设所有位置损失之间的相关系数同为 ρ，那么上述方差公式可以简写为

$$\sigma_Y^2 = \sum_{i=1}^{n}\sigma_{X_i}^2 + 2\rho\sum_{i=1}^{n}\sum_{j=i+1}^{n}\sigma_{X_i}\sigma_{X_j}$$

进一步简化，可以得出特殊情况的参数值：即当所有的损失之间都是完全正相关，即相关系数为 1，则协方差公式可以写为

$$\mathrm{Cov}(X_i, X_j) = \sigma_{X_i} \cdot \sigma_{X_j}$$

简化上述方差公式得到

$$\sigma_Y^2 = \sum\sigma_{X_i}^2 + 2\sum_{i=1}^{n}\sum_{j=i+1}^{n}\sigma_{X_i}\sigma_{X_j}\left(\sum\sigma_{X_i}\right)^2$$

因此，$\sigma_Y = \sum\sigma_{X_i}$。

换句话说，当位置损失完全正相关时，组合的标准差是位置标准差的和。而当所有变量之间相互独立，即 $\rho_{i,j}=0$ 时，则得到上述协方差公式为

$$\mathrm{Cov}(X_i, X_j) = 0, \quad i \neq j$$

方差公式为

$$\sigma_Y^2 = \sum_{i=1}^{n}\sigma_{X_i}^2$$

因此，可以得到组合的标准差公式

$$\sigma_Y = \sqrt{\sum\sigma_{X_i}^2}$$

因此，我们可以总结：当位置的损失之间都是相互独立的，组合的方差是位置的方差的和。

接下来再分析另外一种特例，假设组合损失具有同样的标准差（不必具有同样的平均损失），例如当 $\sigma_{X_i}=\sigma_X, i=1,2,\cdots,n$ 时，组合损失的方差为 $\sigma_Y = n \cdot \sigma_X$，标准差为 $\sigma_Y = \sqrt{n} \cdot \sigma_X$。

二、传统概率分布在巨灾风险估计中的作用

（一）伯努利分布

假设 $p=0.01$ 为房屋火灾的发生概率，房屋的总价值为 l，房屋的期望损失 μ，则可以得到房屋的期望损失公式为

$$\mu = E(l) = l \cdot p + 0 \cdot (1-p) = l \cdot p = 0.01 \cdot l$$

通过计算可以得到房屋期望损失的标准差和变异系数分别为

$$S(L) = \sqrt{\mathrm{Var}(L)} = l\sqrt{p \cdot (1-p)} = l\sqrt{0.01 \cdot 0.99} \approx 0.1 \cdot l$$

$$\mathrm{CV}(L) = \frac{S(L)}{E(L)} = 10$$

（二）二项分布

对于服从伯努利分布的随机试验，如果试验随机变量结果相互独立，则成功或指定结果为 k 次的分布：

$$p(k)=C_k^n p^k(1-p)^{n-k},\quad k=0,1,\cdots,n$$

这里的 C_k^n 是二项分布系数，其计算公式为

$$C_k^n=\frac{k!}{k!(n-k)!}$$

其期望与方差分别为

$$\mu=np$$

$$\mathrm{Var}(k)=\sigma^2=np(1-p)$$

有时，需要知道累积的概率，即成功的次数（指定结果）小于等于 k 的分布。假设 10 000 间房屋具有同样的损失 l，每次着火损失概率是 0.01，进一步假设所有房屋发生火灾是相互独立的，那么期望损失、方差、标准差和变异系数分别为

$$E(\mathrm{TL})=npl=10\,000\times0.01\times l=100l$$

$$\mathrm{Var}(\mathrm{TL})=\sigma^2=np(1-p)\cdot l^2$$

$$S(\mathrm{TL})=\sqrt{\mathrm{Var}(\mathrm{TL})}=l\sqrt{np(1-p)}=l\sqrt{10\,000\times0.01\times(1-0.01)}\approx10l$$

$$\mathrm{CV}(\mathrm{TL})=\frac{S(\mathrm{TL})}{E(\mathrm{TL})}=0.1$$

值得注意的是，如果和前面利用伯努利模型算例对这些结果进行对比，对于 10 000 间房屋的期望损失是（$100l$）相当于单个房屋 10 000 次的期望损失（$100l$），而 10 000 间房屋的标准差（$10l$）仅仅是单一房屋标准差（$0.1l$）的 100 倍。这意味着随着房屋的数量 n 增加，标准差以 $n^{\frac{1}{2}}$ 线性增长。可以预期，当 n 无限大，均值的标准差就会更加可以忽略。这就接近于大数法则，符合保险定律。

（三）几何分布

在伯努利试验中，如果我们想要知道首次出现成功（指定结果）发生在第 n 次试验的概率，那么我们可以利用几何分布公式计算。关于几何公式前面章节已经讲述。

（四）泊松分布

泊松分布的均值和方差均是 λ，有时很容易利用回归公式：

$$p(0)=\mathrm{e}^{-\lambda},\quad P(n)=\frac{\lambda}{n}P(n-1),\quad n=1,2,\cdots$$

同样可以得到相应的累积概率公式，泊松分布的子集分布依然符合泊松分布。泊松分布可以应用于地震发生概率计算等。

（五）负二项分布

许多情况下，负二项分布更适合实际数据，它已经证明要比泊松分布更好地符合实际巨灾风险的损失情况。因为负二项分布比泊松分布具有更大的方差和更长的尾巴。当方差接近于均值时，负二项分布会聚成泊松分布。如果我们知道事件服从泊松分布，但发生概率不能确定。当发生概率未知并假设服从 0 到无限的伽马分布，在泊松模型合并这个变异之后，结果就是负二项分布。因此，得到公式

$$P(n)=\frac{\Gamma(n+\alpha)}{\Gamma(n+1)\Gamma(\alpha)}\left(\frac{1}{1+\beta}\right)^n\left(\frac{\beta}{1+\beta}\right)^\alpha$$

发生 n 次的均值和方差为

$$m_n = \frac{\alpha}{\beta}, \quad V_n = \frac{\alpha(1+\beta)}{\beta^2} = \frac{\alpha}{\beta^2} + \frac{\alpha}{\beta}$$

$$\alpha = \frac{m_n^2}{V_n - m_n}, \quad \beta = \frac{m_n}{V_n - m_n}$$

我们用回归公式得到

$$p(0) = \left(\frac{\beta}{1+\beta}\right)^{\alpha}, \quad P(n) = \frac{(n-1+\alpha)}{n(1+\beta)} P(n-1), \quad n = 1,2,\cdots$$

同样地，其累积概率为

$$F(n) = P(i \leqslant n) = P(0) + \sum_{k=1,n} \frac{(k-1+\alpha)}{k(1+\beta)} P(k-1), \quad n = 1,2,\cdots$$

做个对比，我们看看随机事件发生比率的均值为 1，如果这个事件服从泊松分布，那么方差也是 1，n 事件的概率如表 14-6。但是，如果事件方差是 1.5，那么服从负二项分布的概率也见表 14-6。尽管 0 事件的泊松分布比负二项分布小，负二项分布对于大数量的事件一个比泊松分布大。即比较大的方差，分布更长并具有肥尾。（对比分析见刘新立的书中案例。）

表 14-6　随机事件次数的泊松分布和负二项分布

次　数	概　率	
	泊松分布	负二项分布
0	0.367 879	0.444 444
1	0.367 879	0.296 296
2	0.183 94	0.148 148
3	0.061 313	0.065 844
4	0.015 328	0.027 435
5	0.003 066	0.010 974
6	0.000 511	0.004 268
7	7.3E-05	0.001 626
8	9.12E-06	0.000 61
9	1.01E-06	0.000 226
10	1.01E-07	8.28E-05

由于发生某种自然灾害不仅仅是一次，所以采用负二项分布计算可能更好。

（六）正态分布

$$f(x) = \frac{1}{\sigma\sqrt{2\pi}} \exp[-(x-\mu)^2/2\sigma^2], \quad -\infty < x < +\infty$$

均值和方差分别是 μ 和 σ^2，这里不再举例说明其应用。

（七）对数正态分布

随机变量服从对数正态分布，如令 $x=\ln y$，这里 x 是正态分布，则

$$f(y) = \frac{1}{y\sigma\sqrt{2\pi}} \exp\left[-\frac{1}{2}\left(\frac{\ln y - m}{\sigma}\right)^2\right], \quad y \geqslant 0$$

这里 $m=m_x=m_{\ln y}$，$\sigma=\sigma_x=\sigma_{\ln y}$。

推导出自于下面两个公式：

$$m = m_x = \ln m_y - \sigma_x^2/2, \quad \sigma^2 = \sigma_x^2 = \ln[(\sigma_y/m_y)^2 + 1]$$

$$m_y = \exp(m_x + \sigma_x^2/2), \quad \sigma_y^2 = m_y^2[\exp(\sigma_x^2) - 1]$$

$$F(y_u) = \int_0^{y_u} \frac{1}{y\sigma\sqrt{2\pi}} \exp\left[-\frac{1}{2}\left(\frac{\ln y - m}{\sigma}\right)^2\right] \mathrm{d}y = \Phi\left(\frac{x_u - m}{\sigma}\right)$$

这里 $x_u = \ln y_u$，$\Phi(\cdot)$是标准正态分布的累积分布。

（八）伽马分布

$$f(x) = \frac{\lambda^\nu}{\Gamma(\nu)} x^{\nu-1} \exp(-\lambda x), \quad x \geqslant 0$$

均值是 ν/λ，方差为 ν/λ^2。

$$f(\lambda,\nu,x) = \frac{\Gamma(\lambda+\nu)}{\Gamma(\lambda)\Gamma(\nu)} x^{\lambda-1}(1-x)^{\lambda-1}, \quad 0 \leqslant x \leqslant 1$$

（九）贝塔分布

$\Gamma(*)$是伽马函数，它具有循环关系：

$$\Gamma(\lambda+1) = \lambda\Gamma(\lambda)$$

$$\Gamma(\lambda+2) = (\lambda+1)\Gamma(\lambda+1) = (\lambda+1)\lambda\Gamma(\lambda)$$

均值为 $\lambda/(\lambda+\nu)$，方差为 $\lambda\nu/[(\lambda+\nu)^2(\lambda+\nu+1)]$。

贝塔分布具有下列特点：

$$\int_0^1 f(\lambda,\nu,x)\mathrm{d}x = 1$$

$$E(x) = m = \int_0^1 x f(\lambda,\nu,x)\mathrm{d}x = \frac{\lambda}{\lambda+\nu}$$

$$E(x^2) = \int_0^1 x^2 f(\lambda,\nu,x)\mathrm{d}x = \frac{\lambda(\lambda+1)}{(\lambda+\nu)(\lambda+\nu+1)}$$

方差为

$$\mathrm{Var}(x) = E(x^2) - (E(x))^2 = \frac{\lambda\nu}{(\lambda+\nu+1)(\lambda+\nu)^2}$$

变异系数为 k 可以得到

$$k^2 = \frac{\mathrm{Var}(x)}{(E(x))^2} = \frac{\nu}{\lambda(\lambda+\nu+1)}$$

有时，我们知道 x 的均值和变量的变异系数，那么我们可以计算通过下列公式计算贝塔参数：

$$\lambda = \frac{1-m-mk^2}{k^2}, \quad \nu = \frac{\lambda(1-m)}{m}$$

对于不完全贝塔函数，我们可以得到

$$\int_0^d f(\lambda,\nu,x)\mathrm{d}x = F(\lambda,\nu,d)$$

$$\begin{aligned}\int_0^d x f(\lambda,\nu,x)\mathrm{d}x &= \int_0^d x \frac{\Gamma(\lambda+\nu)}{\Gamma(\lambda)\Gamma(\nu)} x^{\lambda-1}(1-x)^{\nu-1}\mathrm{d}x \\ &= \int_0^d \frac{\lambda}{\lambda+\nu} \frac{\Gamma(\lambda+\nu+1)}{\Gamma(\lambda+1)\Gamma(\nu)} x^{(\lambda+1)-1}(1-x)^{\nu-1}\mathrm{d}x \\ &= mF(\lambda+1,\nu,d)\end{aligned}$$

$$\int_0^d x^2 f(\lambda,\nu,x)\mathrm{d}x = \int_0^d x^2 \frac{\Gamma(\lambda+\nu)}{\Gamma(\lambda)\Gamma(\nu)} x^{\lambda-1}(1-x)^{\nu-1}\mathrm{d}x$$
$$= \int_0^d \frac{\lambda(\lambda+1)}{(\lambda+\nu)(\lambda+\nu+1)} \frac{\Gamma(\lambda+\nu+2)}{\Gamma(\lambda+2)\Gamma(\nu)} x^{(\lambda+2)-1}(1-x)^{\nu-1}\mathrm{d}x$$
$$= E(x^2)F(\lambda+2,\nu,d)$$

对于整数的积分，我们可以简化公式为

$$\int_d^1 f(\lambda,\nu,x)\mathrm{d}x = 1-\int_0^d f(\lambda,\nu,x)\mathrm{d}x = 1-F(\lambda,\nu,d)$$

$$\int_d^1 x f(\lambda,\nu,x)\mathrm{d}x = m-\int_0^d x f(\lambda,\nu,x)\mathrm{d}x = m\cdot(1-F(\lambda+1,\nu,d))$$

$$\int_d^1 x^2 f(\lambda,\nu,x)\mathrm{d}x = E(x^2)-\int_0^d x^2 f(\lambda,\nu,x)\mathrm{d}x = E(x^2)\cdot(1-F(\lambda+2,\nu,d))$$

假设我们的保单具有扣除额和限额，保险人的损失将为

$$y=\begin{cases}0, & x\leqslant d\\ x-d, & d<x\leqslant d+l\\ l, & x>d+l\end{cases}$$

这里的 d,l,x 和 y 都是建筑物的部分价值。

根据上述贝塔函数的特点，得到对于不同利益相关者的经济视角得到的损失为

$$E(C) = m\cdot F(\lambda+1,\nu,d)+d(1-F(\lambda,\nu,d))$$

$$E(G) = m\cdot(F(\lambda+1,\nu,d+l)-F(\lambda+1,\nu,d))-d(F(\lambda,\nu,d+l)-F(\lambda,\nu,d))$$
$$+l(1-F(\lambda,\nu,d+l))$$

$$E(O) = m\cdot(1-F(\lambda+1,\nu,d+l))-(d+l)(1-F(\lambda,\nu,d+l))$$

并且

$$E(C^2) = E(x^2)\cdot F(\lambda+2,\nu,d)+d^2(1-F(\lambda,\nu,d))$$

$$E(G^2) = E(x^2)(F(\lambda+2,\nu,d+l)-F(\lambda+2,\nu,d))$$
$$-2dm\cdot(F(\lambda+1,\nu,d+l)-F(\lambda+1,\nu,d))$$
$$+d^2(F(\lambda,\nu,d+l)-F(\lambda,\nu,d))+l^2(1-F(\lambda,\nu,d+l))$$

$$E(O^2) = E(x^2)(1-F(\lambda+2,\nu,d+l))-2(d+l)m\cdot(1-F(\lambda+1,\nu,d+l))$$
$$+(d+l)^2(1-F(\lambda,\nu,d+l))$$

这里的 C 是客户损失（被保险人），G 是保险人的总损失，O 是超过限额的损失（通常又回到被保险人那里）。

因此，可以证明

$$E(C)+E(G)+E(O)=m$$
$$E(C^2)+E(G^2)+E(O^2)+2[d\cdot(E(G)+E(O))+l\cdot E(O)]=E(x^2)$$

有时，保单可能用阶梯扣除额（免赔额会产生道德风险问题），这样的保险公司的总损失与投

保标的的全部损失存在矛盾，G 表示保险公司的损失，d 是可扣除额，l 是限额，假设这些都在总损失范围内。如果损失 x 服从参数为 λ,ν 的贝塔分布，则可以推导出总损失期望值为

$$E(G) = E(x) \cdot (F(\lambda+1,\nu,l) - F(\lambda+1,\nu,d)) + l(1-F(\lambda,\nu,l))$$

总损失的平方的期望值为

$$E(G^2) = E(x^2)(F(\lambda+2,\nu,l) - F(\lambda+2,\nu,d)) + l^2(1-F(\lambda,\nu,l))$$

若被保险人的损失低于 d，或者超过保险限额 l，则

$$E(C) = E(x)(F(\lambda+1,\nu,d)) + (1-F(\lambda+1,\nu,l)) - l(1-F(\lambda,\nu,l))$$

$$E(C^2) = E(x^2)(1+F(\lambda+2,\nu,d) - F(\lambda+2,\nu,l)) + l^2(1-F(\lambda,\nu,l)) - 2lE(x)(1-F(\lambda+1,\nu,l))$$

第4节　巨灾模型与保险费率

本部分内容主要探究如何利用巨灾风险评估模型制定保险费率，具体内容包括费率制定概述、巨灾风险评估与保险费率的关系、保险精算原理、利用巨灾模型制定保险费率以及加州地震保险费率案例。

一、费率制定

根据保险精算标准实践，费率制定是指保险业或其他风险转移机构建立费率的过程。在美国，利用巨灾模型制定保险费率已经普遍。但利用巨灾模型进行费率制定时仍然有一些尚未解决的问题。公众私人业主不可能拥有专业技术对巨灾模型的输入、假设和输出作出合理的判断。因此，在美国的某些州，诸如佛罗里达州，已经建立由技术专家组成的独立委员会，验证模型在保险费率制定过程中的使用情况。美国国家保险委员会曾公开批评所有模型都倾向偏向保险公司，在加利福尼亚州，保险委员会费率依赖第三方和保险局提供的专家听证程序来检验模型的细节问题和假设条件，保证费率必须被公众接受和负担得起，但也要保护保险公司的财务安全和完整。费率定价时需考虑以下方面。

1. 保险精算的可接受性。费率调整（rate filings）是灾害保险员的责任，保险员必须遵从保险实践和原则。巨灾模型工具帮助保险员在保险收费中公平公正地确定保险费用责任。保险员通常是专家，因此他们熟悉模型的模块构成是必要的。保险标准委员会已经公开相关标准，需要保险员遵守：

（1）确定费率要适当地依赖专家；

（2）对模型要有基本理解；

（3）评估模型对预订的申请是否适合；

（4）决定前需要适当地确认；

（5）确定适当地使用模型。

2. 公众的接受。如预期那样，公众对模型的接受程度较低，主要因为模型的使用导致地震保险费率显著增长，没有人喜欢费率增长。问题是早前的费率制定方法是基于历史经验，从中不能获得这些损失事件的严重程度和频率。模型估计费率不精确是因为科学的不

确定，但利用巨灾模型进行保险费率估计比基于历史损失经验的外推法可靠性更高。

3. 模型与模型的不确定。假设巨灾模型损失评估的本身不确定，在模型之间就会有显著不同，模型也常常因为这个原因不予采用，除非模型公司彼此相互同意模型的费率估计是客观可行的。由于模型的输入建立在不同科学数据和工程信息的基础上，对致灾因子理解的不确定导致数据信息的不同，不同科学研究者定义的致灾因子强度不同，这些都可能导致不同的损失结果，因此，评估风险损失的风险和不确定不仅来自事件的偶然随机性，也来自知识的有限以及专家不同的解释。科学不可能给我们所有的答案，这必将导致模型结果存在差异性。但是，巨灾模型通过建立基于风险的保险费率，在管理自然灾害风险中起着重要作用。这些费率对减轻和管理那些被忽视的低概率高损失巨灾风险事件提供价格信息和经济鼓励。

4. 保险公司的财务管理。保险费率作为一种金融类经济产品，是供需的结果，同时费率必须与相关的被保险人的期望损失评估相匹配，使得购买保险是有吸引力的选择。从保险公司提供保险服务供给的方面看，对保险公司而言，在给定风险预期的情况下，保险费必须能够满足资本投资可接受的回报水平，还要必须保证保险公司破产概率尽可能低且信用等级较高，以避免信用风险的侵蚀。

如图 14-8 所示，巨灾模型可以用来为保险公司资本投资组合配置承担金融模拟。例如，通过巨灾模型建立的超概率曲线能够结合公司投资组合资本结构分析，即公司风险管理(ERM)，这样就可以使用与该风险相对应的回报率标准来评估风险融资战略。

图 14-8　巨灾模型在保险公司财务管理中的角色

二、保险精算原理

费率制定是根据预期的，因为费率必须在转移风险之前确定。保险费率制定的过程可能是漫长而复杂的，要参考大量的关于风险转移的成本，包括赔偿和赔偿费用的解决、操作管理费用、资本成本等。巨灾模型通过输入程序来决策费率，提供未来理赔损失和成本的估计，这些成本直接来自巨灾发生的损失频率和严重程度共同的结果预测。但保险精算准则和实践则规定巨灾保险费率是基于未来成本的估计，并且取决于公平和公正。从某种程度上讲，保险精算准则和实践规定费率须能够反映个体风险的特征。美国精算职业标准委员会(Actuarial Standards Board)1991 年给出了保险精算原则来确保费率的公正和公平以及无差别待遇。具体如下：

原则 1：费率是未来成本的期望价值评估，费率制定要提供所用的成本以便保险系统在财务上的正确与可靠。

原则 2：费率提供所有与转移风险有关的成本，费率制定要提供单独个体风险转移的成本以便保证投保人之间的平等。当个体风险不能提供评估成本的可信赖依据时，可以适当考虑集合中的相似风险。这样评估出的费率能够表达出每个个体的成本或风险。

原则 3：费率提供与个体风险转移相关的成本。如果费率的制定成本估计是基于原则 1、2 的，这样的费率遵循保险精算师的 4 个标准：合理、不过分、适当和公平无差别待遇。

原则 4：如果保险精算能够正确有效的估计个人风险转移成本，那么费率是合理、不过分、适当和公平无差别待遇的。

根据精算标准委员会建议，巨灾模型设定费率的特殊意义在于确定适当的暴露单位，这是制定保险费率的基础。这样保险费率将随着致灾因子的不同而不同，并且能够在巨灾保险实际应用的费率中得到验证，暴露单位的潜在直接的巨灾损失是实际应用和验证的工具。因此，用来决定地震和飓风居民住宅费率的标准包括：财产的位置、房屋的大小、房屋的年龄、建筑类型、重置成本和减灾措施等。巨灾模型也可以给出不同致灾因子的损失影响，如果来自个体的风险信息是不足够的，那么可以使用来自相似风险特点的一群风险数据。因此，基于这些精算原则，巨灾模型能够估计未来成本，可以成为评估保险费率的有价值的工具。

三、利用巨灾模型制定保险费率

一个能够被各方包容的保险费率制定需要确定所有相关成本以便能充分和公平地决定费率。尽管巨灾模型有助于应用保险精算原理制定保险费率，但是这个过程和标准的危险，同火灾和交通事故事件对比则是复杂的。自然致灾因子巨灾保险挑战了保险作为一种在不同群体间有效转移风险的工具角色，其最显著因素在于巨灾风险损失结果的高度相关性，这将导致保险公司陷入巨大的财务困境。

巨灾模型计算费率需要两个要素：年平均损失(AAL)和剩余成本(盈余成本)。为了充分地承保全部风险，保险公司必须保持足够的流动性资产或盈余用于赔偿潜在的巨灾损失。盈余(surplus)可以采用现金或流动性证券、再保险(保障补偿)合同、巨灾债券或临时债务的形式。保险公司将要收取较高的保费来弥补由于持有高流动性剩余资本所带来的比正常资本高的机会成本，这种额外费用是剩余成本或资本构成成本。

保险公司向客户收取的保费或保险价格是下面三个成本的总和，即

保费(premium)＝年平均损失(ALL)＋风险成本(risk load) ＋费用开支(expense load)

式中，年平均损失在保险精算原理中是基于风险的费用，其计算公式为

$$\mathrm{AAL} = \sum_i p_i L_i$$

式中，p_i 是事件发生的概率；L_i 是相关风险事件的损失。

风险费用是关于 AAL 的不确定性，风险费用是定价公式中重要组成部分。它反映了保险公司关注的生存约束和额外剩余资本必要补偿。费用成本是指管理费用，主要包括保

险合同及其组成要素，诸如损失调整费用、处理费用、保险税费、佣金和利润。计算损失的标准差的方法有很多，可计算的有效方法为

$$\sigma=\sqrt{\sum_{i}(L_i^2 p_i)-\mathrm{AAL}^2}$$

利用巨灾模型制定保险费率需要考虑区分风险和建筑物特征两个主要因素。

1. 区分风险(differentiating risk)。计算公平的费率的过程中有许多风险因素是重要的。这些因素特征化直接输入巨灾模型。对于费率制定的区分风险而言，最重要两个因素是投资组合的结构属性特征(巨灾模型财产清单模块)和组合的区域特征(致灾因子邻近或易损性)。这些特征现在都要分别考虑。

2. 建筑物特征。建筑物特征是指那些投保的建筑物的物理结构在极端事件中的表现。建筑材料、建筑规范、建筑物修复年份和居住年份属于这个目录。建筑物所有者行业特点也属于这个范畴，如商业建筑物、公共教育建筑物、公共活动建筑物等。此外，建筑物地理位置也是影响灾害损失的因素，当地土地条件也是影响地震灾害损失的重要因素。

四、加州地震局保险费率设定

1996 年加州地震局制定的保险费率结构受巨灾模型应用的显著影响。1994 年 1 月北岭地震之前，大部分居民建筑物地震保险费率基于过去的经验。因为 20 年前地震损失很少，平均住宅费率大约是每 1000 美元保额 2 美元，并扣除 5%或 10%，同时限制内部财产和收益损失。

(一) 关于 CEA

北岭地震导致大约 1250 万美元的保险损失和几乎 400 亿美元的总损失。居民住宅损失超过以前 20 年收集的保险费。由于担心破产危险，超过 90%的加州私房屋主保险公司要么拒绝承保要么严格限制新住宅保险以避免提供地震保险。为响应这个问题，加利福尼亚州立法委员会设计政策允许保险公司提供基本保单考虑 15%的扣除额加上大量减少室内财产保险覆盖率。

巨灾模型模拟结果显示，如果提供 10%扣除额保险政策，这个保险政策将减少北岭地震保险业损失的一半。但是，保险业仍然关心无力偿还的破产问题，这将继续威胁加州保险市场。作为响应，1996 年加州立法委员会建立 CEA，创立了一个唯一独立的公共管理住宅地震保险公司。巨灾建模用来评估再保险层面的损失概率，因此，巨灾模型曾经完成帮助建立最大的巨灾再保险布局(超过 100 名全球再保险人)。

(二) 费率设定程序

加州地震局直到 1996 年才开始着手制定保险政策，费率通过巨灾模型计算得出，当 1997 年初实际应用时立刻遭遇消费群体的质疑。根据加州保险法，费率的应用需要保险监督管理部门举行听证会，立法部门清楚地指出费率必须基于风险，使用最好的科学信息，使用巨灾模型评估预期的费率。

(三) 未来研究的问题和方向

加州地震局保险费率设定听证会上提出了一些需要未来解决的问题。例如，建议科学界和利益相关者使用巨灾模型，并希望在一些领域提高决策的准确性：如科学解决不确定、附加索赔数据、各种改进的折扣和保险需求刺激性政策。

首先，听证会突出了地球科学家之间关于频率评估、最大震级和时间的估算的不同意见。一般地，巨灾模型选择可信任并且有代表的研究成果，并采用不同的评估方法。自然灾害的巨灾损失索赔数据有限，而这又是唯一且最好的评估未来损失的数据资料来源。保险公司需要获得并保存以及每次损失事件的投资组合暴露，但从法律和商业角度看，向第三方公开这些数据需要谨慎，以便保护保险公司的利益。

通过结构创新和相应地减少保费来减轻未来的巨灾损失是政治家们和公众的迫切希望。模型可量化各种灾害风险并减轻灾害风险，但是受限于缺少损失数据的详细数据资料，这是因为保险公司通常不区分建筑物构件的损失，如屋顶、烟囱、地基和非承重墙。佛罗里达州、加利福尼亚州和夏威夷鼓励研究和学习区分建筑物构件损失以便有助于评估风险和收益，这有助于通过利用巨灾模型分析找到切实创新的保险工具和保费折扣方案。

五、其他风险度量指标

这一部分主要讨论以下几个风险度量参数问题：

(1) 超额年平均损失(XSAAL)；

(2) 重现期损失(RP loss)；

(3) 条件期望尾部(TCE)。

(一) 超额年平均损失(XSAAL)

确定某些超额谈判条款需要知道年平均损失超过它们的附加损失水平(或损失阈值)。如果没有损失的不确定，那么超额年平均损失可以容易地从 ELT 表得到：

$$\mathrm{XSAAL} = \sum_{L_j \geqslant \mathrm{ATT}} \lambda_j L_j$$

问题分析：为什么要考虑 XSAAL 这个风险度量指标参数呢？这是因为很多再保险公司制定保单时不考虑比较小的损失，因为对于再保险公司来说，超过一定损失额之后的损失才是再保险公司关心和处理的事情。因此，当确定保险损失界限(阈值)或者门槛，再保险公司需要知道超过这个阈值或门槛以上的损失是多少，即 XSAAL；此时不考虑第二层的不确定，如果超额值为零，则 XSAAL＝AAL。

因为每个事件损失具有不确定，上面的公式通常不适用。把每个事件损失分成离散的损失，使用公式计算损失 l_k 的概率 $\overline{\lambda_k}$，这种情况下 XSAAL 的计算公式为

$$\mathrm{XSAAL} = \sum_{l_k \geqslant \mathrm{ATT}} \overline{\lambda_k} \cdot l_k$$

或者用包含不确定的 AEP 曲线计算 XSAAL：

$$\mathrm{XSAAL} = E(L \mid L \geqslant \mathrm{ATT}) = \int_{\mathrm{ATT}}^{\infty} L \cdot \mathrm{d}(\mathrm{AEP}(L))$$

注意到如果 ATT 等于零，那么 XSAAL＝AAL，即 AEP 曲线下面的面积积分。

我们将离散损失区域划分为 n 个间隔，可以得到 XSAAL：

$$\mathrm{XSAAL} = \sum_{L_i \geqslant \mathrm{ATT}} L_i \cdot (\mathrm{AEP}(L_i) - \mathrm{AEP}(L_{i-1}))$$

(二) 重现周期的损失(RP loss)

重现周期是超概率的倒数，其表达式为

$$RP(L \geqslant l_j) = \frac{1}{P(L \geqslant l_j)}$$

回收期损失也是最大损失(PML)的度量标准。重现期损失数量 l_j 表示的是一个保险公司能够期望超过某个特定概率的损失(见上式)。不同的公司使用不同的重现期损失(PMLs)来管理风险：例如200年一遇的PML、250年一遇的PML等。

重现期损失广泛地被管理者(如信用评级机构、保险和再保险市场)接受。例如，AM Best需要公司提供250年的地震损失和100年飓风损失来检验他们的资本充足率和地震或飓风灾害事件的偿付能力。这里需要提醒的是重现期损失也被认为是金融中的重要概念——风险价值(VaR)。尽管重现期损失广泛地应用在保险行业，但具有以下局限性：

(1) 重现期损失不考虑损失分布的尾部表现，因此不能应对严重的极端事件；

(2) 依赖一个单独的重现期损失进行组合优化决策可能导致误解；

(3) 重现损失不能解决风险池的多样化分散。

第5节　影响巨灾模型不确定的因素

巨灾模型是用来评估自然灾害风险的复杂工具。主要包括致灾因子、财产清单、脆弱性和损失评估四个部分。本节研究巨灾模型的来源、本质和不确定性的影响。描述和定量不确定的主要方法在巨灾模型的组成模块中讨论了。这里是利用风险经理使用的超概率曲线对巨灾模型不确定影响进行量化分析。

一、不确定分级

巨灾模型中，需要大量的信息建立致灾因子、财产清单、脆弱性和损失模块。管理风险的各个利益相关主体需要这些模块评估与自己有关的新信息。例如，保险公司需要评估关于灾害发生的可能性和投资组合的潜在损失信息；地方政府官员需要彻底掌握他们所管辖地区的致灾因子评估结果以便制定应急预案和防灾减灾计划；模型设计者需要那些能够验证和校准模型的评估信息。

客观偶然不确定和主观认识不确定伴随着巨灾模型的应用，客观不确定和自然灾害固有的随机性相关，例如地震、飓风和洪水，它可以通过收集信息而减少风险(危险性)。与客观不确定相反，主观不确定是由于缺少致灾因子信息或相关知识产生的，主观不确定不能通过收集信息来减少。尽管区分客观偶然不确定或主观认识不确定优势是清楚的，区分它们是不必要的。这是因为一个模型中的客观不确定可能在另一个模型中是主观认识不确定，至少部分情况是这样的。因此，巨灾模型构建不必清楚地区分这两种不确定性，需要注意忽视或者是重复计算导致的不确定性，并且要注重描述和量化不确定产生的过程。

二、不确定来源

科学知识不完备、缺少历史数据支持，加之巨灾模型是建立在交叉学科领域基础上，这些都是产生模型的不确定性的来源。例如模拟地震和飓风致灾因子专家必须和结构工程师模拟估计的脆弱性模型相结合；同样地，模拟脆弱性的结构工程师需要和精算师模拟损失相结合。基本上，每个领域的模拟假设汇总叠加，构成了整个建立模型的程序，使巨灾模型的评估产生了更多的不确定性。

建立巨灾模型，主观认识不确定和随机不确定性反映在模型的四个基本部分。随机不确定通过概率分布来反映。自然致灾因子发生频率和建筑物的易损性是随机不确定。既然致灾因子发生的准确时间和建筑物损害的精确水平在灾前不能确定，致灾因子的重现率和财产清单中暴露的承灾体脆弱性用概率分布来描述。同样地，居民个人建筑构件经过几次事件能力和修复成本灾前也不能确定，巨灾模型也用概率分布来描述这些参数。

更大的问题是定量描述巨灾模型四个部分的不确定缺少数据。例如，断层地震源事件用量级-概率模型来描述重现，使用一个典型地震模型或两个模型的结合。对于小量级地震事件，根据历史地震记录或古登堡-克里特公式建立重现曲线；对于大地震，利用地质数据(特别是断层活动速度)来评估重现。

在加利福尼亚州，利用地震学信息描述地震发生仅仅几百年时间，这使得目前的重现分布存在问题。当得到更多以断层活动速度或地震仪记录的形式的数据后，这些关系(公式)能够得到根本改善和提高。对飓风的描述也是同样的。利用过去的信息描述美国东海岸飓风发生和地点也仅限于近几百年而已。

关于修复成本和商业中断数据缺乏影响巨灾模型损失评估。例如，灾后不断增长的修复成本和重建成本常常考虑用急剧的需求调整。这是由于灾后有限的建筑材料和劳动力供给。而且，由于对直接损失不断的把握，利用最新得到的信息，评估业主的商业中断成本可以被不断的修正和校准。

巨灾模型另外一个主观认识不确定是缺少绘制 GIS 图软件所需的数据。对于任何一个模型，确认输入数据是重要的。否则无论是怎样高级的模型也是垃圾进，垃圾出。

一个不完整的致灾因子源、地质或地形能产生错误的结果。例如，地震模型中，具有一个地区地下土壤的准确信息是非常重要的。建筑物建在岩石上比建在软土上可能造成的损失更小。错误的土体信息将导致地震损失评估中严重的错误。

事实上，过去的地震观察证明土壤条件对建筑物有很大的影响。如预期所言，建筑物建在软土体上或斜坡上通常比建在坚固或平坦的地面上脆弱。既然土壤条件在小区域内可能显著不同(土壤条件随着泥土和岩石场地不同而不同)，例如旧金山 Marina 区域，使用邮政编码识别位置可能不十分准确。在特殊区域位置，高度的地质译码才能更准确标定土壤条件。

建筑物结构特征的信息不完备也导致未来损害的不准确性。例如，大部分结构工程师赞同建筑类型、建筑物年龄、高度、业主、评估价值和地理位置对于巨灾模型的建立是必需的。如果有关于结构细节的更多信息，诸如相对其他建筑物的位置和建筑物过去的损害信息，那么对建筑物脆弱性的评估会更准确。

在模拟过程中，未考虑财产的市场价值信息是主观认识不确定的另一个来源。对于决定一个适当的覆盖范围，许多住宅政策使用财产税评估数据，这种数据可能过失或低估。低估的暴露价值导致低估的潜在损失。例如，家庭财产评估价值是 600 000 美元，其真实价值是 100 万美元。此外，假设以评估价全额投保，免赔额比例 15%。如果地震发生并导致大的损失，修复成本是真实价值的 35%，损失成本金额为 350 000 美元。保额 600 000 美元(余同)免配额 15%转化为自己负担 90 000 美元损失，由于保险赔付后仍然有 260 000 美元的损失。如果保额是基于 1 000 000 美元，屋主将自己负担 150 000 美元损失，保险人支付 200 000 美元。财产清单的不完全或不准确信息不仅关系到保险人，而且关系到利益相关者的风险管理。为了提高这种信息数量，2000 年开始建立住宅结构类型档案来评估世界范围内的灾害人口脆弱性。在地震工程研究机构（EERI）和国际地震工程委员会（IAEE）的指导下，世界住宅百科建立了可能发生地震区域的住宅建筑类型网站（EERI，2003）。此外，商业和家庭安全委员（IBHS）依赖 INCAST（一个用来链接 HAZUS 巨灾模型的财产清单工具）储存关于家庭的信息是"加强……安全生活"程序的组成部分。这些住宅加固能够抵挡许多灾害，如大风、野火、洪水、冰雹和地震。

主观认识不确定也存在于实验室试验（地震动实验和飓风风洞实验）和建立巨灾模型脆弱性模块专家的观点。风险评估投资组合，损失函数传统上根据实际损坏调查来建立。假如实验室试验局限于某种类型建筑材料，那么其他材料如何抵抗负荷。在早期巨灾模型版本，损坏率（比）使用 ATC 的加州地震损失评估报告（ATC-13，1985），该报告用德尔菲法调查表收集专家的反馈判断。模型建立者使用早期地震模型版本的损失评估软件导致滞后的评估，这由于使用修正梅氏烈度的解释限制和使用德尔菲方法。最近模型使用成本价值将物理损坏转化成直接货币损失来替代损坏比。

三、描述与量化不确定性

巨灾模型合并不确定性最通用方法是事故树法和模拟技术。当专家意见不一致或存在内在随机不确定性和缺少评估参数的数据时，这两种方法代表了定量和传播不确定性的权威方法。

（一）逻辑树

巨灾模型采用逻辑树表达二选一价值或数学关系，每个选择设计了相对的权重，使用权重来评估其参数或关系，其结果是线性组合。额外方案是较多的，用权重来表示得到信息的可信度。例如，一种可以采用等权重法，或比例权重法对选项排序，或基于某种比例先前实际结果的评估权重法评估。权重常常通过专家打分方法获取，因此会依赖专家的主观判断。

逻辑树方法常常在实践中用来合并不确定性，因为用该方法与利益相关者沟通简单实用。每个假设选择可以产生一套结果汇总分析，计算机可以大量处理数据，因此，参数和模型的替代选择可以用这种方法识别。

（二）模拟技术

模拟是通过实验模型（复制系统本质特征）学习真实系统。它是一种应用最广泛的定量决策方法。和逻辑树相比，其需要一套简化假设，模拟可以为极端复杂流程建模。在巨灾建模中，指标一般都选用超概率损失分布。

尽管大部分巨灾模型分布是连续的，为了简便，仿真时用离散分布。假设一个单独居民建筑遭受飓风灾害导致 5 级损坏（巨灾模型定义损害类型为五级，即：无，轻微，中等，严重，毁坏），进一步假设给定一定风速情况下，损坏函数表示属于或超过一定损坏水平的概率。现在假设住宅保险公司想得到风速达到或超过某个损坏水平的概率估计。模拟能产生这种概率分布。首先，属于某个损坏状态的概率是基于给定的损坏函数，用损坏概率表示，如表 14-7。

例如，有 5%的可能性没有损坏，7%的可能性建筑物将毁坏。在这种情况下，使用 0～

99 范围，如 5%(0～4)代表没有损坏，24%(5～28)代表轻微损坏等等。然后，得到损坏状态的累积概率计算出来了，生成的随机数目按比例分配相应的累积概率。如表 14-7 所示。

表 14-7　巨灾模型模拟案例

损害状态	损害状态的概率	累积概率	随机数上限	随机数下限
没有损害	0.05	0.05	0	4
轻微损坏	0.24	0.29	5	28
中等损坏	0.48	0.77	29	76
严重损坏	0.16	0.93	77	92
完全损害	0.07	1.00	93	99

模拟产生的随机数为 0～99 之间。基于结果，损坏状态是已经设定的。尽管这是一个简单的蒙特卡洛模拟(巨灾模型的实际模拟更加复杂)，需要注意的是这种模型计算是有深度的并需要大量样本。

（三）不确定与超概率曲线

如第 2 章所述，超概率曲线表示一段时间内，超过一定水平损失水平的概率。巨灾模型广泛采用的绘制超概率曲线技术是逻辑树与蒙特卡洛模拟的结合。初期是一个简单建筑物例子，每个逻辑树分支代表一个选项来自概率分布的样本而不是假定的评估的样本点。例如，在这之前要考虑地震动衰减公式，代替使用评估地震动振幅均值，这基于每个逻辑树分支，蒙特卡洛方法能够使用来自逻辑树的衰减函数。根据系统的方法，这种混合的方法产生各种置信水平的超概率曲线。

四、不确定的案例

既然巨灾建模的复杂性和前面讨论的风险源和技术共同组成了模型的不确定，那么对于同一个建筑物的风险组合，巨灾模型会产生不同的 *E-P* 曲线也就不奇怪了。当第一次实际使用时，巨灾模型使用者对这些曲线的不同的程度感到奇怪。随着使用经验的丰富，使用者期望得到一系列可能的 *E-P* 曲线。

一个有趣的实例是，在对佛罗里达飓风的评估中，对同一住宅的财产清单，巨灾模型给出了不同损失的超概率曲线。1992 年安德鲁飓风之后，保险业的巨大损失令佛罗里达州政府下定决心用巨灾模型为居民住宅设定保险费率。在安德鲁飓风发生前，ISO 为佛罗里达州房屋业主估计了一个飓风必需的灾害保险费，总计为 8 亿美元用于超过一定水平飓风程序。ISO 提议建筑物飓风灾害损失超过部分保费需要超过 100 年才能支付单独安德鲁飓风造成的损失，这还不考虑其他任何登陆的飓风。回顾过去，ISO 制定的费率过程非常符合实际风险，保险公司和再保险公司业给出的损失远远超过他们的想象。1995 年，为了响应国家保险业危机，使用更加适合的程序计算财产保费，佛罗里达立法委员会授权成立佛罗里达州飓风损失计划方法(FCHLPM)。该委员会由七个专家组成，独立于保险业和保险局(管理机构)，负责现有的商业巨灾模型的准确性和可靠性(FCHLPM，2001)。这支持了立法委员会的观点：可靠的飓风损失方案对保证居民住宅适当且不超额的保险费率是必要的，近年来计算机建模使得提高飓风损失方案的准确性成为可能。

为了考察建立居民住宅巨灾模型的使用情况，需要每年对巨灾模型进行检验。在经过每年检验和 FCHLPM 批准之前，都指定一个专业团队在负责巨灾模型地点稽查。该团队由 5 个人组成，包括统计人员、保险精算人员、计算机技术人员、土木工程师和气象学者各一名。这个专业团队由 FCHLPM 授权和管理，主要工作是：考虑所有的保险精算方法、原则、标准、模型或输出归类等那些能提高居民住宅财产飓风损失方案费率的准确性和可靠性（FCHLPM，2001）。

在 1996 年，AIR Worldwide 模型第一个被鉴定。1997 年，共计有 3 个模型获得鉴定，它们分别是 AIR、EQECAT 和 RMS。有代表性的是费率基于多模型输出的平均值，例如 1999 年，使用了 3 个模型，给中间结果赋权重为 50%，高和低的结果分别赋 25%权重。在佛罗里达州，作为模型认证过程部分，每个公司巨灾模型的居民住宅保险投资组合必须服从一个超概率曲线。组合包括一个 100 000 美元的建筑物，包括三种类型（木结构、石建筑和活动房）。额外的保险附加在建筑物附属物，其内财物和其他生活物品。图 14-9 总结了三个巨灾模型对比，它们分别称为模型 A、模型 B、模型 C，服从 2001 年佛罗里达州委员会。所有模型服从期望损失估计值的超概率水平，范围是从 0.01%～20%。与此同时，模型可以也可以不必给出损失估计的最大事件，即被模型设计者定义的可能发生的最大超概率损失合并事件。这个情况下，模型 A 没有给出最大值事件，而模型 B 和模型 C 给出了极值事件，如表 14-8。在这个例子中，给中间值 50%权重，最高和最低值分别给 25%权重。这样，住宅保险投资组合期望损失百年一遇可以得到估计值：

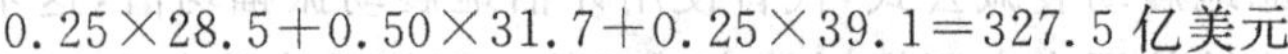

$$0.25\times28.5+0.50\times31.7+0.25\times39.1=327.5\text{ 亿美元}$$

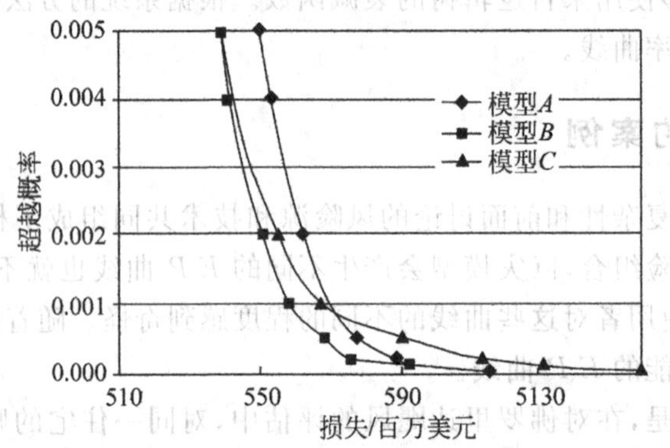

图 14-9　每个模型超概率曲线（来源：佛罗里达损失委员会数据，2001）

表 14-8　不同模型超概率和损失估计　　（单位：百万美元）

极端事件重现期/年	超概率（%）	模型 A—损失估计	模型 B—损失估计	模型 C—损失估计	线性加权组合损失均值
		—	116.80	165.90	—
10 000	0.01	93.30	93.70	131.90	103.15
5000	0.02	89.9	77.1	114.3	92.8
2000	0.05	79	69.7	91.6	79.83
1000	0.10	71	59	68.8	66.9
500	0.20	63.7	52	56.5	57.18
250	0.40	54.2	42.7	43.9	46.18

续表

极端事件重现期/年	超概率/%	模型 A—损失估计	模型 B—损失估计	模型 C—损失估计	线性加权组合损失均值
100	1.00	39.1	31.7	28.5	32.75
50	2.00	27.8	22.8	18.6	23
20	5.00	16.3	12.5	9.4	12.68
10	10.00	8.7	6.6	4.7	6.65
5	20.00	2.9	2.4	1.7	2.35

我们仔细看提供的数据，200 年一遇或 0.5%年超概率的事件，其损失大约在 94 亿美元至 163 亿美元之间。1000 年一遇或年超概率 0.1%的事件，损失估计在 590 亿美元至 710 亿美元之间。在这个例子中，随着超概率的增长，不同模型曲线之间的绝对损失相应地减少。这种趋势在高致灾因子的危险地区建立超概率曲线时常常看到。

本章小结

本章首先介绍了巨灾模型的发展历程和美国三大巨灾模型公司的情况，论述了巨灾模型与风险管理的关系、巨灾模型的构成和评估流程，讨论了巨灾模型的一般框架和地震巨灾模型的应用；然后，本章研究了巨灾模型中的概率分布的作用、巨灾模型的保险费率应用、加州地震保险费率设定和一些定量风险的度量指标；最后分析了巨灾模型的不确定分级、不确定来源、不确定的描述与量化，并给出一个简单的不确定案例分析。

本章参考文献及进一步阅读文献

[1] Pataticia Gross I, Howard Kunreuther. Catastrophe Modeling: A New Approch To Managing Risk [M]. Boston, Springer Science and Business Media, Inc. 2005.

[2] Grossi P, Kunreuther H. Catastrophe Modeling: A New Approach to Managing Risk[M]. New York: Springer, 2005.

问题与思考

1. 简述美国三大巨灾模型公司及其模型产品。
2. 理解巨灾模型的一般框架，并指出其存在的不确定问题有哪些。
3. 巨灾保险费率定价时需要考虑哪些因素？如何利用巨灾模型进行费率定价？
4. 巨灾模型不确定的来源及其分级。